항공기 설계

공학박사 송윤섭

머리말

지금은 과학·기술·문화·지식·정보의 문명사적인 대 전환기로서 우리 교육은 새로운 환경 변화에 능동적으로 대응하는 학습 조직화를 통한 체계 종합적인 지식 경영으로 유연하게 대응하여야 한다.

특히 항공기 설계기술은 가용한 자원을 활용하여 인간 욕구를 충족하는 효율적이고 지능적인 항공기를 설계하기 위해 관련 기술을 통합하는 핵심 기술로, 새로운 21세기를 주도할 국가 경쟁력 확보를 위해 반드시 성취해야 할 핵심 과학기술 분야이며 우리의 실생활과도 밀접한 관련이 있는 매우 흥미롭고 유용한 학문분야로 다음 몇 가지 측면에 유의하여 이 책을 집필하였다.

첫째로, 항공기 설계의 기본 흐름을 이해할 수 있도록 기본 원리를 배경으로 항공기 설계의 여러 과정을 상세히 전개하였다.

이를 위해 전반적인 항공기 형상 및 체계, 양·항력 추정, 중량 및 평형, 항공기 성능 등 세부 전개되어야 할 주제에 많은 지면과 삽화를 제공하여 현재의 기술을 포함하여 앞으로의 기술 진보를 예측할 수 있도록 하였다.

특히 창의적 문제 해결 관점에서 프로젝트 설계 과정을 제시하여 시스템을 구현하기 위해 필요한 사항을 구체적으로 확정하는 단계를 조망하여 복합기술의 최적화에 대응하도록 하였다.

둘째로, 학습조직화를 구체화하여 신교육에서 지향하는 조화학습과 창의성을 강조하였다.

이를 위해 초기 추정, 비용 추정, 매개변수 연구 등 핵심 이론을 면밀히 분석하여 항공과학·기술의 실제 현상에 창의적으로 적용할 수 있도록 하였다.

특히 항공기의 시스템 특성에 주목하여 「개요 ⇒ 본문 ⇒ 응용·심화학습」 으로 이어지는 일련의 학습 사이클에 의해 학습자 스스로 종합·분석·평가할 수 있는 학습조직화를 강조하여 새로운 시스템을 고안할 수 있도록 배려하였다.

보다 충실한 교재가 될 수 있도록 지속적인 수정, 보완을 약속드리며, 이 책의 출판을 위해 애써주신 기한재 여러분께 사의를 표한다.

도봉산 상운재에서 **저자 송 윤 섭**

CONTENTS

Chapter 01 항공기 설계 개요 · 11

Chapter 02 프로젝트 설계 과정 · 49

Chapter 03 항공기 설계 및 제작 기술 · 65

CONTENTS

CONTENTS

Chapter 07 항공기 중량 및 평형 · 183

Chapter 08 양력 및 항력 추정 · 219

Chapter 09 동력장치(엔진) 및 설치 · 243

CONTENTS

CONTENTS

CONTENTS

Chapter  Aircraft Design

항공기 설계 개요

1.1 서론 ● 1.2 설계 명세 ● 1.3 감항성 요건 ● 1.4 설계 단계 ● 1.5 설계 과정 ● 1.6 초기 개념설계
1.7 동체 설계 ● 1.8 날개 설계 ● 1.9 동력장치 선택 ● 1.10 착륙장치 형상 ● 1.11 꼬리날개 설계
1.12 1차 추정 ● 1.13 컴퓨터 원용 설계 ● 1.14 결론

- 항공기 설계는 많은 경쟁 요소와 구속요소간의 타협이다. 이러한 것들을 인식하고 항공기 형상에 대해 이들 각각의 영향을 이해하는 것이 중요하다. 이 장에서는 존재하는 많은 구속요소와 규정을 충족하기 위해 생각하는 설계 과정을 기술한다. 그러한 과정은 많은 서로 다른 전문가 부서의 조화를 포함한다. 전체 설계에서 이러한 각각의 작업들은 항공기의 효과성과 이들의 특수성에 대한 전문적인 목적 사이에서 분리된 책임을 갖는다. 그러므로 각 주요 부서가 설계를 정의하는 데 상호 작용하는 방법을 이해하는 것이 필요하다.
- 전체 설계에 놓여있는 상반되는 압력을 이해하게 되면 여러분은 그 과정을 올바르게 인식할 수 있으며, 자기 자신의 연구를 수행할 때 그와 같은 영향을 고려할 수 있게 된다. 이 장을 학습한 후에 여러분은 항공기를 설계하여 상식적으로 수용할 수 있는 레이아웃에 도달하기 위해 고려해야 하는 타협의 조직적 구조를 알게 될 것이다.

1.1 서론

이 시점까지 우리는 공기역학, 추진체, 구조역학 등의 과정이 어떻게 이루어지는가를 검토하였다. 이 과정은 자연 물리법칙을 항공기 위의 기류에 적용하는 것과 같다. 이제 우리는 이러한 역학지식을 어떻게 사용할 수 있는가를 살펴보기로 하자. 물론 역학을 연구하는 목적은 보다 나은 항공기를 제조하는 기술을 제공하는 것이다. 기술을 효율적인 형상에 통합하는 것이 설계라고 하는 과정이다.

설계는 잘 정의된 단계적인 과정이 아니다. 설계를 위한 많은 방법이 존재한다. 설계는 과학이자 예술이다. 비행하는 것과 마찬가지로 설계는 책으로는 엄밀하게 배울 수 없으며 실행을 통해서 배워야 한다.

물론 공기역학은 설계에서 고려해야 할 측면 중의 하나이다. 구조, 추진체, 안정성 및 조종성은 고려해야 할 항공과학의 다른 분야이다. 최신 항공기 설계는 이러한 모든 분야의 전문가로 이루어진 커다란 팀(team)과 관련된다. 그러나 공기역학적 고려는 설계의 토대를 형성하며 이 측면이 설계과정의 시작점으로 작용한다.

1.2 설계 명세(규격)

설계를 실제로 수행하기 전에 설계가 충족해야 할 일련의 명세 혹은 요건을 개발해야 한다. 이러한 요건에는

- 유상하중(승객, 화물 혹은 무장)
- 항속거리(혹은 항속시간)
- 순항속도(혹은 최고속도)
- 이, 착륙 거리(활주로 길이)
- 상승한계

등이 있다.

새로운 비행기를 설계하는 항공기 회사는 언제나 시장 수요와 현재 가용한 기술에 대한 지식에 기초하여 요건을 설정해야 한다. 예를 들어, 회사는 실행가능하고 경쟁력이 있는 새로운 비행기가 다음과 같은 성능을 가져야 한다고 결정할 수 있다.

• 유상하중 : 조종사+5명의 승객

• 항속거리 : 1,000nm.

• 활주로 길이 요건 : 최소 2,000ft(610m)

이와 같은 명세(규격)는 원하는 성능을 달성하는 것을 목표로 디자인을 진행하는 공학부서로 양도된다. 일부 경우에는 이러한 명세(규격)를 모두 충족하는 것이 불가능하다. 다른 경우에는 이들을 초과하는 것이 가능할 수도 있다. 후자의 상황은 종종 최고 경영자를 즐겁게 만들며 성공하게 된다.

군용항공기의 경우 그들의 특수한 요구에 기초하여 특수한 임무가 요건을 설정하게 된다. 종종 드문 일이기는 하지만, 항공기 요건은 여러 가지 임무를 결합하여 설정하기도 한다. 이러한 요건은 자격이 있는 항공기 회사로 넘어가 요건을 충족할 비행기의 디자인과 구조에 대한 입찰을 하기 위해 제안서를 준비하게 된다. 정기여객기를 운영하는 회사는 또한 종종 이 절차를 따르게 된다. 그러나 최근에는 항공사와 항공기 회사는 다른 상황을 매우 많이 깨닫게 되고 새로운 정기항공기 명세는 보통 공동논의 및 합의로부터 태어난다.

성능 요건에 부가하여 현재의 경제상황이 회사로 하여금 이 분야에서 수많은 요건을 포함하게 된다. 1960년대 후반 이전까지만 해도 비용은 보통 성능에 대한 2차적인 고려사항이었다. 이는 특히 군용기의 경우에는 더욱 더 그러하였다. 그러나 그 시기로부터 항공기 비용이 매우 가파르게 상승하기 시작했다. 비용은 매우 중요한 요소가 되었으며 종종 항공기의 주요한 명세(규격)에 포함되었다.

1970년대에는 석유파동으로 인해 몇몇 중동의 석유생산 국가의 결정이 연료소비율, 병합, 인플레이션, 감소된 자원 및 기타 수많은 요소들이 새로운 항목으로 명세(규격)에 포함되어 항공기를 유지하는 비용이 크게 증가하게 되었다. 디자이너는 그러므로 항공기의 또 다른 특성을 고려하게 되었다. 즉, 항공기를 얼마나 쉽게 수리할 수 있느냐이다. 이 특성을 정비성이라고 한다. 높은 정비비용과 높은 교환비용은 비행기가 중요한 정비 혹은 교환의 필요성이 있기 전까지 오랫동안 유지하는 것이 매우 바람직하게 되었다. 따라서 신뢰성이라고 부르는 또 다른 항목이 명세 수평선상에 나타나게 되었다. 따라서 경제적인 요건은 종종 다음과 같은 여러 가지 혹은 모든 명세(규격)로 성능 항목에 추가되었다.

• 비용

• 연료소비율

• 정비성

• 신뢰성

1.3 감항성 요건

명세(규격)를 충족하는 것에 부가하여 디자이너는 다음과 같은 특정의 규정에 관심을 기울여 특정의 표준을 유지하고 안전에 대한 관심사를 일차적으로 설정해야 한다. 그러한 표준은 보통 FAR에 의해 설정된다.

미국에서는 FAA가 모든 민간 항공기의 안전규정에 책임을 진다. FAR Part 23 및 25가 비행기의 설계에 대한 요건을 망라하고 있다. Part 23에서 경비행기는 총중량이 12,500lb(56625kg)의 비행기라고 정의하고 있다. 그 보다 높은 중량의 비행기는 Part 25에 포함되어 있는 표준으로 설계해야 한다. 이 목적으로 사용되는 중량이 인가 이륙 총 중량이다.

Part 25는 공식적으로 수송기 유형 항공기의 "감항성 표준(airworthiness standards)"이라고 명명한다. 대부분의 일반 비행기에 적용되는 Part 23은 보통급, 다용도급 및 곡기 비행기의 감항성 표준이라고 부른다. 경비행기는 이러한 유형 중의 하나로 인가된다. 대부분의 비행기는 보통급으로 인가된다. 다용도급은 특정한 유형의 비행 훈련에서 필요한 제한된 기동성능을 허용한다. 곡기 비행기는 완전한 곡기 기동을 허용한다. 분명히 설계에 대한 요건은 다용도급 및 곡기 비행기가 더 엄격하다. 가장 두드러진 차이점은 아마도 다용도 및 곡기 유형의 항공기는 높은 응력에 견딜 수 있도록 설계되어야 한다는 점이다. 그와 같이 구조는 높은 응력에 견딜 수 있어야 하며, 따라서 보통급 항공기보다 더 무거운 것으로 귀결된다.

Part 23은 경비행기 설계자의 바이블이다. 종종 그 요건은 원하는 명세(규격)를 유지하는 것을 방해하기도 한다. 그럼에도 불구하고 요건을 준수해야 한다. 안전한 150kts의 비행기는 170kts의 비행기보다 훨씬 더 좋다.

1.4 설계 단계

대부분의 항공기 설계는 많은 다른 분야의 많은 전문가 팀에 의해 수행될 때 모든 사람들은 그들의 특수한 분야에서 동시에 시작하지 않는다. 착륙장치 그룹은 명세(규격)를 받은 시기에 앞바퀴(노즈 기어)를 설계하는 것을 시작하지 않는다. 동체 그룹은 도어를 작업할 때 동체 설계를 시작하지 않는다. 그러한 일들은 형상에 대한 초기 결정을 따라야 한다. 사건의 시간 순서가 최종 설계 형상까지 이끌어질 수 있도록 발생해야 한다.

사건의 순서는 다소 분명한 단계에서 발생한다. 전체 설계 과정은 보통 3단계로 나누어진다.

- 개념설계
- 예비설계

• 상세설계

개념설계는 최초의 단계이다. 개념설계는 그 이름이 사사하는 바와 같이, 비행기의 매우 기본적이고 일반적인 개념이 무엇과 같다는 것과 관련된다. 전체에 대한 많은 스케치가 이 단계에서 이루어진다. 여기서 다음과 같은 기본 특징을 고려한다 :

• 비행기가 제트기인가? 혹은 프로펠러 구동인가?

• 단발엔진인가? 다발엔진인가?

• 저익인가? 고익인가?

• 고정식 착륙장치인가? 접개들이식 착륙장치인가?

어느 정도 명세(규격)는 이러한 질문 가운데 일부를 결정하게 된다. 분명히 순항속도가 500kts(925km/h)인 경우에 제트기여야 한다. 혹은 200명의 승객을 운송하려면 단발 이상의 엔진을 가져야 하는 것으로 귀결된다. 반면에, 2인승 일반 훈련기는 고정 기어, 단발 엔진, 프로펠러 구동 형상을 지시하게 된다. 다른 특징은 더욱 더 임의적이며 토론을 통해 보통 경험이 많은 디자이너의 판단으로 결정한다.

일단 기본 개념에 도달한 후에 설계는 예비단계로 이행된다. 예비설계는 종종 공력설계와 동의어로 생각되며, 상세설계는 종종 구조설계로 생각된다. 어느 정도 이는 맞지만 완전히 맞는 것은 아니다. 특수 구조 항목은 예비단계에서 고려해야 하며 일부 미세한 부품은 공력상의 이유로 상세설계 단계에서 모양을 갖추게 된다. 그러나 예비설계는 대개 전체적인 형상에 도달하는 공기역학적인 고려, 즉 비행기의 외부 형상과 관련된다.

상세설계는 최종 단계이며 주로 지지구조의 설계로 이루어진다. 그러한 구조는 비행기에 대한 공기역학적 부하에 의해 부과되는 응력을 견딜 수 있어야 하며 예비단계에서 규정한 형상 내에서 적합되어야 한다. 이 단계에서 작업하는 것은 예비설계의 결정을 약간 수정하는 것이 필요한 것이 분명하다. 예를 들어, 예비설계 단계에서 지정한 날개의 두께 내에서 날개를 지지하는데 충분히 강하고, 가볍게 스파를 설계하는 것은 불가능하다. 이는 예비설계 그룹이 두꺼운 에어포일을 사용하도록 날개를 수정하는 것이 필요하다. 마찬가지로, 예비단계에서 디자인을 분석하는 것은 설계가 진행되기 위해서 가장 현명한 것이 될 수 있도록 기본 개념을 수정하는 것을 입증하게 된다. 디자인에서 거의 대부분은 공장에서 실제로 금속을 절단할 때까지 임시적이다.

여러분의 항공우주공학 지식을 감안하여 논의를 개념설계와 예비설계로 한정하여 진행하기로 하자.

1.5 설계 과정

항공기 설계 초보자는 보통 좌절이라고 하는 통상적인 감정을 경험하게 된다. 그가 한 분야에서 비행기의 성능을 개선하려고 노력해도 다른 분야의 성능을 떨어뜨리는 결과가 된다. 예를 들어, 고속 순항은 낮은 항력이 요구되므로 디자이너는 항력을 저감시키기 위해 작은 날개 면적을 선택하게 된다. 그러나 그는 이러한 날개는 매우 높은 속도에서 실속하고, 긴 이착륙거리를 가지게 된다는 것을 알게 된다. 그는 이륙시에 보다 많은 동력을 추가하고 착륙시에는 완전 플랩으로 확장하여 이를 수정할 수 있다. 그러나 이 두 가지 사항은 비행기에 중량을 추가하게 되어 속도가 줄어들고 거의 모든 다른 성능을 저하시킬 뿐만 아니라 비용을 추가하게 된다.

다른 관점에서 출발하여 디자이너가 좋은 이륙 및 착륙 성능을 주기에 매우 충분한 날개를 선택해 보기로 하자. 이제 디자이너가 순항속도를 계산할 때 그는 원하는 것보다 훨씬 낮은 것을 발견하게 된다. 다시 그는 커다란 엔진을 생각하지만 엔진 중량을 그렇게 많이 추가하면 활주로 길이 요건이 다시 한 번 증가하는 것을 발견하게 된다.

결국 보통 일어나는 것은 합리적인 속도를 주며 합리적인 이착륙 성능을 제공하는 사이의 어디에서 날개를 선택하는 것이다. 이것이 타협이다. 사실 항공기 설계는 그 본질상 순한 타협이다. 설계의 전문분야에서 이러한 작용을 절충이라고 한다. 우리는 다른 분야의 성능을 얻기 위해 한 분야의 성능을 절충한다. 이 활동은 성능에만 국한되지 않는다. 종종 승객의 안락함, 비용 절감, 정비성 향상 혹은 안전을 증진시키기 위해 성능을 희생한다. 판매해야 할 대량생산 항공기는 마음속에 있는 이러한 고려사항 모두를 가지고 설계해야 한다.

종종 우리는 자작 비행기 디자이너가 생산 비행기의 비효율성을 꾸짖는 것을 듣게 된다. 결국 그의 Super Duper Ⅱ와 같은 비행기는 가장 낮은 동력의 생산 훈련기보다 작은 엔진을 가지지만 200mph(322km/h)보다 더 빠르게 순항할 수 있다. 이는 또한 약 150kts(278km/h)에서 착륙하며 귀머거리가 되지 않게 하기 위해서 고체 귀마개를 착용해야 할 뿐만 아니라 조종사가 엎드려 누워야 하는 것이 필요하다. 한편 이러한 측면은 그를 화나게 하지 않을 수 있으나 이들은 많은 다른 사람들에 의해 그러한 비행기를 구매하는 것을 단념하게 된다. 이러한 품질을 등가의 생산 비행기와 동일한 수준으로 개선하기 위해서는 그 유형과 다른 모든 것이 매우 흡사해야 하며 성능이 거의 같아야 한다. 특정 성능 유형에서 최상의 전체 성능을 제공할 수 있는 형상이 언제나 존재한다. 이는 이들이 동일한 임무를 수행하는 경우 다른 제조업자의 비행기가 그렇게 흡사하게 보이는 이유이다.

1.6 초기 개념설계

개념설계 단계의 제1단계는 명세(규격) 혹은 요건을 연구하는 것이다. 이들은 어느 정도 특정 유형의 동력장치의 형상 혹은 특정의 일반적 물리적인 크기를 제한한다는 것을 이미 지적하였다. 이는 중요한 항목 혹은 주요 임무를 달성하는데 최우선권인 항목을 원한다. 예를 들어, 최고속도는 전투기 혹은 경주용 비행기 설계에서 구동요건이다. 항속거리는 대양을 횡단하는 수송기에서 구동요건이 된다. 그러한 항목은 개념을 개발하는데 있어 고려해야 할 1차 성능을 나타낸다. 그러나 구동요건에 의해 휩쓸리지 않도록 주의해야 한다. 착륙하는데 5마일(8km)이 소요되는 마하 4의 전투기나 100kts(185km/h)로 순항하는 100마일(160km) 수송기로 귀결되기를 원하지 않을 것이다.

일단 명세(규격)를 알고 설계에서 이들의 상대적 중요성을 알고 난 후에는 어떠한 특징을 목표로 해야 할 것인가를 결정할 수 있다. 아래에 열거한 내용은 주요한 성능 항목이며, 각각의 분야에서 최상의 성능이 바람직한 특징이다.

성능 항목	바람직한 특징
유상하중	커다란 사이즈, 높은 동력, 낮은 중량
속도	낮은 항력(작은 구성부품 사이즈), 높은 동력
항속거리	낮은 중량, 낮은 항력, 낮은 연료소비율, 커다란 연료 용량
이륙거리	높은 동력, 커다란 날개 면적, 고양력 에어포일, 낮은 항력, 낮은 중량
착륙거리	커다란 날개 면적, 고양력 에어포일, 낮은 중량
상승률 및 최고 높이 한계	높은 동력, 낮은 항력, 낮은 중량

여러분은 앞에서 열거한 특성 가운데 몇 가지 분명한 갈등을 알 수 있을 것이다. 예를 들어, 긴 항속거리는 낮은 중량으로 향상된다. 그러나 많은 양의 연료가 또한 필요하고 이는 중량이 추가된다. 큰 유상하중을 얻으려면 커다란 물리적인 사이즈가 필요하다. 커다란 사이즈는 높은 구조중량을 의미하지만 낮은 중량이 더 많은 유상하중 부양 능력에 기여한다.

또한 많은 성능항목에서 동일한 특성의 경우에는 낮아야 하고 또 다른 것은 높아야 하는 요건이 존재한다는 점에 유의해야 한다. 낮은 중량과 높은 날개 면적이 전형적인 그러한 특성이다. 이는 이러한 두 특성의 비를 고려하게 된다. 중량과 날개 면적의 비(W/S)를 익면하중이라고 하며, 이는 각 단위의 날개 면적이 지지해야 할 평균 중량을 나타낸다. 미터계 단위로 이는 $\mathrm{N/m^2}$이다. 개별적인 특성보다 이들 특성의 비를 고려하는 것이 성능의 관점에서 더 의미가 있다. 따라서 200 $\mathrm{ft^2}$(18.6$\mathrm{m^2}$)의 날개를 가진 3,000lb(1360kg)의 비행기는 667 $\mathrm{ft^2}$(61.9$\mathrm{m^2}$)의 날개를 가진 10,000lb(4536kg)의 비행기와 동일한 날개 하중(15)을 갖게 된다. 이러한 두 비행기의 이, 착륙 성능은 다른 것들이 같을 경우에는 동일하게 된다. 그리고 그러한 성능은 실제 중량에 좌우되는 것이 아니라 날개 면적비에 대한 중량에 좌우된다.

또 다른 중요한 비는 동력 대 중량이다. 높은 동력이 대부분의 경우에 바람직하며 또한 낮은 중량이 바람직하다. 따라서 익면하중과 같이 단위 중량당 동력의 양이 보다 의미가 있는 양이며 P/W로 기술되며 종종 동력 하중이라고 한다.

이제 부하 능력, 속도, 이륙 및 상승 성능은 모두 높은 P/W 비에 좌우된다는 것을 알 수 있다. 이륙과 착륙은 낮은 W/S 비가 필요하지만 주어진 크기의 비행기에서 높은 속도는 상대적으로 높은 W/S 비가 필요하다. 우리가 비행기 설계 절차에 더 깊이 파고 들어가면 궁극적으로 이러한 비들을 어떻게 사용해야 하는가를 알게 된다.

비행기 설계의 일반적인 분야는 매우 복잡하고 많은 다른 비행 구역에서 성능에 대한 고려와 관련된다. 따라서 이 시점에서는 주로 프로펠러 경항공기인 경우로 논의를 국한하기로 하자. 일반적인 개념을 개발하기 위해서는 각 주요 항공기 구성부품의 다른 형상의 장, 단점을 고려하는 것이 필요하다.

1.7 동체 설계

모델 비행기를 제조하려면 먼저 동체를 만들어야 한다. 또한 대부분의 자작기의 경우에도 동체로부터 설계를 시작한다. 결국 비행기를 완성할 때 그들 요원의 공간이 되는 부위이다. 날개와 꼬리날개는 보통 2차적인 고려사항이다.

디자이너는 또한 동체로부터 시작하는 것이 직관적으로 동기를 유발하게 되는 것 같다. 이 구성부품을 먼저 고려하는 것은 보다 기술적인 이유가 있다. 비행기의 주요 임무는 지정된 유상하중을 운반하는 것이며, 대부분의 경우 이 유상하중은 동체 내에 포함되어야 한다. 동체는 한 명, 두 명, 네 명 혹은 200명의 사람 혹은 같은 양의 화물을 수납해야 한다. 이 요건은 동체의 크기와 전체 비행기의 일반적인 크기를 나타내게 된다. 대개 이는 또한 총 중량을 결정한다.

디자이너의 일반적인 경향은 아마도 동체를 낮은 항력을 의미하는 공기역학적 효율을 갖도록 형상을 한다. 저아음 속에서 가장 낮은 압력 항력을 주는 형상을 그림 1.1에서 보여주고 있다. 이는 최적의 공기역학적 형상으로 원형 단면적을 가지며 날씬비가 3이다. 날씬비는 길이 (ℓ)을 최대 지름(d)로 나눈 것이다. 시험을 통해 항력은 날씬비가 3 이상일 때 증가하고 날씬비가 3보다 작을 때 항력은 증가하여 악화된다.

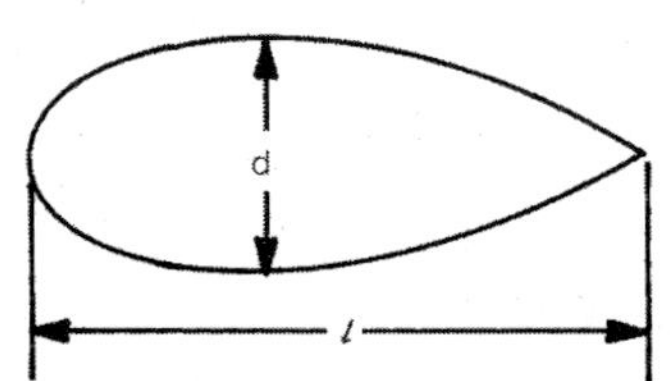

그림 1.1 저항력으로 최적화한 동체의 형상

이 최적의 형상을 얻기 위해서는 전형적인 4인승 경비행기의 경우 동체 길이가 24ft(7.3m)이면 지름이 8ft(2.4m)가 되어야 한다. 36ft(11m)인 전형적인 길이의 쌍발 경비행기의 경우에는 지름이 12ft(3.6m)가 필요하다. 분명히 이는 현 세대의 인간 좌석에 필요한 것보다 훨씬 커다란 공간이다. 동체를 이 고려사항만으로 실제로 형상을 하는 경우에는 많은 낭비가 되는 공간이 있게 된다. 보다 중요한 것은 추가적인 표면 면적이 불필요한 외피 마찰항력을 만들어낸다는 것이다. 그 결과 총 유해항력이 최소가 된다는 것이 가능하다는 것은 아니다.

보다 실질적인 동체 디자인은 최적 형상을 약간 수정해야 한다. 수송기 혹은 많은 승객을 태우는 경비행기에서 조종실 단면은 보통 형태가 원통형이다. **그림 1.2**에서 보는 바와 같이, 원통을 전방에서 둥글게 하고 후미에 있는 지점에서 테이퍼를 준다. 이 형태가 최적의 형상에 접근하여 조종실 면적에 훨씬 더 실질적인 크기와 형태를 제공한다.

원형 단면은 구조 설계를 단순화하며 **그림 1.3**에서 보는 바와 같이, 수송기의 경우 편안한 좌석 배열을 제공한다. 플로어 아래의 면적이 소화물과 화물을 적재하는데 더 커다란 공간을 만들어준다. 그러한 공간이 필요하지 않은 2인승 혹은 4인승 경비행기에서 원형 단면의 하부를 보통 절단하여 **그림 1.4**에서 보는 바와 같이, 일반적인 단면 형태를 형성한다. 이 형태는 실제로 저익형상이다. 고익 항공기에서 전형적인 형상은 이와 동일한 일반적인 형태를 뒤집은 것이 된다.

그림 1.2 원통형 조종실 단면을 갖는 동체

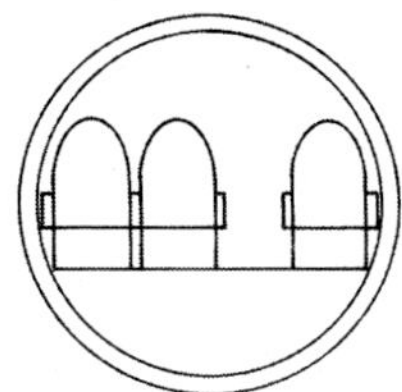

그림 1.3 전형적인 수송기 조종실 단면

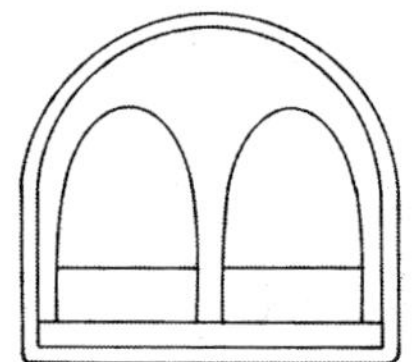

그림 1.4 전형적인 경비행기 조종실 단면

동체 레이아웃에서 고려해야 할 다른 요소가 있다. 재래식 배열에서 동체 뒤 끝이 꼬리날개를 지지한다. 길이는 꼬리날개가 적절한 안정성을 주기 위해 중력중심으로부터 합리적인 모멘트 암에 놓여 있을 만큼 충분해야 한다. 그렇지 않을 경우 매우 큰 꼬리날개가 필요하게 되어 과도한 항력이 만들어진다. 단발엔진 비행기에서 동체의 전방 끝이 엔진을 수납한다. 엔진에 대한 충분한 공간이 있어야 하며 적절한 평형을 유지하기 위해서 중력중심의 훨씬 전방에 위치해야 한다. 그러한 요소 이외의 고려사항으로 동체 설계에 대한 가장 실질적인 접근방법은 간단히 좌석 주위에 끼워 맞춤할 수 있는 가장 작은 셀이다. 이 방법은 최소한의 습윤면적을 제공하며, 따라서 가장 낮은 외피 마찰항력을 제공한다. 물론 형태는 비정상적으로 높은 압력항력이 되지 않아야 한다.

설계는 승무원을 포함하는 것에 기초하여야 하므로 좌석 배열이 일차적인 고려사항이 된다. 2인승 항공기의 경우 디자이너는 텐덤 혹은 사이드 바이 사이드 배열을 선택하게 된다. 텐덤 좌석은 공기역학적 관점에서 낮은 전면면적을 가진다는 장점이 있는 반면에, 승무원 사이에 의사소통을 하기가 불편하다는 점으로 인해 이 배열이 잘 채택되지 않는다. 사이드 바이 사이드 좌석이 훨씬 더 표준적이다. 한편 두 사람을 압착할 수 있는 가장 작은 공간이 공기역학적으로 바람직하지만 실제로는 그렇게 실질적이지는 않다.

승객과 승무원은 안락함을 느낄 수 있도록 적절한 공간이 있어야 한다. 좌석의 경우 평균 개개인에게 편안함을 보장할 수 있는 특정의 치수가 도출되었다. 좌석 폭은 최소 16ft(4.8m)에서 최대 22ft(6.7m)까지 변한다. 차이는 짧은 선수의 수송기 혹은 훈련기 혹은 장거리 비행기냐에 따라 다르다. 인접한 좌석에서 동일한 지점간의 세로방향 거리인 시트 피치(seat pitch)는 또한 동일한 이유로 28in.(711mm)에서 43in.(1088mm)까지 변한다. 객실 높이는 승객이 착석하고 있을 경우에는 최소 4ft(1.2m)여야 하지만 비행 중에 객실에서 승객이 움직이는 경우에는 5ft(1.5m) 이상이어야 한다. 이 경우에 복도 공간이 또한 필요하다.

1.8 날개 설계

한편 승객에게 있어 동체가 가장 중요한 관심사일지 몰라도 날개는 분명히 항공기의 공기역학에 있어 가장 중요하다. 공기역학적으로 날개는 비행기의 심장이다. 항공기 대부분의 공기역학적 거동은 디자이너가 날개를 어떻게 형상화하느냐에 달려있다.

1.8.1 기본 날개 형상

개념단계에서 디자이너는 날개에 대해 매우 기본적인 결정을 한다. 아마도 이러한 결정 가운데 첫 번째는 날개가 고익 디자인 혹은 저익 디자인 혹은 둘 사이의 그 어떤 것으로 할 것인가를 결정하는 것이다. 공기역학적으로 고익은 저익보다 우수하다. 에어포일의 상부면이 가장 중요하며 날개가 동체를 통과할 때 간섭받지 않는 고익은 양항비를 더 좋게 해준다. 저익은 그 임계 상부면이 동체 부위에 분포된다. 저익과 동체의 접합부에서 간섭항력이 발생할 가능성이 더 크다. 이 효과는 적절한 필릿팅(filleting) 혹은 페어링(fairing)으로 다소 완화될 수 있다. 그림 1.5에서 보는 바와 같이, 확장 필릿을 Mooney 날개-동체 접합부에서 채용하였다.

그림 1.5 Mooney Mark 21의 날개-동체 페어링

고익은 또한 안정성에서 논의한 바와 같이, 고유의 가로방향 안정성을 가지며 상반각이 거의 혹은 전혀 필요하지 않다. 이는 날개의 양항비가 약간 개선되는 결과를 가져온다. 반면에, 저익은 지면효과를 더 많이 받아 이륙거리가 감소되는 결과를 가져온다. 그러나 착륙거리는 지면효과로 인해 증가하며, 그 관점에서 볼 때 고익이 더 바람직하다. 중익 형상은 물론 저익과 고익 중간의 특징을 갖는다.

그러나 날개의 선택은 보통 공기역학보다 다른 고려사항에 기초한다. 저익의 한 가지 중요한 장점은 착륙장치를 쉽게 부착할 수 있는 구조를 제공한다는 점이다. 저익의 경우 스트러트(지주)를 상당히 짧게 만들 수 있으며 그로 인해 중량이 최소화된다. 물론 중량은 궁극적으로 비행기의 공기역학에 영향을 미치므로 간접적으로 이는 실제로 공기역학적 고려사항이다.

날개는 보통 연료를 수납하므로 재급유 및 연료 공급 점검이 저익 디자인이 수월하다 그러나 연료 위치가 충돌할 경우에 더 잠재적인 화재 위험 가능성이 존재한다 저익에서 연료탱크는 제한된 혹독한 충돌에서 고익의 경우보다 더 파단되기 쉽다. 반면에 저익 구조는 에너지 흡수기구로 작용하며 더 큰 충돌 안전을 제공하며 화재가 잇따라 일어나지 않는다.

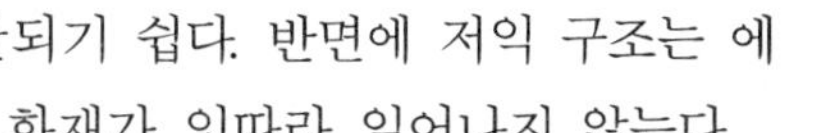

저익 비행기는 또한 다소 더 기동적이므로 곡기비행 조종사들이 더 선호한다. 한편 곡기비행의 주제는 가능한 형상으로 복엽기 형상을 언급할 때 살펴볼 것이다. 복엽기는 높은 항

력 특징을 가지며 넓은 분야의 항공기 용도에서 상당히 시대에 많이 뒤떨어진 개념이다. 그러나 이들은 많은 장점을 가진다. 한 가지 장점은 비교적 짧은 스팬으로 인해 높은 롤율 가능성이 있다. 다른 장점은 매우 강하게 제조할 수 있는 다소 가벼운 중량의 날개 구조라는 점이다. 이러한 모든 특징들은 곡기비행기에서 바람직하다. 복엽기는 그러한 사용에서 효율적인 것이 입증되었으며 고속은 관심사가 아니다.

고익 대 저익 디자인의 논의를 요약하면 이들은 서로에 대하여 각각 다음과 같은 상대적인 장점을 가진다:

① 고익

- 양호한 양항비
- 양호한 가로 안정성
- 짧은 착륙거리
- 충돌시 양호한 내화 특성

② 저익

- 양호한 착륙장치 지지
- 양호한 롤 기동성
- 용이한 재급유
- 짧은 이륙거리
- 양호한 충돌 에너지 흡수 특성

또한, 약간씩 서로 다른 기술적인 차이점이 존재한다. 고익은 종종 지면에 대해 양호한 시계를 제공하기 때문에 특정의 조종사와 승객이 선호한다. 양호한 시계는 광고작업 혹은 공중촬영을 하는 경우에 필요할 수 있다. 그러나 저익은 보통 보다 심미적으로 즐거움을 주는 비행기 디자인을 제공한다. 공기역학적인 장점이 없을지라도 많은 항공공학적으로 골몰하는 사람들은 저익이 단지 깔끔하다는 이유만으로 저익을 선호한다.

디자이너가 직면하는 또 다른 선택은 구조적인 고려사항이다. 날개는 외적으로 스트러트의 버팀목이거나 내부 구조에 의해 전적으로 지지된다. 후자 형상을 외팔보 구조라고 한다. 외부 브레이싱은 구조 설계가 잘 발달되지 않은 과거에 이 방법에 의존하였다. 고강도-중량 알루미늄 합금이 개발되자 디자이너들은 외팔보 날개 형상으로 집중하는 경향이 있다. 그러한 배열은 외부 스트러트의 항력을 제거시킨다. 그러나 내부 지주에 필요한 구조의 양은 무거운 날개가 된다. 동일한 크기의 스트러트 브레이스 날개가 더 가볍고 종종 중량 절감이 약간의 항력 증가보다 낫다. 이는 그림 1.6의 Cessna 172와 같이 그러한 비행기가 다소 구식으

로 보이는 스트러트를 비행기 날개 아래로 감싸는 것을 주장하는 이유이다.

스트러트는 보통 고익 디자인에서만 사용된다. 이에는 다음과 같은 두 가지 이유가 있다. 무엇보다도 먼저 날개 밑의 스트러트는 날개에서 정상비행 하중하의 인장상태이다. 인장하중은 적은 구조가 필요하다. 저익에서 스트러트는 압축상태이며 날개가 좌굴로부터 유지하기 위해서는 무거운 양의 재료가 필요하다. 둘째로 스트러트-날개 접합부는 더 많은 간섭을 제공하며, 따라서 하부면보다 상부면에 있는 스트러트에 항력이 더 많다. 외팔보 혹은 스트러트 브레이스로 결정하는 것은 따라서 고익 혹은 저익의 선택과 연관된다.

그림 1.6 Cessna 172 Skyhawk

1.8.2 항공기 윤곽(형상)의 선택

비록 개념설계 단계에서 정확한 형태의 날개를 생각할 수는 없지만 날개에 대하여 논의할 때 이 측면에 대하여 살펴보기로 하자. 앞에서 언급한 항공기 윤곽(형상)은 위(혹은 아래)에서 직접 본 날개의 형태이다. 타원형 형태의 날개를 이상적인 날개로 생각하였다. 타원형 날개는 동일한 양의 양력을 만들어내는 그 어떠한 형태의 날개에서 가장 낮은 유도항력을 만든다. 타원형 날개는 만들기가 어렵고 거의 동일한 공력 특성을 가지는 테이퍼 날개 대신에 보통 관대히 봐준다.

보다 경제적인 날개는 직선형 날개이다. 이 날개는 프로파일 형태를 스팬 전체에 걸쳐 정확하게 만들 수 있고, 따라서 모든 리브가 동일하며 동일한 패턴으로 만들 수 있기 때문에 가장 값싸게 만들 수 있다. 직선 날개의 문제점은 선외부분에서 필요한 것보다 훨씬 무겁다는 것으로 귀결된다. 이는 양력 하중이 선단으로 갈수록 감소하기 때문이며 따라서 그 만큼 구조가 필요하지 않다.

그러나 실속 진행이 직선 날개에서 더 우호적이다. 테이퍼 날개는 선외 단면에 비틀림을 주어 양호한 실속 패턴을 만들 수 있다. 그러나 이는 유해항력이 증가하게 된다. 반면에 테이퍼 날개는 동일하게 주어지는 날개 면적의 경우 직선 날개보다 가로세로비가 증가하며, 따라서 유도항력이 감소된다. 윤곽의 훌륭한 타협은 직선 날개와 테이퍼 날개를 결합하는 것이다(그림 1.7 참조). 선내부분은 직사각형으로 낮은 생산비용과 양호한 실속특성을 제공한다. 선외부분은 특정의 스팬방향 위치로부터 가늘어지며 중량을 감소시키고 가로세로비를 증가시킨다. 이 배열은 Cessna 및 Piper 단발엔진에서 채택하였다.

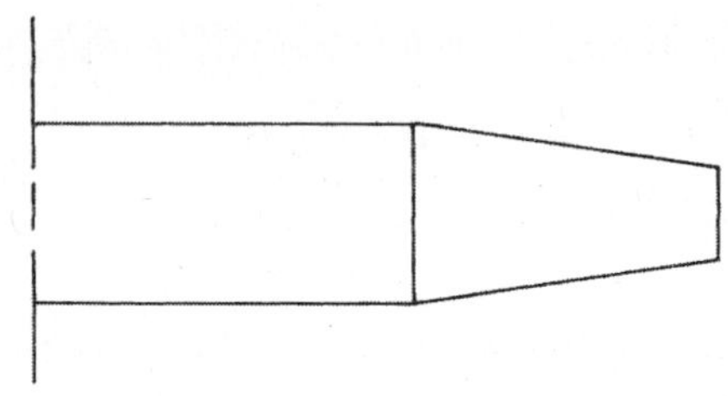

그림 1.7 직선 및 테이퍼 날개 윤곽의 결합

1.8.3 에어포일 선택

날개의 프로파일 형태는 에어포일을 선택하여 결정된다. 에어포일을 선택하는 것은 윤곽을 배열하는 것보다 복잡한 결심이다. 사용되는 매우 많은 다른 에어포일 형태가 초보 디자이너에게 혼란스러운 상황을 가져다준다. 에어포일 형태를 자세히 들여다보면 NACA 4계열 혹은 NACA 6계열 에어포일과 같이 비교적 약간의 에어포일 그룹이 있음을 알게 된다. 각 그룹 내에서 에어포일은 두께, 캠버의 각도, 혹은 약간 다른 속성에 따라 변한다. 이러한 특성들은 언제나 시위길이비로 주어지므로 형태는 동일한 속성을 유지할 때 임의의 원하는 크기로 축척할 수 있다.

주로 우리는 보통 저렴하고 성능 좋은 물건을 구하듯이 높은 양력과 낮은 항력을 주는 에어포일을 찾는다. 그러나 경제적인 상황에서 우리는 언제나 이러한 이상적인 상황을 달성할 수 없다. 절충이 다시 핵심어가 된다. 이러한 관점에서 우리가 진정으로 추구하고자 하는 바는 가장 높은 양항비를 얻는 것이다. 우리는 또한 이와 같이 높은 양항비가 일부 중요한 상황 보통 순항속도에서 발생하기를 원한다. 그러한 임계상황을 설계점(design point)이라고 한다.

또 다른 주요한 고려요소는 최소 양력계수이다. 높은 최대 C_l은 낮은 실속속도를 의미한다. 또한 양력계수곡선이 최대점(실속점)에서 떨어지는 모양이 날개가 얼마나 갑자기 실속되

는가를 결정하게 된다. 얇은 낮은 캠버 단면이 이 부류에서 가장 나쁘다. 또한 중요한 것은 피칭모멘트이다. 높은 피칭모멘트는 꼬리날개 하중을 더 높게 평형 시킨다는 의미로 수평 꼬리날개로부터 항력을 증가시키게 된다. 기타 공기역학적 외적인 고려사항에는 스파구조, 연료 억제, 착륙장치 수납 및 생산하기 용이한 형태에 충분한 두께와 같은 사항이 포함된다.

그러므로 최적의 에어포일은 다음과 같은 속성을 가져야 한다.

- 낮은 항력계수(C_{do})
- 설계 양력계수에서 최소 항력
- 최대 양력계수($C_{l_{max}}$)는 가능한 한 커야 한다.
- 피칭모멘트계수는 가능한 한 0에 가까워야 한다.
- 스파, 연료 및 착륙장치(랜딩기어)의 충분한 두께

이러한 특징에 가장 영향을 주는 두 가지 속성은 두께와 캠버이다. 각 이들 두 속성이 증가할 경우의 영향을 요약하면 다음과 같다 :

① 두께 증가

- 최대 양력계수 증가(최대 18%)
- 항력계수 증가
- 구조 및 연료에 더 큰 공간 제공

② 캠버 증가

- 설계 양력계수 증가
- 피칭모멘트 증가(부(-)의 값)
- 주어진 받음각에서 양력계수 증가

응용심화학습 2에 여러 가지 NACA 에어포일에 관한 시험 데이터를 제시하였다. 도표의 왼쪽이 양력계수 대 받음각의 선도이다. 이러한 곡선이 높은 것은 스플리트 플랩을 60° 산개한 경우이다. 오른쪽 도표는 단면 항력계수 대 양력계수의 선도이며, 또한 이 도표의 하단부에 있는 피칭모멘트 대 양력계수의 선도이다. 다른 부호가 다른 레이놀즈 수 혹은 다른 크기와 속도 구역에서 사용되었다. 시위 날개가 5.5ft(1.67m)인 150mph(240km/h)로 비행하는 비행기는 약 6,000,000(6×10^{6}) 레이놀즈 수에서 작동한다.

1412 에어포일과 4412 에어포일을 주목하기 바란다. 두 에어포일은 모두 동일한 두께(12%)이지만 4412의 4% 캠버가 훨씬 더 부(-)의 피칭모멘트를 준다. 최소항력은 또한

$C_l = 0.4$에서 발생하는 반면에 1412는 $C_l \doteqdot 0.1$에서 발생한다. 또한 4412의 경우 훨씬 더 서서히 양력곡선이 떨어지는 반면에 1412는 매우 가파르게 실속한다. 동일한 두께를 가지는 두 에어포일은 대략 동일한 최소항력을 갖는다. 4415로 증가된 항력을 주목해보면 에어포일은 약간 두꺼운 점을 제외하고는 4412와 거의 같다.

다시 디자이너는 딜레마에 빠지게 된다. 예를 들어, 두께가 구조와 연료에 필요하지만 항력에 나쁜 영향을 주게 된다. 경험을 통해 약 12~15%의 두께비를 갖는 에어포일이 대부분의 경비행기에서 가장 잘 작동되는 것을 알 수 있다. 15% 이상은 과도한 항력을 가져온다. 12%보다 훨씬 적은 에어포일은 매우 무거운 날개이거나 내부적으로 지지할 수 없는 날개이다. 또한 2% 캠버는 대략 평균인 것처럼 보이며 4%가 몇몇 경우에서 사용된다. 그러나 이 범위 어디에서 최상의 전체 결과를 가져다주는 캠버와 잘 타협하게 된다.

적절한 스파 깊이를 주는 두께를 지나치게 강조할 필요는 없다. 대부분의 날개 중량은 보통 스파인 굽힘부재 지주로부터 온다. 스파는 그 깊이에 의해 가장 좋은 강도를 제공한다. 스파의 중량은 실제로 그 깊이 제곱에 반비례한다. 깊이만을 약간 제한한다는 것은 훨씬 넓게 해야하므로 무거워야 한다는 의미이다.

에어포일 선택에서 고려해야 할 또 다른 고려사항은 최대 두께 지점의 위치이다. 이는 보통 최대 깊이 능력을 이용하는 곳에 스파를 두는 지점이다. 스파는 동체를 통해 하나의 날개에서 다른 날개로 지나가야 한다. 저익 비행기에서 이 점이 좌석 아래에서 발생하는 것이 가장 바람직하다. 많은 4인승 비행기에서 최대 두께 지점이 훨씬 뒤에 있는 에어포일은 주로 뒤 좌석 아래에 주 스파가 놓이도록 선택한다.

스파 위치는 하찮은 것일 수 있지만 이는 스파가 조종사의 발이 있어야 할 곳에 위치하게 되는 경우에는 나중에 설계를 변경하게 되는 경우까지 사태를 극히 악화시킬 수 있다. 최초의 전 금속, 저익, 접개식 기어 수송기인 Boeing 247은 1930년대 초기에 제조되었는데 주 스파가 승객 통로를 직접 통과하여 놓여있었다. 승객은 스파 위를 지나 객실의 한 끝에서 다른 끝으로 가기 위해서 무게를 재고 여러 걸음을 내려가야 했다. 이는 고익 혹은 저익을 선택하는데 있어 또 다른 고려사항임을 지적하고 있으며, 많은 승객 배열에서 중익 디자인을 상당히 많이 제외하게 되었다.

1.9 동력장치 선택

날개가 양력의 주요(종종 유일한) 제공자인 것과 마찬가지로 동력장치는 비행기에게 추력을 주므로 이러한 두 구성부품은 비행에 필요한 정(+)적인 힘이다. 그리고 분명히 동력장치

의 선택은 디자이너에 있어 또 다른 매우 중요한 고려요소이다.

여러 가지 유형의 엔진 특징과 상대적인 장점을 조사해 보면 각 비행 속도 구역에서 최상인 기본적인 엔진 유형이 있는 것처럼 보인다. 저속 경비행기의 경우 디자이너는 매우 빨리 피스톤 엔진 프로펠러 동력장치를 조준할 수 있다. 모든 최신 피스톤 엔진은 공랭, 수평 대향식 실린더 디자인이다. 그러므로 선택은 필요동력을 발달시키는 특정의 엔진 모델을 결정하는 것으로 극히 제한된다.

동력-중량비가 중요한 특징이다. 동일한 동력 등급의 여러 개의 엔진이 있는 경우 높은 P/W비가 선택을 결정하게 된다. 그러나 동일한 기본 동력 등급의 대부분의 최신 엔진은 대략 동일한 동력-중량비를 가진다. 또 다른 매우 중요한 고려사항은 연료소비율이다. 대부분의 엔진은 거의 동일한 연료소비율을 가진다. 최신 왕복엔진에서 이 수치는 약 0.42~0.50 lb/hr/bhp(71~84Mg/J))이다.

동일한 동력 등급을 가지는 다른 모델간의 실질적인 선택은 보통 세목이 적은 것을 선택하는 것에 해당한다. 그러한 세목에는 보기류 구동장치의 수와 위치, 가변 피치 프로펠러 제공 혹은 연료 분사, 기어장치 혹은 터보차저의 가용도가 결정요소이다. 기어식 엔진은 매우 높은 rpm으로 작동하여 동력을 증가시킬 수 있다. 연료 분사는 동력을 약간 증가시킬 수 있지만 보다 중요한 것은 낮은 엔진 속도에서 연비를 향상시킨다는 점이다. 터보차저는 고도 성능을 증가시켜 이는 보통 비행기 성능에 상당한 향상을 가져온다. 그러나 이러한 모든 특성들은 엔진 중량을 어느 정도 증가시키며 비용을 상당히 증가시킨다.

실제 엔진 치수와 기화기의 위치가 카울링 디자인에서 중요하며 동체의 전방 끝의 형태와 크기에 상당히 영향을 주게 된다. 추력선은 동력 변화에 따른 피칭모멘트를 최소화할 수 있도록 CG의 수직 가까이에 위치해야 한다.

프로펠러 특징을 조사하여 선택하여야 한다. 제조업자들은 주어진 엔진과 비행기 작동조건에 최상인 프로펠러를 선택하도록 권고하고 있다. 기본적으로 이는 설계 조건에 최대의 효율을 주고 나머지 비행포위선도에 걸쳐 합리적인 효율을 가져다주는 피치와 지름을 선택하는 것을 의미한다. 디자이너는 가변 피치 혹은 고정 피치를 선택해야 한다. 가변 피치 프로펠러는 최대 효율 범위를 확장하고 높은 상승속도를 유지할 때 상승성능을 개선시킨다. 그러나 이들은 중량과 비용을 비행기에 추가하게 된다. 매우 작은 비행기에서 이러한 요소는 개선된 성능의 장점에 대하여 부담이 갈 수 있다.

프로펠러 설치시에는 특정의 규정을 주목해야 한다. 예를 들어, 현용 FAA 규정에는 3발형 비행기에서 최소한 7in.(178mm)의 지상 여유를 요구하고 있거나 미륜형인 경우 9in.(228mm)를 요구하고 있다. 이는 착륙장치의 정적 처짐, 활주 및 수평비행 상황에서 적용된다.

1.10 착륙장치 형상

오랫동안 미륜형 착륙장치가 유일한 착륙장치였다. 이러한 이유로 인해 미륜형 착륙장치는 종종 시대에 뒤떨어진 이야기로 간주되며, 최근 조종사와 디자이너들도 마찬가지로 이를 기피하게 되었다. 미륜은 아마도 만들고 설치하기가 간단하기 때문에 그렇게 오랫동안 인기가 있었을 것이다. 미륜은 또한 비행기에 매우 적은 중량과 항력을 추가한다. 미륜 형상의 경우 주 기어가 날개의 가장 무거운 부분 아래의 오른쪽에 떨어지는 위치가 필요하다. 이는 기어를 날개 혹은 동체에 부착하는 것이 비교적 쉽게 만든다.

그러나 미륜 형상은 착륙과 활주 작업이 복잡하다. 주 기어 뒤의 CG의 경우 조기 착륙 충격이 비행기를 높은 받음각으로 회전하게 하며, 그 결과 양력 증가는 비행기를 공기 뒤로 튀어 오르게 만든다. 또한 임의의 편요 경향이 CG 뒤에 위치하면 확장되며 조종사가 약간만이라도 부주의하면 난처하게 만들고 심지어 손상을 주는 지면 루프가 될 수 있다. 부가하여 활주로 혹은 유도로 전압에 대한 조종사 시계는 매우 저속인 테일드레거(tail dragger)의 노즈하이 위치에 의해 거의 전체적으로 말살된다.

미륜 형상의 모든 이러한 단점은 전륜, 혹은 세발기어 형상으로 제거할 수 있다. 이 경우에 CG는 주 기어 전방에 있으며 피치 및 요 운동에 대한 안정화 영향을 발휘한다. 주 기어에 대한 심한 충격이 피치다운 운동이 되어 양력을 감소시키게 된다. 마찬가지로 빗놀이 경향성은 전방 CG로 상쇄된다.

그림 1.8 Cessna 185 Skywagon

불행하게도 앞바퀴는 상당한 충격을 견딜 수 있으며, 따라서 매우 무거운 것으로 귀결된다. 비행기의 임계 전방 끝에 대한 앞바퀴의 크기와 위치가 상당한 양의 항력을 추가한다. 세발기어 형상은 또한 주 바퀴를 상당히 멀리 뒤로 위치시키며 비행기의 나머지에 부착하는 것을 복잡하게 만든다. 그럼에도 불구하고 핸들링 특성이 크게 개선되고 커다란 시인성이 이러한 유형의 착륙장치를 크게 채택하는 원인이 되었다. 1980년 이래로 Cessna 185(그림 1.8)와 같이 농업용 혹은 다용도 비행기인 몇몇 특수용도의 비행기에서만 미륜으로 제조되고 있다. 이러한 항공기는 종종 앞바퀴(노즈휠)가 고정되지 않는 입증되지 않은 가설 활주로에서 작동한다.

1.11 꼬리날개 설계

꼬리날개면의 목적은 적절한 안정성과 조종성을 제공하는 것이다. 따라서 이러한 면의 크기는 원하는 안정성 및/혹은 조종성의 정도로 결정된다. 수평 꼬리날개는 세로 안정성과 조종성을 제공하며 수직 꼬리날개는 직진 방향의 안정성과 조종성을 제공한다. 총 수평 꼬리날개면은 세로 안정성을 제공하는 한편 승강타는 피치 제어를 제공한다. 각각 수직 꼬리날개와 방향타는 빗놀이 안정성 및 조종성을 제공한다.

공기역학적 힘은 표면의 면적에 비례한다. 따라서 꼬리날개면을 크게 하면 할수록 꼬리날개에서 더 많은 양력이 만들어진다. 안정성은 CG에 대한 모멘트와 모멘트 암이 필요한 모멘트에 의해 결정된다. 따라서 CG로부터의 거리 혹은 모멘트 암이 또한 요소이다. 세로 안정성을 제공하는 꼬리날개 모멘트는 실제로 꼬리날개 양력에 꼬리날개 모멘트 암을 곱한 것과 같다. 힘은 어느 정도 면적에 의해 결정되므로 안정성은 꼬리날개 면적에 모멘트 암을 곱한 것에 비례하게 된다.

단위 길이 제곱의 면적과 또 다른 길이를 곱하면 입방 단위의 길이를 얻는다. 입방 길이는 체적의 단위이므로 꼬리날개 면적에 꼬리날개 암의 곱을 꼬리날개 체적(tail volume)이라고 한다. 안정성은 이 체적에 비례하므로 꼬리날개 면적 혹은 꼬리날개 암이 증가하면 안정성이 증가된다. 따라서 긴 동체는 긴 모멘트 암을 만들게 되어 적은 꼬리날개 면적이 필요하다. 짧은 동체는 짧은 꼬리날개 암이 되어 동일한 안정성을 얻으려면 커다란 꼬리날개가 필요하게 된다.

양력계수 혹은 항력계수와 유사하게 꼬리날개 체적을 다른 적절한 체적으로 나누어 꼬리날개 체적계수를 규정한다. 수평 꼬리날개의 경우 날개 면적과 평균 시위 치수는 주로 꼬리날개에서 필요한 안정성의 정도를 결정한다. 따라서 수평 꼬리날개 체적계수는 실제 꼬리날개 체적을 날개 면적에 평균 날개 시위를 곱하여 나눈 것으로 정의된다.

$$\text{수평 꼬리날개 체적계수} = \frac{\text{수평 꼬리날개 면적} \times \text{꼬리날개 암}}{\text{날개 면적} \times \text{날개 시위}}$$

보다 기술적으로 사용하면 이는 보통 다음과 같은 약어로 나타낼 수 있다:

$$V_H = \frac{S_h \times l_t}{S_w \times c} \tag{1.1}$$

날개 면적과 날개 길이가 중요한 양이라는 점을 제외하고는 수직 꼬리날개에 대한 유사한 계수를 정의할 수 있다. 따라서 수직 꼬리날개 체적계수는 다음과 같이 기술된다 :

$$\overline{V_v} = \frac{S_v \times l_t}{S_w \times b} \tag{1.2}$$

경비행기는 필요한 안정성 혹은 조종성에 따라 수평 꼬리날개 체적계수 범위는 대략 0.3~0.7이다. 커다란 각도의 플랩은 높은 양력계수가 되어 조종성 목적상 더 큰 수평 꼬리날개면이 필요하게 되고 높은 꼬리날개 체적이 필요하게 된다. 꼬리날개 체적계수의 예로 Piper Arrow Ⅱ를 고려해보자. 이 비행기는 다음과 같은 치수를 갖는다.

- 수평 꼬리날개 면적 : $32\text{ft}^2(2.97\text{m}^2)$
- 꼬리날개 모멘트 암 : $14\text{ft}^2(4.27\text{m})$
- 날개 면적 : $170\text{ft}^2(15.7\text{m}^2)$
- 평균 시위 : $5.25\text{ft}(1.68\text{m})$

꼬리날개 체적계수는

$$\overline{V_H} = \frac{S_h \times l_t}{S_w \times c} = \frac{32 \times 14}{170 \times 5.25} = 0.5 \text{이다.}$$

꼬리날개 면적은 전형적인 꼬리날개 체적계수로부터 꼬리날개 체적을 결정하여 설계의 초기단계에서 추정한다. 예를 들어, 안정성을 위에서 언급한 Arrow와 대략 같은 안정성을 원한다고 생각해보자. 그러나 우리의 새로운 비행기 디자인은 날개 면적이 $240\text{ft}^2(22.2\text{m}^2)$이며 시위는 6ft(1.83m)이다. 필요한 꼬리날개 체적을 구하기 위해 Arrow의 꼬리날개 체적계수를 사용하여 우리 디자인의 날개 치수에 곱하면 다음과 같다 :

$$\text{꼬리날개 체적} = \text{V}_\text{h} \times \text{S}_\text{W} \times \text{c} = 0.5 \times 240 \times 6 = 720\text{ft}^3(20.16\text{m}^3)$$

꼬리날개 암이 16ft(4.88m)가 되려면 꼬리날개 면적은 $45\text{ft}^2(4.18\text{m}^2)$를 사용할 수 있다. 이 길이 암을 사용할 수 없으며 15ft(4.57m)로 제한하는 경우에는 꼬리날개 면적은 $48\text{ft}^2(4.45\text{m}^2)$가 되어야 한다. 어느 조합이건 간에 총 꼬리날개 체적은 $720\text{ft}^3(20.16\text{m}^3)$가 된다.

수직 꼬리날개 크기는 유사한 방법으로 추정한다. 수직 꼬리날개 체적계수 범위는 전형적인 경비행기의 경우 대략 0.02~0.05이다. 그러한 추정은 예비추정에서 충분하다. 그러나 전반적인 안정성과 조종성에 필요한 꼬리날개의 상세 설계는 매우 복잡하며 본 교재의 범위를 벗어나므로 생략하였다.

1.11.1 꼬리날개 형상

그림 1.9 Cessna 310의 재래식 수직 미익

재래식 꼬리날개 배열은 **그림 1.9**에서 보는 바와 같이, 수평 안정판 위에 단일 수직 핀을 장착하는 것이었다. 수직 핀 요건은 매우 커다란 핀이 되어 방향타 편향으로부터 현저한 롤링 모멘트가 될 수 있다. 이는 트윈 핀을 사용하여 극복할 수 있다. 이들 각자가 작지만 두 총 면적이 방향 안정성에 기여한다. 수평면과 접하는 곳에서 약간의 추가적인 간섭 항력이 존재하지만 이들이 수평안정판에 작용하는 앤드플레이트의 효과가 이를 더 효율적으로 만든다. 따라서 더 작게 만들 수 있으며 그러한 방법으로 약간의 항력을 감소시킬 수 있다. 트윈 핀이 **그림 1.10**에서 보는 바와 같이 Ercoupe에서 사용된다.

그림 1.10 Ercoupe의 트윈 수직 핀

저속 비행기에서는 맵시가 있는 외관을 제외하고는 뒤젖힘 수직 꼬리날개로부터 얻는 것이 없다. 뒤젖힘은 날개에서와 마찬가지로 저속에서 효율을 떨어뜨린다. 이는 차례로 더 많은 수직 꼬리날개가 필요하고 따라서 약간 더 많은 항력이 만들어진다. 그러한 형상이 판매되는 것은 비행기 구매자가 효율만큼 심미적인 것에 흥미가 있는 것처럼 보이기 때문에 거래가 가치가 있다는 것을 입증하고 있다.

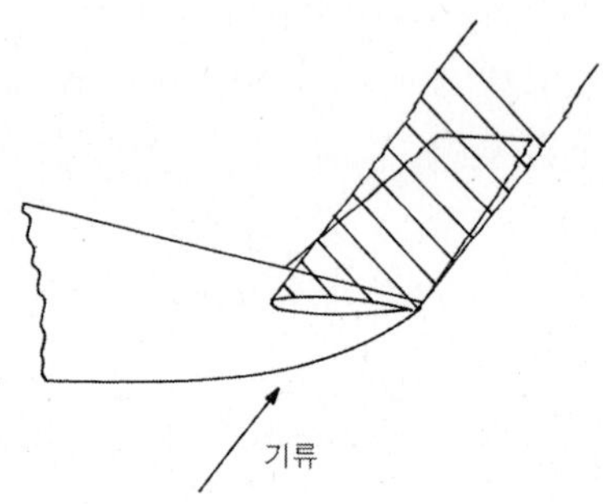

그림 1.11 스핀에서 수평 꼬리날개가 수직 꼬리날개를 무의미하게 만든다

꼬리날개 배열에서 또 다른 고려사항은 스핀 회복과 관련된다. 시험을 통해 수평 꼬리날개를 수직 꼬리날개 아래에 장착하면 스핀에서 기류로부터 수직 꼬리날개를 무미건조하게 하는 경향이 있어 회복을 어렵게 하거나 불가능하게 하는 것을 보여주었다. 그림 1.11은 스핀에서 기류방향에 의한 이 효과를 보여주고 있다. 뒤젖힘 꼬리날개는 특히 이러한 비행측면에서 방해자임을 주목하기 바란다. 스핀 성능의 개선은 수평안정판을 훨씬 뒤로 이동하여 이를 수직 핀에 위치시키거나 핀을 수평안정판 아래로 연장하여 얻을 수 있다. 이러한 모든 배열은 장착을 다소 복잡하게 만들며 보통 무거운 구조 요건으로 귀결된다.

1.11.2 T형 꼬리날개 및 V형 꼬리날개

스핀 회복에 가장 좋은 형상 중의 하나가 그림 1.12와 같은 T형 꼬리날개이다. T형 꼬리날개는 1980년대 초기에 상당한 인기를 얻었다. 이는 주로 NASA에서 수행한 스핀 회복에 대한 상당한 연구에 기인하며 1970년대 후반에 이 형상이 스핀 회복에 이상적이라는 지적에 기인한다. T형 꼬리날개를 사용하는 또 다른 이유는 이를 날개의 내리흐름(다운워시)을 벗어나 놓을 수 있다는 점이다. 내리흐름(다운워시)은 수평 꼬리날개의 안정 효과를 저감시키며 이 효과가 높은 받음각에서 크게 되었다. 낮게 장착한 꼬리날개가 그림 1.13(A)에서 보는 바와 같이, 이러한 내리흐름(다운워시)에 가라앉은 반면에 T형 꼬리날개는 이것으로부터 자유로우며 그 효과를 유지한다. 그러나 완전 실속에서 내리흐름(다운워시)이 중지되고 날개의 후류가 상당히 많이 직접적으로 흐른다. 이 상황에서 낮게 장착한 꼬리날개가 후류에 자유로운 반면에 T형 꼬리날개는 가끔 그곳으로 떨어지게 된다(그림 1.13(B)). 이러한 일이 일어나면 T형 꼬리날개는 갑작스럽게 효과를 상실하며 빠른 피치다운 운동이 일어나게 되며 종종 이를 깊은 실속(deep stall)이라고 한다.

그림 1.12 Grob G 109 세일플레인의 T형 꼬리날개 배열

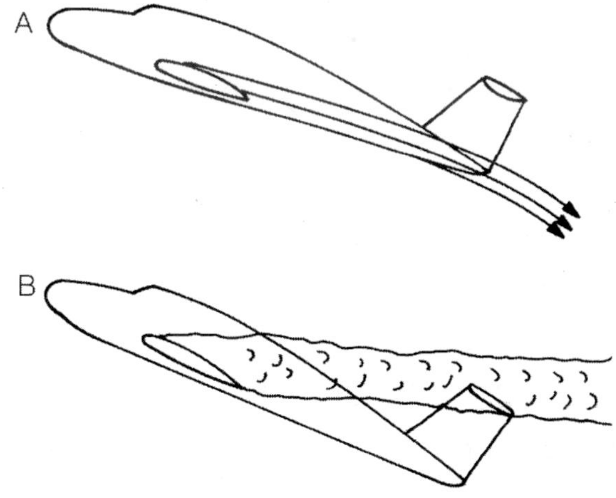

그림 1.13 T형 꼬리날개는 실속 전 비행에서 날개 내리흐름(다운워시)을 피할 수 있지만(A) 실속된 날개의 후류로 떨어지게 된다(B).

T형 꼬리날개의 또 다른 단점은 이 위치에서 수평 꼬리날개를 지지하기 위해 필요한 무거운 구조에 추가적인 중량이 필요하다는 점이다. 또한 승강타 조종 장치와 트림 링크장치가

복잡하며 중량을 추가한다. T형 꼬리날개는 수평 꼬리날개에서 트윈 수직 꼬리날개의 효과와 유사한 수직 꼬리날개의 앤드플레이트 효과로 수직 꼬리날개의 효과를 개선한다. T형 꼬리날개로 많이 변환하는 것은 그러한 형상의 최신 외양에 기인하고 있다. T형 꼬리날개에 대한 선호도는 뒤젖힘 꼬리날개와 마찬가지로 보통 공학부서보다 판매부서에서 더 크다. 일부 제조업자들은 이 디자인의 단점이 장점보다 많다는 것을 발견하였다.

또 다른 꼬리날개 형상은 V형 꼬리날개이다. 이 디자인에서 중심선 양쪽에 있는 단일 면을 수평 꼬리날개 및 수직 꼬리날개 효과를 주기 위해 위로 경사를 준다. V형 꼬리날개의 수직 돌출부가 세로 안정성을 주며 수평 돌출부가 방향 안정성을 준다. 이 배열은 재래식 꼬리날개 배열보다 약간 항력을 감소시킨다. 가장 유명한 V형 꼬리날개 항공기는 Beechcraft Bonanza(그림 1.14)로 1947년에 최초로 소개된 다소 혁명적인 경비행기이다. 이 비행기의 높은 성능은 주로 V형 꼬리날개라고 생각하였다. 그러나 이 측면은 전체 저항력 형상에 단지 약간만 기여하였다. 이는 여러분이 Bonanza(Model 33)의 직선 꼬리날개형을 보면 분명히 알 수 있을 것이다. 이 형태는 동일한 엔진을 장착하는 경우 V형 꼬리날개 형상과 거의 동일한 성능을 갖는다.

V형 꼬리날개 형상에서 항력 감소는 단지 면의 약간의 접합부에 의한 간섭 항력의 절감으로부터 온다. 동일한 안정성을 주기 위해서는 V형 꼬리날개의 총 표면적이 재래식 수직 및 수평 꼬리날개의 총합과 같아야 한다. 그러므로 외피 마찰 항력에서 절감이 없다.

V형 꼬리날개의 주요한 장애물은 단일 조종면의 키놀이 및 빗놀이 조종성을 얻기 위해 필요한 매우 복잡한 제어장치이다. V형 꼬리날개는 또한 상당한 더치 롤 경향성에 민감하다는 점이다. V형 꼬리날개와 T형 꼬리날개는 모두 활공기에서 인기가 있으나, 이는 주로 개간하지 않은 지형에서 착륙시 손상을 받지 않도록 꼬리날개면을 높게 유지하기 위함이다. V형 꼬리날개는 또한 양호한 스핀 회복 특성을 가진다는 점에서 T형 꼬리날개와 명성을 공유하고 있다.

그림 1.14 1947년 원 모델 Beech Bonanza

1.12 1차 추정

처음에는 비행기의 설계를 시작하는 것이 거의 불가능한 것처럼 보인다. 여러분이 알고자 하는 모든 것이 미지수이다. 예를 들어, 비행기의 중량을 결정하려면 엔진의 크기와 필요한 연료의 양을 알아야 할 필요가 있다. 그러나 엔진 크기를 결정하기 전에 여러분은 극복해야 할 항력이 얼마나 많은가를 알아야 한다. 차례로 항력은 중량에 따라 다르다. 그러므로 사각형 하나로 되돌아가야 한다. 논리적인 출발점은 없는 것처럼 보인다.

이 딜레마를 해결하기 위해서는 특정 매개변수를 먼저 추정하는 전략, 즉 설계에 대한 출발점을 형성하는 것에 의존해야 한다. 먼저 이는 개략적인 추정을 하는 것과 같으며 그 다음에 그것에 얼마나 근접하게 보이게 하는 것이다. 그러나 이 위업을 수행하기 위한 일반적으로 수용되고 상당히 합리적인 방법이 존재한다. 이 기술은 현존하는 비행기의 디자인에서 관심사의 값을 검토하는 것이다. 물론 이들은 동일한 부류의 크기와 성능이어야 한다. 하나의 비행기와 다른 비행기가 상당히 일치하는 특정한 특징이 나타난다. 이러한 것들은 분명히 출발을 위한 특징이다. 새로운 디자인에 대한 정확한 값은 이 단계에서 선택하지 않지만 유일한 평균값 혹은 “추정” 수치를 선택한다.

1.12.1 중 량

아마도 출발을 위한 최상의 장소는 총 중량의 1차 추정을 하는 것이다. 그러므로 많은 다른 매개변수는 이 값에 의존한다. 그림 1.15는 논리적인 설계 순서에서 여러 가지 단계를 보여주고 있으며, 중량 추정이 1단계에 해당한다. 그림에서 보는 바와 같은 순서는 진행을 위한 유일한 방법은 아니지만, 많은 디자이너들이 따르는 방법이며 우리가 사용하고자 하는 방법이다.

이륙 총 중량은 비행기의 공허중량(엔진과 기체 포함), 연료 중량(이륙시의 총 연료) 및 유상하중이다. 방정식의 형태로 나타내면

$$W_G = W_E + W_f + W_P \qquad (1.3)$$

여기서 W_G 는 이륙 총중량
W_E 는 공허중량
W_f 는 연료 중량
W_P 는 유상하중 중량이다.

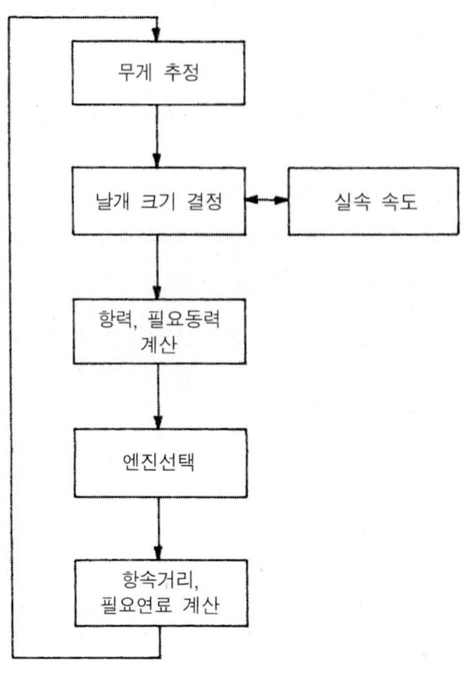

그림 1.15 초기 설계과정의 흐름도

보통급 및 수송기로 인가된 경비행기에서 공허중량은 총 중량분과 거의 일치한다. 재래식 금속 세미모노코크 구조에서 이 수치는 소형 4인승 단발에서 대형 제트기에 이르기까지 55%에 근접한다. 단발 엔진 경비행기를 자세히 살펴보면 이 수치는 실제로 총 중량의 0.54~0.62배이다. 표 1.1은 총 중량이 2,000lb~4,000lb(906~1812kg)인 16개 단발엔진 비행기의 총 중량분과 공허중량에 대한 자료를 보여주고 있다.

표 1.1 공허중량 및 연료중량에서 경비행기의 총 중량분

항공기	총 중량(lbs)	공허중량비($\frac{W_E}{W}$)	연료중량비($\frac{W_F}{W}$)
고정 기어			
Cessna 172	2,400	0.60	0.16
Piper Warrior	2,440	0.55	0.12
Beech Sundowner	2,450	0.61	0.14
Piper Archer	2,550	0.55	0.11
Piper Dakota	3,000	0.54	0.14
Cessna Skylane	3,100	0.56	0.17
Cessna 206	3,600	0.54	0.15
Piper Saratoga	3,800	0.54	0.17

접개들이식			
Cessna Cultass	2,650	0.60	0.14
Mooney 201	2,740	0.61	0.14
Beech Sierra	2,750	0.62	0.12
Piper Arrow	2,900	0.58	0.15
Cessna Skylane RG	3,100	0.57	0.17
Beech Bonanza	3,400	0.62	0.13
Cessna 210	3,800	0.57	0.14
Cessna 210T	4,000	0.56	0.13

또한 표 1.1은 연료를 적재한 총 중량의 양을 보여주고 있다. 이 수치는 또한 상당히 일치하며 열거한 항공기에서 범위는 0.11~0.17까지이다. 대략 15%의 평균값은 중량의 이 부분에 대한 좋은 추정이 된다. 이 값은 장거리 비행기 혹은 터빈 동력 비행기에서 올라간다. 소형 터보프롭 쌍발 수송기는 연료에서 총 중량의 약 20%이며, 장거리 제트기의 경우 40%까지 된다.

유상하중은 종종 다소 정확하게 결정할 수 있다. FAA 규정은 사람당 170lb(77kg)를 요구하고 있다. 따라서 4인승 비행기에서 유상하중(조종사 포함)은 170을 4배한 것이 되며, 여기에 소화물의 양이 더해진다. 이 값을 알면 공허중량과 연료중량에 대한 좋은 추정이 가능하며, 총 중량을 추정할 수 있다. 이 과정을 식으로 나타내면 다음과 같다.

$$W_G = \frac{W_P}{1 - \dfrac{W_e}{W_G} - \dfrac{W_f}{W_G}} \tag{1.4}$$

$W_e / W_G = 0.55$, $W_f / W_G = 0.15$의 값을 사용하면 방정식은 다음과 같이 된다.

$$W_G = \frac{W_P}{1 - 0.55 - 0.15} = \frac{W_P}{0.3}$$

다시 말하여 유상하중을 0.3으로 나누면 1차 추정으로 간주되는 총 중량이 된다.

이 수치는 보통급 비행기와 재래식 구조에서만 해당된다. 다용도급으로 인가된 항공기는 더 강해야 하며 따라서 더 무거운 기체를 가져야 한다. 그 경우에는 총 중량에 0.66배를 곱하면 공허중량 추정에서 보다 정확하게 된다. 곡기비행기의 경우 공허중량은 다시 총 중량의 약 0.72배가 된다.

1.12.2 날 개

중량 추정이 결정되면 디자이너는 날개 치수를 선정하는 것으로 나아갈 수 있다. 익면하중 혹은 중량과 날개 면적비(W/S)는 총 중량의 3제곱근에 거의 비례한다. 평균 익면하중은 실제로 다음 방정식을 따른다.

$$\frac{W}{S} = 2.24 \times (\sqrt[3]{W} - 6) \tag{1.5}$$

예를 들어, 8,000lb(36424kg)의 비행기를 생각해보자. 8,000의 3제곱근은 20이다.

$$\frac{\mathrm{W}}{\mathrm{S}} = 2.24 \times (20-6) = 31.4\mathrm{lbs/ft^2}\,(153.3\mathrm{kg/m^2})$$

익면하중은 비행기가 주로 고속작동 혹은 저속작동이냐에 따라 이 평균 수치로부터 약 30% 변하게 됨을 알 수 있다. 따라서 약 22~41lbs/ft^2(107.5~200.1kg/m^2)의 W/S값은 8,000lb (3624kg) 비행기의 경우 불합리하지 않게 된다. 총 중량을 익면하중으로 나누어 필요한 날개 면적(S)를 구한다.

$$S = \frac{W}{(W/S)} \tag{1.6}$$

이 시점에서 또 다른 성능 측면을 고려해야 한다. 높은 익면하중은 높은 실속속도가 되며 따라서 긴 이륙 및 착륙거리가 된다. 이 관점으로부터 얼마만큼 견딜 수 있는가를 알기 위해서 익면하중 및 면적을 또한 계산해야 한다. 실속속도의 항으로 W/S는 다음과 같이 정의된다.

$$\frac{W}{S} = C_{L_{\max}} \times \frac{1}{2} \times \rho \times V_S^2 \tag{1.7}$$

해수면에서 실속속도(V_s)의 경우 이 방정식은 다음과 같이 된다.

$$\frac{W}{S} = .003396 \times (C_{L_{\max}}) \times (V_s)^2 \tag{1.8}$$

FAA 부속서 23에서 단발 엔진 비행기는 61kts(113km/h) 이하에서 실속되어야 한다고 요구하고 있다. 이 요건을 제한요소로 하면 익면하중 방정식은 다음과 같다:

$$\frac{W}{S} = 12.23 \times (C_{L_{\max}}) \tag{1.9}$$

플랩이 없는 경우 최대 양력계수는 대략적으로 1.3으로 예상할 수 있다. 슬럿 플랩의 경우에는 이 값은 거의 2.0까지 증가한다. 별난 플랩 형상의 경우는 훨씬 더 높아야 한다. 그러므로 슬럿 플랩을 가진 단발엔진 비행기에서 단위 ft당 25%의 값이 약 최대 허용 익면하중이다. 대부분의 최신 경비행기에서 익면하중은 $20\text{lbs}/\text{ft}^2(97.6\text{kg}/\text{m}^2)$보다 적다.

따라서 날개 면적은 위의 익면하중 고려사항으로부터 결정할 수 있다. 다음에 디자이너는 가로세로비(AR)를 선정해야 한다. 이러한 값들은 경비행기인 경우 6~8이며, 비록 일부 쌍발 비행기의 경우에는 가로세로비가 12까지 높다. 현재 생산되는 단발 비행기의 평균값은 약 7.3이 되는 것으로 보인다. 일단 이에 대한 선택이 이루어진 후에는 길이(스팬 : b)를 결정할 수 있다. 날개 면적에 가로세로비를 곱하여 제곱근하면 된다.

$$b = \sqrt{S \times (AR)} \tag{1.10}$$

1.12.3 동 력

이제 디자이너는 항력 추정을 하는데 필요한 거의 모든 것을 가지게 된다. 비행기의 총 항력에 대한 방정식에서 항력은 유해항력과 유도항력으로 나눌 수 있다. 또한 항력은 종종 필요동력의 항으로 측정할 수 있으며 그 필요동력은 항력에 속도를 곱하면 된다. 필요동력에 대한 실제 방정식은 추력 마력에 대한 필요동력이다 :

$$thp_{req} = \frac{1}{550} \times [C_{D_P} \times \frac{1}{2} \times \rho \times S \times V^3 + \frac{2}{\pi \times \rho \times e} \times (\frac{W}{b})^2 \times \frac{1}{V}] \tag{1.11}$$

이 시점에서 우리는 추정한 W, S, b를 갖는다. 밀도 ρ는 선정한 고도에 좌우되며 V 값은 우리가 고려해야 할 속도에 좌우된다. 보통 동력은 순항속도에서 필요한 동력이 얼마인가로 결정하므로 ρ와 V 값은 각각 순항 고도와 속도에 대하여 선정할 수 있다. 이 방정식에서 우리가 모르는 유일한 미지수는 유해항력계수 C_{D_P}와 오스월드계수 e이다. 또한 경험을 통해 가벼운 접개들이식 기어의 경우 C_{D_P}의 범위는 약 0.020~0.030이며 고정기어 비행기의 경우에는 0.25~0.40임을 알 수 있다. 양호한 1차 추정은 접개들이식의 경우에는 0.025이며 고정기어식인 경우에는 0.035이다. e 값은 날개 위치에 좌우되며 대략 저익의 경우 0.6이며 고익의 경우 0.8이다.

이러한 모든 값을 알거나 추정하여 이들을 위의 방정식에 대입하면 필요 추력마력(thp_{req})을 계산할 수 있다. 이제 우리는 엔진을 선택해야 한다. 혹은 적어도 엔진의 필요 동력 출력을 선택해야 한다. 추력마력은 제동마력에 프로펠러 효율을 곱한 것이라는 점을 기억하기 바란다. 따라서 필요 제동마력(bhp_{req})은 추력마력을 프로펠러 효율로 나눈 것과 같다. 보통 프로펠러는 순항속도에서 80% 효율이므로 이 수치에서 0.8이 사용하기에 좋은 값이 된다.

따라서

$$bhp_{req} = \frac{thp_{req}}{\eta_p} = \frac{thp_{req}}{0.8} \tag{1.12}$$

그러나 이 bhp의 수치는 순항조건의 경우이다. 보통 순항 설정은 최대 75% 동력이다. 그러므로 등급 동력은 이보다 더 커야 한다. 혹은 이 경우에 필요 bhp는 0.75로 나눈다.

$$bhp_{rated} = \frac{(bhp)_{req\ for\ cruise}}{0.75} \tag{1.13}$$

1.12.4 항속거리

등급동력을 결정하여 이 시점(규격)에서 여러분은 임의로 비엔진을 선택할 수 있다. 그리고 정확한 연료소비율 수치를 엔진 명세에서 사용하게 된다. 그러나 비엔진을 선택하지 않고도 연료소비율을 추정할 수 있다. 최신 피스톤 엔진은 매 마력을 발달하는 경우 매 시간당 0.42~0.50lb(70.9~84.4Mg/J)의 연료를 소모한다. 이를 비연료소비율 SFC이라고 한다. 종종 0.5의 값이 추정 목적상 사용된다. 총 사용 연료는 분수에 총 중량(경비행기의 경우 대략 0.15)을 곱하여 결정한다.

$$\text{총 연료} = \frac{W_f}{W_G} \times W_G \tag{1.14}$$

항속거리는 이제 이 수치에 순항속도를 곱하고 SFC에 bhp를 곱한 것으로 나누어 결정할 수 있다.

$$\text{항속거리} = \frac{(Tot.Fuel) \times V_{cr}}{(SFC) \times (bhp_{req})} \tag{1.15}$$

물론 이는 절대 항속거리이며 이륙 및 상승을 위해 필요한 예비 혹은 추가 필요 연료의 경우에는 허용되지 않는다. 이는 또한 연료가 연소될 때 중량의 감소를 고려하지 않았다. 그러나 이 값은 1차 추정에는 합리적인 값이다. 항속거리가 원래의 명세(규격)를 충족하기에 적절하지 않으면 원하는 항속거리를 계산하기 위한 필요 연료량을 얻어야 한다. 이는 총 중량을 증가시키기 때문에 새로운 중량 추정이 이루어져야 하며 전체 절차를 다시 한 번 반복해야 한다. 이 과정을 반복(iteration)이라고 하며 전천후 성능과 최상의 타협을 이루기 위해 설계 매개변수를 순환하는데 있어 기본이 된다.

응용심화학습 1 초기 추정의 예

◈ 초기 설계 추정 절차를 더 잘 이해하기 위해서 한 예를 생각해보자. 비행기는 다음과 같은 명세로 설계한다고 가정하자.

- 유상하중 : 4인(조종사 포함) + 각각 20lb(9kg) 소화물
- 순항속도 : 150kts(278km/h)
- 항속거리 : 800nm.(1482km)
- FAR Part 23인가

순항속도를 얻기 위해 디자이너는 접개들이식 착륙장치를 선택하여야 한다. 착륙장치 장착 및 움츠림을 용이하게 하기 위해서 디자이너는 저익을 선택한다. 그러나 생산비를 절감하기 위해 중량 제어시 낮은 가로세로비가 필요한 장방형 날개로 결정하였다.

디자이너는 $W_e = 0.55\ W_G$가 되는 구조 중량을 달성할 수 있으며 항력 $C_{D_p} = 0.025$를 유지할 수 있도록 결정하였다. 그는 또한 순항고도를 7,000ft(2135m)로 결정하였는데, 이는 대부분의 엔진이 대략 이 고도에서 최대 75% 동력을 전달할 수 있기 때문이다. 따라서 그는 다음과 같은 선택 혹은 가정을 하였다 :

$W_e = 0.55\ W_G$　　　$W_f = 0.15\ W_G$

$C_{D_p} = 0.025$　　　$AR = 6$

$\rho = 0.001927(7{,}000ft)$

그리고 그림 1.15의 여러 단계를 통해 진행하면 다음과 같은 계산 및 결정이 이루어진다.

① 중량 추정

- 유상하중 중량 : $W_p = 4 \times (170 + 20) = 760lb$(344kg)
- 총 중량 : $W_G = \dfrac{W_p}{1 - \dfrac{W_e}{W_G} - \dfrac{W_f}{W_G}} = \dfrac{760}{1 - 0.55 - 0.15} = 2{,}533lbs$(1147kg)

② 날개 크기

- 면적 : $3\sqrt{W} = 13.6$

$$W/S = 2.24 \times (3\sqrt{W} - 6) = 2.24 \times (13.6 - 6) = 17$$

$$S = \frac{W}{W/S} = \frac{2{,}533}{17} = 149ft^2(13.8\mathrm{m}^2)$$

- 길이 : $b = \sqrt{S \times (AR)} = \sqrt{149 \times 6} = 30ft$(9.1m)

③ 필요동력

- 필요추력마력 : $thp_{req} = \dfrac{1}{550} \times [C_{D_p} \times \dfrac{\rho}{2} \times S \times V^3 + \dfrac{2}{\pi \times \rho \times e} \times (\dfrac{W}{b})^2 \times \dfrac{1}{V}]$

이 방정식에서 모든 항은 ft, lb, sec여야 한다. 따라서 150kts는 변환계수 1.69를 곱해서 253ft/sec로 변환한다. 그러면

$$thp_{req} = \frac{1}{550} \times [0.025 \times (\frac{0.001927}{2}) \times 149 \times (253)^3 + \frac{2}{\pi \times 0.001927 \times 0.6} \times (\frac{2,533}{30})^2 \times \frac{1}{253}]$$
$$= 133.9hp(99.8\text{kW})$$

• 필요제동마력 : $bhp_{req} = \frac{133.9}{0.8} = 167.3hp(124.7\text{kW})$

• 등급 제동마력 : $bhp_{rated} = \frac{167.5}{0.75} = 22.3hp(16.6\text{kW})$

④ 항속거리

• 총 사용 연료 : $Tot.fuel = \frac{W_f}{W_G} \times W_G = 0.15 \times 2,533 = 380lbs(172\text{kg})$

• 항속거리 : $항속거리 = \frac{(총연료) \times V_{cr.}}{(SFC) \times (bhp_{req})}$

$$= \frac{380lbs \times 150kts}{(0.5lbs/hr/bhp) \times 167.3bhp} = 681nm.(1260\text{km})$$

1차 추정 사이클의 끝에서 필요한 항속거리 800mile(1110km)을 완전히 얻을 수 없음을 주목하였다. 실제로 필요한 연료량은 다음과 같이 결정한다 :

$$Tot.fuel = \frac{항속거리 \times SFC \times bhp_{req}}{V_{cr.}}$$
$$= \frac{800 \times 0.5 \times 167.3}{150} = 446lbs(133\text{kg})$$

◆ 새로운 중량 추정은 이제 연료 중량의 경우($0.15\,W_G$ 대신에) 이 수치를 사용하여 이루어질 수 있으며, 전체 과정을 반복한다. 물론 새로운 중량은 더 많은 필요동력을 주게 되어 더 큰 연료 소비율이 되므로 모든 것이 일치하기 위해서는 여러 번의 반복이 필요하다.

이와 같이 특수한 경우에서 또 다른 선택사양을 고려해야 한다. 항속거리 681mile(1261km)은 75% 동력의 순항에서 도달하였다. 디자이너가 느린 속도를 허용할 경우 더 큰 항속거리를 낮은 동력 설정으로 달성할 수 있다. 예를 들어, 55%의 등급동력은 122.6bhp(91.3kW)가 되거나 동일한 0.8 프로펠러 효율을 가정하면 98thp(73kW)가 된다. thp_{req}를 여러 V 값에 대하여 계산하고 작도하면 곡선은 **그림** 1.16에서 보는 바와 같다. 98thp(73kW)를 달성하려면 비행기는 128kts(237km/h)로 순항해야 함을 알 수 있다. 이 속도와 동력 설정에서 항속거리는 다음과 같이 된다 :

$$항속거리 = \frac{(총연료) \times V_{cr.}}{(SFC) \times (bhp_{req})} = \frac{380lbs \times 128kts}{(0.5lbs/hr/bhp) \times 122.6bhp} = 793nm.(1469\text{km})$$

이 수치는 우리의 목표 800mile(1482km)에 근접하며 아마도 1차 추정으로 충분하다. 그림 1.16은 또한 75% 동력에서 150kts(278km/h)의 경우 우리가 최초로 결정한 133.9hp(99.7kW)을 확인시켜 주고 있음을 유의하기 바란다.

따라서 몇 번의 빠른 계산만으로 우리의 비행기의 치수를 결정하는데 필요한 주요 매개변수에 대한 개략적인 아이디어를 가지게 되었다. 구체적으로 다음과 같이 결정되었다 :

- 총 중량 : 2,533lbs(1147kg)
- 날개 면적 : 149ft^2(13.8m^2)
- 날개 길이 : 30ft(9.1m)
- 제동 마력 : 223bhp(166kW)
- 필요 연료 : 380lbs(172kg)

우리는 이 시점에서 비행기가 저익형상이라는 점과, 비행기가 낮은 항력계수를 가지기 위해서 상당히 말끔해야 한다는 점 외에는 어떻게 생겼는지 모른다는 점에 주목해야 한다.

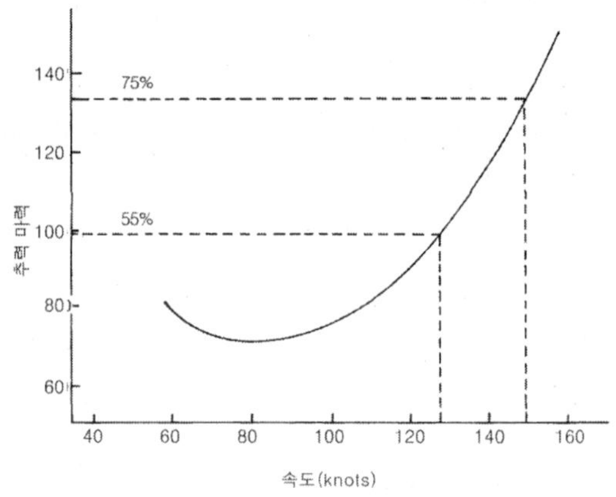

그림 1.16 75% 및 55% 동력에서 순항속도를 보여주는 예제 디자인의 필요마력곡선

◈ 이와 같은 1차 설계 추정에서 꼬리날개는 앞에서 설명한 바와 같이, 전형적인 꼬리날개 체적계수를 사용하여 치수를 결정할 수 있다. 그러나 디자인은 이 단계에서 완전하지 않다. 단지 시작일 뿐이다. 상세한 중량추정은 비행기의 각 구성부품의 중량을 고려하고 이들을 총합하여 이루어진다. 항력은 항력을 세분하는 방법이나 모델의 풍동시험을 통해 더 엄밀하게 추정할 수 있다. 이러한 모든 절차는 매우 복잡하며 본 교재의 범위를 벗어나므로 관련 참고문헌을 참조하기 바란다. 이러한 보다 정확한 값의 경우에는 디자인이 명세(규격)를 충족하는 디자인으로 될 때까지 반복이 계속되거나 이들 가운데 최상의 타협이 이루어질 때까지 반복을 계속해야 한다.

1.13 컴퓨터 원용 설계

컴퓨터 원용 설계가 여러 분야에서 오늘날 사용되고 있다. 사실 우리는 무엇인가를 컴퓨터로 설계(CAD)하지 않으면 이는 구식이라고 믿게 되었다. 컴퓨터가 비행기와 같이 그렇게 복잡하고 정밀한 기계를 설계하는데 사용되어야 하는 것은 자연스러울 뿐이다. 그러나 컴퓨터에 대한 마술적인 것은 아무 것도 존재하지 않는다. 컴퓨터는 오직 방대한 계산을 빠르게 수행할 뿐이다.

공기역학 기사는 컴퓨터를 사용하여 유동 패턴을 모델링한다. 고전 유체 유동 관계를 모델링할 때 표면을 연속 형태로 보지 않고 표면에 많은 이산점을 가정하여 모델링한다. 얇은 에어포일과 날개는 이들이 임의 주변 구조 없이 단지 존재하는 수많은 와류로 이루어졌다고 가정하여 이들의 양력특성을 모사하여 모델링할 수 있다. 이들은 결과 표면에 접하는 것과 같이 결과 유동에 제한을 부과하여 특정한 방향으로 거동해야 한다.

사용해야 할 절점이 더 많을수록 그 결과 해는 더욱더 정확하게 된다. 물론 각 절점은 수학 방정식으로 기술되며 이러한 모든 방정식은 양립할 수 있는 결과가 되도록 동시에 풀어야 한다. 매우 약간의 절점 이상의 해는 손으로 수행하기에는 커다란 과업이다. 많은 절점을 가지는 경우에 해는 가능하다고 할지라도 수년이 걸린다. 그러나 컴퓨터의 빠른 계산 능력으로 그러한 해를 수 분 동안, 어떤 경우에는 수 초 동안에 풀 수 있게 되었다. 또한 컴퓨터는 원하는 결과를 얻을 때까지 하나의 매개변수를 약간 변경하여 해 과정을 여러 번 반복할 수 있다.

3차원 물체는 평판의 집합으로 모델링할 수 있으며 유체 유동관계를 이러한 패널에 적용할 수 있다. 그러한 기법을 패널법(panel method)이라고 한다. 경계층 프로그램과 결합할 때 이들은 여러 가지 형상의 항력을 최소화하는데 사용할 수 있다. 또한 사용한 패널의 수와 이들의 배열이 해의 정확도를 결정한다. 유동 접촉의 요건은 결과 유동에 놓여있는 제한이다. 그러한 목적에 사용되는 많은 다른 컴퓨터 프로그램이 존재한다. 적절한 프로그램을 선택하고 최상의 패널 분포를 배열하는 것은 종종 기사에게 있어 하나의 도전 과업이다. 그러나 일단 최적의 형상을 결정한 후에 컴퓨터에 의해 비교적 빨리 생성할 수 있다.

그림 1.17은 컴퓨터 분석을 위한 Beechcraft Staggerwing의 패널 분포를 보여주고 있다. 물론 이 형상은 최근의 연구용이다. Staggerwing은 컴퓨터가 표준 도구로 생각하기 훨씬 오래 전에 설계되었다. 비록 오늘날 그러한 기법은 기본 형상을 많이 변경하여 시간을 소모하는 풍동시험을 회피하게 되었다.

구조기사는 또한 항공기의 여러 가지 구조 요소에 대한 하중과 응력을 결정하는데 있어 컴퓨터의 도움을 받고 있다. 오랫동안 특정 부재에 대한 응력을 예측하고 이 응력을 지지하기 위해 치수를 결정하기 위해 분석기법을 사용하였다. 그러나 많은 구조 구성부품은 매우 복잡하며, 이러한 기법들은 모든 요소에서가 아닌 실제 응력에서만 근사하다. 따라서 구조의 많은 요소들은 초과 중량을 의미하는 잉여로 귀결되거나 과설계로 귀결된다.

오늘날 유한요소법으로 알려진 기법이 뚜렷하고 작은 요소, 이들의 연결점(절점)을 가진 커다란 구조 구성부품을 모사하고 있다. 일련의 수학방정식을 개발하여 각 요소를 나타내고 커다란 행렬에서 이들을 동시에 풀어 훨씬 더 정확한 응력 결정을 구성부품의 각 부품에서 이루어질 수 있게 되었다. 그 결과 훨씬 효율적이며 가벼운 구조를 얻을 수 있었다. 최신 컴퓨터만이 그러한 문제를 풀기 위해 방대한 양의 계산 작업을 수행할 수 있다.

최신 항공기 설계팀은 또한 밑그림을 생성하는데 컴퓨터를 사용한다. 이 방법의 주요한 장점은 항공기 설계 사업에서 매우 자주 해야 할 미래의 변화를 쉽게 예측할 수 있다는 점이다. 컴퓨터는 또한 매우 정교하고 깨끗한 렌더링을 만들 수 있다. 많은 사람들은 컴퓨터가 수행한 이러한 제도 과업을 컴퓨터 원용 설계라고 생각한다. 그러나 항공기 설계에 대한 컴퓨터의 실제 기여는 전산유체역학 방법으로 만들 수 있는 최적의 공기역학 형상이며 유한요소법으로 만들 수 있는 효율적인 구조이다.

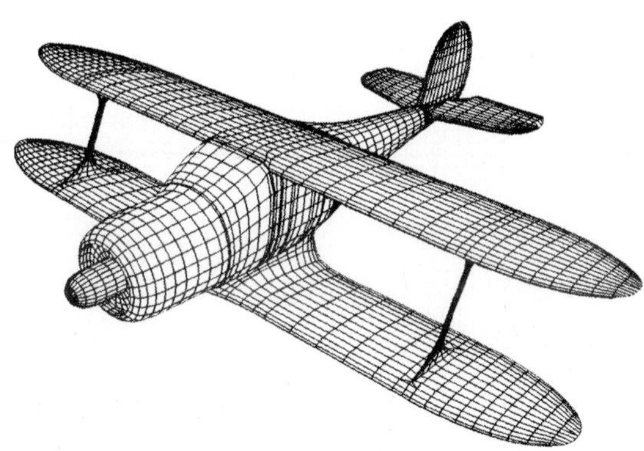

그림 1.17 컴퓨터 해석용 Beechcraft G-17 스테거윙 복엽기 패널 분포

1.14 결론

항공기 개발은 먼저 설계 원칙과 안전사항을 고려하여 어떠한 설계방법으로 설계를 하여야 할 것인가를 결정하고, 개발 대상기와 비슷한 수준의 항공기에 대한 자료들을 확보하고, 그 설계방법이 요구하는 형식으로 데이터베이스를 구축해야 한다. 따라서 어떠한 설계 기법을 사용하느냐는 효율적인 측면에서 중요한 의미를 갖는다.

항공기 설계기술은 크게 공력 산출을 위한 기하학적인 모델링, 비행하중 산출, 피로해석 그리고 동적해석 등으로 구성된다. 이러한 기술들은 설계의 각 단계에서 상호연관적으로 작용하므로 구조 설계를 위한 반복 수정 계산을 효율적으로 수행하기 위해서는 이러한 기술들이 유기적으로 관리하고 체계화하여야 한다.

이 장에서 제시한 설계방법은 항공기 개념설계, 특히 공력설계를 위한 하나의 전형으로 여러분이 이 과정을 숙지할 경우 보다 전문적인 설계 과정을 이해하는데 많은 도움이 될 것이다.

응용심화학습 2 NACA 에어포일에 관한 시험 데이터

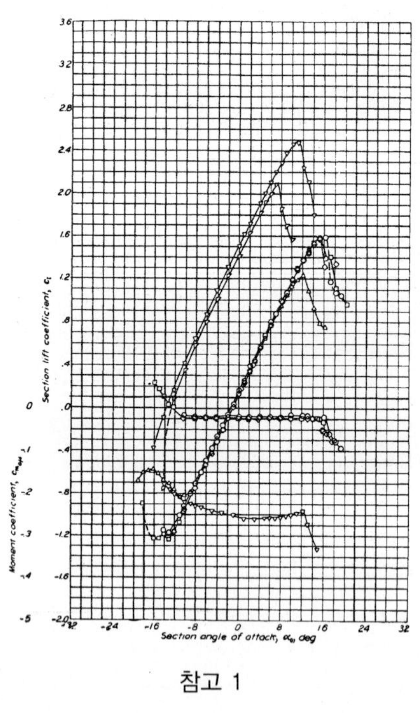

참고 1

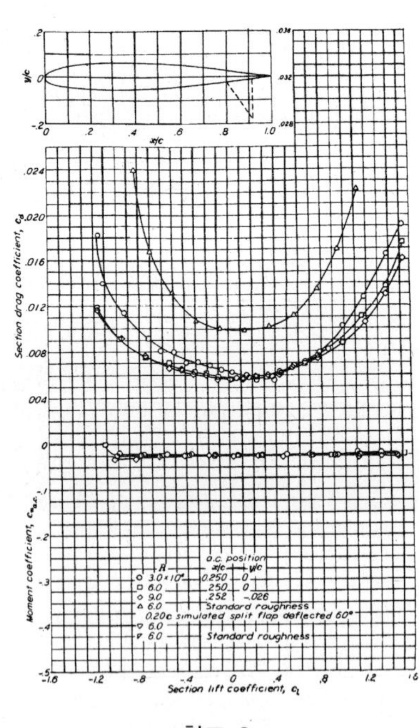

참고 2

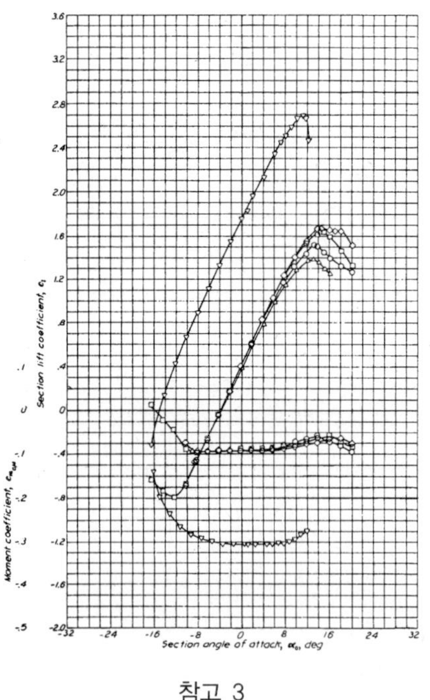

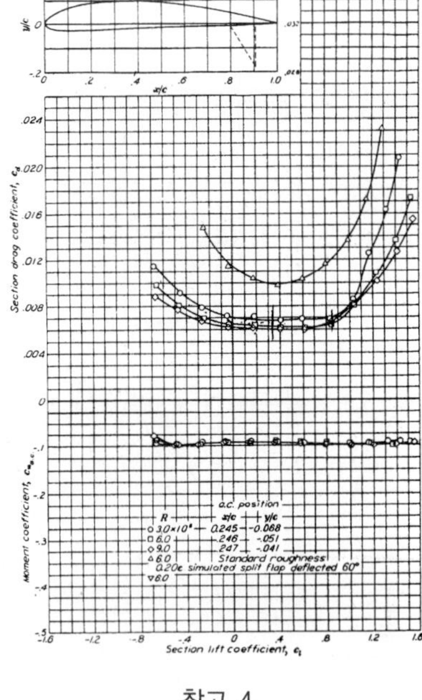

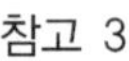
참고 3

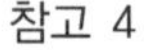
참고 4

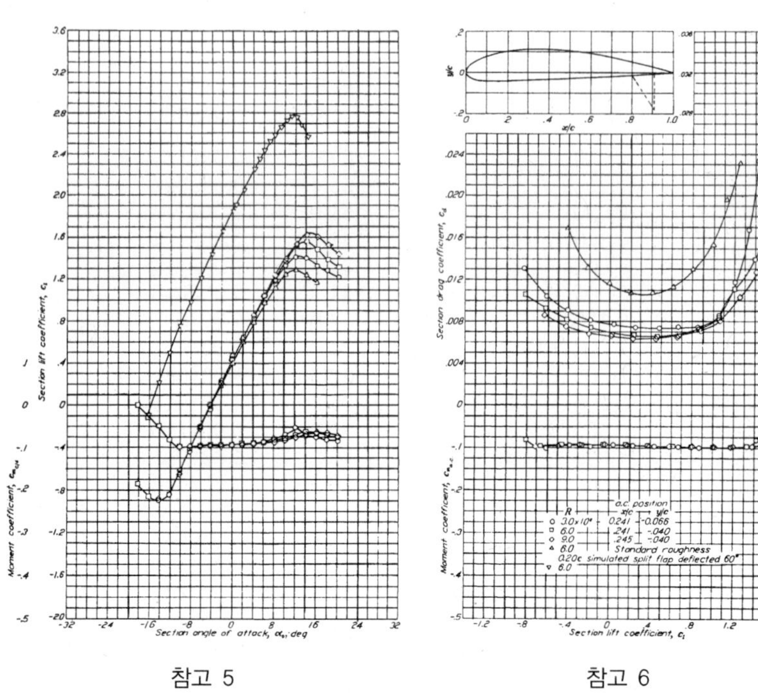

참고 5

참고 6

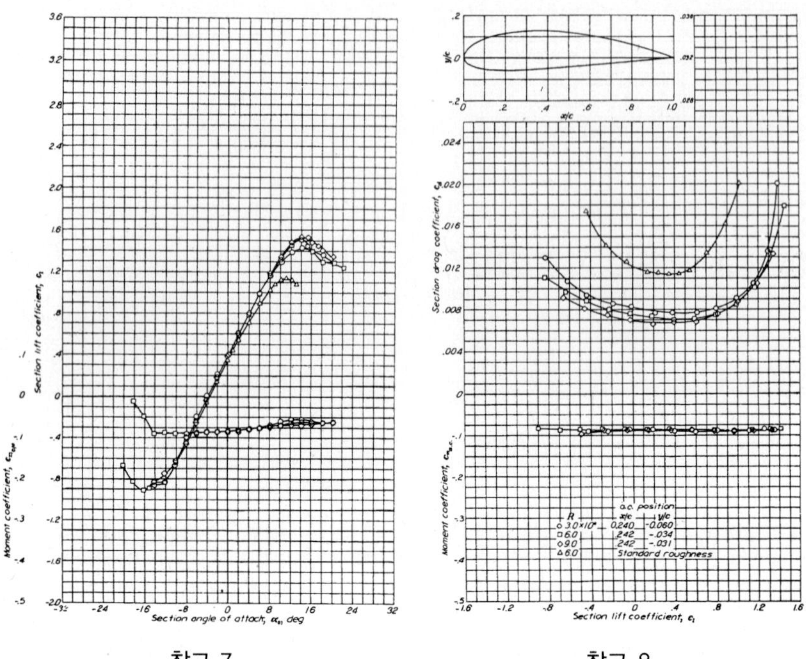

참고 7　　　　　　　　　　　　　참고 8

표준대기

고 도 (ft)	압 력 (in. Hg)	온 도 (°F)	밀 도 (slug/ft³)
0	29.92	59.0	0.002377
1,000	28.86	55.4	0.002308
2,000	27.82	51.9	0.002241
3,000	26.82	48.3	0.002175
4,000	25.84	44.7	0.002111
5,000	24.89	41.2	0.002048
6,000	23.98	37.6	0.001987
7,000	23.09	34.0	0.001927
8,000	22.22	30.5	0.001869
9,000	21.38	26.9	0.001811
10,000	20.57	23.3	0.001756
11,000	19.79	19.8	0.001701
12,000	19.02	16.2	0.001648
13,000	18.29	12.6	0.001596
14,000	17.57	9.1	0.001545
15,000	16.88	5.5	0.001496
16,000	16.21	1.9	0.001448
17,000	15.56	− 1.6	0.001401
18,000	14.94	− 5.2	0.001355
19,000	14.33	− 8.8	0.001311
20,000	13.74	−12.3	0.001267

참고 9

Chapter 02 Aircraft Design

프로젝트 설계 과정

- 항공기 설계는 많은 경쟁 요소와 구속요소간의 타협이다. 이러한 것들을 인식하고 항공기 형상에 대해 이들 각각의 영향을 이해하는 것이 중요하다. 이 장에서는 디자인인 존재하는 많은 구속요소와 규정을 충족하기 위해 생각해야 하는 설계 과정을 기술한다. 그러한 과정은 많은 서로 다른 전문가 부서의 조화를 포함한다. 전체 설계에서 이러한 각각의 작업들은 항공기의 효과성과 이들의 특수성에 대한 전문적인 목적 사이에서 분리된 책임을 갖는다. 그러므로 각 주요 부서가 설계를 정의하는데 상호 작용하는 방법을 이해하는 것이 필요하다.
- 전문가 부서는 기술적 및 경제적 평가자(프로젝트 관리자)에게 입력 데이터를 제공한다. 이러한 디자이너는 최적의 형상을 찾고 갈등하는 전문가 의견 사이에서 논쟁을 진정시키기 위해 체계적인 조사를 조화시켜야 한다.
- 전체 설계에 놓여있는 상반되는 압력을 이해하게 되면 여러분은 그 과정을 올바르게 평가할 수 있으며, 자기 자신의 연구를 수행할 때 그와 같은 영향을 고려할 수 있게 된다. 이 장을 학습한 후에 여러분은 항공기를 설계하여 상식적으로 수용할 수 있는 레이아웃에 도달하기 위해 고려해야 하는 타협의 조직적 구조를 알게 될 것이다.

2.1 프로젝트 설계

프로젝트 설계 과정은 전문가가 전체 형상을 만들어내기 위해 분석적 입력으로 설계에 영향을 끼치는 경쟁 요소와 구속요소를 합성하는 것을 의미한다. 프로젝트 설계 과정은

- 개념 설계 연구
- 예비 설계 연구
- 상세 설계 연구

의 3가지 다른 부문으로 생각할 수 있다.

예비 설계와 상세 설계의 차이점은 프로젝트 단계에서 상세 설계의 수준을 어느 정도로 할 것인가를 개인마다 주관적으로 규정하기 때문에 다소 모호해진다. 두 부문은 종종 연계되며 '예비 설계 단계'라고 부른다.

프로젝트 설계 활동은 형상이 '동결되어', '상세 설계 단계'로 나아가라고 결정할 때 종결된다. 이 단계에서 상세한 구성부품 기하학(형태)이 지정되고 제조 공정이 계획된다.

프로젝트 설계 단계는 상세 설계와 제조 단계가 뒤따른다. 상세 설계 단계에서 모든 중요한 기술적 결정이 끝나고 항공기는 생산으로 넘어간다. 활동 전반에 걸쳐 생산을 위해 도면이 점진적으로 공개된다. 생산(제조) 단계의 초기에 몇 가지 부품이 시험 목적으로 만들어지고 최초의 항공기가 초기 비행 시험에 사용된다. 모든 시험을 완료한 후에 국가 당국이 항공기 유형에 대해 감항성 인증을 한다. 항공기 유형이 정기항공 서비스에 도입된다.

그림 2.1은 설계 및 제조 활동을 어떻게 계획하는가를 보여주고 있다. 여러 단계는 순차적이지 않으며 어떻게 중복되는지를 주목하기 바란다. 곡선 화살표는 프로젝트에 소요되는 비용의 증가를 보여주고 있다. 프로젝트 설계 단계의 중요성을 이러한 단계적 비용 확대선으로 보여주고 있다. 프로젝트 설계 활동은 전체 예비 생산 비용의 3% 미만이지만 이 기간에 항공기 디자인에 대해 변경할 수 없는 결정을 한다. 이 기간 이후에는 기본 형상의 수정은 어려우며 비용이 많이 들며 항공기를 올바르게 하는 것이 필요하다. 이는 프로젝트 설계 팀에 부과된 커다란 책임이다. 이 목적을 달성하기 위해 설계 팀은 성세 설계, 제조 공정, 제안한 설계 운용뿐만 아니라 장차 수정이 가능한 설계 민감도까지 이해할 필요가 있다. 이는 선택한 기준 디자인 주위의 많은 항공기 변수를 분석할 필요가 있게 된다. 최적 설계라고 부르는 이러한 연구를 수행하는데 컴퓨터 분석 방법이 현재 사용되고 있다.

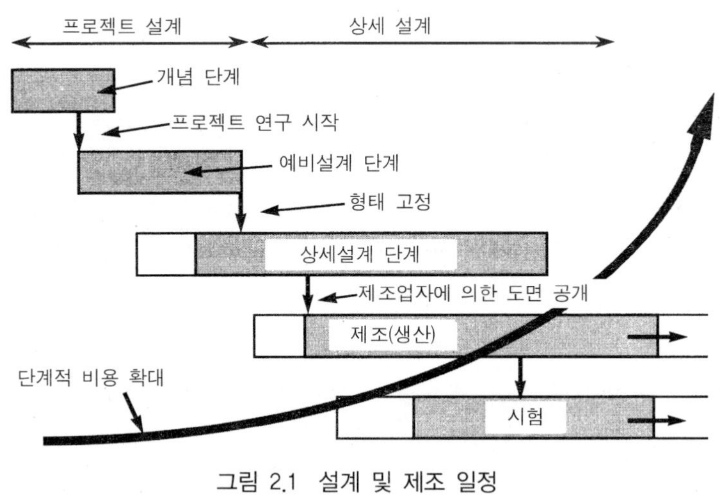

그림 2.1 설계 및 제조 일정

2.1.1 개념 설계 연구

개념 설계 단계에서 각 디자인에 생성된 데이터의 양은 비교적 제한되며 소요되는 인력은 소규모이다. 연구의 성과는 여러 가지 개념의 실행가능성에 관한 지식이며 가장 있음직한 형상에 대한 개략적인 크기를 추정하는 것이다. 이 단계에서는 각 디자인의 상세한 분석은 가능하지 않으며 대부분의 개념을 폐기할 만큼 제한된 값일 수 있다. 전통적인 레이아웃과 현존하는 항공기를 개발하는 경우 이전 디자인(및 경쟁 항공기)의 경험으로부터 항공기 크기에 대한 양호한 근사값을 제공하게 된다. 레이아웃이 새로우면 전통적인 디자인으로부터 개발되어 사용되어 온 방법으로 단지 조잡한 근사값을 얻게 될 것이다. 이러한 경우에는 새로운 평가 방법을 개발할 필요가 있다. 프로젝트 단계 전반에 걸쳐 새로운 레이아웃과 기술과 관련한 기술적이고 상업적인 위험을 줄이기 위해 모든 모델을 개선하고 순화시켜야 한다.

2.1.2 예비 설계 연구

개념 설계 단계의 끝에서 모든 설계 레이아웃을 분석해야 한다. 실행가능성이 없거나 상업적으로 위험한 것으로 간주되는 것은 제거해야 한다. 적절한 선택 기준을 면밀히 고려한 후에 나머지를 비교해야 한다. 최상의 디자인 하나 혹은 가능한 두 가지 디자인을 식별하고 예비 설계 단계를 수행한다. 다음 단계를 향해 많은 선택권을 갖지 않는 것이 중요하다. 이는 가용한 노력을 소산시키며 우선권이 있는 디자인에 대한 상세한 규정을 감속시키기 때문이다. 그러나 다른 회사의 항공기에 대해 경쟁적인 이점을 줄 수 있는 항공기 디자인의 레이아웃을 너무 빨리 폐기하지 않도록 주의를 기울여야 한다.

예비 설계 단계에서는 개념 연구로부터 우선권이 있는 형상에 대해 더 엄밀한 기술 분석이 필요하다. 이 단계의 목적은 상업적인 전망을 고려하고 경쟁 항공기와 비교하여 최상(최적)의 항공기 기하학을 구하는 것이다. 모든 주요 항공기 매개변수를 이 분석에서 가변적으로 고려해야 한다. 이는 민감도 분석을 수행하게 된다. 기준 형상을 확립하고 이 레이아웃 주변의 매개변수 연구를 수행하는 것이 관례이다. 이러한 매개변수 연구는 기준 디자인의 개발과 병행하여 수행해야 하지만, 디자인이 '동결되기' 전에 레이아웃에 원하는 수정을 할 수 있을 만큼 충분히 빨리 수행해야 한다. 그러므로 그러한 연구는 신속하면서도 합리적으로 정확한 답변을 제공할 수 있을 만큼 상세한 수준으로 수행하는 것이 필요하다.

동시에 매개변수 연구를 고려할 때 설계 팀은 경쟁 항공기를 분석하고, 상세한 기술 분야까지 절충 연구를 수행하고, 명세(규격)로 부과된 구속조건을 수정하여 기준 디자인의 민감도를 시험해야 한다. 게다가 많은 이러한 연구는 합리적으로 정확한 빠른 결과를 만들어내는 상세한 수준으로 해야 한다.

2.1.3 상세 설계 연구

상세 설계 단계는 매개변수 분석의 끝을 향해 시작된다. 설계 과정의 이 부분에서 레이아웃은 대단히 상세한 수준으로 정제된다. 외부 형상이 고정되고 구조 골격이 규정된다. 의심나는 분야에서는 이론적 계산을 좀 더 상세하게 수행하고 구성부품 시험으로 입증한다. 이 단계에서는 다른 부서가 기본 형상에서 수행한 작업을 무효로 할 수 있을 만큼 항공기의 전체 레이아웃에 대한 급격한 기하학적인 수정을 하는 것이 증가하게 된다. 상세 최적화 연구는 항공기의 전체 형상에 영향을 주지 않는 부품으로 한정된다. 이 단계 전체를 통해 항공기 레이아웃의 더 많은 세목들을 이용할 수 있을 때까지 항공기 중량과 성능 추정이 지속적으로 갱신된다. 이 단계의 끝에 항공기는 생산을 위해 양도된다.

2.2 설계 과정

과정의 각 부분은 그림 2.2에서 보는 바와 같으며, 이를 간단히 기술하면 다음과 같다.

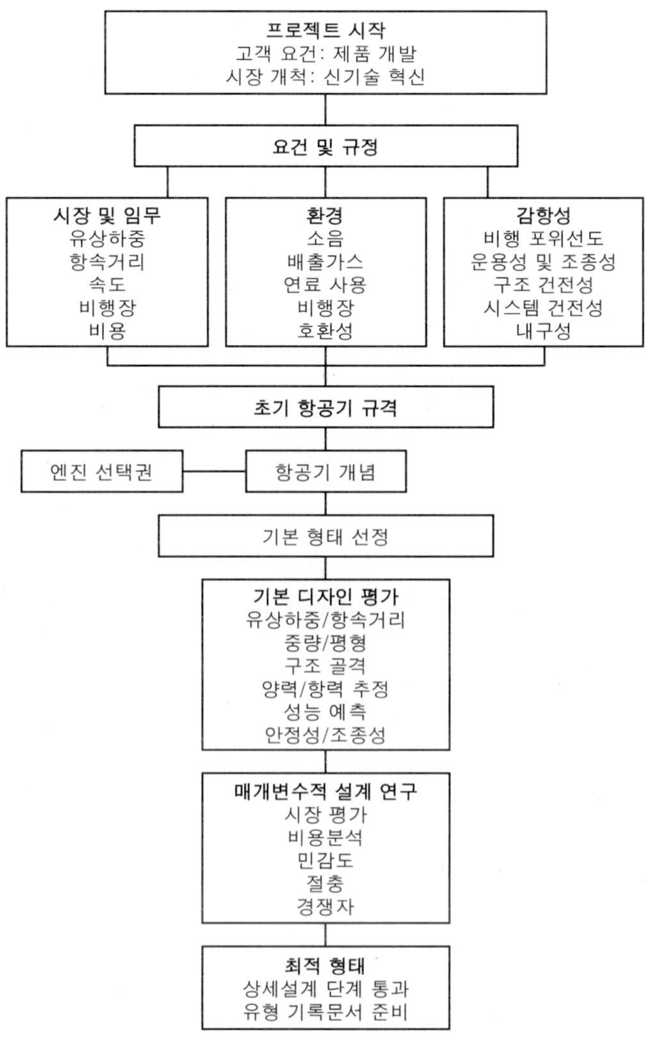

그림 2.2 프로젝트 설계 과정

2.2.1 프로젝트 시작

설계 과정의 시작에서는 '요구'의 인지가 필요하다. 이는 설정된 혹은 잠재적인 고객, 시장 분석 및 수요 경향, 현존하는 제품 라인의 개발, 신기술(복합소재 구조)과 제품(신형 엔진)의 도입 및 개발, 연구 개발에서 혁신(층류 흐름)의 적용으로부터 올 수 있다. 이러한 가능성의 경우에 설계에 영향을 주는 요소를 완전히 이해할 필요가 있다. 각각의 새로운 디자인에서 여러 가지 특징의 상대적인 중요성이 유일한 것이 된다. 가장 중요한 특징을 식별하고 이해하는 것이 필수적이다. 그러한 조사로부터 디자인이 충족해야 할 명세(규격)를 분명하게 기술하는 것이 가능하게 된다. 명세(규격)는 정량화할 수 있는 분명하고도 모호하지 않은 진술이 포함되거나, 적어도 설계 관리 과정에서 이루어질 수 있는 결정의 근거가 되어야 한다.

2.2.2 명세(규격)

프로젝트 설계 단계의 초기 부분에서 해야 할 주요한 과업 중의 하나는 설계 과정의 모든 후기 단계의 기본이 되는 명세(규격)를 분명하게 하고 시험하는 것이다. 항공기의 역할을 필요 성능과 유상하중의 견지에서 식별하는 것이 최초의 고려사항이다. 초기 단계에서 항공기 명세(규격)는 강건하게 설정될 수 없으므로 요구조건에 대해 수정한 효과(영향)를 조사할 필요가 있다. 항공기 역할과 성능에 대한 기본 결정에 대한 증거를 제공하기 위해 예비 설계 연구를 사용할 수 있다.

몇 가지 경우에 명세(규격)는 고객이 보다 더 단단하게 부과할 수 있으며, 그 결과 설계 과정을 좀 더 일찍 시작할 수 있다. 항공기에 대한 명세(규격)는 획득했지만 기술적인 설계와 너무 많이 관련되기 전에 여러 가지 선택권에 대해서 설계 결정을 하는데 사용되는 기준을 규정할 필요가 있다.

2.2.3 기준

디자이너, 제조업자 및 고객이 항공기의 효과성을 어떻게 평가할 것인가에 대해 동의할 수 있다면 설계 팀은 손쉬운 과제를 하게 된다. 합의가 가능하지 않더라도 디자이너는 경쟁 디자인을 판단할 기준을 규정할 필요가 있다. 이 정의는 전체 설계 과정에 걸쳐 설계 결심을 하는 표준으로서 사용될 수 있으므로 정의를 면밀하게 하는 것이 중요하다.

회사에서 사용하는 가장 민감한 기준은 '투자 이익률'이다. 동일하게, 구매자는 경쟁 제품을 비교할 때 유사한 기준을 사용하게 된다. 따라서 이 기준은 항공기의 판매 가능성에 영향을 주며, 그 때문에 항공기 제조업자의 기준에 영향을 준다. 불행히도 투자 이익률은 항공기의 구매자와 생산자의 유일한 기준으로 생각되지 않는다. 디자인을 분석할 때 정치적, 경제적, 기술적 및 사회적(환경적) 측면을 또한 고려해야 하지만, 초기 설계 단계에서는 이러한 것들이 항공기 디자인에 미치는 영향을 정확하게 예측할 미래의 상황에 대한 지식이 충분하지 않다. 또한 일반적인 투자 이익률의 기준은 다른 항공사와 제조회사의 경제적 성능의 가변성으로 인해 모델화하는 것이 어렵다. 과거에는 이것을 설계 팀이 단순한 대안 기준으로 채택하였다. 1950년대 중반까지도 쉽게 정량화할 수 있는 유일한 기준은 중량(최소 총중량 혹은 최소 영(무)연료 중량) 혹은 성능 기준(최소 항력, 최대 속도)이었다. 표준화된 비용 방

법(직접 운영 비용법)을 도입한 이래로 설계에서 비중량/성능 측면(정비 비용, 승무원 봉급, 감가상각, 재정 등)을 고려할 수 있게 되었다. 오늘날 프로젝트 설계에서는 컴퓨터 방법이 개발되어 보다 복잡한 다변수 기준을 조사할 수 있게 되었다. 그러한 컴퓨터 모델은 프로젝트 작업의 초기 단계에서만 적용된다. 설계 연구가 훨씬 상세해지면 최소 중량이라는 전통적인 기준이 운영, 제조 및 재료비용과 관련하여 여전히 사용되고 있다. 지난 수년간에 걸쳐 노력한 결과 상세 설계 단계에서는 가치분석을 도입하여 비용을 제거하는 것에 집중하고 있다. 직접 운영비용 모델에 망라되지 않는 운영 측면을 포함하는 전체 수명 비용 과정에 대한 고려가 주어진다. 이는 항공기 개발시에 유사한 항공기 레이아웃(기체, 엔진 및 시스템)이 다른 유상하중/항속거리 명세를 목표로 하는 '패밀리(family)' 접근방법을 고려하게 될 수 있다.

2.2.4 구속조건

제안된 각각의 레이아웃은 수많은 실제 설계 구속조건에 지배받게 된다. 이러한 것들은 감항성 요구조건, 성능 규격(이륙 비행장 길이), 운영 매개변수(반환점 시간)로부터 야기되거나 외부 영향(환경 소음 규제)으로부터 부과된다. 또한 설계/제조 관리 팀이 부과하는 수많은 구속조건이 존재하게 된다. 이러한 것들에는 가용 재료와 제조 방법의 정의, 고등 기술 포함에 대한 제한사항, 공기역학 및 구조 혁신의 개척, 특수한 성분(엔진 및 전자장비)의 명세(규격) 등이 포함된다. 이러한 구속조건은 회사가 새로운 디자인을 수용하는 것에 대비하여 기술적이고 상업적인 위험을 규정하는 것으로 생각할 수 있다.

그렇게 많은 구속조건을 실행가능한 해가 존재하지 않은 디자인에 부과하는 것이 가능하다는 것을 높이 평가해야 한다. 또한 불필요하거나 너무 엄격한 구속조건을 포함하는 것은 필연적으로 디자인에 상업적 불이익을 가져다주게 된다. 프로젝트 설계 단계에서 수행해야 할 주요한 연구 중의 하나는 모든 설계 구속조건의 민감도를 평가하는 것이다. 전체 설계에 미치는 구속조건의 영향을 최소화하기 위해 항공기의 효과에 가장 중요한 것으로 보이는 그러한 것들을 면밀하게 재평가해야 한다.

항공기 명세(규격)를 규정하고, 항공기 효과성을 판단하기 위해 사용되는 기준을 결정하고, 구속조건을 부과하는 것은 임의의 설계 작업에 착수하기 전에 수행해야 할 실질적인 기술적이고도 관리적인 노력을 나타낸다. 이러한 분야를 면밀하게 고려하지 않으면 최종 항공기 디자인은 상업적으로 결함이 있을 수 있다. 항공기 설계에서 있었던 많은 과거의 실패 원인은 이러한 기본 요소의 하나 이상을 잘못 이해한 결과라고 할 수 있다.

2.3 프로젝트 분석

항공기 디자인을 지배하는 충분하지는 않지만 여러 개의 고도로 상호 관련된 방정식이 있으므로 반복적인 방법이 초기 프로젝트 설계 과정을 수행하는 전통적인 방법이라는 점은 놀랍지 않다. 과거의 경험에 기초한 초기 '추정'이나 유사한 항공기 유형의 데이터가 분석의 출발점이 된다. 반복 과정으로 보다 정확하고 '수용할만한' 출력이 점진적으로 결정된다. 반복은 전문분야 내에서 수행되지만 항공기 형상과 성능 분석을 통해 모두 통합된다. 설계 과정에서 주요 각 전문분야를 고려하기 전에 이들 각각이 전체 설계 활동에서 어떻게 상호 관련되는가를 이해하는 것이 가치가 있다.

그림 2.3은 데이터 혹은 정보를 설계 과정에서 전문가 그룹 사이로 전달되는 방법을 예시하고 있다. 주요 기술이 항공기 성능과 경제성 평가를 통해 형상 설계로 연결된다. 이 평가 과정 내에서 항공기 구속조건에 대한 점검이 이루어지고 전체 기준(종종 목표 기능이라고 부르는)이 결정된다. 전문가 그룹은 채택해야 할 고등 기술(새로운 소재, 시스템의 미세 최소화, 공기역학적 특징, 에어포일과 제어 혁신의 사용과 같은)의 수준을 설계상의 다른 실제 구속요소 모두와 함께 고려해야 한다. 선도의 데이터 흐름선은 경제성 및 성능 평가를 통해 기술 분야가 항공기 형상에 어떠한 영향을 주는 가를 명확하게 나타내고 있다.

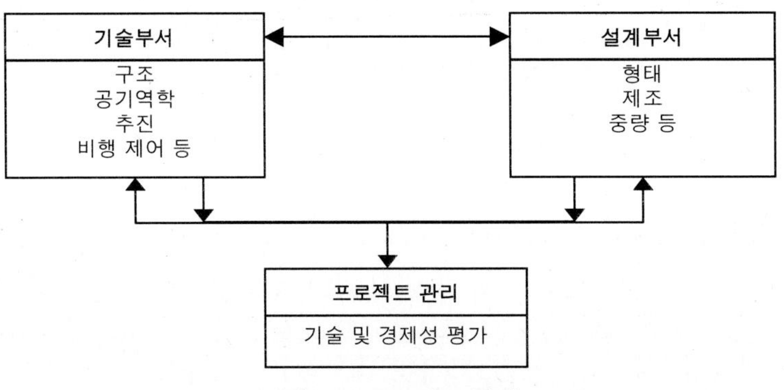

그림 2.3 프로젝트 관리

선도는 설계 과정이 단일 단계의 순차 과정이 아니라는 것을 분명하게 보여주고 있다. 자연적인 출발 위치가 없는 주기적인 과정이다. 설계 해는 반복 과정으로 달성할 수 있다. 경험을 통해 과정을 출발하는 최상의 방법은 형상을 추정하고 각 기술 분야의 상세한 추정을 할 때 이러한 표적(추정형상)을 사용하는 것이라는 것을 암시하고 있다. 이전의 분석 방법은 디자인을 지배하는 방정식이 합리적으로 잘 거동하고 실행가능한 해로 신속하게 수렴한다는 것을 시사하고 있다. 분명히 초기 추정이 최종 설계 형상에 근접할수록 최상의 실행 가능한 설계로 빠르게 수렴하게 된다. 초기 형상을 선택하는 하나의 지침으로서 가급적 주요 매개변수의 통계적 상관관계를 사용하여 유사한 명세(규격)를 가진 이전의 항공기를 분석하는 것이 유용하다. 이는 항공기 매개변수를 선택할 때 바람직하지 않은 개인적인 선호도가 개재되는 것을 피할 수 있다.

각 전문가 분야는 이제 3가지 주요 부문(공기역학, 추진 및 중량)으로 출발하여 기술된다. 이부문의 원 삽화(풍자만화)는 1940년대 초기의 Bruhn과 Miller의 생각이지만, 그들의 정서는 60년이 지난 이후에도 여전히 관련이 있는 것으로 생각되고 있다.

2.3.1 공기역학 부문

공기역학자의 꿈은 날개가 주요한 특징을 형성하는 초유연 유선형 항공기이다(그림 2.4). 동체, 엔진 및 착륙장치가 모두 공기역학적 효율을 감소시키는 불편한 것으로 생각한다.

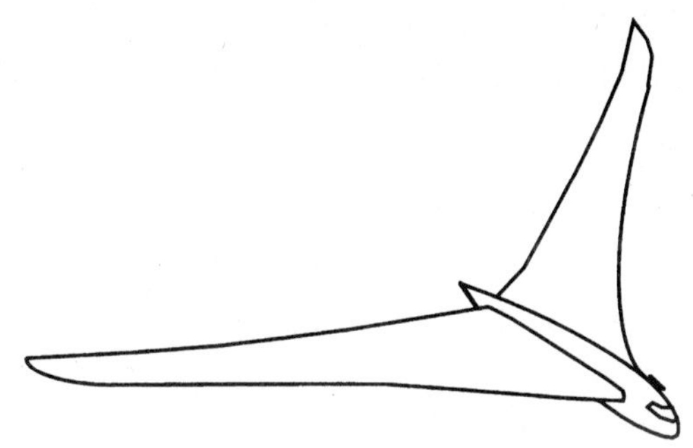

그림 2.4 공기역학자의 꿈의 항공기

공기역학 부서의 데이터 흐름은 그림 2.5에서 보는 바와 같다.

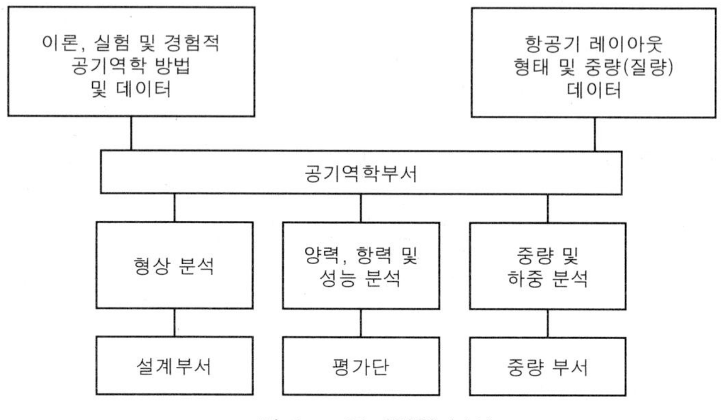

그림 2.5 공기역학 부서

기본 기술은 상부 왼쪽 박스에 포함되어 있다. 이러한 것들은 공기역학 교재, 과거 디자인의 경험적 데이터, 풍동시험 혹은 전산 유체역학 분석에 망라되어 있는 이론과 방법에 기초한다. 입력 데이터는 상부 오른쪽 박스에서 보여주고 있다. 이는 주로 항공기의 형태(객실 크기)를 제공하는 형상 그룹으로부터 온다. 프로파일 형태를 조절하고 구성부품을 통합하여 공기역학적 효율을 개선하는 것이 공기역학자의 주요한 목적이다. 주어진 기술 수준에서 날개, 꼬리날개 및 동체의 기하학적인 기술이 결정된다. 다른 임무 전략으로부터 갈등 요구조건은 절충된 레이아웃(날개 면적, 플랩 복잡성 등)의 규격으로 해결해야 한다. 공기역학 분석으로부터 출력은 기하학적인 데이터로서 형상 및 중력 부문으로 보내지고 공력 기능/도표(항력 곡선, 비행 포위선도, 기동 하중, 공기역학적 힘과 모멘트)로서 성능 그룹으로 보내진다.

2.3.2 추진 부문

엔진 전문가는 항공기를 그들의 대표작(엔진)을 운반하는 수단으로 본다(그림 2.6).

데이터 흐름은 공기역학 부서의 패턴과 유사하며 그림 2.7에서 보는 바와 같다.

그림 2.6 엔진 디자이너의 꿈의 항공기

가능한 기술을 왼쪽 박스에서 보여주고 있다. 이는 엔진 시험을 위해 수용된 이론, 방법 및 데이터와 관련된다. 채택되는 기술 수준은 그 선택에 따라 엔진 신뢰도와 정비 비용에 역영향을 줄 수 있기 때문에 특별한 관심사가 된다. 대부분은 엔진 개선으로부터 이들이 항공기의 운영 효과성(연료 사용, 소음 수준, 배출가스 및 엔진 수명)에 직접적으로 영향을 줄 수 있으므로 기체 제조업자가 예상하게 된다. 항공기 제조 및 정기항공 회사는 최소 엔진 성능에 관해 상업적으로 구속력이 있다는 보증이 필요하다.

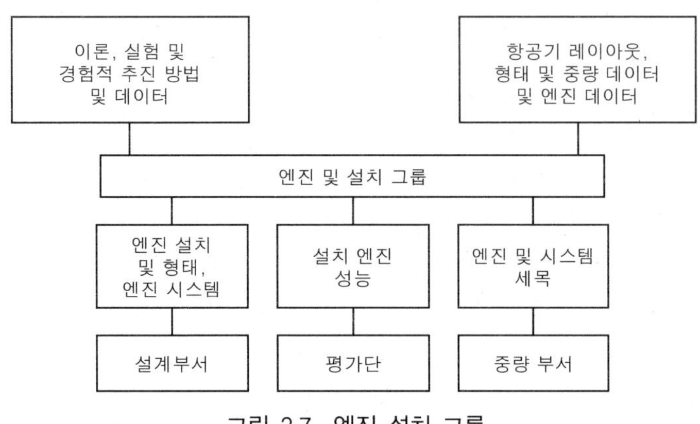

그림 2.7 엔진 설치 그룹

추진 그룹으로 가는 입력 데이터에는 나셀 기하학, 운영 조건, 엔진 추력 체감율, 동력 배출구 등이 포함된다.

추진 분석으로부터 출력은 형태 및 중량 데이터로서 형상 및 중량 그룹으로 보내지며, 성능 데이터(연료 흐름/추력 도표, 동력 배출구)로서 성능 부문으로 보내진다.

디자이너는 엔진을 지정하는 것과 관련하여 3가지 선택을 해야 한다.

-현용 엔진을 사용하거나 제안한 효율을 올린 기존 엔진을 사용한다.

-항공기 프로젝트와 동일한 시간의 틀에서 사용가능한 새로운 엔진을 사용한다.

-제안한 신규 디자인에 기초하여 가상적인 '척도'의 (고무) 엔진을 사용한다.

항공기 디자이너는 마음이 내키지 않지만 한 제조업자로부터 엔진을 배타적으로 지정받게 된다. 이들은 엔진의 범위를 지정하는데 있어 경쟁 제조업자보다 강한 상업적 위치에 있기를 원한다. 이는 다른 엔진 유형에 대해 중복 작업을 하게 할 수 있다. 새로운 엔진과 현존하는 엔진 사이에서 선택을 할 때에는 어려운 결정이 존재한다. 개선된 기술 수준을 갖는 새로운 제품의 잠재적인 이점은 항공기의 효율성을 지연시키거나 심지어 불리한 입장에 놓일 수 있는 기술적인 문제점의 위험이 될 수 있다. 엔진 유형과 성능에 대한 최선의 선택을 식별하기 위해 이론적인 '고무' 엔진에 대한 프로젝트 연구가 종종 사용된다. 현존의 엔진을 사용하지 않고 크기와 필요 추력에서 새로운 디자인의 엔진을 만들 수 있으며, 이를 '고무' 엔진이라고 한다. 고무 엔진은 필요한 만큼의 추력을 주기 위해 사이징 과정에서 늘어날 수 있기 때문에 고무 엔진이라고 한다.

항공기에 엔진을 설치하는 것은 형상 디자이너에게 어려운 결정이다. 얼마나 많은 엔진을 사용해야 하는가? 엔진을 날개 혹은 동체에 장착해야 하는가? 이들을 날개 밑에 유선형으로 해야 하는가? 아니면 보이지 않게 파묻어야 하는가? 어떤 종류의 엔진(터보프롭, 프롭팬 혹은 터보팬)이어야 하는가? 그러한 결정은 전체 프로젝트의 성공과 실패에 직접적으로 영향을 주게 된다.

2.3.3 중량

중량 엔지니어는 언제나 기술 및 설계 부서의 중량 증가에 대항하여 싸워야 한다. 중량 엔지니어가 생각하는 꿈의 항공기는 가능한 한 작게 만들어야 하며, 경 모델 항공기 구조와 유사하게 된다(그림 2.8).

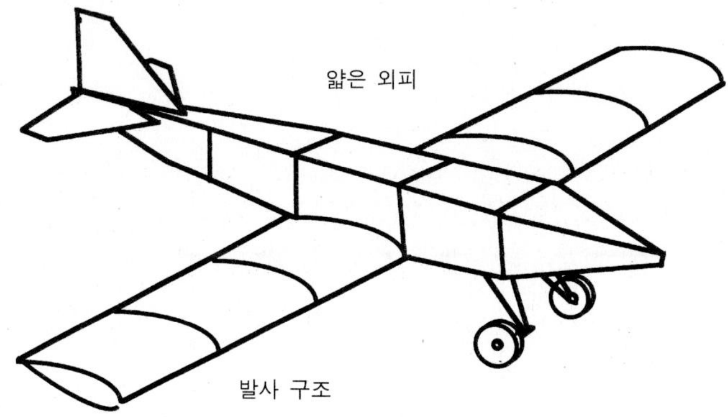

그림 2.8 중량 엔지니어가 생각하는 꿈의 항공기

중량은 디자이너에게 있어 주요한 기술 그룹의 하나로 간주된다. 이 부문의 데이터 흐름은 이전의 두 전문 그룹보다 훨씬 더 복잡함을 알 수 있다(그림 2.9).

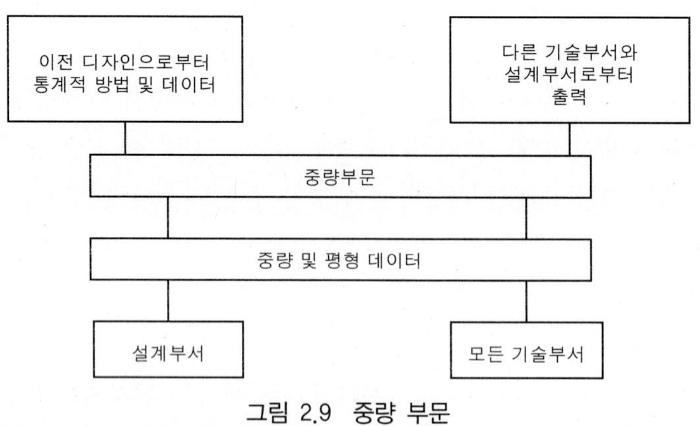

그림 2.9 중량 부문

중량 분석의 기본 원리는 이전 항공기 디자인의 통계적인 데이터에 기초한다. 각각의 전문가 그룹과 형상 설계 팀으로부터 입력이 들어온다. 이 정보는 기하학적인 데이터, 항공기 하중 및 시스템 정의에 관한 정보이다. 출력은 질량표 및 중력중심 분포의 형태로서 성능 및 경제성 그룹으로 직접 보내진다. 항공기 성능에 대한 중량 증가의 중요성은 효율적인 항공기 운영에 고도로 불리한 것으로 알려지고 있다. 그러므로 그룹은 항상 항공기 중량을 예측한다. 이는 잠재적인 항공기 성능 문제의 척도로 작용한다. 중량 증가가 탐지되면 중량 절감 프로그램을 조사하게 된다.

제어 및 구조 그룹을 포함하여 설계 과정과 관련한 여러 가지 다른 기술부서가 존재한다.

2.3.4 제어 그룹

비행 제어 그룹은 어려운 과업을 한다. 이들은 종종 진짜 형태가 완료되기 전에 항공기의 비행 특성을 예견하기 위해 질문한다. 이들은 그들의 꿈의 항공기를 여러 가지 호환 가능한 조종면이 다른 비행 조건과 디자인에서 사용할 수 있는지를 살펴보거나 조종면이 너무 커서 이들이 미지의 불안정성에서 위험하지 않은지를 살펴본다(그림 2.10).

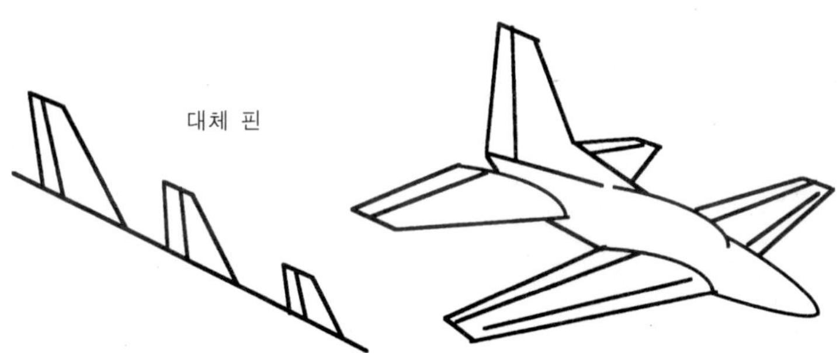

그림 2.10 제어 그룹이 생각하는 꿈의 항공기

이 부문의 데이터 흐름은 이들이 긴밀하게 작업한다는 점에서 공기역학자의 경우와 유사하다(그림 2.11).

해석의 기본 개념은 안정성과 운용성 평가와 시스템 분석에 대한 관심에 기초하고 있다. 기술 수준은 실질적으로 최신 컴퓨터 기술(비행 관리 시스템), 트랜스미션(플라이 바이 라이트) 및 정보 표시장치(유리 조종실, 새로운 시스템 설계, 레이저, 합성 시정 등)가 영향을 준다. 입력 데이터는 항공기 형상(꼬리날개 크기, 비행 포위선도, 중력중심, 항속거리)에서 들어온다. 출력은 시스템 기술 및 조종면 크기의 형태로서 기하학과 중력 그룹으로 보내진다.

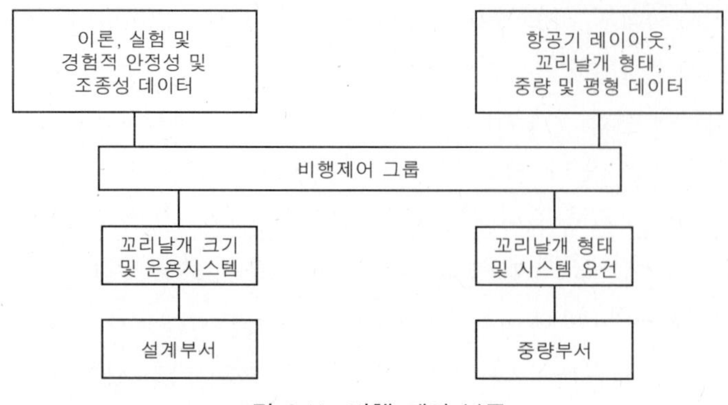

그림 2.11 비행 제어 부문

2.3.5 구조 그룹

응력 부서는 임의의 국지적인 구조 비틀림의 직접적이고 간단한 하중 경로와 회피를 보고 싶어 한다. 이들의 꿈의 항공기는 움직이는 부분과 도려낸 부분과 모든 접합부가 없어야 하며, 고도로 부하되는 부위에서 멀리 떨어져 위치해야 하며, 정규적으로 검사할 수 있도록 쉽게 볼 수 있어야 한다. 비록 심미적이지 않은 그들의 디자인은 그림 2.12에서 보는 바와 같이 구조적으로 간단해야 한다.

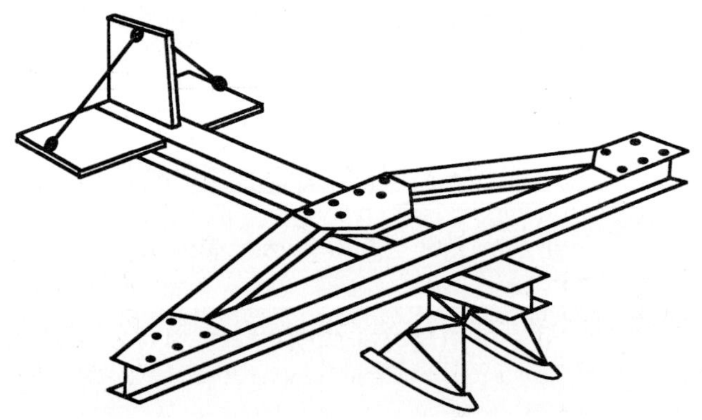

그림 2.12 응력 분석가가 생각하는 꿈의 항공기

이들 부서의 응력 흐름은 그림 2.13에서 보는 바와 같다.

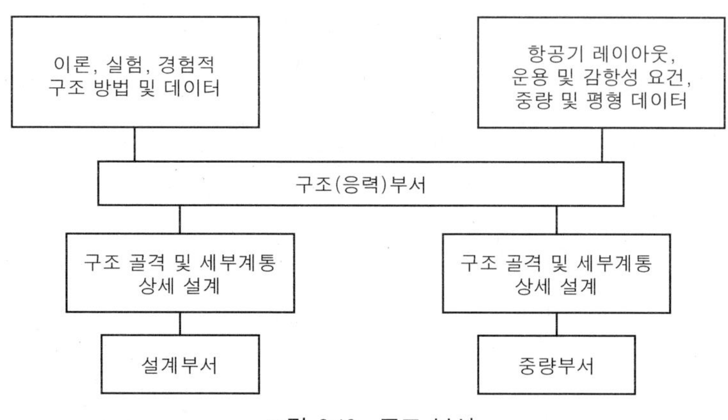

그림 2.13 구조 부서

항공기의 구조 해석은 설계 조직에서 또 다른 주요 기술적 부문을 나타낸다. 강도와 강성의 견지에서 항공기의 감항성을 보증하는 것이 이들의 주요 책임 분야이다. 항공기의 구조 강도(응력)와 강성(공탄성)은 다른 기술 분야(공기역학, 추진 및 비행 제어)와 관련된다.

해석의 기반이 되는 기본 개념은 구조해석 방법, 구조 시험, 재료 특성 및 제조 방법 등을 포함한다. 형상 및 중량 그룹이 형태, 크기 및 질량의 용어로서 분석에 대한 입력을 제공한다. 공기역학적 하중은 공력 부서 혹은 특수 하중 그룹이 결정한다. 형상과 중량 그룹으로 가는 출력은 구조 골격의 형상, 재료 규격 및 구조 세목으로 구성된다.

2.3.6 컴퓨터 지원 설계 및 동시공학

CAD 프로그램의 출현과 제조 산업에서 이들을 보편적으로 채택함으로써 각 기술부서는 현재 항공기의 기하학적인 정의를 평가할 수 있는 능력을 갖게 되었다. 이러한 능력은 각 부서가 설계를 동시에 작업할 수 있게 되었다. 이들은 다른 전문가 부서의 순서를 기다려야만 했던 재래식 방법과 비교하여 디자인을 분석하고 개발하는데 필요한 시간을 단축시켰다. 공정은 또한 초기 단계에서 디자인에 대해 좀 더 상세한 조사를 할 수 있게 되었다. 예를 들어 유한요소 분석, 컴퓨터 유체역학 및 동적 비행 시뮬레이션이 동일한 항공기 레이아웃의 지식에서 수행된다.

항공기 설계 과정의 통합은 설계가 진전됨에 따라 변화를 통합하기 전에 다른 표준을 사용하는 것을 피하기 위해 컴퓨터 정보 시스템을 면밀히 관리하는 것이 필요하다. 항공기 프로젝트 관리자는 전체 시스템 설계를 통제해야 한다. 이는 전통적인 수석 디자이너와는 다른 지식과 기술이 필요하다. 여러 가지 다른 소프트웨어 모음이 컴퓨터 지원 설계의 요구조건을 충족하기 위해 개발되었다. 각 주요 제조회사는 회사의 모든 부서에서 표준으로 사용되는 특수 CAD 시스템과 통합되고, 이들은 유사한 시스템을 사용할 수 있는 하청인이 필요하다.

새로운 설계 및 개발 공정은 항공기 프로젝트에서 작업하는 모든 기술 부서를 동시에 전체를 통합하는 것을 의미하는 동시공학으로 알려지게 되었다.

2.3.7 형상 및 성능/경제적 측면

'형상' 및 '경제성' 분석 작업을 이해하기 위해서는 항공기 설계의 개별 측면을 보다 상세하게 연구할 필요가 있다. 이 교재의 다음 장에서 이러한 주제 각각에 대해 개괄적인 설명을 제공하게 될 것이다. 이들은 항공공학적 측면(형상, 디자인, 성능 등)에 집중하지만 몇 가지 중요한 영향은 배경에 초점을 맞추어야 한다. 그러한 측면에는 항공기와 엔진 제조 공정, 정비 및 신뢰성, 운영 및 환경 특성, 특수 및 정치적인 이슈가 포함된다. 비록 이러한 측면을 모두 망라할 수 없지만 디자이너는 프로젝트 개발 단계에서 결정을 하는데 중요할 수 있는 이들 측면을 인식할 수 있어야 한다.

Chapter 03 Aircraft Design

항공기 설계 및 제작 기술

- 항공기 설계 기술은 크게 공력 산출을 위한 기하학적 모델링 기법, 비행하중 산출 기법, 피로해석 기법 그리고 공탄성 해석 기법으로 구성된다. 이 기술들은 설계의 각 단계에서 상호 연관적으로 작용한다. 따라서 설계를 위한 반복 수정 계산을 효율적으로 수행하기 위해서는 이 기술들을 유기적으로 관리하고 체계화하여야 한다.
- 항공기 설계는 우선 개발하고자 하는 항공기의 운용 개념이 명확히 주어져야 하며, 이에 따른 요구 성능 목표가 설정되면 개발 시점을 기준으로 적용 가능한 기술 분야 및 추가적인 기술개발 분야를 정의하고 개발비를 포함한 전 순기에 대한 경제성 분석이 이루어진다.
- 설계 초기의 개념설계 단계에서는 항공기의 외형, 임무 수행에 필요한 장비들의 내부 배열, 엔진 선정 업무가 수행된다. 외형설계가 진행되면서 기체구조의 개념설계가 병행되고 공기력과 항공기 기동에 의해 발생하는 관성력에 견딜 수 있는 강도 및 강성(구조물의 변형 정도)을 고려한 구조설계가 수행된다. 그리고 항공기의 중량을 최소화함과 동시에 제작성을 고려한 구조 재질의 선정이 이루어진다. 기계구조설계가 완료되면 제작된 구조에 대한 강도 및 강성을 확인하기 위해 항공기가 비행 중에 받는 하중을 적용하는 구조시험을 통하여 설계의 적합성 확인과정을 거쳐 구조설계가 확정된다.
- 또한 항공기의 형상, 중량, 임무에 적합한 각종 탑재 계통, 즉 추진계통, 비행조종계통, 착륙장치계통, 냉/난방계통, 유압계통, 전기계통, 항법계통 등의 설계와 필요한 장비의 선정 작업이 동시에 수행된다. 이러한 모든 설계가 완료되면 시제품 항공기를 제작하고 비행시험과정을 통하여 설계와 비행안전성이 확인된 후 대량생산 체계를 구성하여 양산을 하게 된다.

3.1 서론

항공기 설계 기술은 크게 공력 산출을 위한 기하학적 모델링 기법, 비행하중 산출 기법, 피로해석 기법 그리고 공탄성 해석 기법으로 구성된다. 이 기술들은 설계의 각 단계에서 상호 연관적으로 작용한다. 따라서 설계를 위한 반복 수정 계산을 효율적으로 수행하기 위해서는 이 기술들을 유기적으로 관리하고 체계화하여야 한다.

항공기 설계는 우선 개발하고자 하는 항공기의 운용 개념이 명확히 주어져야 하며, 이에 따른 요구 성능 목표가 설정되면 개발 시점을 기준으로 적용 가능한 기술 분야 및 추가적인 기술개발 분야를 정의하고 개발비를 포함한 전 순기에 대한 경제성 분석이 이루어진다.

설계 초기의 개념설계 단계에서는 항공기의 외형, 임무 수행에 필요한 장비들의 내부 배열, 엔진 선정 업무가 수행된다. 항공기의 외형은 기존의 항공기 형상에 대한 공기역학 및 비행역학적인 자료와 컴퓨터를 이용한 공기 유체의 특성분석을 통하여 가능한 여러 형상의 외형을 설정하고 각 형상에 대해 주요 변수에 따른 장·단점 분석 과정을 통하여 몇 개의 형상으로 압축된다.

항공기 외형설계에서 가장 주요한 부분은 날개로서 항공기를 부양시키는 힘인 양력이 날개에서 만들어지므로 운용될 비행속도 영역에 적합한 날개 형상을 설계하는 것이 중요하다. 날개 형상이 결정되면 항공기의 안정성을 확보할 수 있는 크기의 꼬리날개 형상이 설계되고 동시에 항공기의 운동 3축에 대한 기동을 제어할 수 있는 제어면 형상을 결정한다. 이러한 형상들에 대해서 계산을 통해 예측된 항공기의 성능 확인과 추가적인 세부 비행특성 분석에 필요한 공기역학적 자료 획득을 위하여 축소형상의 모델을 제작하고 실제 비행상태를 모사한 풍동시험을 수행하여 최적의 외형을 선정한다.

외형설계가 진행되면서 기체구조의 개념설계가 병행되고 공기력과 항공기 기동에 의해 발생하는 관성력에 견딜 수 있는 강도 및 강성(구조물의 변형 정도)을 고려한 구조설계가 수행된다. 그리고 항공기의 중량을 최소화함과 동시에 제작성을 고려한 구조 재질의 선정이 이루어진다. 기계구조설계가 완료되면 제작된 구조에 대한 강도 및 강성을 확인하기 위해 항공기가 비행 중에 받는 하중을 적용하는 구조시험을 통하여 설계의 적합성 확인과정을 거쳐 구조설계가 확정된다.

또한 항공기의 형상, 중량, 임무에 적합한 각종 탑재 계통, 즉 추진계통, 비행조종계통, 착륙장치계통, 냉/난방계통, 유압계통, 전기 계통, 항법계통 등의 설계와 필요한 장비의 선정 작업이 동시에 수행된다. 이러한 모든 설계가 완료되면 시제품(prototype) 항공기를 제작하고 비행시험과정을 통하여 설계와 비행안전성이 확인된 후 대량생산 체계를 구성하여 양산을 하게 된다.

3.2 항공기 설계 및 제작 기술

3.2.1 동시설계원리

동시공학이 새로운 설계개념으로 주목받고 있다. 1980년대에 동시설계원리로 확산되었으며 이를 동시공학(concurrent engineering : CE) 혹은 통합생산공정설계(integrated product and process design : IPPD)라고 하며 항공기, 자동차 등 많은 설계에서 적용되고 있다.

동시공학은 설계과정의 초기에서부터 설계와 관련된 모든 사람을 통합하고, 제품의 설계와 설계과정, 생산과정, 조립과정 및 분배과정의 모든 과정의 관심사를 강조한다. 다시 말하여 동시공학은 제품 수명 주기의 모든 요소를 고려하는 팀 접근방법이다.

팀을 운용하면 기존의 설계방법의 많은 문제점을 제거할 수 있다. 제품의 각 단계에서 서로 다른 사람이 중요하며, 생산개발팀을 포함한다. 이와 같이 팀 요원의 서로 다른 견해를 혼합하는 것은 또한 제품의 전체 수명주기에서 팀을 강조하는 것을 도와준다.

동시공학의 핵심요소는 정보에 대한 관심사이다. 도면, 계획, 개념 스케치와 회합에서 메모를 정시에 올바른 사람들이 공유할 수 있도록 모든 정보를 제공한다. 이러한 관심사는 정보의 개발뿐만 아니라 정보의 분배에 관한 것이다. 기존에는 설계과정에서 소위 항공기 제도(aircraft drawings)라고 부르는 도면을 강조하였다. 동시공학은 정형도면으로 나타낼 수 없는 요건, 개념, 과정계획에 관한 정보의 관심사가 포함된다.

도구 및 기법은 정보로 팀과 연결된다. 비록 많은 도구들이 컴퓨터에 기초하고 있지만 많은 설계과업은 연필과 종이로 수행된다. 사실 동시공학의 대부분(80%)은 회사의 문화이며 약간(20%)은 컴퓨터가 지원한다.

동시공학의 중요한 측면은 제품의 개발과 관련 과정에 대한 관심사이다. 두 가지 과정은 제품 개발과정과 생산과정이다.

다시 말하여 동시공학은 제품 수명 주기의 모든 단계를 나타내는 일원인 팀이 모든 이러한 요소를 동시에 고려한다. 기존의 설계방법이 직렬과정임에 비해 병렬과정으로 개념단계부터 품질, 비용, 일정, 사용자 요건 등을 포함하여 모든 요소를 고려하는 방법으로 기존의 방법으로 풀 수 없는 개념 및 설계단계상의 문제점을 해결해준다. 이러한 요소에는

- 제품 요구의 인지
- 명세의 형성(잠재적인 고객 입력)
- 창조적인 디자인
- 문서화(CAD, 솔리드 모델링, 부품 명세)

- 해석(응력 및 처짐에 대한 유한요소법, 기구학적 해석, 제품 유용성 해석)
- 제조(CIM)
- 시험
- 마케팅
- 정비(보수)
- 처분 및 리사이클링

등이 포함된다.

따라서 동시공학의 잠재적인 이점은

- 제품 가격을 낮출 수 있다.
- 제품 품질 및 신뢰도를 높일 수 있다.
- 신제품 도입 주기가 짧아진다.
- 생산량의 빠른 "RAMP UP"이 가능하다.
- 사용자 친화 제품이 가능하다.
- 재사용이 가능한 청정(그린) 제품을 만들 수 있다.

응용심화학습 1 항공기 제도(aircraft drawings)

◈ 항공기 제도

항공기 부품 또는 구조물의 모양이나 크기를 일정한 규격에 따라 점, 선, 문자, 부호 등을 사용하여 도면 위에 나타내는 것을 제도라고 하며, 물체의 모양, 치수, 재료, 다듬질 정도, 공정 등을 간단하고 정확하게 나타내어 항공기를 제작하거나 정비하는데 필요한 밑그림으로 사용된다.

◈ 항공기 제도의 종류

항공기 제조 및 정비에 사용되는 수많은 유형의 제도가 있다. 이들 각 유형의 제도의 기능 및 목적을 간단히 기술하면 다음과 같다.

① 스케치

계기를 사용하지 않고 만든 개략적인 제도이다. 이들은 특정한 부분의 정보만을 나타내는데 사용되며, 부품을 제조하는데 필요한 최소한의 세목이 포함된다.

② 상세(세부)도

계기 혹은 컴퓨터를 사용하여 만든 제도이다. 이들은 치수를 포함하여 부품을 제작하는데 필요한 모든 정보가 포함된다.

③ 조립도

모든 조립 구성부품을 보여주는 제도이다. 구성부품은 이들을 조립하는 방법을 표시하기 위해 분해도로 나타낸다. 부품 목록은 참조 번호, 부품 번호, 기술, 조립부품 당 분량, 각 구성부품의 사용 모델 등을 보여주는 것이 포함된다.

④ 장착도

이러한 제도는 부품의 개소와 완성된 항공기에서 조립부품을 보여주고 장착에 사용되는 모든 상세 부품을 식별하게 해준다.

⑤ 단면도

이러한 제도는 중간을 통해 잘랐을 때 구성부품이 어떻게 보이는가를 보여준다. 다른 종류의 단면선과 평행선 무늬는 구성부품에서 사용되는 다른 유형의 재료를 보여준다.

1/2단면도는 단면도의 절반만 나타나고 다른 절반은 평면도에 나타난 부품을 보여준다.

⑥ 절개도

절개도는 내부의 부품을 보여주기 위해 절단한 구성부품의 외부를 보여준다.

⑦ 분해도

분해도는 조립도와 유사하다. 구성부품에서 모든 부품은 각각이 어떻게 보이며 이들이 다른 부품과 어떤 관계를 가지는가를 보여주기 위해 펼쳐 놓는다.

⑧ 모식도

모식도는 계통 내에서 모든 부품의 상대 위치를 보여주지만 항공기에서 물리적인 위치를 주지는 않는다. 모식도는 계통의 고장탐구에서 매우 유용하다.

⑨ 블록선도

블록선도는 계통의 여러 가지 기능을 보여주지만 세세한 사항은 포함하지 않는다. 블록을 연결하는 선들은 신호 흐름 방향 혹은 다른 형태의 정보를 보여준다. 블록선도는 복잡한 계통이 어떻게 작동하는가를 설명하는데 도움을 주며 이들은 종종 고장탐구에 사용된다.

⑩ 수리도

이러한 제도는 수리가 어떻게 이루어지는가를 보여주는데 사용된다. 이들은 전형적인 수리를 설명하기 위해 항공기 제조업자의 정비 및 수리 지침서에서 사용된다. 치수는 주어지지 않지만 충분한 정보가 제공되어 숙련된 기술자가 감항성 수리를 하는 지침으로서의 제도로 사용할 수 있다.

⑪ 배선도

배선도는 항공기 전기계통의 특정 단면의 모든 배선을 보여준다. 제도에 수반된 부품 목록은 배선 크기, 배선 번호, 각 배선 각 끝에서 부품 단자 번호를 제공한다.

⑫ 삽화선도

삽화선도는 통상적인 부호를 사용하는 대신에 구성부품이 실제로 보이도록 구성부품을 보여준다. 삽화선도는 종종 조종사 운영 핸드북의 전기계통에서 사용된다.

⑬ 정사투영도(그림 3.1 참조)

항공기 세부 부품의 구조를 나타내는데 정사투영도에서는 전면, 후방, 좌측면, 우측면, 상면, 하면의 6가지 전망을 보여준다.

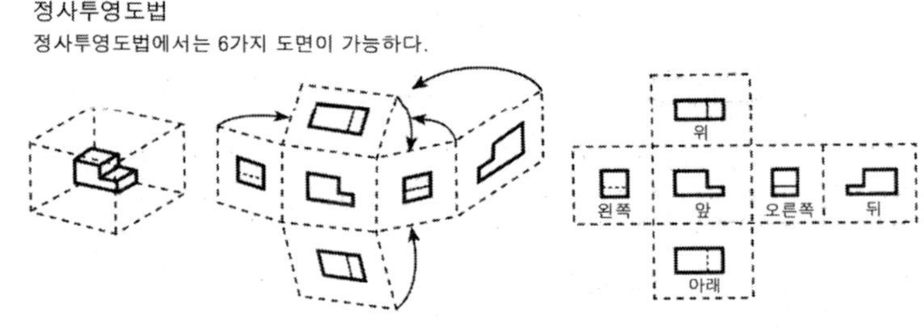

그림 3.1 정사투영도

◆선의 의미(그림 3.2 참조)

① 중심선 : 가는 파선(일점 쇄선)으로 도형의 중심 또는 대칭 선을 나타내는 선이다.

② 치수선 : 가는 실선으로 치수를 기입하기 위해 사용되는 0.2mm 이하의 선이다.

③ 지시선 : 가는 실선으로 실선으로서 지시를 하기 위해 필요한 0.2mm 이하의 선이다.

④ 파단선 : 불규칙한 파형의 가는 실선 또는 지그재그선으로 물체의 일부를 파단시킨 것을 나타내는 선 또는 중간을 생략하는 선으로서 외형선보다 약간 가늘게 손으로 그린다.

⑤ 단면 및 확장선 : 가는 실선으로 절단면 등을 명시하는 0.2mm 이하의 음영선이다.

⑥ 가상선 및 기준선 : 가는 일점 쇄선, 가는 이점 쇄선 또는 가는 실선으로서 도시된 단면의 앞면 부분을 나타내는 선, 인접부분을 참고로 나타내는 선, 가공 전 또는 후의 형상을 나타내거나 이동하는 위치에 나타내는 선 또는 치공구 등의 위치를 나타내는 선이다.

⑦ 숨은 선 : 가는 파선 또는 중간 파선으로서 보이지 않는 부분의 형상을 나타내는 선이다.

⑧ 스티치선 : 중간 파선이다.

⑨ 기준선 : 가는 2점 쇄선이다.

⑩ 개요선 혹은 외형선 : 중간 굵기의 실선으로 물체의 보이는 부분의 형상을 나타내는 선이다.

⑪ 짧은 파단선 : 불규칙한 파형의 가는 실선이다.

⑫ 단면선 : 굵은 실선으로 끝부분 및 방향이 변하는 부분을 굵게 나타내는 선이다.

⑬ 절단면선 : 복잡하거나 편위된 면 등의 요소는 굵은 쇄선으로 끝부분 및 방향이 변하는 부분을 굵게 나타내는 선이다.

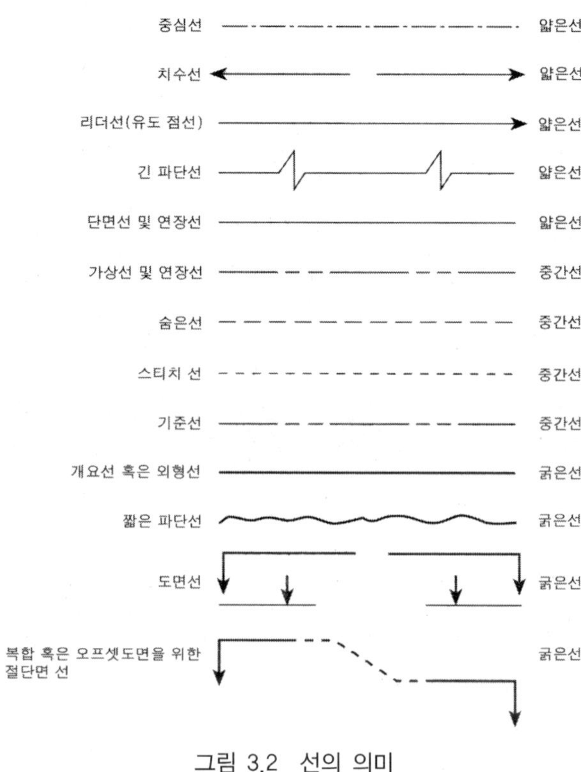

그림 3.2 선의 의미

◈ 재료 부호(그림 3.3 참조)

각 재료들은 선을 사용하여 나타낼 수 있다.

① 주철

② 구리, 동 및 구리 합금

③ 강 및 연철

④ 알루미늄, 마그네슘 및 이들 합금

⑤ 베비트, 납, 아연 및 이들 합금

⑥ 고무, 플라스틱, 전기 절연체

⑦ 직물 및 가요성 재료

⑧ 전기 권선

⑨ 결이 있는 목재

⑩ 결이 교차하는 목재

⑪ 타이타늄

⑫ 베릴륨

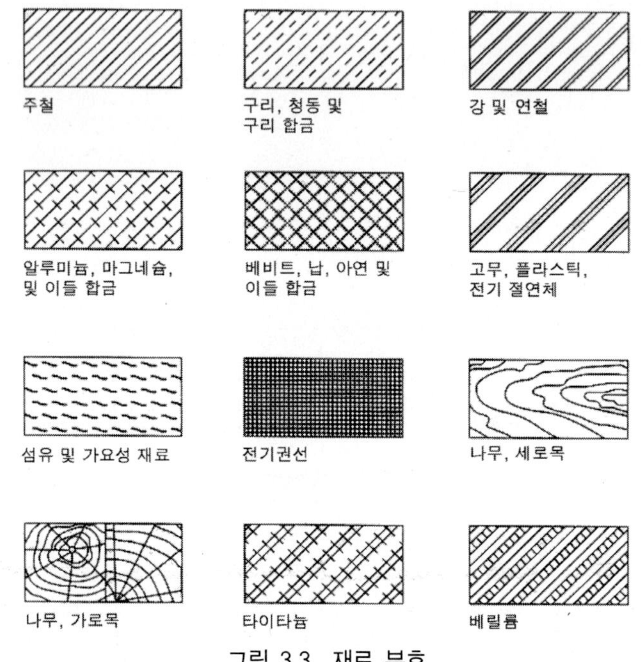

그림 3.3 재료 부호

◆ 위치 식별(그림 3.4 참조)

항공기 부품의 위치는 지역번호, 수선, 좌우선, 날개 지역번호 등으로 명시된다.

① 동체 지역 번호(fuselages stations)

동체의 길이와 나란한 위치는 FS-0로부터의 거리를 나타내는 FS 번호에 의해 식별한다. FS-0는 항공기 제조업자에 의해 선택한 지점으로 이 점으로부터 모든 세로 측정이 이루어진다. FS-199는 FS-0로부터 뒤로 199in.(50cm) 떨어진 거리이다.

② 수선(water lines)

수직 위치는 WL에 의해 식별된다. WL-0은 항공기 제조업자가 수직 기준선으로 선택한 선이다. WL-0 위의 위치가 +이며 아래가 -이다. WL+20은 WL-0 위로 20in.(5cm) 떨어진 평면에 있다.

③ 좌우선(butt lines)

동체 중심선의 좌우(가로방향) 위치는 BL로 식별한다. BL-0로부터 오른쪽 혹은 왼쪽으로 얼마만큼 떨어져 있는가를 나타낸다. BL-36R은 BL-0으로부터 오른쪽으로 36in.(9cm) 떨어진 수직 평면이다.

④ 날개 및 수평안정판 위치(wing and horizontal stabilizer stations)

날개 및 수평안정판의 위치는 동체의 중심선(BL-0)으로부터 측정한 날개 혹은 안정판 길이를 따라 왼쪽 혹은 오른쪽의 위치이다.

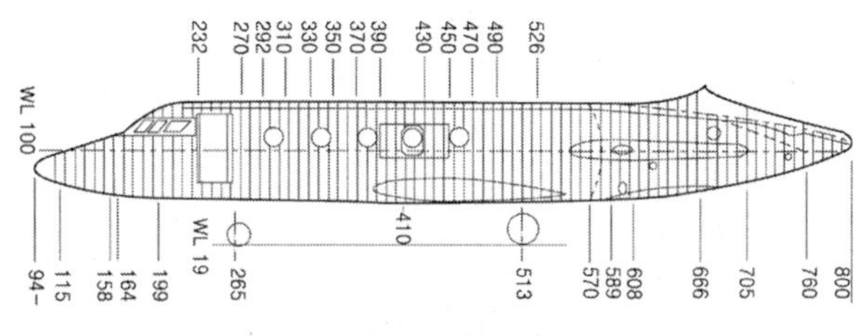

그림 3.4 동체 지역번호 및 수선

3.2.2 공력 산출을 위한 기하학적 모델링

공력 산출을 위한 기하학적 모델링은 패널법(panel method)이 주로 사용된다. 수치해석 모델을 위해 항공기 날개를 많은 사다리꼴 형상의 패널(panel)로 나누고 각 패널에 일정한 강도(intensity)의 vortex singularity(source, doublet, vorticity)가 분포하는 것으로 가정한다. 날개의 두께에 대한 효과는 vorticity의 표면분포에 의해서 나타내어진다. 특이점의 강도는 날개 표면에서의 접선 방향 흐름의 경계조건이 만족되도록 결정되는데 주어진 날개 형상에 대해 특이점의 강도를 구하면 날개 위에서의 압력 분포와 양력, 항력 그리고 피칭모멘트를 구할 수 있다.

항공기에 작용하는 압력 분포는 potential φ에 대한 선형 미분 방정식(Prandtl-Glauert equation)의 해로부터 구한다.

$$(1-M^2)\phi_{xx}+\phi_{yy}+\phi_{zz}=0 \tag{3.1}$$

여기서 φ는 속도 포텐셜을 나타내고, M은 마하수를 나타낸다. 첨자는 미분을 나타낸다. 위 식을 singularity 중첩법을 도입하여 수치 해석적으로 푼다.

각 패널에 의해 야기되는 potential ϕ는 다음과 같다.

$$\phi = \frac{1}{2\pi}\int\int \frac{z(x-\xi)}{\sqrt{(x-\zeta)^2(1-M^2)\left[(y-\eta)^2+z^2\right]}}\frac{d\zeta d\eta}{(y-\eta)^2+z^2}$$

$$+\frac{1}{2\pi}\int\int \frac{zd\xi d\eta}{(y-\eta)^2+z^2} \quad \text{for } M<1 \tag{3.2}$$

$$\phi = \frac{1}{2\pi}\int\int z\frac{(x-\xi)}{\sqrt{(x-\zeta)^2(1-M^2)\left[(y-\eta)^2+z^2\right]}}\frac{d\zeta d\eta}{(y-\eta)^2+z^2}$$

$$+\frac{1}{2\pi}\int\int \frac{zd\xi d\eta}{(y-\eta)^2+z^2} \quad \text{for } M>1 \tag{3.3}$$

potential φ로부터 X-Y평면에 있는 각 패널의 vortex 분포로 인한 임의의 점 $P(x, y, z)$에서의 속도 성분을 구하고, 이 속도 성분으로부터 모든 패널에 대해 중첩함으로써 점 $P(x, y, z)$에서의 속도를 구할 수 있다. 이로부터 구한 속도성분으로부터 임의의 제어점에서 단위 강도의 특이점에 의해 유도된 표면에 수직한 성도성분의 크기인 공력 영향계수 행렬(aerodynamic influence coefficient matrix) [A]를 구한다. 받음각 (angle of attack ; {a})이 주어질 때 각 패널에서의 국부적인 흐름방향과 제어점에서의 표면 기울기가 같다는 경계조건을 이용하여 압력 계수 차 {△p}를 아래 식으로부터 구한다.

$$\{\triangle p\} = [A]\{a\} \tag{3.4}$$

여기서 압력 계수 차는 아래와 같이 정의하였다.

$$\{\triangle p\} = \frac{p_l - p_u}{1/2\rho V^2} \tag{3.5}$$

여기서 p_l과 p_u는 각각 항공기의 아래 표면과 위 표면에서의 압력이다. 그러나 실제 공력은 받음각과 고양력 장치의 각변위에 대해 비선형 관계식을 가지므로 선형 이론에 근거하여 산출한 공력은 앞전(leading edge) 부위에서 실제보다 크게 나타날 수 있다. 이 경우에 선형 이론에 의한 결과치를 보정하기 위하여 최대 압력을 아래와 같이 제한하여 산출한다.

$$\triangle p_i = (\triangle p_i)\text{LIN} \quad (\triangle p_i)\text{LIN} \quad (\triangle p_i)\text{MAX}\text{인 경우} \tag{3.6}$$

$$\triangle p_i = (\triangle p_i)\text{MAX} \quad (\triangle p_i)\text{LIN} \quad (\triangle p_i)\text{MAX}\text{인 경우} \tag{3.7}$$

여기서 $(\triangle p_i)_{\text{LIN}}$는 선형 이론을 사용하여 산출한 압력 계수차이고, $(\triangle p_i)_{\text{MAX}}$은 아래와 같다.

$$(\triangle p_i)\mathrm{MAX} = p_0 - 0.7p_{\mathrm{vac}} \tag{3.8}$$

여기서 p_0는 1차원 등엔트로피(isentropic) 흐름의 정지(stagnation) 압력 계수이고, p_{VAC}는 절대 진공에 해당하는 압력 계수이다.

위의 선형 근사해는 비선형 Navier-Stokes 식의 해를 구하는 전산 유체 역학 코드(computational fluid dynamics code)가 갖는 수학적 엄밀성에는 미치지 못하나, 복잡한 형상의 항공기를 간단한 형태로 모델링하여 짧은 시간 내에 설계에 필요한 공력 분포와 공력 특성을 제공하고, 기본 설계에 필요한 시간, 인력 그리고 개발비를 크게 절감할 수 있는 매우 효율적인 수단으로 평가되고 있다.

항공기의 공력 특성은 비행기의 형상에 의해 결정되며 비행 성능에 큰 영향을 미치므로 설계 초기 단계에서 이에 대한 평가는 매우 중요하며, 항공기의 공력 특성을 평가하기 위한 모델링 작업을 어떠한 방법을 이용하느냐는 효율성과 경제적 관점에서 고려되어야 한다.

3.2.3 비행 하중 산출

항공기 강도는 하중으로 평가되며 항공기는 구속되지 않고 동적으로 평형된 하중을 받으며 비행한다. 이때 항공기 구조에 작용하는 하중은 기체 및 탑재물의 중량, 공기력, 관성력, 접지시 나타나는 지면반력 및 동력장치로부터 전달되는 추력 등으로 구성되며, 이들 하중은 여럿이 동시에 작용하여 항공기 구성 각 부재에 축 하중, 굽힘 하중, 비틀림 하중, 전단 하중의 형태로 가해져 기체의 변형을 발생시킨다. 비행시 항공기 구조물은 비행선도의 경계 내에서 하중배수(load factor)와 속도를 견디도록 설계되어야 한다.

기본적으로 하중의 산출이란 기체표면에 작용하는 공기력 분포와 가속도로 인한 관성력 분포를 결정하는 것으로 반드시 감항규정의 일부인 강도기준에 따라 결정해야 한다. 또한 하중은 강도기준에 나와 있는 모든 하중에 대하여 구해야 한다. 비행 상태에 따라 하중을 가장 크게 받는 부위가 다르므로 각 기체 부위에 대해 가장 큰 하중을 주는 비행 상태를 찾는다. 또한 수평비행 하중으로부터 기체의 탄성 운동으로 인해 변형된 하중을 고려하여야 한다.

비행 성능으로부터 비행선도를 결정하는 것이 비행하중 산출의 제 1단계이며, 비행 선도를 작성할 때에는 감항규정(FAR 23 혹은 25)에 의거하여 기동선도(maneuvering envelope)와 돌풍 선도(gust envelope)를 고려한 포위선도를 작성하여야 한다.

항공기의 실속(stall) 속도 Vs는 하중배수 n_y가 1일 때 얻어지며 아래와 같이 산출한다.

$$V_S = \sqrt{296\frac{(W/S)}{(C_y)_{\mathrm{MAX}}}} \tag{3.9}$$

여기서 W/S는 익면하중이며 $(C_L)_{MAX}$는 플랩을 작동하지 않은 상태에서의 최대 양력계수이다. 설계 기동속도 V_A는 아래와 같이 구할 수 있다.

$$V_A = V_S\sqrt{(n_y)_{MAX}} \tag{3.10}$$

여기서 $(n_y)_{MAX}$는 최대 하중배수이다.

최대 돌풍 강도를 위한 설계 속도 V_B는 아래와 같이 구할 수 있다.

$$V_B = V_S\sqrt{n_g} \tag{3.11}$$

여기서 n_g는 돌풍에 의한 돌풍 하중배수이다. 위에 언급한 설계속도 외에도 설계순항속도 V_C와 설계 급강하 속도 V_D를 고려하여 기동선도(maneuvering envelope)를 결정한다.

여기서 설계순항속도 V_C는 대기의 난류의 영향으로 일어날 수 있는 우연한 속도 증가를 고려해야 되기 때문에 최대 돌풍강도를 위한 설계속도 V_B보다 충분히 커야 한다.

항공기가 강한 돌풍이나 뇌우 혹은 청천난류(CAT)에 조우했을 경우와 같은 동적 하중 문제는 공탄성 문제의 한 부분에 해당하며 모든 국가의 감항규정에서 돌풍과 연속난류의 영향을 고려하고 있다.

연속난류 모델이 돌풍에 비하여 실제의 난류 현상을 표현하고 있으나 두 가지 모델 모두 근사적인 것으로 실제의 난류를 수학적으로 정확히 표현할 수는 없다.

비정상 대기는 항공기에 높은 하중배수를 발생시킨다. 그러므로 비행시에 항공기가 돌풍으로 인하여 하중을 받을 때 기체의 탄성진동으로 인한 동적 영향을 고려하여 하중배수를 측정하고 이에 근거하여 유효돌풍의 크기를 정하여야 한다.

이때 항공기가 수평비행 중에 대칭적 수직돌풍을 받는 것으로 가정하여 돌풍의 형상을 단순화한 유효돌풍으로 가정한다.

$$G = \frac{1}{2}G_{MAX}\left(1 - \cos\frac{2\pi x}{25\bar{c}}\right) \tag{3.12}$$

여기서 G_{MAX}는 최대 돌풍 속도이며 그 값은 FAR 23 혹은 25를 참조하여 얻을 수 있다. 위 돌풍의 형상으로부터 돌풍 하중배수를 구한다. 돌풍에 의한 수직 방향의 속도 성분을 V_y라 할 때 운동 방정식은 다음과 같다.

$$V_y + p\,V_y = \frac{1}{2}\,p\,G_{\mathrm{MAX}}\,(1-\cos wt) \tag{3.13}$$

여기서
$$p = g\,G_{y_\alpha}\,\frac{qS}{W}\,\frac{1}{V} \tag{3.14}$$

$$w = \frac{2\pi V}{25\bar{c}} \tag{3.15}$$

이다.

식 (3.13)으로부터 V_y를 아래와 같이 구할 수 있다.

$$V_y \fallingdotseq G_{\mathrm{MAX}}\,p\,\frac{w^2}{w^2+p^2}\left[1-\frac{\pi}{2}(p/w)\right] \tag{3.16}$$

따라서 돌풍 하중배수는 아래와 같다.

$$n_g = 1+\Delta n_g = 1+\frac{K_g\,G_{\mathrm{MAX}}\,C_y^{\alpha}\,V}{498(W/S)} \tag{3.17}$$

여기서 돌풍 완화계수 K_g는 다음과 같다.

$$K_g = \frac{\mu(\mu-2.21)}{\mu^2+1.99} \tag{3.18}$$

여기서
$$\mu = \frac{2(W/S)}{g\,\bar{c}\,\rho\,C_r^{\alpha}} \tag{3.19}$$

이다.

FAR 23(혹은 FAR 25)에서는 돌풍 완화계수로 아래의 값을 제시하고 있다.

$$\text{아음속 : } K_g = \frac{0.88\mu}{5.3+\mu} \tag{3.20}$$

$$\text{초음속 : } K_g = \frac{\mu^{1.03}}{6.95+\mu^{1.03}} \tag{3.21}$$

이와 같이 돌풍 하중배수를 고려하여 돌풍선도를 결정한다.

비행선도가 작성되면 비행 운동의 각 단계를 고려하여 비행 하중을 산출하게 된다.

3.2.4 피로 특성 평가

피로란 반복 응력이나 변형률을 받는 물질의 거동을 의미하며, 피로과정을 미시적 관점에서 크게 나누면 거시적 결함의 초기 생성과 피로 결함의 성장으로 나눌 수 있다.

현재 피로 결함의 생성과 성장이라는 두 단계의 피로과정에 대한 해석적 방법과 실험적 방법이 개발되어 항공기 피로수명의 산출에 사용되고 있다. 구조 요소에서 피로 결함의 초기 생성까지의 수명예측은 여러 가지 이유로 인한 손상허용을 고려하여 설계할 수 없는 구조(safe-life)의 안전을 보장하기 위하여 필요하고, 손상허용을 고려하여 구조를 설계하는 경우에는 주기적인 결함검사의 개시시간을 결정하기 위하여 필요하다. 특히 넓게 퍼진 손상은 구조의 손상허용을 보장할 수 없고 사고를 발생시킬 수 있으므로 구조의 안전을 위해 결함발생에 대한 피로저항의 결정이 필요하게 된다.

항공기 구조 전체의 피로시험을 위해서는 전형적인 비행상태의 실 비행하중과 근사하게 시험하중을 결정하고, 시험절차와 하중 프로그램 블록을 마련한다. 그림 3.5는 전형적인 비행 상태에 대한 이·착륙 중량, 비행 중 중량 변화, 비행고도 및 속도의 변화를 보여준다. 이들 데이터와 함께 항공기 각 구조 부위에 작용하는 반복하중의 크기와 횟수, 피로 손상 축적에 대한 데이터가 하중 블록 프로그램 마련에 필요하게 된다.

금속재료로 만들어진 항공기 구조물의 경우에는 피로 하중에 대해 안전수명(safe-life)이 중요한 설계개념으로 해석에 의해 설계 안전수명을 보증할 경우에는 Palmgren-Miner 방법을 사용한다.

$$\sum_{i}^{k}\left(\frac{n_i}{N_i}\right)=1 \tag{3.22}$$

여기서 n_i는 특정한 응력이 반복 작용하는 주기수이고, N_i는 그 응력에서 구조물이 파손에 이르는 반복 주기수이고 S-N 피로 곡선에서 찾을 수 있다. 구조물에 유발되는 응력의 크기는 하중배수 n_y에 비례하는 것으로 한다. 비행 하중 스펙트럼(spectrum)으로부터 "complete cycle" 방법을 써 다음과 같이 하중배수를 구한다.

$$n_i = F(n_y) + \Delta n_{y,i} - F(n_{y,i}) \tag{3.23}$$

한편, 작용 하중 주기수는 비행 고도와 마하수에 따라 나누어져 표현된다. 즉,

$$n_{ipk} = K_{pk}\, n_i \tag{3.24}$$

최종적으로 피로 수명 T는 아래 식으로부터 얻어진다.

$$T = \frac{1}{(e \times R)} \tag{3.25}$$

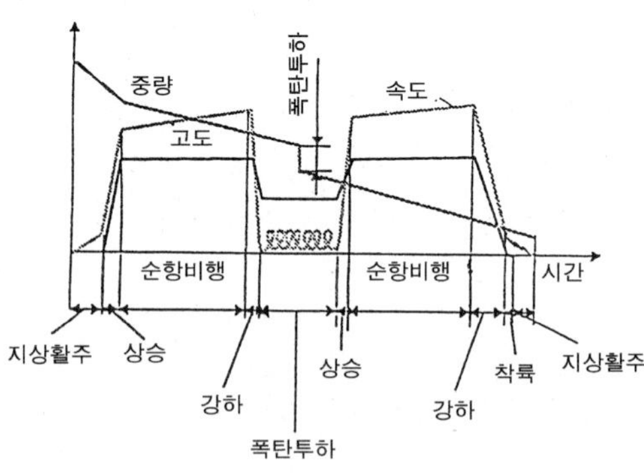

그림 3.5 전형적인 비행 프로파일

여기서 R는 신뢰 계수이고 e는 다음과 같다.

$$\sum_i \sum_p \sum_k \frac{k_{pk}\, n_i}{N_{ipk}} \tag{3.26}$$

3.2.5 구조 모델링

공력 특성, 구조 강도, 진동 및 공탄성 특성 등을 평가하기 위해서는 Ritz 방법에 의한 구조 모델링 작업이 이루어진다. 이 방법을 통한 공력 특성에 미치는 탄성 영향의 평가는 충분한 정확도를 제공할 수 있으나, 구조 해석만을 위해서는 유한요소법이 보편화되어 사용되고 있으며 그 결과의 신뢰성과 정확성을 인정받고 있다.

구조 설계 혹은 구조물의 크기에 대한 결정이 1차적으로 완료된 후에 유한요소법을 사용하여 1차 구조 설계 결과를 검증하고 2차적인 구조 설계의 최적화를 수행한다.

기본설계단계에서 구조 해석, 설계를 위한 유한요소 모델링은 항공기의 구조물을 단순화할 필요가 있다. 날개 구조물의 경우 스파, 리브, 외피, 스트링거를 포함하는 날개상자(wing box)부분과 2차 구조물로 간주할 수 있는 앞전, 보조익, 플랩, 고양력 장치 등의 조종면으로

단순화한다. 통상 스파는 박판요소와 막대요소로 이상화되며, 리브와 외피는 박판요소로 가정하였으며, 스트링거는 막대요소로 이상화한다.

또 구조물을 나타내는 요소들은 두께가 변하는 것과 불변하는 것으로 분류하여 최적화 설계에 효율을 기할 수 있게 한다. 구조 해석에 필요한 하중 조건은 1단계 구조 설계, 해석시와 같이 각 비행 운동 단계에 대해, 공력 모델에 사용한 패널의 중심에서 공기 압력을 산출하고 이로부터 각 유한 요소의 절점에 작용하는 힘을 산출하기 위하여 보간법(interpolation)을 쓴다. 유한 요소 해석법을 통하여 얻은 변위, 변형률, 그리고 응력으로 구조 파손을 평가하여, 안전 여유(margin of safety)에 따라 구조물의 두께를 변화시킨다. 이러한 일련의 반복계산을 통하여 최적화 설계를 달성할 수 있다.

구조물의 정적 파손으로는 등방성 균일 재료의 경우, 아래의 Von Mises 이론을 쓴다.

$$\sigma_{\epsilon} = \sqrt{\sigma_x^2 + \sigma_y^2 - \sigma_x \sigma_y + 3\tau_{xy}^2} \tag{3.27}$$

응용심화학습 2 감항성 증명 기준

◈ 비행기준

- 각 중량과 무게중심에서 만족되어야 하는 비행조건으로 성능, 조종성, 트림, 안전성, 실속, 지상취급조건 및 기타 비행조건으로 구성되어 있다. 이 기준은 비행시험에 의해서 증명되거나 시험결과에 기초한 계산에 의해 증명되어야 한다.
- 비행시험은 항공기의 비행기준을 평가하기 위한 요구자료를 얻고 해당 규정에 합치함을 입증하기 위한 시험이다. 그리고 이 시험을 통하여 항공기의 성능, 안전성, 조종성 및 기동성이 결정되고 항공기의 사양서와 운용 한계 등이 설정된다.

◈ 구조하중 기준

- 항공기의 구조는 이 기준의 각 임계 하중조건에서 강도 및 변형 요구조건을 만족하여야 한다. 고려되어야 하는 조건은 비행기동과 돌풍조건, 보조조건, 조종면과 시스템하중, 지상하중, 수상하중, 비상착륙조건, 피로평가 및 낙뢰보호 조건이다.
- 항공기 구조의 기준은 군용기의 경우 미국무성에서는 MIL-STD-1530A에 항공기 구조강도 프로그램(Aircraft Structural Integrity Program ; ASIP)을 확립하여 사용하고 있으며, 민간 항공기에 대해서는 CFR(Code of Federal Regulations), Title 14의 Part 23, 25, 27, 29에 있는 기준을 사용하고 있다. ASIP의 상세한 세부기준은 MIL-A-88XX 계열에 나와 있고, AFGS-87221에 항공기 구조에 관한 일반 기준이 있다.

◈ 설계 및 구조해석 기준

- 설계 특성이나 세부 부품은 이 기준을 만족하여 제작되어 항공기의 안전성 및 신뢰성을 보여주

어야 한다. 의문스러운 세부설계와 부품의 적합성은 시험에 의해 확립되어야 한다. 포함하고 있는 세부사항은 재료강도 특성, 조종면, 조종시스템, 착륙장치, 플로트와 동체, 승객 및 화물시설, 비상설비조항, 환기와 가열, 여압, 화재예방 등이다.

- 이 기준은 그 부품의 파손이 안전성에 영향을 미치는 부품의 적합성 및 내구성을 경험과 시험에 의해 확립할 것을 요구한다. 이것은 제조공정, 연결부위, 손상 및 정비에 관한 규정을 포함한다. 항공기 부품에 사용되는 재료의 적합성 및 내구성에 관한 기준은 재료특성 및 설계허용치 산출 복합재료기술, 금속주조, 단조공정 등에 관한 기준이다. 복합재료 기술기준은 복합재료의 제조와 적용에 대한 기준으로서 섬유강화 및 모체의 공정기술, 복합재의 설계와 제조, 그리고 특성을 결정하기 위한 표준시험방법을 포함한다. 재료의 설계 허용치 산출을 위한 기준은 재료의 데이터베이스 확립에 필요한 시험과 계산절차로서 구조설계에 사용되는 특성값을 산출할 수 있는 방법이다. 연결부위 기준은 상호 교환 가능한 나사 트레드, 열접합 및 패스너의 공정, 평가 및 시험에 관한 기준이다.

◈ 동력장치 기준

항공기 동력장치에 관한 기준으로 기관부품, 연료계통, 연료계통 부품, 윤활유계통, 냉각, 흡입계통, 배기계통, 동력장치 조절 및 보조장치, 방화설비에 관한 기준으로 구성되어 있다. 또한 배기배출기준도 여기에 포함된다.

◈ 장비기준

항공기에 장착되어 작용하는 기기류 및 기타 장비에 관한 기준이다. 크게 일반특성, 전기계통장비, 등화장비, 안전장비, 기술규정품, 그리고 기타장비로 나눌 수 있다. 항공전자, 동력장치기기, 전기계통시험, 전자기간섭, 비행기록기, 그리고 장비장착 등에 관한 기준도 포함된다.

◈ 운용한계와 정보기준

- 운용한계와 정보 등 위에서 설명한 5가지 기준에는 포함되지 않지만 항공기의 안전에 필요한 기준으로서 가속 한계, 중량분포 제한, 비행지침서 등에 관한 기준이다. 여러 장비 및 기기의 사용에 관한 설명문도 여기에 포함된다.
- 운용한계는 가속한계, 최대운용제한속도, 기동속도, 플랩전개속도, 최소조절속도, 착륙장치속도, 무게, 중량중심, 무게분포, 동력장치한계, 보조동력장치 한계, 최소 승무원 수, 운용의 종류, 최대운용고도, 계속 감항에 대한 지침, 기동비행 하중인자, 그리고 추가 운용한계로 구성되어 있다.
- 특정 표시와 게시물 등이 부착되어야 하는데 안전 운용에 필요하다면 정보, 기기 표시, 게시 등이 추가적으로 요구된다. 게시 표시, 가속한계 정보, 자기 방향지침기, 동력장치와 보조 동력장치 계기, 윤활유 및 연료 용량 지침기, 조종판 표기와 화물칸 위치, 동력장치 액주입구, 비상구 표시, 출입문 표시 등 기타 표시물이 게시되어야 한다. 또한 안전장치와 이륙, 접근, 착륙 위치의 플랩 전개에 대한 최대 가속을 보여주는 게시물이 명확하게 장착되어야 한다.
- 항공기 비행지침서에는 승인된 운항제한조건, 운항절차, 성능 정보가 수록되어야 한다.

3.2.6 유한요소법

구조해석 기법은 크게 두 가지로 나눌 수 있다.

- 연속체의 모델을 사용하는 해석적인 방법
- 분할 모델을 사용하는 수치해석적인 방법

첫 번째 방법은 연속체의 모델을 사용하는 해석적인 방법으로 통상적인 방법이라고 할 수 있다. 이는 변형-하중 관계를 나타내는 지배미분방정식의 해를 구하는 방법으로써 이 지배미분방정식 자체를 구성하는 것부터가 매우 복잡할 뿐만 아니라 이 식의 해를 구하는 것도 구조체의 형태, 경계조건, 하중 등이 간단한 경우에만 가능하다. 즉, 복잡한 경우에는 이 지배미분방정식의 해를 고전적인 수학적 방법으로 구하는 것은 사실상 불가능하다. 이러한 경우에는 식을 간략하게 하거나 해석 방법을 간략하게 하여 근사해를 구하는 방법 외에는 없게 된다.

두 번째 방법은 분할 모델을 사용하는 수치해석적인 방법으로서 위에서 설명한 변형-하중 관계의 지배미분방정식을 행렬방정식으로 치환하여 연속적인 해가 아닌 각 절점에서의 해를 수학적으로 구하는 방법이다. 이 때의 해는 정확한 해가 아닌 근사해이지만 적절한 수준의 미지수(절점수)를 설정한다면 구조해석 문제에서 공학적으로 필요한 수준의 정확도를 얻는데 별 문제가 없게 된다. 또한 구조체의 형태, 경계조건, 하중 등이 복잡한 경우에도 거의 제한 없이 근사적으로 해를 구할 수 있는 장점이 있다.

이 수치해석적인 방법은 지배방정식을 국지적으로, 근사적으로 직접 구하는 유한차분법과 지배미분방정식과 전혀 무관하게 대상 구조체를 분할하고 그 분할된 소구역(요소) 내부에 가정한 변수(변위 혹은 응력)에 따라 구성되는 행렬방정식의 해를 구하는 유한요소법으로 크게 구분된다. 또한 영역의 경계에서만 변수를 취하는 경계요소법도 문제의 성질에 따라 유용하게 쓰이기도 한다. 그러나 최근에는 유한요소법의 우수성이 널리 인정되어 널리 쓰이고 있는 경향이다.

유한요소법(finite element method)이 가장 많이 사용되는 공학 설계 도구 중의 하나가 되고 있다. 항공기, 자동차 등 모든 움직이는 수송체계 제조업자들과 대부분의 다른 기계 디자인의 제조업자들은 그들의 공학에 사용할 수 있는 유한요소 프로그램을 만들었다. 이러한 프로그램은 그들의 전문 분야에서 고등 기술 지식을 가진 엔지니어가 작성하였기 때문에 이들은 종종 유한요소에 배경 지식과 기타 동적 시뮬레이션 컴퓨터 프로그램에 배경 지식이 없는 엔지니어에게 문제점을 야기하였다. 설계 기사는 다른 사람이 작성한 프로그램에 의존하게 되었으며 기사의 디자인에 대한 표현을 해석적인 결과로 변환하는 공학적인 미지의 프로그램인 블랙박스로 해석 기법을 사용하게 되었다.

유한요소 프로그램을 사용하는데 있어 성공의 정도는 프로그램 원작자가 개발한 가정과 모델에 의존한다. 방법에 대한 기술적인 측면을 이해하는 데에는 편미분방정식, 소성이론, 진동론, 유체역학 및 열역학뿐만 아니라 변분미적분학에 대한 배경지식이 필요하다.

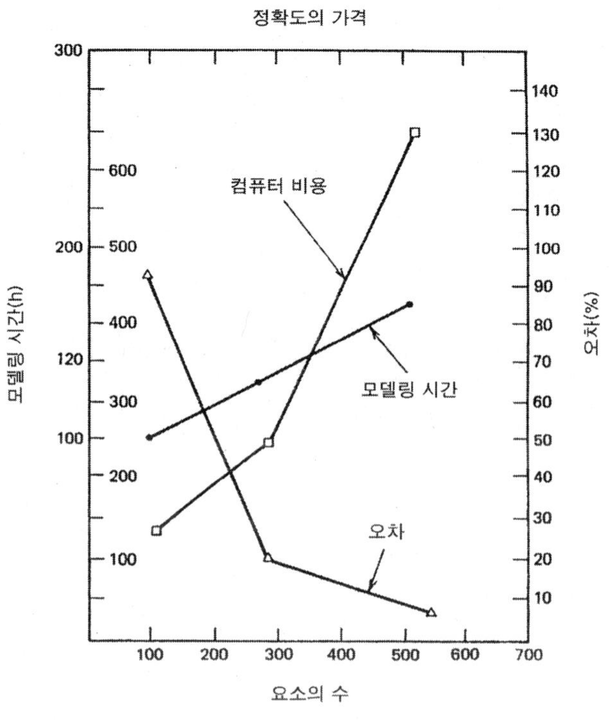

그림 3.6 요소 수의 효과에 대한 예

유한요소법은 참 결과에 대한 근사법으로 어느 정도의 정확도를 가지고 이론해를 예측한다. 필요한 정확도는 상황에 기초하고 있다. 예를 들어, 특정한 상황에서 모델이 실제로 일어나는 상황의 10%를 예측하는 경우 사용자는 방법을 적용하는데 있어 자신감을 가질 수 있을 것이다. 오차의 정도가 10% 이상이면 모델을 상당히 수정해야 하며 더 많은 비용이 들게 된다. 공학적 판단이 필요한 수지균형점이 존재한다(그림 3.6). 이 방법으로 이전에 공학적 해석에 많은 기간이 필요했던 구성부품을 모델링할 수 있으며 한 시간 혹은 심지어 몇 분 동안에 해석할 수 있게 되었으며, 엔지니어는 재설계를 하고 높은 정도의 신뢰도로 구성부품의 비용을 절감할 수 있게 되었다. 이 분야에 대한 최근의 발달에는 CRT 그래픽 단말기 상에서 대화식으로 부품을 설계할 수 있으며, 동일한 부품을 유한요소로 해석하고, 동일한 컴퓨터 데이터 파일로 공작을 할 수 있게 된 점 등이 포함된다. 이 과정을 컴퓨터원용설계/컴퓨터원용생산(CAD/CAM) 혹은 컴퓨터원용공학(CAE)이라고 부른다. 대화식 그래픽은 유한

요소 시뮬레이션을 하기 전에 잠재적인 입력 문제를 절감하는데 도움을 주며 도해적으로 해석 결과를 나타내어 이해를 증진시킨다(그림 3.7, 3.8 참조).

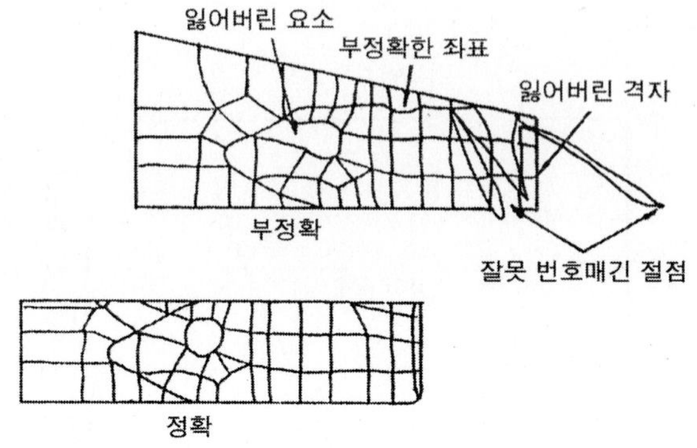

그림 3.7 유한요소 체눈에 대한 가시적 검토로 오차를 줄일 수 있다.

그림 3.8 유한요소 출력은 높은 응력 부위를 보여줄 수 있다.

3.2.7 원형(시제품) 생산(prototypes)

예비설계가 이루어지면 본격적인 생산에 앞서 실험모형, 즉 제품원형(prototype)을 만들어 현실적인 사용조건에서 시험해야 한다. 원형 혹은 모형은 제품의 최초 모델이다. 개발품이 여러 가지 조건에서 적절히 기능을 발휘할 수 있을 것인지를 확인하기 위해서 실험모형을 철저하게 시험해야 한다. 원형은

- 디자인을 평가할 경우
- 공차분석 및 조립방법을 평가할 경우
- 최종 제품을 실물크기로 생산할 때 생산 선택사양을 선택할 경우
- 제품을 실제로 사용하여 설명할 경우
- 기능성능을 연구할 경우
- 시험 및 분석을 할 경우

등에 사용된다.

① 컴퓨터 솔리드 모델

원형 목적의 일부는 컴퓨터 솔리드 모델(computer solid models)로 수행할 수 있다. 이러한 컴퓨터 모델은 보조물이며 실제 물리적인 원형으로 대체할 수 있다. 솔리드 모델은 임의의 각도에서 볼 수 있으며 공차 및 간섭을 점검하는데 사용될 수 있다. 기구학적 성능을 보기 위해 애니메이션으로 모델 부품을 이동할 수 있다. 처짐, 응력 및 지지반력을 결정하기 위해 힘, 모멘트, 압력 및 열부하를 모델의 유한요소 표현으로 적용할 수 있다.

컴퓨터는 고응력 부위와 같은 제품 디자인에서 나타나지 않는 중요한 지점을 모사할 수 있다. 이 설계단계에서 치수 변화, 재료 변화, 제품 디자인의 전체 변화를 포함하여 설계 대안을 고려하는 것이 여전히 가능하다.

② 기계가공 원형

물리적인 원형은 특수 기계를 사용하여 플라스틱에서 강에 이르기까지 다양한 재료로써 만들 수 있다. 기계가공 원형(machined protypes)을 만드는 공정은 다음과 같다.

- 제안된 부품의 예비 컴퓨터 솔리드 모델을 생성한다.
- 재설계에 대한 모든 필요분석을 수행한다.
- 부품의 재설계 컴퓨터 솔리드 모델을 생성한다.
- 솔리드 모델 파일을 CNC 공구 경로 생성 파일로 전환한다.
- CNC 밀링으로 원형을 기계가공한다.

일부 경우에서 원형은 생산 공정을 제외하고는 최종 생산 부품과 거의 동일하다. 그리고 원형은 성능 및 강도요건을 확인하기 위해 시험한다.

③ 스테레오리소그래프(stereolithography)

스테레오리소그래프(stereolithography)는 복잡한 기하학을 갖는 부품에 적합한 속사원형법(rapid prototyping)이다. 원형은 액체 광감각 수지의 큰 통에서 생성된다. 다음의 단계가 전형적인 속사원형법이다.

- 부품의 컴퓨터 솔리드 모델을 구성한다.
- 엘리베이터 기구에 부착된 플랫폼을 수지면 아래에 가라앉힌다.
- 마이크로컴퓨터 제어 레이저빔을 플랫폼의 표면에 있는 제안된 부품에 그리고, 수지를 경화시키고 부품의 첫 번째 층을 만든다.
- 플랫폼과 부품의 첫 번째 층을 수지로 내린다.
- 부품의 두 번째 층을 첫 번째 층의 위에 형성한다.
- 부품을 층층으로 형성한다.
- 부품을 큰 통에서 제거한다.
- 나머지 수지를 벗기고 부품에 남아있는 경화되지 않은 수지를 경화시킨다.

스테레오리소그래프는 복잡한 부품을 생성할 수 있으며 왕복소요시간이 짧은 이점이 있다. 이 방법은 종종 비교 목적상 두 개 이상의 대안 설계의 원형을 생성하는데 실용적이다. 원형은 마스터 패턴으로 사용될 수 있다.

그러나 스테레오리소그래프 원형의 시험은 수지가 전형적으로 취성이며 고응력 및 고온에 견딜 수 없으므로 보통 실제적이지 못하다.

응용심화학습 3 생산 기준

◈ 품질체제 기준

① 항공기와 관련 부품, 재료, 데이터, 공급품 및 운용이 확립된 기술요구에 합치하고 만족스런 성능이 얻어진다고 보증을 할 수 있는 방법 및 기술에 관한 기준이다.

② 최소한으로 요구되는 품질보증 조건으로는 MIL-Q-9858이나 ISO 9000 계열 등이 있고 기술검토, 기술정보의 유효화, 파손모드와 효과분석, 그리고 모든 활동에 있어서 관리당국의 역할 등이 포함된다.

③ 생산자의 품질보증 체제 심사 기준으로서 미감항당국에서는 QASAR(Quality Assurance Systems Analysis Review)를 적용하며, 이는 두 단계로 나누어지는데 1단계에서는 생산자의 품질관리 및 검사제도를 분석하며 2단계에서는 생산공장에서의 주요 체제기능에 대하여 분석

한다. 2단계에서의 주요 심사 항목은 다음과 같다.

- 주요체제 기능
- 품질관리 데이터 분석
- 기술 데이터 분석
- 제조공정
- 특수공정
- 비파괴검사
- 치공구 및 측정장비 관리
- 공급자 관리/수락검사
- 시험
- 자재심의
- 보관
- 감항증명
- 운용상의 문제

④ 우리나라에서는 항공우주산업개발촉진법에 의거하여 제조업자의 생산 및 품질보증체제를 검사하기 위한 "항공기 등의 성능 및 품질검사 합격기준"이 고시되어 사용되고 있다. 이 기준은 항공우주산업개발촉진법 제10조 및 동 시행규칙 제24조에서 규정한 성능 및 품질검사 합격기준과의 적정성 및 동일성을 평가하는데 필요한 세부적인 기준과 방법 등에 관한 사항을 규정하고 있다. 크게 두 가지로 분류되는데 품질보증체제 검사기준은 품질보증 및 검사체제 자료검사 기준과 주요 체제기능 검사기준으로 세분되고, 생산검사기준은 생산방법기준과 생산 및 검사의 적합성기준으로 세분된다.

◈ 생산승인 기준

생산승인은 승인된 생산기술상의 기준에 따라 생산되고 있다는 것을 승인하기 위한 것이다. 생산증명, 승인된 생산검사체제, 부품생산자 승인, 기술표준규정 권한, 위임선택권한 등 모두 5가지로 나눌 수 있는데 각각에 대하여 승인기준이 확립되어야 한다.

◈ 검사기준

① 공정중의 검사, 체제기능검사, 특수공정검사, 비파괴시험(NDT) 및 검사 등 항공기의 제조, 운용 및 안전성에 관한 시험 기술기준과 항공기 및 부품의 신뢰성을 검사하기 위한 기준이다. 시험 및 평가 방법, 비파괴시험의 적합검사를 위한 참고기준 등 시험 관련 기준을 포함한다.

② 비파괴 시험 및 검사기준은 비파괴 검사 방법, 비파괴 장비와 사용자의 자격, 그리고 수락검사를 위한 표준 기준을 포함한다. 비파기 시험 및 검사에 많이 사용되는 미군사규격은 다음과 같다.

- MIL-STD-271 : NDT 방법에 대한 요구사항
- MIL-STD-410 : NDT 요원의 자격 및 인증
- MIL-STD-1875 : 초음파 검사 요구사항
- MIL-STD-1945 : 자분검사

• MIL-STD-1537 : 와류방법

• MIL-STD-2035 : NDT 승인 기준

• MIL-I-6870 : 검사 프로그램 요구사항

• MIL-I-6866 : 침투검사 방법

• MIL-I-6868 : 자분검사 방법

• MIL-I-8950 : 단조금속의 초음파 검사 공정

◈ 소음기준

① 형식증명 또는 감항증명을 신청 또는 변경하려는 자는 소음기준과의 합치성을 보여주어야 한다. 항공기 소음 측정 절차는 소음 증명시험 및 측정조건, 소음의 지상측정, 측정데이터의 보정 및 절차 등을 포함한다. 항공기 소음평가 절차는 감각소음수준, 스펙트럼 불균질에 대한 보정, 최대 음조 보정, 경과시간 보정, 유효감각소음수준 및 음압수준의 함수로서 도표화된 감각소음으로 구성되어 있다.

② 미국의 경우 소음증명은 항공기의 형식증명 및 감항증명시 요구되며 FAA의 Rotor Craft Directorate에서 수행하고 있다. 제조업체에서 소음 시험평가사업을 수행하여 FAA에 그 결과를 제출하면 FAA요원은 그 내용을 확인 검토하여 증명서를 발급한다.

③ 소음 평가기준은 FAR Part 36이나 ICAO/Annex 16을 기본으로 하고 세부 시험방법, 절차 등은 FAA에 등록된 기술요원의 자문을 얻어 소음시험 평가사업을 수행하고 있다.

3.3 재료 선정

항공기의 재료를 선택하는데 있어 중요한 많은 특성이 있다. "최상"의 재료 선택은 적용에 좌우된다. 재료 선정시 고려해야 할 요소에는

• 항복강도

• 극한강도

• 강성

• 밀도

• 파괴인성

• 피로균열 저항성

• 크리프

- 방식성
- 온도 한계
- 제조성
- 수리성
- 비용
- 재료 가용도

등이 있다.

재료 선정시 고려해야 할 이러한 요소들은 민간항공기, 전투기, 혹은 경비행기, 고속기 혹은 저속기에서 항공기의 임무 요건, 구조 부위에 대한 기능적 요건 등에 따라 선택할 재료가 다를 수 있다. 예를 들어, 작동 온도가 재료 적합성을 결정하는데 중요한 역할을 할 수 있다. 스테인리스강 혹은 일부 다른 고온재료를 기관 주위의 방화벽에 사용해야 한다. 고속 항공기의 경우 공기역학적 가열이 어떠한 재료를 사용할 것인가를 결정하게 된다. 비용은 원 재료나 제조 모두 재료선정에서 중요하다. 목재, 연강, 표준 알루미늄은 모두 비교적 저렴하다. 타이타늄과 복합소재는 매우 비싸다.

일반적으로 항공기의 재료는 적절한 골격을 유지함으로써 걸리는 하중을 감당해내야 하며, 아울러 가벼울수록 좋다. 즉, 항공기 재료는 최대의 구조강도와 최소의 무게를 요구한다. 경항공기에는 알루미늄, 철, 나무, 복합재료 등의 재료가 사용된다. 항공기 재료의 발달은 특히 무게의 경량화와 고강도의 요구라는 측면에서 상대적으로 금속재료보다 훨씬 가볍고, 강도 대 중량비가 뛰어난 복합재가 점차 각광을 받고 있으나 아직도 항공기 재료의 주종을 이루고 있는 것은 금속재료 특히 알루미늄 재료이다. 그림 3.9에서 보는 바와 같이 항공기 날개구조에는 2024, 2014, 4330, 4340, 6061, 6151, 7075, 7178 등이 많이 사용되고 있다.

설계과정에서 각 구조별 재료의 결정은 작용하중 조건, 항공기 운항 주변 환경조건, 각 부위별 특수한 기술적 요건, 기타 제조 또는 생산성들을 고려한 경제적인 측면 등에 기초하여 결정하게 된다.

항공기 날개 구조에서 많이 사용되고 있는 재료 특성을 간단히 살펴보면 2000 계열은 용체화 열처리와 시효에 의해 강화되어 고온 및 저온에서 강도가 높고 고온에서 크립에 강하다. 이 중 Al 2024는 알루미늄 92%, 동 3.8~4.9%, 마그네슘 1.25~1.75%, 망간 0.3~0.9%의 합금으로 열처리한 상태에서의 인장강도는 427MPa이며, Al 2017과 마찬가지로 박판의 양면에 순알루미늄을 피복하여 내식성이 좋으며 인성이 좋다.

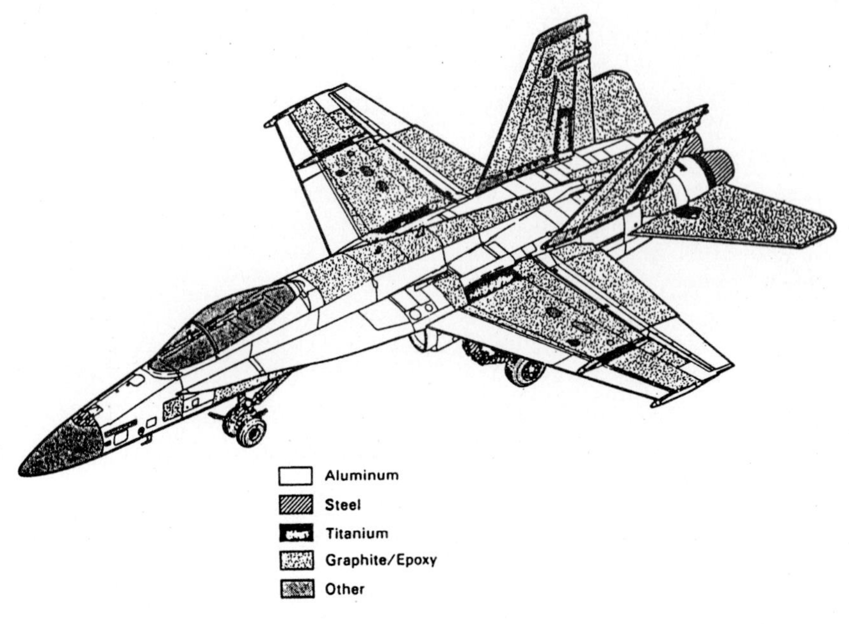

그림 3.9 항공기의 재료 분포

항공기 구조재의 대부분을 차지한다. 5000 계열은 Mg을 포함하고 있으며 소성가공에 의해 강화된다. 특히 -260°C까지의 저온에서 인성이 좋다. 이중 Al 5052는 알루미늄 92%, 불순물의 대부분은 마그네슘 풀림한 상태에서 인장강도는 241MPa이고 내식성이 양호하여 연료 및 유압계통, 연료탱크 등에 사용된다. 6000 계열의 알루미늄 합금은 용접이 가능하고 저온 인성이 좋으므로 저온 부위에 많이 응용되며, 특히 Al 6061은 저온에서의 인성특성이 좋아 많이 사용된다. 7000 계열은 용체화 처리와 석출경화로 강화되며 가장 높은 강도를 갖고 있는 알루미늄 재료의 하나이다. 이중 Al 7075는 알루미늄 89%와 아연이 불순물의 주종을 이루는 합금으로 큰 강도가 요구되는 구조물에 많이 사용된다. Al 2024와 함께 항공기 구조재 중 가장 많이 쓰이는 재료이다. 특히 알루미늄의 강도를 높이기 위해 단조나 냉간 가공을 하기도 하며 열처리를 하기도 하는데, 열처리를 통해 강도를 크게 향상시킬 수 있는 합금은 4%의 동과 0.5%의 망간과 마그네슘으로 특히 두랄루민으로 우리에게 잘 알려진 재료이다.

설계자는 여러 가지 구조 재료의 특성을 잘 알고 있어야 하며, 구조 각 부위별 기능에 적합한 소재를 잘 선택하여야 한다. 항공기 구조 부위별 기능적 요건과 현재 민간 항공기에서 적용하고 있는 해당 재료를 제시하면 다음과 같다.

항공기 구조	기능적 요건	재료
동체 외피, 날개 하부 외피	파괴인성, 피로 및 균열성장	2024-T3
동체 종통재/프레임, 날개 보강재/상부 외피	정하중강도	7075-T6
착륙장치 지지구조물, 동체, 날개 연결 프레임, 날개 스파 캡, 피팅	응력 부식	7075-T73
날개 앞전, 방빙 덕트	고온 특성, 정하중강도	2219-T62, 2014-T62
플랩, 슬랫 트랙 기타 피팅류	강도	Ti-6A-7V-2Sn, Ti-6AL-4V
동체 균열 정지요소	강도, 강성, 피로 특성	Ti-8AL-1M0-1V
파이론 외피	고온, 강도, 강성 특성	Ti-6AL-4V
방화벽	방화, 방화염	4140, A286
착륙장치	정하중, 동하중 강도, 피로 특성	300M
관, 유압관련 기기	강도, 부식 특성	21Cr-6Ni-9Mn

3.4 제조공정

디자인과 렌더링은 별개로 하더라도 설계해야 될 제품은 제조되어야 한다. 디자이너는 효율적이고 경제적으로 제조해야 한다. 따라서 디자이너는 제조에 대한 지식을 가져야 한다. 역으로, 제조업자는 제조 과정이 설계 기능성과 타협하지 않도록 설계에 대한 약간의 이해를 가져야 한다.

과거에 작고 적은 기술 작업에서는 동일한 사람이 제조 감리 및 설계에 책임이 있었으므로 두 가지에 익숙하였다. 크고 혹은 보다 기술적인 회사에서는 설계와 제조 간의 상호작용이 요원의 이동 및 디자인 검토로 증진되었다. 주기적인 디자인 검토가 이루어져 제조가 발전된 디자인을 비평하였다. 1980년대에 많은 회사들은 이 과정이 새로운 제품 개발을 지연시키고 종종 너무 늦게까지 제조성을 고려하지 않는다는 점을 인식하게 되었다. 그러므로 제조와 설계 간의 상호작용 특히, 초기 생산 개발 단계에서의 상호작용을 증가시키기 위한 노력이 이루어졌다. 이 목표를 달성하기 위한 많은 다른 용어(동시설계, 동시공학과 같은) 및 방법(생산 팀, 공유 컴퓨터 데이터베이스와 같은)이 존재한다.

항공기 설계자는 실질적으로 통상적인 생산 공정에 익숙해야 하며 이러한 문헌에서 취급한 개념에 익숙해야 한다. 그러한 지식으로 이들은 동시공학법, 설계 및 제조공정의 통합을 실행하는데 도움을 줄 수 있다.

공정(process)이란 원자재에서 제품에 이르는 시간 · 공간과 더불어 변하는 과정, 즉 투입요소가 산출물로 바뀌는 과정을 말한다. 따라서 제조공정은 변환과정(transformation process)으로 표현할 수 있다. 변환과정은 곧 제조공정이라는 입장에서 볼 때 제조시스템의 유형들은 모두 제조공정들로서 가령, 개별생산조공정, 롯트제조공정, 라인제조공정을 비롯하여 단속제조공정과 연속제조공정 등을 예로 들 수 있다.

이들 변환과정, 즉 제조공정을 제조기술적인 관점에서 볼 때

- 화학공정(chemical processes)
- 성형공정(processes to change shape or form)
- 조립공정(assembly processes)
- 운반공정(transport processes)

으로 나눌 수 있다.

제조 · 가공물의 변환과정 순으로 공정을 구분하는 견해에 따르면

- 채취(추출 ; extraction)
- 화학적 변화(chemical change)
- 조리(preparation)
- 가공 · 성형(fabrication)
- 조립(assembly)

의 5개 공정으로 나눌 수 있다.

한편 디자이너에게 흥미로운 몇 가지 제조공정은 다음과 같다.

- 주조
- 열처리(압연, 단조, 인발가공)
- 냉간처리
- 분말 야금
- 기계가공
- 연마가공
- 아크 및 화염 절삭 및 가공
- 전기 방전 및 전기화학 방전 절삭 및 가공
- 레이저 가공
- 전자 빔 가공
- 플라즈마 빔 가공

- 소성공정

또한 몇 가지 접합공정에는

- 용접
- 기계적 패스너
- 연마 접착
- 프레싱(억지 끼워맞춤)
- 크림핑 및 시밍
- 쥠쇠 디자인(가요성 부품의 홈 및 탭)

의 사용이 포함된다.

제조공정의 선택은 종종 국지적인 결정이다. 결정은 주어진 공장에서 사용할 수 있는 장비, 수치제어 및 컴퓨터 제어 공정에 대하여 사용할 수 있는 하드웨어 및 소프트웨어, 노동자의 숙련도에 좌우된다. 새로운 장비의 구매는 예상 제품 수량에 의해 정당화된다.

제조공정의 개념을 제조시스템이나 제조방식으로 넓혀서 볼 때, 제조공정의 결정 내용 및 순서는 다음과 같다.

- 제조방식의 결정
- 제조공정의 결정
- 제조단계의 결정
- 단계별 제조방법의 결정

이들의 결정 내용은 공정 결정 평가요소들과 관련된 정보들을 시장조사나 현지조사 등을 통해서 수집하여 경제성 분석과 같은 분석 · 평가과정을 거쳐서 유리한 대안(공정)을 선택하게 된다.

제조공정에 대한 결정이 이루어지면, 그 다음은 이들 결정에 따라 다음과 같은 결정이 뒤따르게 된다.

- 사내제작 또는 외주의 결정
- 제조공정의 상세설계
- 기계설비의 선정
- 작업방법의 결정(직무설계)

좋은 디자이너는 이들의 산업에 적용할 수 있는 제조과정을 이해한다. 이들은 제조 시설을 방문하고, 기술 문헌을 읽고, 시사회에 참가하여 보조를 맞춘다. SAE와 같은 전문기관이 정보를 공급하는데 특히 유용하다.

제품을 만드는데 사용되는 과정은 사용 재료, 제조량, 필요한 정확도와 같은 요소에 따라 좌우된다.

3.5 제조방법

디자이너가 사용하는 광범위한 제조방법이 있으며, 이들 각각은 특정한 유형의 구조를 설계하는데 적절하며, 대부분의 제조는 비록 모든 제조 항목이 두 가지 유형의 공정에 포함되지는 않지만, 재료 성형 및 접합의 두 가지 주요 공정 유형으로 분류된다. 일부 제조 형태에서 두 가지 공정이 결합되며, 이러한 예는 복합소재 제조에서 찾아볼 수 있다.

3.5.1 재료 성형

금속은 수많은 공정으로 성형된다.

- 굽힘, 프레스 단조, 압연 및 인발가공
- 기계가공
- 단조
- 주조
- 압출

3.5.2 굽힘, 프레스 단조, 압연 및 인발가공

비록 매우 기본적인 기술이지만, 이러한 것들은 매우 융통성이 많다. 굽힘은 보통 간단한 공구를 사용하여 수행되지만, 구성부품은 재료의 형태가 그 다이와 일치하기 전까지 두 형태의 다이 사이에서 한 장의 재료를 압착하거나 연신하는 프레스(press)를 사용하여 만들 수 있다. 이 기술은 상당히 복잡한 구성부품을 하나 혹은 여러 작동으로 만들 수 있게 해준다. 동체 및 날개 구조는 압연- 한 조의 롤러를 통해 합금 조각을 지나가게 하고 점진적으로 조각을 Z, J 혹은 톱 헤트 단면으로 구부리는- 으로 만든다. 일단 정확하게 배치한 후에는 그 결과로 만들어진 구성부품은 매우 정교하며 그들의 길이를 따라 일치한다. 전체 조각을 한

번에 구부릴 수 없으므로 이론적으로 만들어진 각 단면의 길이에 제한이 없다. 그러나 실제로 이는 재료의 길이와 사용하는 작업 공간에 의해 제한된다. 롤러 배치를 곡면의 굽힘이 만들어지도록 조정하거나 조작을 구부린다. 이는 동체 프레임을 만드는데 이상적으로 적합하다. 유사한 기법을 튜브를 만드는데 사용할 수 있다. 재료의 조각을 롤러 사이를 지나가게 하여 측면이 만날 때까지 그 폭을 따라 조작을 점진적으로 구부린다. 그리고 측면은 강체 튜브 예를 들어, 용접물을 만들어 접합한다.

접는 봉(그림 3.10)으로 더 간단한 밴드(이종관)를 만들 수 있다. 사용하는 방법이 무엇이건 간에 매우 예리한 밴드를 피하는 것이 중요하다. 이는 밴드의 안쪽 및 바깥쪽 면 사이의 길이 차이를 재료의 스트레칭과 압축으로 조정해야 하기 때문이다. 밴드 반경이 너무 작으면 재료는 균열되거나 적어도 상당히 강도가 감소된다.

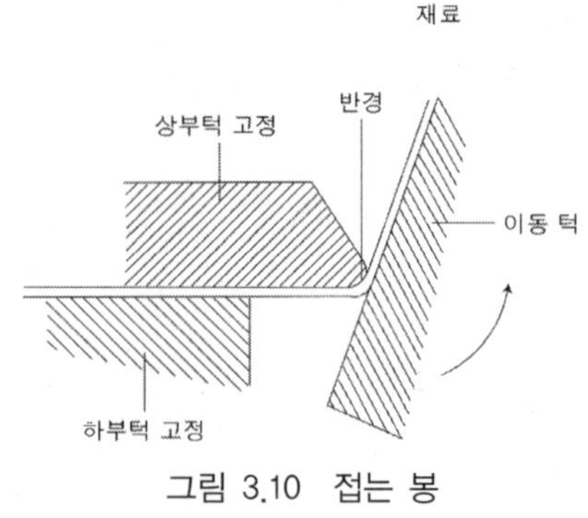

그림 3.10 접는 봉

3.5.3 기계가공

기계가공(machining)은 고정 절삭날 반대쪽으로 재료를 움직이거나 고정 재료 반대쪽으로 절삭날을 움직이거나 이 둘을 하여 초기 강편(빌릿 : billet) 혹은 판, 봉 혹은 기타 형태로부터 재료를 제거하는 작업을 말한다. 선반작업(turning)은 선반을 사용하여 공작물을 회전시켜 이것에 절삭공구를 대고 원통형 혹은 원뿔형으로 깎아내는 절삭법이다(그림 3.11). 강편이 회전하므로 그 결과 절단은 강편의 축에 대해 일정한 반경에 있게 되므로 선반작업은 축, 테이퍼 및 실린더를 만드는데 사용된다. 적절한 형상의 커터를 사용하고 이를 회전 강편의 아래를 지나가게 하면 스크루 스레드를 만들 수 있다.

강편을 꽉 조이고 커터를 회전시키는 과정을 밀링가공(milling)이라고 하며(그림 3.12), 평평한 면과 구부러진 면을 모두 만들 수 있다. 형상 커터를 사용하면 더 복잡한 절단이 이루어지고 일부 경우에 커터는 특정한 과업을 위해 특별히 만든다.

형상(shaping) 기계는 고정된 강편을 따라 일직선으로 움직이는 커터를 사용한다. 이 기법의 변형이 브로칭(broaching)으로 봉 바깥 둘레에 여러 개의 상사형 날을 치수 차례로 축에 배열한 절삭 공구(브로치)를 사용하여 홈구멍, 키홈, 그 밖에 여러 가지 형상의 구멍을 절삭 가공할 수 있다. 브로치는 길이가 수 m일 수 있다. 이 공정은 개별적인 터빈 깃을 받기 위해 터빈 디스크에 있는 완전한 익근 부착 슬롯을 절삭하는데 사용된다.

그림 3.11 선반작업

그림 3.12 밀링가공

다른 기계가공법에는 드릴가공, 연삭 및 스피닝 가공이 있다. 참고로 연삭은 숫돌을 고속 회전시켜 공작물을 연삭하는 가공법이고, 스피닝 가공은 스피닝 선반을 사용하여 재료를 회전시키면서 재료와 함께 장착된 원뿔모양의 스피닝 형틀에 맞추어 훑기 주걱으로 재료를 눌러 원뿔형의 용기를 만들거나 입을 오므라들게 좁히는 가공법이다.

3.5.4 단조가공

단조가공(forging)은 보통 고온에서 형상 다이 사이의 강판을 압축하여 필요한 형태가 되도록 하기 위해 재료의 강판을 형성하는 공정이다. 단조가공은 착륙장치 구성부품과 같이 다양한 금속으로 강한 구성부품을 만드는데 사용되지만 기계가공과 관련된 정밀한 치수 제어를 제공하지 못한다.

단조가공은 개방 혹은 밀폐 다이로 부품을 만드는데 사용될 수 있다. 디자이너는 단조되어야 할 부품이 다이에서 철수하는 경우 적절한 초고가 있으며, 디자인의 리브에서 적절한 두께를 가지며, 디자인이 형성되는 동안에 양호한 결정 유동을 갖는 금속 유동을 만드는 것이 확실한가를 예상해야 한다.

3.5.5 주조성형

주조(casting)는 고도로 복잡한 형태를 창조하기 위해 사용되지만 필요한 마무리(다듬질)를 달성하기 위해 기계가공이 필요할 수 있다. 주조는 금속을 가열하여 용해시킨 다음 주형에 주입하여 일정한 형태의 제품을 만드는 작업으로, 주조에는 선철, 강, 동 합금, 알루미늄 등이 주로 사용된다. 고도로 복잡한 형태의 주조 구성부품은 수많은 간단한 부품으로부터 조립할 수 있는 왁스주형법(wax pattern : lost wax casting)을 사용하여 만들 수 있다.

왁스주형법은 정밀 주조법의 일종으로, 금형에 왁스를 녹여 넣어 왁스로 모형을 만들고, 그 모형을 주형재 속에 묻고 건조시킨 후 가열하여 왁스를 녹게 한 다음 다시 가열하여 왁스를 완전히 연소, 제거하여 주형을 만든다. 이 주형의 공동에 용융 합금을 주입하여 주물을 만드는 방법으로 정도가 높고, 주물 표면이 깨끗하며, 모양이 복잡한 주물을 얻을 수 있다.

3.5.6 압출성형

압출성형(extrusion)은 주어진 단면의 연속적인 길이의 재료를 규정의 형태의 구멍을 통해 재료를 밀어 넣는 공정이다(그림 3.13). 구멍을 다이라고 부르며 압출부분은 다이의 형태와 동일한 단면을 채택한다. 압출기를 사용하여 압출 다이로부터 열가소성 수지를 가열 인화하여 압출하는 성형 방식으로서 스크루로 연화한 수지를 연속적으로 압출하는 것이 특징이다.

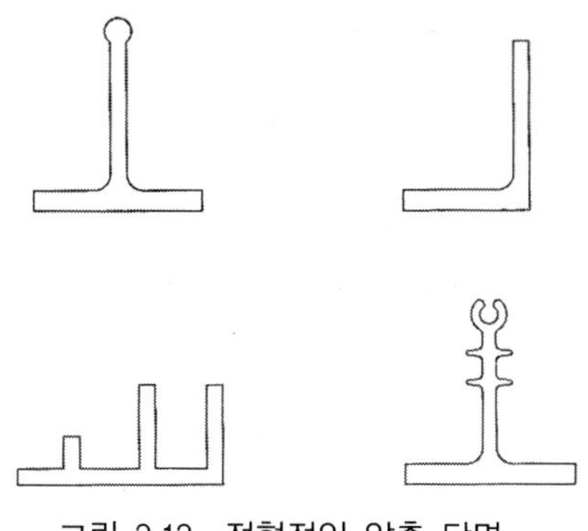

그림 3.13 전형적인 압출 단면

공정은 실온에서 수행하거나 어느 정도 가열되지만 재료가 용융되지 않는 온도에서 수행된다. 공정은 치약의 튜브를 쥐어짜는 방법으로 간단히 볼 수 있다. 압출 단면은 전적으로 다이, 리지(단이 붙은 부분), 홈 등에 의해 결정된다. 단면은 물론 압출의 길이를 따라 균일해야 하며 이 단면의 변종은 기계가공으로 재료를 제거하도록 제한된다.

3.5.7 초소성 성형

초소성 성형(super-plastic forming ; SPF)은 특정의 알루미늄 및 타이타늄 합금 및 순수 타이타늄에서 수행된다. 연신율을 정확하게 통제하는 경우 용융점의 약 1/2의 온도에서 재료는 국지적으로 얇아지지 않고 높은 수준의 연신을 감당할 수 있게 된다. 재료는 300% 늘어날 수 있으며 일부 재료는 최대 1000%까지 늘어난다.

이 공정의 통상적인 방법은 몰드 내부의 재료를 고정하고 온도를 정확한 공정값으로 올리는 것이다. 아르곤과 같은 불활성 가스를 고압으로 시트의 한 쪽으로 들어오게 하고 금속은 몰드로 팽창한다(그림 3.14). 팽창률은 가스 압력을 통제하여 세밀하게 제어한다. 대안으로, 형태를 만들기 위해 재료를 압착하는데 한 쌍의 형상 다이를 사용할 수 있다. 성형이 완료되면 구성부품은 냉각하고 몰드의 형태를 정확하게 재생산하는 부품을 들여내기 위해 몰드를 연다. 그리고 성형하는 동안에 표면에 형성된 딱딱한 스케일(혼합물)을 화학적으로 제거하면 구성부품이 완성된다.

이 기법의 장점은 성형의 정확성과 복잡한 형상을 만들 수 있다는 점이다. SPF 구성부품은 일반적으로 섬유 구성부품보다 훨씬 가벼운데, 이는 이러한 방법으로 그러한 구성부품을 제조하는데 진력하기 때문이다.

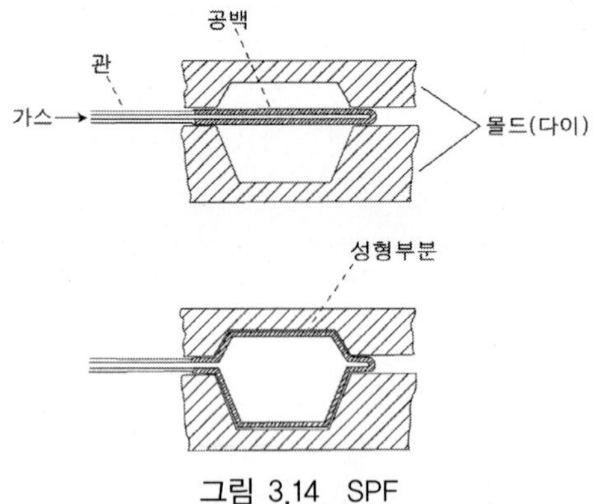

그림 3.14 SPF

3.5.8 복합소재

복합소재(composites)는 일반적으로 주형을 사용해서 필요한 형상을 성형한다. 대부분의 우주항공 응용은 에폭시 기저에 있는 비금속 섬유를 사용한다. 섬유는 넓은 범위의 형상에서 사용된다. 완제품의 속성이 섬유 방향에 고도로 의존하기 때문에 이는 합판작업 단계에서 세밀하게 계획해야 한다. 합판작업이 완성되면 구성부품은 열을 사용하여 경화시키고 주형의 수지를 초과하기 위해 압력을 가한다. 압력 용기는 주형 주위를 감싸고 있는 스펀 섬유를 사용하여 만들 수 있다.

3.5.9 결정입자

사용하고자 하는 공정을 결정할 때 고려해야 할 한 가지 사항은 재료의 결정입자(grain)에 대한 영향이다. 원재료는 모든 방향에서 기본적으로 동일한 결정입자 구조를 가질 수 있다. 그러나 재료의 어떠한 변형도 그에 따라 결정입자 구조를 변형시키게 된다. 단조처리한 구성부품은 일반적으로 이들이 구성부품의 윤곽을 따를 수 있도록 왜곡된 결정입자를 가지고 있으며 이는 높은 강도를 준다. 속성이 중요한 경우에는 재료를 사용할 때 압연방향을 고려해야 한다. 기계가공은 결정입자 구조에 영향을 주지 않는다. 이는 기계가공이 재료를 변형하기 보다는 제거하기 때문이다. 이러한 이유로 압연 스레드는 가계가공한 스레드보다 약간 강하며 많은 응용에서 선호된다. 기계가공과 마찬가지로 주조는 비록 결정입자 내의 크기와 원자 분포가 냉각속도의 함수이지만 균일한 결정입자 구조를 만들어낸다.

3.5.10 재료 이음법

재료를 접합하는 많은 방법이 있으며, 이들 중의 일부는 범용에 적합하고 일부는 특정 재료 혹은 재료 형태에 한정된다. 통상적인 이음법은

- 리벳체결
- 볼트체결
- 접합
- 용접

이다.

3.5.11 리벳체결

리벳체결(riveting)은 항공기에서 판재를 접합하는 가장 일반적인 방법이다. 구멍을 접합하고자 하는 단면을 통해 천공한다. 적절한 크기의 리벳을 구멍에 넣고 고정한다. 리벳은 둥근머리 리벳, 납작 머리 리벳, 접시 머리 리벳, 납작 둥근 머리를 포함한 다양한 머리 형태로 사용된다. 한 쪽으로만 접근하는 경우 블라인드 리벳을 사용한다(그림 3.15). 이들은 속이 빈 리벳이다. 블라인드 리벳은 속이 비었으므로 이들은 필요시에 일반적으로 별도로 밀봉한다. 다양한 특수 리벳이 있으며 이들은 특정의 응용에 사용된다. 리벳은 변형될 수 있는 재료로 만들 수 있지만, 경합금 리벳이 거의 전세계적으로 사용된다. 이에 대한 예외로 고전단응력 리벳이 있다. 모든 리벳은 전단응력에서 사용되도록 설계되며, 인장강도가 제한된다.

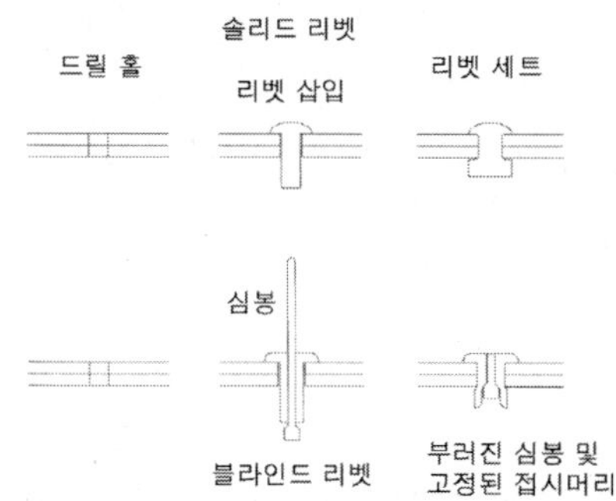

그림 3.15 솔리드 리벳 및 블라인드 리벳

3.5.12 볼트체결

볼트체결(bolting)은 전단 하중 혹은 현저한 인장 하중이 접합부에서 발생하는 경우 가장 유용하다. 알루미늄 볼트가 전단 응용에서 사용되지만, 일반적으로 강 볼트가 대부분의 응용에서 선호된다. 대부분의 기체 응용에서 패스너는 너트와 볼트가 진동 혹은 온도 변화에서 헐거워지지 않도록 고정해야 한다. 분할 핀, 와이어 로킹 및 클린치 너트를 포함하여 다양한 방법이 사용될 수 있다. 블라인드 구멍에 볼트를 끼워 맞추는 경우 철사 고정이 가장 일반적인 방법이다.

3.5.13 접합

접합(bonding)은 보통 레둑스형(redux type)의 특수 접착제를 사용하여 재료를 이음하는 기법이다. 레둑스는 열간 융해, 열간 경화 접착제로 판재에 사용된다. 판재를 크기에 맞게 자르고 뒷면 종이를 표면처리한다. 그리고 접착제를 이음하고자 하는 재료 사이에 놓는다. 접합부는 확실하게 고정하고 조립부품을 오븐에서 경화처리한다.

비록 접합은 리벳체결보다 강하지 않지만 이음 부위가 훨씬 크며 온도를 작동 한계 내에 유지하는 경우 많은 응용에서 사용된다. 접합의 필강도는 제한되지만 이는 본드의 각 끝에서 볼트체결 혹은 리벳체결하여 극복할 수 있다. 접합의 장점은 접합이 천공과 무관하므로 연료 탱크로 사용되는 날개상자를 쉽게 만들 수 있다는 점이다.

3.5.14 용접

용접(welding)은 2개 또는 여러 개의 금속을 국부적으로 용융 접착시키는 방법으로 다양한 방식의 용접이 사용되고 있다(그림 3.16). 융접, 압전, 아크용접, 가스용접, 퍼지용접, 스폿용접 등 여러 가지 용접이 용도에 맞게 사용된다. 용접은 강 및 니모닉(니켈크롬 합금)에서 가장 일반적인 경합금을 포함하여 많은 재료로 수행된다. 용접은 균일하고 그 어떠한 함유물(원하지 않는 재료 입자)이 없어야 하거나 강도가 크게 감소되어야 한다는 것이 중요하다. 용접 이음을 절단하지 않고 이들을 검사하는 것은 용이하지 않지만, X선 기법이 다소 비싸지만 중요한 응용에서 사용할 수 있다.

납땜 및 땜납 관련 기법은 용접보다 훨씬 낮은 온도에서 발생한다. 단지 용가재가 간극으로 흐를 수 있도록 용가재만을 용융한다. 그리고 용가재는 경계에서 합금으로 성형하여 용접보다 작은 강도를 갖지만 많은 응용에서 적절한 접합부를 만든다. 모든 경우에 관련 온도는 이음하고자 하는 재료의 상태에 따라 변할 수 있으며, 추가적인 열처리가 필요할 수 있다.

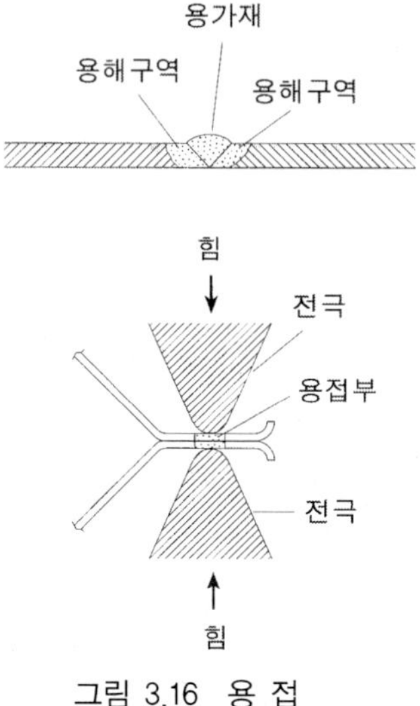

그림 3.16 용 접

3.5.15 확산 접착

확산 접착(diffusion bonding)과 SPF는 두 공정이 종종 함께 사용되기 때문에 종종 타이타늄 및 타이타늄 합금의 SPF와 관련된다. SPF에서 사용하는 온도와 유사한 온도(880~920℃)에서 두 장의 타이타늄이 한 장을 형성하기 위해 정확하게 서로 융합된다. 이는 용접과 유사하게 보이지만 관련 온도가 용융점보다 훨씬 낮으며 완전 융합이 일어난다. 적절하게 접착한 이음매(조인트)를 절단하면 두 장이 완전히 융합되어 재료 특성의 감소가 남아있지 않아 보이는 접합선이 존재하지 않는다.

SPF와 결합하면 이 공정을 SPFDB라고 하며, 높은 강도와 낮은 중량을 갖는 복잡한 부품을 만들 수 있다. 용접과 마찬가지로 절단하지 않고 접착을 검사하기가 어려우며 공정 제어가 중요하다. 접착이 필요하지 않은 부위에서 접촉을 방지하기 위해 두 층 사이에 스톱오버 컴파운드를 놓는다. 확산 접착은 가스 터빈 기관의 터빈 깃의 제조에서 일반적으로 사용된다.

3.5.16 복합소재

이들의 제한된 특성으로 인해 복합소재를 이음할 때에는 특수한 기법이 필요하다. 이음매(조인트)의 강도는 재료강도에 의해 제한되며 리벳체결과 같은 작은 접촉 부위와 관련된 방법은 일반적으로 적절하지 않다. 하니컴 샌드위치 패널은 수지를 사용하여 인서트를 패널로 끼워맞춤하여 이음할 수 있다. 다른 방법은 이와 유사한 원리로 작동된다. 예를 들어, 부착을 위해 천공한 금속판을 결합하거나 볼트가 금속을 압착하는 것을 방지하기 위해 부시가공(bush)한다. 특수 리벳과 다른 패스너가 또한 사용되며, 이 모두는 적절한 부위에 걸쳐 하중이 분포되는 특성을 가진다. 일부 접합부의 경우 열장이음(dovetail) 접합부와 같은 목공기법을 사용할 수 있다.

3.5.17 열처리

성형 및 접착 재료에서 사용되는 많은 공정들은 열과 관련되며, 이는 금속의 성질을 바꾼다. 열처리는 열과 관련되는 공정을 한 후에 수행하는 것이 보통이다. 이는 재료를 원하는 상태로 되돌리며, 정확한 강도와 피로 특성을 확실히 해준다.

넓게 변하는 특성을 갖도록 합금을 만드는 것이 보통이며, 이는 순전히 다른 상태로 열처리한 결과이다. 열처리는 강이 최종 형태로 모양을 만든 후에 강의 물리적인 특성을 바꾸는데 사용된다. 열처리의 과정은 성분을 특정의 온도(재료의 함수인)까지 가열하여 통제된 환경에서 일정 기간 동안에 그 온도를 유지한다.

- 풀림(annealing) : 풀림은 금속을 부드럽게 하고 제조하기 전에 야기된 잔류응력을 이완시키는 통상적인 열처리이다. 강 부품은 보통 약 800°C(이를 임계 온도라고 부른다)에서 열처리한 후에 대기 중에서 천천히 냉각시킨다.
- 담금질(hardening) : 담금질은 마찰을 받기 쉬운 부품에 더 좋은 마모특성을 부여하기 위해 임계 온도에서 부품을 급속 냉각 처리한다.
- 표면 경화(case hardening) : 표면 경화는 딱딱한 표면의 얕은 깊이(0.2 cm와 같이)를 찾는 특수 과정이다. 부품을 임계 온도까지 열처리하고 탄소 대기 혹은 탄소 입자에 노출한다. 탄소가 원하는 깊이까지 금속에 확산된 후에 부품을 냉각하고 200~500°C까지 다시 가열한 후에 어떤 경도를 유지시키기 위해 뜨임을 하고 동시에 부품으로 되돌아오도록 약간의 연성을 받도록 한다. 여러 가지 표면 경화법이 있다.
  - 침탄법(carburizing) : 침탄법은 탄소나 탄화수소계로 구성된 침탄제 속에서 가열하면 강재 표면의 화학변화에 의하여 탄소가 강재표면에 침투되어 침탄층이 형성되므로 표면이 단단해지는 표면 경화법이다.
  - 질화법(nitriding) : 질화법은 암모니아 가스 중에서 520~550°C로 50~100시간 가열하여 표면을 경화하는 방법이다.
  - 시안화법(cyaniding) : 시안화법은 시안화염을 주 성분으로 한 염욕에 강을 가열한 후 담그면 침탄과 질화가 동시에 되는 표면 경화법이다.
  - 고주파 유도 경화법 : 고주파 유도 경화법은 철강에 고주파 편류를 이용하여 강재 표면을 가열한 후 물로 급냉시켜 담금질 효과를 주어 표면 경화하는 방법이다.
  - 금속침투법 : 금속침투법은 강재를 가열하여 그 표면에 아연, 크롬, 알루미늄, 규소, 붕소 등과 같은 피복 금속을 부착시키는 동시에 합금 피복층을 형성시키는 처리법이다.
- 오스테나이트(austenite) : 오스테나이트는 강을 700°C 이상까지 가열할 때 수정체의 결정 구조를 말하며 부드럽다. 오스테나이트를 서서히 냉각할 때 수정체 구조는 펄라이트(pearlite)로 변환되며, 이는 거친 재료이다. 급속 냉각은 마르텐사이트(martensite)라고 부르는 결정이 되게 하여, 이는 취성이며 가장 높은 인장강도를 갖는다. 유욕냉각은 물질을 마르텐사이트보다 경도를 적게 만들며, 이를 트루스타이트(troostite)라고 부르며 파일에 사용된다. 소바이트(sorbite)라고 부르는 스프링강은 염욕에서 트루스타이트보다 더 천천히, 그러나 펄라이트보다는 더 빨리 냉각하여 만든다. 이러한 것들은 단지 일반화이다. 실제 구조 및 경도는 부품 성분 및 온도의 시간 이력의 많은 세목에 좌우된다. 무한히 많은 열처리의 조합은 모두 원재료, 그 크기, 그 임계 온도 및 상대적으로 원하는 인성 혹은 강도에 좌우된다. 한 공장의 1회분의 강은 그것을 언제, 어떻게 처리했느냐에 따라 많이 변화된 특성을 갖는다. 디자이너는 이러한 가변성을 인식하고 최소 강도를 지정해야 한다.

3.6 제조 및 조립의 용이성

디자이너는 앞에서 설명한 여러 가지 제조방법 뿐만 아니라 항공기 구조물을 제조 및 조립을 용이하게 하는데 필요한 지식이 필요하다. 이들 제품설계에 관한 의사결정은 성능과 외양에 대한 문제뿐만 아니라 제조성(productivity)에 관한 문제도 포함된다. 이를 생산설계(production design)라고 한다. 실세계를 보면 흔히 설계기술자가 주로 제품의 기능과 형태에만 관심을 두고 제조공정 및 소요장비 등의 생산가능성에 관한 문제는 소홀히 함으로써 제품이 과잉 설계되어 지나친 원가상승을 초래하거나, 기술적인 면에서 제조공정을 소화하지 못하여 생산을 불가능하게 만드는 경우가 많다. 이 경우 생산설계의 담당자는 도면을 재검토하여 생산가능성과 경제성이 개선될 수 있도록 설계를 변경해야 한다.

이와 같이 생산설계에서는 한정된 제조원가의 범위 내에서 해당 제품을 생산하는데 필요한 기술과 장비를 기업이 보유하고 있는지를 고려해야 한다. 일반적으로 기술적인 요건을 충족하였을 경우에도 선정된 소재의 유형, 부품의 결합방법, 공차, 공정의 복잡성 및 제품의 개량가능성 등에 따라 제조원가가 달라진다. 따라서 기술적인 가능성보다는 오히려 원가절감의 가능성이 생산설계의 성패를 가름하는 경우가 많다.

조립공정이 수동이건 자동이건 간에 조립에 소요되는 비용이 제조비용에서 중요한 요소이다. 제조비용은 주로 설계단계에 의해 좌우된다. 안정과 유용성을 감소시키지 않고 비용을 최소화할 책임의 대부분은 디자이너의 역할이다. 몇 가지 조립 비용을 절감할 수 있는 방법을 생각해보면

- 제품 부품 수의 절감
- 조립공정의 단순화
- 표준화

가 있다.

이렇게 보면 생산설계란 생산의 경제성에 초점을 맞추어 제품이 어떻게 제조되어야 하는가를 검토하는 과정이라 할 수 있다. 다시 말하면 제품을 어떻게 제조할 것인가를 결정하는 것으로 끝나지 않고, 제품의 설계를 최종적으로 확정할 때 수용할 수 있는 여러 가지의 제조방법 중 원가를 최대한으로 절감할 수 있는 제조방법이 무엇인가를 결정하는 것이 곧 생산설계이다.

생산설계의 목표는 최저의 비용을 투입하여 최대의 기능적 편익을 소비자에게 제공할 수 있는 제품을 생산하는데 있다. 따라서 이러한 목표를 달성하기 위해서는 생산설계의 과정이 제품의 단순화 및 다양화, 모듈성 및 가치분석 등 설계와 관련된 주요 개념 및 기법들이 도

입되어야 할 것이다.

응용심화학습 4 설계 제작 관련 FAR Part 23 규정

FAR Part 23에서 규정한 설계 제작 관련 주요내용은 다음과 같다.

1. 일반

◈ FAR Part 23.605 : 제조방법

- 일관되게 확실한 구조들을 생산하는 제조방법을 사용한다. 제조공정은 승인된 공정 시방에 따라 수행한다.
- 새로운 제조방법은 시험 프로그램에 따라 입증되어야 한다.

◈ FAR Part 23.609 : 구조물 보호

- 다음의 경우에 강도저하를 방지하여야 한다.

  ① 풍파

  ② 부식

  ③ 마모

- 통풍과 배수를 위한 설비가 있어야 한다.

◈ FAR Part 23.611 : 접근성

- 유지보수가 요구되는 각 부품의 검사(주요 구조 요소와 조종 계통의 검사 포함), 근접시험, 보수, 교체 및 알맞은 배치와 기능을 위한 조절, 그리고 윤활이나 급유를 할 수 있는 방법을 강구한다.

◈ FAR Part 23.619 : 특별 계수

- 다음의 강도를 갖는 각 구조 부품에는 23.619~23.625에 명시된 특별 안전계수의 가장 높은 것을 23.303에 명시된 안전계수에 곱하여야 한다.

  ① 불확실한 강도

  ② 정상적인 교체시기 전에 강도 저하가 예상

  ③ 제작 및 검사방법이 불확실하여 강도 변화가 예상

◈ FAR Part 23.623 : 베어링 계수

- 간극을 갖거나 충격이나 진동이 있는 부품은 정상적인 상대운동의 영향에 대해 충분히 큰 베어링 계수를 가져야 한다.
- 조종면의 힌지와 조종계통의 접합부에 대해서는 23.657과 23.699에 명시된 계수들이 위 사항을 만족함을 증명하여야 한다.

◈ FAR Part 23.625 : 피팅 계수

- 피팅의 강도에 대해서는 실제 응력조건들이 피팅과 그 주위의 구조들에 가상된 제한과 극한 하중 시험에 의한 입증이 없을 때는 최소 1.15배의 피팅 계수를 다음의 각 부품에 적용하여야 한다.
  ① 피팅
  ② 부착 수단
  ③ 접합부재의 베어링
- 광범위한 시험 데이터를 근거로 한 접합부 설계는 피팅 계수를 사용할 필요가 없다.
- 각 integral 피팅에서는 단면 특성이 대표적 부분이 되는 부분까지 피팅으로 간주되어야 한다.

◈ FAR Part 23.627 : 피로강도

- 정상운항 중 피로한계 이상으로 변화하는 응력이 생기는 곳에 응력집중이 없도록 설계되어야 한다.

◈ FAR Part 23.629 : 플러터

- 다음 방법 중의 하나로, 또는 이들 방법을 조합하여 제한 V-n 포위선도 내의 모든 운항조건들과 선정된 방법에서의 규정된 속도들에서 플러터, 조종역전, 발산에 대하여 입증하여야 한다. 추가로
  ① 비행속도, 감쇠, 질량 평형, 조종계통 강성을 포함한 플러터에 영향을 미치는 물성들에 대하여 적당한 공차들이 설정되어야 한다.
  ② 주 구조 부품에 대한 고유 진동수는 진동시험이나 승인된 방법으로 결정되어야 한다.
- 해석으로 $1.2V_D$까지의 모든 비행속도에서 플러터의 영향을 받지 않는다는 것이 보여지면, 해석방법으로 플러터, 조종역전, 발산에 대한 입증을 할 수 있다.
- 다음과 같은 시험에 의해 비행 플러터 시험은 항공기가 플러터와 조종역전 및 발산에 안전하다는 것을 보이기 위해 사용할 수 있다.
  ① 비행속도 V_D까지의 범위에서 플러터가 유도되도록 적절한 시도를 수행한다.
  ② 시험 동안 구조의 진동 반응이 플러터에 안전하다는 것을 보인다.
  ③ 적당한 여유의 감쇠가 비행속도 V_D에서 존재한다.
  ④ 비행속도 V_D에 도달했을 때 감쇠의 큰 폭의 감소와 급속한 감소가 없다.

2. 비행조종면

◈ 23.651 : 강도 증명

- 혼이나 피팅들이 부착되어 있는 상태로 제한하중시험이 요구된다.
- 구조해석에서는 일반적이고 관례적인 방법으로 리깅하중을 고려하여 수행되어야 한다.

◈ FAR Part 23.655 : 설치

- 조종되는 미익은 하나의 조종면이 최대로 작동 변형되고, 다른 조종면이 반대방향으로 최대 작동변형되었을 때, 그들 사이에 또는 그들의 지지 구조물들과 서로 간섭이 없어야 한다.
- 조종되는 안정판이 사용된다면 안전한 비행이나 착륙을 위해 작동 변형 범위를 제한하는 멈춤 장치가 있어야 한다.

◈ FAR Part 23.657 : 힌지

- 볼, 롤러 베어링 힌지들을 제외한 힌지들은 베어링으로 사용된 재료의 극한 베어링 강도에 대해 6.67의 안전계수보다 큰 계수를 가져야 한다.
- 볼, 롤러 베어링 힌지들은 베어링의 승인된 강도를 초과할 수 없다.
- 힌지들은 힌지라인에 평행한 하중들에 대해서 충분한 강도와 강건함을 가져야 한다.

◈ FAR Part 23.659 : 질량 평형

- 질량 평형 중량을 지지하는 구조나 부착물의 설계는 다음과 같이 한다.

① 조종면에 수직하게 24g

② 조종면의 전후방에 12g

③ 힌지와 평행하게 12g

3. 비행 조종계통

◈ FAR Part 23.677 : 일반

- 각 조종계통은 알맞은 기능을 수행하기에 충분히 쉽고, 부드럽고, 확실하게 작동하여야 한다.
- 편리하게 작동되고 혼란으로 인한 부주의한 작동이 없도록 배치되고 확인되어야 한다.

◈ FAR Part 23.675 : 멈춤 장치

- 각 조종계통은 계통에 의해 조종되는 조종면의 공기역학적 운동범위를 확실하게 제한하도록 멈춤 장치들을 가져야 한다.
- 멈춤 장치의 마모나 이완 또는 조임으로 인한 조종면의 운동범위 변화가 항공기의 조종특성들에 나쁜 영향을 미치지 않도록 멈춤 장치가 위치되어야 한다.

◈ FAR Part 23.605 : 제조방법

- 각 멈춤 장치는 조종계통의 설계조건들에 대한 모든 하중들을 지탱하여야 한다.

◈ FAR Part 23.677 : 트림계통

- 부주의하거나 부적당한 또는 갑작스러운 트림탭 작동을 방지하기 위하여 적절한 예방책이 강구되어야 한다. 트림 조종 장치 주위에 항공기 운동과 관련된 트림 조종 장치 방향을 조종사에게 보여주는 것이 있어야 한다. 이러한 것은 조종사에게 잘 보여야 하고, 혼동하지 않도록 위치되고 설계되어야 한다.

- 1차 비행조종계통에서 연결시키는 또는 전달하는 요소의 하나가 고장났을 때, 비행이나 착륙시 안전을 위해, 다음과 같은 조종을 할 수 있도록 트림장치가 설계되어야 한다.
  ① 한 개의 엔진을 갖고 있는 항공기에서 가로 트림장치
  ② 여러 개의 엔진을 갖고 있는 항공기에서는 가로 트림장치와 방향 트림장치
- 탭의 평형이 부적당하거나 플러터 특성이 불안정하다면 탭은 반대방향으로 조종되어서는 안된다. 역전될 수 없는 탭 시스템은 탭과 항공기 구조에 장착된 비역전장치에 이르기까지 적당한 강성과 신뢰성이 있어야 한다.

◆ FAR Part 23.679 : 조종계통 잠금장치

- 지상에서 조종계통을 잠그기 위한 잠금장치가 있다면 다음과 같은 방안이 있어야 한다.
  ① 잠겨있을 때 조종사가 실수하지 않도록 경고가 있어야 한다.
  ② 비행 중에 잠기는 것을 방지하여야 한다.

◆ FAR Part 23.681 : 제한하중 정적시험

- 다음의 시험에 의해 제한하중의 요건들이 만족함을 보여야 한다.
  ① 가장 큰 하중을 산출하는 하중 방향으로 하중 적용
  ② 주 구조에 부착하기 위해 사용된 피팅, 풀리, 브래킷을 포함
- 각운동을 받는 조종계통 접합부들은 특별안전계수 요건을 만족해야 한다.

◆ FAR Part 23.683 : 작동시험

- 시험에 의해 아래에 명시된 하중을 받는 계통은 다음이 없음을 보여야 한다.
  ① 재밍(Jamming)
  ② 과도한 마찰
  ③ 과도한 작동 변형
- 명시된 하중은 다음과 같다.
  ① 전체 시스템에 대해서는 조종면의 제한하중이나 23.397 (b)에 명시된 제한 조종사 힘에 대한 하중 중 작은 하중
  ② 2차 조종면에 대해서는 23.405에 따라 정해진 최대 조종사 힘에 대한 하중보다 큰 하중

◆ FAR Part 23.685 : 조종계통 세부 부품

- 조종계통 세부 부품들은 Jamming, Chafing, 화물로부터 간섭, 승객, 헐거운 물체 그리고 결빙이 없도록 설계 및 장착되어야 한다.
- 시스템에 끼어서 작동불능될 수 있는 곳에 외부 이물질의 유입을 방지하기 위하여 조종실에 방안이 강구되어야 한다.
- 객실이나 튜브가 다른 부품들을 균열시키지 않아야 한다.

- 비행 조종계통의 각 요소들이 잘못 부착되는 것을 방지하기 위하여 설계 특징이나 구별할 수 있게 표시가 있어야 한다.

◈ FAR Part 23.693 : 조인트

- 볼, 롤러 베어링 시스템을 제외한 조종계통 조인트의 특별안전계수는 푸시풀 시스템에는 3.33 이상, 케이블 시스템에는 2.0, 볼, 롤러 베어링 시스템 조인트는 승인된 강도를 초과할 수 없다.

4. 화재 방지

◈ 23.865 : 비행 조종계통 및 기타 비행 구조의 화재 방지

- 비행 조종계통, 엔진 마운트, 엔진실에 있는 구조들은 내화성 재료로 구성되거나 차폐되어야 한다.

5. 낙뢰 손상 방지

◈ FAR Part 23.867 : 구조물의 낙뢰 방지

- 구조가 낙뢰로 파괴되는 것을 방지하여야 한다.
- 금속 주요부품들은 낙뢰로 파괴되는 것이 방지되었음을 만족하는 것을 다음과 같이 보일 수 있다.
  ① 기체에 적당하게 주요부품들을 접착
  ② 낙뢰가 항공기를 위해하지 않게 주요부품들을 설계
- 비금속 주요부품
  ① 낙뢰의 영향을 적게 받는 주요부품들을 설계
  ② 발생된 전류를 방향 전환하도록 하는 방안 강구

3.7 결론

항공기 설계 기술은 크게 공력 산출을 위한 기하학적 모델링 기법, 비행하중 산출 기법, 피로해석 기법 그리고 공탄성 해석 기법으로 구성된다. 이 기술들은 설계의 각 단계에서 상호 연관적으로 작용한다. 따라서 설계를 위한 반복 수정 계산을 효율적으로 수행하기 위해서는 이 기술들을 유기적으로 관리하고 체계화하여야 한다.

설계 초기의 개념설계 단계에서는 항공기의 외형, 임무 수행에 필요한 장비들의 내부 배열, 엔진 선정 업무가 수행된다. 외형설계가 진행되면서 기체구조의 개념설계가 병행되고 공기력과 항공기 기동에 의해 발생하는 관성력에 견딜 수 있는 강도 및 강성(구조물의 변형 정도)을 고려한 구조설계가 수행된다. 기계구조설계가 완료되면 제작된 구조에 대한 강도 및 강성을 확인하기 위해 항공기가 비행 중에 받는 하중을 적용하는 구조시험을 통하여 설계의 적합성 확인과정을 거쳐 구조설계가 확정된다.

이 장에서 학습한 항공기 설계 및 제작기술 절차를 바탕으로 다음 장부터 항공기의 형상, 중량, 임무에 적합한 각종 탑재 계통, 즉 추진계통, 비행조종계통, 착륙장치계통, 냉/난방계통, 유압계통, 전기계통, 항법계통 등의 설계를 수행하기로 하자.

Chapter  Aircraft Design

전반적인 형상 및 체계

- 이 장에서는 디자이너가 사용할 수 있는 많은 선택권으로부터 전반적인 항공기의 형상을 어떻게 결정하는가를 기술한다. 이 장에서는 간단한 역사적인 전망으로부터 최근에 고려하고 있는 관습에 사로잡히지 않는 최신 레이아웃을 살펴본다. 비록 이러한 레이아웃들은 여전히 디자이너가 선호하고 있지 않지만 장차 조건과 제약요소가 변할 수 있으므로 마음에 새겨두는 것이 가치가 있다. 그러한 변화는 현재의 레이아웃이 덜 매력적이거나 심지어 실행가능하지 않게 할 수 있다. 새로운 디자이너는 완전히 열린 마음으로 시작해야 하며, 이는 특히 역사적 문맥(관점)에서 모든 형상을 면밀하게 고려하라는 의미이다.

4.1 판에 박힌 레이아웃(conventional layouts)

민간 제트 수송기 형상의 개발은 주로 혁신적인 과정이다. 지난 50여년의 많은 기술적인 개선에도 불구하고 최신 항공기의 날개, 동체 및 조종면의 배열은 원래의 파묻혀 있는 레이아웃으로부터 오늘날 사용하고 있는 날개 밑의 유선형 용기(포드)로 엔진을 설치하는 것으로 변한 것을 제외하고는 원래의 Comet 디자인과 거의 차이를 보이지 않는다(그림 4.1). 더욱이 이러한 변화는 Comet보다 단지 6년 후에 취항한 성공적인 Boeing 707 레이아웃(그림 4.2)으로부터 유래하고 있다.

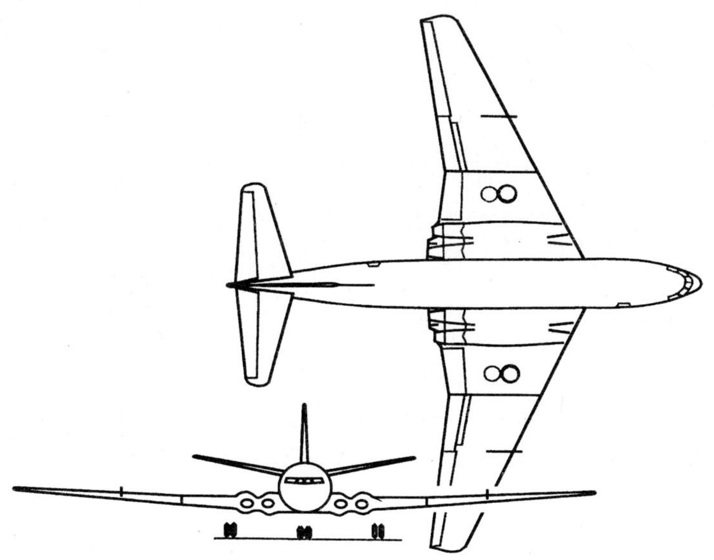

그림 4.1 초기 Comet 디자인 레이아웃

최신 설계 부서에서 현재 사용 중인 강력한 컴퓨터 기술로도 퇴치하지 못한 전반적인 형상을 선택한 초기 디자이너의 기술과 통찰력에 찬사를 보내야 한다. 이러한 형상을 검토해보면 공기역학적인 항력 감소, 개선된 양력 발생, 보다 효율적이고 가벼운 엔진, 구조 재료와 제조 방법의 변화, 체계 종합, 증가된 신뢰도, 최신 전자장비와 컴퓨터 제어 기술의 채택에서의 현전한 진보를 위장시킨다. 런던에서 요하네스버그까지의 Comet 기의 취항은 오늘날의 표준에서는 느리며, Rome, Beirut, Khartoum, Entebee와 Livingston에서 재급유가 필요했다. 비록 비행을 완료하는데 거의 25시간이 소요되었지만 이는 이전의 계획 비행시간을 절반으로 단축하였다. 이러한 위업은 대서양 횡단에 25년 이후에 취항한 Concorde에서 동일한 기록을 나타내었다. 최초의 항공기는 2800km의 항속거리에 걸쳐 36명의 승객만을 운송하였다. 이 명세(규격)는 이제 소형 국지/국내 운항으로 분류된다. 1952년 이래로 항공기 디자이너는 승객 운송 능력을 500명 이상으로 증가시켰으며 항속거리 능력도 일부 항공기에서

15000km 이상으로 증가시켰다. 엔진 디자이너는 원래 순수 터보제트 엔진에서 400kN을 초과하는 추력을 갖는 높은 연료 효율적인 터보팬 엔진으로 개발시켰다. Comet 기를 최신 엔진으로 재설계하였으며, 공기역학적인 개선과 최신 재료로 동일한 이륙중량에서 항속거리를 두 배로 증가시킨 이러한 모든 기술적인 개선이 인상적이다.

4.2 새로운 레이아웃(novel layouts)

항공기 디자이너는 보다 효율적인 형상을 위해 끊임없이 탐구하고 있다. 이를 통해 틀에 박히지 않은 많은 설계 개념을 연구하게 되었다. 비록 일반적이지 않은 레이아웃은 여전히 재래식 디자인을 능가하지 못하지만, 이들은 잠재적인 운영 및 기술적인 이점을 제공하는 각각의 개념으로 진지하게 연구되고 있다.

현재까지는 새로운 레이아웃을 개발하는 것과 관련한 상업적인 위험은 수용할 수 없는 것으로 평가되고 있다. 그러나 항공 수송 요구조건이 점진적으로 변화함에 따라 판에 박히지 않은 디자인이 보다 실제적이 되고 있다. 그러므로 가까운 최근에 걸쳐 조사한 가장 유망한 몇 가지 설계 개념을 연구하는 것이 가치가 있다.

모든 정기 여객기는 수직 중앙기에 대해 대칭적이다. 왼쪽이 오른쪽의 좌우대칭의 상이다. 모든 새들은 이와 같으며, 이와 같은 천성은 오랜 혁신적인 경로를 통해 이루어진 것으로, 이는 놀라운 일이 아니다. 대부분의 새로운 디자인의 레이아웃은 여전히 이러한 대칭성을 유지하고 있다.

최초의 Comet 시기에도 디자이너는 유별난 레이아웃을 연구하였다.

그림 4.3은 영국 정부가 1943-44년에 주도한 연구에 응답하여 De Havilland가 연구한 Canard 디자인 레이아웃을 보여주고 있다. 이는 상용기 초기 디자이너가 트림 항력의 역효과를 감소시키려고 어떻게 노력했는지를 보여준다. 이는 설계팀으로 하여금 카나드 형상을 연구하게 되었다. 이전의 프로펠러 엔진 설치 항공기와 비교하여 새로운 컴팩트한 제트 엔진을 항공기 구조 내에 배치할 수 있게 되었다. 초기 엔진 디자인에서 흡기 기하학은 후기 엔진에서처럼 중요하지 않았다. 이 디자인에는 커다란 추력 엔진을 아직 이용할 수 없으므로 3개의 엔진이 필요했다.

동일한 설계 팀은 또한 초기 Comet 규격에 대해 트윈 붐과 꼬리날개 없는 레이아웃을 연구하였다. 그 당시에는 새로운 제트 엔진이 항공기 형상에 급격한 변화를 가져올 가능성이 있다고 느꼈지만, 신중해야 한다는 의견이 우세하였으며, 전통적인 레이아웃을 궁극적으로 최신 정기 여객기에서 채택하였다.

4.2.1 다동선 레이아웃(multi-hull layouts)

최근에는 승객 1000명 이상이 탑승하는 초대형 항공기 디자인이 재래식 레이아웃의 크기를 증가시키는 것과 관련한 수많은 문제점으로 주목을 받고 있다. 그러한 문제점 가운데 하나는 감항성 규정에서 정한 탈출 시간 내에서 커다란 동체에서 승객이 비상 탈출하는 것과 관련된 것이다. 이러한 문제점을 극복하고 부분적으로 승객 하중을 날개를 따라 분포하는 이점을 얻기 위해 다동선(multi-hull layouts) 개념이 제안되고 있다(그림 4.4). 이러한 다동선 연구에서 사용된 재래식 동체 레이아웃은 탈출 요구조건을 충족한다. 또한 항공기 중심선으로부터 멀리 떨어져 위치한 동체의 위치는 날개 양력에 대한 관성 경감 하중이 만들어진다. 이러한 경감 하중은 날개와 동체 구조 중량을 실질적으로 줄여주는 것으로 추정하고 있다. 이러한 디자인의 경우 항공기 공허중량이 8% 절감될 것으로 추정하고 있다.

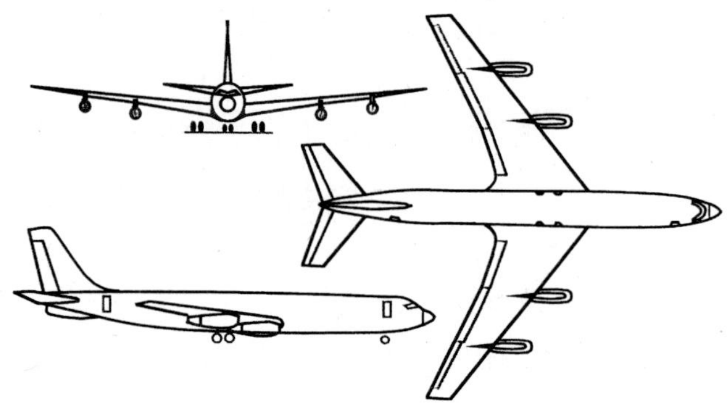

그림 4.2 Boeing 707–320 레이아웃

2동선 형상에서 하나의 동체의 기수부에 위치한 비행갑판은 항공기 중심선에서 편위된다. 이는 항공기에 대한 부자연스러운 '느낌'으로 조종사의 관심을 불러 일으켰다. 시뮬레이터 시험을 통해 편위된 조종사 위치로부터 (하나의 엔진 고장과 같은) 비상시에 항공기를 비행하는데 어려움이 있다는 것을 확인하였다. 이러한 문제점을 피하기 위해 3동선 형상이 제안되었다(그림 4.5). 이 형상은 조종사의 조종 문제는 피할 수는 있었지만 여전히 선외(날개 끝에 가까운 쪽) 동체의 날개에 대한 관성 경감과 탈출 기준을 충족하는 문제가 부분적으로 남아있다.

다동선 디자인의 주요한 기술적인 어려움은 동체 사이의 날개의 공기역학 및 구조 해석과 관련된다. 상호 연결되는 면 위의 기류 조건과 동체 벽의 간섭 효과가 알려져 있지 않다. 그 결과 기류 분포가 플랩과 다른 조종 장치의 효과성 및 그에 따른 항공기 동력학에 대한 효과에 대해 관심을 불러 일으켰다. 동체가 경계를 나타내는 기체의 구조 해석은 동선의 동적 거동으로 복잡하다. 동선의 자유운동은 상호 연결되는 구조에 상당한 비틀림과 굽힘이 발생될 것으로 예상된다. 이러한 효과는 미지수이며 의심할 필요도 없이 실질적인 중량 증가를 가져오게 될 것이다.

위에서 기술한 기술적인 불확실성으로 인해 다동선 형상은 여전히 재래식 단일 동체 레이아웃에 도전을 하지 못하고 있다. 그러나 양력과 관성 유상하중 경감의 직접적인 결합으로 구조 중량 절감 가능성으로 인해 수많은 다른 특이한 디자인 레이아웃으로 변형되었다.

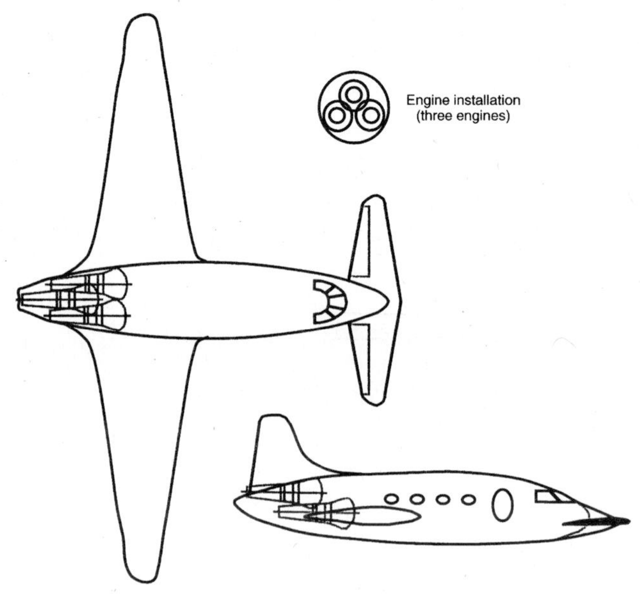

그림 4.3 초기 Comet 디자인 레이아웃

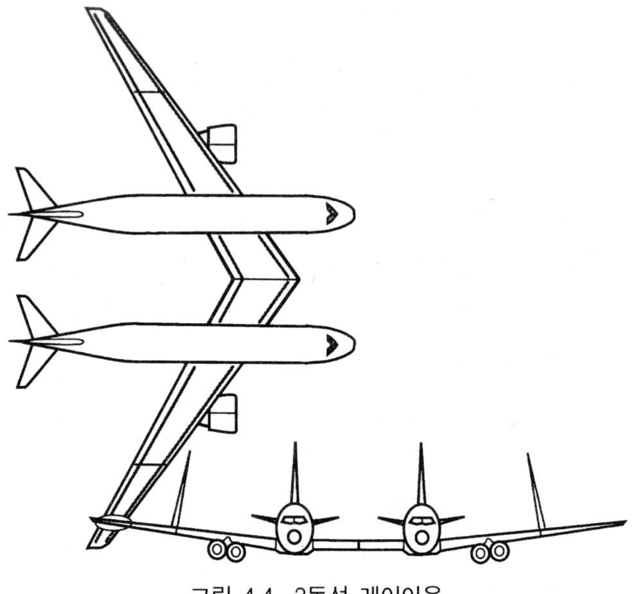

그림 4.4 2동선 레이아웃

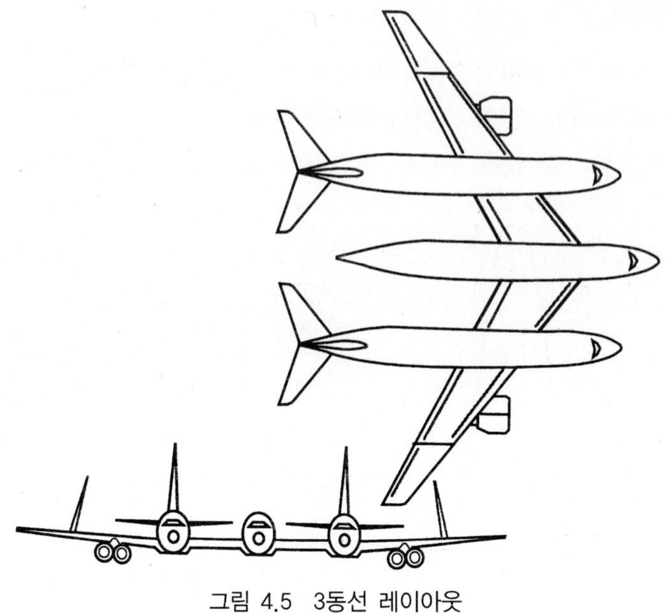
그림 4.5 3동선 레이아웃

4.2.2 스팬 로더(span-loader) 레이아웃

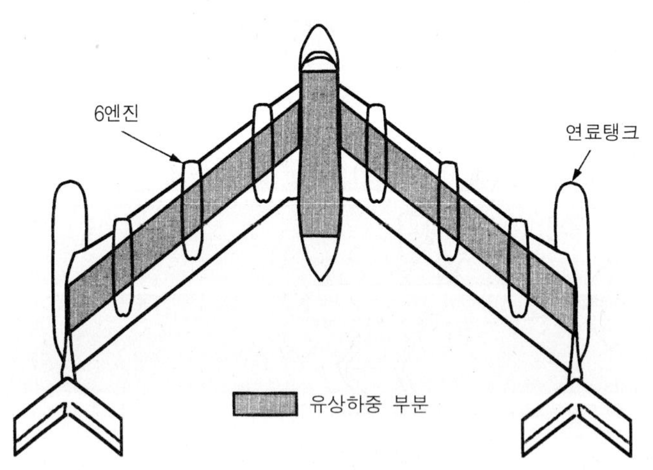

그림 4.6 스팬 로더 레이아웃

그림 4.6과 같은 스팬 로더 항공기에서 유상하중은 주 날개 박스 구조에서 유지된다. 작은 중앙에 위치한 동체 포드가 비행갑판과 중앙 부분을 수납하고 있다. 이 형상에서 날개 구조는 항공기 운영 중량이 날개 부문의 양력으로 직접 평형을 유지하고 있으므로 대부분의 굽

힘 하중이 경감된다. 동일한 재래식 레이아웃에 대해 항공기 이륙 중량에서 약 10%의 절감이 개념에서 요구된다. 그러한 레이아웃은 재래식 디자인과 동일한 전체 치수(스팬과 길이)에 대해 요구하게 된다.

Boeing은 그림 4.7에서 보는 것과 같은 변종의 여객기를 제안하였다. 중앙 구조가 엔진과 비행갑판을 수납한다. 승객 객실이 날개의 전 스팬으로 펼쳐지며 앞전에 위치한 창문 앞으로 향한다. 동력발생장치는 별문제로 하고 이 개념은 1910년에 Junker가 제안하였다.

이 개념의 주요 단점은 유상하중을 혼잡한 중앙 날개 공간으로 적재하는 것이 어려우며 그 결과 구조적 레이아웃의 어려움을 암시하고 있다. 비상 조건에서 탈출 경로와 대피 시간에 대한 관심이 또한 제기되고 있다. 그림 4.6의 디자인 레이아웃에서 항공기 유상하중은 수화물만으로 지정된다. 정통이 아닌 비행 조종 장치에 관한 디자인 레이아웃의 불확실성과 증가된 항공기 관성 모멘트로 인한 옆놀이(롤)에서 감소된 항공기 응답성이 관심의 중요한 원인을 제공하였다.

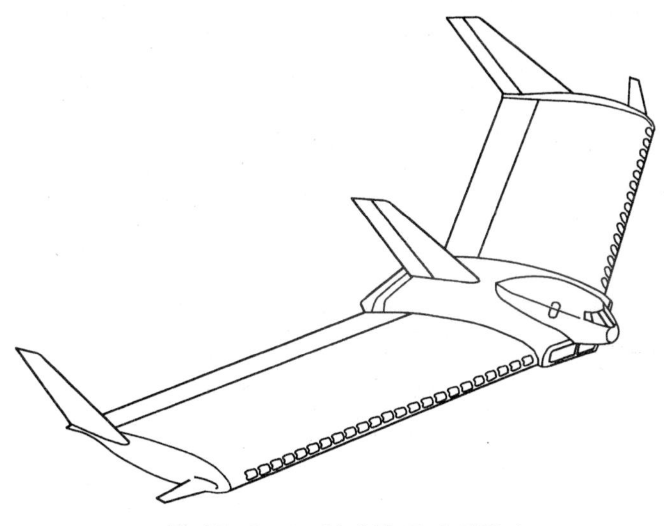

그림 4.7 Boeing의 스팬 로더 여객기

4.2.3 전익 항공기(flying-wing: 주익의 일부를 동체로 이용하는 꼬리날개가 없는 비행기) 레이아웃

대강당 형태의 공간에 승객을 배치할 가능성이 있을지도 모른다는 생각이 전익 항공기의 개념을 활성화하는데 종종 사용되고 있다. Airbus와 McDonnell-Douglas가 최근에 그림 4.8과 같은 레이아웃을 선보였다.

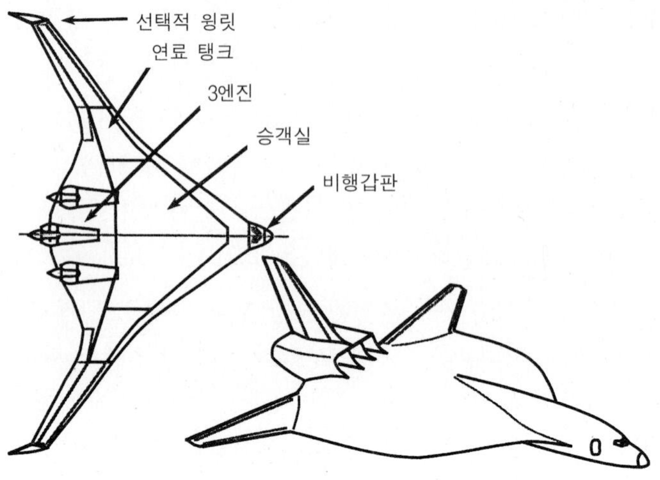

그림 4.8 전익 항공기 레이아웃

이 레이아웃의 주요한 장점은 증가된 승객 객실 체적과 안락함 수준의 개선과 관련된 가능성에 있다. 디자이너는 또한 분포된 유상하중이 증가된 관성 경감을 가져다 줄 것이며, 그러므로 구조 중량을 줄여줄 것으로 지적하고 있다.

이전의 개념보다 이 형상에 부수된 기술적인 불확실성은 적지만, 증가된 날개 두께의 필요성과 델타 날개 형상이 재래식 레이아웃보다 이러한 레이아웃이 공기역학적으로 덜 효율적일 것이라는 것을 시사하게 된다. 이 레이아웃에 대해 관심이 다시 일어나는 것은 능동 경계층(층류) 조종 장치의 개선된 공기역학적 효율과 현존하는 공항 시설과 잘 적합할 수 있는 훨씬 높은 용적의 항공기를 제조할 필요성과 관련된다. 답변해야 할 질문은 '창문이 없는 항공기에서 승객이 여행할 수 있느냐?'이다. 그럴 수 있을 경우에는 전익 항공기를 진지하게 고려해야 한다.

전익 항공기와 분포 하중 사이의 혼성 개념을 mega-jet 디자이너인 Ramsden, J.R이 제안하였다. 제안된 레이아웃은 그림 4.9와 같다.

이는 재래식 항공기보다 승객당 객실 공간이 약 50% 더 많은 1000명 이상의 여객기이다. 이 레이아웃은 배 유형의 승객 시설(바, 카지노, 숍 및 사무실)을 제공할 가능성을 제안하고 있다. 기술적으로 개념은 실행가능성이 있어 보이지만 다른 기준(승객 안락과 시설 조항)이 중요하게 되지 않을 경우에는 매우 보수적인 항공기산업에서 급진적인 개념을 채택할 가능성은 없어 보인다.

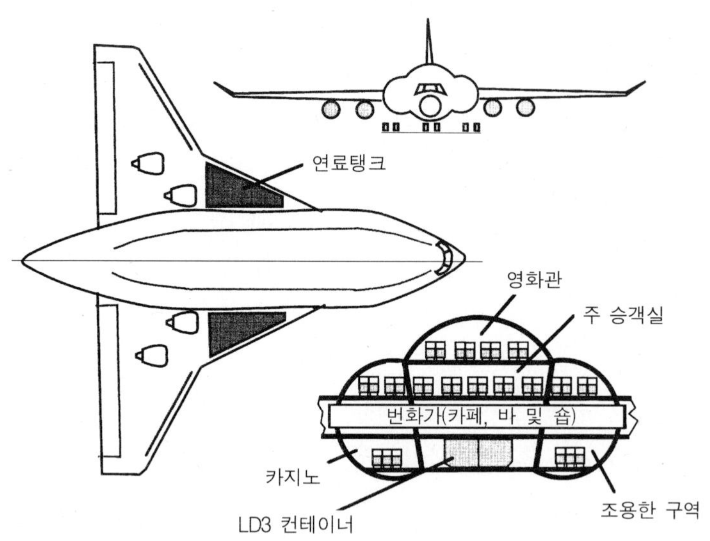

그림 4.9 제안된 mega-jet 레이아웃

4.2.4 카나드 레이아웃

앞에서 언급한 최초의 Comet 프로젝트와는 별도로 카나드 레이아웃이 주익 전방에 조종면이 있는 원판 Wright Flyer의 시조이다. 이 형상은 재래식 레이아웃에서 균형을 잡는데 필요한 비행기의 미부를 내리는(taildown) 힘을 예방한다. 많은 연구는 순항시에 트림 항력이 감소되고 유용한 연료 절감이 이루어지므로 정기 여객기가 카나드 형상으로 되돌아가는 점에 주목하였다.

그림 4.10은 Airbus사의 고등 개념인 220-260승 정기 여객기에 대한 최근의 연구 조사를 보여주고 있다.

그림 4.10 카나드 레이아웃

과거에는 카나드 (조종)면이 양력을 발생할 때 의도하지 않은(우연한) 주익 실속으로 인해 기수가 위로 올라가는(nose up) 전복의 위험이 일부 군용기와 자작 디자인을 제외하고는 이 개념의 채택을 막았다. 항공기 컴퓨터 조종이 보다 더 정교해지고 그러한 시스템의 신뢰도가 증가함에 따라 카나드 개념을 사용할 가능성이 증가하였다.

일부 설계 제안서에서 전후면 사이의 균형된 하중과 조종 하중을 분산하기 위해 3면(카나드, 주익 및 미익) 레이아웃을 제안하고 있다. 비록 공기역학적 안정성과 조종 특성이 이 배열로 단순해지지만 필연적으로 구조적으로 그리고 기계적으로 복잡해지므로 특별한 (여분의) 면을 추가해야 하는 점이 심각한 단점이다.

4.2.5 텐덤 날개(tandem-wing) 레이아웃

조종 장치의 수를 최소화하기 위해 두 면 사이에서 발생하는 양력을 나누는 개념을 확장하면 그림 4.11과 같은 텐덤 날개 레이아웃이 된다.

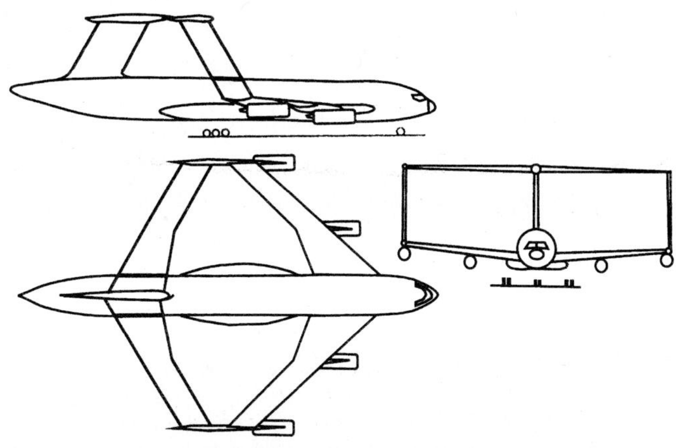

그림 4.11 텐덤 날개 레이아웃

텐덤 날개 형상은 항공기 설계의 초기 단계에서 매우 상세하게 연구했다는 점을 주목할 때 매우 흥미로운 일이다. 비록 이 레이아웃에 대한 강력한 제안자(지지자)가 있었지만 이 개념은 중력중심 운동에 대해 더 많은 공차를 제공하므로 상업용 디자인에서는 아직 채택하지 않고 있다.

텐덤 날개 구조를 더 강하게 만들기 위해서 일부 디자이너는 두 면의 날개 끝을 연결할 것을 제안하고 있다. 이 아이디어는 위에서 보는 것과 같이 두 면 사이의 커다란 가로 스태거(stagger)를 갖는 짝을 이루는 복엽기 개념을 만들어냈다.

위 형상(카나드, 텐덤 및 복엽기) 각각은 전체 항공기 날개 길이는 줄어들지만 각 면에서 합리적인 가로세로비를 유지하는 장점을 갖는다. 이것이 감소된 순항 항력과 개선된 공기역학적 효율을 제공한다고 주장한다. 통합된 날개 구조와 그에 따라 동체 굽힘 응력 감소로 구조 중량이 감소한다고 또한 주장한다. 이 개념은 날개 접합부에서의 구조적이고 공기역학적인 불확실성과 비행 및 구조 불안정의 위험으로 인해 아직 채택되지 않고 있다.

4.2.6 접합(이중)날개

커다란 날개 길이의 항공기를 현존하는 공항 시설에 맞추기가 어려우므로 텐덤 날개 레이아웃이 최근에 상업용 항공기 레이아웃에서 부활되고 있다. 연구를 통해 그림 4.12에서 제안한 500인승 디자인의 경우 앞날개면의 약 80% 길이방향 위치에 날개 끝을 접합하는 좁은 뒷날개면이 최적의 레이아웃이라는 것을 보여주고 있다.

비록 접합 날개 개념이 실질적인 구조 및 공기역학적인 장점이 있다고 주장하지만, 주변의 공기역학적 간섭 효과의 기술적인 불확실성과 새로운 구조 골격으로 인해 그 채택을 방해하고 있다.

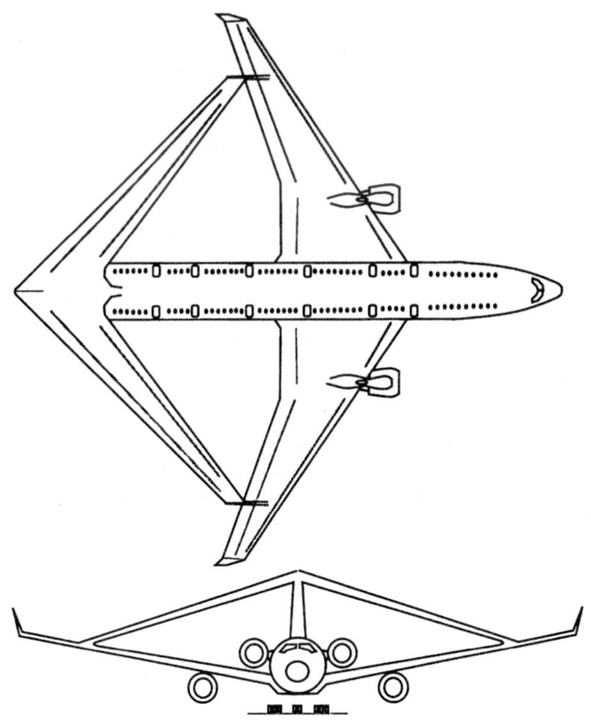

그림 4.12 접합 날개 레이아웃

4.2.7 평상형 레이아웃

재래식 동체에 화물과 승객을 적재하는데 어려움으로 인해 모듈 구조의 항공기를 설계하게 되었다. 그림 4.13과 같은 평상형 디자인이 항공기 왕복 소요시간을 줄이고 그에 따라 항공기 활용을 증가시키고 공항 대기 점유율을 줄이기 위해 화물 혹은 승객 '컨테이너'에 적합하게 되었다.

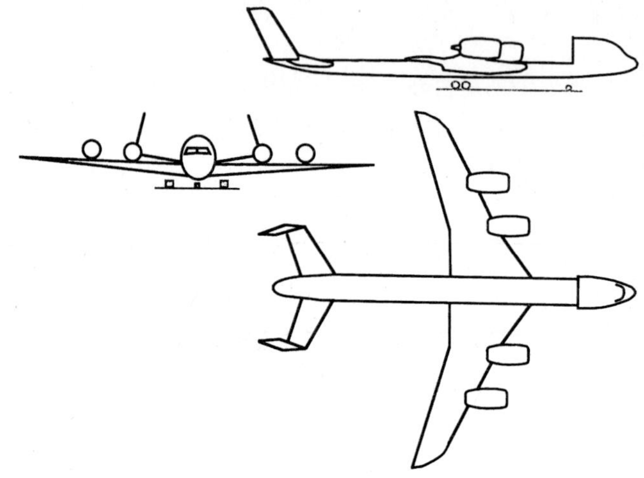

그림 4.13 평상형 레이아웃

이 개념은 만들 수 없다는 기술적인 근거는 없는 것으로 보이지만 운영적으로 레이아웃이 복잡하고 잘못 사용될 여지가 있다. 비록 모듈러 디자인을 미래에 채택할 지라도 이들은 위에서 보여준 형상보다 사용하기가 더 쉬운 것을 요구하게 될 것이다. 이 개념은 새로운 디자이너에게 독창성에 대해 많은 여지를 제공할 것으로 보인다.

4.2.8 상상가능한 모든 레이아웃

디자이너의 상상력은 끝이 없는 것처럼 보인다. 모듈러 동체와 3면을 결합한 개념이 그림 4.14에서 보는 바와 같은 대형 러시아 수송기에서 제안되었다.

4.2.9 소결론

일부 미지의 디자인 혹은 운영 기준이 다른 항공기 레이아웃의 조건과 같게 될 때까지 이 시점에서는 그림 4.15와 같은 재래식 형상에 머물러야 한다. 그림과 같은 형상이 여전히 항공기 디자이너에게 그들의 기술을 연습하는데 충분한 기회를 제공하고 있다.

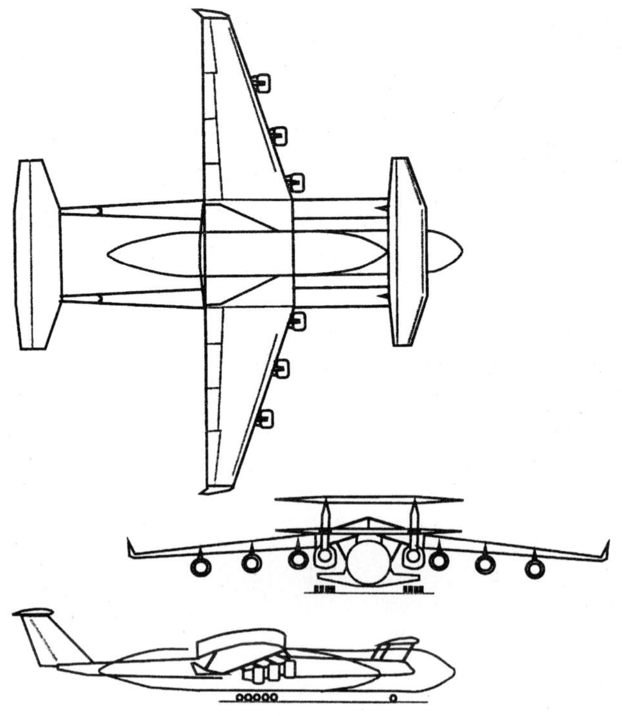

그림 4.14 상상가능한 모든 레이아웃

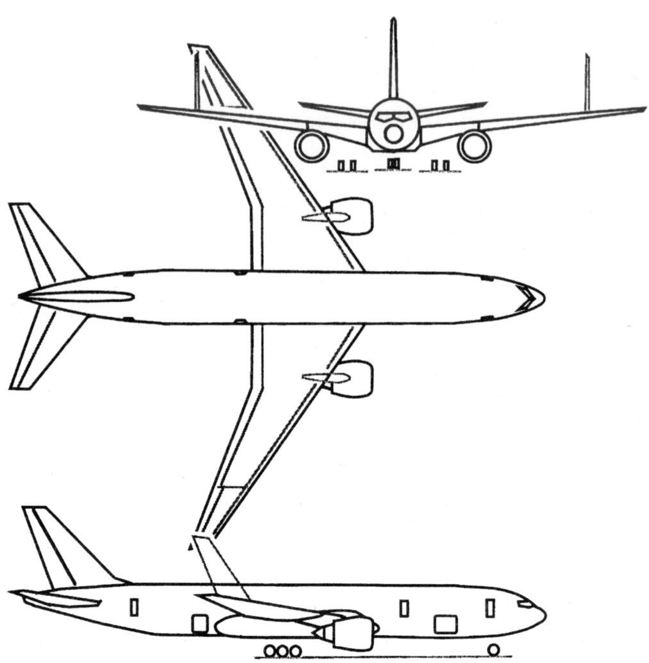

그림 4.15 재래식 레이아웃: Boeing 777-200(출처: Boeing Data)

4.3 시스템 고려사항

항공기 형상의 선택은 많은 하위 구성부품을 조립하는 것으로 생각할 수 있다. 기체가 비록 중요하지만 전체 설계 노력의 단지 작은 부분을 나타낸다. 기체, 엔진과 항공기 시스템 사이의 상호 관계는 전체 레이아웃을 결정할 때 면밀한 고려가 필요하다. 예를 들어, 항공기에는 많은 움직이는 부분이 존재하며 각각은 조종사와 비행 관리 시스템이 안전한 결정을 할 수 있도록 통제되고 계측되어야 한다. 구조는 이러한 부분에 부과된 하중에 반응할 수 있어야 하며 기체 윤곽(프로파일)은 공기역학적으로(저항력) 형태로 장치를 둘러싸고 있어야 한다.

형상에 대한 내부 공간 요건을 또한 그들 자신의 조건에 부과해야 한다. 연료는 날개와 (가능하다면) 꼬리날개 구조에 있는 밀봉된 탱크에 수용되어 있어야 한다. 항공기 중량의 1/4~1/2 사이가 이 연료의 것이어야 한다. 이는 항공기 내부 체적에서 중요한 수요를 차지하며, 일부 경우에는 항공기가 특정한 항속거리를 비행하기 위해 날개의 최소한의 크기를 제한하게 된다.

객실 공기조화장치는 또한 도관 및 흐름 제어 장치에 대한 내부 공간 설비가 필요하다. 비록 이는 다른 요건에 비해 훨씬 적은 공간을 요구하지만 시스템은 가능한 한 작은 체적을 싣고 주제넘지 않게 객실을 통해 이어져야 한다.

항공기 비행 관리 시스템은 비록 형상 내에서 물리적으로 공간이 필요하지 않지만 조종면의 크기와 관련 운영 시스템의 설계에 상당한 영향을 끼친다. 비행 관리 시스템의 설계는 디자이너를 진퇴양난에 빠지게 한다. 비행 승무원의 불안한 결정을 무시하는 권한을 주는 시스템이거나 기장이 항공기를 완전하게 통제할 권리를 주는 시스템을 설계하게 된다.

승객은 이제 항공기에 더 많은 시설, 특히 오락 및 사업용으로 사용할 시설을 기대하고 있다. 이는 내부 체적, 중량 및 동력 공급에 대한 증가된 수요를 차지한다. 전자장비의 극소화가 이러한 요건을 줄여주지만 증가된 항공기 구매 비용이라는 대가를 지불해야 한다.

항공기 디자이너는 또한 **그림 4.16**에서 보는 바와 같이 항공기를 서비스하는 것과 관련한 레이아웃 요건을 고려해야 한다. 이는 공항 주기장으로 신속하게 반환하는데 특히 중요하다. 완전히 반환하는 것은 재급유, 신선한 물의 재공급, 음식 시설의 재공급, 화장실 청소, 객실 세척 및 화물/수하물 취급이 포함된다. 많은 이러한 활동은 동시에 이루어진다. 반환하는 동안에 이루어지는 항공기 주위의 공간 관리가 항공기 구성부품의 전체 레이아웃에 영향을 줄 수 있는 중요한 설계 고려사항이다. 예를 들어, 지상 서비스 차량을 반환하는 동안에 항공기 주위에 배치하는 것은 서비스 도어의 위치와 다른 특징을 지시할 수 있다. 그러한 고려사항은 항공기 레이아웃에 직접적으로 영향을 줄 수 있다.

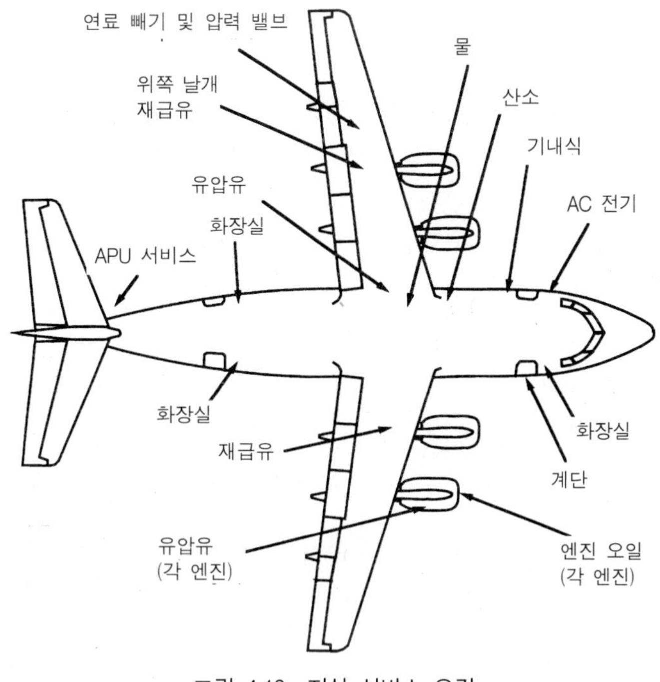

그림 4.16 지상 서비스 요건

4.4 착륙장치(랜딩기어) 레이아웃

항공기에서 주요한 이동 부품의 하나는 랜딩기어이다. 이는 가능한 한 가볍고 작아야 한다. 랜딩기어는 활주할 때에 양호한 승차 동력학을 제공하고 접지시에 안전한 에너지 흡수를 제공해야 한다. 장치를 움츠리는 것이 비행할 때에 항력을 감소하기 위해 필수적이다. 이는 랜딩기어를 수납할 공간, 보통 날개 동체 접합부에 대한 강력한 수요를 차지한다. 많은 디자인에서 랜딩기어 격실은 휠과 쇼크 압소바 장치를 둘러쌓기 위해 별도의 페어링(유선형 구조)이 필요하다.

항공우주 산업의 전문가 회사가 착륙장치 구성부품의 설계, 생산 및 개발을 다루기 위해 발전하고 있다. 보통 항공기 제조업자는 이러한 전문회사 중의 하나에서 랜딩기어 디자인을 하청계약하고 있다. 그러나 항공기 프로젝트 엔지니어는 랜딩기어 디자인과 타협하지 않고, 그로 인해 중량과 비용이 증가하는 항공기의 수용 가능한 초기 레이아웃을 만들기 위해 랜딩기어 설계와 관련한 설계 매개변수의 중요한 내용을 알아야 할 필요가 있다.

항공기에서 전체 랜딩기어 시스템은 중량과 비용의 실질적인 기여자이다. 전형적으로 이는 항공기 이륙 질량의 3~6%(구조 중량의 8~15%)이고 항공기 가격의 약 2%를 나타낸다.

랜딩기어 장치가 비행의 시작과 끝에서만 사용되고 순항할 때에 상당한 중량 불이익을 주기 때문에 오랫동안 이 장치를 완전히 제거할 방법을 연구하였다. 아마도 미래에 개발될 수직 이착륙 시스템에서는 이 문제에 대한 답변을 줄 수 있을 것이지만 현재는 그러한 항공기의 랜딩기어는 재래식 레이아웃보다 훨씬 더 복잡하다.

시스템을 설계하기 위해서는 랜딩기어의 목적을 면밀하게 분석할 필요가 있다. 랜딩기어가 필요한 목적을 열거하면 다음과 같다.

-이륙 위치로 이동하고 착륙 활주의 끝에 있는 활주로를 벗어나기 위해 활주하기 위해

-이륙 속도로 회전하도록 특수 장비를 사용하지 않고 항공기를 가속하기 위해

-활주로 구배로 비행 고도에서 접지한 직후에 방향 변환을 하기 위해

-특수 장비를 피해 항공기의 전방 운동을 지체시키는 것(제동)을 지원하기 위해랜딩기어가 필요하다.

랜딩기어 디자인에 대한 급격한 새로운 아이디어의 가능성이 없을 경우에는 위에서 열거한 요건을 바퀴다리 디자인이 가장 알맞게 충족시킨다. 지상에서 안정성을 위해 3개의 접촉점이 필요하다. 이러한 것의 전반적인 배열은 디자이너의 재량이다. 일부 실험 디자인에서 두 장치(하나는 항공기 중력중심의 전방에 있고 하나는 후방에 있는)가 사용되었다. 이 레이아웃을 자전거 배열이라고 부르지만 측면에서 불안정하며 항공기를 안정화시키기 위해 아웃트리거에 장착된 날개가 필요하다.

3장치 랜딩기어의 경우에는 기본적으로 두 가지 형상이 있다. 각 유형은 항공기 중력중심의 부근에 두 개의 주륜 기구가 있고 3번째 기구는 앞바퀴 혹은 뒷바퀴에 있다. 미륜 배열은 경사진 승객 객실 바닥을 만들고, 지상에서 조종사 시정을 불량하게 하고, 동적으로 불안정하고, 이륙활주 초기 부분에 항공기가 고항력 자세를 나타내기 때문에 선호하지 않는다. 앞바퀴 배열이 미륜 레이아웃보다 무겁고 더 비싸지만 민간 터보팬 항공기에서 광범위하게 채택되고 있다.

4.4.1 상세 레이아웃(재래식 랜딩기어)

랜딩기어 장치의 레이아웃은 전체 항공기 형상을 결정하고 항공기 중력중심의 위치에 대한 초기 추정이 이루어질 때까지 보통 남겨져 있다. 항공기 형상은 움츠림의 어려움과 구조적인 측면으로 인해 랜딩기어 레이아웃에 특정의 구속조건을 부과할 수 있지만 일반적으로 휠 위치를 고정하는데 다음과 같은 절차(그림 4.17과 관련하여)를 사용할 수 있다.

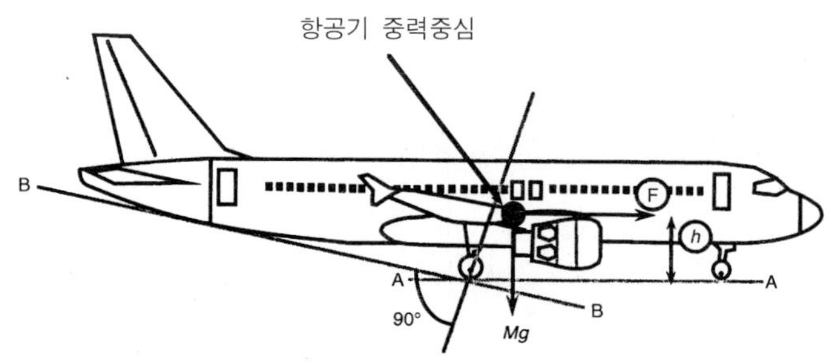

그림 4.17 랜딩기어 레이아웃

1. 쇼크 스트러트의 길이와 움직임(정하중 조건에서), 타이어 크기와 움츠림 기하학(형상)을 나타내는 활주로 위의 항공기 중력중심의 높이(거리 h)를 결정한다.
2. 동체 중심선과 평행하게 주장치 정적 지상 위치를 통과하는 선분 AA를 그린다.
3. 동체에 부착된 앞바퀴의 세로방향 위치는 전방 동체의 구조적 골격과 일치해야 하며, 비행갑판 플로어 라인과 압력 격벽 위치가 과도하게 타협하지 않는다는 것을 보장해야 한다.
4. 항공기 중력중심 뒤의 주 바퀴의 위치는 대부분의 역 중력중심 위치에 대해 다음과 같은 기준을 만족해야 한다.

- 후방 견인시 적절한 역안정 모멘트와 일반적인 안정성을 제공해야 한다(제동력에 대한 추정이 이루어져야 한다).
- 동체를 항공기 꼬리날개 조정장치로 끌어내릴 때 정확한 모멘트를 제공해야 한다.
- 합리적인 조향력을 주기 위해 최소한 8% W의 정하중을 앞바퀴에 제공해야 한다(여기서 W는 항공기 이륙중량이다).
- 15% W 이하의 정하중을 앞바퀴에 제공해야 한다. 이 값 이상이면 과도한 꼬리날개 힘 없이 항공기가 이륙할 때에 회전하는 것이 어렵게 된다.
- 분당 100 사이클(분명히 분당 30사이클 이상)의 항공기 피칭 주파수를 제공해야 한다. 이는 피치시의 회전반경, 축거 및 하체 강성의 비와 관계된다.
- 이륙시의 항공기의 위치와 착륙 자세에서 충분히 꼬리날개를 내리는 각도(선분 AA와 BB 사잇각)를 제공해야 한다.

평면도에서 3 장치의 필요한 위치는 단순한 기하학적인 계산의 문제이다. 롤 안정성의 경우 주장치는 그림 4.18에서 보는 것과 같은 일반적인 규칙에 의해 가능한 한 큰 궤적(장치 사이의 가로방향 거리)을 가져야 한다.

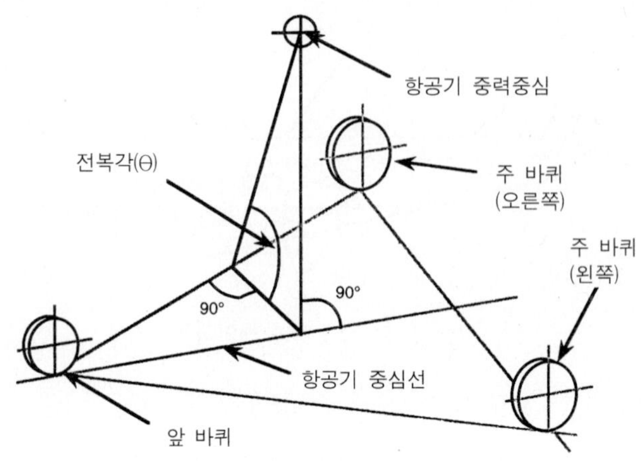

그림 4.18 바퀴 레이아웃의 안정성 기준

보다 상세한 것을 알 경우 롤 강성 계산으로 '승차감'이 만족스럽다는 것을 보여주어야 한다. 궤적을 너무 넓게 하는 것은 좁은 활주로를 따라 기동하는 것이 어려우므로 피해야 한다. 앞바퀴 조향각도는 주어진 축거에서 궤적 길이에 영향을 주게 되며 이를 조사해야 한다(항공기는 둘 중 어느 한쪽의 주 장치의 중심선에 대해 회전할 수 있어야 한다).

응용심화학습 1 에너지 흡수

랜딩기어는 착륙할 때에 최종 강하각도(보통 약 3도)에서부터 필연적으로 수평 활주로까지 항공기가 방향 전환하는 것에 따른 에너지를 흡수할 수 있어야 한다. 흡수해야 할 에너지는 수직 강하속도 v 제곱과 항공기 질량 M에 비례한다.

흡수 에너지$=0.5Mv^2$ (3.1)

이 에너지는 쇼크 스트러트와 타이어가 흡수해야 한다. 타이어가 흡수하는 에너지는

$\delta_T \times \eta_T \times \lambda \times Mg$ (3.2)

이다.

여기서, δ_T=타이어 휨(편향)

η_T=타이어 흡수 효율

λ=반력계수=정상 감속계수(즉 g의 수)

M=항공기 착륙 질량

g=정상 감속=$9.81ms^{-2}$이다.

쇼크 스트러트가 흡수하는 에너지는

$S\times\eta_s\times\lambda\times Mg$ (3.3)로 주어진다.

여기서 S=바퀴 이동거리
η_s=압소바 효율이다.

식 (3.1)은 (3.2)에 (3.3)을 더하고 M을 소거하면

$$\frac{v^2}{2g}=\lambda(\delta_T\eta_T+S\eta_s)$$ 이 된다.

특수한 항공기의 경우 v와 λ는 지정해야 한다($v=3.5m/s$, $\lambda=2.0$이 전형적인 값이다). 특수 타이어의 경우 δ_T는 알려져 있고 η_T는 0.47과 같다고 가정한다.

쇼크 스트러트 흡수 효율(η_s)은 레이아웃에서 선택한 장치의 종류에 좌우된다. 재래식 올레오-공유압 장치에서 η_s는 0.8로 가정한다. 따라서 쇼크 압소바 이동거리를 구할 수 있다.

◈ 계산 예

수직 강하속도 $v=3.5m/s$, 감속 $\lambda=2$, $\delta_T=90mm$, $\eta_T=0.47$의 타이어 특징을 갖고 있으며, 쇼크 스트러트 효율이 $\eta_s=0.8$인 60인승 국지 제트기에서 필요한 압소바 이동거리를 계산하여라.

주어진 값을 식에 대입하면

$$\frac{3.5^2}{2\times9.81}=\frac{2(0.47\times90+S\times0.8)}{1000}$$

따라서 압소바 이동거리 $S=270mm$이다.

4.4.2 타이어 선택

공유압 유형은 여러 가지 장점을 가지고 있으며 보통 고부하 장치에서 선택된다. 이들 장점을 열거하면 다음과 같다.

- 간단히 팽창 압력을 골라 접촉면 응력을 선택할 수 있다. 금속 혹은 고무의 고체 바퀴의 접촉 응력은 활주면 표면에서 너무 높을 수 있다.
- 공기 스프링의 에너지 저장 능력이 금속 혹은 고체 고무보다 주어진 중량에서 더 높다.
- 제동시에 고무가 활주로 표면에 잘 달라붙는다.
- (표면의 불규칙을 벗어나 감쇠하는 것에 기인하여) 타이어의 탄성이 구름 저항을 낮춘다.

초기 프로젝트 단계에서는 비교될만한 현존 디자인과 유사한 타이어 크기를 사용하는 것으로 충분하다. 움츠리는 공간이 제한되거나, 형상이 정통이 아니거나, 혹은 운영이 판에 박

히지 않을 경우(예를 들어, 거친 비행장 요건의 경우) 타이어 크기는 기준 이하로 선택한다.

공유압 타이어는 내부 압력을 제거함으로 인해 하중에 반응하는 팽창 구조의 흥미로운 예이다. 타이어의 강성은 비교적 낮으므로 지상 하중은 지면 접촉 부위의 내부 압력이 지지하게 된다. 항공기 타이어는 보통 완전하게 납작하게 휜(편향) 것의 1/3-1/2 사이에서 작동한다. 타이어의 하중지지 능력은 개략적으로

$$P = c \cdot \delta \cdot P \cdot (DW)^{0.5}$$

로 표현할 수 있다.

여기서 δ=휨(편향)

p=팽창 압력

D=지름

W=폭

이다.

휨은 타이어의 치수 특성의 함수이다. 압력이 증가하면 타이어의 크기 DW는 감소하게 되고 따라서 중량, 체적 및 전면면적이 감소한다. 디자이너는 항공기와 활주로 표면 조건의 운영 특성과 일치하는 허용할 만큼 높은 타이어 압력을 사용하는 것을 찾아야 한다. 지면 접촉 압력이 팽창 압력과 거의 같으므로 착륙 표면은 국지적으로 압력에 저항할 수 있어야 한다. 최대 허용 팽창 압력은 착륙 표면의 함수이다. 정상 민간 비행장의 최대 타이어 압력은 약 120psi(827kN/m^2)이다. 허용 압력이 활주로 토대 구조의 함수이면 일부 소형 비행장의 경우 90psi(620kN/m^2) 이하로 떨어진다.

유연(아스팔트)하거나 강건(콘크리트)한 활주로에서 또 다른 제한 요소는 단일 바퀴 하중이다. 각 유형의 활주로는 제한된 강도와 관련 허용 타이어 압력을 갖는다. 과거에는 활주로 성능을 규정하는데 여러 가지 다른 유형의 지수를 사용하였으나 현재에는 국제적으로 공인된 ICAO의 '항공기 분류 번호-포장도로 분류 번호(ACN-PCN)'으로 대체되었다. ACN의 값은 ICAO 부속서 14에서 인용할 수 있으며, 번호를 계산하는 방법이 또한 포함되어 있다. 특수한 값의 PCN에서 운영되도록 설계된 항공기는 관련 ACN 값으로 설계된 랜딩기어가 필요하게 된다. 이는 액슬 당 하나 이상의 바퀴를 사용하는 것을 나타내거나 타이어 압력에 대한 최대값을 제한하게 된다(보다 상세한 랜딩기어 설계 및 감항성/운영에 대한 계산은 전문 서적을 참고하기 바란다).

일단 타이어 압력을 결정하였으면 주 바퀴 타이어를 제조업자 카탈로그로부터 선택할 수 있다(주장치 각각에 대한 하중을 항공기 총중량의 45%로 생각한다). 완전히 쇼크 스트러트 이동거리에 도달하기 전에는 타이어가 '바닥'이 아니라는 것을 확실히 하기 위해 완전히 납

작해진 하중에 대한 점검이 이루어진다. 타이어의 가로세로비 D/W는 2.5 이하의 넓은 기구형 타이어로부터 5.0의 좁은 고압형 타이어의 범위에 이르기까지 설계 변수이다. 선택은 견인, 제동 및 팽창 특징에 의존한다.

앞바퀴에서 하중은 정적인 경우에 제동으로 증가하게 된다. 이는 앞바퀴 타이어를 선택할 때 고려해야 한다. 정적인 경우의 하중과 80%의 동적인 경우의 하중에서 더 큰 것을 선택하는 것이 보통이다.

4.4.3 기계식 디자인

쇼크 압소바의 상세한 설계와 수축 메커니즘은 전체 항공기 형상이 이러한 분야에서 분명한 어려움을 나타내지 않을 경우 프로젝트 단계에서는 보통 고려하지 않는다. 항공기 일반 배열(배치)을 완료하기 위해서는 (예를 들어, 유사한 현존 항공기의 랜딩기어의 기하학을 채택하는 것과 같이) 현존의 관행을 따르는 것으로 충분하다.

4.5 전망

항공기 제조는 비용이 많이 들고 많은 시간을 소비하는 활동이다. 개념 시작으로부터 항공기 운영 비행까지 최단 시간으로 4년이 걸린다. 그러한 시간척도에서는 현존하는 유형의 개발 디자인만으로 가능할 뿐이다. 전형적으로 새로운 디자인은 개념에서부터 사용에 들어가기 까지 7~10년이 걸린다. 이러한 기간에는 실질적인 사전 판매 투자가 필요하다. 설계 기간에 걸쳐 운영 요건이 바뀔 수 있으며, 그러므로 디자인은 합리적으로 융통성이 있어야 한다. 새로운 항공기는 반드시 원래의 형상으로 제조되지는 않는다. 새로운 시장 기회, 생산성의 증가, 새로운 경로 개발 등이 신축성 있는 디자인으로 귀착되게 된다. 그러한 신축성은 그림 4.19에서 보는 바와 같은 'family' 항공기를 만들어내는 것이 보통이다. 예를 들어, Boeing 777 정기여객기는 최소 5가지에서 최대 10가지 종류의 family 항공기를 개발하게 되었다(표 4.1 참조). 이들 각각은 다른 시장 경로 수요를 겨냥하여 서로 다른 유상하중/항속거리 능력을 갖는다(그림 4.20 참조).

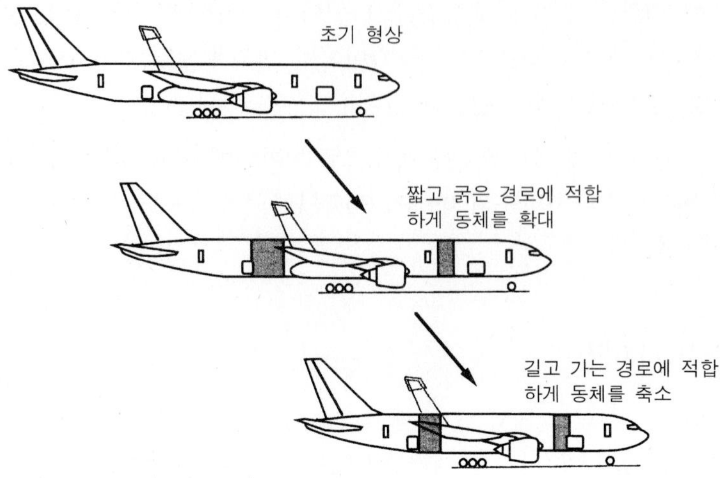

그림 4.19 항공기 개발

표 4.1 제안된 Boeing 777 family 항공기

Boeing 777 (model)	최대이륙증정 (pounds)	엔진 (lb-thrust)	좌석	항속거리 (nm)
-200A	545 000	77 000	300	4900
-200B	632 500	90 000	300	7400
-300	660 000	90 000	350	5700
-100	660 000	90 000	250	8700

*3등급 좌석 레이아웃

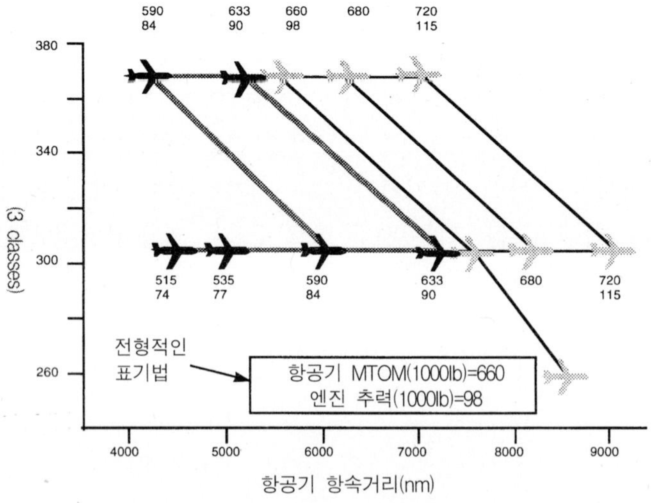

그림 4.20 Boeing 777의 개발 family

새로운 항공기 설계에서 'family' 방법을 채택하면 초기 형상은 최적이 아닌 설계가 될 수 있다. 예를 들어, 항공기가 커다란 날개 혹은 구조적 골격(랜딩기어)을 감당하는 것은 초기 디자인에서 필요한 것보다 더 강할 수 있다. 초기 설계 단계에서 디자이너의 과업은 초기 항공기 유형에 부과된 불이익과 미래 항공기 개발(확장)과 관련된 비용과 복잡성의 균형을 잡아주는 것이다. 마케팅적인 과업은 처음 디자인의 본질적이지만 사소한 비능률적인 것에 대하여 "family"의 공통성을 판매하는 것이다.

4.6 결론

항공기의 전체 형상을 완료하기 위해서는 각 주요 세부계통의 상세한 설계를 고려하는 것이 필요하다. 이 교재의 뒤따르는 장에서 이러한 이슈에 대해 기술하고 항공기의 레이아웃을 종결시킬 것이다.

세부계통의 설계를 상세하게 고려하기 전에 전체 디자인에 영향을 주는 안전과 환경 이슈를 이해하는 것이 필요하다. 이러한 측면은 이미 제3장에서 기술하였다. 주요한 설계 주제로 바로 들어가고 싶은 독자들은 바로 제5장의 상세설계 측면으로 이동하면 된다. 이 경우 감항성과 환경 이슈가 항공기의 전체 및 상세 설계 측면에 어떻게 영향을 주는가를 이해할 필요가 있을 경우에는 다시 제3장으로 복귀하면 된다.

Chapter  Aircraft Design

동체 레이아웃

- 이 장은 항공기의 주요 성분(세부계통)의 상세한 고려로부터 시작한다. 동체 레이아웃은 크기와 형태가 탑승해야 할 좌석 수에 의존하며 이는 특정의 승객 하중과 관련되므로 설계 과정에서 종종 제일 먼저 검토한다. 일단 동체의 형태가 결정된 후에는 나중의 설계 연구에서 동체는 고정된 항공기 형상의 일부를 형성한다.
- 동체 설계의 경우 전반적인 기준에 대해 초기 고려를 한 후에 이 장에서는 승객 객실의 크기를 결정하는 매개변수를 기술한다. 이는 동체 횡단면 기하학과 시트 열의 가로방향을 결정하는 것과 관계된다. 다른 승차권 등급 사이의 좌석 배분치가 이 결정에서 주요한 기준이 된다. 승객을 비상시에 보호하고 동체에서 안전하고 신속하게 대피시킬 수 있도록 하기 위해 감항성 규정을 또한 고려해야 한다.
- 이 장은 또한 동체의 완전한 설계를 위해 고려해야 할 다른 요소를 고려한다. 고려할 요소들은 객실 기하학이 조화되도록 앞과 뒤의 단면의 형태, 비행 승무원의 좌석 제공, 표준 컨테이너에 수하물을 수납하는 것, 날개와 꼬리날개 면 (및 가능하다면 후방 엔진)의 구조적 지원 제공 등이 포함된다. 승객에게 안락하고 안전한 환경을 제공하기 위해서 동체 디자인은 또한 지정해야 할 여러 가지 시스템이 필요하다. 이러한 것들에는 비행갑판 전자장비 및 표시장치로부터 승객 객실 공기조화장치까지이다. 이러한 시스템에 대한 소개가 이 장의 마지막 부분에서 주어진다. 동체 레이아웃과 디자인의 기술은 제안된 신규 항공기의 동체 레이아웃의 예로서 끝을 맺을 것이다. 이는 이 장에서 기술한 원리를 특정의 설계 철학에 어떻게 적용하는가를 보여주게 된다.
- 이 장을 학습한 후에 여러분은 항공기 명세(규격)를 충족하는 동체의 기하학을 설계할 수 있으며 전체 디자인을 지원하는데 필요한 시스템을 평가할 수 있게 될 것이다.

5.1 승객 선호도

항공 운송의 주요한 목적 가운데 하나는 여행하는 동안에 승객을 안락하고 안전하게 운송하는 것이다. 항공기의 다른 특징보다도 객실 인테리어를 고객이 면밀하게 평가하게 된다. 그러므로 좋은 레이아웃의 출발점은 승객 객실의 상세한 설계가 필수적이다. 비록 비행이 이루어지기 위한 선택에서 승차권 가격과 여행 시간이 주요한 요소이지만 항공기를 탑승할 때 승객은 항공사에서 제공하는 서비스의 표준과 안락함에 대해 2차적인 판단을 하게 된다. 항공사는 그러므로 객실의 인테리어 설계에 특별한 주의를 기울이게 된다. 항공기 제조업자는 보통 객실에 장식이 없는 신규 항공기를 공급한다. 각 항공사는 승객 객실의 인테리어 준비를 그들 회사의 정체성과 스타일과 조화되도록 배열한다.

5.1.1 감정적 선호도

- 객실 인테리어가 기대를 충족하며 심미적으로 기분이 좋은가?
- 객실 인테리어가 친근하고, 효율적이고, 안전하게 느껴지는가?

5.1.2 물리적 선호도

- 말쑥한가?
- 공기조화가 효율적인가?
- 객실에서 냄새가 나지 않는가?
- 금연 구역은 있는가?
- 합리적으로 조용한가?
- 진동이 없는가?
- 밀실공포증이 있는가?
- 사적인 공간을 침해하는가?

5.1.3 공간적 선호도

- 객실이 얼마나 큰가?
- 좌석 배열은 어떠한가?

- 다른 사람은 어떻게 차단하는가?
- 다른 승객이 나를 방해하는가?
- 타인을 방해하지 않고 좌석을 이동할 수 있는가?
- 휴대용 소화물 시설이 얼마나 편리한가?

비행하는 동안에 지루함을 최소화하기 위해 객실은

- 여러 가지 유형의 오락시설이 있어야 한다.
- 안락한 대화를 할 수 있어야 한다.
- 방해받지 않고 독서하고 글을 쓸 수 있어야 한다.
- 식사하고 음료를 마실 때 편리해야 한다.
- 수면과 휴식을 취할 수 있어야 한다.

모든 이러한 요건과 기대가 항공기의 기술적인 구속조건 내에서 충족되어야 한다. 고전적인 절충은 승객이 비행하는 동안에 안락하다고 느낄 수 있는 충분한 공간과 객실 서비스를 제공하는 것과 구조 중량과 공기역학적 항력을 줄이기 위해 동체 크기를 최소화하는 것 사이에서 충돌하게 된다. 다행히도 재래식 동체의 원형 단면이 최적의 둘러싸인 체적, 최소 구조 중량과 최소 습윤 면적의 요건과 조화를 이룬다.

여행객이 안락하다고 느끼는데 필요한 공간의 정도는 여행 시간과 직접적으로 관련된다. 여러 해 전에 미국의 연구자들이 여행 시간에 대해 승객이 안락함의 수준을 어떻게 인지하는가를 알기 위해 시험을 하였다. 이들의 결과를 선도적으로 제시하면 **그림 5.1**과 같다.

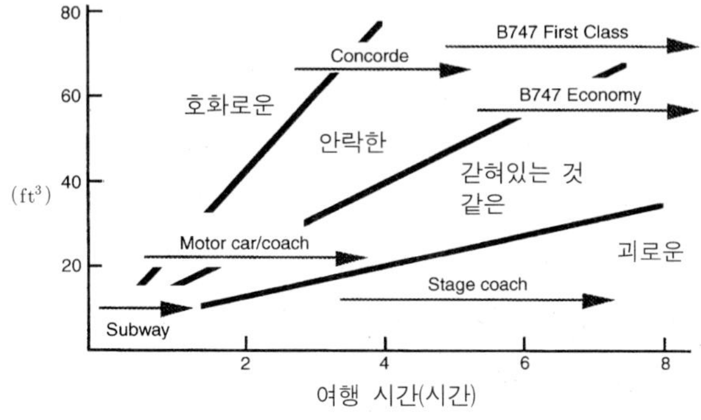

그림 5.1 여행 시간에 따라 인지되는 승객의 안락함

여행 경험으로부터 우리는 짧은 시간에는 비좁은 공간을 참을 수 있지만 긴 시간에는 더 많은 공간이 필요하다는 것을 알고 있다. 일등석에서 비행하는 것이 저렴한 등급보다 훨씬 더 안락하다고 느끼는 것은 이러한 영향이다. 마찬가지로, 유사한 수준의 안락함은 초음속으로 비행하고, 그로 인해 정상 비행시간의 절반에 그들의 도착지에 도달하게 되어 충분히 행복한 그러한 승객에게는 적은 공간을 제공하는 것이 가능하다.

객실 서비스의 제공은 또한 여행 시간에 좌우된다(그림 5.2). 짧은 여행의 경우 안락한 좌석이 필요한 것의 전부이지만 오랜 여행에서는 휴식, 오락 및 사회적인 공간이 필요하다. 불행하게도, 이들 승객 시설의 대부분은 항공기에 중량을 추가하게 된다. 이는 장거리 비행 항공기는 단거리 여행 항공기보다 더 많은 서비스 중량 설비가 필요하다는 것을 의미한다. 수익 증가에 대한 경쟁으로 안락함 강화 특성에 대한 요건이 증가하게 되고, 이는 신형 항공기 설계에서 이를 반영할 필요가 있게 되었다.

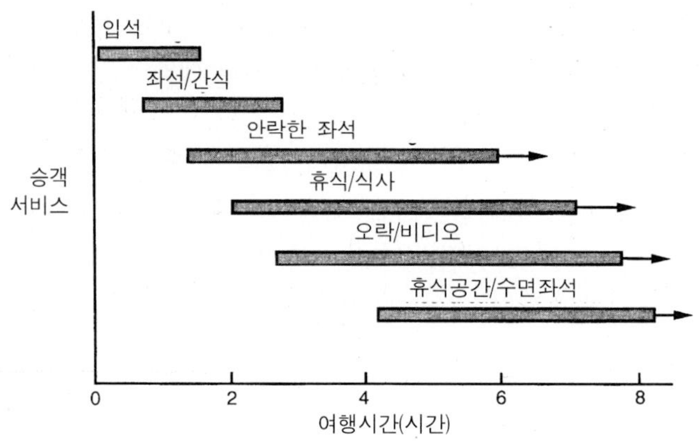

그림 5.2 여행 시간에 따른 승객 서비스 요구

5.2 승객실 레이아웃

두 가지 기하학적인 매개변수가 승객실 (지름 및 길이)를 지정한다. 이들 가운데 객실 지름은 일단 고정된 후에는 바꾸는 것이 비현실적이므로 객실 지름이 가장 중요하다. 반면에 항공기의 자연적인 개발 프로그램의 일부에서는 용량을 증가시키기 위해 여분의 길이 ('플러그')를 더해 동체를 펼치게 된다.

5.2.1 객실 단면

동체 단면의 형태는 여압에 대한 구조 요건으로 기술된다. 원형 셀은 후프 장력으로 내부 압력 하중에 반응한다. 이는 원형 단면을 효율적으로 만들며 그러므로 구조 중량이 가장 작다. 비원형 형태는 셀 구조에 굽힘 응력을 부과하게 된다. 이는 동체 구조에 상당한 중량을 추가하게 된다. 그러나 완전한 원형 단면은 객실 공간 위 혹은 아래에 너무 많이 사용할 수 없는 체적을 줄 수 있으므로 유상하중을 둘러싸는데 가장 좋은 형태가 아닐 수 있다. 일부 디자인에서 이 문제는 여러 개의 상호 연결된 원형 단면을 사용하여 극복하고 있다. 그림 5.3은 3가지 비원형 동체 형태를 보여주고 있다. Boeing 747은 (a) 최상위 객실에 적절한 머리 위의 공간을 제공하기 위해 상부 갑판에 작은 반지름 원호를 통합하고 있다. 상부와 하부 반지름은 상부 플로어 위치 부근의 짧은 직선 단면과 조화시킨다. 최신 대형 항공기에 대한 제안에서 (b) 동일한 원리를 사용하지만 조화시키는 것은 원형 원호 단면으로 이루어진다. 급진적인 Airbus 제안서에는 (c) 수평 2중 버블을 사용하여 2중 갑판 문제를 극복하였다. 구조 및 운용상의 문제로 대부분의 다원호 단면을 폐기시켰다.(동체 단면의 최상의 형태를 결정할 때에는 화물 컨테이너를 나타내는 그림 5.3의 아래 플로어의 직사각형 부분을 또한 고려해야 한다.)

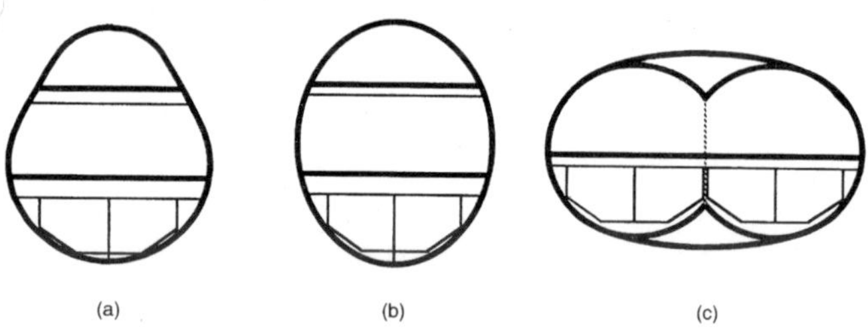

그림 5.3 다원호 동체 단면

다원호 단면의 외피에서 후프 장력을 평형하기 위해서 가로 부재에 연결되는 다른 반지름의 교차점이 필요하다. 대부분의 경우 이러한 평형 구조가 그림 5.3에서 보는 바와 같이 플로어 받침으로 사용된다. 비록 다 원호 단면이 가장 실행 가능한 것으로 간주할 수 있지만 원형 객실 단면은 이들이 전방과 후방을 항력이 증가하는 프로파일의 원인이 되지 않는 기수부와 꼬리 부분의 구조로 조화시킬 필요가 있으므로 주의를 기울여야 한다.

객실 횡단면의 형태와 크기를 결정하는 것이 신규 프로젝트를 수행하기 위해 필요한 최초의 상세 설계 연구 중의 하나이다. 전체 크기는 항공기 중량과 항력을 줄이기 위해 작아야 하지만, 그 결과 형태는 고객 항공사에게 어필할 수 있는 안락하고 유연한 객실 인테리어를 제공해야 한다. 해야 할 주요한 결정은 항공기 좌석의 수와 그에 따른 통로 배열의 선택이다. 특정한 수의 승객인 경우 좌석의 수는 객실의 열의 수를 고정시켜야 하며, 그러므로 동체 길이를 고정시켜야 한다. 길이-지름 매개변수(종종 이를 동체 날씬비라고 한다)가 그림 5.4에서 보는 바와 같이 동체의 설계에 영향을 주는 요소이다. 낮은 날씬비(뭉뚝한 동체 형태)는 항력 불이익을 주지만 향후 확장(개발)하는 것에 대해 잠재적인 이점을 제공한다. 높은 날씬비는 길고 얇은 관형 구조를 주어 동적인 구조 불안정으로 고통을 받을 수 있으며 향후 개발(확장)을 제한하게 된다.

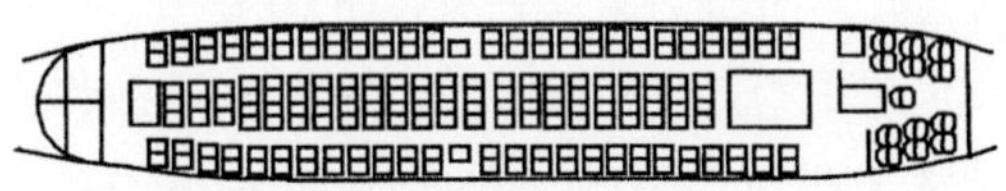

8명이 나란히 앉는 좌석 레이아웃(210인승)

7명이 나란히 앉는 좌석 레이아웃(210인승)

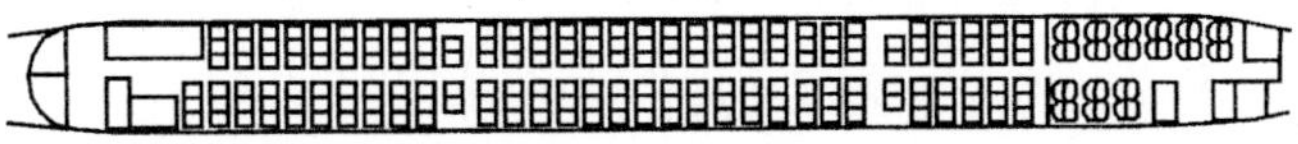

6명이 나란히 앉는 좌석 레이아웃(210인승)

그림 5.4 동체 날씬비에 대한 객실 배치의 효과

동체 지름의 선택은 항공기에서 다른 항공권 등급을 제공할 필요성으로 인해 더욱 더 복잡하다. 이코노미 클래스(economy class) 승객에게 제공하는 것보다 비즈니스 클래스(business class) 승객이 더 많은 것을 기대하는 것과 마찬가지로 1등급(firsr class) 승객은 비즈니스 클래스 승객보다 많은 사적인 공간과 더 큰 좌석 치수와 더 좋은 서비스를 제공해야 한다. 3가지 등급의 레이아웃이 대부분의 정기 여객기 서비스에서 일반적이며 단거리 혹은 중거리 비행에서는 2가지 등급이 제공된다. 커뮤터(commuter) 항공기의 경우 레저와 임대 운용 단일 등급의 레이아웃이 일반적으로 사용된다. 임대 운영자는 종종 정기 여객기의 이코노미 클래스 서비스보다 더 비좁은 레이아웃을 채택한다. 일반적으로 1등급과 비즈니스 클래스 부문이 이코노미 혹은 임대 레이아웃보다 좌석 수가 적으며 통로 폭이 더 넓다. 항공기에 대한 시장을 최대화하기 위해 객실 디자이너는 각 등급에 맞는 단면 레이아웃에 더해 임대 형상을 충족할 기회를 고려할 필요가 있다. 일단 동체 단면을 고정한 후에는 객실 단면 내에서 사용할 수 있는 운용 레이아웃 사양을 결정한다. 항공기 제조업자는 동체 단면 형태는 일단 고정한 후에는 변경하기 어려우므로 이를 선택하기 전에 잠재적 고객의 운용 레이아웃 요건에 대한 사려깊은 조언을 해야 한다. 동체 단면 레이아웃의 1차 추정을 제안하는데 그림 5.5에서 보는 바와 같은 현존 단면 형태의 검토를 사용할 수 있다.

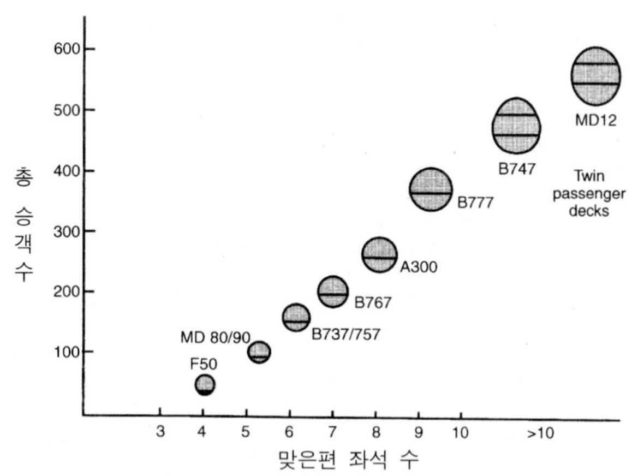

그림 5.5 이코노미 객실 단면에서 맞은편 좌석의 수와 관련한 총 좌석의 수

그림 5.5에서 커다란 항공기는 화물 컨테이너를 고정하기 위해 플로어 아래의 공간을 사용한다. 이러한 컨테이너의 크기는 다른 항공기 유형에서 사용하기 위해 표준화한다. 일부 현용 레이아웃을 그림 5.6에 제시하였다.

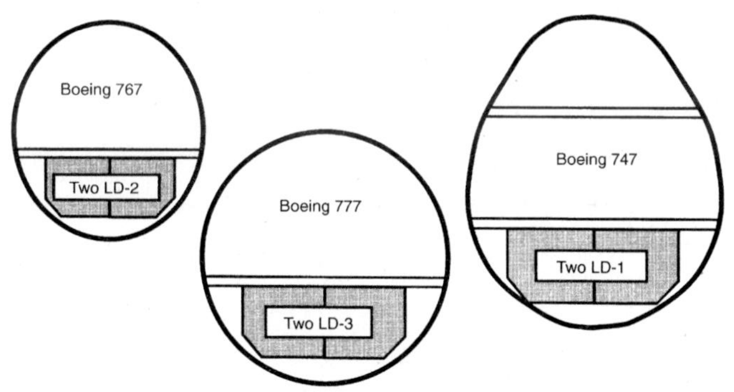

그림 5.6 언더 플로어 화물 컨테이너 공간 요건

화물과 소화물을 항공기에 적재하기 위해 물품을 팔레트(받침대) 위에 꾸러미로 하거나 컨테이너에 놓는다. 주요 항공사는 그들 자신의 항공기와 지상 장비에 맞게 설계된 컨테이너를 사용한다. 가장 일반적인 배열은 그림 5.6에서와 같이 화물을 객실 플로어 하단의 낮은 곳에 놓지만 그림 5.7에서 보는 바와 같이 좌석에 대한 대안으로서 주갑판 위에 화물을 적재할 수 있다.

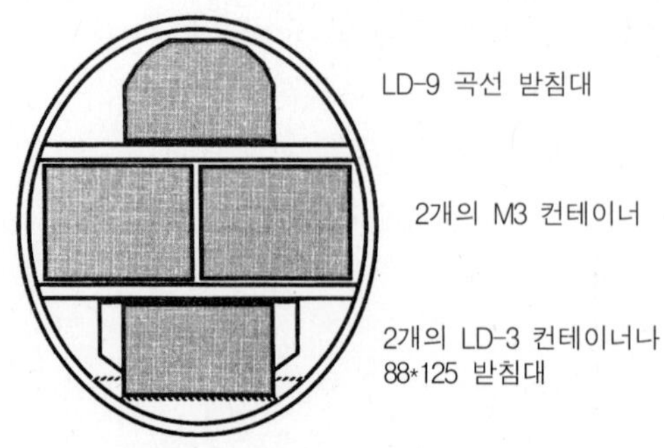

그림 5.7 최신 대형 항공기의 화물실 버전(출처: MD 12)

하갑판(lower deck)에 적재하면 그림 5.6에서 보는 바와 같이 하부 동체 프로파일의 측면에 여유거리를 주도록 모양을 한 컨테이너가 필요할 수 있다. IATA(국제항공수송협회)는 표준 컨테이너의 크기를 지정하였다. 이러한 규격(명세)중의 일부는 표 5.1에서 보는 바와 같은 자주 사용되는 LD 호칭과 관련된다. 컨테이너 LD-1, LD-2, LD-3, LD-4, LD-8이 가장 일반적인 유형이다. 이 표의 데이터를 동체 형태의 레이아웃에서 사용할 수 있으며 신형 항공기를 설계할 때 화물 용량을 예측하는데 사용할 수 있다.

표 5.1 화물 컨테이너의 표준 크기(출처: Boeing Data)

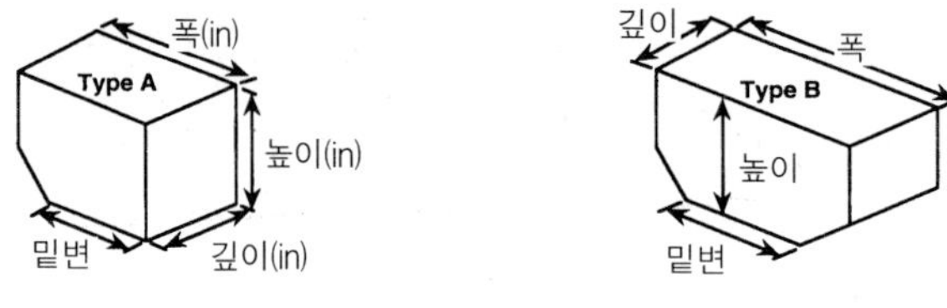

명칭	폭	높이	깊이	밑변	최대 하중	각주
LD-1	92.0	64.0	60.4	61.5	3500	A형
LD-2	61.5	64.0	60.4	47.0	2700	A형
LD-3	79.0	64.0	60.4	61.5	3500	A형
LD-4	96.0	64.0	60.4	–	5400	직사각형
LD-5	125.0	64.0	60.4	–	7000	직사각형
LD-6	160.0	64.0	60.4	125.0	7000	B형
LD-7	125.0	64.0	80.0	–	13 300	직사각형/곡선
LD-8	125.0	64.0	60.4	96.0	5400	B형
LD-9	125.0	64.0	80.0	–	13 300	직사각형/곡선
LD-10	125.0	64.0	60.4	–	7000	곡선
LD-11	125.0	64.0	60.4	–	7000	직사각형
LD-29	186.0	64.0	88.0	125.0	13 300	B형

휴대해야 할 컨테이너의 수와 유형은 유상하중 명세(규격)의 일부를 형성한다. 최소한의 수는 승객과 관련한 소화물 허용 기준에 해당한다. 좌석 당 $0.125\,m^3$의 체적을 제공하는 것

이 필요하다(이는 여행자 등급에서 보통 20kg의 소화물 허용기준과 동일하다). 항공사는 승객뿐만 아니라 화물을 운반하는데 항공기를 사용하기를 원하므로 유망한 후보 항공사의 화물 요건과 조화를 이룰 수 있는 충분한 공간을 제공할 수 있도록 면밀한 주의를 해야 한다.

항공기에서 사용되는 승객 좌석의 크기는 개별 운용자의 선택이다. 표 5.2에서 제시한 폭은 현재 사용하고 있는 대표값이다.

표 5.2 전형적인 좌석 폭

등급	좌석 폭(mm)	좌석 폭(in)
임대급	400–420	16–17
이코노미급	475–525	19–21
비즈니스급	575–625	23–25
1등급	625–700	25–28

(참고로 공공 버스 좌석은 약 425mm(17in.) 폭이다.)

감항성 규정은 최소 통로 폭을 지정하고 있지만 대부분의 항공사는 객실 서비스할 때의 혼잡함을 완화시키기 위해 이보다 더 크게 통로 폭을 고정한다. 그림 5.8은 229in(5817mm) 플로어 폭에 맞는 여러 가지 레이아웃 사양을 예시하고 있다.

일부 항공사는 1등급/비즈니스 레이아웃의 2단위에서부터 이코노미의 경우 3단위까지 변환할 수 있도록 설계된 좌석을 설치하고 있다. 이러한 경우에 통로 폭은 비여행자 형상이 지령하게 된다. 이러한 좌석 유형의 이점은 여러 가지 등급에서 좌석의 비를 수정할 수 있는 융통성에 있다. 항공사는 계절적인 변화에 적응시키기 위해 다른 비율의 비즈니스와 이코노미 좌석이 필요하다.

1등급 배열은 별도로 하더라도 그림 5.8의 레이아웃은 바깥쪽 좌석 측면의 객실 프로파일을 보여주지 않는다. 창문쪽 좌석에 있는 승객의 경우 적절한 머리 위의 공간을 제공해야 하는 것이 단면의 형태에 대한 추가 구속요건으로 간주된다. 위층(어퍼 플로어)가 실질적으로 원형 단면의 중심 위에 위치하는 2중 갑판 레이아웃인 경우나 커다란 아래층(언더 플로어) 소화물 고정장치가 필요한 디자인의 경우 동체 프로파일은 창문쪽 좌석의 측면에 경사지게 되어 바깥 쪽 좌석의 위치를 플로어의 가장자리에서 멀리 떨어지도록 하는 것이 필요하다(그림 5.9). 일부 디자인의 경우 동체 쪽에서 멀리 떨어진 좌석을 이동하여 만들어지는 공간에 저장 사물함에 설치된 특수 플로어를 창문쪽 좌석의 바깥쪽에 배치한다.

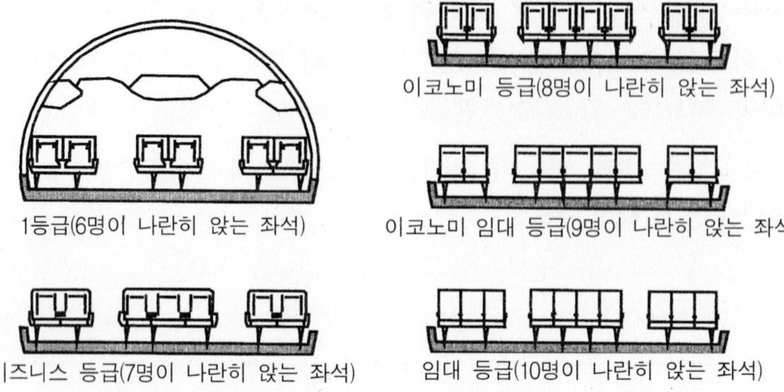

그림 5.8 다른 등급에 대한 좌석 선택사양(출처: Boeing Data)

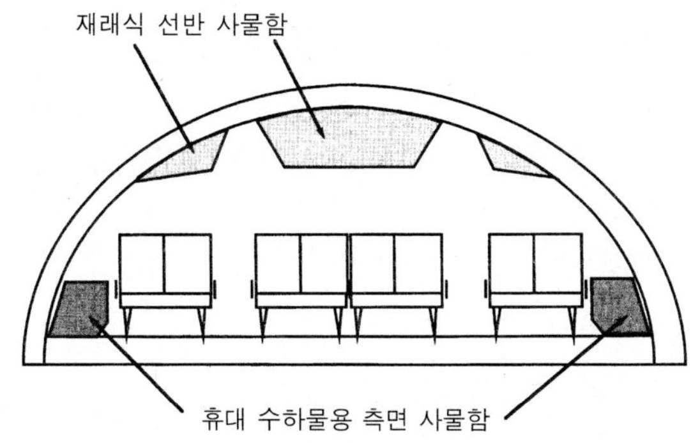

그림 5.9 측면 사물함(side lockers)을 보여주는 상갑판(upper deck) 좌석 배열

5.2.2 객실 길이

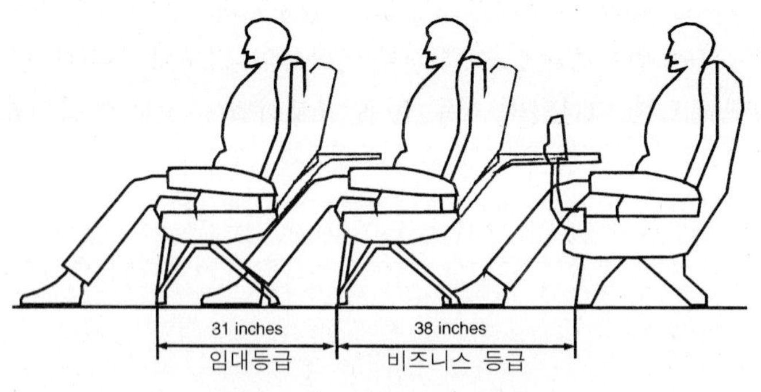

그림 5.10 좌석 피치 선택권

일단 객실 단면을 결정한 후에는 객실의 좌석의 수를 고정해야 한다. 이 수를 각 등급의 총 좌석의 수로 나누면 설치해야 할 평균 좌석 열의 수를 얻는다. 필요한 객실 길이는 각 등급에 제공되는 다리를 뻗는 공간과 관련된다. 잘 설계된 좌석의 경우 이는 좌석 피치와 관련된다(그림 5.10 참조).

안락함의 인지는 좌석 피치와 단위에서의 좌석의 수(단일 좌석은 2중 좌석보다 작은 다리 길이가 필요하다 등과 같은)에 직접적으로 연계된다. 항공사는 서비스(승객 관리, 음식물 제공, 청소 등)를 간편히 하기 위해 객실을 가로질러 일직선으로 열을 하는 것을 선호하기 때문에 실제 좌석 단위에 변동할 수 있도록 좌석 피치를 만드는 것은 분명히 비현실적이다. 좌석 피치는 표 5.3에서 보여주는 범위 내에서 운영자가 선택한다(참고로 비교를 위해 버스/코치의 좌석은 약 725mm 피치이다).

표 5.3 전형적인 좌석 피치

등급	좌석 피치(mm)	좌석 피치(in)
임대 등급	700-775	28-31
이코노미 등급	775-850	31-34
비즈니스 등급	900-950	36-38
1등급	950-1050+	38-42+

각 등급에 제공되는 좌석의 수는 각 등급의 항공권에 대한 수요와 운영의 종류에 의존한다. 운영의 종류는 항공 여행의 계절적 수요에 따라 다를 수 있다. 여름철에는 휴가철 수요로 인해 값싼 좌석에 대한 수요가 더 많을 것이며, 겨울철에는 총 수요는 떨어지지만 비즈니스 등급은 그에 비례하여 떨어지지 않을 것이다. 이는 여러 등급 사이의 좌석 분할이 연중 다르다는 의미이다. 항공사는 수요 패턴(여름철과 겨울철 운용)에 맞추어 객실 레이아웃을 재형상화할 필요가 있다. 좌석과 내부 칸막이는 오랜 전환 시간을 피하기 위해 쉽게 움직일 수 있어야 한다. 감항성 규정에서 지정한 충돌 하중 조건을 충족하기 위해 충분한 안전을 가지고 좌석과 칸막이를 고정하기 위해 객실 플로어의 길이를 따라 달리는 레일을 사용할 수 있다. 모든 다양한 좌석 배열은 이러한 레일의 가로방향 위치와 일치해야 한다(그림 5.8 참조).

객실에 수용할 수 있는 총 승객의 수는 항공기 최대 이륙 중량 한계가 제한할 수 있다. 최대 이륙 중량 한계는 구조, 공기역학적 및 성능 기준으로 정하며 내부 배열과는 관련되지 않는다. 또한 객실 용량은 제공되는 비상 탈출구의 유형과 수로 제한될 수 있다(FAR 25.807 참조). 이는 또한 고용량의 임대 임무에서 최대 좌석의 수를 제한할 수 있다.

초기 레이아웃을 고정하기 위해서 각 등급에서 승객의 비율에 대한 추정이 이루어져야 한다. 제안한 디자인과 유사한 항로에서 운영되는 동일한 유형의 항공기에서 증거를 수집해야 한다. 전형적으로 3조 배열의 경우 1등급 좌석이 8%, 비즈니스 좌석이 13%, 이코노미 좌석이 79%이다.

다른 배열의 좌석은 고정된 객실 길이 내에서 가능하게 된다. 프로젝트 설계 팀은 전체 레이아웃을 충족하는 각 에어라인의 특수 요건을 식별하는 것이 중요하다. 그림 5.11은 3, 2, 1조 배열의 사양에 따라 다른 좌석 배열을 주도록 고정된 객실 길이를 어떻게 배열할 수 있는지를 보여주고 있다. 이 디자인에서 고정된 객실 시설(화장실과 주방)이 다른 부문 사이에 칸막이로 작용하도록 어떻게 분명하게 배치되는지를 주목하기 바란다. 비즈니스/1등급 좌석의 경우 더 많은 공간이 필요하며, 이는 동체에 맞출 수 있는 총 좌석의 수가 줄어들게 된다. 차례로 이는 비록 1등급과 비즈니스 등급의 좌석이 항공권 가격으로 볼 때 매력적이지만 잠재적인 비행 수입에 영향을 줄 수 있다. 레이아웃 사양은 이들의 시장 변화에 맞는 조화점을 구하기 위해 항공사에서 면밀하게 연구해야 한다.

그림 5.11의 레이아웃에서 300석 및 400석 항공기는 더 많은 연료(최대 설계 항공기 이륙중량)를 적재하게 된다. 이는 항공기가 더 멀리 비행할 수 있다. 좌석과 항속거리간의 절충은 항공사가 그들의 항로 패턴에 대한 설계의 적절성을 평가하기 위해 사용할 수 있는 중요한 매개변수 중의 하나이다. 승객과 항속거리간의 균형이 그림 5.12에서 보는 바와 같은 항공기의 유상하중-항속거리 선도의 기본을 형성한다.

3조 배열의 300인승(60-38-32 피치의 3조)

2조 배열이 400인승(38-32 피치의 2조)

1조 배열의 440인승(32 피치의 1조)

그림 5.11 객실 레이아웃 선택권

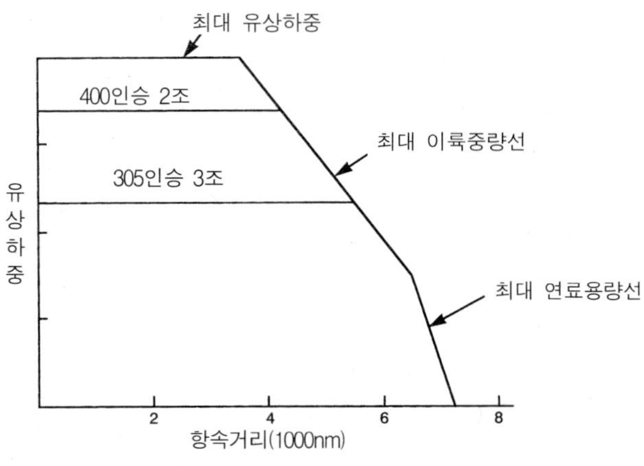

그림 5.12 전형적인 유상하중–항속거리 선도

객실 승무원에게 여분의 좌석을 제공해야 한다. 승무원의 수는 항공사의 재량권이지만 비상시에 승객 탈출을 통제하고 인가 당국을 만족하는데 충분해야 한다. 남자 객실 승무원의 수는 승객에게 즉각적인 서비스를 제공하기 위해 항공사가 정한다. 전형적으로 30~40명 승객당 한 승무원이 이코노미 등급에서 선택되며, 비즈니스 등급에서는 20~25인당 한 승무원이, 1등급에서는 10~15명당 한 승무원이 선택된다. 승무원은 이륙과 착륙 단계에서 홱 돌아가는(flip-up) 좌석이 제공된다. 이런 좌석들은 일반적으로 비상 출구 부근과 다른 도어에 위치한다.

서비스 시설(주방, 화장실, 옷장 포함)을 객실 레이아웃에 제공되어야 한다. 이들은 제안된 좌석 배열 레이아웃에 맞게 위치해야 한다. 주방과 화장실은 전기, 급수 및 쓰레기 관리를 위해 붙박이용 서비스가 필요하다. 이러한 시설들은 항공기 반환점 단계 동안에 서비스될 필요가 있다. 이는 외부 통로(도어 및 패널)의 위치를 지정하게 된다. 이러한 시설은 비록 일부 기구는 교환할 수 있지만 이들 시설의 위치를 신속하게 변경하는 것은 가능하지 않다. 주방과 화장 시설의 제공은 운영자의 몫으로 남겨놓았다. 각 유형의 수는 승객 용량과 조화를 이루어야 한다. 예를 들어, 단거리 비행의 경우는 장거리 비행보다 주방 서비스가 덜 필요하다. 장거리 및 단거리 운항 모두에 사용되는 항공기의 경우에는 단거리 형상에서 더 많은 좌석이 필요하게 되며, 이것이 화장실과 가능하다면 주방에 대한 요건을 정하게 된다. 각 시설의 승객의 수는 전형적으로 주방의 경우 10~60명의 승객과 각 화장실의 경우 15~40명의 승객을 갖는 항공권 등급과 관련된다(1등급의 경우 가장 작은 수). 이러한 기구의 위치는 적재 혹은 하선을 하는 동안에 승객의 이동을 간섭하지 않아야 한다. 주방 및 화장실 면적의 전형적인 크기는 그림 5.13에서 보는 바와 같이 각각 $762 \times 914mm$, $914 \times 914mm$이다.

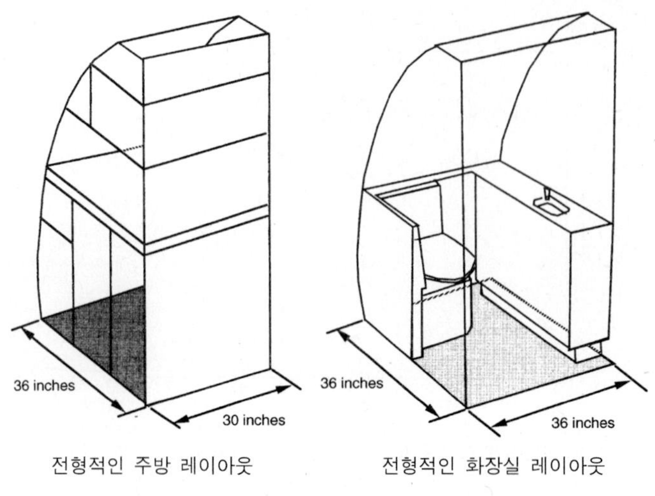

그림 5.13 전형적인 주방 및 화장실

5.2.3 화물 공간

비록 승객의 좌석이 동체 디자이너의 주요 관심사이지만 충분하고 편리한 화물 공간을 제공하는 것이 또한 중요하다. 일부 형상에서 화물과 승객을 혼합하는 것은 별도의 단면에 있는 주 객실에서 조정해야 한다. 이를 콤비 레이아웃이라고 한다(그림 5.14 참조). 그러한 레이아웃은 객실 화물 구역에 접근하기 위해 커다란 화물 도어가 필요하다.

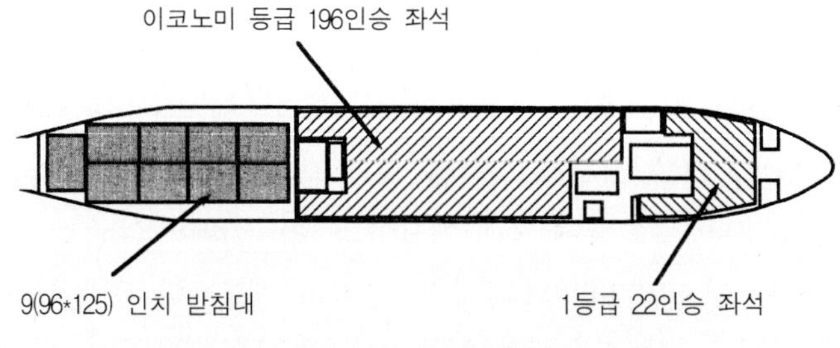

그림 5.14 `Combi′ 레이아웃(출처: MD 12)

최신 디자인에서 화물은 그림 5.16에서 보는 바와 같이 승객 객실 플로어 아래에 수납해야 한다. 완전한 규격에서는 전방과 후방 화물실에 화물의 배열을 포함해야 한다. 전형적인 예를 그림 5.15에서 보여주고 있다. 화물과 소화물 컨테이너를 화물실로 들어가게 하는데 큰 통로 도어가 필요하게 된다.

단거리 유형의 경우 구간 시간을 감소시키고 직접 운영비를 개선하기 위해 항공기 반환 시간을 최소화해야 한다. 여러 패널과 동체 주위의 진출입 도어의 전체 배열을 공항 서비스와 항공기 반환시간 관리와 관련하여 고려해야 한다. 도어의 크기와 위치는 공항 지상 장비 형상과 잘 맞아야 한다. 승객 도어를 항공기의 왼쪽(포트쪽)에 제공하는 것이 보통으로, 이는 항공기 서비스(주방 요리, 화장실 청소, 소화물 취급 등)를 위해 오른쪽에 출입문이 남게 된다.

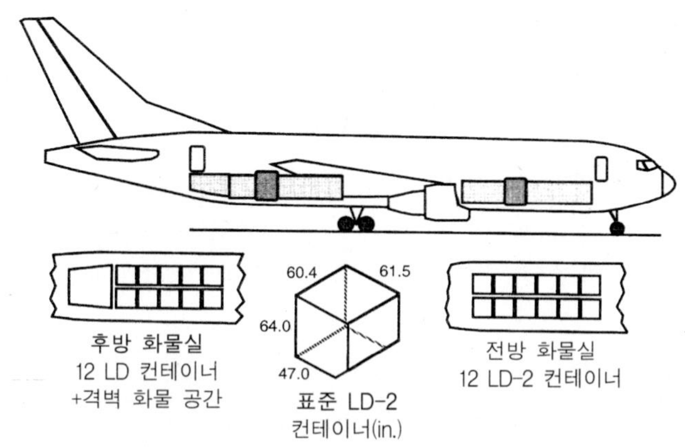

그림 5.15 화물 레이아웃(출처: Boeing 767)

5.3 동체 기하학(형태)

일단 내부 세목을 고정한 후에는 동체의 외부 형태를 완료할 필요가 있다. 승객 객실과 관련 언더 플로어 화물실이 원형 셀에 포함된다. 동체 구조 골격, 내부 장식 및 방음 패널을 위해 외피는 내부 공간보다 약간 클 필요가 있다. 동체 구조 등의 공간을 제공하기 위해 100-140mm의 두께를 내부 프로파일 주위에 추가한다. 원형 단면은 객실의 전방과 후방에서 유선형이어야 한다. 중심 단면에 이러한 형태를 추가하면 동체 프로파일(윤곽)이 완성된다.

5.3.1 전방 동체

객실의 전방에서 동체는 항력을 저감하기 위해 유선형이어야 한다. 전방 동체는 기수부분에 있는 앞을 향하는 레이더, 방풍창과 관련된 비행갑판 및 앞 착륙장치를 수용해야 한다. 비행갑판 레이아웃은 자연히 비행 승무원의 작업 환경에 초점을 맞추어야 한다. 비행 승무원의 신체측정학 데이터는 조종사의 좌석, 계기 및 조종 장치의 배열에 대한 기본을 제공한다. 안락한 좌석 배열은 별도로 하더라도 비행갑판은 조종사에게 정보를 표시하는데 적절해야 하며 조종사가 항공기를 안전하게 비행하도록 적절한 조종 반응을 할 수 있어야 한다. 전자 표시장치의 개발로 전통적인 비행갑판 레이아웃이 변형되었다. 그림 5.16은 전형적인 배열을 보여주고 있다. 비행갑판의 전체 길이는 항공기 유형에 따라 소형 항공기의 경우 약 110in.(2.75m)에서부터 대형 항공기의 경우 150in.(3.75m)까지 다양하다. 큰 공간은 운영자가 필요시에 여분의(제3의) 비행 승무원을 수용할 수 있다. 조종사 좌석 및 조종 장치는 높이가 1.55m-1.88m 사이에서 조종사에게 맞도록 조절해야 하며, 그러므로 조종사의 눈을 시각 기준에 위치시켜야 한다. 항공기는 어떤 조종사 좌석 위치에서도 날 수 있어야 한다. 그러므로 방풍창과 전방 기하학(형태)은 항공기 세로 중심선에 대해 대칭이어야 한다. 조종사는 비행 및 지상 기동을 할 때에 좋은 시정을 가져야 한다. 조종사는 진입 자세에서 수평면 아래를 볼 수 있어야 하며, 상승할 때에는 적어도 수평면 10° 아래를 볼 수 있어야 한다. 선회비행을 할 때에 조종사는 약 20° 위를, 110° 옆을 볼 수 있어야 한다. 지상에서 조종사는 항공기 날개 끝을 볼 수 있어야 한다. 계기와 조종 장치의 배열은 비상시에 조종사의 혼란을 피하기 위해 표준화해야 하지만 합성 표시장치의 도입으로 일부 상세한 배열은 항공사의 선택사항이 되었다.

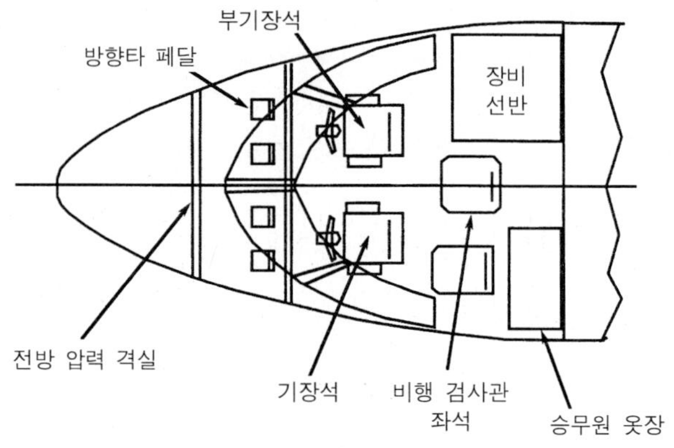

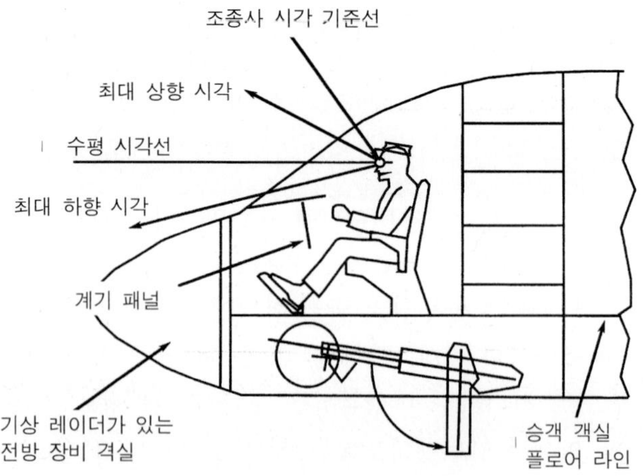

그림 5.16 비행갑판 레이아웃

앞바퀴와 다리는 비행갑판 밑의 비압력 격실로 수납되어야(쑥 들어가야) 하거나 소형 항공기는 부분적으로 조종사 좌석 위치로 수납되어야 한다. 압력 격실 전방에 장비 격실이 제공된다. 이는 앞을 향하는 기상 레이더 시스템과 다른 전자장비를 보관하는 것을 포함한다. 이 공간으로 가는 통로가 시스템을 서비스하기 위해 필요하다. 외부 도어 혹은 패널이 보통 제공되며 최전방 부문은 레이더 투명 소재로 만든다.

최신 '유리' 조종석 표시장치와 측면 조종간 조종 장치가 전통적 항공기 형상의 비행갑판의 레이아웃을 변형시켰다. 감항성 규정은 외부 시정 요건을 지정하였으며, 그러므로 창문 레이아웃이 동체 윤곽에 맞게 필요하다. 전방 동체 윤곽은 저항력을 위해 부드러운 형태로 하는 것과 양호한 시정을 위해 납작하게 경사지게 하는 것과의 고전적인 설계 타협을 나타낸다. 비록 창문 부위에 대한 감항성 요건은 모든 항공기에서 동일하지만 디자이너는 다른 제조업자와 분명하게 구별이 되도록 전방 동체 윤곽을 만드는데 충분한 창의성을 가져야 한다.

비행갑판의 레이아웃과 특정의 조종사 창문 기하학(형태)이 종종 전체 동체 레이아웃의 출발점이 된다.

5.3.2 후방 동체

후방 동체 윤곽은 꼬리날개 면을 지원하고 일부 형상에서는 후방 엔진 설치를 지원하는 부드럽고, 낮은 항력의 형태를 제공하도록 선택된다. 윤곽의 아래쪽은 항공기가 이륙하기 위해 회전하는데 적절한 여유거리를 제공해야 한다(그림 5.17 참조). 최대 회전각도가 최소 이륙속도에서 가능하다는 것을 보여주기 위해 최초 비행 시험을 한다.

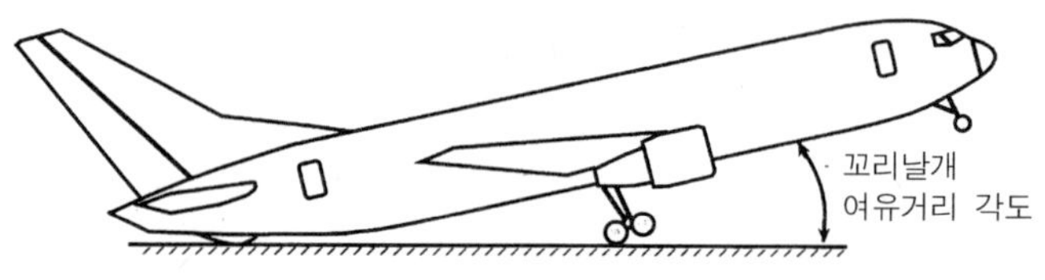

그림 5.17 후방 동체 형태

대부분의 디자인에서 객실 레이아웃은 후방 동체로 연장되도록 배열해야 하며, 반구상의 압력 격실에서 종료된다. 이 구역에서 감소된 객실 치수는 표준 좌석 배열이 변경될 필요가 있다는 뜻이다. 종종 서비스 시설(주방, 화장실 및 보관 기구 등)이 이 구역에 위치한다.

화물 적재를 위해 동체로 들어가는 통로가 필요한 항공기 형상에서 전방과 후방 동체 윤곽과 관련 구조 골격은 커다란 도어와 적재 진입로의 설치와 타협하게 된다.

5.4 감항성

상업용 운항에서 대부분의 감항성 규정은 사고를 방지하는 것을 목표로 하고 있다. 그러나 공기역학 기사와 운영자의 최상의 노력에도 불구하고 항공기는 충돌할 수 있다. 그러한 상황에서 동체 디자이너는 승객이 사고가 일어나는 동안과 일어난 즉시 보호를 받아야 하며 이들을 신속하고 안전하게 동체에서 탈출할 수 있다는 것을 보장할 책임이 있다. 디자이너는 종종 항공기의 설계에서 하나 이상의 선택권을 갖는다. 동체 레이아웃을 결정할 때에는 내충격성과 탈출 기준을 고려해야 한다.

항공기 사고는 비생존 추락에서부터 공항 스탠드에 있는 공항 장비에 부딪치는 작은 충돌에 이르기까지 다양하다. 면밀한 항공 교통 통제는 별 문제로 하더라도 항공기를 보다 더 잘 보이게 하면 디자이너가 비생존 충돌에서 승객을 보호하기 위해 해야 할 일은 거의 없다. 다행히도 그러한 사고는 드물며 대부분의 충돌에서 생존할 수 있다. 그러한 사고에서 점유자가 경험하는 감속력은 견딜 만하며 손상된 동체 구조와 장비는 점유자에게 손상을 주지 않는다. 항공기의 내충격성이 개선되면 생존 가능한 충격의 격렬함이 증가하게 된다.

5.4.1 내충격성

내충격성의 주요한 요건의 하나는 승객 주위의 보호 외피(기낭)를 제공하는 것이다. 응력 외피된 여압 원통형 동체는 보통 이 특성을 제공하기 위해 충분한 강도를 함유하고 있다. 그러나 충격 동력학은 종종 낮은 침하율을 나타내며 지상으로 기수가 올라가거나 꼬리가 내려가는 충격을 나타낸다. 이는 동체 길이를 따라 실질적인 굽힘력의 원인이 된다. 커다란 전단 입력 (예를 들어 날개 마운팅과 같은)을 갖는 부문에서 이러한 빈번한 파단은 동체를 여러 부문으로 깨뜨리게 된다. 승객에게 최상의 보호를 제공하기 위해서는

- 충돌할 때에 파단이 일어날 가능성이 있는 구역에 앉는 것을 피하는 것이 좋다.
- (가능하다면) (날개/착륙장치와 같은) 딱딱한 하부구조의 그러한 구역 위에 승객을 배치하는 것을 피해야 한다. 그러한 구역은 에너지 흡수 특성이 적기 때문이다.
- 고익 레이아웃 아래의 동체 부문을 보강하여 에너지 흡수 구조가 되도록 확실히 하여야 한다.
- 좌석 사이의 공간을 증가시켜 승객이 안전하게 좌석에 고정되는 것을 확실히 하고 다른 품목이 좌석 구역으로 침입하지 않도록 해야 한다.
- 후외장재(after-facing) 좌석을 사용하거나 어퍼 토소(상부 몸통) 지지대를 사용하여 머리, 목 및 몸체를 구속해야 한다.

- 사고 시(프로펠러/팬 디스크, 엔지 나셀 착륙장치등과 같은) 구성부품이 침입할 가능성이 있는 구역에 승객을 착석시키는 것을 피해야 한다.
- 감항성 규정에서 정한 충격 하중을 만족하기에 충분한 좌석 구조를 사용하고 점유자가 느끼는 최대 가속을 줄이기 위해 접을 수 있는 특성을 통제해야 한다.

분명히 이러한 지침 중의 일부는 전체 항공기 설계와 다른 안전 고려사항의 견지에서 타협해야 한다.

위에 고려한 충격 고려사항은 별도로 하더라도 항공기의 내부는 승객에게 안전한 환경을 제공해야 한다. 이는 모든 헐거운 장비는 고정할 수 있는 식기장(찬장)에 보관해야 하며, 내장품은 화재와 연기에 저항할 수 있어야 하며 필수 안전 장비(산소, 구명정, 탈출 슈트 등)가 준비되어야 한다. 가능하다면 항공기 구조와 형상은 충돌할 때에 연료 비산의 위험을 피해야 하며 특히 연료가 객실 구역으로 들어갈 수 있거나 탈출 경로가 위험하게 되는 경우에는 특히 그러하다.

점유자는 충돌에서 생존한다고 가정하면 동체 레이아웃은 안전하고 신속한 탈출을 할 수 있어야 한다. 기준을 아래에서 살펴보기로 하자.

5.4.2 탈출

객실에서 비상 탈출은 동체 레이아웃을 결정하는 부분에서 중요한 역할을 한다. 유형에 대한 감항성 인증을 승인하기 전에 제조업자는 모든 점유자가 90초 이내에 비상 장비를 보통 휴대하고 항공기에서 탈출할 수 있다는 것을 감항당국에 시범을 보일 것을 기대한다.

감항 규정은 객실 구조에 구비할 최소 인원 및 비상 탈출구의 유형을 정밀하게 기술하고 있다. 이러한 것들은 동체의 좌우에 위치해야 한다. 서비스(주방 환기, 화장실 서비스 등)를 위해서 사용되는 도어가 비상시에 방해받지 않는 출구라는 것이 확실하다면 이를 비상 출구로 분류해야 한다. 비상 탈출을 위한 이러한 도어의 위치는 객실의 서비스 기구의 위치를 고정할 수 있다. 승객 탑승 혹은 서비스에 사용되지 않는 출구 (예를 들어 날개 위 출구)는 또한 탈출시 혼잡을 피하기 위해 특수 공간이 필요하다. 객실 창문은 종종 비상 출구 구조에 위치한다. 이러한 구역에서 사용할 수 있는 공간을 더 많이 만들 필요성은 객실에서 동일한 좌석 공간 배치와 갈등한다.

(주: 일반적으로 창문은 동체 구조 프레임 형태(기하학)에 맞게 위치하며 좌석 열 형태(기하학)와 조화되도록 선택되지 않는다. 이는 좌석의 내부 배열은 계절별 교통 수요와 같은 다른 운영과 조화를 이루기 위해 변경할 수 있기 때문이다.)

도어와 비상 출구는 무겁고 복잡한 구조이다. 디자이너는 이러한 출구의 수, 위치 및 크기를 프로젝트의 예비 단계에서 지정해야 한다. 앞에서 언급한 바와 같이, 객실 레이아웃 선택권은 구비되는 비상 출구의 수와 유형에 맞도록 제한된다(FAR 25.807 참조). 최소 출구의 수는 최대 좌석의 수와 관련된다.

감항성 규정은 정밀 요건을 규정하였다. 이러한 규정에서 출구의 유형은 개구부의 크기에 따라 지정한다.

Type Ⅰ: $610 \times 1219mm$

Type Ⅱ: $508 \times 1118mm$

Type Ⅲ: $508 \times 914mm$

Type Ⅳ: $483 \times 660mm$

Type A: $1067 \times 1829mm$

(Type A 출구는 승객 혹은 서비스 적재 도어와 동일하다.)

표 5.4(감항성 규정으로부터)는 동체의 좌우에 구비해야 할 출구의 최소 수와 유형을 지정하고 있다. 179석보다 큰 용량의 경우 한 쌍(항공기의 각 측에 하나)의 추가적인 Type A 출구로 여분의 110석의 통행이 허용되며, 한 쌍의 Type Ⅰ 출구는 여분의 45석의 통행이 허용된다. 300석 이상의 용량의 모든 출구는 Type A여야 한다. 예를 들어 600인승 최신 대형 항공기는 동체의 각 측에 6개의 Type A 출구가 필요하다.

위에서 언급한 바와 같이, 비상시에 이러한 도어에 접근할 때 혼잡을 주지 않기 위해서 이러한 출구 부근의 내부 객실 레이아웃은 객실의 다른 부분보다 더 많은 공간을 제공해야 한다.

표 5.4 비상 출구의 요건(출처: FAR/JAR)

좌석	비상출구			
이하	Type Ⅰ	Type Ⅱ	Type Ⅲ	Type Ⅳ
10	-	-	-	1
20	-	-	1	-
40	-	1	1	-
80	1	-	1	-
110	1	-	2	-
140	2	-	1	-
180	2	-	2	-

5.4.3 시스템

사람은 제트 수송기의 경우 정상 순항 고도에서 자연히 유지되지 않는다. 승객이 안전하고 안락하기 위해서는 환경 시스템이 필수적이다. 승객을 50℃ 이하의 외부 온도, 30% 이하의 해수면 기압과 수명을 유지하는데 불충분한 산소로부터 보호해야 할 필요가 있다. 해수면 조건과 동일하게 동체를 여압시키는 것이 가능하지만 이는 동체 외피에 높은 후프 인장 하중을 부과하게 된다(두껍고 무거운 셸 구조가 필요하다). 이러한 하중을 경감하기 위해서는 타협이 필요하다. 객실 환경은 해수면보다 더 높은 등가 고도로 조절된다. 이렇게 하면 이러한 응력이 경감된다. 등가 고도는 승객이 안락하다고 느끼기에 충분 할 만큼 낮게 유지한다. 대부분의 상용 비행에서 객실 고도는 약 8,000ft(2440m)의 등가 고도로 설정한다(그림 5.18 참조). 구조는 지정된 다른 압력 하중으로 설계되어야 하며 펌핑 시스템은 최대 여압/감압율을 가져야 한다.

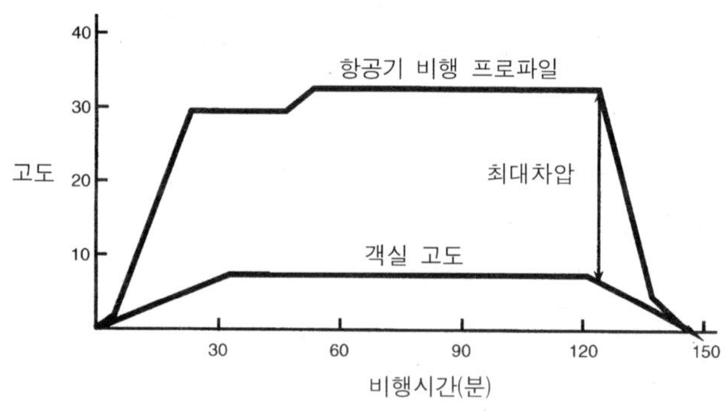

그림 5.18 객실 여압 요건

승객에게 안락한 실내온도와 객실에서 상쾌함을 주기 위해 공기조화장치가 필요하다. 항공기가 높은 고도의 차가운 환경에 있을 때 열원으로 사용하기 위해 공기조화 시스템은 뜨거운 공기가 엔진 압축기에서 흘러나오게 한다. 반면에 항공기가 뜨거운 날씨에 지상에 있을 경우 객실 공기조화 시스템은 객실 환경을 차갑게 하기 위해 열을 추출할 필요가 있다.

객실 서비스는 항공기 전기 시스템에 대한 높은 수요를 요구한다. 객실 전체에 걸쳐 등, 조명 신호와 오락시설을 공급하려면 전기 직기(베틀)와 내부 패널링을 면밀히 배치할 필요하다.

기내 휴대 수하물은 머리 위의 선반 보관 로커(사물함) 혹은 다른 식기장(찬장)이 필요하다. 승객은 비행시에 이러한 구역에 쉽게 접근할 수 있어야 하며 이들은 이륙과 착륙 그리고 비상 조건에서 안전하게 고정되어야 한다.

객실 내부 장식물의 종류/미적 감각은 항공사의 선택사양이다. 운영자는 아무 것도 없는 내부 동체를 구매한다. 대부분의 경우에 전문가 회사가 항공사의 심미적인 선택에 맞게 설계하고 객실을 준비한다. 가구의 가격은 꾸미지 않은 항공기 가격의 6~9%로 비싸며 구성부품의 중량이 항공기 공허중량에 상당히 추가된다. 내장품은 근사하게 보이고, 질기며, 방부성이며, 무엇보다도 방재 및 방연성인 플라스틱과 복합소재 패널과 구조로 구성된다. 승객 좌석은 또한 전문가 회사에서 공급된다. 이들은 감항성 충돌 하중과 다른 안전 기준을 충족하도록 설계된다. 이들은 또한 안전 장비, 접는 테이블, 오락 시설(오디오 및 비디오) 및 승객 서비스 통제장비를 적재해야 한다.

응용심화학습 1 동체 레이아웃 예제

300인승 신형 항공기의 동체를 사이징하여라. 신형 항공기의 마케팅 전략은 현용 디자인보다 승객에게 안락함을 더 많이 제공하는 것이다. 항공기는 완전 적재한 상태로 최대 항속거리 4,000nm를 갖는 중, 장거리 항로를 운항하도록 설계하여라.

【풀이】

그림 5.5로부터 재래식 300인승 항공기는 이코노미 형상에서 가로로 9개의 좌석을 갖는다. 두 통로와 옆으로 나란하게 9개의 좌석을 갖는 전형적인 레이아웃은 그림 5.8과 같다(2-5-2 배열의 좌석). 동일한 선도로부터 보다 안락한 좌석 배열은 비즈니스 클래스에서 8개의 좌석(2-4-2)을 나란하게 배열한다. 이렇게 하면 재래식 이코노미 형상의 경우 5개 좌석 단위에서 바람직하지 않는 중간 좌석을 피할 수 있다.

그림 5.8의 5817mm(229in.) 폭의 레이아웃에서 9개가 나란한 좌석 배열은 단지 통로 폭이 495mm(19.5in.)가 된다. 이는 안락한 객실의 경우 다소 꽉 끼는 것처럼 생각된다. 그러므로 최소한의 통로 폭은 521mm(20.5in.)로 증가할 수 있다. 이는 객실의 전체 내부 폭을 5867mm(231in.)로 증가시킨다. 동체 구조 골격이 객실을 에워싸야 한다. 필요한 셀 구조와 4in.(101mm) 객실 벽 두께의 내부 장식 패널링을 고려하는 것이 필요하다. 이는 외부 지름이 6.07m(239in.)가 된다. 다른 항공기의 발간 데이터로부터 표 5.5에서 보는 바와 같이 동체 지름을 비교하는 것이 가능하다.

표 5.5 항공기 동체 지름 비교

	(m)	(in)
A300/330/340	5.64	222
B767	5.03	198
DC10	6.02	237
S1011	6.06	238
*IL96	6.08	239
*B777	6.20	244

*이들 두 항공기는 예제 항공기보다 승객 수용능력이 훨씬 더 클 수 있다.

우리가 선택한 횡단면 레이아웃을 그림 5.19에서 보여주고 있다. 비즈니스석/1등석은 각각 폭이 737mm(29in.)이고 통로는 724mm(28.5in.)이다. 이코노미 좌석은 폭이 603mm(23.75in.)이고 통로는 521mm(20.5in.)이다.

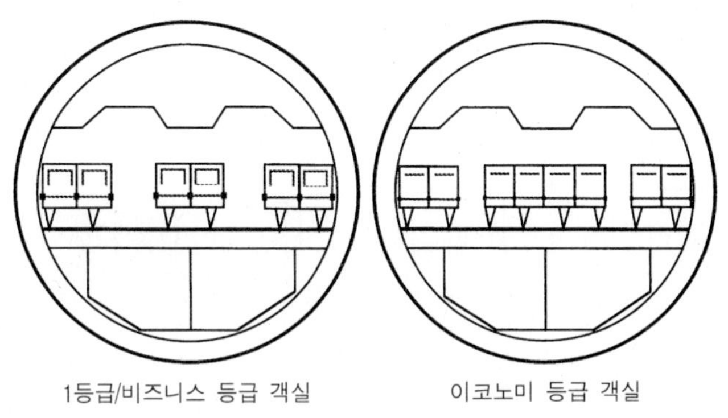

그림 5.19 항공기 단면 선택 예

300인승 항공기에서 약 20%의 좌석은 비 이코노미 등급이 된다. 이코노미 등급 승객에 대해 비즈니스 등급 공간을 제공해야 하므로 비즈니스 부문을 6개의 좌석을 나란하게 배열하는(2-2-2) 것으로 향상시키고, 1등급 고객에 대한 현용 표준 이상으로 시설/공간을 확장해야 한다.

이제 객실의 8인승 좌석과 6인승 좌석에 필요한 열의 수를 구할 수 있다.

이코노미 등급의 좌석(8인승 좌석)=300석의 80%=240석

(객실을 가로지르는 8인승 좌석에 필요한 열은 정확하게 30)

1등급/비즈니스 등급의 좌석(6인승 좌석)=300석의 20%=60석

(객실을 가로지르는 6인승 좌석에 필요한 열은 10)

이러한 유형의 항공기에서 이코노미 등급의 보통 좌석 피치는 813mm(32in.)이다.

이는 프로젝트 설계 철학에 맞도록 914mm(36in.)로 증가할 수 있다.

상용해서 비즈니스 등급 승객은 현재 965mm(38in.) 피치가 예상된다. 이는 1016mm(40in.) 피치로 증가해야 한다.

현재 표준에서 1등급 부문을 향상하기 위해서는 두 열의 비즈니스 등급의 좌석을 1524mm(60in.) 시트 피치로 확장해야 한다. 이는 이러한 승객에서 제공되도록 안락한 좌석이 된다. 따라서 객실 좌석의 전체 길이는

이코노미=30 좌석 7열×36in. 피치=1080(27.43m)

비즈니스=8좌석 열×40in. 피치=320(8.13m)

1등급=2 좌석 열×60in. 피치=120(3.05m)
전체 =1520(126.7ft=38.6m)

객실 길이는 서비스 구역(음식, 화장실, 옷장)을 포함하고 진입로와 비상 출구 주위의 약간의 '상실된' 공간을 예상해야 한다. 그림 5.11에서 보는 레이아웃으로부터 이러한 승객 용량의 경우 10.5m(35ft)의 추정이 이루어진다. 이는 전체 객실 길이가 약 49m(162ft)가 된다. 잉여 객실 길이의 일부를 동체 형태의 비원형 부분에서 고려해야 한다고 가정할 수 있다(예를 들어, 주 객실 부분의 전방 및 후방). 총 길이를 그림 5.20에서 보는 바와 같이 나눈다고 가정할 수 있다.

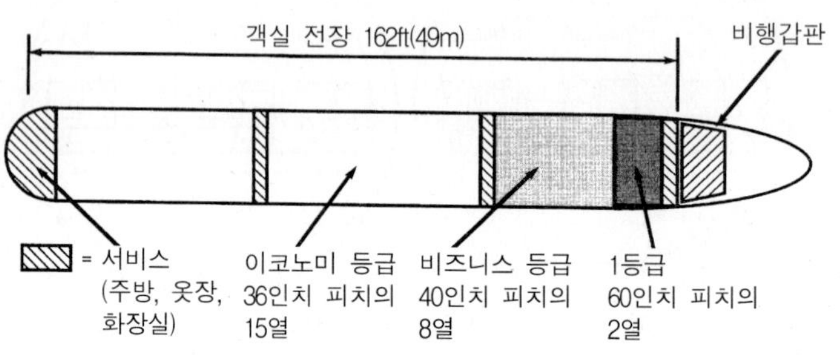

그림 5.20 항공기 객실 레이아웃 예

객실의 전방에서 전방 동체는 비행갑판, 장비 격실 등을 수납하게 된다. 이는 약 20ft(6.1m)의 잉여 길이를 고려하게 된다. 객실 뒤의 동체 형태는 꼬리 면을 지지하기 때문에 앞부분보다 더 길게 된다. 이들은 적절한 안정성과 제어를 제공하기 위해 날개로부터 충분한 거리에 있어야 할 필요가 있다. 승객실 전방과 후방의 동체 형태가 동체 길이에 약 15.24m(50ft)를 추가하게 된다. 항공기 측면도는 그러므로 그림 5.21에서 보는 것과 같다.

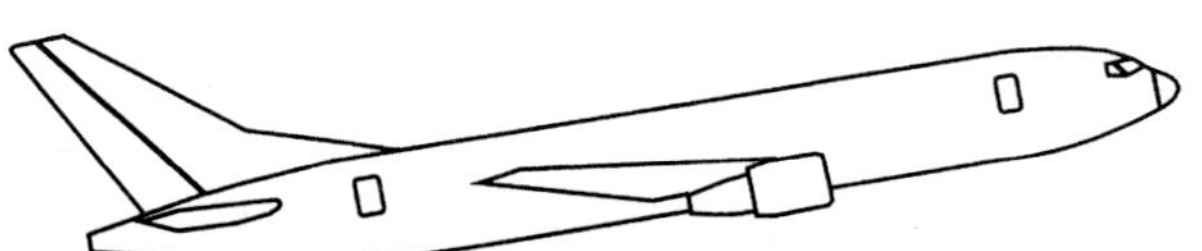

그림 5.21 예제 항공기의 동체 프로파일

예제 항공기의 전장(전체 길이)은 그러므로

(162+20+50)=232ft(70.7m)

로 예상된다.

발간 데이터로부터 표 5.6에서 보는 바와 같이 몇 몇 현존 항공기의 동체 길이를 비교할 수 있다.

표 5.6 항공기 동체 길이 비교

기종	(m)	(ft)	승객 수(3등급)
A300	53.3	175	228
A330/340	62.5	205	295
B767	53.7	176	248
DC10	52.0	170	231
L1011	54.2	178	304
IL96	60.5	198	335
B777	62.8	206	310

이들 모든 항공기는 보다 한정된 좌석 배열로 인해 예제 항공기보다 동체길이가 훨씬 짧다.

이상의 분석으로부터 객실에 더 좋은 수준의 안락함을 주기 위해서는 재래식 동체 길이보다 약 **8m**를 추가하는 것이 필요하다는 것을 알 수 있다. 이러한 확장은 동체 구조 중량과 습윤 면적이 증가하게 되는 효과를 갖게 된다. 이들 모두는 최대 이륙중량 내에서 항공기가 날 수 있는 항속거리를 감소시킨다. 다음 장에서 우리의 연구 프로젝트를 더 이상 수행하기를 원할 경우 항공기의 중량과 항력을 정량화할 수 있으며 이러한 항속거리 손실을 구하기 위해 성능 계산을 수행하는 방법을 제시한다.

Chapter 06 Aircraft Design

날개 및 꼬리날개 레이아웃

6.1 날개 설계 ● 6.2 날개 레이아웃 ● 6.3 꼬리날개 레이아웃

- 이 장에서는 날개와 꼬리날개 면을 공기역학, 안정성/제어, 레이아웃 및 구조 요건으로 어떻게 정의하는 가를 기술하였다. 날개)의 크기(면적)는 보통 (예를 들어 비행장 길이와 같은) 항공기 성능 요건으로 기술되지만 플랜폼(윤곽, planform)의 형태와 다른 기하학은 날개 레이아웃 요인이 영향을 줄 수 있다.
- 초기 설계 단계에서 동체에 대한 날개의 위치(예를 들어 고익, 중익 혹은 저익 위치)와 전체 포위선도에 대한 선택이 이루어질 필요가 있다. 이러한 선택에는 가로세로비, 테이퍼비, 뒤젖힘각, 두께비 및 단면 프로파일, 상반각의 선택이 포함된다. 이들 각각의 선택을 여러분이 우선권을 갖는 윤곽의 형태를 제시할 수 있도록 설명하였다. 민간 항공기는 보통 날개에 설치된 플랩과 고양력 기구를 갖는다. 비록 플랩의 공기역학적(양력과 항력) 특징은 제8장에서 기술하겠지만, 이들을 여러분의 날개 레이아웃에 추가될 수 있도록 하기 위하여 플랩 설계 부문에서 간단한 소개를 하였다.
- 이 장은 설계 과정의 후반에서 보다 더 상세한 분석으로 정제될 날개의 기본 형태를 제공한다. 이에 대한 매개변수인 설계 기법은 후술하기로 하자.
- 꼬리날개 면(수평면 및 수직면)의 형태는 날개 디자인과 같이 동일한 매개변수에 의해 영향을 받을 뿐만 아니라 항공기에 대해 안전한 조종 특성을 제공할 필요가 있다. 그러한 안전을 보장하기 위해서는 상세한 안정성과 제어 계산을 포함해야 하지만 이러한 것들은 꼬리날개 면의 기하학에 대한 지식이 필요하다. 과정을 시작하기 위해서는 꼬리날개 형태에 대한 현명한 선택을 할 필요가 있다. 이 장에서는 초기 프로젝트 설계 단계에서 이를 어떻게 수행할 것인가에 대하여 기술하였다.
- 이 장을 학습한 후에, 그리고 선택한 날개 면적에 대한 지식으로 여러분은 항공기의 초기 도면을 만들 수 있도록 동체 레이아웃뿐만 아니라 날개와 꼬리날개 면의 크기를 결정할 수 있어야 한다.

6.1 날개 설계

프로젝트의 개념 설계 단계에서 날개 면적의 계산과 날개 형태에 대한 개략적인 추정이 이루어진다. 설계가 더욱 더 상세한 설계 단계로 진행됨에 따라 상상하는 임무를 최적화할 수 있는 형태를 얻기 위해 날개 기하학을 면밀히 고려해야 할 필요가 있다. 비록 날개는 항공기에서 다른 성분 (예를 들어, 엔진 설치, 미익 레이아웃, 소음)과 분리되어 생각할 수 없지만 레이아웃의 초기 단계에서는 주요 날개 매개변수에 집중하고, 설계 과정의 후기에서 항공기 형상/규격으로 기술되는 전체 요소를 고려하는 것이 필수적이다.

주요 날개 설계 매개변수는 다음과 같은 4가지 표제어로 식별할 수 있다.

- 성능 요건
- 비행 특성
- 구조 골격
- 내부 체적

6.1.1 성능 요건

성능 요건은 개념 단계에서 고려해야 한다. 날개의 크기는 감항성 요건을 충족할 필요가 있으며 설계 (규격) 요건을 평가할 필요가 있다. 특정의 상승률과 운용 속도는 감항성 요건에서 규정되어야 한다. 설계 요건은 비행장 길이와 순항 속도를 지정하게 된다.

6.1.2 비행 특성

항공기 비행 조종 특성이 수용할 만한 것이라고 보증하는 것이 날개 기하학의 선택에 영향을 준다(예를 들어, 날개 윤곽은 저속에서 항공기의 실속 및 실속 후 거동을 명령하게 된다). 설계 요건은 비행장 길이와 순항 속도를 지정한다. 고속에서는 공탄성과 공기역학적 진동(버핏)이 고려해야 할 기준이 된다. 항공기 승차감은 날개의 돌풍에 대한 반응에 의해 영향을 받지만, 이는 날개 면 조종 장치와 연결된 자동 비행 조종 장치로 완화될 수 있다. 조종 및 안정성의 경우 더치 롤과 세로 반응이 중요한 매개변수이다. 또한 이들은 항공기 자동 비행 조종 장치로 유익하게 영향을 받을 수 있다. 비행 특성에 대한 날개 윤곽의 영향은 예측하기가 어려우며 종종 본질적인 결함을 수정하기 위해 '고정'시키게 된다.

6.1.3 구조 골격

구조적 고려사항의 주요한 기준은 안전과 최소 중량이다. 날개의 구조 골격은 날개가 아닌 모든 성분(예를 들어 엔진, 착륙장치)을 지지해야 하며, 모든 비행 조종 장치와 고양력 기구(예를 들어 보조익, 플랩, 공기 브레이크 등)를 수납해야 한다. 모든 이러한 요건 내에서 날개는 전 사용수명에 걸쳐 유지될 수 있도록 제조하기 쉬워야 하며 간단해야 한다.

6.1.4 내부 체적

날개의 내부 체적은 별도의 탱크에 필요한 연료를 담을 수 있으며, 랜딩기어를 날개 윤곽에 집어넣을 때 랜딩기어가 들어갈 수 있으며, 고양력 기구 및 기타 조종 장치를 수용할 만큼 충분해야 한다.

6.2 날개 레이아웃

재래식 단엽기 배열에서 고려해야 할 1차 고려사항 중의 하나는 동체에 대한 날개의 배치이다. 선택은 고익, 중익 혹은 저익 위치 사이에 놓여 있다. 각각의 경우에 엔진 지면 여유, 착륙장치 레이아웃, 동체 구조 및 객실 레이아웃에 대한 영향뿐만 아니라 구조 및 공기역학적 고려사항이 존재한다.

날개 위치의 선택에 영향을 주는 여러 가지 고려사항은 다음과 같다.

- 공기역학
- 구조
- 날개-동체 부착
- 객실에 대한 영향
- 날개에 장착한 엔진의 지면 여유
- 날개에 장착한 엔진의 서비스
- 착륙장치 형상 및 설치
- 항공기가 지면을 치거나 수면에 착수할 경우의 안전
- 승객에 대한 영향

터보팬 추진 민간 수송기의 대부분은 저익이다. 저익 날개 위치의 장점은 다음과 같다.

- 구조적으로 간단하므로 주익 구조 항목이 객실 바닥 밑을 통과할 수 있어 날개-동체 부착이 비교적 쉽다.
- 착륙장치가 짧고 간단하다. 날개에 장착된 엔진과 날개 플랩을 정비할 때에 지상에서 쉽게 닿을 수 있다.
- 항공기가 지상이나 수면을 칠 경우에 항공기의 가장 강한 부품 중의 하나인 날개가 동체를 보호한다. 바다에 착륙할 경우에 날개는 또한 플로트로 작용하여 동체를 수면 위에 유지시킬 수 있다.

저익 날개의 단점은 다음과 같다.

- 공기역학적으로 날개 상부면이 뒤틀리므로 날개가 양력을 발생할 수 있는 능력에 영향을 준다. 또한 간섭 항력을 최소화하기 위해 적절한 날개-동체 페어링이 필요하다.
- 활주로로부터 빨아들인 이물질(파편)을 피하기 위해 충분한 지면 여유가 있도록 엔진을 설치하는 것이 훨씬 더 어렵다.
- 객실의 특정 좌석에서 날개에 의해 하향 시야가 가려진다.

저익에 비해 고익은 상부면이 방해받지 않으므로 훨씬 더 공기역학적으로 좋지만 날개-동체 페어링을 제조하기가 훨씬 더 어려울 수 있다. 구조적으로 고익은 객실 천장 위를 통과할 수 있기 때문에 아주 간단하다. 정비할 때에 지면 위의 엔진과 플랩의 높이와 착륙장치의 설계와 설치로 인해 문제가 발생한다. 대부분의 고익 터보팬 추진 항공기는 동체에 장착된 착륙장치를 갖는다. 고익의 장점 가운데 하나는 항공기 중력중심이 날개 평면보다 낮으므로 항공기의 자연 안정성이 증대된다는 점이다.

중익 위치는 동체에 정형하는 것이 공기역학적으로 쉽지만 그렇게 하지 않을 경우에는 저익보다 좋지 않다. 구조적으로 고익과 저익보다 훨씬 더 나쁘다. 날개 구조는 동체 크기에서 종료되어야 하며 보강된 동체 프레임을 위해 조인트를 만들어야 한다. 착륙장치 레이아웃과 엔진 설치와 정비와 같은 다른 고려사항과 관련하여 중익은 고익과 저익 사이에 놓여있다.

특수 디자인에서 각각의 날개 위치는 그 장점을 고려해야 한다. 군 수송기를 제외하고는 동체 바닥은 경사로(진입로)를 사용하여 적재할 수 있도록 지면과 합리적으로 가까워야 할 필요가 있다. 민간 여객기의 항공기 제조업자들은 현재 저익 위치를 선호한다.

동체에 대한 날개의 배치를 결정한 후에 다음 고려사항은 날개 포위선도의 기하학이다. 다음과 같은 가하학적인 특성값을 고려해야 한다.

1. 가로세로비(스팬)
2. 테이퍼비
3. 날개 단면 프로파일
4. 날개/몸체 세팅
5. 두께비
6. 뒤젖힘각
7. 상반각

이들 각각의 특징에 대하여 살펴보기로 하자.

6.2.1 가로세로비

날개 면적을 알 때 가로세로비를 선택하면 자동적으로 스팬 하중이 정해진다.

가로세로비=스팬/평균 시위=스팬 제곱/총 면적

그 자체로서, 가로세로비는 양력에 기인하는 항력 발생에 영향력이 있다. 이는 항공기의 전체 상승 능력과 항공기 순항 효율에 영향을 준다. 예를 들어, 엔진 고장에서의 상승 성능은 감항성 요건을 충족할 수 있도록 보장되어야 한다. 낮은 가로세로비를 갖는 날개 윤곽(플랜폼)은 커다란 스팬을 갖는 날개 윤곽(플랜폼)보다 이 요건을 충족하기가 훨씬 더 어렵게 된다. 분명히 높은 날개 중량과 긴 스팬이 되는 높은 가로세로비의 디자인과 낮은 날개 중량이지만 항력이 증가하는 낮은 가로세로비의 디자인 사이에서 미묘한 균형이 이루어져야 한다.

순항 조건을 고려하면 주어진 날개 면적에서 가로세로비가 증가함에 따라 항공기의 전체 항력은 감소되며 순항 연료 효율은 증가한다. 이는 항속거리를 비행하기 위한 연료 하중의 요건을 감소시키지만 이러한 중량 감소는 커다란 스팬으로 인한 날개 중량의 증가로 상쇄된다. 궁극적으로 최적의 가로세로비를 선택하는 것은 항공기 총 중량에 대한 변화와 운영비용에 효과를 주는 항공기 날개 중량과 연료 중량 사이의 절충학습(비교분석연구)으로 결정된다. 장거리 항공기는 연료 절약에서 더 이득이므로 이들은 커다란 값의 가로세로비를 가질 것으로 예상할 수 있다. 그러나 순항 효율과 엔진 고장시의 상승 성능 요건과의 조합이 또한 우선권이 있는 가로세로비의 선택에 영향을 줄 수 있다. 예비설계 단계에서는 현재의 실행에 기초한 경험에서 나온 추측과 신기술의 영향을 디자인에 통합하는 것이 가능하다. 전형적인 가로세로비의 값은 상용기의 경우 7~11 범위이다.

가로세로비가 (3 이하로) 매우 낮으면 날개 형태는 전통적인 사각 날개에서 삼각 윤곽(플랜폼)으로 변환되어야 하며 기류 특징이 바뀌게 된다. 익단 와류 흐름이 우세해지며 필요한 양력을 얻기 위해 발생한 와류 흐름 조건과 높은 받음각으로 인해 날개 공기역학이 바뀌게 된다.

6.2.2 테이퍼비

테이퍼비의 선택은 여러 가지 공기역학적인 조건과 관련된다. 일정 시위의 직사각형 윤곽은 테이퍼진 날개에 비해 제조하기 쉽고 저렴하지만, 공기역학적으로 그리고 구조적으로 덜 효율적이다. 공기역학적으로 타원형인 윤곽이 익단 와류 효과를 줄여주기 때문에 이상적으로 생각된다. 일부 직선으로 테이퍼진 레이아웃의 기하학은 대략적으로 타원형 형태로 보일 수 있으며 분명히 곡면 윤곽의 구조적인 복잡성을 감소시킨다. 0.4~0.5 범위의 테이퍼비는 동일한 면적을 가진 타원형 형태보다 공기역학적으로 단지 2~3% 덜 효율적이라는 것을 보여주고 있다. 양력중심의 스팬방향 위치는 테이퍼가 증가하면 안쪽으로 이동한다. 이는 익근 굽힘 모멘트를 감소시키고 그 결과 날개 구조 중량을 감소시킨다. 증가된 공기역학적 효율과 낮은 중량을 결합한 효과는 보조익 힌지의 힘에 반응하기 위해 충분한 날개 끝 강성을 제공해야 할 필요성에 기인하여 구조적으로 낮은 한계를 갖는 (0.2~0.4의) 낮은 값의 테이퍼비로 유도된다.

낮은 값의 테이퍼비의 주요한 단점은 익단 단면이 익근 단면보다 낮은 레이롤즈 수에서 작동된다는 사실로부터 유래된다. 이는 높은 받음각에서 익단 단면이 익근보다 먼저 실속된다는 뜻이다. 실속된 익단은 양력을 상실함과 동시에 항공기가 옆놀이(roll)되는 원인이 된다. 이러한 것들은 스핀으로 들어가는 고전적인 징후이다. 실속된 익단 흐름은 보조익 효과가 감소되어 조종사가 옆놀이를 제한하기 위해 떨어진 날개를 들어 올리는 것이 훨씬 더 어렵다.

위에서 애기한 실속/스핀의 문제를 상쇄하기 위해 '고정'해야 할 많은 사항들이 존재한다.

- 익단이 익근보다 낮은 영각(입사각)에서 비행할 수 있도록 점진적으로 날개 단면 프로파일을 비틀림한다(워시아웃).
- 익단이 다른 두께비를 갖고 익단 실속시에 날개의 영각을 지연시키기 위해 안쪽 단면에 캠버를 주어 점진적으로 단면 프로파일을 변화시킨다.
- 익근 단면에 실속 트림 기구를 도입한다(기수 프로파일이나 실속 스트립을 증가하는 것과 같은).

위에서 살펴본 모든 방법들은 순항과 상승할 때(예를 들어, 실속보다 낮은 받음각에서)에 항공기의 공기역학적 효율을 감소시키는 단점을 갖는다. 일부 항공기에서 공기역학적 불이익을 피하기 위해 운용적인 방법을 사용하고 있다. 이러한 것들에는 실속보다 약간 높은 받음각에서 자동적으로 작동되는 '스틱 푸셔(stick pusher)'와 날개 위의 실속 흐름을 탐지하여 조정하는 '실속 경고 기구' 등이 포함된다. 이러한 기구들은 조종사가 경고를 무시할 권리를 가지는 경우에는 '권고'로 지정되거나 스틱 푸셔가 작동될 경우에는 '1차'로 분류된다.

가로세로비의 경우와 같이 테이퍼를 증가하는 것과 관련하여 공기역학적인 역효과는 내부 단면에 대한 압력중심의 이동에 의한 날개 질량 감소로 상쇄된다. 그러므로 이를 확인하기 위해서나 그렇지 않을 경우에는 테이퍼 비를 선택하기 위해서 절충학습(비교분석연구)이 필요하다. 설계 과정의 이러한 단계에서 초기 선택은 현존하는 항공기와 신기술의 효과에만 기초하여 할 수 있다. 가로세로비와 테이퍼비의 선택에서 매개변수적 절충학습(비교분석연구)이 중요하다(제13장 참조).

많은 날개 윤곽에서 그림 6.1에서 보는 바와 같이 이중(혹은 복수의) 테이퍼가 사용된다.

그러한 윤곽은 본질적으로 (제조의 복잡성을 줄이기 위해, 주 착륙장치에 대한 보관 깊이를 제공하기 위해 익근 두께를 증가하기 위해, 혹은 날개/동체 간섭을 줄이기 위해서와 같이) 공기역학적이 아닌 이유로 선택된다.

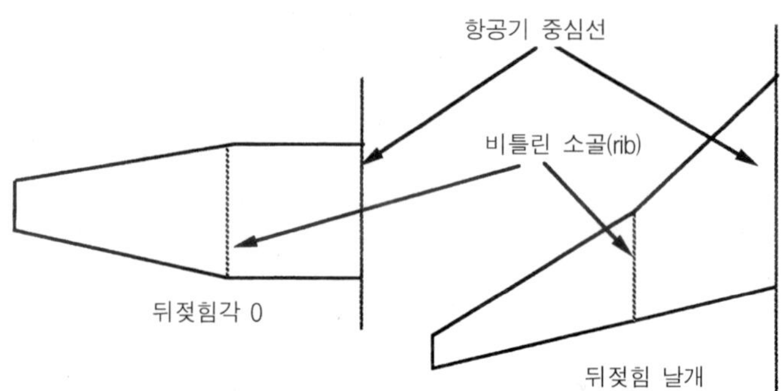

그림 6.1 복수의 테이퍼 날개 윤곽

6.2.3 날개 단면 프로파일

날개 단면 프로파일의 선택은 항공기 설계 과정에서 가장 중요한 결정 중의 하나이다. 전체 날개 기하학은 선택한 날개 단면 좌표에 기초하게 되므로 불량한 선택을 수정하기란 극히 어렵다. 단면의 공기역학적인 특징은 (예를 들어, 순항시의 높은 양항비, 특히 비상 비행 조건에서의 양호한 상승 성능, 양호한 저속 양력, 매끄러운 고속 비행, 임계 마하수의 지연, 양호한 추진 통합 등의) 항공기 운용 요건 사이에서 수용할만한 타협을 주도록 설계되어야 한다. 가장 중요한 운용 측면을 최우선순위로 해야 한다.

전통적으로 날개 단면 데이터는 그림 6.2에서 보는 바와 같이 주요 공기역학적인 특징을 보여주는 일련의 (양력계수 C_L, 항력계수 C_D, 공기역학적 모멘트계수 C_M) 곡선으로 나타내고 있다.

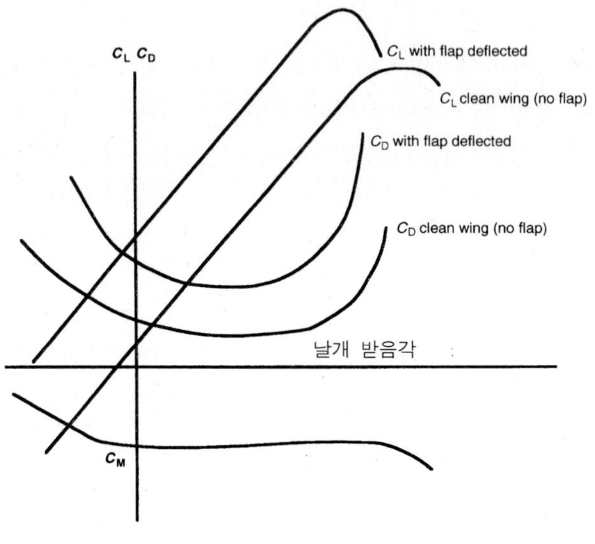

그림 6.2 날개 단면 특징(2차원)

설계적 관점에서 다음의 날개 단면 매개변수가 관심사이다.

- 최대 양력계수
- 양력/곡선 구배
- 영양력 붙임각
- 항력/붙임각 비
- 최소 항력 붙임각
- 최소 항력시 양력계수(최대 양항비)
- 공기역학적 모멘트계수/붙임각

위의 단면 데이터를 (예를 들어 가로세로비, 마하수, 레이롤즈수, 날개끝 형태를 고려하는) 3차원 유동으로 수정하는 것이 필요하다. 그러한 수정에 사용되는 방법은 다소 경험적이며 부정확한 계산을 가져올 수 있다. 그러므로 설계의 초기 단계에서 보다 상세한 분석과 풍동 시험을 수행하는 것이 긴요하다.

최신 전산유체역학(CFD) 방법으로 완전한 3차원 유동 체제(상황)를 연구할 수 있게 되었다. (예를 들어 날개 파이런 교차와 같이) 주요(임계) 조건에 맞도록 적절하게 날개 길이를 따라 날개 단면 형태를 수정하는 것이 가능하다. 완전한 날개 표면 기하학을 지정하고 여러 가지 운용 조건에서 공기역학적인 매개변수를 생성하기 위해 이러한 방법이 현재 사용되고 있다. 이러한 유형의 분석으로부터 얻을 수 있는 이득 중의 하나가 임계 마하수의 징후를 지연시키는 날개 프로파일을 설계하는 것이다. 그러한 '단면'을 종종 '초임계' 단면이라고 한다. 구식 익형과 비교하여 개선된 날개 단면은 다음과 같은 선택권을 주게 된다.

- 동일한 순항 마하수에서 날개는 높은 두께비를 갖거나 순항 항력에 손해를 받지 않고 적은 젓힘각을 가질 수 있다.
- 동일한 두께비에서 높은 마하수로 항력이 상승하는 것을 지연시킬 수 있다.

6.2.4 날개/보디 조절

단면 기하학에 의존하는 날개 매개변수 중의 하나는 순항시의 날개 붙임각(영각)이다. 동체가 중간 순항 조건에서 최소의 항력 비행자세에 있다는 것을 보장하는 것이 중요하다. 이 조건이 날개/보디 조절 각도를 지령한다. 최신 단면 기하학의 특징 가운데 하나는 뒷전으로 향하는 아래 면에서의 반사 곡면이다. 이러한 형태는 이 구역에서 플랩 프로파일에 적합하지 않을 수 있으며 단면을 수정할 필요가 있을 수 있다. 날개 레이아웃에 대한 플랩 기하학의 영향은 나중에 다루기로 하자.

6.2.5 두께비

날개 단면의 두께비는 종종 전체 전산유체역학(CFD) 날개 디자인으로 결정할 수 있다. 두께는 보통 국지 흐름 조건에 적합하도록 하기 위해 스팬을 따라 변한다. 구조적(최소 중량)이고 체적적인 기준에서 두께는 가능한 한 두꺼워야 한다. 날개 굽힘 모멘트와 전단력이 날개 끝에서 날개 뿌리로 점진적으로 증가한다. 그러므로 날개 두께는 종종 날개 끝에서 작도록 선택되며 스팬을 따라 날개 뿌리에 있는 동체 전단 연결부로 점진적으로 증가한다. 아음속 항공기에서 평균 두께는 10%가 전형적이다. 초음속 항공기에서 조파 항력이 중요하다. 조파항력은 두께비의 제곱에 비례함을 보여주고 있다. 그러므로 훨씬 얇은 단면을 지정한다. (그러한 날개의 경우 5~8%를 지정한다).

6.2.6 뒤젖힘각

뒤젖힘은 주로 국지 흐름 속도 혹은 초음속에 가까운 속도에서 항력을 감소시키기 위해 사용된다. 날개 윤곽을 뒤로 젖히면 두꺼운 날개 단면을 사용할 수 있으며 임계 마하수의 징후를 지연시킬 수 있다. 전방으로 뒤젖힘한 날개의 경우 동일한 효과를 보이지만 이들은 본질적으로 구조적으로 불안정하며 그러므로 바람직하지 않은 공탄성효과를 피하기 위해 무거운 구조가 필요하다. 뒤젖힘의 주요한 공기역학적 단점은 **그림 6.3**에서 보는 바와 같이 날개 윤곽 위로 길이방향 흐름이 발생하는 것이다.

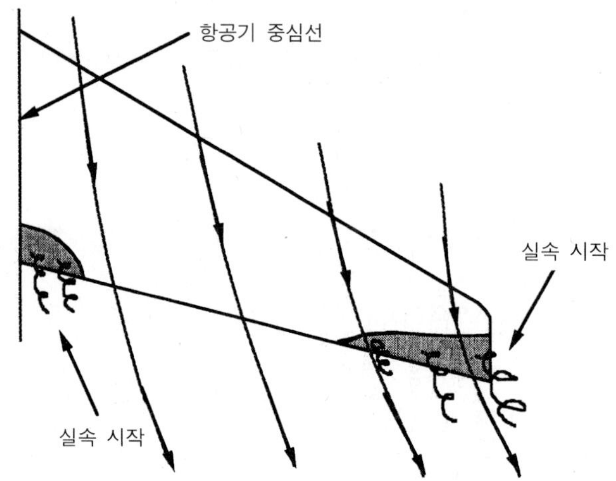

그림 6.3 뒤젖힘 날개 윤곽 위의 길이방향 흐름

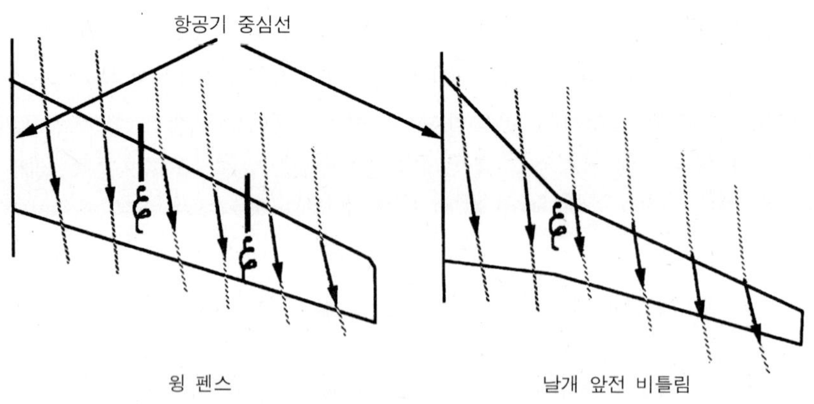

그림 6.4 길이방향 흐름의 감소 경향성

흐름의 길이방향 편류는 양력을 감소시키고, 경계층 두께를 증가시키고, 항력을 증가시키고, 보조익 효과를 감소시키고, 날개 끝 실속의 위험성을 증가시킨다. 이러한 영향을 감소시키기 위해 적용할 수 있는 여러 가지 '고정요소'가 있다. 이러한 것들에는 흐름을 똑바르게 하도록 하는 공기역학적 펜스 혹은 물리적인 펜스가 포함된다.(그림 6.4에서 보는 바와 같이 여러 개의 테이퍼진 윤곽 형태로) 날개 윤곽을 비틀리게 하여 작은 와류를 만드는 것도 또한 유리하다.

플랩 효과는 구부러진 플랩의 최대 양력계수를 감소시키는 뒤젖힘 뒷전으로 인해 감소된다. 그러므로 뒷전을 앞전보다 훨씬 적게 젖히는 것이 일반적이다.

젖힘은 항공기 중력중심과 날개의 중력중심을 평형시키기 위해서나 날개의 구조상자를 동체의 훨씬 편리한 부분에 배치하기 위해 일부 항공기 레이아웃에서 사용되고 있다(그림 6.5 참조).

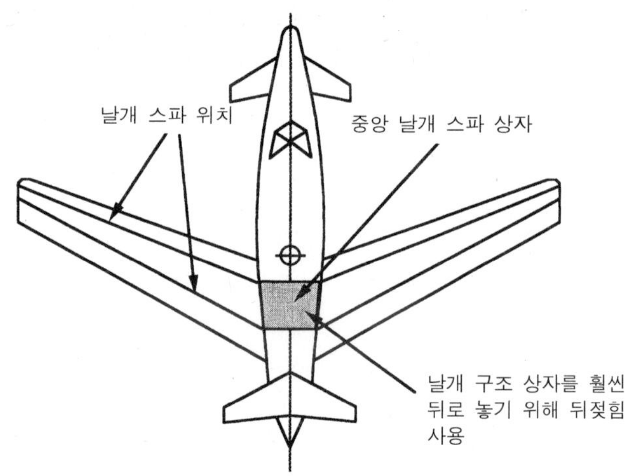

그림 6.5 뒤젖힘은 공기역학적이 아닌 이유로 사용될 수 있다.

날개 윤곽에 뒤젖힘을 추가하면 주요한 구조적 복잡성이 나타난다. 주 날개 스파가 동체 쪽에 비틀린 하중을 도입하게 된다. 이는 하중을 재분배하기 위해 무거운 보디쪽 리브가 불가피하게 된다. 또한 날개의 바깥쪽 단면은 스파 반력 지점의 뒤에 압력중심을 가지므로 뒤젖힘 날개는 자동적으로 잉여 토크 하중을 적재하게 된다. 이러한 잉여 토크는 날개 단면에 비틀림 안정성을 제공하기 위해 외피 두께를 증가시키게 된다. 잉여 비틀림 하중과 토크가 결합되면 뒤젖힘 날개가 직선 날개보다 더 무겁게 된다. 이는 또 다른 최적화 기회를 나타낸다(뒤젖힘은 항공기 항력을 감소시키며 그러므로 연료가 필요하지만 항공기 구조 중량을 증가시킨다).

뒤젖힘각은 한 가지 비행 조건으로만 조화되어야 하며, 뒤젖힘각은 복잡한 운용 패턴을 갖는 항공기의 경우에는 수용할 수 없다. 뒤젖힘 날개의 감소된 양력 불이익에 기인하여 (플랩 효과를 증가시키기 위해) 뒤젖힘각을 이륙과 착륙 단계에서 감소할 수 있다면 이는 장점이 될 수 있다. 그러한 설계 기준을 만족시키기 위해 보디쪽에 날개를 선회축으로 하고 비행 상황에 맞게 젖힘각을 조장하는 것이 가능하다(가변 뒤젖힘, 스윙 날개). 이러한 특징의 중량과 복잡성은 별개로 하더라도 뒷전 (플랩)과 앞전 기하학은 동체 보디쪽 구조를 중첩하여 타협한다. 이러한 특징은 복잡한 운용 요건으로 인해 지금까지 군용기에서만 사용되어 왔다. 현재까지 가변 뒤젖힘 날개로 정기 여객기에 취항하는 민간 항공기는 없지만 초기 미국 초음속 민간 항공기 제안서에서 초음속과 아음속 순항 요건을 맞추기 위해 이러한 레이아웃을 사용하였다.

뒤젖힘각은 날개에 두 가지 공기역학적 효과를 주기 위해 도입되었다. 뒷젖힘의 첫 번째 목적은 항력 발산 마하수를 지연시키는 것이지만, 날개로 달성할 수 있는 최대 양력계수가 감소하는 대가를 치러야 한다. 뒷젖힘각의 선택은 날개 단면의 유형과 연결되며 특히 단면 두께/시위비와 연결된다. 동일한 두께/시위비의 경우 뒤젖힘(Λ)은 다음과 같이 항력 발산 마하수(Mn)를 증가시키게 된다.

$$(Mn_{sweep})/(Mn_{zerosweep}) = 1/\cos\Lambda$$

여기서 Λ는 길이방향 1/4 시위 뒤젖힘 선으로 간주한다. $C_{L_{\max}}$에서 뒤젖힘의 결과는 다음과 같다.

$$(C_{L_{\max}})_{sweep}/(C_{L_{\max}})_{zerosweep} = \cos\Lambda$$

참고로 항력 발산 마하수의 정의는 다소 모호하다. Boeing은 이를 항공기 항력계수가 중간 아음속 흐름 구역에서 0.007 이상의 값에 도달하는 마하수로 정의하였다. Douglas는 항력 발산 마하수를 항공기 항력계수와 마하수의 형태가 아음속 흐름 구역에서 0.10에 도달할 때의 마하수로 정의하였다. 어느 방법을 사용하건 간에 항력 발산 마하수는 단면 프로파일, 두께/시위비와 뒤젖힘각에 좌우된다.

항력 발산 마하수는 항공기 규격에서 인용한 정상 운영 마하수에 근접해야 한다. 일부 최신 항공기의 분석에 기초한 통계적인 방법을 아래에 기술한다. 이 방법으로 예비 설계 단계에서 날개 기하학을 선택할 수 있다.

그림 6.6은 마하수와 날개 1/4 시위 뒤젖힘과의 관계를 보여주고 있다. 선분은 $(cosine)^{-1}$ 함수를 보여준다.

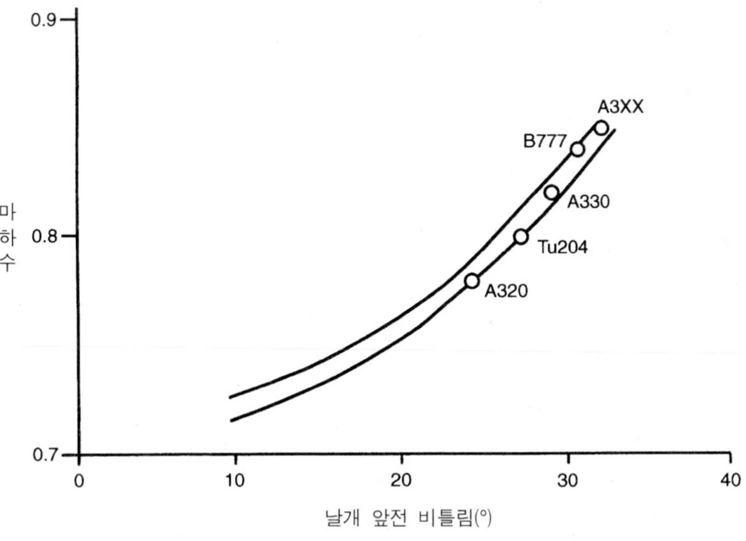

그림 6.6 날개 뒤젖힘각 대 순항 마하수

그림 6.7은 익근에서 두께 시위를 보여주고 있다. 이는 14%~15.3%의 값을 갖는 마하수에 대체로 의존하는 것처럼 보인다.

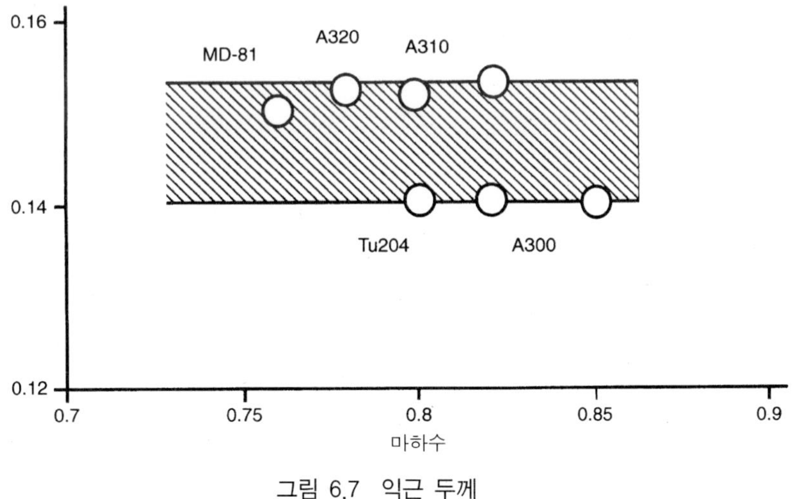

그림 6.7 익근 두께

두 그림으로부터 뒤젖힘각과 익근 두께에 대한 선택이 이루어질 수 있다. 다음 공식으로 바깥쪽 날개의 두께를 계산할 수 있다.

$$Mn = 0.877 - (1.387 \cdot T) + (0.431 \cdot \Lambda^2 \cdot 10^{-4}) + (0.1195 - 0.18 C_{L_{des}})$$

여기서 Λ는 1/4 시위의 뒤젖힘각(deg)

T는 두께비

$C_{L_{des}}$는 그림 8.3으로 구한 설계 양력계수이다.

전형적인 길이방향 두께 분포를 그림 6.8에서 보여주고 있다. 이를 초기 프로젝트 연구에서 전형적으로 사용할 수 있다. 항력계산 목적상 아래 공식에 기초한 평균 두께를 사용할 수 있다.

$$\text{평균 두께비} = \frac{(3 \times \text{바깥쪽 날개 값}) + \text{익근 값}}{4}$$

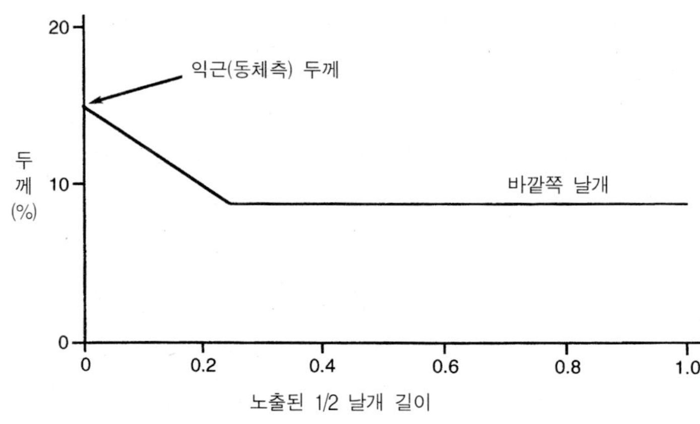

그림 6.8 날개 두께 길이방향 분포

6.2.7 상반각

상반각은 그림 6.9에서 보는 바와 같이 전방에서 볼 때 날개면이 수평면과 이루는 각을 말한다.

날개 기하학은 편요(빗놀이)시 증가된 가로 안정성에 대한 상반각으로 주어진다. 상반각이 없는 날개는 만들기는 쉬우나 이런 날개는 측풍조건에서 비행을 하기가 어려운 항공기가 된다. 동체에 대한 날개의 배치가 또한 가로 안정성에 영향을 준다(고익이 저익보다 더 안정하다). 재래식의 뒤젖힘을 주지 않은 사각날개에서 상반각은 전형적으로 고익의 경우 0~1°이며, 중익의 경우 2~4°이며, 저익의 경우 3~6°이다. 저익의 경우 상반각은 날개 장착 엔진에서 충분한 지면 여유를 주기 위해 높아야 한다. 날개 뒤젖힘은 자연적으로 항공기의 편요 안정성을 증가시킨다. 뒤젖힘 날개 항공기의 경우 상반각은 그러므로 적다. 일부 항공기에서 필요한 조종면의 크기를 줄이기 위해 옆놀이(횡전) 민감도를 증가시키기 위해 불안정 영향을 주는 부(-)의 상반각을 사용할 수 있다. 예를 들어, 고익 대형 수송기가 이 효과를 보여준다.

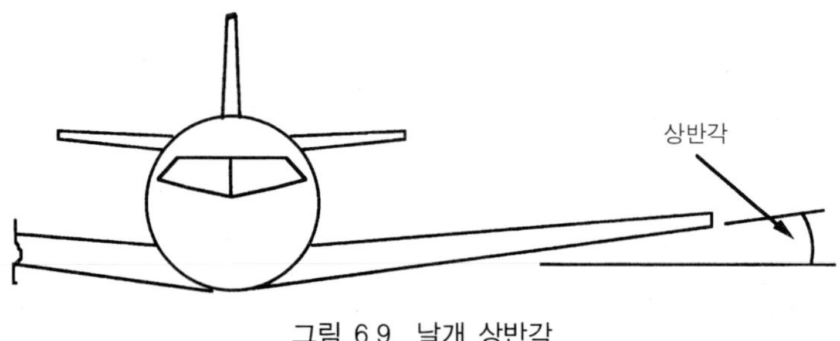

그림 6.9 날개 상반각

6.2.8 플랩 유형 및 기하학

날개의 양력 성능을 강화하는데 사용되는 다양한 뒷전 및 앞전 기구가 있다. 이러한 것들은 제8장에서 개략적으로 다룰 예정으로, 날개의 공기역학에 대해 이들의 영향에 대한 조짐을 보여준다. 전통적인 기계식 플랩이 민간 제트 수송기에서 사용될 유일한 유형이라고 오늘날까지 간주되고 있다. 항공기 데이터 파일에 있는 항공기의 착륙 최대 양력계수에 대한 조사를 그림 6.10에서 보여주고 있다. 날개와 플랩 힌지 선 사이의 차이점을 설명하기 위해 뒤젖힘의 효과를 나타내고 있다.

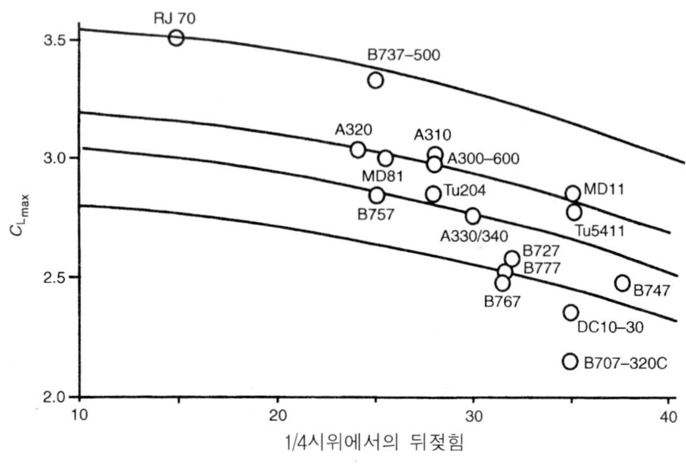

그림 6.10 항공기의 착륙 $C_{L_{max}}$ 값

플랩의 시위 길이는 달성 가능한 최대 양력에 영향을 끼친다. 그러나 높은 값에서 증가된 시위의 효과는 다음과 같이 시위 길이에 대해 주어지는 실질적인 상한값으로 감소된다.

25%: 스플릿트 플랩

30%: 플레인 플랩

30~40%: 슬롯 혹은 포울러 플랩

유사하게 플랩의 처짐각은 커다란 각도에서 효과를 상실한다. 다양한 유형의 플랩에서 전형적인 최대 처짐각은 다음과 같다.

스플릿트: 55~60°

플레인: 40~50°

포울러: 30~40°

앞전: 15~20°

플랩이 있는 단면의 양력 곡선의 기울기는 플랩을 달지 않은 단면의 양력곡선의 기울기와 거의 같지만 실속시의 영각은 감소된다. 이는 내측 플랩 단면에서 실속을 조정하는 이로운 효과를 가지며 외측 단면으로부터 멀어지므로 익단 실속을 방지하는데 도움을 준다.

6.2.8 구조 설계

플랩에 대한 공기역학적 이점은 그리 크지 않다. 플랩 구조와 작동 시스템은 날개 뒷전 구조를 복잡하게 만들며 뒷전에 비교적 얇은 단면을 갖는 기계식 및 전기식 시스템을 도입하게 된다. 플랩을 날개에 도입하면 항공기 구조와 시스템 중량을 증가시키며 항공기를 제조하는데 추기적인 잉여 비용이 든다. 그러나 일반적으로 플랩 도입으로 인한 항공기 성능 개선은 이러한 단점을 보상할만한 가치가 있다.

6.2.9 날개 윤곽 연구

프로젝트 설계 단계에서 위의 기하학적인 매개변수 각각에 대한 면밀한 선택을 할 필요가 있다. 날개 레이아웃은 공기역학, 안정성, 조종성, 내부 공간, 구조, 제조, 정비 및 전체 비용과 같은 수많은 경쟁 수요를 만족해야 한다. 일단 항공기가 상세 설계 단계를 통과하면 날개 매개변수에 대한 최소한의 수정이 보통 가능하다. 프로젝트 설계 단계에서 가장 효율적인 날개 기하학을 확정하는데 더 많은 시간과 주의를 기울이는 것이 좋다. 제13장에서 그러한 연구를 어떻게 수행하는가를 보여줄 것이다.

6.3 꼬리날개 레이아웃

꼬리날개의 설계에서 주요한 기준은 항공기에 적절한 안정성과 조종성을 제공하는 것이다. 예를 들어, 연료 탱크 설비, 구조적 지주 등과 같은 꼬리날개가 충족해야 할 다른 요건이 있지만 이들은 주요 안정성과 조종성 기준에 대해 2차적인 것으로 간주된다. 기술적으로 이는 항공기 기하학의 불안정적인 힘을 상쇄하기 위해 항공기의 중력중심에 대해 적절한 모멘트를 주는 것에 초점을 맞춘다. 제공되어야 할 안정성과 조종성의 정도는 항공기 운용 요건에 좌우된다. 대형 수송기는 항공기가 서서히 자리를 잡고, (엔진이 정지되는) 비상 조건에서 비행하며, 측풍에 반응 할 수 있도록 다양한 하중 형상에서 안정할 필요가 있으며, 충분한 조종 응답성을 가져야 한다. 가벼운 전투기는 조종사의 입력과 관련하여 다른 항공기의 인위적인 안정성을 지시하는 조종 장치로부터 신속한 응답성이 필요하다.

항공기 안정성과 조종성의 요건은 보통 3가지 비행 체제(상황)으로 간주된다. 옆놀이(롤) 응답성은 진부하게 보조익이 제공하지만 일부 항공기 레이아웃에서 이는 수평 미익면의 차분 운동을 사용하므로 실행가능하지 않다. 피치 응답성은 종종 가로 안정성이라고 부르며, 수평 안정판의 크기를 기술한다. 빗놀이(요) 및 옆미끄러짐(사이드슬립) 응답성은 세로 안정성이라고 부르며, 수직 안정판을 지령한다. 3가지 운동 유형 각각은 한 축에 대한 운동이 다른 축에 영향을 주므로 독립적이지 않지만, 초기 프로젝트 단계에서는 단순화를 위해 그리고 재래식 레이아웃인 경우에는 이들을 모두 분리하여 생각하는 것이 허용된다. 항공기 레이아웃은 안정성과 조종성 측면에 상당한 영향을 주며 비정상적인 배열을 제안할 경우에는 신중하게 생각해야 한다. 각 비행 활동에서 몇 가지 레이아웃을 고려할 때에 다음 사항을 확인해야 한다.

6.3.1 피치

미익(수평 꼬리날개)의 크기를 결정할 때 고려해야 할 주안점은 다음과 같다.

- 미익은 항로 비행 상황에서 이동하는 필요 중력중심에 대응해야 한다. 전형적인 중력중심 범위는 평균 공력 시위의 10% 전방 c.g.에서 평균 공력 시위의 35% 후방 c.g.까지가 된다. 미익은 필요한 트림과 조종을 제공하는데 충분한 동력을 가져야 한다.
- 전형적인 3바퀴 착륙장치와 이륙 플랩의 전방 c.g. 위치는 앞바퀴에 가장 높은 하중을 주게 된다. 미익은 필요한 회전속도에서 기수를 들어 올리는데 충분한 힘을 주도록 크기 결정을 할 필요가 있다.

- 미익은 진입할 때에 완전한 착륙 플랩으로 최악의 c.g. 위치에서 항공기를 조정할 수 있을 만큼 충분히 커야 하며, 동시에 항공기를 접지할 때에 조종하고 플레어조작을 하는데 충분한 동력을 제공해야 한다. 플레어 기동을 할 때에 지면효과가 현저한 영향을 끼칠 수 있다.
- 항공기 중력중심에 대한 날개 단면 프로파일, 날개 윤곽 및 위치가 양력, 항력 및 공기역학적 압력 분포가 만들어내는 피칭 모멘트에 기인하는 항공기 안정성에 영향을 준다. 더 큰 날개 캠버, 두꺼운 단면과 펄럭이는 날개는 항공기를 평형시키기 위해 더 큰 꼬리날개가 요구되는 본질적으로 더 큰 공기역학적 모멘트를 갖는다.
- 엔진 설치는 항공기 중력중심으로부터 추력선의 수직 오프셋에 기인하는 영향과 엔진 질량 위치로부터 피칭 관성 기여에 기인하는 영향을 갖는다.
- 날개와 동체에 대한 수평 꼬리날개의 위치는 평형력을 만들어내기 위해 꼬리날개의 효과에 영향을 준다. 이러한 간섭으로부터 멀리 위치한 높은 (T자형) 꼬리날개가 가장 효과적이다. 꼬리날개는 스로틀 변화의 효과를 회피하거나 최소한으로 유지할 수 있도록 제트 유출에 비례하여 배치해야 한다.

측면에 있는 날개에 대한 수평 꼬리날개의 위치는 또한 깊은 실속(deep stall)으로 들어갈 수 있는 항공기의 능력을 결정한다. 깊은 실속은 실속된 날개의 후류가 수평 꼬리날개를 덮어 날개가 비효과적으로 되고 따라서 실질적으로 실속에서 회복되는 것이 불가능할 때인 높은 받음각에서 발생한다.

그림 6.11은 깊은 실속의 항공기에 대한 영향을 보여주고 있다. 미익은 기류가 세로방향에서 정미 속도가 거의 없는 구역에 놓이는 것을 주목하기 바란다. 이는 전방 속도가 거의 없지만 정상 수직 강하를 하는 안정적인 비행 조건이 만들어진다. 이러한 조건으로부터 회복될 능력이 없으면 항공기는 궁극적으로 추락한다. 이러한 불안진한 상황은 실속된 날개 후류의 면적 바깥쪽(보통 아래)으로 미익을 위치시켜 회피할 수 있다. 날개 실속 자세에서 꼬리날개 위치의 안전 효과를 검증하기 위해 풍동 시험이 사용된다.

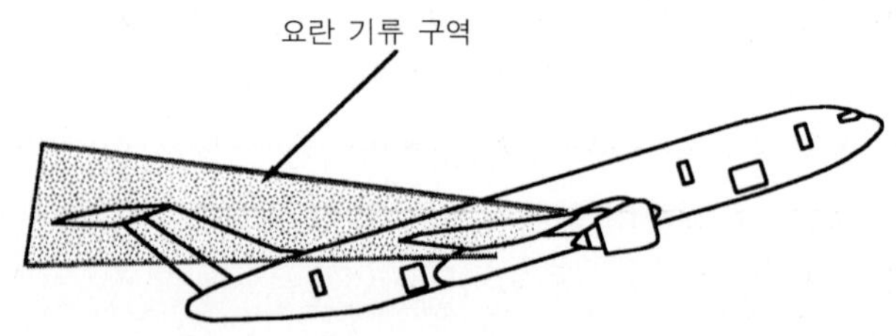

그림 6.11 항공기 '깊은 실속' 조건 회피

최신 정기 여객기는 항공기가 실속 자세로 진입하면 조종사에게 경고를 하는 시스템을 구비하고 있다. 조종사는 고도로 통제된 비행 시험을 수행하지 않을 경우에는 보통 날개 받음각을 감소시키고 그로 인해 항공기 속도를 증가시키기 위해 항공기 기수를 아래로 눌러 그러한 경고에 응답하게 된다.

6.3.2 빗놀이(요)

빗놀이(요)에 대한 주요 제어(조종)장치는 핀 방향타가 있는 핀이다. 핀을 사이징할 때 고려할 필요가 있는 주안점은 다음과 같다.

- 핀 크기는 항로 비행 상황에서 이동하는 중력중심에 대응할 수 있는 크기여야 한다.
- 엔진이 날개에 장착된 경우에 특히 엔진 고장인 경우에 핀은 불안정 모멘트와 균형을 이루기 위해 충분한 측력을 발생할 수 있어야 한다.
- 착륙 형상에서 측풍 요건이 종종 핀의 크기를 결정한다.

위의 엔진 고장인 경우에 이륙 조건은 날개에 장착한 엔진을 갖는 항공기의 경우 보통 핀에 대한 주요한 크기 결정의 기준이 된다.

6.3.3 옆놀이(롤)

옆놀이(롤)에 대한 주요 제어(조종)장치는 보통 날개에 장착된 보조익 혹은 스포일러 혹은 이 둘을 결합한 것이다. 대안으로, 수평 안정판에 있는 다른 제어(조종)장치가 사용될 수 있다. 이러한 것들은 대형 민간 수송기보다 옆놀이(롤) 관성이 훨씬 작은 전투기에서 주로 사용된다. 옆놀이(롤) 제어(조종)장치는 적절한 요건을 충족할 수 있는 롤율과 롤에서의 가속도를 만들어낼 수 있도록 크기 결정을 해야 한다. 날개에 장착된 제어(조종)장치를 사용하는 민간 수송기의 초기 프로젝트 단계에서는 현용 항공기를 연구하여 이러한 제어(조종)장치의 크기에 대한 초기 평가를 할 수 있다.

앞에서 살펴본 바와 같이, 3축 각 주위에서 항공기의 운동은 독립으로 간주해야 한다. 그러나 이들 사이에는 상당한 의존성이 있으며, 특히 빗놀이(요)와 옆놀이(롤) 사이에는 상당한 의존성이 있다. 따라서 완전한 안정성과 조종성에 대한 분석이 설계 과정의 후기 단계에서 필요하다. 초기 프로젝트 단계에서는 그러한 분석을 수행할 만큼 항공기에 대해 알려진 것이 충분하지 않다. 이 단계에서는 체적계수(V)에 기초한 계산이 충분히 정확하다.

$$V_{tail} = (SHT \times LHT)/(S \times c)$$

$$V_{fin} = (SVT \times LVT)/(S \times b)$$

여기서 S, b, c는 각각 총 날개 면적, 날개의 스팬 및 평균 공력 시위이다.

SHT, SVT는 꼬리날개면과 승강타의 면적과 핀과 방향타의 면적이다.

LHT, LVT는 항공기 중력중심에서 수평 및 수직면에서 1/4 평균 공력 시위 위치까지 측정한 꼬리날개 암이다.

꼬리날개 암을 그림 6.12에서 보여주고 있다.

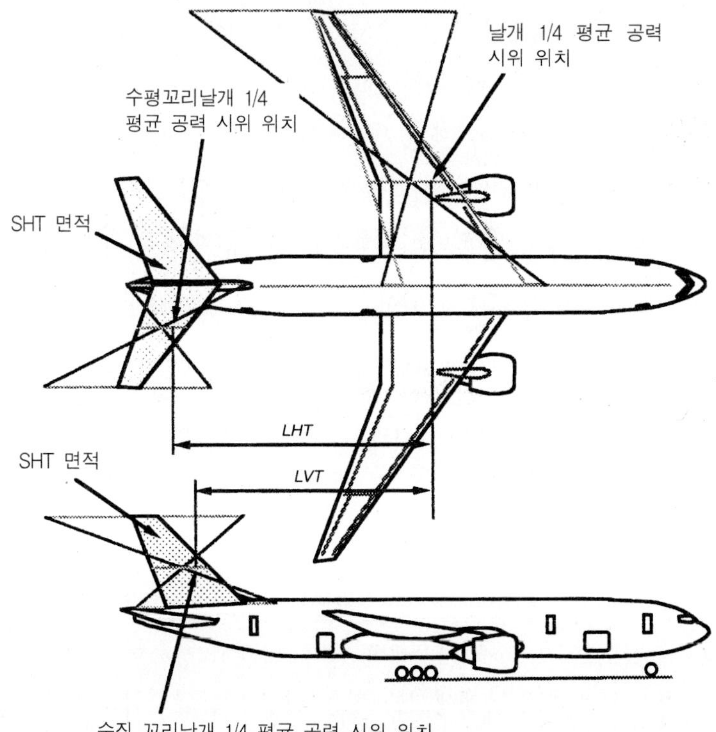

그림 6.12 꼬리날개 암 기하학

체적계수의 전형적인 값은 다른 항공기 유형마다 상당히 다르다($V_{tail} = 0.5 \sim 1.2$, $V_{fin} = 0.04 \sim 0.12$). 초기 프로젝트 설계 목적상 유사한 레이아웃을 갖는 항공기에 대한 체적계수를 평가하고, 제안된 디자인에 대한 운용 및 중량을 평가하고, 이 값을 꼬리날개 면적을 계산하는데 사용할 수 있다. 신기술이 꼬리날개 크기 결정에 영향을 줄 수 있으므로 신기술 도입에 주의를 기울여야 한다.

꼬리날개면을 레이아웃 하기 위한 많은 가능성이 존재한다.

- 중앙핀을 갖는 재래식 낮은 꼬리날개면
- 중앙 위치 꼬리날개면
- T자형 꼬리날개
- 트윈 붐
- 트윈 핀
- 버터플라이 꼬리날개
- 카나드
- 도살 핀 및 수직 핀

모든 비전통적인 형상은 일부 응용에서 장점이 있지만 그러한 비정상 형상을 지정할 때에는 주의를 해야 한다.

감항성 요건과 비행 시험을 통해 꼬리날개 설계를 충족하는 조종 특성을 기술해야 한다.

꼬리날개 면의 정확한 크기 결정은 종종 여러 가지 조종 수요와 다양한 비행 모드의 상호 연결성의 갈등 요건으로 인해 과학이라기보다는 오히려 예술인 것처럼 보인다. 현존의 항공기를 살펴보고 원 설계 팀이 예측하지 못한 결함을 수정할 필요가 있다고 알려진 '고정요소'를 주목해야 한다.

Chapter 07 Aircraft Design

항공기 중량 및 평형

- 항공기 중량 추정 및 관련된 레이아웃의 '평형'은 프로젝트 설계 단계에서 두 가지 주요한 결정 분야이다. 항공기 이륙 중량에서의 초기의 정제되지 않은 추측은 항공기와 시스템의 더 많은 세목들이 결정될 때 점진적으로 순화된다.
- 이 장에서는 질량 추정 과정이 어떻게 진행되며 전체 항공기 중량에 형상 및 시스템의 세목들이 어떻게 관련되는지를 보여주고자 한다. 중량에 영향을 주는 요소에 대해 초기에 설명을 한 후에 항공기 이륙 중량에 대한 1차 추정을 구하기 위해 간단한 방법을 예제 계산과 함께 제시하였다. 그 다음에 항공기의 각 주요 성분을 예측하기 위해 보다 상세한 질량 추정 방법을 공식 및 수식과 더불어 기술하였다. 질량 추정을 한 후에는 항공기에 대한 표준화된 중량 기술에서의 항목들을 열거할 수 있다. 이러한 목록 형태를 기술하고 여러 가지 하위 그룹들을 나타내었다.
- 구성부품 중량의 상세한 목록으로 항공기 중력중심을 구할 수 있다. 구성부품의 중량을 배치하는 방법을 제시하였다. 일부 항공기 중량은 (예를 들어 연료 및 유상하중과 같은) 운용의 유형에 의존한다. 이 경우에는 항공기 중력중심의 위치에 대한 최대 전방 및 후방 한계를 구하기 위해 분석해야 한다. 항공기 중력중심을 예측하는 방법은 나타내었고 항공기 형상의 영향을 기술하였다.
- 비행단계-거리와 승객-하중으로 영향을 받는 항공기 중량 방법으로 표준 유상하중-항속거리 선도를 만들 수 있다. 선도에 항공기 중량과 다른 기하학의 제한사항의 영향을 기술하였다. 마지막으로 날개와 동체 그룹 중량을 평형시키고 동체 기하학에 대한 날개의 상대적인 위치를 정하는 방법을 제시하였다.
- 이 장을 학습한 후에 여러분은 항공기의 전체 중량을 추정할 수 있어야 하며, 구성부품의 중량을 구하고 항공기를 평형시키고 하중 절차로부터 중력중심의 한계를 구할 수 있어야 한다. 모든 이러한 측면들은 기본 형상의 규격에서 필수적이다.

7.1 서론

다른 어떤 설계 매개변수보다 항공기 질량(통상적으로 중량)은 프로젝트 단계에서 항공기의 설계에 영향을 준다. 초창기 비행시대부터 항공기는 중력의 영향을 극복해야 한다고 생각하였다. 엔진의 제한된 동력으로 인해 항공기 성능에서 가장 현저한 개선을 얻는 것은 항공기 중량을 감소하여 달성될 수 있다는 것을 알게 되었다. 항공기 성능과 중량과의 직접적인 관계에 대한 이러한 이해로 선구자들은 경제적으로 실행가능 할 만큼 가볍게 만드는 것이 중요하다고 생각하였다. 이러한 동일한 영향은 오늘날의 디자이너도 느끼지만 이들은 현재 항공기 중량에 영향을 주는 훨씬 많은 요소들을 두려워하고 있다. 성능 측면이 여전히 고도로 중요하지만 이들은 (예를 들어, 소음 규정과 같은) 환경적인 제한사항, (예를 들어, 이륙할 때의 엔진 고장 이후의 상승률과 같은) 감항성 규정 및 (예를 들어, 확대된 쌍발 엔진 운용, ETOPS와 같은) 운용 측면과 타협하고 있다. 디자이너는 또한 가용 기술에 대해 광범위한 선택을 해야 하며, 이 경우 항공기 중량 감소와 관련된 기술적인 위험에 대해 면밀한 판단이 요구된다. 이러한 측면에서 가장 중요한 두 가지 결정은 (예를 들어, 복합소재와 같은) 신소재의 선택과 (예를 들어, 자동 컴퓨터 안정화 같은) 본질적인 안정성 완화 기술이다. 두 가지 기술 진보는 실질적인 중량 절감을 제공하지만 이들 기술을 확실하게 채택하기 위해서는 이들 기술을 개발하는 것과 관련된 기술적이고 재정적인 불확실성의 수준에 대한 평가와 수용이 요구된다. 프로젝트 설계 단계에서 그러한 신기술을 이론적인 '종이' 디자인에 도입함에 따른 장단점을 평가할 수 있어야 한다. 이 경우 개선된 항공기 효율과 관련하여 상업적인 위험이 증가하는 사이에서의 절충학습(비교분석연구)이 필요하다.

항공기 중량은 모든 별도의 설계 활동(공기역학, 구조, 추진, 레이아웃, 감항성, 환경, 경제성 및 운용 측면)을 연결시키는 공통 요소이다. 이러한 목적을 위해 각각의 설계 단계에서 완성된 항공기의 예상 총 중량에 대한 점검이 이루어진다. 제2장에서 기술한 바와 같이, 별도의 설계 조직(중량부서)이 중량을 평가하고 통제하는데 이용된다. 초기 설계 단계에서 항공기 모든 구성부품에 대한 역사적인 통계 데이터를 통해 추정이 이루어진다. 부품을 제조하고 항공기 시제품이 완료되면 각 성분에 가중치를 매기고 필요하다면 중량 절감 프로그램을 조사하여 추정의 정확도를 점검한다.

초과중량 항공기는 항속거리를 단축해야 하고, 상승 성능이 감소되며, 기동성이 감소되며, 이륙 및 착륙 거리가 증가한다. (예를 들어, 지정된 최대 활주로 길이와 같은) 운용 요건이 성능상의 이러한 감소를 수용하지 않으면 항공기 공허중량의 증가는 항공기의 최대 이륙 중량을 초과하지 않는다는 것을 보장하기 위해 유상 하중을 줄여 상쇄해야 한다. 이렇게 유상 하중을 감소하면 항공기의 경쟁력이 떨어지며 프로젝트의 상업적인 성공에 영향을 주게 된다.

재래식 레이아웃 및 구조 형태의 항공기에서 운용 공허중량과 기본 항공기 가격과는 직접적인 관계가 존재한다(그림 7.1). 따라서 항공기 중량이 증가하면 운용비용이 증가하는 것에 영향을 줄 뿐만 아니라 항공기 구매 가격이 추가된다.

잉여 중량은 지정된 항속거리를 비행하기 위해 사용되는 연료에 영향을 준다. 이러한 잉여 연료비용과 항공기 가격의 증가가 결합되면 항공기의 직접 운용비용에 역효과를 주게 된다

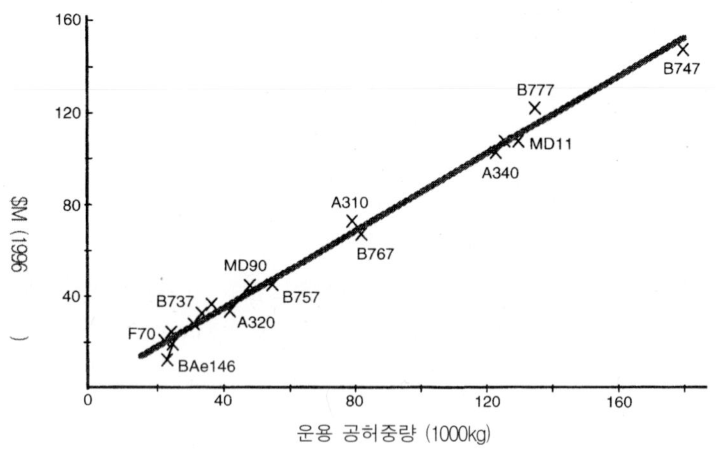

그림 7.1 항공기 운용 중량에 대한 항공기 가격(출처: Avmark Data)

7.1.1 중량 절감값의 추정

항공기 프로젝트 연구에서 항공기 디자인에 대한 증가된 항공기 구조 중량의 영향을 보여주는 것이 가능하다. (예를 들어, 항속거리, 이륙 성능 등과 같은) 항공기 규격이 유지되는 경우 비효율적인 설계로 구조 중량이 증가하면 많은 연료 사용, 커다란 엔진, 강한 랜딩기어, 커다란 날개 및 꼬리날개 면적에 이르게 된다. 이러한 증가는 다시 무거운 구조에 대한 수요로 유도된다. 이러한 악순환 효과를 '중량 증대'라고 한다. 프로젝트 연구를 통해 항공기의 불필요한 1kg의 구조 중량은 항공기의 최대 이륙 중량을 약 3kg 증가시키는 것을 알 수 있다. 중량 증대의 영향을 예시하기 위해 동일한 항속거리를 비행하지만 다른 승객 인원(300인승과 600인승)이 탑승하는 두 가지 항공기를 설계하였다. 1000kg의 구조 중량 불이익을 추가하고 항공기를 재설계하였다. 주요 설계 매개변수의 변화를 표 7.1에서 보여주고 있다. 이러한 수치는 낮은 중량의 디자인을 만들어내는데 있어 강력한 동기를 제공한다.

표 7.1 중량 매개변수에 대한 항공기 크기의 영향

항공기 크기: 좌석 수	300	600
구조 중량 증가(kg)	1000	1000
운용 공허중량 증가(kg)	1879	1756
연료 요건 증가(kg)	1255	1431
항공기 최대 이륙중량 증가(kg)	3034	3188
중량 생장요인	3.03	3.19
항공기 가격 증가($M)	0.87	1.19

중량 증대 현상을 중량 절감 프로그램에 활용할 수 있다. 새로운 제조 공정이나 재료를 도입하면 항공기 구조 중량을 절감할 수 있으며, 항공기에서 완전한 중량 절감으로 신기술의 비용을 상쇄할 수 있다. 그러한 이유로 제조업자들은 기술이 상업적으로 실행가능하다는 것을 나타내기만 하면 기술적인 진보를 도입한다.

위의 연구에서 중량 증가 비용 및 중량 감소 프로그램의 가치를 항공기 가격 증가와 사용 잉여 연료의 비용으로 평가하였다. 항공기 가격 증가를 중량 증가로 나누면 파운드당 약 500달러의 중량 절감의 기본 가치를 보여준다. 이는 SAWE(Society of Allied Weight Engineers)에서 발간한 데이터와 잘 비교된다(출처: SAWE Paper No. 2228, 1994).

증가된 사용 연료로 인한 비용 불이익을(전형적인 활용이라고 가정하여) 항공기 운용 수명에 대해 모을 수 있다. 이는 유사한 운용비용의 증가를 보여주며 그러므로 파운드당 추가로 500달러의 중량 절감의 가치를 보여준다. 이 연구는 1995년 비용 가치를 사용하여 수행하였다. 그러므로 이러한 비용은 항공기 수명기간 동안에 인플레이션으로 인해 상승될 것으로 예상된다. 이러한 연구로부터 중량 절감을 초기 설계 단계에서 식별할 수 있다고 한다면 파운드당 1000달러는 300~600인승 크기의 민간 항공기의 중량 절감의 값인 경우에는 보수적인 추정임에 분명하다. 중량 증대가 설계 과정의 후기에서 식별되면 항공기 최대 이륙 중량은 동결되고 유상하중 혹은 연료 하중은 비례하여 감소되어야 한다. 승객 수 혹은 화물을 줄이면 수익 잠재력에 직접적으로 영향을 준다. 연료 하중을 줄이면 항속거리가 제한되고 그러므로 운용 잠재력이 제한된다. 항공기의 전체 수명에 걸쳐 그러한 불이익은 너무 비쌀 수 있다는 것을 보여준다. 그러한 환경에서 중량 절감의 값은 프로젝트 설계 과정에서 평가한 값보다 훨씬 높다는 것을 보여준다.

7.2 초기 중량 추정

성능, 설계, 경제성 및 규정 측면과 관련하여 항공기 중량의 중요성을 그림 7.2에서 보여주고 있다.

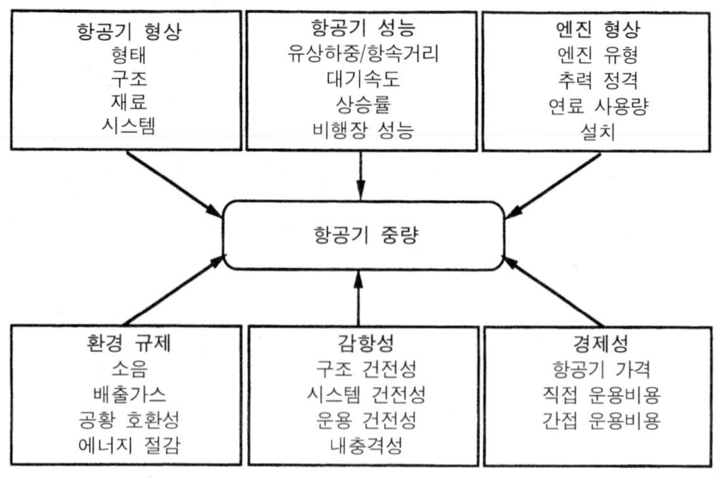

그림 7.2 항공기 중량에 대한 영향

프로젝트 초기 단계에서 수행해야 할 모든 것들은 전체 항공기 이륙 중량을 추정하는 것이다. 그리고 추정한 항공기 이륙중량은 초기 성능을 추정하는데 사용된다. 3가지 성분을 고려하여 정제되지 않은 추정을 아래와 같이 할 수 있다.

$$M_{TO} = M_{UL} + M_E + M_F$$

여기서 M_{TO}는 이륙중량

M_{UL}는 적재량(유상하중)

M_E는 항공기 공허중량

M_F는 연료중량

이다.

이륙 중량 방정식의 오른쪽에 있는 3개의 미지수를 별개로 생각해 보기로 하자.

7.2.1 적재량

적재량(M_{UL})은 원래의 항공기 규격(승객+화물)으로부터 구할 수 있다. 일부 운용 항목과 승무원의 수는 승객의 수나 유상하중 능력에 연결되고 운용자의 실행 경험에 연결되고 항공기의 운용 공허중량에 영향을 준다.

7.2.2 항공기 공허중량

항공기 공허중량(M_E)은 항공기 유형과 운용 프로파일에 따라 다르다. 초기 설계 단계에서 수행해야 할 모든 것은 공허중량과 최대 이륙중량의 예상 비율(M_E/M_{TO})을 고려하여 개략적으로 항공기의 크기를 결정하는 것이다. 이 비율에 대한 지침을 제공하는데 현존 및 이전 디자인의 데이터를 사용하는 것이 필요하다. **그림 7.3**은 현용 항공기 크기의 광범위한 범위에 대한 중량 부분을 보여주고 있다. 일부 항공기는 예상한 것보다 높은 값을 가질 수 있는데 이는 이들이 나중에 확장할 유형에 대한 구조 시설물이 포함되어 있기 때문이다.

제안한 항공기와 근접한 크기(승객 수와 항속거리)의 항공기를 선택하는 것이 현명하다. 출발점으로서 항공기 데이터 파일로부터 항공기를 선택한다. 공허중량에 대한 데이터를 작도하고 적절한 값을 선택한다. 52~62% 범위의 값은 장거리 항공기와 관련하여 낮은 값을 대표한다.

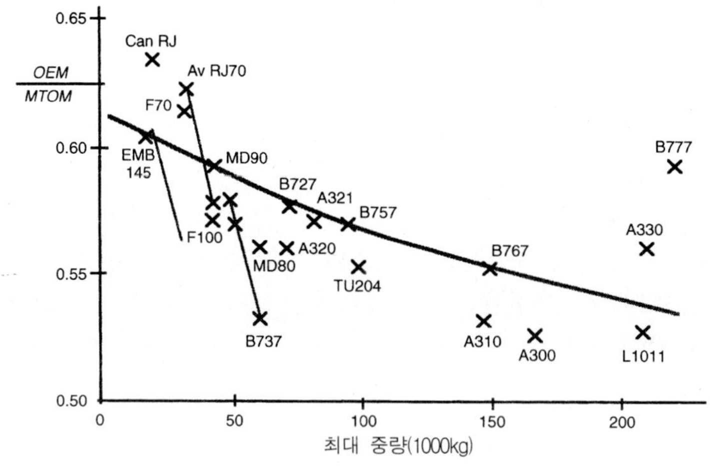

그림 7.3 항공기 공허중량 대 이륙중량 부문

7.2.3 연료중량

연료중량(M_F)은 항공기의 임무 프로파일에 좌우된다. 초기 설계 단계에서 각각의 비순항 비행 부문(이륙, 상승, 순항, 강하 및 착륙)에서 사용 연료를 정확하게 예측하는 것은 불가능하므로 연장된 순항 단계에 기초하여 추정이 이루어진다. 순항 연료는 수정 항속거리 방정식으로부터 구할 수 있다.

$$M_F = \text{연료 흐름} \times \text{비행시간} = SFC \times \text{추력} \times \text{시간}$$

여기서 SFC는 대표적인 순항 조건에서 엔진 비연료소비율이다. 윗 식은 연료 부분의 항으로 재 기술할 수 있다(M_F/M_{TO}).

$$M_F/M_{TO} = SFC \times (\text{추력}/M_{TO}) \times \text{시간}$$

항공기는 순항 조건(즉, 기동이나 가속이 아닌)에서 평형을 유지한다.

(추력=항력) 및 (양력=항공기 중량=$M_{TO} \cdot g$)

여기서 g는 중력가속도=$9.81 m/s^2$이다.

양력(L)과 항력(D) 조건을 연료 부분 방정식에 대입하면

$$\begin{aligned} M_F/M_{TO} &= \frac{SFC \times (D/L)}{g} \times \text{시간} \\ &= SFC \times g \times (D/L) \times \text{시간} \end{aligned}$$

SFC에 대한 완전한 설명은 제9장에서 하기로 하자. 전형적인 값은 엔진 데이터 파일에서 찾을 수 있다. 전형적인 낮은 바이패스비 엔진은 1.0-0.7lb/hr/lb(168.9~118.2Mg/J)의 SFC값을 가지며, 고바이패스비 엔진은 0.57lb/hr/lb(96.2Mg/J)로 떨어지는 값을 갖는다. 값은 또한 순항 속도에 좌우된다.

현존 데이터로부터 프로젝트에서 사용한 엔진 유형과 유사한 엔진 유형의 값을 선택한다. 양항비는 항공기 공기역학 디자인과 순항 양력계수에 따라 다르다. 수송기는 순항 단계에서 가장 효율적으로 설계되므로 합리적으로 (어느 정도) 높은 양항비를 가져야 한다. 전형적인 값은 커다란 스팬을 갖는 대형 장거리 항공기와 관련하여 높은 수에서 14~19 범위이다. 제11장에서 보게 될 수정 항속거리 방정식을 사용하여 항공기 데이터 파일의 현존 항공기에 대한 개략적인 양항비를 구하는 것이 가능하다.

비행단계 거리를 순항 속도로 나누어 비행시간을 추정한다. 특정의 설계 항속거리는 비순항 비행 부분(이륙, 상승, 강하 및 착륙), 연료 비축 및 기타 우발적인 조건에서 증가한다. 연료 중량 추정에서 허용되는 총 항속거리를 등가 정지 대기 항속거리(ESAR)이라고 한다. 특

정의 항공기 항속거리로부터 ESAR을 구하는 것은 다른 운용자마다 그들 자신의 조건을 가정하기 때문에 복잡하다. 아래에 제시한 식을 중, 장거리 비행에서 사용할 수 있다. 짧은 비행단계에서 계수는 적어지며 더 작게 지정한다.

$$ESAR = 568 + 1.063 \times \text{비항속거리}$$

항공기 이륙중량의 주요 식($M_{TO} = M_{UL} + M_E + M_F$)은 다음과 같이 기술할 수 있다.

$$M_{TO} = M_{UL} / (1 - (M_E / M_{TO}) - (M_F / M_{TO}))$$

이러한 형태의 식은 항공기 공허중량과 연료 하중의 중량비에 대한 지식만이 필요하므로 유용하다. 절대 중량을 구하기 어려울 경우에 이러한 비율은 동일한 유형과 크기의 항공기와 유사하다고 가정할 수 있다.

응용심화학습 1 예제

위에서 기술한 초기 추정법을 사용하는 것을 설명하기 위하여 중형 크기(180석), 중형 항속거리(2000nm)의 항공기의 설계를 고려해보기로 하자.

승객 중량 $(180 \times 75kg)$	13500
화물(각각 20kg)	3600
전체(M_{UL})	=17100kg

유사한 항공기의 검토로부터 운용 공허중량부분은 51%로 가정한다.

'연료 부분'은 다음 공식으로 추정한다.

$$(M_F / M_{TO}) = SFC \cdot (D/L) \cdot (ESAR/V)$$

엔진 데이터 파일로부터 중형 바이패스 엔진의 SFC는 0.7lb/hr/lb(118.2Mg/J)이다. 이는 중량(힘) 단위이므로 'g'를 값에서 고려해야 한다. 가정한 순항 속도는 500kt(257.7m/s)이다. 순항 양항비는 18(현재 기술 값)이 되도록 가정한다. 앞에서 나타낸 식과 운용의 종류에 대한 약간의 공차로부터 2000nm의 설계 항속거리에 적절한 등가 정지 대기 항속거리는 2750nm이 되도록 가정한다. 그러므로

$$(M_F / M_{TO}) = 0.7(1/18) \cdot (2750/500) = 21.4\%$$

이제 항공기 이륙중량을 추정하기 위해 M_{TO} 식을 사용할 수 있다.

$$M_{TO} = 17100/(1 - 0.51 - 0.214) = 61957kg(\text{약 } 62000\text{kg})$$

M_{TO}의 추정은 공허중량과 연료중량비를 예측하는데 매우 민감하다. 이들 둘을 단 1%만이라도 변경하면(즉, 전체 2% 변경) M_{TO}의 최종 추정은 60000~64000(즉 ±2000kg)에서 변하게 된다.

이러한 민감도로 인해 초기 추정은 항공기 레이아웃을 보다 상세하게 규정한 후에 바로 보다 상세한 방법과 대조하여 점검해야 한다.

7.3 상세한 중량 추정

항공기의 더 많은 세목을 알게 되면 구성부품 중량을 예측하는데 보다 더 정확한 방법을 사용하는 것이 가능하다. 궁극적으로 모든 구성부품의 상세한 도면을 이용할 수 있을 때 각 부품의 체적을 계산하고 물질의 밀도를 곱해 보다 정확한 추정을 할 수 있다. 프로젝트 설계 단계에서는 개별 항공기 구성부품의 크기를 이러한 수준까지 상세하게 알 수 없지만 항공기 기하학이 개발됨에 따라 점진적으로 보다 정확하게 되는 예측 방법을 사용할 수 있게 된다. 대부분의 항공기 설계 교재에는 그러한 방법이 포함되어 있다(출처: Synthesis of subsonic airplane design, E. Torenbeek, Delft University Press, 1981),

몇 가지 항공기 기하학적인 데이터를 사용하는 일련의 방정식을 아래에 제시하였다.

중량 예측의 예비 단계에서 항공기 각 주요 구성부품의 중량은 최대 총 중량(종종 부정확하게 이륙중량($MTOM$)이라고 하는)이 되도록 합한다. 운용적으로 항공기는 비행 단계 길이와 유상하중에 따라 다양한 이륙중량을 갖는다.

항공기 이륙중량에 대한 보다 상세한 추정은 다음과 같이 주요 구성부품 중량을 총합하여 구할 수 있다.

$$MTOM = M_W + M_T + M_B + M_N + M_{UC} + M_{SC} + M_{PROP} + M_{FE} + M_{OP} + M_{CR} + M_{PAY} + M_F$$

여기서 M_W는 조종면과 플랩을 포함한 날개 중량

M_T는 꼬리날개면의 중량(수평꼬리날개/승강타+핀/방향타)

M_B는 동체(보디)의 중량, 날개 부착 구조 포함

M_N는 엔진 나셀의 중량(엔진 혹은 추진장치 불포함)

M_{UC}는 착륙장치의 중량(앞 기구+주 기구)

M_{SC}는 표면 조종 장치의 중량

M_{PROP}는 추진장치의 중량(엔진+모든 시스템)

M_{FE}는 고정 장비의 중량(전기, 유압 등)

M_{OP}는 운용 비품의 중량(잔유 연료 및 오일, 안전 장비 등)

M_{CR}는 승무원의 중량

M_{PAY}는 유상하중의 중량(승객, 소화물, 화물 등)

M_F는 연료의 중량(예비 연료 포함)

이다.

7.3.1 구성부품(세부계통) 중량 추정

가능하다면, 위의 방정식에 있는 각 구성부품(세부계통)의 중량을 추정하는데 여러 가지 방법을 사용해야 한다. 이는 예측에 대해 자신감을 제공하며 부적절한 공식을 사용하는 것에 대비할 수 있다. 구성부품(세부계통)의 절대중량을 구하는 것이 불가능할 때에는(아마도 불충분한 세목을 사용하기 때문에) 표준화된 중량비를 사용하는 것이 허용된다. 즉

구성부품의 중량/MTOM

그러한 비는 유사한 유형의 현존 항공기로부터 조사 중인 항공기까지 구할 수 있다. 이 절차는 종종 프로젝트 설계 초기 단계에서 사용된다.

아래에 제시한 구성부품(세부계통) 중량 추정법은 현존하는 항공기의 통계적 데이터로부터 유래한다. 일반적으로, 데이터에 기초한 항공기는 세미모노코크 알루미늄 합금 구조 골격을 한 재래식 레이아웃일 수 있다. 이러한 레이아웃이 아닌 디자인이나 다른 재료로 만든 디자인의 추정은 적절하게 조정할 필요가 있다. 상세한 중량 공식은 (예를 들어, 사업용 제트기, 대형 수송기 등과 같이) 다른 항공기 유형마다 다르다. 아래에서 인용한 공식은 현존하는 민간 수송기의 상세한 중량 기술로부터 인용하였다.

위의 중량 목록에 있는 각 구성부품 중량 그룹을 별도로 생각해보기로 하자.

(1) 날개 그룹(M_W)

날개그룹은 표면 조종 장치(보조익, 플랩, 리프트 덤퍼 등)를 포함한 날개의 모든 구조 항목으로 구성되는 것으로 가정하였지만, 날개 내의 시스템(예를 들어, 비행 조종 장치, 연료 탱크 및 시스템, 방빙 등)은 포함되지 않는다.

이전의 디자인에서 $M_w/MTOM$비는 대부분의 중거리 항속거리 항공기에서 장거리 항속거리 항공기를 포함하여 9~14%에서 10~12% 범위임을 보여주고 있다. 설계가 전개되고(명확해지고) 보다 상세한 기하학적인 데이터를 알면 특정의 날개 매개변수를 포함하는 공식을 사용하는 것이 가능하다. 아래에 나타낸 공식은 알루미늄 합금으로 만든 재래식 항공기 날개 기하학에서 사용되도록 개발된 식이다. 조종면에 가벼운 복합소재를 도입하고, 가볍게 응력

된 구조 부품을 고려하면 추정값은 최대 20%까지 줄어들 수 있다.

$$M_w = 0.021265(MTOM \times NLT)^{0.4843} \times SREF^{0.7819} \times ARW^{0.993}$$
$$\times (1 + TRW)^{0.4} \times (1 - R/MTOM)^{0.4} / (WSWEEP \times TCW^{0.4})$$

여기서 $MTOM$는 항공기 최대 이륙중량(kg)

$NULT$는 항공기 종극하중계수(전형적으로 3.75)

$SREF$는 총 날개 면적(m^2)

ARW는 날개 가로세로비

TRW는 날개 테이퍼비

TCW는 날개 평균 두께/시위비

$WSWEEP$는 날개 1/4시위 뒤젖힘각(deg)

이다.

R은 익근 굽힘 모멘트에 대한 관성 경감 효과로 다음과 같이 주어진다.

$$R = (M_w + M_F + [(2 \times M_{eng} \times B_{IE})/0.4B] + [(2 \times M_{eng} \times B_{OE})/0.4B])$$

여기서 M_w는 이 방법으로 추정하거나 반복한 날개 중량

M_F는 임무 연료(=$MTOM - M_{PAY} - M_{OE}$)(kg)

M_{PAY}는 유상하중의 중량(kg)

M_{OE}는 항공기의 운용 공허중량(kg)

M_{eng}는 개별 엔진+나셀 중량

B_{IE}는 내측 엔진 사이의 거리(m)

B_{OE}는 외측 엔진 사이의 거리(m)

B는 항공기 날개 스팬(m)

이다.

보다 상세한 날개 중량 추정방법은 AIAA Journal of Aircraft를 참조하기 바란다(출처: Wing mass formula for subsonic aircraft, AIAA Journal of Aircraft, Vol. 29, No. 4, 1991).

방법은 (존재할 경우) 날개에 장착한 엔진의 집중 하중을 고려하며, 다수의 테이퍼 뒤젖힘 날개 기하학에 적용할 수 있다. 이 방법은 구조 골격에서 사용한 다른 재료를 고려한다. 방법은 길고 복잡하므로 항공기 형상이 고정될 때 즉, 예비 프로젝트 단계의 끝에서 사용해야 한다.

① 날개 플랩 등

설계 과정의 초기 단계에서 플랩 등의 세목을 알지 못할 때 다음과 같이 전형적인 값으로 가정할 수 있다. 뒷전 플랩 중량 범위는 작은 시위 길이를 갖는 단일 플랩기구와 관련하여 약 70~20kg/m^{2}의 낮은 값으로 가정한다. 앞전 기구는 약 30kg/m^{2}이다. 스포일러와 리프트 덤퍼(공기 브레이크)는 약 15kg/m^{2}이다. 조종면에 복합소재를 사용하는 경우 최대 20%까지 감소되는 것으로 가정할 수 있다.

더 많은 기하학적인 데이터를 알면 플랩과 다른 날개 구조의 중량은 다음과 같은 수정 Torenbeek 방법을 사용하여 계산할 수 있다.

$$M_{FLAP} = 2.706 \times K_{FLAP} \times S_{FLAP} \times (B_{FLAP} \times S_{FLAP})^{0.1875}$$
$$\times [2.0 \times V_{AIAS^2 \times 10^{-4} \times \sin(D_{FLAND}) / TCWF}]^{0.75}$$

여기서 B_{FLAP}는 플랩 길이(m)

S_{FLAP}는 플랩 면적(m^2)

D_{FLAND}는 착륙시 플랩 처짐(deg)

V_{AIAS}는 항공기 진입 속도(m/s)

$TCWF$는 플랩 두께/시위비

K_{FLAP}는 플랩 복잡도를 고려한 계수로

1.0: 단일 슬롯

1.15: 복 슬롯

1.15 포울러 운동을 하는 단일 슬롯

1.30 포울러 운동을 하는 복 슬롯

이다.

확장된 유형의 경우에는 위의 K_{FLAP}의 값에 1.25를 곱하면 된다.

② 기타 요소

후방 동체에 장착된 엔진을 갖는 항공기의 경우 날개 중량(M_w)는 날개 구조의 관성 경감의 결여로 인해 증가하게 된다. 동체에 장착한 주 착륙장치를 갖는 항공기의 경우 날개 중량(M_w)은 간소화한(덜 응력된) 내측 구조를 고려하여 5% 감소해야 한다.

(2) 꼬리날개 그룹(M_T)

비록 꼬리날개 중량은 $MTOM$의 커다란 부분은 아니지만, 이는 항공기 중력중심의 뒤에 잘 배치되어야 하므로 중량을 정확하게 평가하는 것이 필요하다. 꼬리날개 중량은 그러므로 전체 항공기의 평형에 영향을 준다. 전형적인 중량비 $M_T/MTOM$의 값의 범위는 2%의 양호한 초기 추정에서 1.5~3%이다.

보다 정확하게, 꼬리날개 중량은 수평면(수평꼬리날개, 승강타, 안정판)과 수직면(핀, 방향타)의 합으로 생각할 수 있다.

$$M_T = M_H + M_V$$

여기서 M_H는 수평 꼬리날개면의 중량= $S_H k_H$

M_V는 수직 꼬리날개 면의 중량= $S_V k_V$이다.

S_H와 S_V는 총 꼬리날개 면적(즉 수평 꼬리날개+승강타+핀+방향타)이다. k_H와 k_V는 현존 항공기의 통계적 데이터로부터 구한다. 값의 범위는 $k_H = 25$, $k_V = 28$의 전형적인 값의 경우 22~32kg/m^2이다. 정상 스팬보다 높은 꼬리날개 형상과 커다란 면적에서 높은 값을 대입해야 한다. 완전한 가변 T자형 꼬리날개의 경우에는 위의 수치에 10%를 더한다. 보다 상세한 것을 알면 주익 중량 추정과 유사한 분석을 사용할 수 있다.

위의 분석은 재래식 알루미늄 구조에 기초하고 있다. 최신 복합소재를 사용하는 경우에는 중량이 20% 감소될 수 있다.

(3) 보디(동체) 중량(M_B)

보디의 중량은 분명히 동체의 크기, 항공기 레이아웃 (예를 들어 엔진과 착륙장치 위치)와 운용 측면(커다란 화물 혹은 소화물 도어)에 좌우된다. $(M_B/MTOM)$비의 전형적인 값은 소형 공무집행 스타일의 항공기와 관련하여 높은 수치일 때 7~12% 범위이다.

보디 중량을 보다 정확하게 추정하는 많은 다른 방법이 존재하지만, 민간 항공기(50~300 인승)의 경우 추천되는 공식은 Howe 공식이다.

$$M_B = 0.039(L_F \times 2 \times D_F \times V_D^{0.5})^{1.5}$$

여기서 L_F는 동체 전체 길이

D_F는 동체 지름(혹은 등가 지름)

V_D는 항공기 최대 속도(설계 주행 속도)이다.

위의 중량은 다음과 같이 수정하도록 권고한다.

여압 객실의 경우는 8% 증가한다.

동체에 장착한 엔진의 경우는 4% 증가한다.

동체에 장착한 주 착륙장치의 경우는 7% 증가한다.

대형 화물 도어 불연속의 경우는 10% 증가한다.

동체가 구조적 불연속으로부터 자유로운 경우는 4% 감소한다.

모든 가용한 방법은 역사적인 데이터에 기초하고 있으므로 이들을 신규 혹은 초대형 디자인에 적용할 때에는 주의해야 한다.

(4) 나셀 중량(M_N)

나셀 그룹에 속하는 중량 항목은 일부 구조가 날개, 보디, 추진 장치 혹은 착륙장치 그룹으로 간주되므로 지정하기가 어렵다. 다른 구성부품의 중량 그룹과 2중으로 중량을 계산하는 것을 피하기 위해 상세한 추정을 할당할 때에는 주의해야 한다.

중량비($M_N/MTOM$)의 전형적인 값은 1.2~2.2%이다.

나셀 중량은 엔진의 크기와 지정된 카울링(덮개)의 종류(짧은, 3/4, 표준크기)에 비례한다. 초기 설계 단계에서 설치된 (필요) 추력의 추정은 이루어지지만 엔진 형상은 알지 못한다. 몇 가지 현존하는 항공기의 나셀 중량의 세목은 그림 7.4에서 보는 바와 같다.

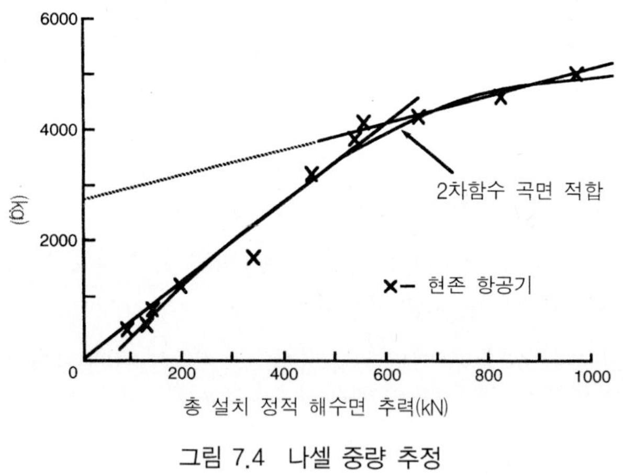

그림 7.4 나셀 중량 추정

'최상의 곡면적합' 2차 함수는 데이터와 98%의 상관관계를 보이고 있다. 계산을 간단히 하기 위해 이 함수는 다음과 같이 선형함수로 근사할 수 있다.

$$M_N = 6.8 \times T \quad (T < 600kN\text{인 경우})$$

$$= 2760 + (2.2 \times T) \quad (T > 600kN\text{인 경우})$$

여기서 T는 전체 설치 이륙 정적 해수면, SL 추력(kN)이다.

위에서 계산한 값은 짧은 길이의 바이패스 도관을 사용하는 경우에는 약간 감소되고 충분한 길이의 도관을 사용하는 경우에는 증가한다. 추력 역전장치가 포함되지 않으면 10%가 추가로 감소되지만 특수 소음 억제 재료(진정재)가 필요한 경우에는 10%가 증가된다.

(5) 착륙장치 중량(M_{UC})

착륙장치의 중량은 지정된 최대 착륙 중량과 항공기의 거친 비행장의 착륙성능에 좌우된다. 초기 설계 단계에서는 착륙 중량 규격에 대한 결정을 하지 않는다. 연료 투하의 필요성을 피하기 위해 많은 항공기는 오늘날 최대 이륙중량과 근접하게 착륙중량을 설계하고 있다. 다른 정보를 사용할 수 없으면 아래 식에서 사용한 항공기 $MTOM$의 값을 사용한다. 대부분의 항공사는 양질의 포장 활주로에서 운영되므로 주요한 변화는 복잡함의 정도, 필요한 조밀함의 정도에 놓여있다. 그림 7.5는 일부 현용 항공기의 착륙장치 중량을 보여주고 있다.

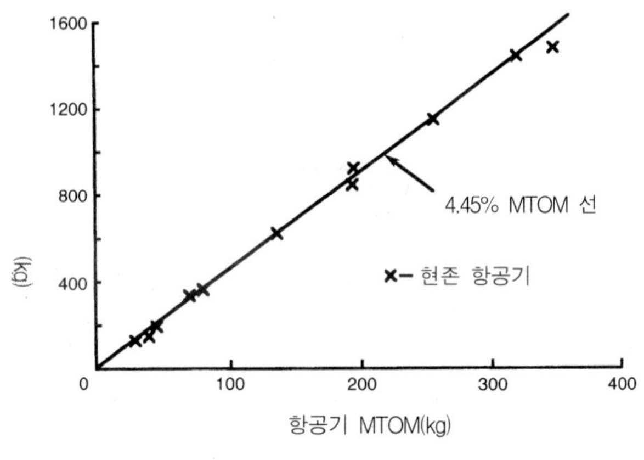

그림 7.5 랜딩기어 중량 추정

이러한 착륙장치 중량 데이터는 아래 함수와 99% 상관관계를 보인다.

$$M_{UC} = 0.0445MTOM(\text{즉, } 4.45\%)$$

위의 데이터는 최근의 착륙장치 재료와 휠 브레이크 디자인의 향상을 고려하지 않았다. 최신 항공기 디자인에서 랜딩기어는 위의 식으로 주어진 값보다 적은 중량일 것으로 예상된다(4.35% $MTOM$으로 가정). (물론 이러한 절감은 랜딩기어에서 약간의 비용 증가와 관련될 것이다.)

항공기 형상이 착륙장치의 디자인에 영향을 주므로 착륙장치 중량에 영향을 준다. 항공기가 고익이며 주 착륙장치가 날개에 장착되는 경우에는 추정 중량에 1.08배를 한다.

랜딩기어 중량을 다른 항공기와 비교할 때에는 주의를 해야 한다. 이는 일부 제조업자들이 미래의 크게 확장되는 항공기에 적합한 기어를 설치하기 때문이다. 이렇게 하면 일부 착륙장치 설계와 개발 항공기에 대한 인증 비용을 피할 수 있다.

항공기 평형을 위해 전체 착륙장치 중량에서 주 기어는 각각 43.5%이며 앞 기어는 13%로 가정한다.

(6) (조종)면 조종 장치(M_{SC})

(조종)면 조종 장치는 플랩 중량 계산에 포함되지 않은 날개의 모든 가동면을 포함한다. 그룹에는 모든 내부 날개 조종 장치와 외부 앞전 기구 조종 장치(슬랫/슬롯)와 리프트 덤퍼/공기 브레이크가 포함된다. 이는 $MTOM$의 1~2%에 해당한다. 그림 7.6은 몇 가지 현용 항공기의 값을 보여주고 있다. 비록 데이터에 약간의 산포가 있지만 아래 함수는 90%의 상관관계를 제공한다.

$$M_{SC} = 0.4MTOM^{0.684}$$

위의 식은 재래식 항공기 형상으로 가정하였다. 보다 복잡하거나 넓은 앞전 플랩 시스템이나 리프트 덤퍼를 지정하면 값은 증가하게 된다. 간단한 조종 시스템의 경우 (예를 들어, 비자동 조종 장치)와 덜 복잡한 구조의 경우 (예를 들어 앞전 기구)에는 값이 최대 25% 감소된다.

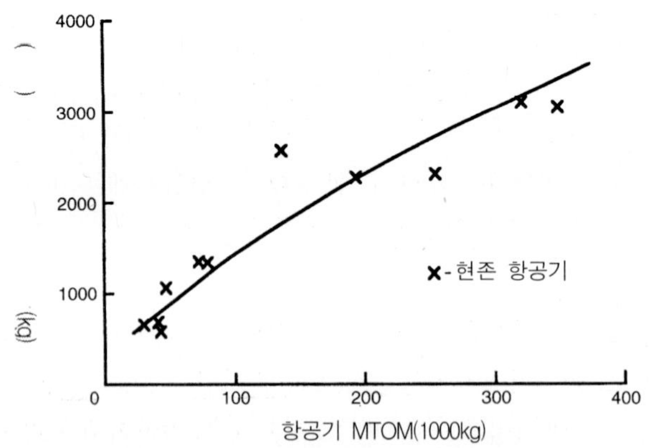

그림 7.6 (조종)면 조종 장치 중량 추정

(7) 구조중량비의 합(M_{STR})

위의 중량(날개, 꼬리날개, 착륙장치와 면 조종 장치)의 합을 항공기 구조 중량이라고 한다. ($M_{STR}/MROM$)의 비는 보통 재래식 레이아웃인 경우 30~35% 범위에 놓여있다. 일반적인 지침으로 초기 프로젝트 단계에서는 구조 중량을 약 1/3 항공기 이륙중량으로 가정하는 것이 무난하다(즉, $0.33MTOM$).

(8) 전체 추진 그룹 중량(M_{PROP})

설계 과정의 초기 부분에 이 중량 그룹의 모든 성분의 세목을 알지 못한다. 그러므로 빈(건조) 엔진 중량에 대한 기본 추정을 하는 것이 필요하다. 빈(건조) 엔진의 중량은 유사한 엔진 유형의 정적 이륙 추력/중량비에 비례한다고 가정한다. 현용 대형 터보팬 엔진의 경우 비중량은 아래에서 보는 바와 같이 바이패스비의 함수이다. 그림 7.7에서의 관계는 현용 및 프로젝트 엔진 데이터의 범위로부터 도출하였다.

평균 선은 다음과 같이 표현된다.

비중량(kG/kN) $=8.7+(1.14\times BPR)$

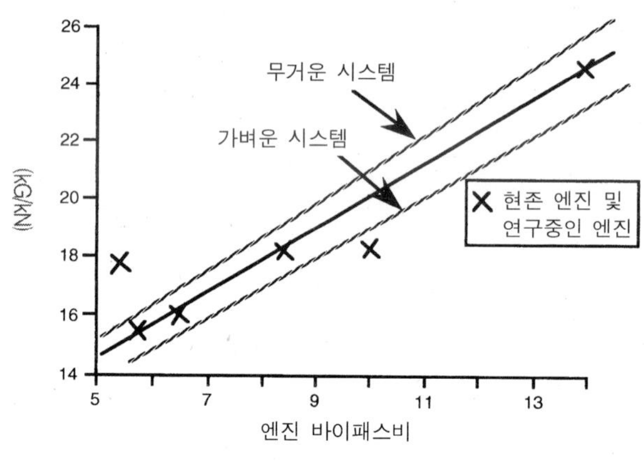

그림 7.7 엔진 비중량 추정

유사한 유형의 항공기에 대한 추진 그룹 중량과 빈(건조) 엔진 중량의 비를 구해야 한다. 빈(건조) 엔진 값 이상으로 중량이 증가하면 일반적인 항으로 계산하기가 어렵다. 이는 (예를 들어, 추력 역전장치, 시스템 복잡도, 동력 이륙 등과 같은) 엔진의 운용 규격과 관련되기 때문이다.

그림 7.8은 몇 가지 현용 항공기의 값을 보여주고 있다.

다음 함수는 추진 그룹 중량으로부터 가정할 수 있다.

$$M_{PROP} = 1.43M_e \qquad (M_e < 10000kg\text{인 경우})$$

$$M_{PROP} = 1.16M_e + 2700 \qquad (M_e > 10000kg\text{인 경우})$$

여기서 M_e는 필요 엔진 추력으로부터 구한 빈(건조) 엔진 중량이다.

위 식으로부터 값은 추력 역전장치와 정상 엔진 보기류를 갖는 재래식 장치로 가정하였다. 적절한 항공기/엔진 세목을 알게 되면 바로 보다 광범위한 분석을 시도해야 한다.

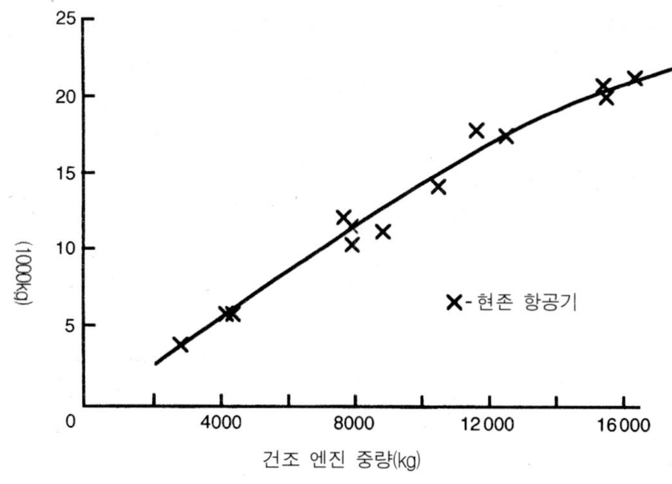

그림 7.8 총 항공기 추진 그룹 중량 추정

(9) 총 고정장비 중량(M_{FE})

고정장비 중량 그룹은 고려중인 항공기 유형에 크게 좌우된다. 이 중량 그룹에서의 항목은 유형(예를 들어 비행제어 시스템, 비품 등)이 매우 가변적이다. 포함되어야 할 항목은 운용 실무경험과 항공기 규격에 좌우된다. 여러 교재와 항공기 지침서에서 이 중량 그룹의 다양한 다른 항공기의 구성부품에 대한 실제 중량을 열거하고 있다. 지정해야 할 시스템의 종류에 대한 세목이 없으면 $(M_{FE}/MTOM)$비는 운용의 유형과 관련시킬 수 있다.

단거리 수송기 14%

중거리 수송기 11%

장거리 수송기 8%

위의 값은 역사적인 데이터에 기초하고 있다. 컴퓨터와 제어 시스템의 발달로 시스템의 크기와 중량이 상당히 바뀌게 되었다. 개별 구성부품은 소형화 되었지만 보다 광범위한 시스템을 설치하여 이러한 장점이 상쇄된다. 예를 들어 전기 수요가 증가하면 구식 항공기보다 커다란 보조 동력 기구가 필요하다. 항공기 시스템 정보와 규격을 알면 바로 위의 비율로 가정한 값을 점검할 수 있도록 하기 위해 이러한 상세한 중량 그룹을 신중하게 고려해야 한다.

(10) 운용 항목 중량(M_{OP})

몇 가지 운용 항목은 항공기 유형과 다른 운용 실무경험에서 명확하며 개별적으로 사정(평가)해야 한다. 다음과 같은 일반적인 데이터를 사용한다(항공사 표준)

- 지도와 관련 지침서를 포함한 승무원 공급품 항목: 온라인 컴퓨터에 저장된 데이터를 채용한 경우라도 총 10kg를 넘지 않아야 하며, 이는 감소(2kg)될 수 있거나 초기 중량 추정 단계에서는 현저하지 않으므로 무시한다.

- 승객 객실 공급품(kg)

  승객당 0.45kg-커뮤터 운항

  승객당 2.27kg-단거리 운항

  승객당 6.25kg-중거리 운항

  승객당 8.62kg-장거리 운항

  1등급 좌석당 2.27kg 추가

- 급수 및 화장실 시설(kg)

  승객당 0.68kg-단거리 운항

  승객당 1.36kg-중거리 운항

  승객당 2.95kg-장거리 운항

- 안전장비(kg)

  승객당 0.9kg-단거리 국내 여행

  승객당 3.4kg-해외 및 연장 비행

- 잔류 연료 및 오일

  $0.151\,V^{2/3}$-터보팬 엔진(V=연료 용량(liters))

(11) 승무원 중량(M_{CREW})

승무원의 수는 운용의 유형 및 항공기 규격(승객의 수와 항공사 실무경험)에 좌우된다. 최소 인원은 감항당국에서 정한다. 재래식 항공기에서 최소 2명의 비행 승무원이 필요하지만 이는 장거리 체류비행에서는 조종사에게 휴식 기간을 주기 위해 증가해야 한다. 객실 보조요원의 수는 좌석 배열 레이아웃과 비상 대피 과정의 함수가 된다. 정상 스케줄 운항의 경우 이코노미 등급의 경우 30~40인석당 한명의 승무원, 비즈니스 등급에서 20~25석당 한명의 승무원, 1등급에서 10~15인석당 한명의 승무원이 인정된다. 각 비행 승무원 요원당 93kg, 객실 승무원당 63kg이 인정된다(객실 승무원은 아마도 이보다 더 날씬할 것이다).

(12) 유상하중 중량(M_{PAY})

유상하중(즉, 승객, 수화물, 화물)은 항공기 규격(유상하중/항속거리)으로 정하게 된다. 각 등급에서 운반해야 할 승객의 수와 규정 외 화물이 디자인 개요의 일부를 형성한다. 이 항속거리는 예비 연료와 우발적인 사고를 고려한 연료 하중과 관련되어야 할 필요가 있다. 일부 항목은 항공기 유형과 항공기 운용에 따라 특수하다. 다음 데이터가 일반 (민간 수송기) 평가에서 사용될 수 있다.

승객(휴대용 수하물 포함)-1인당 75kg

규정 외 수하물(비즈니스 등급)-20kg (다른 등급)-각 승객당 30kg

(13) 연료 중량(M_F)

휴대해야 할 연료 중량은 설계 유상하중/항속거리 규격과 관련된다. 비행 전환 및 체공 및 기상 악화에 대비하거나 다른 규정 외의 연료를 사용하기 위해서와 같이 예비 및 우발적인 사고에 대비한 연료를 운항을 하는데 필요한 연료에 추가되어야 한다. 총 (최대) 연료는 사용 연료 탱크의 크기로 제한된다. 항공기 엔진에서 사용되는 연료의 밀도는 유형에 따라 다르다. 비중력은 0.77~0.82kg/litre로 평균값은 0.80이 전형적이다. 가정한 밀도와 계산된 필요 연료량으로 필요한 체적에 대한 점검을 해야 하며, 이를 연료를 수용할 날개에서의 사용 공간과 비교해야 한다.

(14) 항공기 최대 이륙중량($MTOM$)

항공기의 최대 이륙중량은 항공기 공허중량, 운용 항목 중량, 유상하중 및 연료중량의 합과 같아야 한다. $MTOM$은 설계 규격에 적절한 유상하중과 연료 하중의 조합으로 가정하게 된다. 항공기는 이러한 $MTOM$의 값으로 안전하게 비행하도록 설계되며 감항성 인증에서 항공기의 운용은 이 한계를 넘지 않도록 규정하고 있다. 그러므로 $MTOM$은 설계의 가장 중요한 매개변수 중의 하나이다.

7.4 항공기 중량 기술

항공기 중량을 구성하는 다양한 성분을 표준 형식으로 열거하는 것이 항공기 설계에서 일반적인 관행이 되고 있다. 성분을 편리한 하위 부분으로 분류하면 다음과 같다.

1. 날개(조종면 포함)
2. 꼬리날개(조종 장치 포함 수평 및 수직 꼬리날개)
3. 보디(동체)
4. 나셀
5. 랜딩기어(주 기어 및 앞 기어)
6. 표면 조종 장치

총 구조 중량=M_{STR}

7. 엔진(건 중량)
8. 보기류 기어박스 및 구동장치
9. 유도 시스템
10. 배기 시스템
11. 오일 시스템 및 쿨러
12. 연료 시스템
13. 엔진 조종 장치
14. 시동 시스템
15. 추력 역전장치

총 추진 중량=M_{PROP}

16. 보조 동력 기구
17. 비행 제어 시스템(종종 M_{STR}에 포함되는 경우도 있음.)

18. 계기 및 항법 장비
19. 유압 시스템
20. 전기 시스템
21. 항공전자 시스템
22. 비품
23. 공기조화 및 방빙 시스템
24. 산소 시스템
25. 기타(방화 및 안전 시스템)

총 고정장비=M_{FE}

중량 기술의 모든 중량 부문을 총합하면 기본 공허중량 M_E가 된다.

즉 $M_E = M_{STR} + M_{PROP} + M_{FE}$가 된다.

운용 조건에 맞는 다양한 정의를 제공하기 위해 다음 항목을 항공기 공허중량에 추가할 수 있다.

1. 승무원 공급품(지침서 및 지도)
2. 승객 객실 공급품(승객 좌석이 종종 포함된다)
3. 급수 및 화장실 화학물질
4. 안전 장비(구명 재킷)
5. 잔류 연료
6. 잔류 오일
7. 물/메탄올
9. 화물 취급 장비(컨테이너 포함)
10. 산소

총 운용 항목=M_{OP}

여기에

1. 비행 승무원
2. 객실 보조요원이 추가된다.

총 승무원 중량 $=M_{CREW}$

승무원 중량은 종종 운용 항목에 포함된다.

운용 항목(승무원 포함)이 공허중량에 추가되면

총 운용 공허중량 M_{OE}이 된다.

즉, $M_{OE} = M_{OP}$(승무원 포함)$+ M_E$ 이다.

이제 유상하중을 추가해야 한다.

1. 승객 및 수하물
2. 수익(기내 판매) 화물

총 유상하중$=M_{PAY}$을 운용 공허중량에 추가하면 최대 영(무) 연료중량 M_{ZF}이 된다.

즉, $M_{ZF} = M_{OE} + M_{PAY}$이다.

마지막으로 연료가 포함된다.

3. 사용 연료($=M_F$)

연료 하중을 영(무) 연료중량에 추가하면($M_F + M_{ZF}$) **최대 이륙중량** $\boldsymbol{MTOM}$이 된다.

항공기의 최대 이륙중량은 최대중량과 언제나 같지는 않다. 이륙 출발시의 중량은 항속거리를 비행하는데 필요한 유상하중과 연료에 따라 다르다. 이들은 운항과 관련된 운용 고려사항이다.

구성부품(세부계통) 중량 목록은 다양한 중량 항목으로 분류할 수 있으며 다른 조건의 항공기에 맞게 다양한 정의 (예를 들어, 기본 공허중량, 운용중량, 영(무)연료중량)를 할 수 있다. 용어의 표준화가 확립되어 있지 않기 때문에 다른 출처에서 인용된 중량과 비교할 때에는 주의를 기울여야 한다.

7.4.1 한계 속도

중량 목록에 있는 일부 성분의 경우 구조 중량을 추정할 때에는 항공기 속도에 관한 지식이 필요하다. 속도 한계는 운용 요건으로 정한다. 전형적인 한계를 그림 7.9에서 보여주고 있다.

최대속도 한계는 설계 강하속도(M_{n_D} 혹은 V_D)로 정의된다. 비록 민간 항공기는 고속 강하 기동을 수행할 가능성이 없지만 여전히 구식 용어로 정의하고 있다. 프로젝트 연구를 수행할 때에는 항공기의 최대 속도를 지정할 가능성은 없다. 그러나 설계 순항속도(M_{n_C} 혹은

V_C)를 알아야 한다. 민간 항공기에 대한 감항성 요건은 설계 순항속도와 최대(강하)속도 사이에 마하 0.05의 최소 여유를 설정하고 있다. 현용 항공기 디자인으로부터의 데이터를 현재의 관행을 보여주기 위해 사용할 수 있다.

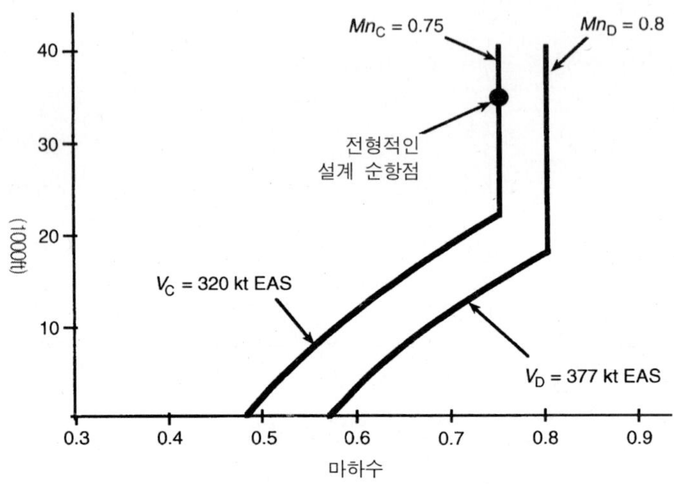

그림 7.9 전형적인 항공기 속도 한계

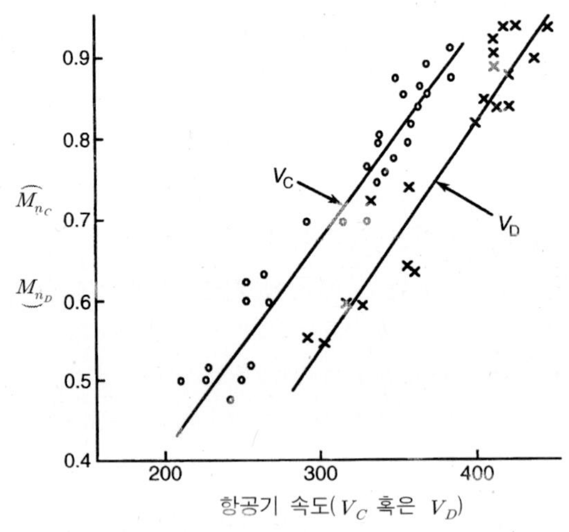

그림 7.10 항공기 속도 관계(kt EAS)

그림 7.10은 상세한 중량 계산 공식에서 사용되는 설계 강하속도(V_D)를 추정하기 위해 순항속도에 관한 지식과 함께 사용할 수 있다.

감항성 규정에서는 (비행 기동과 돌풍 포위선도에서) 항공기가 견뎌야 하는 최대 가속도를 지정하고 있다. 이러한 요건은 항공기 구조 및 항공기 구조에 관한 구조 부재의 크기와 중량에 대한 하중을 기술하고 있다. 초기 설계 단계에서 최대값으로 2.5g를 가정할 수 있다 (여기서 g=중력가속도이다). 이 값에 종극계수 1.5를 곱하면 종극설계계수가 된다.

7.4.2 객실 압력

동체 외피는 최대 객실 차압으로 야기될 수 있는 하중을 견딜 수 있도록 설계되어야 한다. 이는 특정의 객실 고도(객실 여압)와 항공기가 비행하는 최대 고도에 좌우된다. 표준 대기조건에 대한 관계가 부록에 주어지며, 그 효과를 그림 7.11에서 보여주고 있다.

객실 고도는 종종 최대고도 8000ft(2440m)로 설정한다. 최대 항공기 고도는 항공기 성능과 운용 한계로부터 구한다. 동체의 경우 앞에서 인용한 중량 추정에서 재래식 객실 차압으로 가정하였다. 비정상으로 높은 고도로 비행하는 항공기의 경우나 정상보다 낮은 객실 압력에서는 추정 중량이 증가하게 된다.

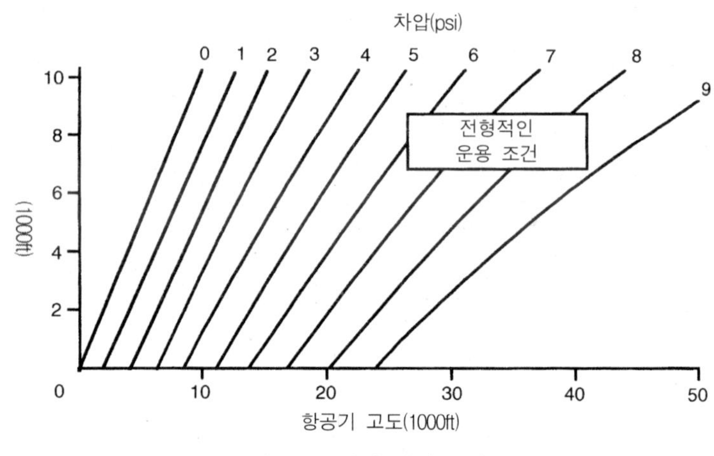

그림 7.11 객실 압력 요건

7.5 항공기 중력중심

일단 모든 구성부품의 중량을 알게 되면 항공기 중력중심의 위치를 구하는 것이 비교적 쉽다(그림 7.12). 날개를 일반적인 항공기 배치도에서 동체를 따라 정확하게 배치할 수 있도록 하기 위해서는 프로젝트 설계의 초기 단계에서 항공기 중력중심의 위치를 아는 것이 필요하다.

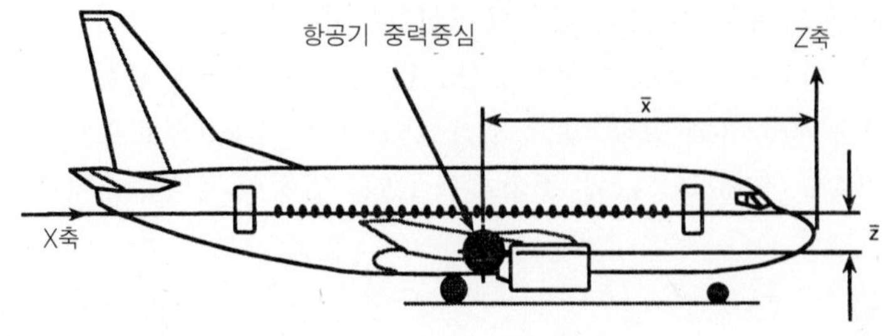

그림 7.12 항공기 중력중심

항공기의 중력중심과 관성 피칭 모멘트를 구하기 위해 중량 기술에서 나타낸 구성부품 중량의 표준 목록을 확장할 수 있다. 주어진 일련의 항공기 축으로부터 구성부품의 중력중심의 위치 거리를 지정하기 위해 여분의 칸이 필요하다. 항공기 축의 위치는 임의로 선택할 수 있다. 종종 이들은 항공기의 주요 숫자와 부합되게 선택된다(위 선도에서 x축은 보디 기준선으로 선택되고, z축은 항공기 기수 기준선으로 선택된다). 항공기 동체를 펼칠 때에는 이 축의 위치는 혼란을 가중시킬 수 있다. 이러한 어려움을 피하기 위해 일부 디자인에서는 항공기 기수에서 멀리 떨어진 원래의 방위를 참조 기준선으로 사용한다. 중량 목록은 표 7.2에서 보는 바와 같이 확장할 수 있다. 항공기 중력중심 위치는 다음 식으로부터 구한다.

$$\bar{x} = \frac{\Sigma Mx}{\Sigma M}, \quad \bar{z} = \frac{\Sigma Mz}{\Sigma M}$$

x축과 나란한 항공기의 중력중심은 대부분의 항공기가 xoz면(즉, 수직 항공기 중심면)에 대해서 대칭이므로 보통 평가하지 않는다.

표 7.2의 데이터를 사용하여 항공기 관성 모멘트를 평가(사정)한 결과는 이 장의 끝부분에 제시하였다.

표 7.2 관성모멘트

항목	M	x	Mx	Mx^2	z	Mz	Mz^2
날개							
꼬리날개							
보디							
등							
총계	ΣM		ΣMx	ΣMx^2		ΣMz	ΣMz^2

7.5.1 중량 성분의 위치

구성부품(세부계통) 중량의 위치를 알지 못할 때는 다음의 규칙을 사용할 수 있다.

- 날개(젖힘을 하지 않은 경우): 항공기 중심선으로부터 40% 세미스팬에 있는 앞전의 38~42%
- 날개(젖힘을 한 경우): 항공기 중심선으로부터 35% 세미스팬에 있고, 앞 스파 뒤, 앞뒤 스파 사이 거리의 70%
- 동체:동체 기수로부터 거리 (% 동체 길이)
    - 날개 장착 프롭팬 엔진 (38-40)
    - 날개 장착 터보팬 (42-45)
    - 후방 동체 장착 엔진 (47)
    - 동체에 파묻힌 엔진 (가변적)
- 수평꼬리날개: 항공기 중력중심으로부터 38% 세미스팬에 있는 시위의 42%
- 핀(T자형 꼬리날개): 익근 시위 위의 55%에 있는 시위의 42%
  다른 유형의 꼬리날개 레이아웃의 경우에는 어림잡아서 해야 한다.
- 나셀: 기수로부터 40% 나셀 길이
- (조종)면 조종 장치: 평균 공기역학적 시위 시위의 뒷전
- 랜딩기어: 상세한 다리 위치를 결정하지 않을 경우에는 항공기의 중력중심에 있거나 기하학을 알 경우에는 휠 중심
- 연료 탱크: 평행한 끝면의 면적 $S_1 S_2$ 사이의 길이가 L인 각뿔대 탱크의 경우 중력중심은 아래 공식으로 (평면 S_1)으로부터의 거리에 있도록 계산한다.

$$\frac{L}{4}\left(\frac{S_1 + 3S_2 + 2\sqrt{S_1}\,S_2}{S_1 + S_2 + \sqrt{S_1}\,S_2}\right)$$

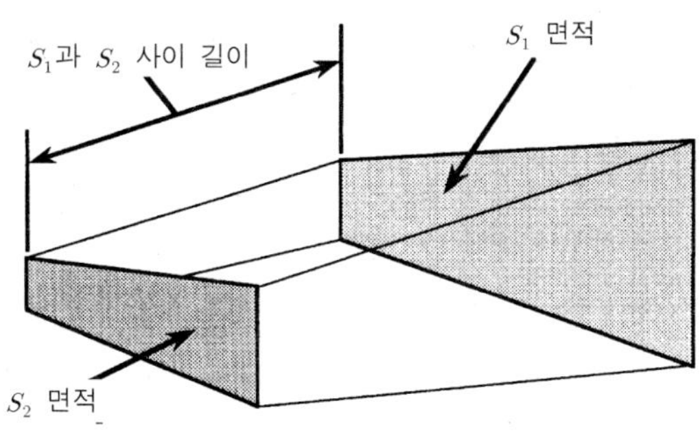

그림 7.13 연료 탱크 체적

7.6 항공기 평형선도

앞 장에서 우리는 한 가지 하중 조건(보통 최대 이륙중량)의 항공기를 다루었다. 항공기는 비행한 단계의 거리 변화와 탑승한 승객 수에 기인하여 최대 중량보다 적은 중량으로 비행하게 된다. 설계에 완전한 자신감을 갖기 위해서는 대부분의 전후방 중력중심을 설정할 수 있는 하중과 유상하중 분포에서의 모든 변화를 고려할 필요가 있다. 이러한 위치는 항공기의 안정성과 조종 특징에 영향을 주게 되며 꼬리날개 표면과 랜딩기어에 대한 주요 하중을 지령하게 된다. 모든 항공기가 광범위한 유상하중 변화를 갖는 것은 아니며 이러한 경우에 중력중심 한계는 앞에서 기술한 도표 방식으로 쉽게 구할 수 있다. 다른 항공기의 경우 중력중심의 위치는 평형선도라고 부르는 그래프를 사용하여 가장 잘 묘사할 수 있다.

7.6.1 평형선도

전형적인 평형선도를 그림 7.14에서 보여주고 있다. 다음의 각주는 재래식 단일 통로 혹은 통로가 2개 있는 정기여객기의 선도를 구성하는 것을 기술하고 있다.

1. 운용 공허조건 (즉, 유상하중과 연료가 없는) 경우에서 항공기 중력중심의 위치는 앞에서 기술한 표 방법(표 7.2)을 사용하여 모든 구성부품 중량의 영향을 합하여 구할 수 있다. 운용 항목(승객 이동, 착륙장치 오므림 등)의 변화를 고려하여 공칭 위치에 대해 1~3%의 변화를 허용하는 것이 보통이다(점 A, A′ 참조).
2. 승객의 하중은 점진적으로 발생한다고 가정한다. 선 A-B는 앞에서 뒤까지 창문 쪽 좌석에 먼저 자리를 잡는다고 가정한다. 선 A′B′는 제일 먼저 선택할 뒤에서 앞까지의 창문 쪽 좌석으로 생각한다.
3. 승객 하중은 통로 옆 좌석으로 지속된다고 생각한다(BC는 앞에서 뒤로, B′C′는 뒤에서 앞으로).
4. 잔여 좌석을 동일한 방법으로 채운다(CD와 C′D′).
5. 대부분의 전방 중력중심의 위치에서 앞 격실에 있는 화물이 승객 고리(점 E)의 최전방 위치로 추가된다. 그러나 이 경우는 전방 승객의 위치를 중요하다고 생각할 경우에는 항공기 적재 담당자(즉, 항공기에 적재할 책임이 있는 지상 엔지니어)가 뒤 화물을 적재하려고 결정하는 경우에는 너무 중요하다고 생각할 수 있다.
6. 뒤 화물을 그 다음에 추가한다(점 F).
7. 그리고 연료를 추가한다(점 G).

8. 대부분의 후방 항공기 C.G 위치에서 유사하게 화물을 적재한다(I), (J).
9. 뒤 적재 위치의 가장 중요한 점(K)에 대부분의 후방 중력중심 위치(L)를 나타내기 위해 연료를 추가할 수 있다.

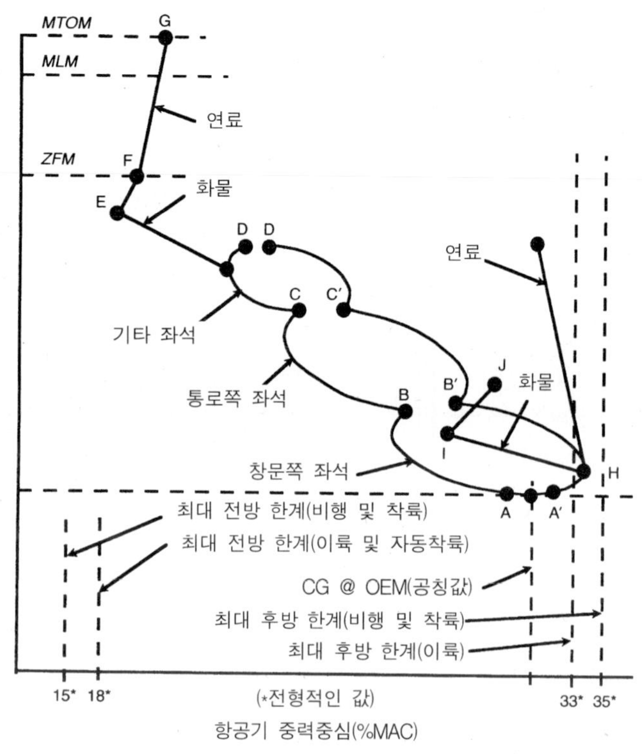

그림 7.14 항공기 적재 고리

여러 화물실에 있는 화물의 배치를 항공기 중력중심을 허용 가능한 중심 위치로 가져오는데 사용할 수 있다. 이 과업은 항공기 기장 혹은 다른 비행 승무원과 상의하여 항공사 하중 담당자가 책임진다.

(콩코드와 같은) 일부 항공기에서 항공기 중력중심과 비행할 때에 양력중심의 위치가 바뀌는 것은 비행할 때에 연료를 전방에서 후방 탱크로 전환하여 안정화하지만 이 기법은 재래식 상용기 디자인에서는 추천되지 않는다.

항공기 레이아웃이 항공기 평형선도의 형태에 상당한 영향을 줄 수 있다. 날개 전방의 엔진 형상이거나 후방 동체에 있는 엔진 형상은 그림 7.15에서 도식적으로 보여주는 것과 같이 적재 고리를 경사지게 하는 원인이 된다. 항공기 운용을 가장 융통성 있게 하기 위해서는 중력중심 범위(최대 후방에서 최대 전방 위치까지)를 가능한 한 작게 유지해야 한다. 대형 민

간 수송기의 경우 최대 후방 위치는 날개 평균 공력시위의 약 35~40%와 8% MAC의 최대 전방 위치로 제한된다. 전형적인 형상(예를 들어 A 300)은 11~31%가 된다. 일반적으로 중력중심의 범위가 크고 유상하중이 많을수록 필요한 꼬리날개 표면은 더 크고 무거워진다.

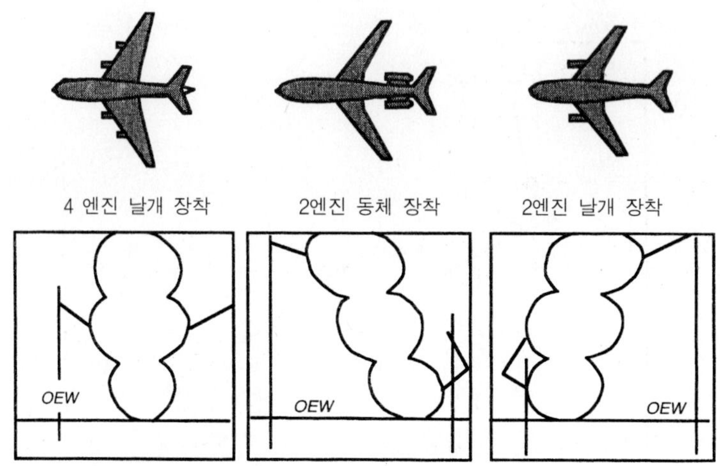

그림 7.15 적재 고리에 대한 항공기 형상의 효과

7.7 유상하중-항속거리 선도

항공기의 하중 선택권은 항속거리의 견지에서 다양한 비율의 연료 중량과 유상하중을 제공하는 선도의 형태로 종종 나타낸다. 이는 그림 7.16에서 보는 바와 같다.

선도에 대한 설명을 기술하면 다음과 같다. 선도에서 번호는 아래의 각주를 의미한다.

1. 질량은 수직축에 항속거리는 수평축에 그려 유상하중-항속거리 선도가 시작된다.
2. 수평축(항속거리)에 항공기 운용 공허중량(OEM)을 그린다.
3. 항공기가 날기 위해서는 연료를 추가해야 한다. 탑재해야 할 필수 연료 보유량에 기인하는 OEM 위치 위에서 사용 연료 중량선이 출발한다. 연료를 추가하면 항공기는 더 멀리 날 수 있지만 관계는 선형적이지 않다.
4. 항공기는 최대 연료 사용 용적에서 한계(선분 A)를 갖는다. 이는 항공기 구조 내에서 사용할 수 있는 연료 탱크의 물리적인 용량으로 구한다. 이 한계는 장거리 외부 날개(혹은 동체) 장착 탱크를 추가하여 다소 극복된다.

5. 탑재해야 할 최대 유상하중은 동체 공간 한계 혹은 구조 강도(MZF)로 정한다. '항공기 공허중량+연료' 선 위에 선을 구성하여 최대 허용 유상하중을 대체할 수 있다. 이는 항공기가 특수 항속거리를 비행할 수 있는 이륙중량을 나타낸다.
6. 항공기는 최대값의 이륙중량(MTOM)으로 설계된다. 이는 선 (5)의 위로 올라가는 성장을 제한할 수 있다. 이는 항공기가 완전히 탑재한 유상하중에서 최대 항속거리를 나타낸다. 항공기는 유상하중을 줄여야만 더 멀리 날 수 있지만 MTOM에 항공기를 고정한다.
7. 특수(가외) 연료 탱크가 없으면 '최대 연료 탱크 설비'의 범위를 넘어서 비행할 수 있도록 항공기의 유상하중을 MTOM 한계 이하로 더 줄여야 한다.
8. 중량-항속거리 선도는 또한 허용 최대 착륙중량(MLM)이 제한한다. 이는 항속거리를 비행하는데 필요한 것 이상으로 적재할 수 있는 최대 추가 연료(+예비 연료)를 제한한다.

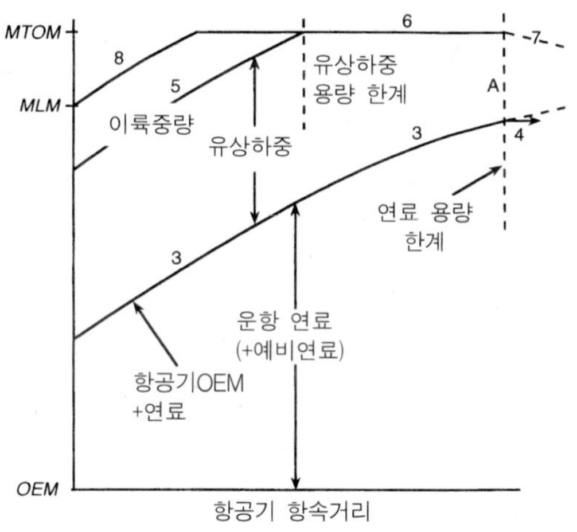

그림 7.16 항공기 유상하중–항속거리 한계

그림 7.16으로는 항공기 중량에 대한 모든 구속요소를 나타내는 것이 너무 복잡하여 항공기의 운용 한계를 설명할 수 없다. 이들은 **그림 7.17**과 같이 지정한 항속거리 이상으로 탑재할 수 있는 항공기 유상하중의 선도를 그려 가장 잘 기술할 수 있다.

필요연료는 선도에서 함축적으로 가정한다. 종종 확대한 항속거리 요건을 운용자가 요구하지 않을 경우에는 선 A의 오른쪽으로 가는 선도 부분은 제조업자가 그리지 않는다.

선분 3, 4, 5, 6, 7로 경계를 한 **그림 7.16**의 부분이 재래식 유상하중-항속거리 그래프를 구성하는데 사용된다(**그림 7.17**).

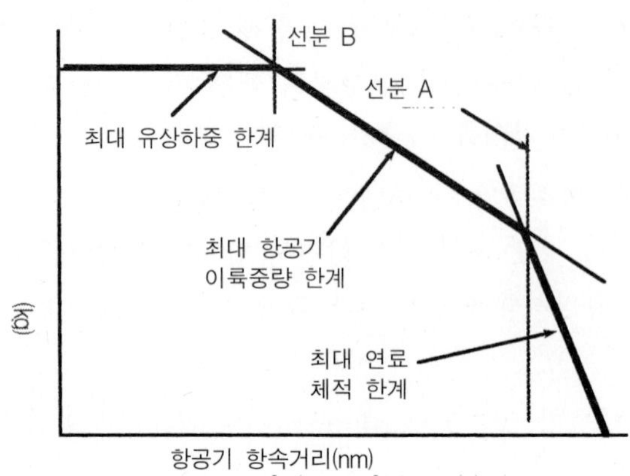

그림 7.17 항공기 유상하중-항속거리 선도

유상하중-항속거리선도는 그림 7.18에서 보는 바와 같이 (a) 적은 인원 혹은 승객, (b) 낮은 최대 중량 한계, (c) 다른 최대 연료 용량을 중첩하여 다른 버전의 동종의 항공기 모델을 설명하는데 사용할 수 있다.

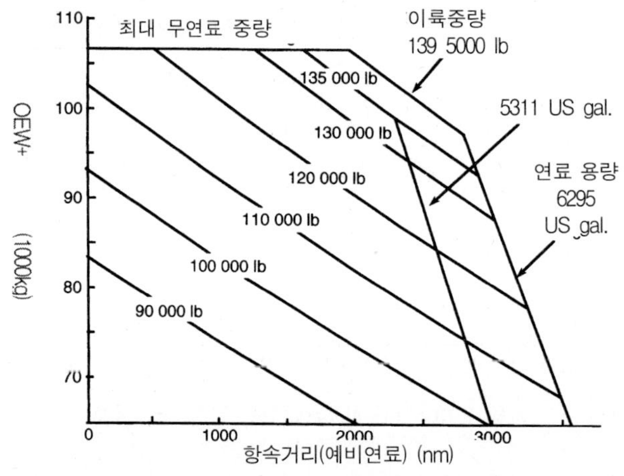

그림 7.18 실제 항공기 유상하중-항속거리 선도(출처: Boeing Data)

7.8 항공기 레이아웃과 평형

초기 프로젝트 작업에서 동체와 나란한 날개의 위치를 구할 필요가 있다. 선택된 위치는 항공기 중력중심의 위치에 영향을 주게 된다. 이 중력중심(c.g.)의 위치는 항공기의 유상하중 적재 한계에 영향을 주게 된다. OEM의 c.g. 위치가 너무 멀면 실질적인 하중은 앞바퀴 착륙

장치 하중에서 수용되지 않으며 전방에서 너무 멀면 항공기를 평형시키고 조종하는데 불충분한 꼬리날개 동력이 있게 된다. 정확하게 '적합된' 날개와 보디의 위치를 구하는데 사용되는 여러 가지 경험적 방법이 있지만 이들 모두는 반복 기법을 사용한다.

항공기 운용 공허중량을 고려할 깨 가장 간단한 방법은 두 가지 별도의 그룹으로 분류하는 것이다.

1. 날개와 관련된 중량(M_w)

   날개, 연료 시스템, 주 착륙장치 및 날개 장착 엔진 및 시스템이 포함된다.

2. 보디와 관련된 중량(M_f)

   동체, 장비, 비품 및 운용 항목, 기체 정비, 승무원, 꼬리날개, 앞 착륙장치, 동체 장착 엔진 및 시스템이 포함된다.

날개에 장착한 엔진의 위치가 동체 레이아웃(예를 들어 팬 혹은 터빈 소음 면)과 연결되어 있으면 엔진 중량은 보디 그룹으로 전환해야 한다.

날개의 평균 공력 시위의 백분율로서 **OEM** 중력중심의 위치에 대한 민감한 추정이 이루어지고, 날개 앞전에 대해 주어지는 모멘트는

$$x_f = x_{OEM} + (x_{OEM} - x_w)\frac{M_w}{M_f} \text{ 이다.}$$

여기서 x_f는 동체 그룹 c.g.의 위치(%MAC)

x_{OEM}은 선택한 항공기 **OEM** c.g.의 위치(%MAC)

x_w는 구한 날개 그룹 c.g.의 위치(%MAC)

어떤 중량 성분도 생략하지 않았다는 것을 보장하기 위해서는

$M_w + M_f = M_{OEM}$임을 확실히 해야 한다.

날개와 동체 레이아웃을 겹치면 날개 평균 시위의 앞전 뒤 x_f에 보디 그룹의 중력중심을 정하는 것이 가능하다.

항공기 **OEM** 중력중심의 위치에 대한 적절한 값을 선택하기 위해서는 유사한 레이아웃과 유형의 항공기에 대한 이전의 경험이 뒤따라야 한다. 그림 7.15의 평형선도에서 학습한 형상의 경우 다음의 값이 적절하다.

A(재래식 날개 장착 엔진): $x_{OEM} = 25\% MAC$

B(동체 장착 엔진): $x_{OEM} = 35\% MAC$

C(날개 전방 장착 엔진): $x_{OEM} = 20\% MAC$

c.g. 범위가 제한되는 항공기에서는 $x_{OEM} = 25\% MAC$를 사용한다.

응용심화학습 1 날개 기하학의 정의

중량을 추정할 때와 다른 계산을 위해 날개 기하학에 대한 다른 정의가 인용된다. 이러한 것들을 이해하기 위해 다음과 같은 주석이 주어진다.

(1) 평균공력시위(MAC)

$$\bar{c} = \frac{2}{S}\int_0^{b/2} c^2 dy$$

직선 테이퍼 날개의 경우는 $\frac{2}{3}c_r\frac{1+\lambda+\lambda^2}{1+\lambda}$와 같다.

여기서 $\lambda = c_t/c_r$이다.

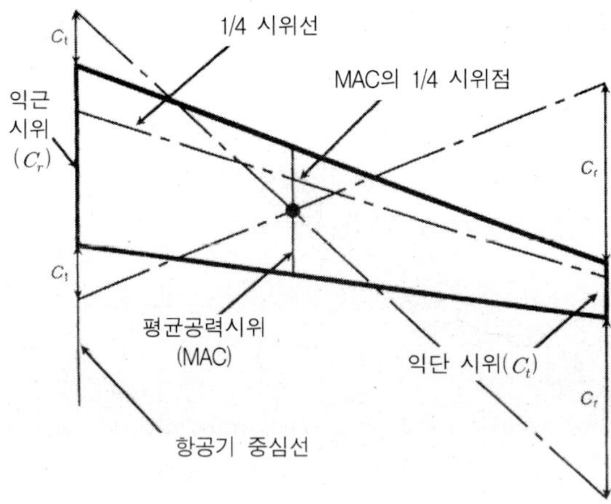

그림 7.19 MAC 위치의 도식적 추정

c_r는 익근(중심선 시위)이며 c_t는 익단 시위이다. MAC의 위치는 그림 7.19에서 보는 바와 같이 도식적으로 구할 수 있다.

(2) 표준 평균 시위(SMC)

$$SMC = \frac{S}{b}$$

여기서 S는 총 날개 면적 b는 날개 길이이다.

(3) 공력중심

이는 날개의 공기역학적 피칭모멘트계수가 아임계 흐름에서 최대 양력이 될 때까지 눈에 띌 정도로 일정한 날개의 xoz면에 있는 점으로 정의된다. 보통의 젖힘과 테이퍼에서 MAC의 앞전의 1/4 시위 위치에 작용한다고 가정한다. 분석을 용이하게 하기 위하여 모든 날개의 공기역학적인 힘이 이 지점에 작용한다고 가정한다.

응용심화학습 2 항공기 중량의 정의

주요 하위 그룹의 중량(예를 들어 구조, 유상하중 등)은 여러 가지 다른 방법으로 분류할 수 있다. 보고서와 항공기 데이터 자료지에서 인용되는 정의를 요약하면 다음과 같다.

- MEM: 제작사 공허중량(구조+추진+고정장비의 합)
- DEM: 운반 공허중량(MEM+표준 가동 항목의 중량(즉 특별 고객 요건에 기인하는 중량)
- EM(Dry): 건조공허중량
- BEM: 기본 공허중량=MEM+가동 항목(종종 기본 중량이라고 한다).
- OEM: 운용 공허중량=유상하중과 연료를 제외한 운용 항공기 중량
- APS: 운항을 위해 준비된 항공기=OEM, 종종 기본 운용 중량 BOM이라고 한다.
- ZFM: 무연료중량=OEM+유상하중
- TOM: 이륙중량=최대 TOM(구조 한계 TOM 내에서 이륙활주를 시작할 때의 항공기 중량
- 램프 중량: TOM+엔진 런업과 이륙하기 전에 활주로로 활주하기 위해 사용되는 연료
- LM: 착륙중량=구조 한계 MLM(최대 LM)으로 착륙하는 순간의 항공기 중량
- 총 중량: 비행시 임의의 지점에서의 비행기 중량, 종종 AUM과 혼동한다.
- AUM: 총 중량(최대 구조 한계내의 MAUM=MTOM)
- 운용 중량(OM): OEM+연료=무연료중량
- 적재량: 유상하중+연료=처분할 수 있는 하중
- 유상하중: 모든 상업적 휴대 하중. 이는 동체와 화물실에 있는 체적 용량이나 전체 구조 하중으로 제한될 수 있다.

응용심화학습 3 관성모멘트

항공기의 조종 특성을 분석하기 위해서는 항공기 중력중심을 지나가는 3축에 대한 관성모멘트(I_x, I_y, I_z)를 구할 필요가 있다. 기본역학의 평행축 원리와 합의 규칙을 사용할 수 있다.

$$Mx^2 = \Sigma Mx^2 - \overline{x^2}\Sigma M$$

$$My^2 = \Sigma My^2$$

$$Mz^2 = \Sigma Mz^2 - \overline{z^2}\Sigma M$$

그리고

$$I_x = My^2 + Mz^2 + \Sigma \Delta I_x$$

$$I_y = Mz^2 + My^2 + \Sigma \Delta I_y$$

$$I_z = Mx^2 + My^2 + \Sigma \Delta I_z$$

여기서 ΔI_x 등은 그들 자신의 중력중심에 대한 중량의 커다란 항목의 관성모멘트이다(대부분의 구성부품에서 이러한 항목은 종종 전체 항공기 관성 값과 비교하여 작으므로 무시한다).

주관성모멘트를 구하기 위해서는 관성 항의 곱을 계산할 필요가 있다.

$$M_{xz} = \Sigma M_{xz} - \bar{x}\bar{z}\,\Sigma M$$

x축과 z축 사이의 주각은

$$\tan 2\theta = \frac{2M_{xz}}{I_z - I_x}$$

주관성모멘트는

$$I'_x = I_x\cos^2\theta + I_z\sin^2\theta + M_{xz}\sin^2\theta$$

$$I'_y = I_y \quad \text{(xoz은 대칭면이므로)}$$

$$I'_z = I_z\cos^2\theta + I_x\sin^2\theta + M_{xz}\sin^2\theta$$

많은 항공기 디자인에서 주각 θ는 작으므로 $I'_x = I_x$, $I'_z = I_z$으로 가정할 수 있다.

규약에 따라, 위에서 사정한 관성모멘트는 문자로 나타낼 수 있다.

A=롤 관성모멘트=I'_x

B=피치 관성모멘트=I'_y

C=요 관성모멘트=I'_z

이러한 표시법이 항공기 안정성과 조종성 방정식과 항공기 하중분석에서 사용된다.

Chapter 08 Aircraft Design

양력 및 항력 추정

● 항공기의 양력과 항력 특징에 대한 지식은 항공기의 비행 특성을 구하는데 기본이 된다. 이 장에서는 기지의 항공기 기하학으로부터 양력과 항력이 어떻게 유래하는지를 기술하고 또한 거꾸로, 항공기 레이아웃의 선택이 양력과 항력 발생에 어떠한 영향을 미치는지를 기술한다. 유상하중 요건으로 동체 형상을, 엔진 크기로 나셀 기하학을, 안정성 고려사항으로 꼬리날개 면(조종면)이 미리 결정되면, 날개 매개변수가 양력과 항력 측면과 관련하여 고려해야 할 주요한 변수이다. 이러한 목적을 달성하기 위해 특정한 성능 요건을 제공하는 날개 단면 프로파일과 윤곽(플랜폼) 기하학의 선택에 대한 지침이 주어진다. (동체, 나셀, 날개 및 꼬리날개 조종면 등) 모든 항공기 성분을 망라하는 항력 추정법이 또한 제공된다. 그러한 방법은 개념설계 단계에서 사용하기에 적절하며, 차후 설계 단계에서 보다 상세한 추정 절차를 위한 단서를 제공해준다.

8.1 서론

(예를 들어, 항공기 중량과 플랩 변화와 같은) 여러 가지 형상과 (예를 들어, 순항, 이륙, 착륙과 같은) 다른 비행 조건에서 항공기의 양력과 항력 성능을 추정하는 능력이 항공기 설계 과정에서 필수이다. (예를 들어, 날개, 동체, 꼬리날개, 엔진과 같은) 모든 성분을 전체 추정 과정에서 고려할 필요가 있지만 날개가 가장 중요하다. 동체 형태와 크기는 주로 (예를 들어, 승객 좌석 배열, 화물 컨테이너 크기와 같은) 유상하중과 관련된 요건으로 구한다. 나셀 형태는 엔진 기하학과 핵심 엔진으로 들어오고 나가는 흐름 요건과 관련된다. 꼬리날개 크기 결정은 대부분 안정성과 조종성의 함수이다. 반면에 날개 크기와 형태는 항공기의 양력과 항력에 상당한 영향을 준다. 날개의 기하학적인 특성을 면밀하게 선택하는 것이 항공기 설계에서 양력 요건을 충족하고 전체 항력을 줄이는데 중심 이슈가 된다. 이 과정의 많은 이슈는 제6장에서 논의했으므로 여기에서는 양력과 항력의 추정과 직접적으로 관련되는 측면만을 논의하기로 하자.

항공기에 작용하는 양력과 항력은 항공기 주위의 전체 압력장의 (비행 방향에 수직한) 수직성분 및 (비행 방향과 나란한) 수평 성분으로 구한다. 그러므로 양력과 항력은 독립 매개변수가 아닌 것은 놀랄만한 일이 아니다. 추정 과정에서 알게 되겠지만, 항력이 부분적으로는 형태와 표면 조건의 함수로서 구하고 부분적으로는 양력(양력 유도 항력 성분)의 함수로서 구한다. 비행 조건에 맞는 충분한 양력이 발생되려면 (예를 들어, 플랩 전개와 같은) 날개 프로파일에서의 변화가 필요할 수 있다. 그러한 변화는 항력 평가에서 상당한 영향을 주게 된다.

항공기 주위의 전체 압력 분포가 또한 양력과 항력 성분이 작용한다고 가정한 점에 대한 피칭 모멘트에 기여하게 된다. 이 피칭 모멘트는 (예를 들어, 플랩과 착륙장치 전개와 같은) 다른 항공기 형상마다 다르게 되며 항공기에 작용하는 평형력을 계산할 때 고려해야 한다. 왜냐하면 이는 꼬리날개 크기와 효율에 대한 요건의 주요한 기여요소 중의 하나가 되기 때문이다.

먼저 양력과 항력 발생에 대한 날개 형태의 상호관계를 먼저 기술하고 그 다음에 항공기 구성부품의 지식으로부터 전체 항공기에 대한 양력과 항력의 추정법을 살펴보기로 하자.

8.2 날개 기하학(형태) 선택

항공기에 필요한 총 날개 면적을 초기 추정으로부터 구했다고 가정하면(제11장 참조), 구해야 할 두 가지 기하학적인 매개변수가 존재한다. 즉, 에어포일(익형) 단면 프로파일과 날개 플랜폼(윤곽) 형태이다. 이러한 선택을 할 때에는 3가지 운용 경우를 고려할 필요가 있다.

즉, 날개는 운항(순항) 형상에서 효율적이어야 하며, 날개는 이륙과 착륙 형상(즉, 플랩 전개)에서 충분한 양력을 발생할 능력을 가져야 하며, 날개는 이륙을 한 후에 주요 엔진 고장 인증 상승 구간에서 가능한 가장 낮은 항력을 가져야 한다.

8.2.1 에어포일(익형) 단면 프로파일

에어포일(익형) 프로파일 형태의 상세한 규격에는 **그림 8.1**에서 보는 바와 같이 날개 시위 길이, 캠버 형태, 최대 두께 및 앞전 반경에 대한 정의가 필요하다. 기하학을 일반화하기 위해 길이는 비(예를 들어 두께/시위비)로 만들기 위해 각 매개변수를 시위 길이로 나누어 무차원으로 나타낸다.

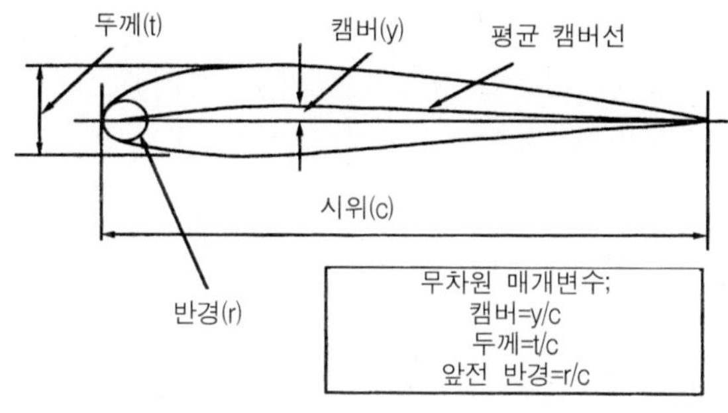

그림 8.1 단면 기하학 정의

단면 형태는 날개의 다른 부분 위에 부드러운 시위방향 흐름 조건을 주고 날개의 바깥쪽(익단) 실속에 대비하기 위해 날개 길이를 따라 변하게 된다. 개념 설계 단계에서 사용할 수 있는 에어포일 단면은 일정한 단면 형태 위의 2차원 흐름과 관련된다. 이 데이터는 3차원 흐름 조건을 고려하기 위해 수정할 필요가 있으며 날개 길이와 나란하게 변하는 단면 형태와 통합해야 한다.

날개 단면 형태는 실제 최대 양력계수(C_L), 실속 특징, 양력 곡선 형태(C_L 대 날개 붙임각, α), 프로파일 항력, 임계 마하수와 압축성 항력 상승의 형태와 정도를 결정하게 된다. 모든 이러한 데이터는 전체 항공기 운용 및 설계 매개변수를 나타내기 때문에 이런 데이터가 중요하다. 예를 들어, 순항(clean) 날개의 최대 양력 성능은 (예를 들어, 진입 속도와 같은) 비행장 성능 요건을 충족하기 위해 필요한 고양력 기구의 유형과 크기를 나타내게 된다. 양력 곡선 형태는 순항 단계에서 날개 붙임각을 결정하게 되므로 동체와 날개의 조정각도가 항공기 전체 항력을 최소화한다. 또한 항력 상승 곡선은 순항 설정값에서의 엔진 최대 순항 속도를 나타내게 된다.

일반적으로 높은 두께/시위비와 높은 시위를 갖는 단면은 높은 최대 양력계수를 나타내지만 이들은 높은 항력과 낮은 임계 마하수(낮은 순항 속도)가 된다. 모든 최신 터보팬 항공기는 '초임계'라고 하는 단면 형태를 갖는다. 이들은 최대 1/2 시위 위치에 대해 정(+)의 압력구배를 갖도록 설계되었다. 이는 상부면에서 국지 충격파의 형성을 지연시키는데 도움을 준다. 그러한 프로파일은 높은 값의 임계 마하수(유사한 두께/시위비를 갖는 재래식 단면에 비해 약 0.06 마하수의 증가)를 갖지만 최대 양력 발생은 약간 감소된다.

단면 기하학 변화에 대한 보다 상세한 내용은 공기역학 및 날개 단면 설계 관련 교재를 참고하기 바란다.

8.2.2 날개 윤곽(플랜폼) 기하학(형태)

주어진 총 면적에서 날개의 윤곽(플랜폼)은 기하학적인 매개변수, 가로세로비, 테이퍼비 및 뒤젖힘각으로 정의된다. 이러한 것들을 그림 8.2(a)에서 보여주고 있다. 많은 날개 윤곽(플랜폼)은 크랭크 모양으로 구부러진 뒷전과 통합된다(그림 8.2(b) 참조). 이는 플랩의 효율을 개선시키고 날개의 양력중심을 가벼운 날개 구조를 만드는 항공기의 중심으로 가깝게 이동시킨다. 초기 설계 연구에서 종종 윤곽(플랜폼) 기하학(형태)에서의 그러한 복잡함은 피하는 것이 필요하며 그림 8.2(b)에서 보는 바와 같이 직선 테이퍼 형태와 동일하게 전체 면적을 근사할 필요가 있다. 날개 두께와 윤곽(플랜폼) 매개변수의 선택은 제6장에서 논의하였다.

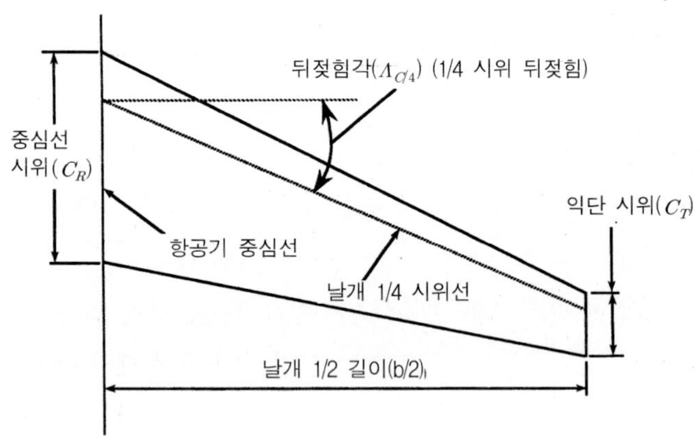

그림 8.2(a) 날개 윤곽(플랜폼) 기하학(직선 테이퍼)

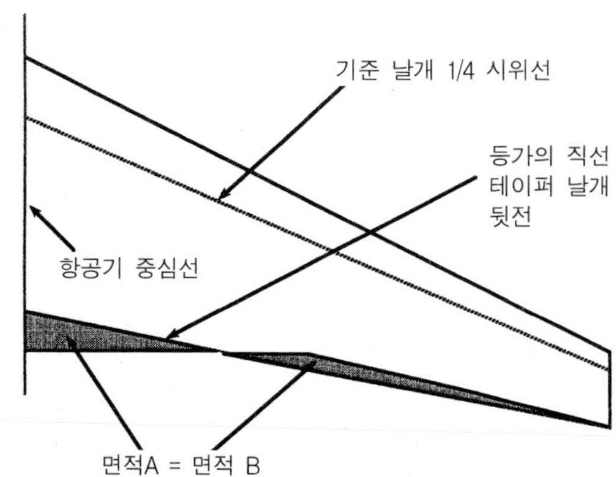

그림 8.2(b) 날개 윤곽(플랜폼) 기하학(크랭크 모양으로 구부러진 뒷전)

8.3 양력 추정

8.3.1 설계 양력계수

최신 민간 제트기에서 설계 양력계수는 설계 순항 마하수에서의 순항 조건에 어울리는 값이 된다. 기본 날개 기하학의 함수로서 설계 양력계수를 규정하는 간단한 공식을 그림 8.3에 제시하였다(출처: SAWE Paper No. 2228, 1994).

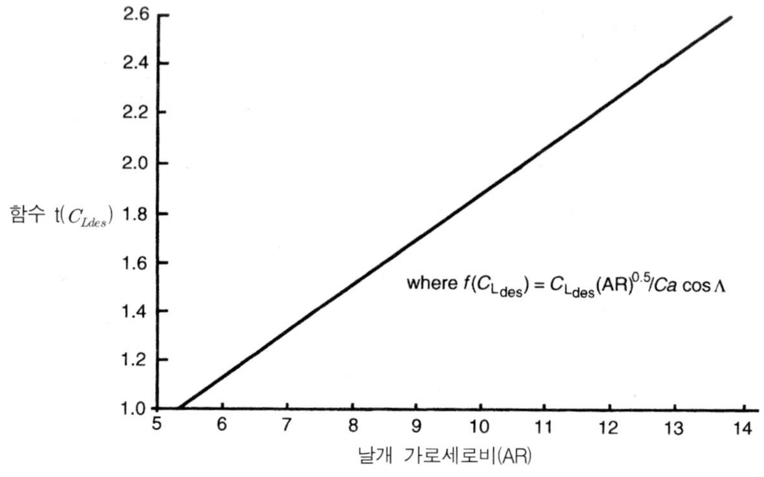

그림 8.3 설계 양력계수의 유도

여기서 위 관계식에서 계수 Ca는 설계 양력계수에 대한 날개 캠버의 영향을 반영한다. 초임계 단면의 경우 Ca는 1.0으로 간주할 수 있다. 캠버가 에어포일 시위를 따라 분포되는 재래식 단면의 경우 Ca의 값은 낮은 캠버 단면의 경우 1.02~1.05로 변하며, 상당히 캠버진 단면의 경우에는 1.05~1.15까지 변한다. 재래식 단면에서 일어날 수 있는 Ca 값에 대한 몇 가지 지침을 표 8.1에 제시하였다.

표 8.1 재래식 단면의 C_a값

M_{des}	$C_{L_{des}}$	Ca
0.65-0.70	0.14-0.60	1.10
0.70-0.75	0.30-0.55	1.07
0.75-0.85	0.30-0.45	1.05
0.85-0.95	0.20-0.30	1.02

8.3.2 최대 양력계수

단면 프로파일을 선택하면 단면 최대 양력계수를 계산하는데 사용되었던 단면 데이터를 지령하게 된다. 레이놀즈수의 효과에 관한 권리가 이 과정에 주어져야 한다. 테이퍼된 3차원 날개에서 단면 최대 양력계수는 감소된 레이놀즈수의 효과에 따라 길이방향을 따라 바뀌게 된다. 양력계수의 길이 방향의 변화는 그림 8.4에서 보는 바와 같이 주로 길이방향 하중에 좌우된다. 두 곡선이 일치되는 받음각은 날개 실속 시작의 길이 방향 위치를 나타낸다.

날개가 달성하는 최대 양력계수는 언제나 단면 최대값보다 작다(그림 8.4).

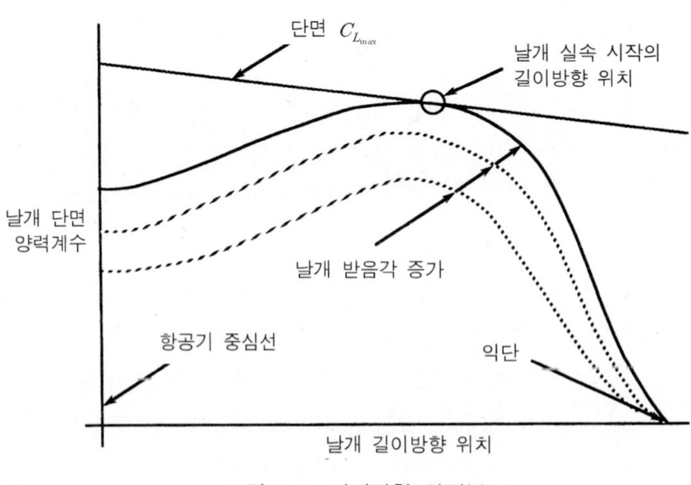

그림 8.4 길이방향 양력분포

뒤젖힘의 효과를 또한 날개의 양력을 추정할 때 고려해야 한다. 전형적인 관계는 다음과 같다.

$$(C_{L_{\max}})_{3D} = 0.9(C_{L_{\max}})_{2D} \times (\cos \Lambda)$$

최신 터보팬 항공기는 위의 효과를 고려할 때 순항형상 날개의 최대 양력계수는 약 1.5이다. 다른 고려사항이 없을 때 그러한 값은 비행장과 상승 요건을 충족하기 위해 매우 큰 날개 면적이 된다. 날개 최대 양력계수를 증가시키려면 고양력 기구를 사용해야 한다.

8.3.3 고양력 기구의 효과

고양력 기구는 일반적으로 뒷전(TE)기구와 앞전(LE)기구의 두 가지 범주로 나뉜다. 뒷전 기구는 무양력각을 감소시키므로 주어진 받음각에서 양력이 증가된다(그림 8.5).

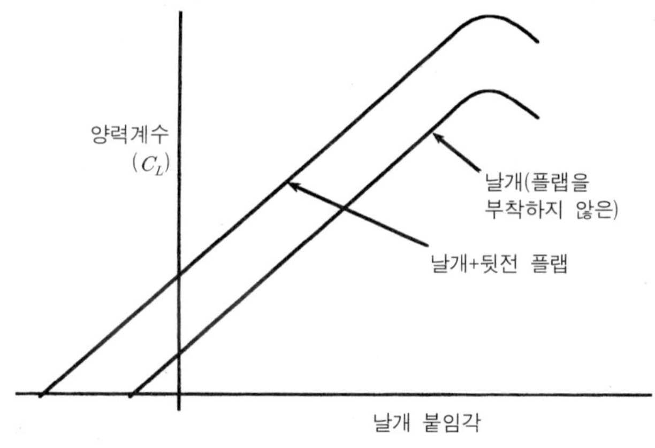

그림 8.5 양력곡선에 대한 뒷전의 효과

여러 가지 플랩 종류를 사용할 수 있다. 이러한 범위는 단순 스프릿 플랩에서 복잡한 트리플 슬롯 플랩에 이르기까지 다양하다. 뒷전 플랩의 선택을 **그림 8.6**에서 보여주고 있다. 뒷전 플랩은 두 가지 유형이다. 날개의 시위를 증가시키지 않는 유형과 시위 확장 기구를 사용하는 유형이다. 후자 유형을 포울러 플랩이라고 한다. 이들은 플랩 휨으로부터 잉여 프로파일 캠버를 추가할 뿐만 아니라 전체 날개 면적을 증가시켜 잉여 양력을 만들어내므로 더 효과적이다. 단순 플랩의 경우 최대 양력 증대는 전형적으로 50°의 휨각에서 발생한다. 이 각도 이상에서 흐름은 박리되고 잉여 양력이 상실된다. 양력 증대를 더 증가시키기 위해 2중 및 3중 슬롯 플랩이 종종 사용된다. 양력을 증가시키고 흐름 박리를 방지하기 위해 각 단면을 더 큰 각도로 휜다. 그러나 그러한 2중 및 3중 슬롯 플랩은 기구적 복잡도와 날개 중량을 증가시킨다.

보다 최근에 일부 민간 수송기는 최대 양력계수를 더욱 더 증가시키고 진입할 때에 조종성을 개선하기 위해 짝을 이루는 보조익 처짐(휨)기구를 갖는다. 이러한 종류의 디자인이 최대 처짐이 9°의 보조익 처짐과 연계된 단일 슬롯 포울러 플랩을 구비한 Airbus A300-600 항공기이다.

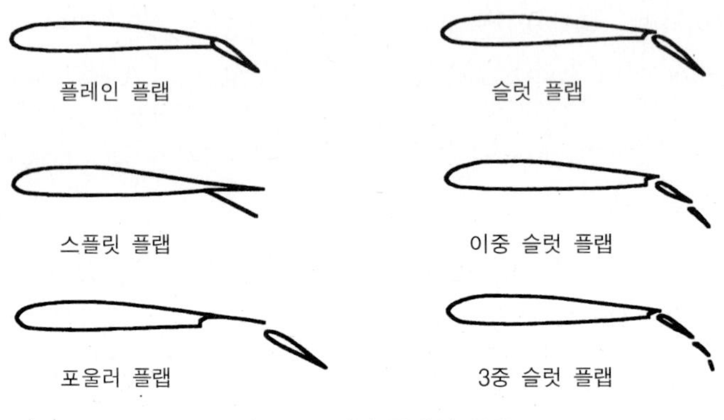

그림 8.6 뒷전 플랩의 종류

앞전기구는 그림 8.7에서 보는 바와 같이 최대 받음각을 증가시켜 날개 앞전 실속을 방지하여 날개에서 최대 양력을 증가시킨다.

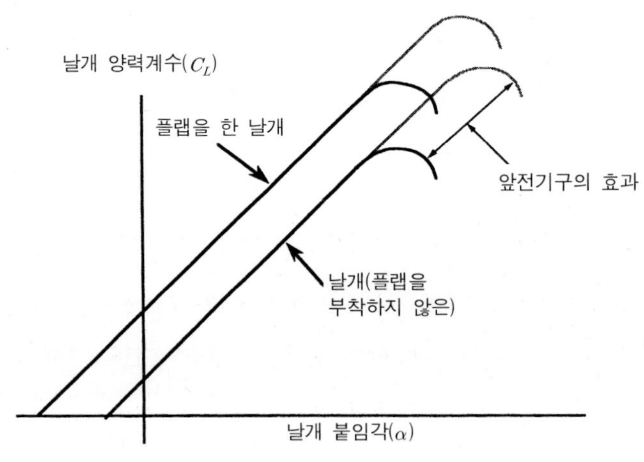

그림 8.7 양력곡선에 대한 앞전기구의 효과

뒷전 플랩과 같이 여러 가지 다른 유형의 앞전 기구가 사용된다(그림 8.8)

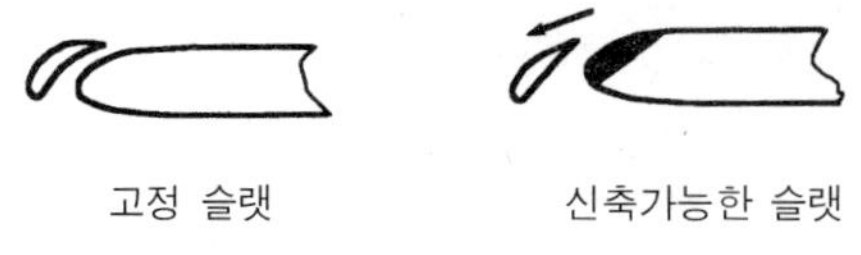

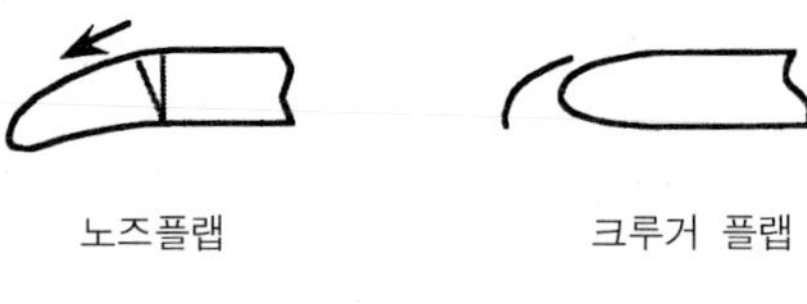

그림 8.8 앞전기구의 유형

대부분의 최신 민간 수송기는 풀 스팬 앞전 슬랫을 갖는 반면에 구식 디자인에서는 보통 안쪽 크루거 플랩과 바깥쪽 앞전 슬롯을 갖는다. 슬랫은 날개의 캠버와 시위를 증가시켜 작동한다. 만들어진 양력의 증가는 뒷전 플랩에서 수반되는 실속으로 인해 제한된다. 크루거 플랩은 슬랫과 유사한 방법이지만 날개 시위를 증가시키지 않고 양력을 증가시킨다. 이들은 종종 호의적인 피칭 특징과 날개 끝 실속을 방지하는 것을 도와주기 위해 날개의 안쪽 단면에서 사용되고 바깥쪽에서는 슬랫을 사용한다.

앞전기구는 가끔 엔진 파이런 구조로 인해 길이방향을 따라 가로막혀 효과가 감소된다. 모든 앞전기구는 날개의 기계적 복잡도를 증가시키며 그로 인해 중량과 비용이 증가한다.

8.3.4 최대 양력계수의 추정

앞전기구 및 뒷전기구를 구비한 날개의 양력 증가량은 다음 공식을 사용하여 2차원 단면 데이터로부터 추정할 수 있다.

$$\Delta C_{L_{\max}} = \Delta C_{L_{\max}} (S_{flapped} / S_{ref}) \cos \Delta_{HL}$$

여기서 $\Delta C_{L_{mzx}}$ 는 기구의 단면(2차원) 양력계수 증가량

$S_{flapped}$는 기구의 흐름 경로에서의 날개 면적(그림 8.9에서 정의한)

S_{ref}는 항공기 총 날개 면적, 설계 기준 면적

Δ_{HL}는 기구 힌지선의 뒤젖힘각-날개 세목을 사용할 수 없을 경우에는 날개 TE 뒤젖힘(플랩의 경우) 혹은 LE 뒤젖힘(슬랫의 경우)과 근사하다.

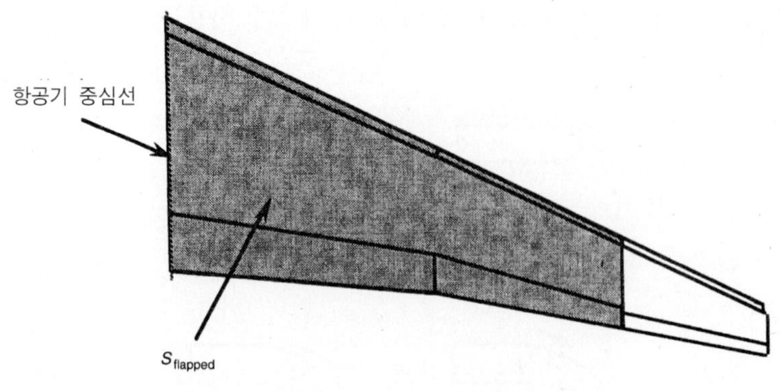

그림 8.9 $S_{flapped}$의 정의

여러 가지 앞전기구의 단면 2차원 양력계수 증가량은 표 8.2에서 보는 바와 같다. c'/c 항은 슬랫의 시위가 확장된 양을 말한다. 이는 그림 8.10에서 보는 바와 같이 c'/c에 대한 노출된 날개 길이의 백분율에 대한 경험적인 관계에 기초하여 전형적으로 1.05~1.10이다.

표 8.2 앞전기구의 양력계수 증가량

앞전 기구	$\Delta C_{L_{max}}$
크루거 플랩	0.3
슬랫	$0.4c'/c$

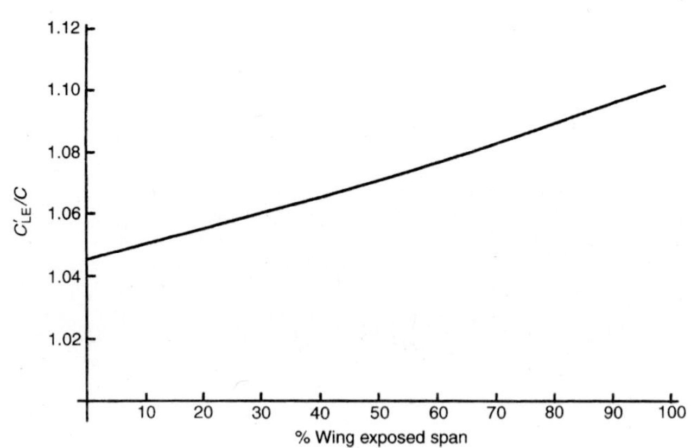

그림 8.10 앞전 고양력 기구에 대한 효과 시위의 전형적인 값

여러 가지 뒷전기구의 (2차원) 단면 양력계수 증가량은 표 8.3에서 보는 바와 같다. 값은 착륙 플랩 설정값에서의 대표치이다. 이륙 값은 이러한 값들의 60~80%를 사용한다.

뒷전 플랩에서 c'/c 항은 포울러 운동에 따른 시위 확장의 양을 나타낸다. 전형적인 값은 1.25~1.30이다. 플랩 각의 함수로서의 c'/c에 대한 뒷전 플랩의 몇 가지 공통적인 유형의 통계적인 관계는 **그림 8.11**과 같다.

표 8.3으로부터 양력 증가는 실질적으로 표 아래로 내려갈수록 증가하지만 가외로 기계적인 복잡함과 중량과 비용의 손실을 가져온다. 항공기 디자이너는 성능 요건과 일치하는 가장 간단한 시스템을 채택한다. 또한 작은 날개 면적과 복잡한 플랩 시스템 사이의 가능한 절충이나 그 반대의 절충이 존재한다.

항공기 데이터 파일(부록2)은 몇몇 과거 및 현재의 민간 수송기에서 획득한 날개 최대 양력계수 뿐만 아니라 이들이 사용했던 고양력 기구의 유형을 보여주고 있다. 이들 중의 일부를 날개 뒤젖힘각의 함수로서 **그림 8.12**에 작도하였다. 선분은 여현(코사인)의 관계를 보여준다.

실제 항공기 데이터와 비교해볼 때 위의 추정 방법은 간단히 적용할 경우 어느 정도 합리적으로 정확하다는 것을 나타내고 있다.

표 8.3 뒷전기구의 양력계수 증가량

앞전 기구	$\Delta C_{L_{max}}$
2중 슬럿 플랩	1.6
3중 슬럿 플랩	1.9
단슬럿 포울러 플랩	1.3 c'/c
2중 슬럿 포울러 플랩	1.6 c'/c
3중 슬럿 포울러 플랩	1.9 c'/c

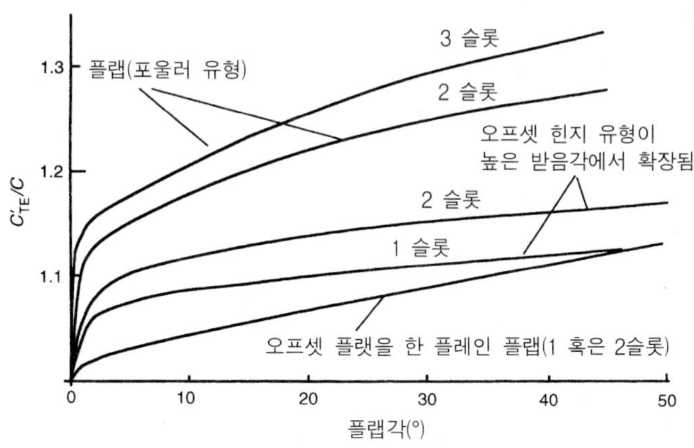

그림 8.11 뒷전 플랩의 유효 시위에 대한 전형적인 값(플랩을 완전히 확장했을 때)

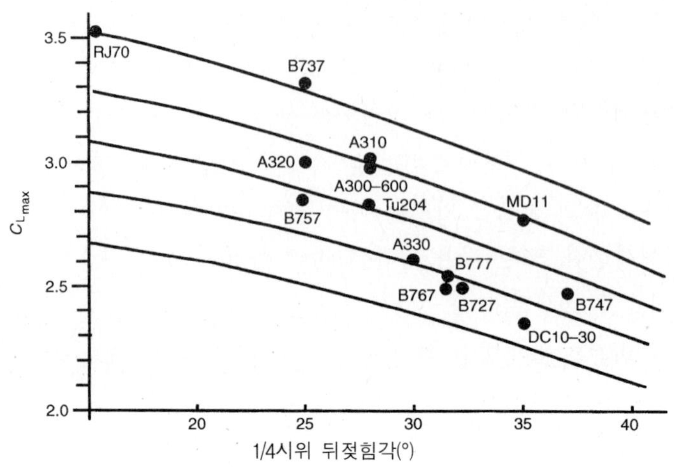

그림 8.12 최대 양력계수와 뒤젖힘각의 관계

8.3.5 양력곡선 기울기

양력곡선 기울기는 이륙 및 착륙 형상에서 항공기 받음각에 영향을 주고 동체에 대해 날개를 배치하는 영향을 주므로 중요하다. 이륙의 경우 이륙 플랩으로 부양할 때에 충분한 양력이 발달되는 각도로 받음각을 내리는 것이 필요하다. 그리고 항공기 기하학과 착륙장치 위치가 이러한 받음각으로 회전을 달성할 수 있을 만큼인가를 점검해야 한다. 착륙 형상에서 조종사의 시야가 적절한 감항 기준을 충족하도록 받음각을 설정할 필요가 있다. 동체가 거의 수평이고 순항할 때에 저항력 고도가 되도록 동체에 대해 날개의 자세를 배치하기 위해 양력곡선 기울기에 대한 지식이 필요하다.

이론적으로 격리된 날개 단면의 양력곡선 기울기(radian)는 2π이다. 실제로 값은 3차원 유동 효과로 인해 이것보다 다소 작다. 가로세로비(A)의 함수로서 3차원 날개의 양력곡선의 기울기는 다음과 같이 됨을 알 수 있다.

$$(dC_L)/(d\alpha) = 2\pi[A/(A+2)]$$

일반적으로 플랩 처짐은 양력곡선 기울기를 거의 일정하게 고정할 경우에는 무양력각에만 영향을 주게 된다. 날개 형상(즉, 고익, 중익, 저익)에 대한 동체의 위치와 뒤젖힘의 효과로 인해 추가적인 수정이 또한 필요하다.

8.4 항력 추정

항공기 전체 항력에 대한 항공기 각 구성부품(날개, 동체, 꼬리날개 조종면, 나셀 및 저속 비행 단계에서 플랩과 착륙장치)의 기여분을 별도로 계산해야 한다(출처: NASA CR 151917, A delta method for empirical drag build-up techniques, 1978).

항력을 추정할 때 날개의 영향만을 고려하는 것은 충분하지 않다.

아음속 민간 항공기에서 항공기의 전체 항력은 3가지 범주 하에서 고려할 수 있다.

1. 형태 주위의 압력장과 경계층의 표면 외피 마찰 효과에 기인하는 형상 항력
2. 양력 발생으로 인한 자세 변화에 따른 압력 변화에 기인하는 양력 유도 항력
3. 표면 위의 가속 흐름의 일부가 초음속이 될 때 충격파의 조파 항력

이러한 효과로 항공기 항력계수는 다음과 같이 귀결된다.

$$C_D = C_{D_0} + C_{D_i} + \Delta C_{DW}$$

여기서 C_{D_0}는 추정 총 형상 항력계수(즉, 조사중인 비행 조건에 적절한 모든 항공기 구성부품의 항력의 합)

C_{D_i}는 양력 의존 성분의 총 효과(주로 이는 C_{D_i}의 함수이다. 설계가 보다 더 확정되면 이 용어는 제곱 항뿐만 아니라 1차 C_L을 포함하는 것으로 확대될 수 있다).

ΔC_{DW}는 충격파에 의한 추가 항력. 민간 항공기는 항력 발산 마하수를 지나 비행하지 않으므로 이 용어는 다른 항목을 사용하지 않을 경우에는 0.0005로 가정할 수 있다.

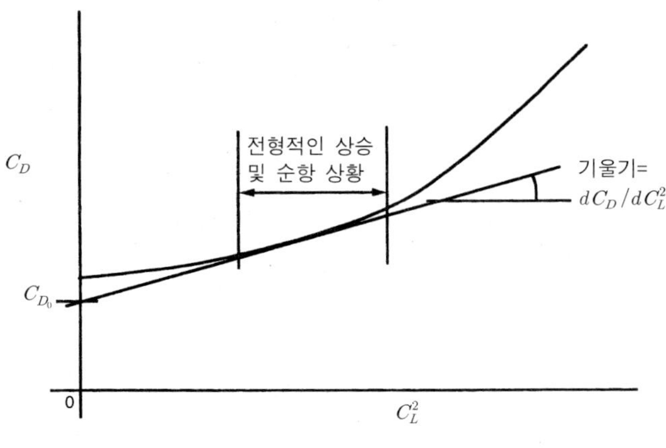

그림 8.13 항공기 항력곡선

그림 8.13에서 보는 바와 같이 총 항력계수를 C_L^2에 대해 작도할 수 있으며 이를 항력곡선이라고 한다. 각각의 항력 항에 대하여 평가해 보기로 하자.

8.4.1 형상 항력

형상 항력은 다음과 같은 공식을 사용하여 추정할 수 있다.

$$C_{D_0} = C_f FQ[S_{wet}/S_{ref}]$$

여기서 C_f는 레이놀즈수의 함수인 외피 마찰계수
F는 성분 형태계수
Q는 간섭계수
S_{wet}는 구성부품 습윤 면적
S_{ref}는 C_D계산에서 사용된 기준 면적(보통 날개 총면적)

각 성분의 레이놀즈수를 먼저 계산한다.

$$Re = (Vl)/u$$

여기서 V는 조사 중인 비행중인 항공기의 전진 속도
u는 운용 속도 및 고도의 동점도
l는 성분 특징 길이 예를 들어 동체 전장, 날개 평균 시위, 꼬리날개 평균 시위, 나셀 전장

Prandtl-Schlichting 공식을 사용하여 각 성분에 대한 난류 경계층 조건의 외피 마찰계수를 이제 계산할 수 있다.

$$C_f = [0.455]/[(\log Re_c)^{2.58}(1+0.144Mn^2)^{0.65}]$$

여기서 M은 조사 중인 운용 조건에서의 마하수
Re_c은 성분(구성부품)의 레이놀즈 수

층류조건의 임의 성분 혹은 면적은 다음 공식을 사용한다.

$$C_f = 1.328/(Re_c)^{0.5}$$

층류와 난류 조건의 성분에서 C_f값은 두 결과치의 가중 평균이어야 한다.

각 구성부품의 형태계수는 각 성분에 대한 특정의 공식을 사용하여 입력 기하학으로부터 계산한다.

(1) 동체의 경우

$$F = 1 + 2.2/(\lambda)^{1.5} - 0.9(\lambda)^{3.0}$$

여기서 λ는 $l_f/[(4/\pi)A_x]^{0.5}$

l_f는 동체 전장

A_x는 동체 단면적 (주: $[(4/\pi)A_x]^{0.5}$는 원형 동체 형태의 동체 지름

Q는 1.0

(2) 날개의 경우

$$F = (F^* - 1)\cos^2\Lambda_{0.5c} + 1$$

$$F^* = 1 + 3.3(t/c) - 0.008(t/c)^2 + 27.0(t/c)^3$$

여기서 $\Lambda_{0.5c}$는 50% 시위에서 뒤젖힘각

Q는 양호한 필릿 처리를 한 저익/중익 날개의 경우 1.0, 작거나 필릿이 없는 경우는 1.1~1.4(재래식 디자인인 경우 1.0~1.2의 값으로 작업한다)

(3) 꼬리날개 조종면의 경우

날개인 경우 F는

$$F^* = 1 + 3.52(t/c)$$

Q는 1.2

(4) 나셀의 경우

나셀의 항력 추정은 많은 나셀의 기하학과 엔진 추력의 정의의 상호관계가 미묘하므로 복잡하다. 초기 추정을 할 경우 날개에 장착한 엔진의 경우 $FQ = 1.25$를 사용하고, 후방의 동체에 장착한 설치물인 경우에는 (항공기 후방의 증가된 간섭을 고려하기 위해) 20% 더 높은 값을 사용한다.

(5) 착륙장치의 경우

이는 착륙장치와 바퀴의 수가 영향을 준다. 예비설계 단계에서 많은 이러한 데이터는 사용하지 않는다. 바퀴의 수와 일반적인 착륙장치 크기는 주로 항공기 최대 착륙중량이 영향을 준다. 여러 바퀴가 달린 보기형 착륙장치를 한 항공기의 경우 착륙장치 항력을 구할 때는 다음 공식을 사용한다.

영국 단위 $\Delta D/q = 0.0025(W_L)^{0.73}$

(W_L은 lb, $(\Delta D/q)$는 ft^2)

미터 단위 $\Delta D/q = 0.00157(W_L)^{0.73}$

(W_L은 kg, $(\Delta D/q)$는 m^2)

여기서 $\Delta D/q$는 항력 면적의 증가량(즉 $S \cdot C_{D_0}$) 여기서 S는 날개 기준 면적이고 W_L은 착륙장치의 중량/질량이다.

F100, DC9, B737 등급의 소형 항공기의 경우 보통 2바퀴 주 착륙장치를 가지므로 다음과 같은 공식이 제안된다.

영국 단위 $\Delta D/q = 0.006(W_L)^{0.73}$

(W_L은 lb, $(\Delta D/q)$는 ft^2)

미터 단위 $\Delta D/q = 0.00093(W_L)^{0.73}$

(W_L은 kg, $(\Delta D/q)$는 m^2)

빠른 결과를 얻기 위해 $\Delta D/q = 0.02S$로 가정한다(여기서 S는 날개 기준 면적이다).

(6) 플랩의 경우

고려중인 항공기에서 관찰된 고양력 장치에 의한 항력은 뒷전 플랩과 앞전 플랩의 종류에 좌우된다. 앞에서 살펴본 바와 같이, 플레인 플랩에서 하나, 둘, 혹은 세 개의 슬롯으로 면적을 확장한 플랩에 이르기까지 여러 가지 가능성이 존재한다. 예비설계 단계에서 사용하도록 제안된 방법은 다음과 같이 확장한 플랩의 면적을 포함한다.

- 1, 2, 3개의 슬롯을 가진 포울러 유형
- 낮은 플랩 각도에서 약간의 면적 확장을 주기 위해 오프셋 힌지 및 링크장치를 한 플랩

플랩 항력 증가량에 기본적으로 영향을 주는 매개변수는 플랩의 유형, 플랩 각도, 날개 면적 증가 및 뒤젖힘각으로 생각할 수 있다. 위의 매개변수뿐만 아니라 플랩 항력 증가량에 대한 정의가 중요하며, 특히 날개 면적 증가에 대한 정의가 중요하다. 사용된 부호의 정의와 관련 수치를 열거하면 다음과 같다.

ΔC_D는 플랩 항력 증가량 = 확장된 앞전기구와 뒷전기구 모두 혹은 뒷전기구만을 사용했을 때의 총 항력 증가량 -그림 8.14 참조

$\Lambda_{0.25}$는 날개 1/4 시위 뒤젖힘

S_R는 그림 8.15에서 정의한 확장된 플랩 면적비

N는 뒷전 플랩 시스템에서 슬롯의 수

β는 그림 8.16에서 정의한 뒷전 플랩 각도

C'_{TE}는 그림 8.17에서 정의한 확장된 날개 뒷전 플랩을 한 유효 날개 시위

C'_{LE}는 확장된 앞전 기구를 한 유효 날개 시위

$C_{L_{\max}}$ 는 적절한 플랩 세팅에서 검증 최대 양력계수

$\Delta C_{D1.21V_S}$는 $C_{L_{\max}}/1.44$에서 총 플랩 항력 증가량 (TO(이륙)/2차 구간 상승시)

$\Delta C_{D1.31V_S}$는 $C_{L_{\max}}/1.69$에서 총 플랩 항력 증가량 (착륙/진입시)

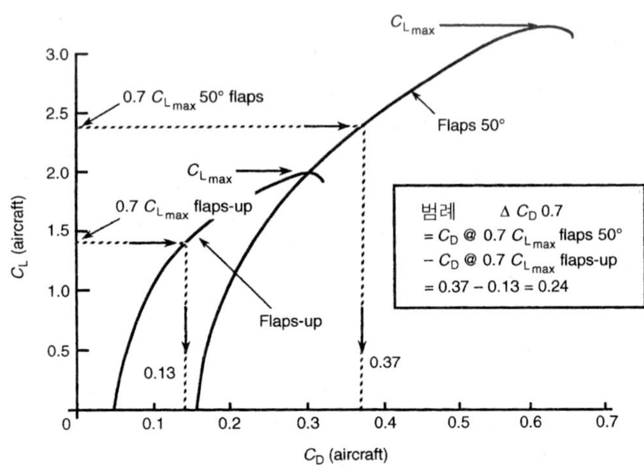

그림 8.14 $0.7C_{L_{\max}}$ 에서 플랩 항력의 정의

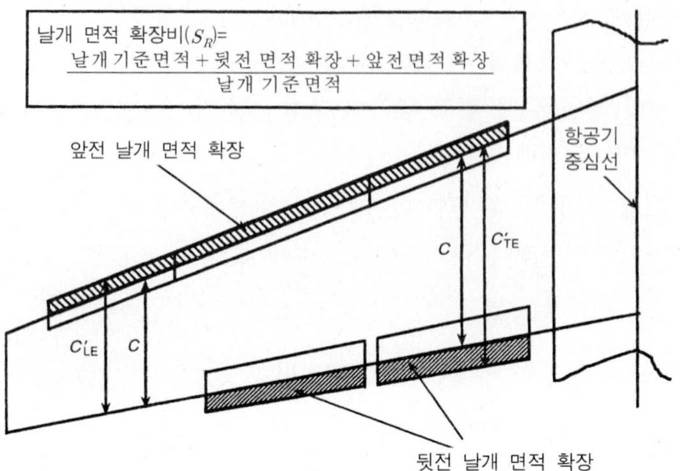

그림 8.15 날개 면적 확장비의 정의

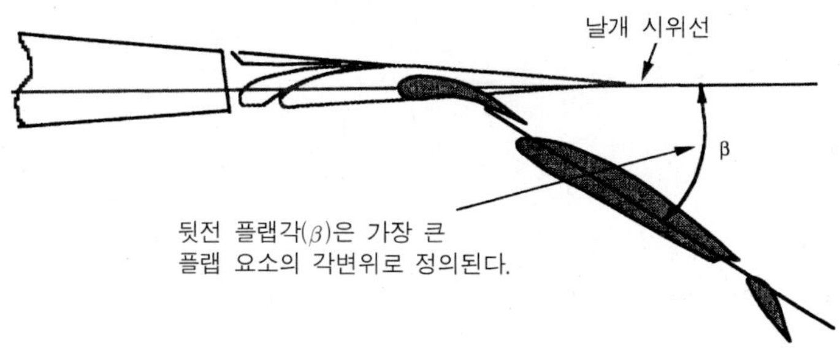

그림 8.16 뒷전 플랩각의 정의

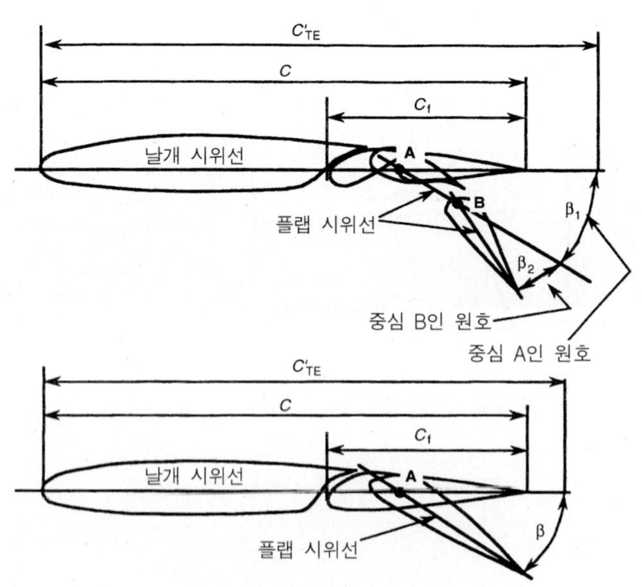

그림 8.17 유효 시위의 정의

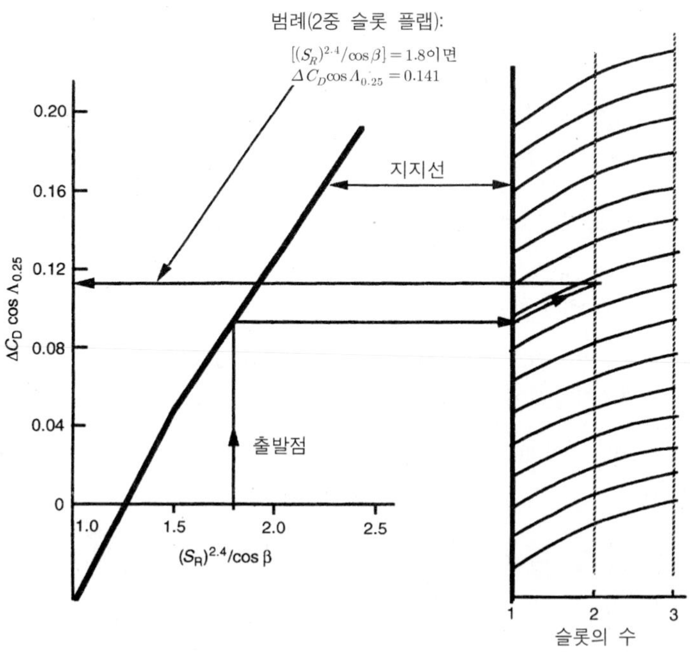

그림 8.18 1.2 V_S에서의 플랩 항력 추정의 예

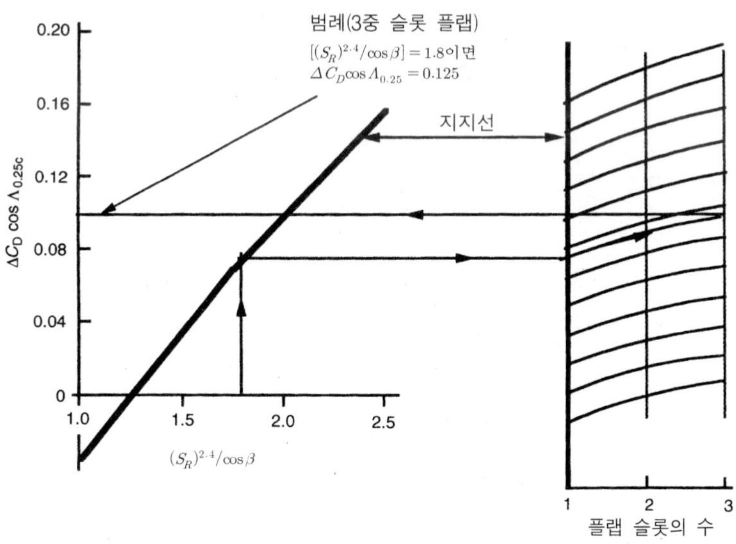

그림 8.19 1.3 V_S에서의 플랩 항력 추정의 예

이 방법의 목적은 이륙, 2차 구간 및 착륙 진입 조건에서 플랩 항력의 빠른 추정을 하는 것이다. 그러므로 플랩 항력은 적절한 플랩 조건에서 1.2 V_S와 1.3 V_S에서 나타내었다(여기

서 V_S는 플랩을 확장했을 때의 항공기 실속 속도이다). 그림 8.18과 8.19는 각각 $1.2V_S$와 $1.3V_S$에서의 항력 증가량을 보여주고 있다. 그림 8.14에서 본 것과 같이 이러한 항력 증가의 정의를 주목하는 것이 중요하다. 방법의 본질상 플랩 항력을 계산하는 이 방법은 조잡하므로 플랩과 날개의 기하학이 설정되면 바로 보다 엄밀한 방법을 적용해야 한다.

(7) 2차 항목의 항력

2차 항목의 항력은 위 방법으로 계산한 형상 항력보다 10% 더 높을 수 있다. 잉여 항력은 전형적으로 이상 성장, 표면 불완전(결함) 및 시스템 설치에 기인한다. 초기 프로젝트 설계 과업에서 다음과 같은 추정치가 제안된다.

날개: 6%의 날개 형상 항력

동체 및 미익: 7%의 동체 형상 항력

엔진 설치: 15%의 나셀 형상 항력

시스템: 3%의 총 형상 항력

위 항목에 부가하여 조종실 방풍창이 2~3%의 동체 항력을 증가시킨다.

트림 항력이 전체 항공기 항력의 주요한 기여요소가 될 수 있다. 그러나 초기 프로젝트 설계 단계에서는 정확하게 이를 추산하는데 사용되는 데이터가 충분하지 않다. 잘 설계된 항공기의 전형적인 수치는 약 5배의 항력 계산값이다($1\,count = 1 \times 10^{-4}$).

여러 가지 구성부품의 습윤면적을 추정하는데 사용되는 여러 가지 방법이 있지만 모두 레이아웃의 상세한 정의에 의존한다. 구성부품의 형태를 알면 여러분 자신의 직관을 사용하여 부품의 습윤면적을 상세하게 추정하는 것이 비교적 용이하다.

하나의 엔진이 고장이 났을 경우 몇 가지 성능 계산을 수행한다. 그러한 조건에서 항공기는 고장이 난 엔진의 흐름 봉쇄와 항공기의 비대칭 비행 자세로 인해 증가된 항력에 좌우된다. 엔진의 항력 증가(풍차 항력 증가로 알려진)는 $\mathrm{V}\,\Delta C_D = 0.3A_f/S$로부터 추정할 수 있다(여기서 A_f는 팬 단면의 면적이며 S는 날개 기준 면적이다). 비대칭 조건의 항력 증가는 빨리 예견하기 어렵다. 프로젝트 단계에서 할 수 있는 가장 좋은 방법은 항공기의 전체 항력에 백분율을 추가하는 것이다. 5%의 C_{D_0}가 재래식 디자인 형상에서 합리적으로 보인다.

위에서 상세하게 수정한 것과 함께 모든 구성부품 항력을 더하면 항공기 형상 항력계수가 된다.

$$C_{D_0} = \Sigma(C_{D_{component}})$$

8.4.2 양력 유도항력

양력 의존 항력은 3가지 주요 효과로부터 발생한다.

1. 날개 윤곽(플랜폼) 기하학의 성분
2. 최적이 아닌 날개 비틀림의 기여분
3. 점성 흐름력에 의한 성분

모든 이러한 효과는 날개 길이(종종 길이(스팬) 하중)와 나란한 양력 분포와 관련된다. 최상의(가장 낮은 유도항력) 하중은 동체, 나셀, 플랩 등에 의한 불연속이 없는 익단에서 익단까지의 부드러운 타원형 분포로 구성된다. 분명히 고성능 세일플레인(sailplane)을 제외하면 그러한 길이방향의 하중 분포를 갖도록 항공기 레이아웃을 배열하는 것은 실행가능하지 않다. 다음에 설명하는 내용은 여러분이 민간기의 양력 의존 항력을 추정하는데 도움을 줄 수 있을 것이다.

윤곽(플랜폼) 기하학으로부터 발생하는 성분은 고전적인 양력선 이론으로부터 유래한다. 이 이론에서 날개는 일련의 말편자 와류로 나타낸다. 그림 8.20은 날개 가로세로비와 테이퍼비에 대한 유도항력계수의 이론적인 분포를 보여주고 있다. 이러한 값들은 이전의 항공기 디자인에서 유도한 경험적인 유도계수(C_2)를 적용하여 수정된다(그림 8.21).

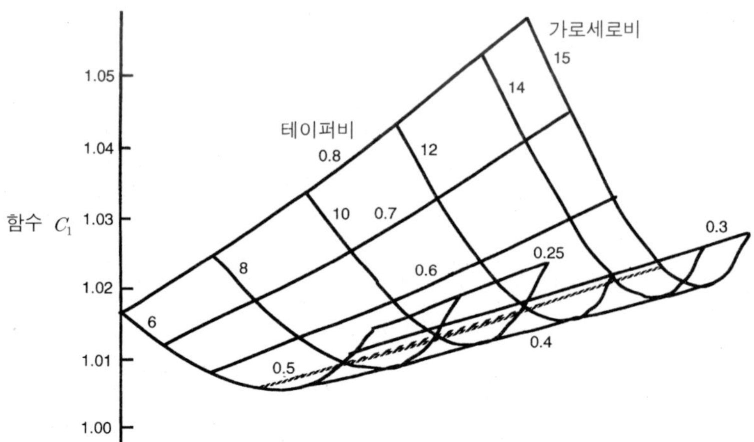

그림 8.20 수정하지 않은 윤곽(플랜폼) 계수 C_1

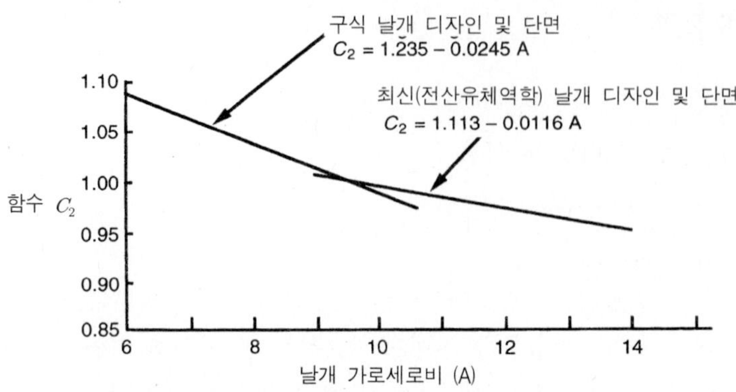

그림 8.21 윤곽(플랜폼) 계수에 대한 경험계수 C_2

예상한 바와 같이, 구식 날개 단면을 가진 항공기는 높은 가로세로비에서 열등하다. 최신 항공기는 어느 정도는 높은 가로세로비를 채택하려고 하는데, 이는 고등 기술 3차원 공기역학분석법을 사용하여 날개가 설계되기 때문이다.

유도항력계수는 다음 식으로 추정한다.

$$C_{D_i} = [(C_1/C_2)/(\pi A)]C_L^2$$

즉, $dC_{D_i}/dC_L^2 = C_1/C_2/(\pi A)$

여기서 C_1은 그림 8.20에서 구한다.

C_2는 그림 8.21에서 구한다.

A는 날개 가로세로비

C_L은 조사 중인 비행조건(즉 항공기 중량, 속도 및 고도)에서의 항공기의 양력계수

최적이 아닌 날개 비틀림의 기여분은 길이뿐만 아니라 에어포일 단면 비틀림의 분포와 단면 양력곡선 형태의 변화에 대한 지식이 필요하다. 프로젝트 초기 단계에서 날개 기하학의 그와 같은 복잡함은 결정하지 않는다. 그러나 최종 날개 형태가 그러한 분포를 포함할 때에는 기여분이 적절하다. 그러한 효과에 대한 C_{D_i}는 0.0003~0.0005가 되며 재래식 민간 터보팬 레이아웃의 경우에는 0.0004의 값이 적절하다.

점성 흐름 효과가 중요하다. 이러한 힘들은 날개 붙임각의 변화에서 발생하는 경계층 성장에서 주로 나타난다. 강력한 전산 유체 유동분석(CFD)의 지원이 없으면 이러한 효과를 정확하게 예견하기가 어렵다. 재래식 민간기 기하학과 운용 조건의 경험적인 분석으로부터

dC_D/dC_L^2에 대한 기여는 항공기 형상 항력에 비례함을 보여주고 있다. 다음 관계가 현용 날개 기하학에서 적절하다.

$$dC_D/dC_L^2 = 0.35\,C_{D_0} \quad \text{(구식 기술 디자인)}$$

$$dC_D/dC_L^2 = 0.15\,C_{D_0} \quad \text{(고등 기술 디자인)}$$

구식 기술 값이 B7370300, B757, B767에서 잘 맞는 것처럼 보이고, A320는 두 값 사이에 있으며, A330/340 및 B777은 고등 기술 값과 잘 맞는다.

따라서 항공기의 총 양력 의존 항력계수는 3가지 효과의 합이다.

$$dC_D/dC_L^2 = C_1 C_2/\pi A + 0.0004 + 0.15\,C_{D_0}$$

8.4.3 조파 항력

민간 항공기는 최악의 조파 항력 상승효과를 벗어나 운행하도록 설계하기 때문에 마하 0.7 이상의 속도로 운행할 경우(즉 순항할 때)에는 항공기 항력에 간단히 더하여 사용하면 무난하다. 압축성에 기인하는 추가 항력은 항력 계산값의 5~20%가 된다.

8.4.4 순항 항력

위의 방법은 순항 단계에서 양항비(L/D)를 추정하는데 사용할 수 있다. 초창기 제트 여객기의 양항비는 15~17 범위이다. 초임계 날개 기술을 사용하는 최신 정기 여객기는 약 18~22 범위의 값을 갖는다.

Chapter 09 Aircraft Design

동력장치(엔진) 및 설치

- 항공기 디자이너에게 있어 주요한 엔진 특징에 관한 관심사는
  - 여러 비행 구간(즉, 이륙, 상승 및 순항)에서 사용할 수 있는 최대 엔진 추력
  - 엔진 연료소모율
  - 엔진 중량
  - 엔진 기하학

  이다.
- 이 장은 기본 엔진 매개변수가 이러한 엔진 특징에 어떻게 영향을 끼치며 그로 인해 개별 엔진 사이에서 차이점이 무엇인가에 대한 기본적인 이해를 할 수 있도록 하는 것이다. 항공기 설계 연구의 시초에 적절한 추력 범위에서 사용할 수 있는 수많은 가능한 엔진이 보통 존재한다. 이 장의 데이터는 가장 적절한 유형의 엔진을 선택하는데 도움을 줄 수 있을 것이다.
- 엔진을 적절한 추력으로 사용할 수 없다면 필요한 엔진 크기 요구에 대한 평가가 이루어져야 한다. 항공기 추력 요건은 기본 엔진 특징과 분리할 수 없으며 이는 이러한 것들이 설계 규격을 충족하는데 필요한 항공기의 크기에 영향을 주며, 추력 요건을 적절히 반복하기 때문이다. 그러한 평가를 수행할 수 있도록 알려진 일련의 엔진 특징을 어떻게 비교할 것인가에 대해 도움을 주어야 한다. 기본 엔진 치수로부터 엔진 나셀 기하학을 어떻게 유도할 것인가에 대한 지침과 날개 아래에 나셀을 어떻게 설치할 것인가에 대한 지침이 또한 제공된다.

9.1 서론

현용 고바이패스비 터보팬 엔진은 초기의 터보제트 및 저바이패스 유형보다 열역학적으로 훨씬 더 효율적이다. 이는 주로 터빈 블레이드가 높은 원심 하중에 견딜 수 있는 한편 무방비의 블레이드 재료의 끓는점보다 상당히 높은 가스 온도에서 작동할 수 있는 고등 기술의 도입으로 야기되었다.

많은 기술 진보로 인해 안전하면서 정기 여객기에게 만족스런 사용 수명을 갖는 엔진을 설계할 수 있게 되었다.

엔진 특징을 선택하는데 영향을 주는 요소를 살펴보기로 하자. 기초를 이루는 원리를 예시하기 위해 간단한 접근방법을 채택하였다. 엔진의 선택은 특정한 항공기에 의해 엔진이 필요로 하는 임무와 관련 비용에 좌우된다. 비용 효율적인 엔진은

- 낮은 초기 비용
- 낮은 정비 비용
- 낮은 중량
- 높은 신뢰도
- 높은 연료 효율
- 포드(유선형) 엔진이며 낮은 습윤 면적을 갖는다고 가정한다.

앞에서 열거한 이러한 모든 항목들은 상호의존성이 존재하므로 이러한 범주화는 다소 지나치게 단순화시킨 것 같은 느낌이 들 수 있다. 앞의 1-4번째 항은 주로 엔진의 기계적 디자인의 함수인 반면에 마지막 두 항목은 주로 엔진 주기와 엔진의 내부 작동 효율이 영향을 준다. 엔진 주기는 바이패스비, 압력비와 터빈 입구 온도로 정의된다.

대형 항공기에서 연료 가격은 항공기 직접 운용비용의 약 30%에 해당한다. 그러므로 높은 연료 효율이 그러한 항공기 디자인에서 주요한 요소이다. 연료 효율을 개선하면 항공기 연료비용을 직접적으로 절감할 수 있을 뿐만 아니라 휴대해야 할 연료 중량을 감소할 수 있는 간접적인 효과도 얻을 수 있다. 적은 연료로 주어진 항속거리를 비행할 수 있고, 따라서 낮은 이륙중량으로 인도할 수 있으며, 항공기와 엔진 크기를 일반적으로 축소할 수 있는 보다 연료 효율적인 엔진이 필요하다. 이를 종종 '눈덩이 효과(snowball effect)'라고 한다. 감소된 이륙중량과 작은 엔진 크기로 인해 항공기 초도 비용, 감가상각비용, 보험비용, 착륙 요금 및 정비 요금이 모두 감소된다. 따라서 매우 강력한 비용 절감 과정은 엔진 효율의 개선으로 유래한다.

9.1.1 엔진 주기

엔진 주기를 정의하는 매개변수를 위에서 살펴보았다. 논의를 전개하기 전에 이러한 매개변수를 정의할 필요가 있다.

- 바이패스비(bypass ratio)

  바이패스비는 바이패스 도관을 통과하는 공기와 가스 발생기를 통과하는 공기의 비를 말한다. 예를 들어, 바이패스비가 5이면 6단위의 총 기류에서 5단위의 기류가 바이패스 도관을 통과하며 1단위의 기류가 가스 발생기를 통과한다.

- 압력비(pressure ratio)

  압력비는 엔진 입구에서 공기 압력과 압축장치의 출구에서의 압력과의 비를 말한다.

- 터빈 입구 온도(turbine entry temperature)

  터빈 입구 온도는 엔진의 첫 번째 터빈 단으로 들어가는 입구에서의 가스 온도이다.

- 비추력(specific thrust)
- 위의 3가지 특징의 조합에 좌우되는 매개변수를 비추력이라고 한다. 이는 단위 기류당 추력의 양으로 정의된다. 즉 추력을 엔진 총 공기 질량 흐름으로 나눈 것을 말한다.

9.1.2 엔진 추력

엔진 추력은 엔진을 통과하는 공기의 운동량의 변화에 최종 배기 노즐을 가로지르는 정압비에 의한 압력 추력을 더한 것이다.

엔진을 통과하는 공기의 운동량 변화는 다음과 같이 주어진다.

$$M(V_j - V_0)/g$$

여기서 M은 엔진을 통과하는 기류

V_j는 배기 제트의 속도

V_0는 엔진으로 들어가는 공기의 속도

g는 중력 가속도

압력 추력은

$(p - p_0)A$으로 주어진다.

여기서 $(p-p_0)$는 노즐에서의 압력 차이
A는 노즐 단면적

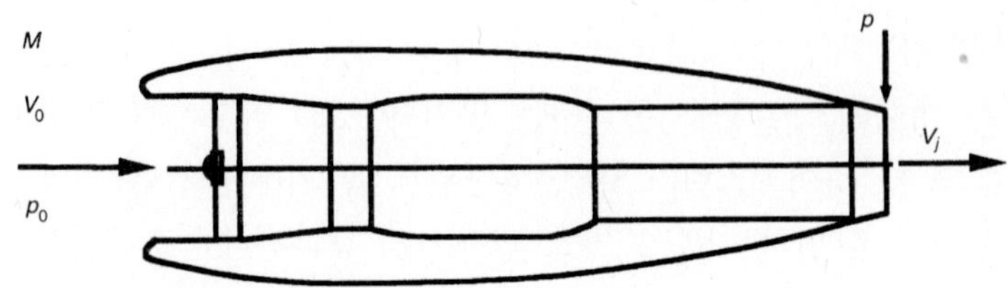

그림 9.1 정미 추력의 유도(출처: The Jet Engine, Rolls Royce Ltd, Publication, 1986)

엔진 추력= $M(V_j - V_0)/g + (p-p_0)A$

최종 노즐이 초크되지 않았으면(즉, 초음속에 있지 않으면) 노즐 압력항은 사라지고 추력은

$M(V_j - V_0)/g$이 된다.

초크된 노즐의 경우 V_j는 흐름이 대기압(p_0)로 완전히 팽창될 때 제트 속도를 나타내며, 노즐 압력항은 다시 사라지며 추력은 또한

$M(V_j - V_0)/g$이 된다.

MV_0/g항을 종종 운동량 항력(momentum drag)이라고 한다. $(MV_j/g) + (p-p_0)A$를 총 추력(gross thrust)이라고 한다. 총 추력과 운동량 항력간의 차이를 정미(순) 추력(net thrust)이라고 한다.

9.2 연료 효율에 영향을 주는 주요 요소

연료소비율은 엔진 효율과 직접 연관된다. 전체 효율이 높을수록 단위 추력당 엔진의 연료 소비율은 더 낮다. 전체 엔진 효율은 3가지 주요 성분으로 분해할 수 있다.

- 동력을 만들어내는 성분(예를 들어 가스 발생기)
- 동력전달장치
- 추진제트장치

전체 효율은 다음과 같이 기술할 수 있다.

$$\eta_0 = \eta_{th} \times \eta_t \times \eta_p$$

여기서 η_{th}는 가스 발생기의 열효율
η_t는 동력전달장치의 효율
η_p는 제트의 추진 효율

이들 효율 각각에 대하여 살펴보기로 하자.

9.2.1 열효율

$$\eta_{th} = 1 - (\frac{1}{r})^n = [1 - (1/r^n)]$$

여기서 r은 엔진 열역학 주기의 전체 압력비(흡기 램 압력 상승 포함)
n는 기체 상수γ의 함수

그러므로 압력비가 높을수록 열효율은 더 높다. 따라서 비연료소비율은 더 낮다.

그러나 이용 터빈 재료와 터빈 냉각 기술이 최대 압력비를 제한한다. 공기를 냉각할 수 있다면 압축기의 냉각 공기의 높은 온도로 인한 높은 압력비의 효과를 부정할 수 있다. 소형 엔진의 경우 최종 압축기 단의 블레이드 기술의 실용성으로 인한 제한이 또한 존재한다.

9.2.2 동력전달장치의 효율

동력전달장치의 효율은 다음 식으로부터 구할 수 있다.

$$\eta_T = \frac{(1+\mu)}{(1+\frac{\mu}{\eta_f \eta_t})}$$

여기서 μ는 바이패스비
η_f는 팬 효율
η_t는 터빈 효율

팬과 터빈의 효율이 100%이면 동력전달장치 효율 또한 100%가 된다. 동력전달장치 효율은 그러므로 주로 팬과 터빈 효율에 좌우된다. 이들은 사용할 수 있는 현용 재료와 제조 기술로 구한다.

9.2.3 추진 효율

추진 효율은 다음 식으로부터 구한다.

$$\eta_p = \frac{2V_0}{\frac{X_n}{M} + 2V_0}$$

여기서 V_0는 항공기 속도
X_n은 엔진 추력
M은 엔진 기류
X_n/M은 비추력

낮은 비추력은 높은 추진 효율을 의미한다. 그러나 동일한 전체 압력비와 터빈 입구에서 비추력이 낮을수록 주어진 추력에서 팬 지름은 더 커진다. 커다란 팬 지름은 엔진과 나셀 모두 더 많은 중량을 의미하며 더 많은 항공기 항력을 의미한다. 그러나 개선된 추진 효율로 인해 엔진 비연료소비율(SFC)에서 개선이 있게 된다. SFC의 단위는 kg/hr/Newton이다.

주위 온도가 일정한 권계면 위에서 비행한다고 가정하기로 하자. 단순화하기 위해 엔진의 뜨겁고 차가운 제트 기류 속도를 동일하다고 가정하면 위의 식은 다음과 같이 된다.

$$\eta_p = \frac{590Mn}{\frac{X_n}{M} + 590Mn}$$

여기서 X_n은 정미(순) 추력(Newtons)
M은 엔진 질량 흐름(kg/sec)

위 식은 종종 영국 단위에서는 추력이 lb, 질량 흐름이lb/sec, 속도가 ft/sec이 된다. W가 질량 흐름이면 위 식의 M는 W/g로 대체되어야 하므로

$$\eta_p = \frac{2Mn \cdot a}{\frac{X_n}{W} \cdot g + 2Mn \cdot a}$$ 이 된다.

여기서 X_n/W은 비추력

a는 음속

권계면에서 $a = 968ft/\sec$이고 $g = 32.2ft/\sec^2$이므로

$$V_0 = \frac{Mn \cdot 968}{32.2} \approx 30Mn$$

$$\eta_p \approx \frac{60Mn}{(\frac{X_n}{W} + 60Mn)}$$

여기서 추력(X_n)은 lbf이며 '질량'흐름(W)은 lb/sec이다.

추진 효율은 종종 바이패스의 함수임을 알 수 있다. 이는 동일한 전체 압력비와 터빈 입구 온도의 엔진인 경우에만 사실이다.

다른 바이패스비를 갖는 엔진은 동일한 비추력을 가질 수 있으며 따라서 표 9.1에서 보는 바와 같이 동일한 추진 효율을 갖는다.

그럼에도 불구하고 엔진 성능과 효율을 정의할 때 비추력이라는 용어를 이 장에서 사용할 것이다. 위의 비추력의 값은 이륙정격과 관련된다. 현재 이러한 유형의 엔진의 설계점은 비추력이 훨씬 낮은 상승 최상부이며, 이보다 낮은 엔진의 경우는 약 16이다. 바이패스 기류와 가스 발생기 사이의 흐름 분리를 기술할 때와 같은 경우에 바이패스비가 여전히 사용되고 있다.

표 9.1 엔진의 추진 효율 비교

엔진	Tay 650	Trent 772
바이패스비	3.06	4.89
압력비	16.20	36.84
추력(lb)	15 100	71 100
질량 흐름(lb/sec)	418	1978
비추력(sec)	36.12	35.94

9.3 비추력의 영향

$$\text{정미(순) 추력 } X_n = M(V_j - V_0)$$

여기서 V_j는 제트 속도(m/s)

V_0는 비행 속도(m/s)

M는 공기 질량 흐름(kg/sec)

동일한 정적 추력은 높은 V_j와 낮은 질량흐름(순수 제트 엔진에서 즉, 높은 비추력에서) 혹은 낮은 V_j와 높은 질량 흐름(낮은 비추력의 바이패스 엔진에서)으로 만들어질 수 있다. 그러나 비행 속도가 증가하면 MV_0항은 그림 9.2에서 보는 바와 같이 낮은 비추력 엔진의 경우 비행속도가 증가함에 따라 추력의 체감율이 나빠지기 때문에 더욱 더 중요하게 된다.

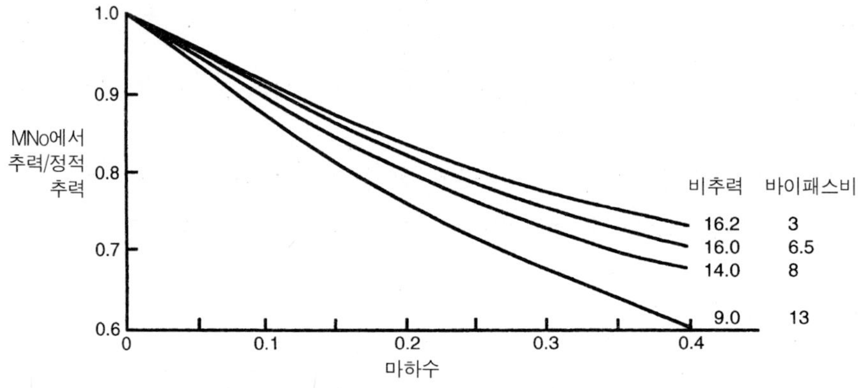

그림 9.2 추력 체감율에 대한 마하수와 비추력의 영향(출처: Rolls Royce data)

그러므로 주어진 비행 속도의 추력 요건에서 낮은 비추력 엔진은 높은 비추력 엔진보다 더 많은 정적 추력을 이용하게 된다. 그러므로 기본 엔진의 질량은 증가하고 엔진 나셀은 커지고, 무거워지고 더 많은 항력이 만들어진다. 최종 결과는 엔진 크기가 증가함에 따라 엔진 효율 개선이 감소된다.

그림 9.3은 동일한 순항 추력에서 전형적인 비추력의 영향을 보여주고 있다. 이들 엔진 각각은 동일한 순항 추력을 가지며 동일한 소음 규제를 충족하기 위해 설치되었다. 상대적인 엔진 중량과 최대 나셀 지름의 지표를 보여주고 있다.

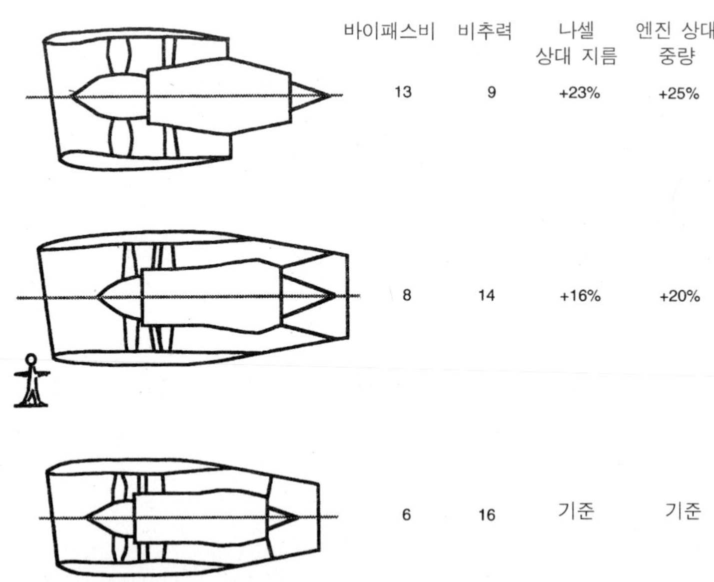

그림 9.3 일정 순항 추력에서 엔진의 크기와 중량에 대한 비추력의 영향(출처: Rolls Royce data)

가정을 단순화하기 위해 그림 9.4는 일정 코어 에너지라고 가정했을 경우 비추력이 고정 추력에 어떠한 영향을 주는가를 보여주고 있다.

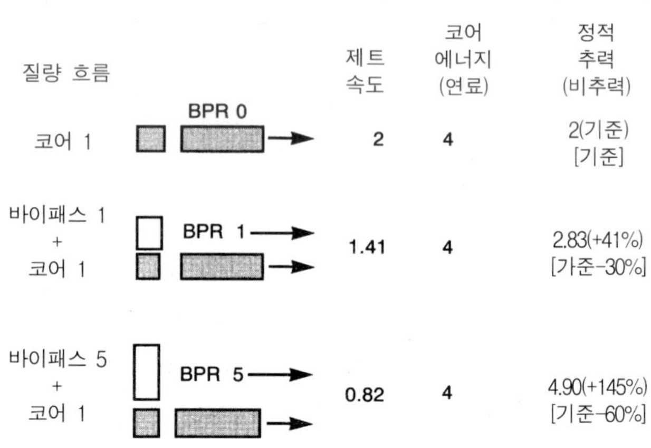

각주: (주기 매개변수 일정), (에너지 $\propto MV^2$), (추력 $\propto MV$)

그림 9.4 일정 코어 에너지에서 정적 추력에 대한 비추력의 영향(출처: Rolls Royce data)

그림 9.4에서 사용한 이론의 단순화로 인해 정적 추력의 증가는 실제로는 그림에서 보는 바와 같이 크지 않다. 비추력이 증가하면 팬 지름이 증가한다. 팬의 단위 면적당 통과할 수

있는 기류의 양에는 한계가 있다. 그러므로 최대 이륙 추력은 주로 팬 지름의 함수임에 틀림없다. 여러 제조업자의 현용 엔진의 범위에서 이를 그림 9.5에서 보여주고 있다.

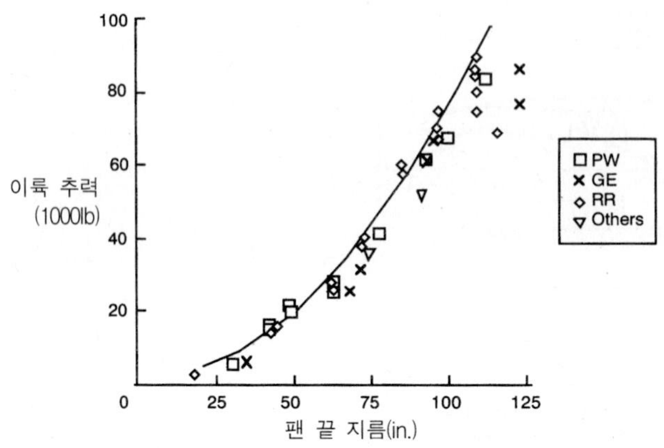

그림 9.5 이륙 추력에 대한 팬 지름의 효과(출처: Rolls Royce data)

9.4 비연료소비율과 비행 속도

비연료소비율은 단위 추력당 연료 소비율로 정의된다 100% 효율의 엔진이라고 가정하면 이상적인 연료 소비율은 다음과 같이 표현할 수 있다.

$$SFC_{ideal} = \text{(항공기가 한 일의 등가 열)/(연료의 열량값×추력)}$$

9.4.1 예제

10000CHU/lb의 열량값을 가진 연료를 사용하고 표준 대기의 권계면 위에서 비행한다고 가정하면 음속이 968ft/sec이므로 초를 시간으로, ftlb/hr를 Joule/hr로 변환하면 이상적인 비연료소비율은 다음과 같다.

시간당 항공기가 한 일 = 추력×속도

= 추력×마하수×968×3600×1.35582Joule/hr

CHU(Centigrade Heat Unit)를 Joule로 변환하면(1899.11 사용)

(연료의 열량값×추력)=(10000×1899.11×추력)

위의 값을 이상적인 SFC식에 대입하면

$$SFC = \frac{1.35582 \times 968 \times 3600 \times Mn}{10000 \times 1899.11} \approx \frac{Mn}{4}$$

전형적으로 $Mn = 0.84$로 권계면 위로 항공기가 비행하면 이상적인 SFC는 약 0.21이 된다. 전체 효율이 η_0인 엔진의 실제 SFC는

$$SFC_{actual} = \frac{SFC_{ideal}}{\eta_0} = \frac{Mn}{4\eta_0}$$ 가 된다.

최신 대형 고바이패스 비 터보팬의 SFC는 0.55~0.6 범위이다. 이는 전체 효율(η_0)의 35~40% 범위라는 것을 의미한다.

9.5 엔진 주기 선택을 좌우하는 요소

엔진 주기를 선택하는 것(즉, 엔진 압력비, 터빈 입구 온도 및 비추력)은 엔진 비연료소비율, 엔진 중량 및 가격 사이에서 최상의 타협에 도달하는 과정으로 구한다. 초기 설계 단계의 기준은 항공기의 직접 운영비나 항공기를 획득하는데 필요한 자본 비용에 관한 것이다. 이 고려에서 항공기 임무가 중요하다. 장거리 항공기는 연료 중량의 '눈덩이' 효과에 의한 비연료소비율의 변화에 더욱 더 민감하게 된다. 반면에 단거리 항공기는 비연료소비율보다 엔진 가격에 더 민감하다. 그러한 항공기에서 가능한 가장 높은 터빈 입구 온도와 함께 가장 높은 바이패스 비와 압력비를 사용하는 것은 적절하지 않을 수 있다. 이들은 복잡도를 증가시키게 되고 따라서 비용과 중량이 높아지기 때문이다. 예를 들어, 표 9.2는 Fokker F100(전형적인 단거리 항공기)와 두 개의 다른 엔진을 구비한 B-747(전형적인 장거리 항공기)를 비교하고 있다.

표 9.2 엔진 비교 데이터

항공기	F100	B-747	B-747
엔진	R.R. Tay	RB211-524	CF6-80C2
바이패스비	3.07	4.3	5.15
압력비	16.60	33.0	30.4
순항 SFC(lb/hr/lb)	0.69	0.57	0.564

장거리 항공기에서 연료 효율이 주 구동자이다. 이 경우에 엔진 전체 효율은 (현용 기술 구속요건 내에서) 실질적으로 가장 높아야 할 필요가 있다. 최상의 열효율은 무엇보다도 먼저 구성부품(즉 압축기와 터빈)의 효율을 가장 높게 설계하여 얻는다. 이는 가장 높은 효율

을 주는 압력비를 결정하게 된다. 터빈 입구 온도는 터빈 재료 특성과 블레이드 냉각 기술로 구한다. 일반적으로 터빈 입구 온도가 높을수록 추력이 더 높다. 그러므로 높은 터빈 온도의 주요 효과의 하나는 주어진 추력에서 엔진의 전체 크기와 중량을 줄여준다. 가장 높은 동력 전달장치(변속기)의 효율은 팬과 터빈의 효율을 최대화하여 얻는다. 추진 효율은 평균 제트 속도가 가장 낮을 때 가장 높다. 낮은 제트 속도는 높은 바이패스 비 혹은 낮은 비추력을 의미한다. 바이패스 비 혹은 비추력의 선택은 바이패스 비와 그로 인해 엔진의 크기가 증가할 때 추진 효율의 개선과 중량, 항력 및 비용의 증가를 균형을 잡아 구한다.

항공기 직접 운영비에 대한 엔진 매개변수의 효과를 그림 9.6에서 보여주고 있다. 엔진 SFC의 효과만을 고려하면 최적의 비추력에 맞는 낮은 값이 만들어진다(예를 들어, 예에서 3.0lbf/lb/sec이다). 그러나 비추력이 감소하면 설치 항력, 항공기 중량과 항공기 가격이 증가한다. 모든 효과를 고려하면 최적의 비추력값은 훨씬 높다(예를 들어, 예에서 14.0이다)

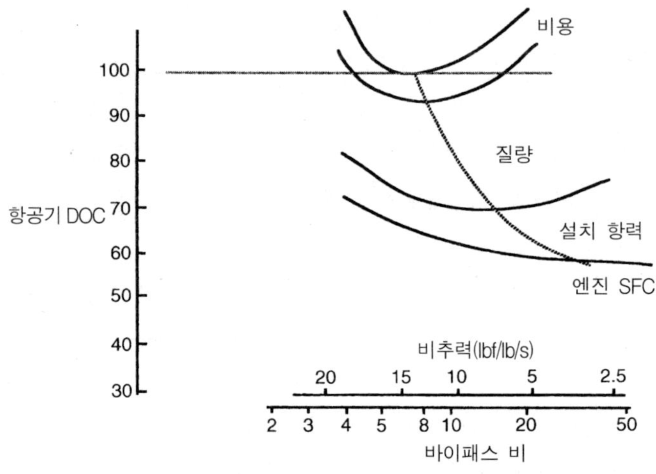

그림 9.6 직접 운영비용에 대한 엔진 매개변수의 효과
(출처: Benett H.W, Aero Engine Development for the Future, 1983)

9.6 엔진 성능

엔진 성능 데이터는 추력, 연료 흐름 및 기류를 포함해야 한다. 연료 흐름은 종종 비연료 소비율(즉, 단위 추력당 연료 흐름)의 형태로 나타낸다. 추력과 연료 흐름은 분명히 항공기 성능을 계산하기 위해 필요하다. 기류값은 엔진의 흐름 요건이 과도한 불이익 없이 (예를 들어, 유출에 의한, 즉 엔진이 필요한 것보다 더 많은 공기를 제공하는 흡기) 모든 중요한 비행 단계에서 충족할 수 있도록 엔진 흡기를 설계하기 위해 필요하다.

엔진은 또한 특정한 정격 추력 수준을 갖는다. 이러한 정격은 엔진이 인증 유형 시험을 통과함과 동시에 정기 여객기에 허용할만한 엔진 사용 수명을 주도록 정한다.

이러한 정격은 보통 터빈 입구 온도 한계로 정하며 이를 요약하면 다음과 같다.

- 이륙 정격

  이륙 정격은 최대 추력 정격이며 가장 높은 터빈 입구 온도에 해당한다. 엔진 사용 수명을 보호하기 위하여 이 추력 수준은 보통 비행당 5분만 인가되지만 이는 특수한 경우를 충족하기 위해서 10분으로 증가할 수 있다.

- 최대 연속 정격

  최대 연속 정격은 엔진이 연속적으로 사용되도록 인가된 가장 높은 추력 정격이다. 이는 심각한 비상 조건인 경우에만 사용된다. 비록 정상 운용에서도 사용될 수 있지만 엔진 사용 수명이 수용할 수 없을 만큼 줄어든다.

- 최대 상승 정격

  최대 상승 정격은 정상 상승에서 사용되는 최대 추력이다.

- 최대 순항 정격

  최대 순항 정격은 정상 순항에서 사용되는 최대 추력이다.

이륙 정격 및 최대 연속 정격은 엔진 인증 유형 시험으로 구한다.

최대 상승 및 최대 순항 정격은 원하는 사용 수명을 달성하기 위해 필요 이륙 정격과 관련하여 정한다. 필요 이륙 정격이란 용어는 인증 시험으로 정한 최대 이륙 정격보다 적을 수 있으므로 상당히 신중하게 사용되고 있다. 선택된 정격은 특정의 항공기 운용 요건과 일치하지 않을 수 있다. 예를 들어, 항공기는 적은 이륙 추력이 필요할 수 있지만 더 많은 상승 및 순항 추력이 필요할 수 있다. 그러므로 엔진을 다른 조합의 정격과 조절시키는 한편 여전히 동일한 엔진 수명을 대략적으로 달성하기 위해 다시 정격을 할 수 있다.

엔진 정격과 항공기 요건간의 상호작용은 엔진의 크기 따라서 엔진의 중량과 비용을 최적화하는데 상당히 중요하다. 이러한 타협은 기체 제조업자와 엔진 공급자 사이의 대화를 통해서만 달성될 수 있다. 엔진과 엔진의 정격의 선택은 엔진과 기체 회사간의 프로젝트 설계 논의에서 중요한 역할을 담당한다.

일정한 터빈 입구 온도(TET)에서 작동하는 엔진은 주위 온도가 증가하면 추력을 상실한다. 엔진의 엔진제어 시스템은 대기 온도가 상승하면 일정 추력을 유지하기 위해 점진적으로

TET를 증가시킨다(균일화). 항공기는 종종 특정의 뜨거운 날의 요건(보통 이륙시 ISA+15° C, 상승 및 순항시 ISA+10° C)을 충족하도록 설계된다. 이것보다 낮은 온도의 날에 엔진 추력은 증가하게 되고 따라서 항공기는 설계점보다 우월한 성능을 갖게 된다. 사용수명을 증가시키기 위해 균일화하는 것은 언제나 필요한 것은 아니다. 이륙할 때의 한 예를 그림 9.7에서 보여주고 있다.

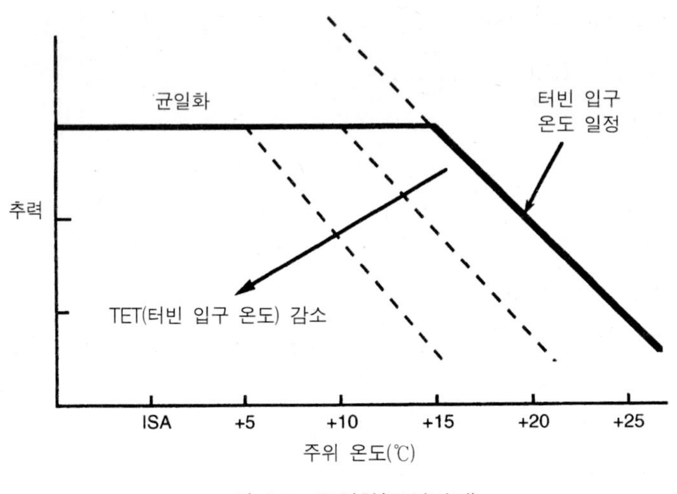

그림 9.7 균일화(균일정격)

균일화(균일정격)는 또한 뜨거운 날 설계점에서 혹은 그 이상에서 작동되는 비교적 작은 수의 경우에만 사용 수명을 개선시킨다.

엔진 전자제어 시스템의 개발로 정기 여객기는 항공기 운용 요건에 따라 이륙과 상승에서 위에서 설정된 최대 정격으로부터 엔진을 재정격할 수 있게 되었다. 예를 들어, 항공기 이륙 중량은 최대 중량보다 작을 수 있지만 사용 활주로는 항공기가 사용되도록 설계된 것보다 더 길 수 있으며 대기 온도는 규격 임계 수치보다 더 낮을 수 있다. 이러한 조건하에서 필요 이륙 추력은 단지 모든 필요한 안전 여유를 주목하여 최대 정격의 90%이다. 고바이패스 엔진 항공기에서 잉여사용 이륙동력이 이러한 사양을 평범한 것으로 만든다.

이를 그림 9.8에서 예시하였다. 이러한 방법으로 최대 허용 정격에서 추력을 감소하면 낮은 터빈 입구 온도가 되며 그로 인해 엔진의 사용 수명이 증가한다. 상승의 경우 최대 이륙 중량보다 적게 운용되는 항공기는 허용할만한 상승 성능을 주기 위해 최대 허용 상승 정격이 필요하지 않을 수 있다. 엔진 정격을 변경하면 엔진에서 바뀐 작동 온도로 인해 엔진 사용 수명에 영향을 주게 된다.

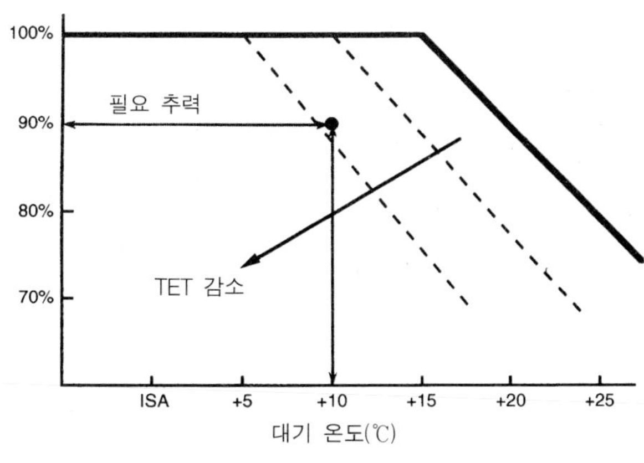

그림 9.8 재정격의 영향

9.7 역사적 고찰 및 미래 엔진 개발 전망

오랜 기간에 걸쳐 순항 연료 효율이 점진적으로 증가하는 방향으로 엔진 개발이 이루어지고 있다. 비연료소비율의 개선의 관점에서 이를 그림 9.9에서 보여주고 있다.

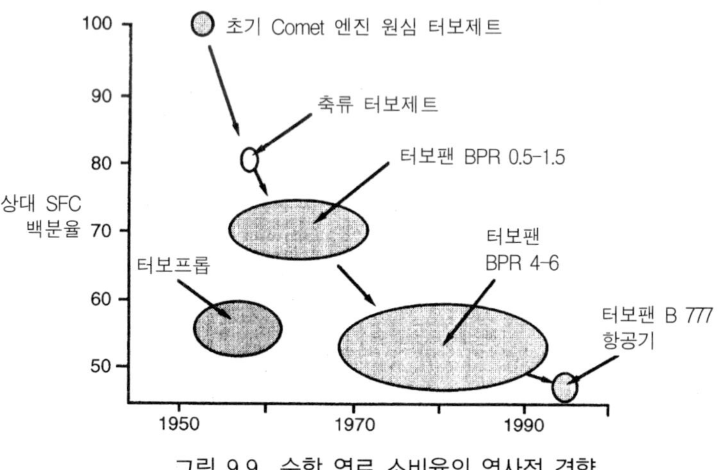

그림 9.9 순항 연료 소비율의 역사적 경향

최초의 엔진 추진 정기 여객기에서 사용된 De Havilland Ghost 엔진은 높은 순항 속도를 얻기 위해 오늘날의 피스톤 및 터보프롭 엔진과 비교할 때 순항 연료 효율에 많은 비용을 지불하였다. 바이패스 비가 4~6 범위(예를 들어, RB211, JT9, CFF-6)인 고 바이패스 비 터보팬을 도입한 후에야 비로소 상실된 연료 효율을 회복하였다.

순항 연료 효율에서 추가적인 개선을 가져다 줄 수 있는 미래 엔진 개발의 하나가 고등 터보프롭 혹은 터보팬이다. 그러나 상당한 연구 개발에도 불구하고 현재 연료 가격에서 정기 여객기에게 상당히 매력적인 직접 운영비용에 현저한 이득을 가져다주는 프롭팬의 설치는 이루어지지 않고 있다. 여전히 소음과 설치(특히 날개에 설치할 경우)에 문제가 남아있으며 최대 순항 속도는 그림 9.10에서 보는 바와 같이 약 $Mn = 0.8$로 제한된다.

새로운 소재 개발과 재료 제조기술, 터빈 블레이드 냉각 기술 및 구성부품 효율 개선으로 덕티드 터보팬에서 가까운 장래에 진전이 나타날 것으로 예상된다.

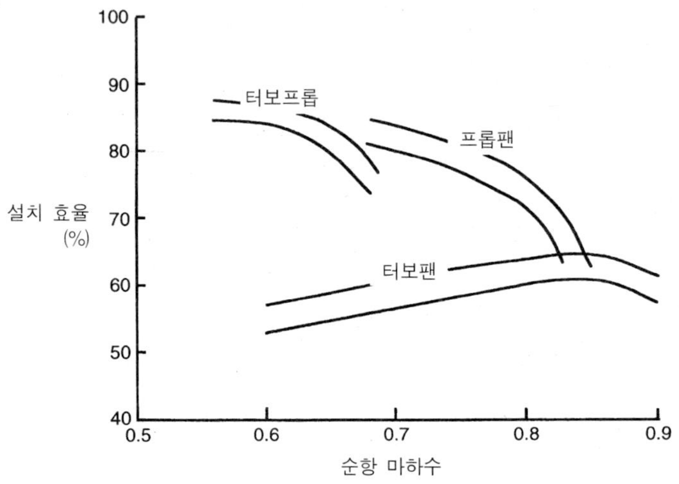

그림 9.10 엔진 효율에 대한 비행 속도의 영향

9.8 엔진 설치

엔진 설치 디자이너의 목적은 가장 낮은 중량, 항력과 비용으로 그림 9.11과 같은 엔진을 나셀에 넣고 그림 9.12에서 보는 바와 같이 이를 항공기에 설치하는 것이다.

비록 그림 9.12는 under-wing 레이아웃을 보여주고 있지만 후방 동체 설치에 동일하게 적용할 수 있다. 대부분의 신형 항공기는 날개 아래에 설치된 외부에 유선형 용기와 같은 엔진(podded engine)을 가지므로 이러한 설치를 상세하게 고려해야 한다.

엔진 주위에 나셀을 놓는 것과 관련한 많은 이슈가 있으며 이를 열거하면 다음과 같다.

- 항공기 비행 포위선도 전반에 걸쳐 엔진 압축기 시스템에 허용할만한 조건으로 공기가 배달되어야 한다.

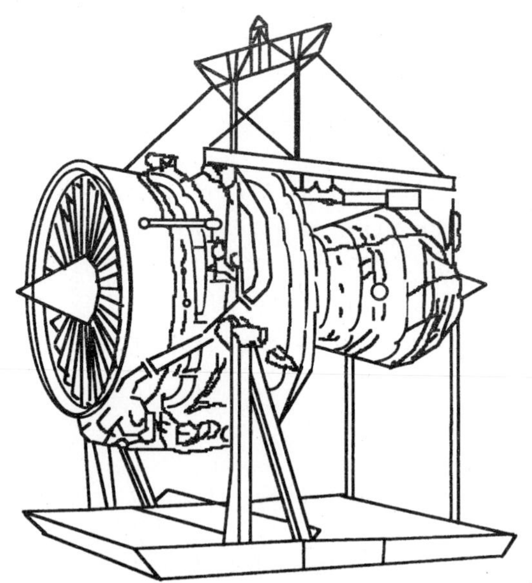

그림 9.11 기본(설치 전의) 엔진 형상(출처: Rolls Royce Data)

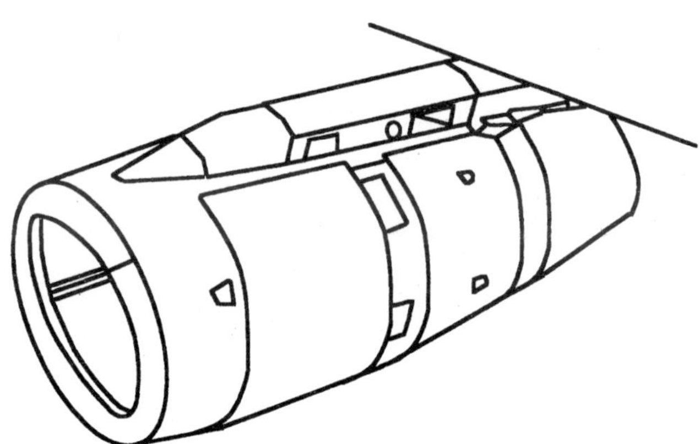

그림 9.12 전형적인 날개 설치(출처: Rolls Royce Data)

- 나셀은 엔진을 관통하여 외부로 나가는 공기를 효율적으로 분리해야 한다.
- 외부 나셀 흐름은 외부 항력을 최소화할 수 있어야 한다.
- 최종 배기 노즐로 내려가는 허용할만한 페어링이 있어야 한다.
- 나셀 프로파일에 대한 충격을 최소화함과 동시에 엔진 기계 시스템과 보기류에게 충분한 공간이 제공되어야 한다.
- 추력 역전장치와 관련 시스템에 대한 설비가 필요하다.

- 항공기가 필요한 소음 수준을 충족할 수 있으며 또한 나셀 윤곽에 최소한의 충격을 줄 수 있도록 충분한 음향 라이닝(내층) 구역이 제공되어야 한다.
- 안전 고려사항으로는

1. 유해 가스가 형성되는 것을 방지하고 보기류에 허용되는 범위 내에서 온도를 조절하기 위해 나셀의 여러 구역에서의 환기가 필요하다.
2. 화재 위험을 받기 쉬운 별도의 구역에 방화 및 소화 장치가 필요하다.
3. 화재 위험을 생각할 수 있는 구역을 방화 격벽으로 에워쌓아야 한다.

- 정비 목적상 접근성이 또한 필요하다.

예비 설계 단계에서 이러한 모든 고려사항을 상세하게 충족하는 것은 불가능하다.

9.9 포드(유선형 용기) 기하학의 유도

나셀 설치에 관해 여기서 기술한 기하학은 주요 항공기 제조업자를 포함하는 현존하는 항공기 설치 분석에 기초하고 있다.

두 가지 다른 종류의 설치(별개 및 혼합 제트)를 포함한다.

- 그림 9.13에서 보는 바와 같이 팬 흐름과 코어 흐름의 경우 별도의 노즐을 갖는 포드에 설치된 별개의 제트를 갖는 엔진
- 그림 9.14에서 보는 바와 같이 완전히 고깔을 쓴 포드에 설치된 혼합류를 갖는 엔진

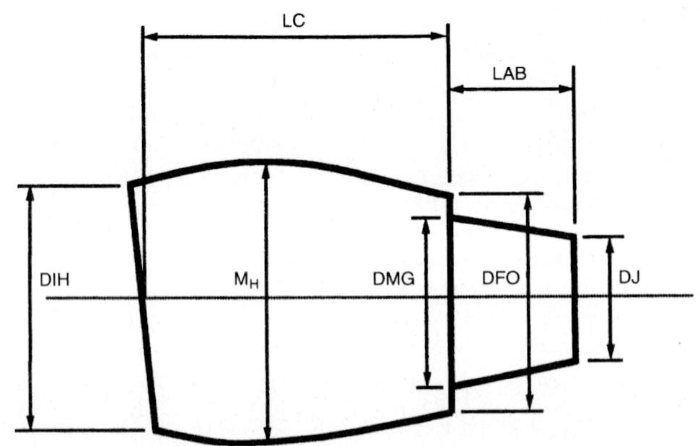

그림 9.13 별개의 제트를 갖는 터보팬의 전형적인 엔진 나셀 치수
(표 9.3에서 정의한 변수, 출처: Rolls Royce Data)

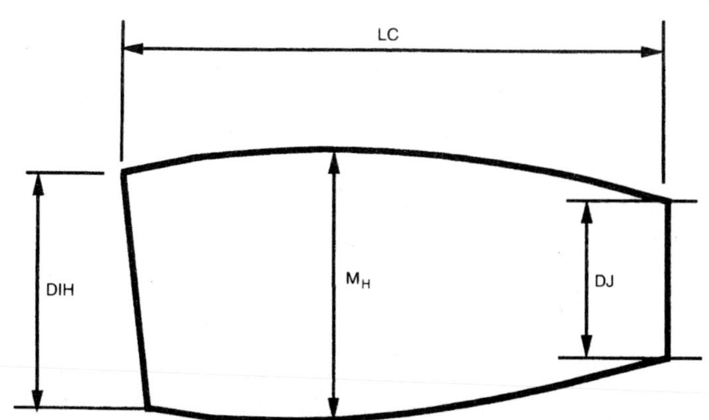

그림 9.14 혼합류 형상의 전형적인 엔진 나셀 치수
(표 9.3에서 정의한 변수, 출처: Rolls Royce Data)

표 9.3(a) 및 (b)에서 나타낸 분석을 위해 사용된 통계 데이터는 주로 날개 장착 엔진으로 제한된다. 그러나 후방 동체에 장착한 엔진에 관한 몇 가지 제한된 정보를 기본 포드 기하학은 낮은 바이패스 비 엔진에 대한 데이터를 사용하여 유도할 수 있다.

나셀 기하학은 보기류의 위치가 영향을 준다. 예비 설계 단계에서 엔진 보기류는 팬 케이스나 코어 구조에 장착해야 한다고 정해져 있지 않다. 이 장에서 보여준 나셀 기하학은 전형적인 나셀 기하학이며 다른 디자인의 엔진의 효과를 보기류의 장착을 고려하지 않고 비교할 수 있다. 그림 9.13과 9.14는 다음 표(표 9.3(a), (b))에서 언급한 기하학적인 매개변수를 정의한다. 나셀 기하학에 도달하기 위해 다음 입력 데이터가 필요하다.

- 팬 지름(D_F)
- 바이패스 비(μ)
- 전체 압축비(OPR)
- 해수면 정적추력(**SLS**)에서의 총 기류 및 이륙 정격(W_a)
- 항공기 최대 운용(작동) 마하수(M_{MO})

플러그 노즐을 끼워 맞추면 뜨거운 노즐 출구에서 필요한 면적은 A_J이다. 여기서

$$A_J = \frac{\pi}{4}(D_J)^2 \text{이다.}$$

A_J는 필요한 환형 면적이고 (D_P/D_J) 플러그는 0.65와 같다고 할 수 있다.

그러므로 플러그 노즐의 경우 D_J 플러그 $=1.25\,D_J$(no plug)임을 알 수 있다.

엔진 나셀을 정의한 후에 이를 기체에 설치할 수 있다. 또한 분석해야 할 많은 이슈가 있다. 이들을 열거하면 다음과 같으며 이를 그림 9.15, 그림 9.16에 표시하였다.

- 도랑 깊이

  이는 낮은 나셀 항력으로 효율적인 날개 공기역학을 보장하기 위해 날개와 나셀 사이의 필요한 여유이다.

- 관통

  이는 날개 앞전에 대한 최종 노즐 배기면의 중첩이다. 도랑 깊이와 관련하여 이는 엔진의 간섭 항력을 최소화하기 위해 선택한다.

- 지면 여유를 강조하는 흡기는 지면효과 와류의 형성을 피하는데 충분히 높게 정해야 한다.
- 추력 역전장치 유출(발산)의 방향은 이것이 날개 플랩과 동체 공기역학을 간섭하지 않고 또한 엔진이 뜨거운 가스를 다시 섭취하는 것을 피하는 것을 보장하게 위치해야 한다.
- 흡기와 착륙장치와의 관계는 임의의 이물질이나 과도한 물방울 발사가 엔진 안전에 충격을 주지 않아야 한다.
- 팬 디스크 혹은 터빈 디스크가 붕괴될 가능성이 없을 경우에는 항공기에 과외의 안전 위험을 주지 않는 그럴싸한 파편의 경로를 제공해야 한다. 특히 이는 다른 엔진에 위험을 주지 않아야 한다. 이 요건은 항공기와 엔진 급유의 경로와 연료 탱크의 위치를 함축하고 있다.
- 지면 여유는 착륙할 때에 앞바퀴가 붕괴되거나 항공기가 과도한 롤 혹은 피치를 갖고 착륙할 때 엔진이 위험하지 않을 만큼이어야 한다.

날개에 포드를 설치하는 것은 매우 복잡한 기술적인 문제를 나타낸다. 그러나 주요 기체 제조업자들은 날개 장착 포드의 배치에 대한 몇 가지 간단한 규칙을 규정하고 있다.

합리적인 설치를 그림 9.16에서 보여주고 있다. 간섭 항력이 거의 없거나 전혀 없게 날개 장착 엔진에 설치하는 것이 가능하다. 후방 동체에 장착한 엔진은 역압력 구배를 갖는 후방 동체 주위의 요란 흐름으로 인해 훨씬 더 어렵다. 간섭 항력은 격리된 포드 항력의 60% 심지어는 80%까지 높을 수 있다.

표 9.3(a) 별개의 제트를 갖는 엔진의 전형적인 기하학적인 관계(출처: Rolls Royce Data)

치수	부호	추정 관계식	필요 입력
흡기 가장 중요한 부분의 지름	DIH	$\mathrm{DIF} = 0.037\,W_a + 32.2$	W_a(lb/sec)
주 카울의 최대 높이	M_H	$M_H = 1.21 D_F$	D_F(in)
주 카울 길이	LC	$\mathrm{LC} = [2.36 D_F - 0.01 (D_F M_{Mo})^2]$	$D_F M_{Mo}$
팬 출구에서 주 카울 지름	DFO	$\mathrm{DFO} = (0.00036 \mu W_a + 5.84)^2$	μ ratio W_a(lb/sec)
팬 출구에서 가스 발생기 카울 지름	DMG	$\mathrm{DMG} = (0.000475 \mu W_a + 4.5)^2$	μ W_a(lb/sec)
'hot' 노즐 출구에서 가스 발생기 카울 지름	DJ	$\mathrm{DJ} = (18 - 55 \times K)^{0.5}$ where $K = \left\{ \ln(\frac{1}{\mu+1})(\frac{W_a}{OPR}) \right\}$	W_a(lb/sec) μ, OPR
가스 발생기 후부 동체 길이	LAB	LAB	

별도 기술이 없을 경우 단위는 in임.

표 9.3(b) 혼합류 엔진의 전형적인 기하학적인 관계(출처: Rolls Royce Data)

치수	부호	추정 관계식	필요 입력
흡기 가장 중요한 부분의 지름	DIH	$\mathrm{DIF} = 0.037\,W_a + 32.2$	W_a(lb/sec)
주 카울의 최대 높이	M_H	$M_H = 1.21 D_F$	D_F(in)
주 카울 길이	LC	$\mathrm{LC} = [3.51 D_F - 0.21 (D_F M_{Mo})^2]$	$D_F M_{Mo}$
'hot' 노즐 출구에서 가스 발생기 카울 지름	DJ	$\mathrm{DJ} = (18 - 55 \times K)^{0.5}$ where $K = \left\{ \ln(\frac{W_a}{OPR}) \right\}^{2.2}$	W_a(lb/sec) μ, OPR

별도 기술이 없을 경우 단위는 in임.

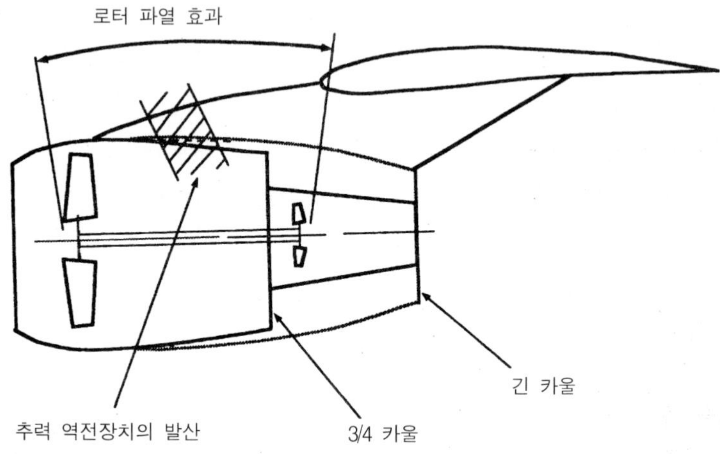

그림 9.15 기하학적인 설치 요소 및 구속조건(출처: Rolls Royce Data)

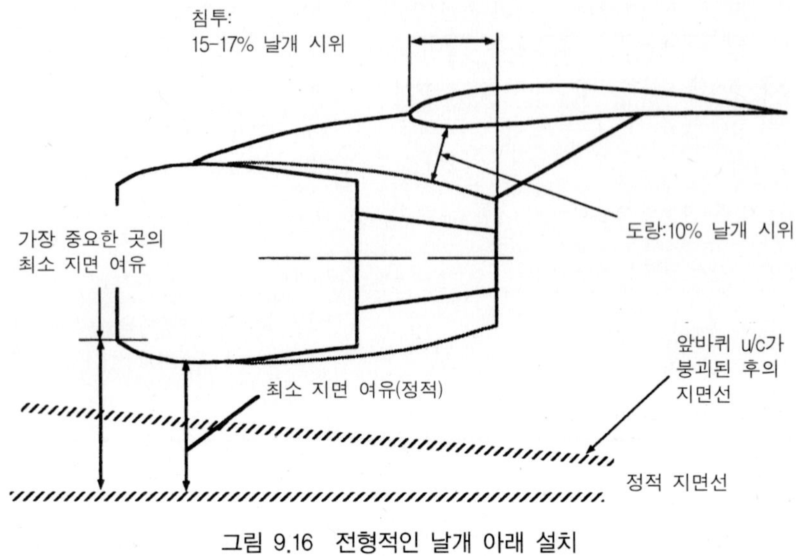

그림 9.16 전형적인 날개 아래 설치

9.10 엔진을 스케일링(크기 조정)하는데 필요한 규칙

현명하게 수행할 수 있는 스케일링의 정도에 대한 한계가 존재한다. 엔진 형상을 기본에서부터 0.5 추력 축척까지 크기를 조정하는 것은 비실제적이며 부정확하다. 예를 들어 마지막 단계의 압축기의 크기는 제조할 수 없을 만큼 작다. 추력 스케일링의 개략적인 법칙은 20%로 제한된다.

엔진 추력 축척이 x이면 (즉, x=(필요 엔진 추력)/(기지의 엔진 추력) 연료 흐름은 동일한 비율로 크기를 조정한다(즉, SFC는 일정). x 제곱근으로 치수를 크기 조정하면 엔진과 나셀 중량은 x로 크기를 조정한다(즉, (엔진 추력/엔진 중량)과 (엔진 추력/나셀 중량)비는 일정하다).

이러한 규칙은 개략적이다. 예를 들어, 연소장치 치수는 엔진 크기에 의존할 뿐만 아니라 다른 매개변수를 포함한다. 그러나 예비 설계 단계에서 이러한 규칙은 크기 조정하는 엔진의 중량과 성능 평가에서 어느 정도 합리적인 1차 평가를 제공해준다.

9.11 엔진 가격

엔진의 가격을 추정하는 것은 언제나 많은 변수가 관련되므로 어려운 이슈로 간주된다. 초기 추정에서 기존의 엔진 가격에 기초하고 있는 그림 9.17을 사용할 수 있다. 가치계수에서 추력과 SFC는 $Mn = 0.8$과 35000ft(10675m)에서의 최대 순항 정격에서의 값이다.

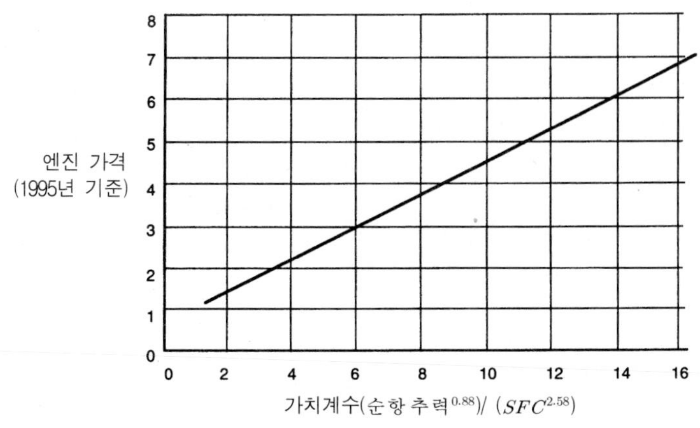

그림 9.17 역사적 데이터로부터 민간 엔진 가격 추정
(출처: An investigation into aircraft development strategies, Loughborough University, 1996)

9.12 정비 비용

이러한 비용은 엔진 가격보다 일반화하기가 더 어렵다. 추정방법에는 엔진 제조업자의 상세한 정보가 보통 필요하다. 정비 비용은 보통 두 가지 부문에서 인용된다.

(1) 비행시간당 정비 인시

(2) 비행시간당 엔진 부품비용

(1)을 비행시간당 비용으로 변환하기 위해서는 노동율에 대한 값이 필요하다. 보다 상세한 내용은 제12장의 비용추정에서 살펴보기로 하자.

9.13 엔진 데이터

부록3은 모든 현용 터보팬 엔진의 주요 데이터를 포함하고 있다. 그림 9.18–9.21은 네 가지 유형의 엔진에 대한 엔진 성능을 보여주고 있다.

- 저바이패스비
- 중간바이패스비
- 고바이패스비

- 초고바이패스비

각 엔진 유형에 대한 주요한 성능 및 기하학은 표 9.4에 열거하였다.

초기 프로젝트 단계에서 이 데이터는 크기 조정할 수 있으며 엔진 성능을 제공하기 위해 부록 데이터와 관련하여 사용할 수 있다. 상세한 데이터는 무차원 형태임을 유의하기 바란다. 이 데이터를 크기 조정할 때 추력과 SFC에 대한 레이놀즈수의 영향을 무시하였다. 프로젝트 단계에서 이는 용인할 만하다. 설계 과정이 전개되면 이러한 영향을 고려한 특정의 엔진 데이터를 사용해야 한다.

표 9.4 엔진 비교 데이터

바이패스비	3.0	6.5	8.0	13.0
최대 해수면 정적 추력(E_N^*)	15 100	95 000	99 300	97 979
추력/엔진 중량	5.12	4.03	3.83	3.17
나셀 길이(m)	2.405	5.94	9.14*	5.63
나셀 지름(m)	-	3.81	4.11	4.74
팬 지름(m)	1.14	3.02	3.38	-

* 표준 길이 나셀

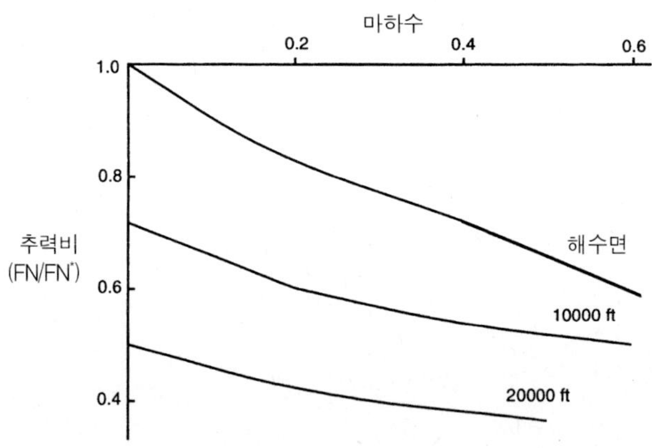

그림 9.18(a) 바이패스 비 3.0-이륙 추력

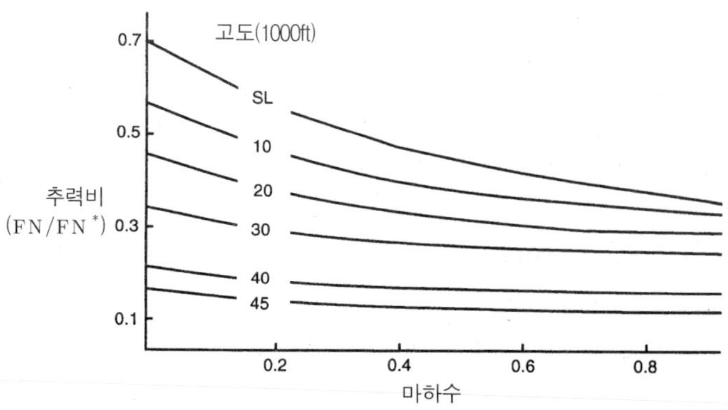

그림 9.18(b) 바이패스 비 3.0-최대 상승 추력

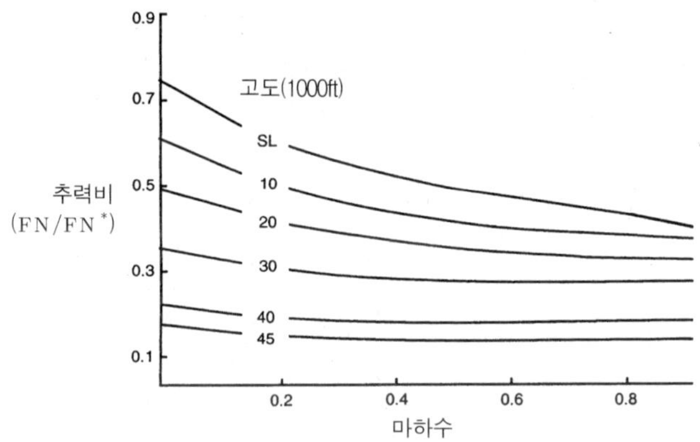

그림 9.18(c) 바이패스 비 3.0-최대 순항 추력

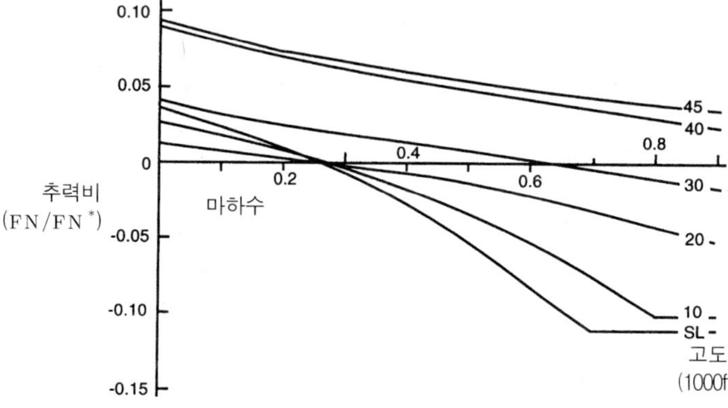

그림 9.18(d) 바이패스 비 3.0-강하 추력

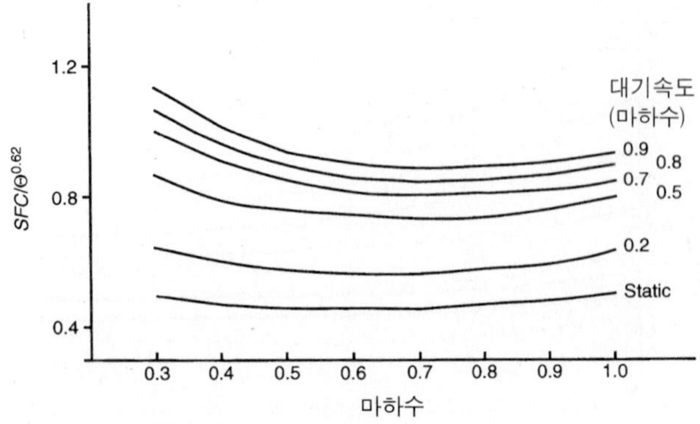

그림 9.18(e) 바이패스 비 3.0-SFC 고리

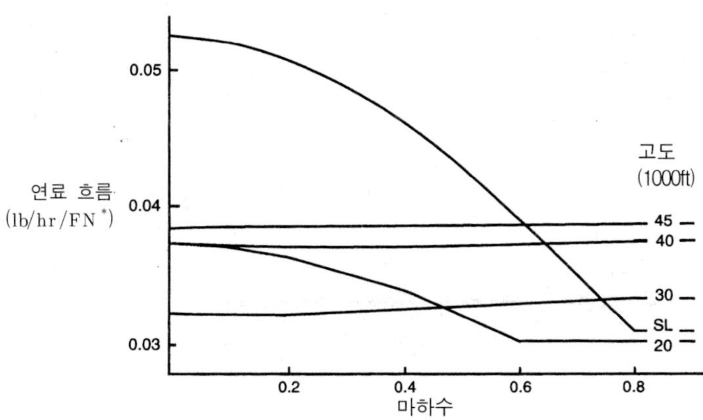

그림 9.18(f) 바이패스 비 3.0-강하 연료 흐름

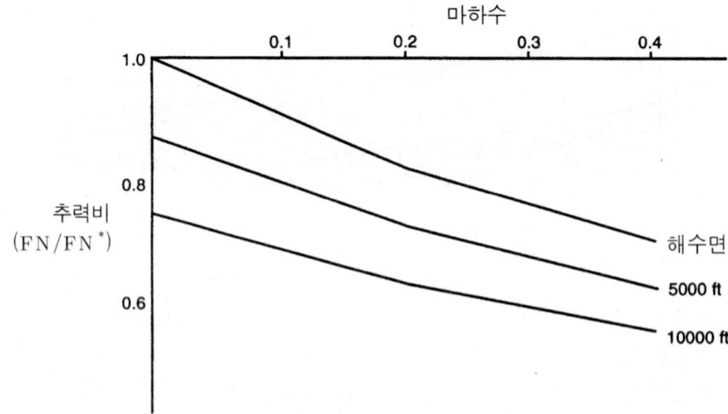

그림 9.19(a) 바이패스 비 6.5-이륙 추력

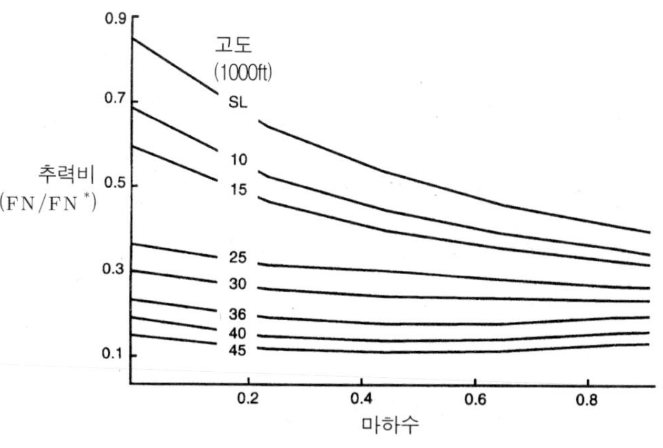

그림 9.19(b) 바이패스 비 6.5-최대 상승 추력

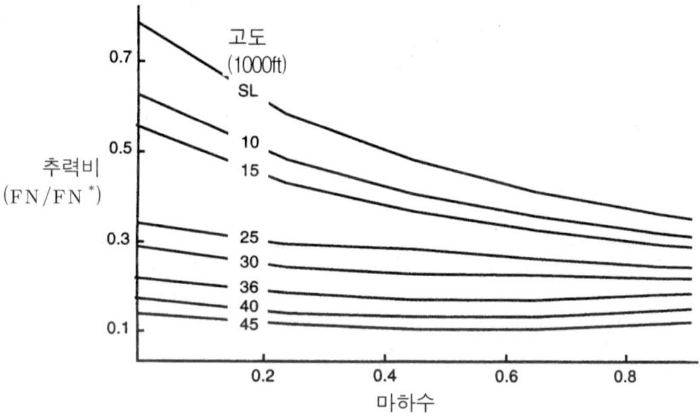

그림 9.19(c) 바이패스 비 6.5-최대 순항 추력

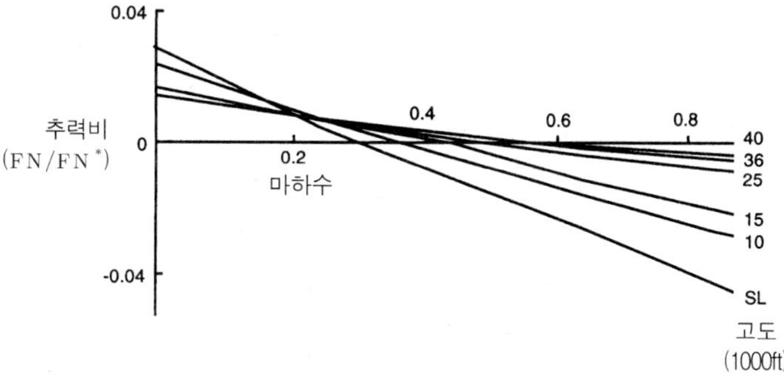

그림 9.19(d) 바이패스 비 6.5-강하 추력

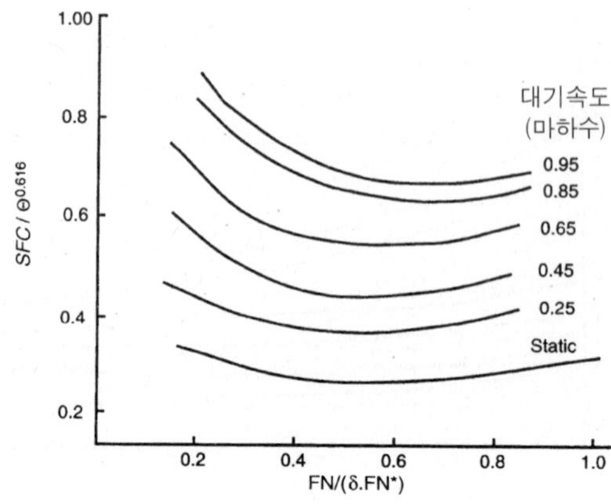

그림 9.19(e) 바이패스 비 6.5-SFC 루프

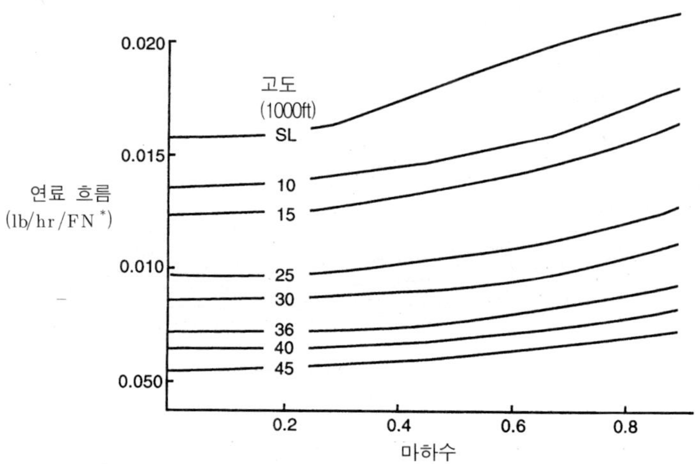

그림 9.19(f) 바이패스 비 6.5-강하 연료 흐름

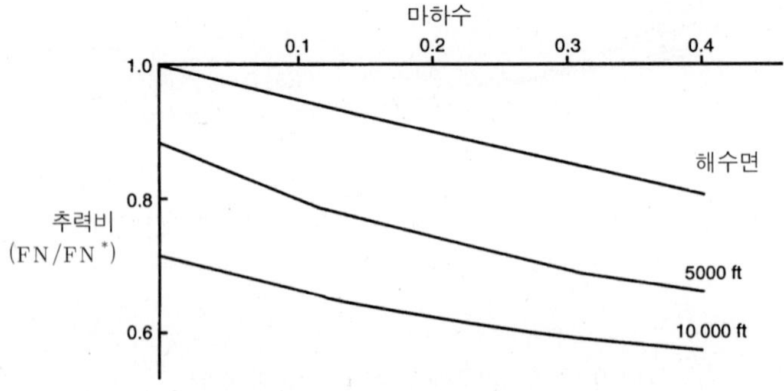

그림 9.20(a) 바이패스 비 8.0-이륙 추력

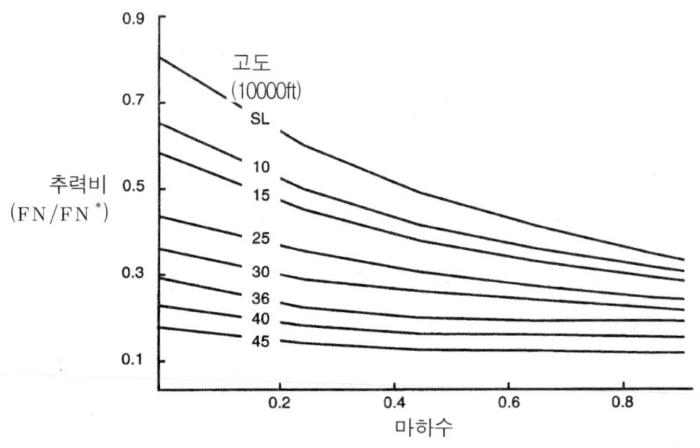

그림 9.20(b) 바이패스 비 8.0-최대 상승 추력

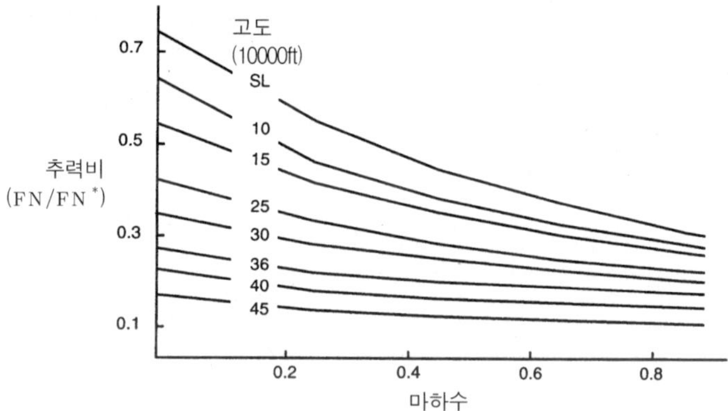

그림 9.20(c) 바이패스 비 8.0-최대 순항 추력

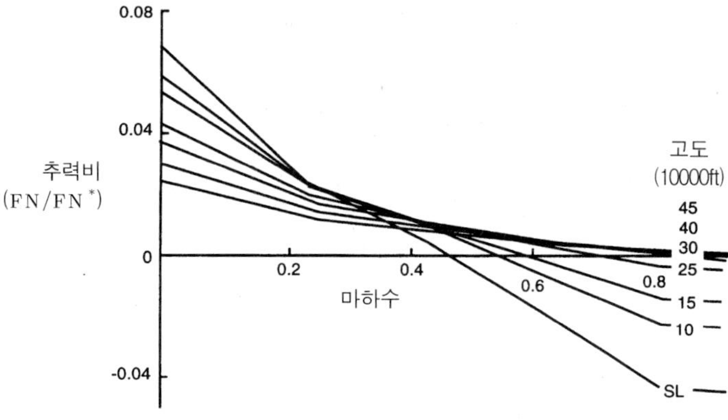

그림 9.20(d) 바이패스 비 8.0-강하 추력

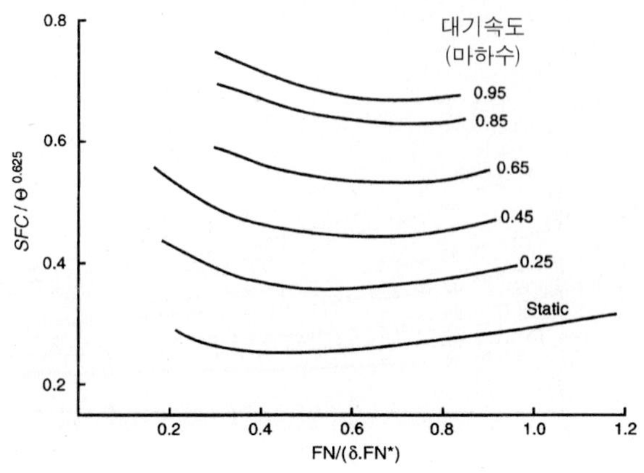

그림 9.20(e) 바이패스 비 8.0-SFC 고리

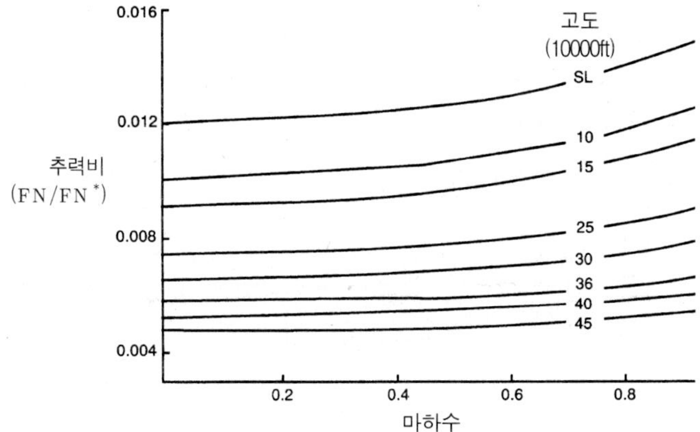

그림 9.20(f) 바이패스 비 8.0-강하 연료 흐름

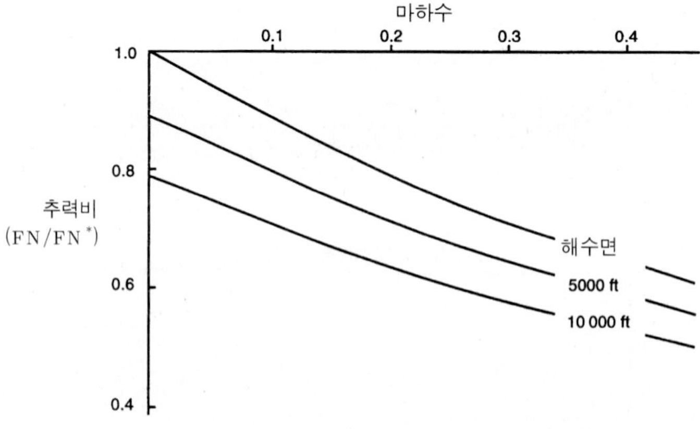

그림 9.21(a) 바이패스 비 13.0-이륙 추력

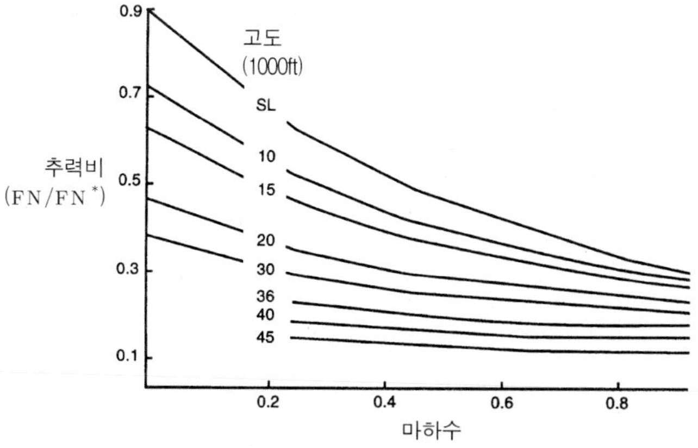

그림 9.21(b) 바이패스 비 13.0-최대 상승 추력

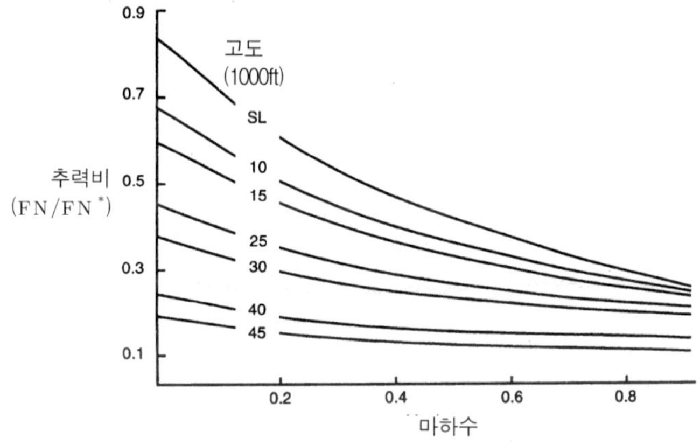

그림 9.21(c) 바이패스 비 13.0-최대 순항 추력

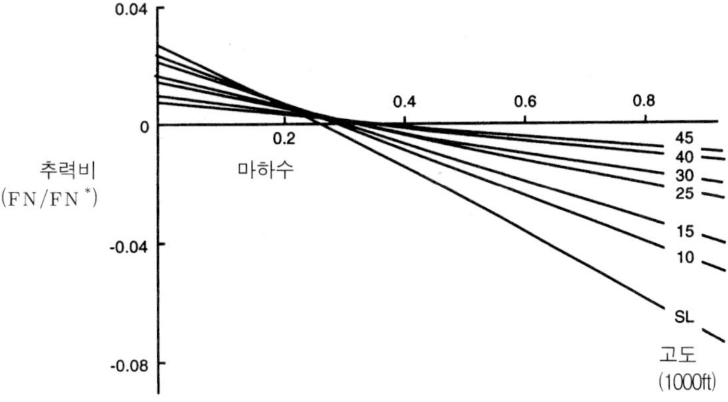

그림 9.21(d) 바이패스 비 13.0-강하 추력

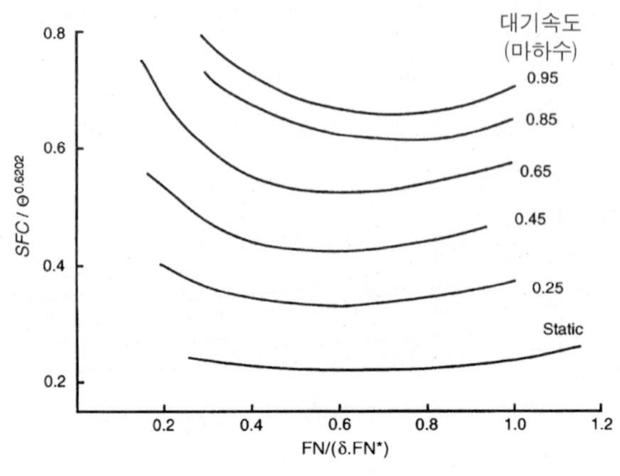

그림 9.21(e) 바이패스 비 13.0-SFC 고리

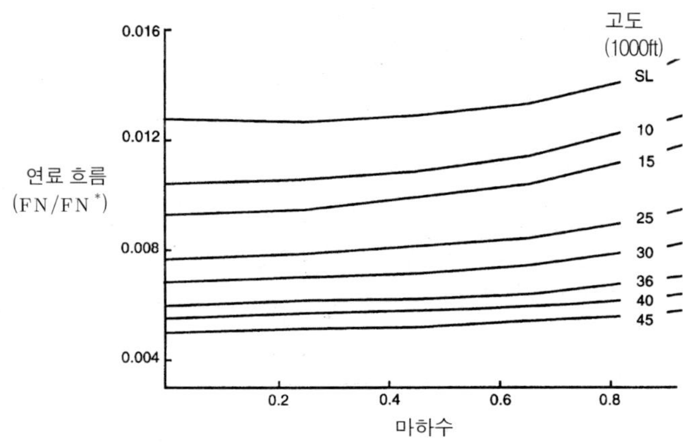

그림 9.21(f) 바이패스 비 13.0-강하 연료 흐름

9.14 결론

앞에서 언급한 바와 같이, 이 장에서는 기본적인 원리를 보다 쉽게 설명하기 위하여 간단한 방법을 채택하였다. 예를 들어, 터보팬 엔진을 평균 제트 속도와 압력을 단일 기류를 갖는 것으로 취급한 반면에, 실제로 바이패스와 가스 발생기 흐름은 별개로 취급하였다. 혼합 배기 흐름을 갖는 단일 노즐의 표준 카울 엔진과 3/4 카울 엔진의 별개의 제트 사이에 아무런 구분을 하지 않았다. 구성부품(세부계통) 효율을 언급하였지만 이들을 정량화하거나 압축기와 터빈의 정합을 실연하거나 허용할만한 서지(급격한 기압 변화) 여유를 주기 위해 압축

기에 대한 작동점을 어떻게 선택하는가에 대해 그 어떠한 시도도 하지 않았다.

위에서 언급한 간단한 가정을 무시하고 이제 여러분은 엔진 성능과 항공기 요건을 조화시키는 것에 대해서 기본적인 인식을 가져야 하며 초기 설계 단계에서 합리적인 선택을 할 수 있어야 한다.

주제에 더 많은 이해를 얻기 위해서는 엔진 상세 설계를 훨씬 더 깊게 다루고 있는 많은 가스 터빈 이론과 설계 관련 문헌을 참고하기 바란다(출처: Gas turbine Theory, Harman, Cohen, H., Rogers, G.F.C, Longman Press, 1996).

Chapter 10 Aircraft Design

항공기 성능

- 항공기 성능은 항공기 성능이 최소 엔진 출력과 날개 면적을 결정하게 된다는 점에서 설계 과정의 필수 부분이다. 이러한 두 가지 항목을 선택하는 것은 설계 과정의 후기 단계에서 급격한 변화를 주는 것은 비용이 매우 들기 때문에 중요하다. 이는 특히 기체를 개발하는 것보다 시간이 더 많이 걸리는 엔진의 경우에는 더욱 더 그러하다. 기체와 엔진 제조업자는 모두 개발 기간을 줄이기 위해 열심히 노력하고 있다.
- 항공기 성능 예측은 보통 컴퓨터 프로그램으로 이루어진다. 이 장은 기본적인 이러한 프로그램을 소개한다. 이 장을 완료한 후에 여러분은 항공기 성능 이면의 원리를 이해할 수 있을 것이며, 그리고 필요할 경우에는 컴퓨터와 무관한 계산을 수행할 수 있게 될 것이다. 표본 성능 계산을 어떻게 하는가를 보여주기 위해 이 장의 후반부에 포함하였다.

10.1 서론

모든 민간 수송기는 비행 특성과 항공기 성능에 관한 특정의 감항 규정을 충족해야 한다. 항공기는 모든 이러한 기준을 충족하도록 설계되어야 한다. 이들은 또한 속도, 항속거리, 유상하중 등과 같은 운용 요건을 충족해야 한다. 비행 프로파일은 그림 10.1(a)의 주요 임무 프로파일과 그림 10.1(b)의 예비 프로파일과 같이 여러 단계로 분할할 수 있다.

주요 운용 프로파일은 다음과 같은 부분(구획)으로 생각할 수 있다.

1. 시동 및 (활주로로) 지상 활주
2. 이륙 및 1500ft(457m)까지 초기 상승
3. 1500ft(457m)에서 초기 순항 고도까지 상승
4. 선택된 속도와 고도로 순항(필요시 계단 상승 포함)
5. 1500ft(457m)로 강하
6. 진입 및 착륙
7. (계류장으로) 지상 활주 진입

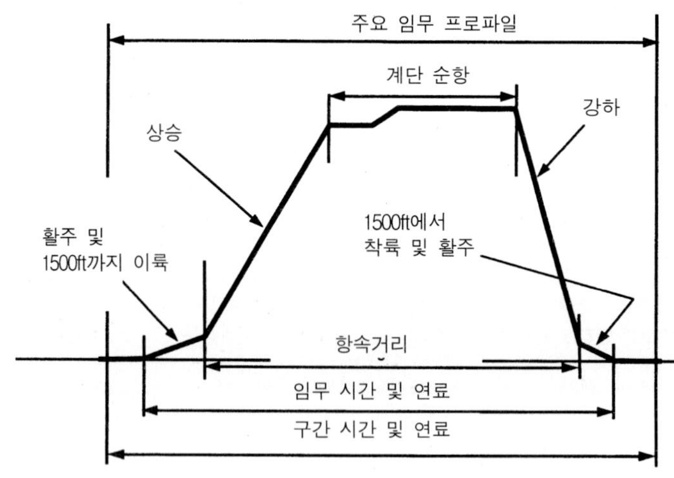

그림 10.1(a) 주요 임무 비행 프로파일 정의

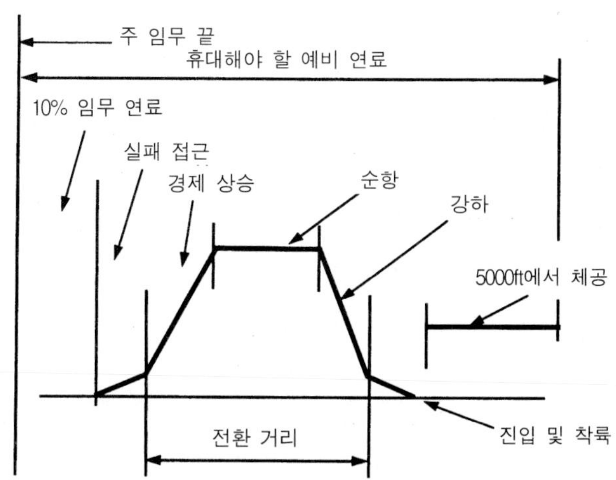

그림 10.1(b) 예비 연료 비행 프로파일 정의

전환 거리는 지정된다. 부가하여 다음과 같은 예비 비행 항목이 보통 지정된다.

8. 최소 연료소비율을 갖는 특정 시간과 속도로 체공
9. 전환 순항 고도로 상승
10. 최대 항속거리를 위한 속도로 순항
11. 1000ft(305m)로 강하
12. 임시(예비) (주요 임무 프로파일 부분(1-6)에서 사용한 연료의 10% 추정)

활주, 전환 거리 및 체공 시간 허용공차는 항공기가 비행해야 할 각 경로에 따라 다르다. 여러 항공기 사이에서 비교를 할 수 있도록 하기 위해 일련의 표준 허용공차가 항공기 초기 규격의 일부를 형성한다. 전형적인 일련의 허용공차 및 예비 기준을 표 10.1에서 보는 바와 같다.

표 10.1 전형적인 허용공차 및 예비 기준

	국내 비행	전형적인 국제 비행
허용공차		
시동 및 활주	9분	12분
진입 및 착륙	6분	6분
활주(예비연료로)	5분	6분
예비연료		
구간 연료	45분	5%의 허용공차
전환	200nm	200nm

체공		1500ft에서 30분
전환 진입 및 착륙지점을 벗어나 착륙	6분	6분

순항비행조건으로 가정: 국제표준대기 온도, 무풍

10.2 성능 계산

각 비행 단계의 성능 계산과 항공기 항속거리에 대한 이들의 영향을 기술하면 다음과 같다.

10.2.1 시동 및 지상 활주

이 단계는 항속거리에 기여하지 않지만 연료 연소에 영향을 준다. 고객은 보통 이 단계에서 필요한 연료는 활주할 때에 엔진을 조절하는 시간으로 정의한다. 전형적인 시간은 표 10.1에 주어졌다.

10.2.2 이륙 및 1500ft까지 초기 상승

이륙 및 초기 상승은 항공기 비행의 가장 중요한 안전 단계의 두 단계이다. 두 단계를 결합한 분석을 항공기 이륙성능이라고 한다. 항공기의 활주로 한계에 대한 상세한 정의는 항공기 비행 교범의 일부이므로 생략하였다. 프로젝트 설계 단계에서 활주로 요건은 초기 규격의 핵심 부분으로 간주되며 그러한 것들은 항공기 형상에 직접적으로 영향을 주게 된다(예를 들어 항공기 형상은 필요 엔진의 크기로 기술된다).

또한 이 단계는 항속거리에 기여하지 않지만 연료 연소에 영향을 준다. 필요 연료는 최대 이륙 정격으로 연료가 연소하는 시간으로 정의되며, 전형적인 시간은 2분이다.

(1) 이륙 거리

비행장에서 사용되는 거리는 다음과 같은 형식으로 주어진다.

- 유효 이륙 활주 : 이는 포장된 활주로의 길이다.
- 유효 비상 거리 : 이는 활주로 길이에 정지로 길이를 더한 거리의 합이다. 정지로는 활주로 끝에 있는 구역으로 장애물이 없다.
- 유효 이륙 거리 : 이는 활주로, 정지로 및 대피로 길이의 합이다. 대피로 거리는 정지로의 끝에서 고도 35ft(10.7m) 이상의 최초의 장애물까지 거리이다.

이러한 거리를 도시적으로 나타내면 그림 10.2와 같다.

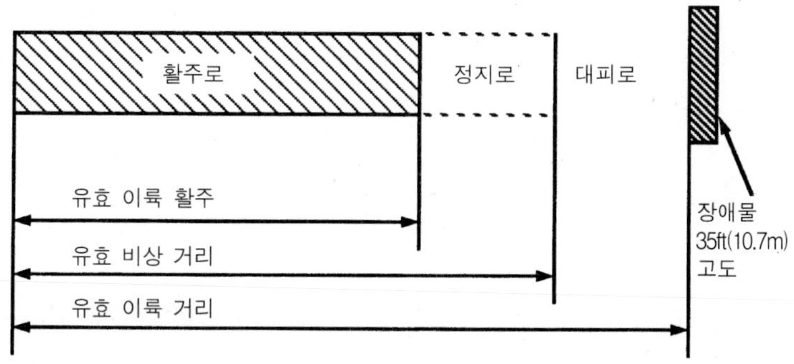

그림 10.2 유효 이륙거리

항공기가 필요한 이륙거리는 항공기 성능과 관련된다.

- 필요 이륙 활주-이는 이륙: 활주를 시작하여 부양 점까지의 거리에 부양하여 35ft(10.7m)까지 이륙한 거리의 1/3(장애물 고도)을 더한 거리이다. 모든 엔진이 작동되는 경우에 이 거리는 1.15를 곱한다. 안전 운용을 위해 필요 이륙 활주 길이는 유효 이륙 활주보다 커야 한다.
- 모든 엔진 작동시의 필요 이륙 거리: 이는 이륙 활주를 시작하여 고도 35ft(10.7m)까지 부양한 거리에 1.15를 곱한 거리이다. 이 길이는 유효 이륙 거리보다 크지 않아야 한다.
- 하나의 엔진이 고장이 나는 경우에 거리는 두 가지 가능한 활동으로 구한다.

1. 고장 후에도 계속 이륙 시도-이는 이륙 활주를 시작하여 주요 엔진이 고장이 난 속도까지의 거리에 이 속도로부터 35ft(10.7m) 고도까지의 거리를 더한 거리이다. 총 거리(accelerate-go)는 유효 이륙 거리보다 크지 않아야 한다.
2. 이륙 포기-이는 이륙 활주를 시작하여 주요 엔진이 고장이 난 속도까지의 거리에 휠 브레이크만을 사용하여 이 속도로부터 정지하는데 도달한 거리를 더한 거리이다. 총 거리(accelerate-stop)는 유효 비상 거리보다 크지 않아야 한다.

엔진 고장시의 계산을 위한 두 가지 정의를 그림 10.3에 나타내었다.

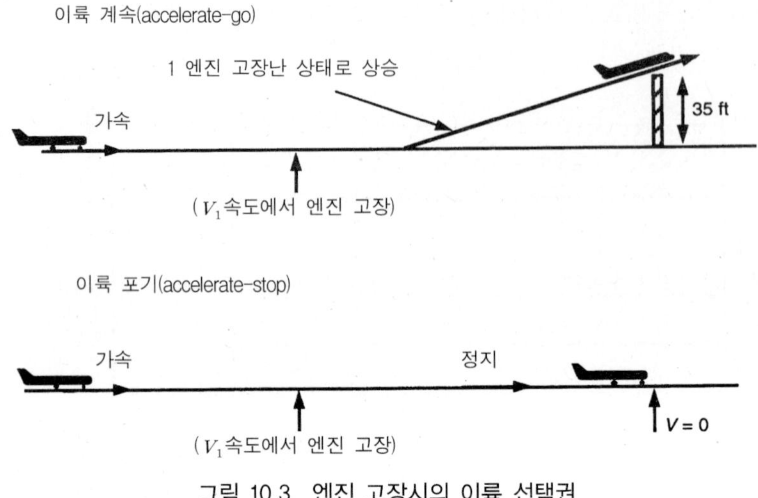

그림 10.3 엔진 고장시의 이륙 선택권

(2) 이륙 성능-모든 엔진이 작동되는 경우

모든 엔진이 작동되는 항공기의 이륙 성능은 비교적 간단하다. 항공기는 편안하게 출발하여 낮은 받음각 자세로 활주로를 따라 가속하고 이륙 형상시의 항공기 실속 속도와 같은 속도(V_S)를 통과한다. V_S보다 큰 속도(V_R)에서 조종사는 지상으로부터 앞바퀴를 들어 올려 항공기를 회전시킨다. 이 기동을 할 때에 항공기 받음각은 후방 동체가 활주로에 닿는 것을 피하기 위해 제한될 수 있다. 항공기는 이륙(부양) 속도값(V_{LOF})까지 증가할 때까지 계속하여 활주로를 따라 이동한다. 이 점에서 항공기는 활주로를 벗어나 상승하기 시작하고 요건에서 지정된 장애물 고도(보통 35ft; 10.7m)에 도달할 때까지 서서히 고도를 얻는다. 이 점에서 항공기 속도는 V_2 속도 이상이어야 한다. V_2 속도는 분명히 이륙 성능을 추정하는데 있어 주요한 매개변수이다. 여러 가지 기준을 규정한 감항성 요건이 V_2속도를 구하는데 있어 충족되어야 한다. 이륙 계산을 위해 규정된 속도를 예시하고 기술하면 그림 10.4와 같다.

V_S: 실속 속도(이륙 형상시)

V_{mc}: 최소 조종(제어) 속도. 이 속도에서 주요 엔진이 고장이 나면 항공기는 영(0)의 편요와 뱅크각도(5° 미만의 롤각도)로 비행할 수 있어야 한다.

V_1: 주 동력 고장 속도

V_R: 회전 속도. 이는 V_1과 같을 수 있지만 최소한 $1.05\,V_{mc}$여야 한다.

V_{mu}: 최소 이륙 속도. 지상에 대한 꼬리날개 간섭으로 인해 V_R로 활주로에서 부양할 수 있는 불충분한 붙임각이 존재할 수 있다.

V_{LOF}: 이륙(부양) 속도. 항공기는 이륙하게 된다. 모든 엔진이 작동될 때 $V_{LOF} > 1.1\,V_{mu}$이며, 하나의 엔진이 고장이 나면 $V_{LOF} > 1.05\,V_{mu}$이다.

V_2: 이륙 상승 속도. 이는 **35ft(10.7m)** 장애물 고도에 도달한 속도이다. 이는 V_{mc}와 V_S에 걸쳐 다음의 여유를 가져야 한다.

$V_2 > 1.1\,V_{me}$

$V_2 > 1.2\,V_S$ 혹은 하나의 엔진이 고장이 나는 경우 나머지 엔진이 최대 동력이지만 실속 속도에 현저한 영향이 존재하면 $V_2 > 1.15\,V_S$여야 한다.

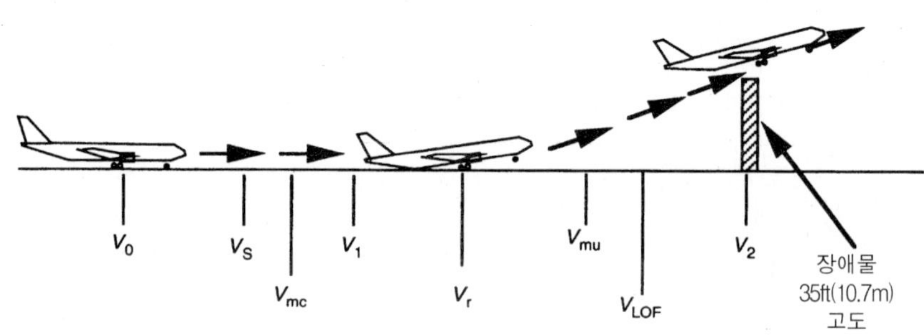

그림 10.4 이륙 속도 정의

(3) 이륙거리 추정-모든 엔진이 작동되는 경우

이륙거리 분석은 다음과 같이 3가지 부분으로 이루어진다.

1. 지상 활주
2. 상승으로 전환
3. 상승

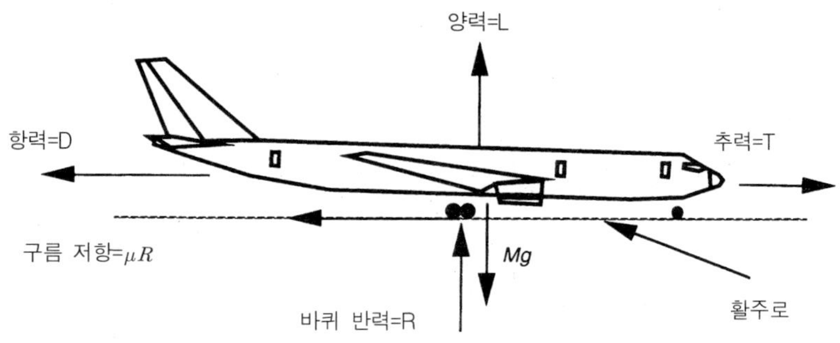

① **지상 활주**

지상을 활주할 때 항공기에 작용하는 힘을 분해하면

(a) 수평적으로: $T = D + M(dW/dt) + \mu R$

(b) 수직적으로: $R = Mg - L$

이를 결합하면

$M(dV/dt) = T - D - \mu(Mg - L)$이 된다.

여기서 M은 항공기 중량
dV/dt는 항공기 가속도
μ는 활주로 마찰계수
R는 착륙장치 반력$= Mg - L$
g는 회전 가속도

이다.

이륙형상의 항공기 항력곡선으로부터

$$C_D = a + bC_L^2$$

여기서 C_D는 항공기 항력계수$= a + bC_L^2$
C_L은 항공기 양력계수

항력에 대해 식을 결합하면

$D = 0.5\rho V^2 SC_D$이다.

여기서 ρ는 공기 밀도
V는 항공기 속도
S는 날개 기준 면적

이고, 항공기 중량과 양력을 이러한 형태로 기술하면

$W = Mg,\ L = 0.5\rho V^2 SC_L$이 되어

$$(dV/dt) = [(T/W - \mu) + (\rho/(2W/S))(-a - bC_L^2 - \mu C_L)V^2]g \qquad (10.1)$$

$$\text{지상 활주}(S_G)\text{는} \int_0^{V_{LOF}} [(1/2a)dV^2] \tag{10.2}$$

가 된다.

여기서 a는 식 (10.1)에서 정의한 가속도(즉, dV/dt)이다. 항공기 붙임각은 대부분의 지상 활주를 할 때에는 일정하므로 모든 실질적인 목적을 위해 C_L은 일정하다고 가정할 수 있으며 양력은 V^2에 비례한다.

속도에 따른 이륙 추력의 변화에 대해 검사해보니 대략적으로 선형적임을 보여주고 있다. 지상 활주를 할 때에 V^2에 대해 적분하면 속도 $0.707V$에서 평균 추력값은 계산에서 충분히 정확하게 된다.

그러므로 T와 C_L이 일정하면 두 개의 추가적인 상수 K_T와 K_A를 다음과 같이 정의할 수 있다.

$$K_T = (T/W) - \mu \tag{10.3}$$

$$K_A = \rho(a - bC_L^2 - \mu C_L)(2W/S) \tag{10.4}$$

K_T와 K_A를 식 (10.1)에 대입하면

$$(dV/dt) = [K_T + K_A \cdot V^2]g \tag{10.5}$$

식 (10.2)와 식 (10.5)를 결합하고 0과 부양 속도 사이에서 적분하면

$$S_G = 1/(2gK_A) \cdot \ln[(K_T + K_A \cdot V_{LOF}^2)/K_T]$$

여러 가지 포장도로 유형의 건조한 조건에서 구름계수(μ)는 다음과 같다.

포장 활주로	$\mu = 0.02$
거친 잔디밭, 자갈	$\mu = 0.04$
짧은 건조한 풀밭	$\mu = 0.05$
긴 풀밭	$\mu = 0.10$
부드러운 땅	$\mu = 0.10 \sim 0.30$

민간 제트 수송기는 포장도로에서만 운항된다. 다른 표면은 흥미의 대상이거나 판에 박히지 않은 운용을 분석할 경우에만 포함된다.

② **상승으로 전환**

전환할 때에 항공기가 이륙 속도 V_{LOF}에서 이륙 상승 속도 V_2로 가속된다. 전환할 때에 포함되는 지면 거리를 정확하게 예측하기는 곤란하다. 간단한 방법을 제시하였지만, 현용 항공기의 측정된 성능에 대해 보정하는 것은 가능하다. 전환할 때에 항공기는 $0.9C_{L_{max}}$로 비행하다고 가정하고 기동시의 평균 속도는 다음과 같이 주어진다.

$$V_{TRANS} = (V_{LOF} + V_2)/2$$

또한 항공기는 그림 10.5에서 보는 바와 같이 원호를 그리며 비행한다고 가정한다.
비행 경로에 수직하게 분해하면

$$L = Mgcos\theta + MV_{TRANS}^2/r \tag{10.6}$$

여기서 r은 원호 반경이다. 하중계수 n는 다음과 같이 정의된다.

$$n = L/Mg \tag{10.7}$$

여기서 $L = 0.5 \cdot \rho \cdot V_{TRANS}^2 \cdot S \cdot 0.9C_{L_{max}}$이다.

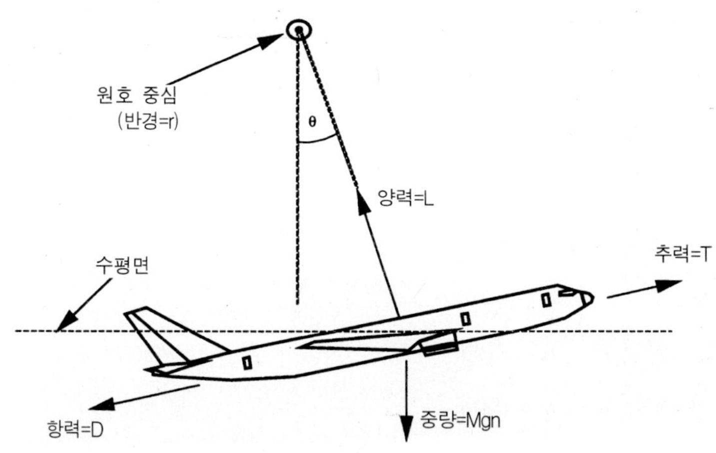

그림 10.5 전환 비행 경로 정의

각도가 작으면 $\cos\theta = 1.0$이다. 식 (10.6)을 식 (10.7)에 대입하면

$$n = 1 + (V_{TRANS}^2/rg)$$

혹은
$$r = V^2_{TRANS}/[g(n-1)] \quad (10.8)$$

이 된다.

따라서 전환을 위한 지상 거리는

$$S_T = r \cdot \gamma \quad (10.9)$$

로 주어진다.

여기서 γ는 최종 상승 구배이다.

이행 마지막에서의 고도는

$h_T = r \cdot \theta \cdot \theta/2$이다.

여기서 θ는 그림 10.6에서 보는 바와 같이 비행경로 원호의 각도이다.

장애물 고도는 전환 기동을 할 때에 초과할 수 있다.

장애물 고도까지의 거리S_S는 개략적으로

$$S_S = [(r+h_s)^2 - r^2]^{0.5} \quad (10.10)$$

여기서 h_S는 장애물 고도이다.

식 (10.8)과 식 (10.9)를 참조하면 전환 기동은 n과 V_{TRANS}가 좌우함을 알 수 있다. 이러한 매개변수의 전형적인 값은 $n = 1.2$, $V_{TRANS} = 1.15\,V_S$이다.

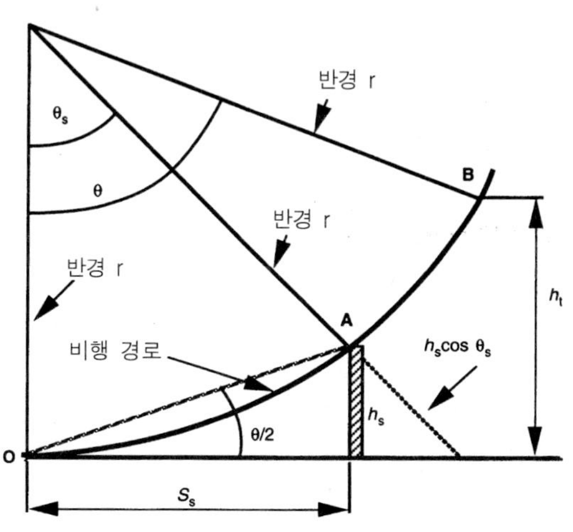

그림 10.6 전환 비행 경로 기하학

③ **상승**

전환의 끝에서 장애물 고도까지의 지면 거리 S_C는 다음과 같이 주어진다.

$$S_C = (\text{장애물 고도} - h_t)/\tan\gamma_C \tag{10.11}$$

여기서 h_t는 전환의 끝에서의 고도

γ_C는 최고 상승각

상승각이 작으면 $\tan\gamma_C = \sin\gamma_C = \gamma$이다.

총 거리는 개별 성분(지상 회전+전환+상승)의 합으로 계산한다. JAR/FAR 인증 규정에서 이륙 비행장 길이는 운용 변수를 고려하여 1.15를 곱한다.

(4) 이륙 거리 추정-하나의 엔진이 고장이 난 경우

앞에서 기술한 바와 같이, 조종사는 이륙 활주를 할 때에 엔진이 고장이 나는 경우에는 두 가지 선택권이 있다.

- 나머지 엔진으로 이륙을 계속하여 비행한다.
- 비상 제동을 가하고 활주로 멀리 떨어진 곳에 항공기를 정지시킨다.

두 가지 선택권은 그림 10.3에서 본 바와 같다. 이들을 종종 “accelerate-go” 및 “accelerate-stop”이라고 한다. 이륙 활주 초기에 엔진 고장이 발생하면 항공기를 정지하는 것이 좋다. 엔진 고장이 나중에 발생하면(항공기가 많은 운동 에너지를 달성할 때) 이륙을 계속하여 비행을 하는 것이 더 좋다. 주어진 항공기 중량에서 정지하거나 엔진이 고장이 날 때의 속도 범위로(장애물 고도까지) 비행하는데 필요한 총 거리를 계산하는 것이 가능하다. 이러한 계산으로 ‘accelerate-go’ 거리에서의 고장 속도로 식별된 ‘accelerate-stop’ 거리를 동일하게 할 수 있다. 이러한 일반적인 거리를 “균형 활주로 길이(BFL)”라고 한다. 이러한 유형의 계산 결과를 그림 10.7에 제시하였다.

균형 활주로 길이를 계산할 때 모든 엔진이 작동되는 경우에 개발한 식을 사용할 수 있다. 엔진이 고장이 나는 시점까지의 계산은 정확하게 똑 같다. 엔진 고장 시점 이후에는 다음과 같은 변화가 이루어져야 한다.

- 조종사의 반응 시간-이는 엔진이 고장이 나고 조종사가 이를 인지하고 몇 가지 행동을 시작하는 사이의 시간 지연을 말한다. 항공기 속도가 엔진 고장 속도에서 일정하다고 가정할 때 2초의 지연 시간으로 현재 규정되어 있다.

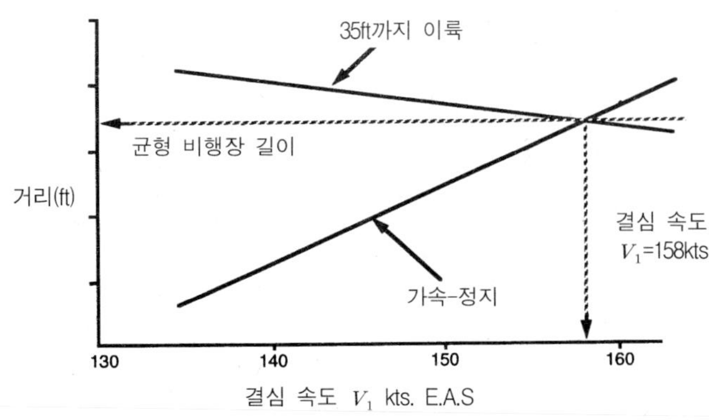

그림 10.7 균형 활주로 길이의 정의

- "accelerate-go"인 경우 다음에 대한 허용 오차가 이루어진다.
  1. 고장이 난 엔진으로 인해 항력 증가와 항공기 편요(yaw) 고도의 항공기 항력에 대한 영향
  2. 살아있는 엔진에 대한 허용 비상 동력
- "accelerate-stop"인 경우 제동장치의 성능과 제한사항이 중요하다.

균형 활주로 길이는 항공기 중량의 함수이다. 그러므로 항공기 중량을 줄여(유상하중 및/혹은 연료를 제거하여) 제한된 활주로 길이의 공항 밖으로 항공기를 운항하는 것이 가능하다. 주어진 이륙 중량과 대기조건(온도 및 비행장 고도)에 필요한 이륙 활주로 길이는 균형 활주로 길이보다 크며 35ft(10.7m)까지 모든 엔진이 작동하는 거리에 1.15배를 곱한다.

(5) 간단한 경험식에 의한 이륙 성능 추정

지상 활주시의 가속 방정식은

$$(dV/dt) = (T/Mg) - (D/Mg) - (\mu R/Mg) \tag{10.12}$$

여기서 D는 공기역학적 항력(N)
μR은 구름마찰에 의한 힘(N)
T는 엔진 추력(N)
M은 항공기 중량(kg)

추력과 비교하여 항력과 구름마찰의 힘은 매우 작다.

그림 10.8은 이륙시의 힘의 크기를 보여주고 있다.

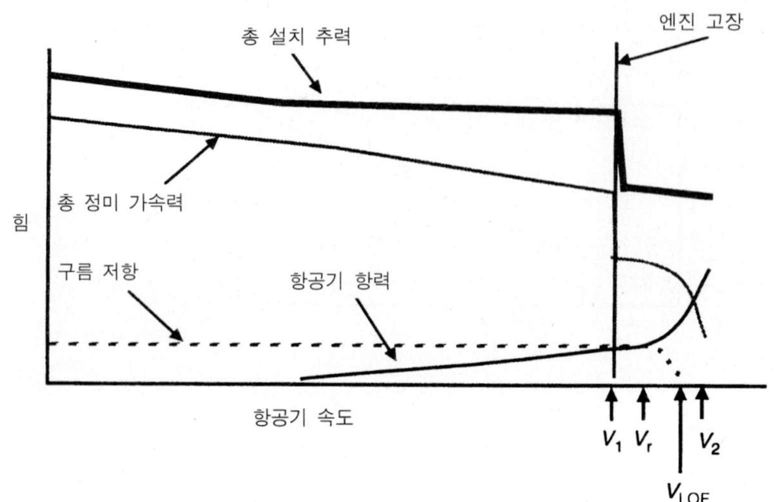

그림 10.8 이륙시 항공기에 작용하는 힘

식 (10.12)에서 공기역학적 항력과 구름마찰을 무시하면 가속도 a를 구할 수 있다.

$$a = (dV/dt) = (T/Mg)$$

일반적으로 거리는 $(V^2/2a)$와 같다.

앞에서 논의한 바와 같이, 평균 에너지 속도($0.707\,V_2$)에서 추력을 얻을 수 있다. 그러므로 거리는

$$s = V_2^2/[2(T/Mg)]$$

로 주어진다.

여기서 $V^2 = V_{2EAS/\sigma^{0.5}}$=진대기속도

EAS는 등가대기속도

$C_L @ V_2 = Mg/S_w \cdot q$

위의 정의를 사용하면

$$s = kM^2g^2/(S_w \cdot T \cdot C_{LV_2} \cdot \sigma) \qquad (10.13)$$

여기서 k는 상수

C_{LV_2}는 기준 날개 면적

q는 동압=$0.5\rho V_{TAS}$

TAS는 진대기속도

ρ_0는 해수면 공기 밀도

현용 항공기의 인증된 이륙 성능 분석으로 위의 관계를 보정할 수 있으며 상수 k의 값을 확정할 수 있다. 보정은 엔진의 수에 좌우된다. 일반적으로 쌍발 엔진 항공기의 이륙 성능은 모든 엔진이 작동되는 경우의 균형 활주로 길이와 4발 엔진 항공기로 구한다.

(6) 이륙 상승

이륙 상승은 이륙하여 활주로 위의 1500ft(457m)에서 종료된다. 분석을 위해 상승 프로파일을 4부분(구간)으로 분할한다. 감항성 요건은 하나의 엔진 고장, 특정의 상승 구배가 각 구간에서 충족할 것을 요구하고 있다. 필요 구배와 관련 작동 조건 및 구간의 정의를 표 10.2에 요약하였다.

표 10.2 상승 구간 정의

구획	고도	플랩	U/C	정격	엔진 수의 구배율		
					2	3	4
1구간	0-35ft	TO	Down	TO	+'ve	0.3	0.5
2구간	400ft	TO	Up	TO	2.4	2.7	3.0
3구간	400+ ft	Variable	Up	Max, Cont.	수평 비행 가속		
4구간	1500ft	En-route	Up	Max, Cont.	1.2	1.5	1.7

민간 수송기의 이륙 상승 성능은 보통 2구간 상승 요건으로 정의한다. 2구간은 '착륙장치를 들어 올림으로' 시작하여 지상으로부터 400ft(122m) 고도에서 종료된다. 이 구간에서 최소 상승률은 최소한 실속 속도의 15% 이상의 항공기 속도와 하나의 엔진이 작동불능일 때로 시연할 수 있다.

일정 전진 속도 V로 상승하는 그림 10.9의 항공기를 고려해 보기로 하자.

$$T = D + Mg sin\gamma$$

여기서 $T = N \cdot F_n$=총 엔진 추력

N은 엔진의 수

F_n은 각 엔진의 추력

Mg는 항공기 중량= W

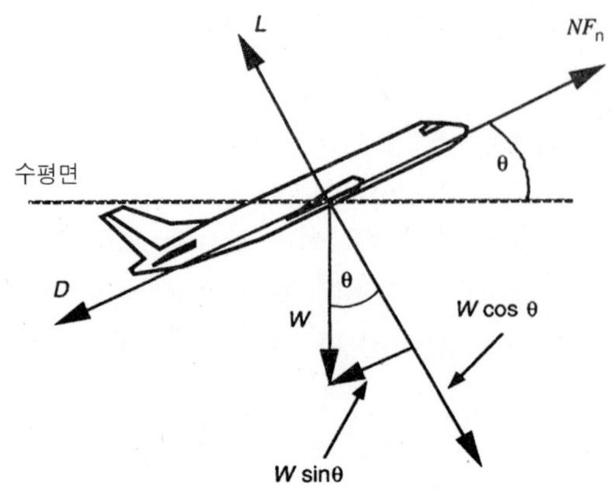

비행경로와 나란하게 그리고 비행경로에 수직하게 분해하면
$NF_n - D = W\sin\theta$
L= $W\cos\theta$(θ가 작을 때 = W)
따라서 상승 구배(θ)= $\tan\theta$ = $(NF_n - D)/W$

그림 10.9 상승할 때의 항공기에 작용하는 힘

따라서 상승 구배=$(T-D)/W$ (10.14)

2구간으로 상승할 때의 항공기 항력은 두 부분으로 나눌 수 있다.

- 기본 형상의 항력
- 고장이 난 엔진에 의한 비대칭 항력

기본 형상의 항력은 제8장에서 논의한 방법으로 구할 수 있다. 비대칭 항력은 고장이 난 엔진의 풍차 항력에 비대칭 비행 기하학을 상쇄하는데 필요한 방향타/보조익 처짐에 의한 추가적인 트림 항력으로 이루어진다. 초기 프로젝트 연구에서 고장이 난 엔진의 풍차 항력은 다음과 같이 추정한다.

$$C_D S = 0.3 A_f$$

여기서 A_f는 팬 단면적이다.

2구간으로 상승할 때에 추가적인 트림 항력은 초기에 기본 프로파일 항력의 5%로 가정할 수 있다. 항공기의 이륙 상승이 중요할 때에는 제8장에서 기술한 보다 상세한 방법을 사용하는 것이 적절하다.

엔진은 최대 이륙 동력 설정값(setting)이어야 한다. 그러나 만들어지는 추력은 전진 속도의 영향으로 해수면 정적인 값보다 낮게 된다. 이는 V_2에서 추력이 정적인 값보다 약 20% 낮을 때 고려해야 한다.

이륙 상승 성능과 이륙 거리 데이터를 결합하면 항공기의 전체 이륙 성능을 얻는다. 전형적인 도표를 그림 10.10에 제시하였다.

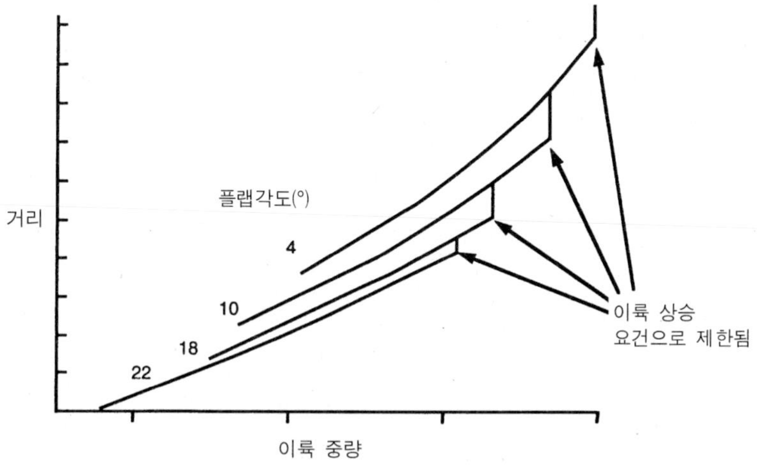

그림 10.10 이륙 거리에서 플랩 전개의 영향

10.2.3 항로상(운항중) 성능

정상 비행에서 항공기는 다음과 같은 조건에서 비행할 수 있다.

- 일정 고도, 일정 속도
- 일정속도로 상승 혹은 강하
- 일정 고도로 가속 혹은 감속
- 상승 혹은 강하 및 가속 혹은 감속

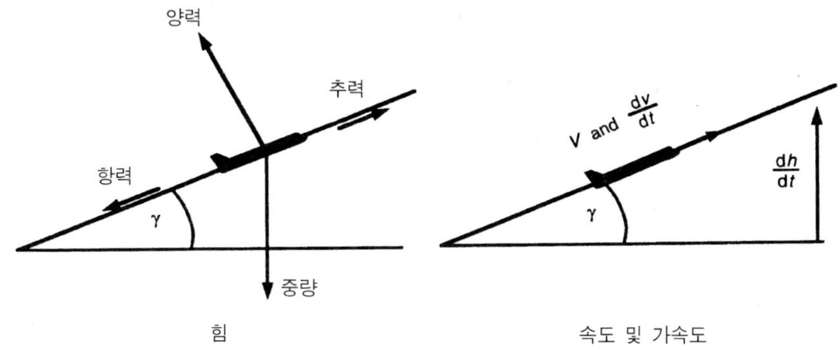

그림 10.11 상승 분석

그림 10.11은 상승 구배가 γ인 일반적인 경우의 힘선도 및 속도 가속도 선도를 보여주고 있다.

각도가 작다고 가정하면

$$T = D + W(dV/dt) + W\sin\gamma$$

$\sin\gamma = (dh/dt)/V$이므로

$$T = D + W(dV/dt) + W(dh/dt)/V$$

그러므로 $$V(T-D)/W = V(dV/dt) + (dh/dt) \tag{10.15}$$

이용 추력(T)는 항력(D)을 극복해야 하고 동시에 필요한 가속(dV/dt) 및/혹은 상승률(dh/dt)을 제공해야 한다.

(1) 1500ft(457m)에서 초기 순항 고도까지 상승

이는 두 부분으로 나눌 수 있다.

1. 1500ft(457m)에서 10000ft(3050m)까지 상승(미국의 경우 속도가 250kt로 제한되지만 다른 나라는 필요하지 않다).
2. 10000ft(3050m)에서 초기 순항 고도까지 상승

이러한 두 단계에서 비행한 거리는 항속거리에 기여한다. 10000ft(3050m) 이상의 상승 속도는 일정 마하수를 따르는 일정 등가대기속도(EAS)이다. 이러한 상승 속도를 구하기 위해 여러 가지 기준을 적용할 수 있다.

가장 일반적인 두 가지는

- 최소 시간으로 고도에 도달하는 속도
- 최소 직접 운영비용 속도

정상 작동에서는 이들 두 가지 선택권에서 두 번째를 사용한다. 속도는 최소한의 시간으로 고도에 도달하는데 필요한 것보다 더 높다. 이는 구간 시간을 감소시키고, 생산성을 개선시키고 따라서 직접 운영비용(DOC)을 개선한다. 이러한 환경에서 상승 최고 지점에서 마하수는 보통 순항 마하수이다.

일정 등가대기속도(EAS)로 상승하는 것은 고도가 증가함에 따라 진대기속도가 증가하는 것을 시사한다. 권계면 이하를 일정 마하수로 상승하면 고도가 증가함에 따라 진대기속도가

감소되는 것을 의미한다. 따라서 상승 성능을 계산할 때 이러한 효과를 고려해야 한다. 식 (10.15)로부터 무가속의 상승률은

$$(RoC)_0 = [(T-D)/W]V$$

로 주어지고 가속 상승률은

$$\begin{aligned}(RoC)_a &= [T-D-(W/g)(dV/dt)](V/W) \\ &= [(T-D)/W]V-(V/g)(dV/dt) \qquad (10.16)\end{aligned}$$

이제 $(dV/dt)(dh/dt) = (dV/dh)$이므로

식 (10.16)을 (dh/dt)로 나누고 $(RoC)_0$에 대입하면 다음을 얻는다.

$$(RoC)_a = (RoC)_0/[1+(V/g)(dV/dh)]$$

이제 엔진 제조업자가 지정한 적절한 엔진 상승률을 사용하여 단계적인 절차를 사용하여 상승을 계산할 수 있다.

(2) 순항 성능

순항중인 항공기는 가속하거나 상승하지 않는다. 보통 일정 속도(마하수 혹은 EAS)로 비행한다. 식 (10.15)를 순항인 경우로 검토해보면 우리가 예상한 대로 무가속 및 무상승율인 경우 추력은 항력과 같음을 알 수 있다. 순항 성능과 순항 성능의 항속거리에 대해 시사하는 바를 살펴보기 전에 항공기는 허용된 시간에 원하는 초기 순항 고도로 상승할 수 있어야 한다. 이는 초기 순항 고도에서 합리적인 상승률이 필요하다. 초기 순항 고도는 종종 필요 상승 추력과 항공기 날개 면적을 규정하게 된다.

초기 순항 고도에서 300ft/min(1.52m/s) 상승률이 보통 필요하다. 그러므로 이 고도에서 이용 추력은 항공기 항력에 필요 상승률이 만들어내는 추력을 더한 것과 같아야 한다. 식 (10.14)의 상승 구배는 다음과 같이 기술할 수 있다.

$$\gamma = V_c/V = (T-D)/W$$

V_c는 상승률(300ft/min=1.52m/s)이며 V는 초기 순항 고도에서의 항공기 속도(즉, 항공기 순항 속도)이다. 항력(D)는 제8장에서 요약한 방법을 사용하여 추정할 수 있다. 따라서 V_c ft/min 상승률을 주는 추력에서 필요한 증가를 재배열하면 다음과 같다.

$$\Delta T = (V_c/V)W$$

총 필요 추력은 이제

$T = (V_c/V)W + D$이 된다.

위에서 계산한 추력은 상승 정격이며 항공기 설계에서 필요한 설치 추력을 구하기 위해서는 등가 정적 해수면 이륙 추력으로 뒤돌아가는 것과 관련된다.

초기 순항 조건의 항공기는 최대에 가까운 양항비를 주는 양력계수로 작동되어야 한다. 양력계수가 너무 높으면 날개 면적이 너무 작거나, 역으로 너무 낮으면 날개가 너무 크다는 것을 의미한다.

순항 단계에서 비행한 항속거리는 순항에서 사용되는 연료와 적절한 항공기와 엔진 매개변수를 사용하여 계산한다. 순항 정격의 총 항공기 추력을 T라고 하고 이 조건에서 엔진의 비연료소비율(SFC)을 c(단위 N/sN)라고 가정한다. 연료 연소에 따른 항공기 중량의 감소는

$$(dW/dt) = -c \cdot T$$

직선 수평 비행시 $T = D,\ L = W$이므로

$(dW/dt) = -cD(W/L)$이고

$$dt = (1/c)(L/D)(dW/W) \tag{10.17}$$

초기 순항 중량 W_1과 최종 순항 중량 W_2 사이에서 적분하면

$$t = (1/c)(L/D)\ln(W_1/W_2) \tag{10.18}$$

가 된다.

항공기가 속도 V로 비행하면 비행한 항속거리는

$$R = (t_2 - t_1)V\ln(W_1/W_2) \tag{10.19}$$

가 된다.

이는 고전적인 Breguet Range 식이다. 식은 양항비가 순항 단계 전체에 걸쳐 일정하다고 가정하였다. 이는 항공기가 동일한 양력계수를 유지하기 위해 일정하게 상승하지만 이러한 고도 변화는 매우 점진적이며 초기 프로젝트 계산에서는 무시할 수 있다는 것을 의미한다.

실제로 항공교통관제에서는 순항-상승 프로파일을 허용하지 않으며 정기여객기는 그림 10.12에서 보는 바와 같이 계단 상승 절차를 채택하라고 주장하고 있다.

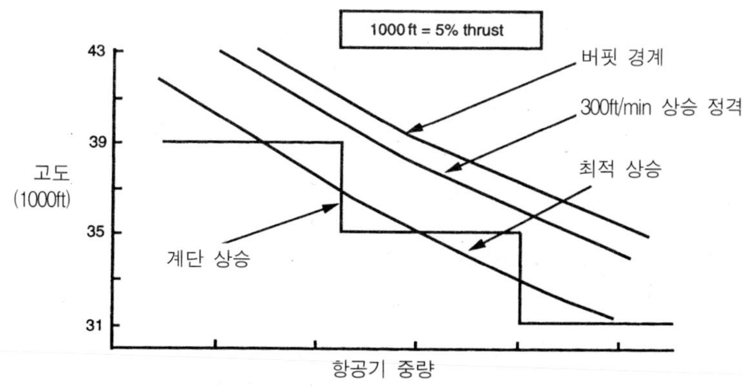

그림 10.12 순항 고도 선택권 및 상수

현재 계단은 4000ft(1220m)이어야 하지만 위성항법의 도입으로 2000ft(610m)로 줄어들 수 있다. 주어진 속도에서 최대 순항 항속거리는 다음과 같이 유도할 수 있다. 시간 dt동안에 미치는 항속거리는

$dR = V_T dt$로 주어진다.

여기서 V_T는 순항 속도이다.

$V_T = [2W/\rho SC_L]^{0.5}$임에 유의하여 식 (10.17)을 dt에 대해 상기시키면

$dR = -[2W/\rho SC_L]^{0.5}(1/c)(L/D)(dW/W)$이다.

$(L/D) = C_L/C_D$에 유의하여 항을 재배열하면

$dR = -[2/\rho S]^{0.5}(1/c)(C_L^{0.5}/C_D)(dW/W^{0.5})$가 된다.

W_1과 W_2사이에서 적분하면

$R = -(2/c)[2/\rho S]^{0.5}(C_L^{0.5}/C_D)(W_1^{0.5} - W_2^{0.5})$가 된다.

이 식으로 최대 항속거리는 $(C_L)^{0.5}/C_D$가 최대일 때 발생한다는 것을 보여주고 있으며, 이로부터 다음과 같음을 알 수 있다.

$$C_L(\text{최대 항속거리}) = (a/3b)^{0.5} \tag{10.20}$$

$$C_D(\text{최대 항속거리}) = (4/3)a = (4/3)C_{D0} \tag{10.21}$$

여기서 a, b는 항력곡선($C_D = a + bC_L^2$)으로부터 구한다.

초기 프로젝트 설계 단계에서 항속거리는 종종 지정되며 연료 중량은 이 항속거리를 비행하도록 추정해야 한다. Breguet Range 식을 재배열하면

$$(W_f/W) = 1 - \exp[R \cdot c/[V \cdot (L/D)] \tag{10.22}$$

여기서 (W_f/W)는 연료중량비

c는 엔진 비연료소비율(SFC)

R은 정지 공기 범위

이다.

순항 단계에서 다음 3가지를 포함하여 여러 가지 선택권이 존재한다.

1. 최소 연료 연소를 주는 속도와 고도로 순항
2. 최소 직접 운영 비용을 주는 속도와 고도로 순항
3. 최대 항속시간을 주는 속도와 고도로 순항

선택권 1.

연료 연소는 식 (10.20), (10.21), (10.22)를 고도 범위에 걸쳐 적용하여 구할 수 있다.

선택권 2.

이는 보통 항공기 설계 마하수와 주어진 연료 하중으로 항속거리를 최대화할 수 있는 고도로 비행한다. 이 경우에 속도는 보통 구간 시간을 줄이고 그로 인해 항공기 생산성을 증가시키고 따라서 직접 운영비용을 최소화하기 위해 선택권 1보다 보통 높다.

선택권 3.

체공/전환 조건에 적용할 수 있다. 식 (10.17)으로부터 항속시간은 엔진 비연료소비율(c)와 항공기 양항비(L/D)의 함수임을 알 수 있다. 체공 고도가 보통 지정되면 체공 연료를 최소화하기 위해 가능한 한 항공기는 가장 높은 L/D로 비행할 필요가 있다(즉, 최소 항력 속도에 가까울수록 실질적으로 수용할만한 항공기 속도 안정성을 주게 된다).

(3) 강하 성능

강하 계산은 이 경우에 추력이 항력보다 적다는 점을 제외하고는 상승과 유사하다.

$$\text{하율} = [(D-T)/W] \cdot V \cdot (1 + V/g \cdot dV/dh)^{-1}$$

강하 속도는 보통 10000ft(3050m)까지 강하할 때는 M_{mo} 및 V_{mo}이고 10000ft 이하에서는 250kts이다. 추력은 조종실 공기조화를 유지할 수 있도록 조절한다. 주목해야 할 한 가지 다른 기준이 있다. 강하율은 조종실에서 최대 압력변화율이 300ft/min(1.52m/sec)를 초과하지 않아야 한다. 일단 이러한 조건이 강하 연료를 충족하면 거리 및 시간은 상승과 유사한 계단식 원리로 계산할 수 있다. 항공기 설계의 초기 프로젝트 단계에서 추력 설정값을 확정하는데 필요한 데이터가 충분하지 않으므로 순항을 도착으로 확장하는 것이 허용되며 강하 기동은 무시한다. 이는 공기 마일/kg의 연료가 순항보다 강하에서 훨씬 높으므로 비관적인 가정이다. 종종 강하시의 추력과 연료 흐름의 1차 근사가 가능하며 강하할 때에 사용되는 시간, 거리 및 연료에 대한 허용공차를 주는데 사용할 수 있다.

(4) 착륙

착륙 거리는 이륙과 유사한 방법으로 예측한다. 착륙 단계는 그림 10.13에서 보는 바와 같이 여러 부분으로 분할된다. 각 부분을 망라하는 거리를 계산하고 총 거리를 구하기 위해 더한다. 그리고 조종사와 운용 불확실성을 고려하기 위해 이 값을 계산에 넣는다.

각각의 별도의 단계를 살펴보기로 하자.

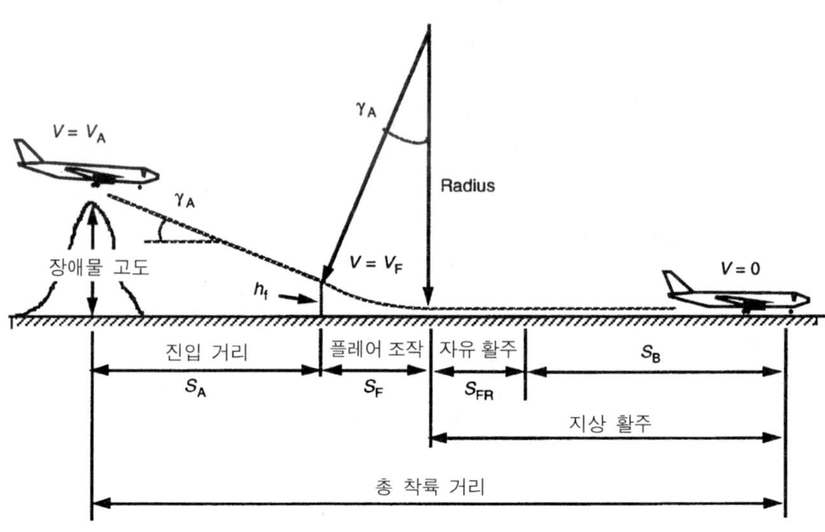

그림 10.13 진입 및 착륙에서 사용되는 정의

① 진입

민간 수송기에서 진입 비행경로는 전형적으로 수평면까지 3°로 이루어진다. FAR과 JAR 인증에서 진입은 50ft(15.2m) 장애물 고도에서 시작되어 플레어 고도 h_F에서 종료된다. h_F의 값은

$h_F = r \cdot \gamma_A \cdot \gamma_A/2$으로 주어진다.

여기서 γ_A는 진입 구배이다. 진입 거리 s_A는 다음과 같이 주어진다.

$$s_A = (\text{장애물 고도} - h_F)\tan\gamma_A \tag{10.23}$$

② 플레어 조작

플레어 조작을 할 때에 항공기는 진입 속도(V_A)에서 접지속도(V_{TD})로 감속된다. 플레어를 하는 동안의 평균 속도 V_F는

$$V_F = (V_A + V_{TD})/2$$

로 주어진다.

전형적으로 $V_{TD} = 1.15\,V_S$이다.

플레어 조작 반경 r은

$r = V_F^2/[g(n-1)]$로 주어진다.

전형적으로 $n = 1.2$이다.

플레어를 하는 동안에 포함되는 지면 거리 S_F는

$$S_F = \gamma \cdot \gamma_A \tag{10.24}$$

로 주어진다.

③ 지상 활주

접지 후에 항공기는 조종사가 브레이크와 스포일러를 적용하기 전에 몇 초 동안 굴러야 한다. 주행한 거리를 자유 활주(free-roll) 거리라고 한다. 이는 다음 식을 사용하여 근사할 수 있다.

$$S_{FR} = t \cdot V_{TD}$$

여기서 t는 자유 활주 시간이다.

제동거리(s_B)는 V_{TD}에서 정지할 때까지 다음 식을 사용하여 계산한다.

$$s_B = [1/(2gK_A)]\ln[K_T + K_A V_{TD}^2)/K_T] \qquad (10.25)$$

여기서 K_A는 $-(\rho a)(2W/S)$

$K_T = -\mu$

이고 일반적인 추력은 0이다.

추력과 양력계수는 평균 에너지 속도(즉, $0.707V_{TD}$)에서 평가해야 한다. 전형적으로 추력은 0이거나 공전상태이며 스포일러를 전개하면 C_L은 0이 된다. 제동의 효과는 μ값을 수정하여 포함한다. 여러 가지 조건에서 최대값은 다음과 같다.

포장 활주로 : $\mu = 0.5$

젖은 포장 활주로 : $\mu = 0.3$

얼은 포장 활주로 : $\mu = 0.1$

많은 최신 제트 수송기는 브레이크와 타이어 마모를 줄이기 위해 정상 작동 조건에서 0.5 이하의 계수를 사용한다. 최대 계수는 브레이크 디스크와 시스템에 맞추기 위해서 제한되는 바퀴(휠)의 크기에 좌우된다. 제동을 할 때에 앞 착륙장치로 중량 이동을 한다. 전형적인 μ 값은 0.3이다.

JAR/FAR 인증 규정에서는 착륙 기동을 할 때에 조종사와 조작 불확실성의 가변성을 고려하기 위해 위 식으로 계산한 총 착륙거리에 1.66을 곱한다.

(5) 간단한 경험식에 의한 착륙 계산

윗 식을 검토해보니 다음과 같은 사실을 알 수 있다.

- 진입 거리는 항공기 속도와 무관하고 진입각만의 함수이다.
- 플레어 거리는 V^2과 정상 가속도의 함수이다.
- 지상 활주는 V^2과 사용 제동력의 함수이다.

총 착륙 거리는 주로 V^2, 플레어와 제동력에서 정상 가속도의 함수이다. 플레어에서 정상 가속도는 승객 안락을 위해 작은 대역에 놓여 있어야 한다. 제동력은 활주로 표면의 제동 마찰계수와 제동 바퀴로 반작용한 항공기 중량의 크기의 함수이다. 이러한 후자 항목은 제동

모드일 때 앞바퀴와 주 착륙장치 사이의 중량 분포에 좌우되며, 또한 날개의 잔류 양력의 크기에 좌우된다. 날개의 잔류 양력은 스포일러를 얼마나 효율적으로 들어올리며 이들이 접지 후에 얼마나 빨리 전개되느냐에 좌우된다(추력 역전장치의 효과는 수용하지 않는다).

모든 항공기가 플레어 할 때 동일한 양의 "g"를 잡아당긴다고 가정하면 앞바퀴와 주 바퀴 사이의 중량 분포는 유사하며 스포일러는 대략 동일한 효율을 갖는다. 그러면 착륙 성능은 순전히 진입 속도 V_A^2의 함수이다. 감항성 요건에서 $V_A = 1.3\,V_S$으로 지정하고 있다. 여기서 V_S는 착륙 형상에서 실속속도이다.

$$V_S^2 = \text{상수} \times M/(S_w \cdot C_{L_{\max}} \cdot \sigma)$$

$$\text{착륙거리} \fallingdotseq M/(S_w \cdot C_{L_{\max}} \cdot \sigma) \tag{10.26}$$

현용 항공기에 대한 착륙 성능 분석으로 이 관계를 교정할 수 있다. 휠 브레이크의 주요 감속력이 이륙시의 엔진의 가속력보다 더 가변적이므로 이륙 거리보다 착륙 거리가 더 산포될 것으로 예상된다.

(6) 진입 및 착륙 연료

이 비행 단계는 항속거리에 기여하지 않지만 연료 연소에 영향을 주며 따라서 다른 비행 부분의 사용 연료에 영향을 준다. 고객은 보통 이 단계에서 필요한 연료를 분 단위의 진입 연료 흐름으로 규정한다. 전형적인 시간은 6분이다.

(7) 착륙 후 지상 활주 진입

또한 이는 항속거리에 기여하지 않지만 총 연료 연소에 영향을 준다. 이 항목의 허용 연료는 예비 연료에서 나온다. 전형적인 시간은 지상 활주 연료 흐름은 6분이다.

(8) 예비 연료

이는 예기치 않은 사건에 대비하여 휴대해야 하는 잉여 연료이다. 이는 체공 및 전환 요건으로 최악의 시나리오를 고려할 필요가 있다.

정상 운용 임무의 마지막에 쏟아버리도록 허용되는 연료는 전형적으로 이륙 동력에서의 1~1.5분이다. 체공을 위한 연료는 최대 항속시간의 속도와 연료 흐름으로 계산한다. 전환 연료는 전환 거리에 필요한 최소 연료를 주기 위해 상승, 순항 및 강하 기법을 사용하여 계산한다.

10.3 유상하중 항속거리

항공기 임무 분석으로 여러 가지 항속거리와 이륙 중량에 필요한 연료를 계산할 수 있으며 유상하중-항속거리 선도를 작도할 수 있다. 유상하중-항속거리 선도는 항공기가 다른 임무를 수행하는 능력을 보여준다. 전형적인 유상하중-항속거리 선도는 그림 10.14에서 보는 바와 같다. 선도에 대한 완전한 설명은 제7장에 주어졌다. 3가지 점이 유상하중-항속거리 선도를 정의한다.

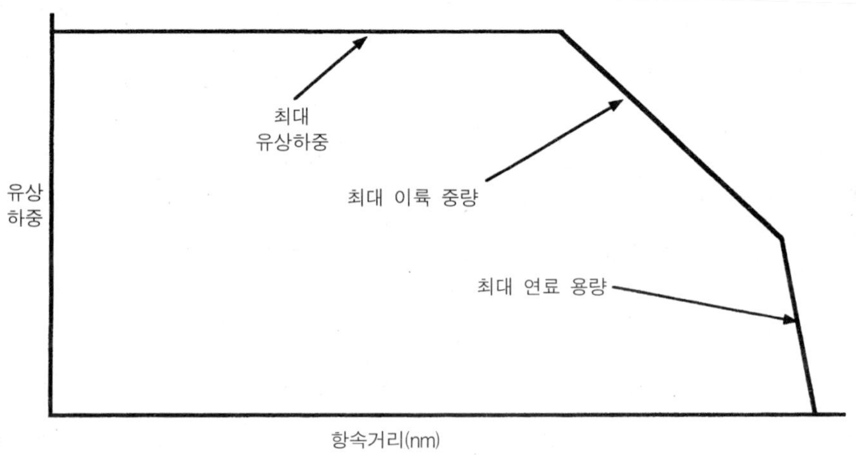

그림 10.14 유상하중-항속거리 선도

10.3.1 최대 유상하중으로 비행하는 항속거리

이 점은 최대 유상하중으로 비행하는 항속거리로 정의된다. 항공기의 최대 유상하중은 최대 용적 유상하중이거나 최대 무(0)연료 중량 한계 유상하중으로 정의된다.

-최대 용적 유상하중에는 다음이 포함된다.

1. 고밀도 레이아웃의 승객 중량, 표준 승객 중량으로 가정
2. 승객 수화물의 중량, 표준 수하물 중량으로 가정
3. 화물에 사용되는 잔여 휴대 용적, 표준 화물 밀도로 간주

- 최대 무연료 중량 한계 유상하중은 다음과 같다.

$$\text{무연료 중량 한계 유상하중} = \text{최대 무연료 중량} - \text{운용 공허중량}$$

최대 무연료 중량은 보통 구조 요건에 기초하고 있다. 다른 기준이 없을 경우에는 개념 단계에서 최대 무연료 중량은 운용 공허중량에 최대 용적 유상하중을 더한 것과 같다고 가정하는 것이 허용된다.

10.3.2 최대 연료로 비행하는 항속거리

이 점은 항공기 최대 이륙중량을 유지하기 위해 최대 연료와 관련 유상하중으로 비행하는 항속거리로 정의된다. 최대 연료 중량은 사용 연료 탱크 용적에 해당한다. 대부분의 민간 수송기는 날개에 연료를 저장한다. 장거리 항공기의 추가 연료는 날개 중앙 부분에 저장하며 일부 예외적인 경우에는 또한 꼬리날개 구조에 저장한다. 최대 연료 유상하중은 다음과 같이 계산한다.

유상하중 = 최대 이륙 중량 − 최대 연료 중량 − 운용 공허중량

10.3.3 정기 공수(자력 현지 수송) 항속거리: 새로 만든 비행기가 공장에서 현지까지 가는 항속거리

이 점은 최대 연료와 무 유상하중으로 비행한 항속거리에 해당한다. 따라서 이 경우에 항공기는 더 이상 최대 이륙중량에 있지 않으며 항공기 순항 양항비(L/D)는 경우 10.3.1과 10.3.2와 다르게 된다.

구간의 이륙중량은 다음과 같이 계산한다.

이륙중량 = 운용 공허중량 + 최대 연료 중량

항공기 규격에서는 설계 항속거리와 해당 설계 유상하중을 규정하게 된다. 민간 정기여객기에서 설계 유상하중은 보통 최대 유상하중보다 작다. 이는 보통 최대 승객 하중에 이들의 수하물을 더한 것으로 이루어지며, 이에 추가하여 일부 항공회사에서는 특정량의 화물을 요구하고 있다. 이는 보통 경우 10.3.1과 10.3.2 사이의 유상하중-항속거리 선도에 항공기 설계점이 위치한다.

응용심화학습 성능 추정 계산 예

항공기의 성능을 이제 계산할 수 있다. 이륙, 착륙 및 유상하중-항속거리 계산을 포함한 전형적인 예를 제시한다. 표본 항공기의 특징은 표 10.3과 같다.

표 10.3 표본 항공기의 특징

최대 이륙 중량	230 000 kg (507 055 lb)	
운용 공허 중량	130 000 kg (286 600 lb)	
최대 착륙 중량	184 000 kg (405 646 lb)	
유상하중		
최대 승객(3등급) 305명+화물	29 050 kg	
날개 면적	376.4 ㎡	
공기역학적 데이터	항력	$C_{L\max}$
깨끗한 착륙장치	$C_D = 0.015 + 0.05C_L^2$	
이륙 플랩 착륙장치 내림	$C_D = 0.035 + 0.05C_L^2$	1.75
이륙 플랩 착륙장치 올림	$C_D = 0.025 + 0.05C_L^2$	
착륙 플랩, 착륙장치 내림	$C_D = 0.055 + 0.05C_L^2$	2.50
엔진 추력: 해수면 정적=660970N		

응용심화학습 1 이륙 계산-비행장(활주로) 길이

이 예에서 사용되는 엔진 성능은 그림 9.19의 바이패스 6.5인 예를 따른다.

이륙 지상 활주시의 양력계수는 최대 양력계수 $C_{L_{\max}} = 1.75$에서 0.7로 가정하였다. 이륙 성능 요건을 충족하는 경우 높은 값의 $C_{L_{\max}}$를 사용할 수 있다. 이러한 높은 값은 뒷전 플랩각을 증가하여 달성된다. 뒷전 플랩각을 증가하는 효과는 주어진 영각에서 C_L이 증가되고 그 때문에 지상 활주시의 항공기 영각에서 양력계수가 증가된다.

이륙 중량시의 양력계수($C_{L_{\max}} = 1.75$, $C_{L_{V_2}} = 1.215$)와 관련된 속도를 표 10.4에서 보여주고 있다. 항력곡선은 표 10.3에 주어진다.

표 10.4 항공기 속도

속도	(m/s)	마하수
V_{Stall}	74.70	0.2195
V_{LOF}	82.20	0.2416
V_{TRANS}	85.90	0.2524
V_2	89.66	0.2634

(1) 모든 엔진이 작동될 때의 계산

K_T와 K_A는 각각 식(10.3), (10.4)를 사용하여 계산한다. 추력항은 항공기 전진 속도가 증가함에 따라 추력이 감소되는 것을 설명하기 위해 계산에 넣는다. 0.864의 값이 최신 터보팬 엔진에서 적당하다. 상세한 엔진 데이터를 사용할 수 있을 경우에는 보다 정교한 값을 사용해야 한다.

$$K_T = (0.864 \cdot 660970)/(230000 \cdot 9.81) - 0.02 = 0.2331$$

$$K_A = 1.225/[2(230000 \cdot 9.81)/376.4] \times (0.02 \cdot 0.7 - 0.035 - 0.05 \cdot 0.7^2)$$
$$= -4.649 \times 10^{-6}$$

실속속도(표 10.4에서 인용)

$$V_S^2 = (230000 \cdot 9.81)/(0.5 \cdot 1.225 \cdot 376.4 \cdot 1.75) = 74.7\,m/s$$

이륙속도(표 10.3에서 인용)

$$V_{LOF} = 1.1 \times V_S = 82.2\ m/s$$

지면(지상활주) 거리:

$$s_G = (2.981 \cdot 4.649 \cdot 10^{-6})^{-1}$$
$$\times \ln[0.2331 + (-4.649 \cdot 10^{-6} \cdot 82.2^2)]/0.2331$$
$$= 1586\ m$$

상승 전환:

$$V_{TRANS} = 1.15 \times V_S = 85.9\,m/s$$

$$R = 7380/[9.81(1.2 - 1.0)] = 3761\,m$$

최종 상승 구배:

속도= $V_2 = 1.2 \times V_S$

가정: $C_D = 0.025 + 0.05\,C_L^2$ (이륙 플랩, 기어 up)

$$C_L = 1.75/(1.2)^2 = 1.215$$

$$C_D = 0.0988$$

항력=$0.5 \cdot 1.225 \cdot (1.2 \cdot 74.7)^2 \cdot 376.4 \cdot 0.0988 = 183028$

엔진 감율=0.803

상승 구배:

$$\gamma = (T - D)/W$$
$$= (0.803 \cdot 660970 - 183028)/(230000 \cdot 9.81)$$
$$= 0.154$$

전환할 때에 미치는(포함된) 지면 거리:

$$s_T = R \times \gamma = 3761 \times 0.154 = 580$$

전환 끝에서의 고도:

$$ht = R \cdot \theta \cdot (\theta/2)$$
$$= 3761 \cdot 0.154 \cdot (0.154/2)$$
$$= 44.6$$

장애물 고도는 전환 기동을 할 때에 초과되므로 지면 거리에서 장애물 고도까지를 구하기 위해서는 식 (10.10)을 사용해야 한다.

$$s_S = [(3761+10.67)^2 - 376]^{0.5} = 284\,m$$

그러므로 장애물 고도까지 이륙한 거리는

1586 + 284 = 1870m

마지막으로 FAR/JAR 규정에서 이 값은 조종사와 운용 변화를 위해 1.15배를 곱해야 하며, FAR에서 이륙거리는 2150m이다.

(2) 균형 활주로 길이 계산

$C_{L_{max}} = 1.75$, $C_{L_{V_2}} = 1.215$이므로 속도는 표 10.5에 주어진다. 상세한 분석을 표 10.6–10.9에 제시하였다.

표 10.5 항공기 속도

속도	(m/s)	마하수
V_{Stall}	74.70	0.2195
V_{LOF}	82.20	0.2416
V_{TRANS}	85.90	0.2524
V_2	89.66	0.2634

표 10.6 지상 활주 계산

엔진 고장 속도(V_1)	60	73.96	78.85	82.2
마하수(Mn)	0.176	0.217	0.232	0.242
0.707 M	0.124	0.154	0.164	0.1710
추력 체감율	0.9	0.877	0.87	0.864
추력(N)	594 0873	579 671	575 044	571 078
K_T	0.2436	0.2369	0.2349	0.2331
K_A(일정)	-0.000 004 649			
엔진이 고장난 속도까지 거리(m) S_g	780	1244	1438	1586
V_1에서 2초 반응한 시간에 이동한 거리(m)	120	148	158	164

표 10.7 반응시간의 끝에서 V_{LOF}까지 거리

전환할 때의 평균 속도는 $V_m = (V_1 + V_{LOF})/2$로 주어진다.

V_m(m/s)	71.1	78.1	80.5
M 평균	0.209	0.23	0.82
추력 체감율	0.835	0.822	0.818
추력(엔진 고장)	275 955	271 659	270 337
ΔC_D 풍차 항력(일정)		0.003486	
ΔC_D 비대칭(일정)		0.00125	
(1) = $T/W-\mu$	0.1023	0.1004	0.09981
(2) = $(\mu C_L - a - bC_L^2$ (일정)		-0.05024	
(3) = $(V_m^2)[\rho/2(W/S)]$	0.5161	0.6225	0.662
(4) = (2) · (3)	-0.02593	-0.03127	-0.03326
(5) = (1)-(4)	0.07637	0.06913	0.06655
가속도[dV/dt](m/s^2)	0.749	0.678	0.653
Δt(secs)	29.6	12.15	5.13
Δs(m)	2107	949	413

(3) 상승으로 전환

$$V_m = [(V_2 - V_{LOF})/2] = 85.9\,m/s$$

$n = 1.2$일 때

$$R = (V_m^2)/[g(n-1)] = 3761$$

엔진 고장 속도(m/sec)	60	73.96	78.85	82.2
장애물까지 총거리(m)	3411	2745	2413	2154

표 10.8 최종 상승 구배

V_2	89.66m/s(174kt)
추력 체감율	0.803
추력	265 379 N
C_{D_0}	0.10574
항력	195 884
구배	0.0308
전환 거리($r \bullet r$)	116m
전환 끝에서의 고도	1.78m
장애물까지 Δh_t	8.89m

전환 끝에서부터 장애물 고도까지의 거리=266.5m

표 10.9 정지 거리

엔진고장 속도(m/s)	60	73.96		78.85	82.2
K_T					
K_A			-0.3		
S_{stop}(m)	594	889	+0.0000051	1004	1087
총거리(m)	1494	2281		2600	2837
V_1^2	3600	5470		6217	6757

그림 10.15에서 보는 바와 같이 고장 속도 제곱 $(V_1)^2$의 함수로 거리를 작도하는 것이 편리하다.

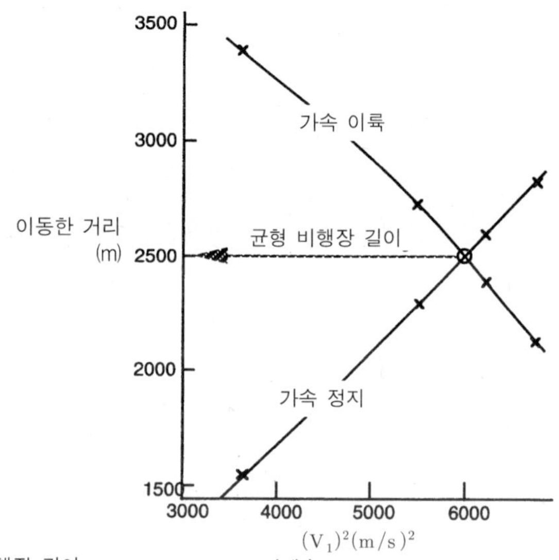

균형 비행장 길이 =2500m(8200ft) 임계속도 V_1 =77.3m/s(150kt)

그림 10.15 균형 비행장 거리 계산

(4) 2구간 상승 계산

앞 예로부터

$$C_D = 0.025 + 0.05C_L^2 \quad \text{(이륙 플랩, 착륙장치 올림)}$$

V_2에서 양력계수(이륙 예로부터)=1.215, $C_D = 0.9881$이다.

엔진 고장으로 인한 항력계수는

$$C_D = 0.3A_f/S$$

330kN 엔진의 경우 합리적인 팬 지름은 2.50m이다.

$$C_D = (0.3 \times 2.50)/376.4 = 0.00199$$

트림 항력: $C_D = 0.05 \times 0.0988 = 0.00494$

총 항력계수: $C_D = 0.09881 + 0.00199 + 0.00494 = 0.10574$

항력: $D = 0.5 \times 1.225 \times (1.2 \times 74.7)^2 \times 376.4 \times 0.10574 = 195884\,N$

상승구배, 1엔진 작동불능시: $\gamma = (0.5 \times 0.803 \times 660970) - 195884/(230000 \times 9.81) = 0.0308$

2구간에서 엔진 고장인 쌍발 엔진 항공기의 최소 감항성 구배는 0.024이다. 따라서 이 항공기는 요건을 충족한다. 2구간 상승이 충족되지 못하면 취해야 할 여러 단계가 존재한다.

① 엔진의 추력을 증가

엔진이 최대 허용 이륙 정격으로 이미 작동되는 경우에는 엔진을 높은 추력으로 스케일링(비례 크기 조정)하여 달성할 수 있다. 이는 엔진 중량과 동력전달장치 항력을 증가시키게 되므로 항공기 이륙 중량을 증가시키고 유상하중-항속거리 능력을 변경시키게 된다.

② 엔진의 수를 증가

엔진의 수를 2에서 3-4로 증가시키면 1엔진이 작동불능일 때 남아있는 추력은 훨씬 더 크게 된다. 3엔진 항공기인 경우 위의 상승 구배를 재계산하면

$$\gamma = [(3-1)/3 \times 0.803 \times 660970) - 195884]/(230000 \times 9.81)$$
$$= 0.07$$

즉 2.7%의 요건에 대해 7.94%가 된다. 4엔진 항공기인 경우에는

$$\gamma = [(4-1)/4 \times 0.803 \times 660970) - 195884]/(230000 \times 9.81)$$
$$= 0.089$$

즉 3.0%의 요건에 대해 8.9%가 된다. 각각의 경우에 구배가 크게 증가하게 된다. 엔진 수를 증가시킨 경우의 단점은 정비 비용을 증가시키고 종종 추진장치 중량을 증가시키는 것으로 일반적으로 받아들이고 있다.

③ 이륙 양력계수를 감소시킴

이륙거리가 설계에서 중요하지 않으면 플랩을 집어넣어 이륙 양력계수를 감소시킬 수 있다. 따라서 항력을 감소시키고 1엔진 작동불능 상승 구배를 증가시킨다.

④ V_2보다 높은 속도로 이륙(과속)

이륙거리가 중요하지 않더라도 V_2보다 높은 속도로 이륙하여 상승 구배를 개선할 수 있다. 이 절차를 '과속'이라고 한다. V_2에서 항공기는 항공기 최소 항력 속도보다 낮다. 그러므로 V_2와 최소 항력 속도 사이의 속도로 상승하면 항력 증가로 인해 상승 구배가 개선될 수 있다. 높은 속도에서 운동량 항력 증가로 인해 추력이 감소되지만 일반적으로 이는 항력 개선을 무효로 할 만큼 충분하지 않다는 점을 유의하기 바란다.

응용심화학습 2 유상하중-항속거리

유상하중-항속거리 선도가 수행해야 할 다음 계산이다.

고려해야 할 3가지 경우가 있다.

1. 최대 이륙중량, 최대 설계 유상하중
2. 최대 이륙중량, 최대 전 하중
3. 최대 전 하중, 무(영) 유상하중

사례 1을 예로서 사용하기로 하자.

유상하중-항속거리 계산을 하기 전에 여러 매개변수를 구해야 한다. 이러한 것들에는 허용차(공차), 이동 거리 및 관련 연료 연소가 포함된다. 이들은 비행 프로파일의 여러 구간에 대해 계산을 해야 한다.

(1) 활주 연료

최대 이륙중량과 마찰구름계수가 0.2일 때 항공기가 활주하는데 필요한 추력을 설정할 수 있다. 이륙중량이 507055lb(230000kg)이고 활주로 마찰 $\mu = 0.02$이면

필요추력$= 0.02 \times 507055 = 10141\,lb\ (45.1kN)$

따라서 엔진당 필요추력은$= 5070lb(22.6kN)$이다.

엔진 데이터로부터 연료 흐름 대 추력 선도를 그림 10.16과 같이 얻을 수 있다.

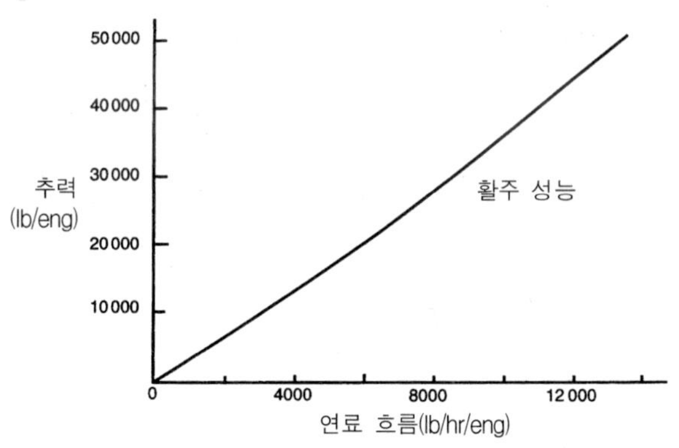

그림 10.16 활주시 엔진 연료 흐름

5070lb의 추력에서 연료 흐름은 엔진당 1700lb/hr(771kg/hr)이다. 2엔인 경우 항공기당 연료흐름은 340lb/hr(1542kg/hr)이다. 이는 60lb/min(27.2kg /min)의 연료 흐름이 된다. 시동 및 활주가 6분이다.

따라서 이륙에 필요한 연료 허용공차는 $6 \times 60 = 360\,lb\,(163\,kg)$이다.

탱크에 가득채운 경우를 제외하고 이는 이륙중량을 초과한다. 항공기는 이러한 초과 연료를 참작하기 위해 최대 이륙중량보다 더 큰 최대 램프 중량(항공기가 비행을 시작할 때의 최대 중량)을 가져야 한다.

(2) 이륙 허용공차

이는 보통 이륙 동력에서 2분으로 간주한다. 계산 결과는 표 10.10과 같다.

표 10.10 이륙 허용공차

이륙 추력 해수면 정적	74 315 lb (330 · b kN)
비연료소비율	0.32 lb/hr/lb
연료 흐름	23 780 lb/hr (10 787 kg/hr)
항공기당 연료 흐름	47 560 lb/hr (21 574 kg/hr)
	792 lb/min (359 kg/min)
이륙 허용공차	1580 lb (717 kg)

(3) 진입

진입 형상의 V_S는 착륙 형상의 $1.1\,V_S$보다 크다. 이 항공기에서 착륙 $C_{L_{max}}=2.5$이다. 진입 속도 (V_A)는 $1.3\,V_S$(착륙 형상)으로 가정한다. 그러면

$V_A = 1.43\,V_S$(착륙 형상)　　　$C_{LA} = 2.5/1.43^2 = 1.223$

$M_A = 0.235$　　　$C_D = 0.025 + 0.05\,C_L^2$

$L/D = 12.26$　　　최대 착륙 중량= 405000lb(184000kg)

엔진당 필요 추력=16517lb(73.5kN)

그림 10.17은 엔진 데이터로부터 진입 조건에서 추력 대 연료 흐름을 보여주고 있다.

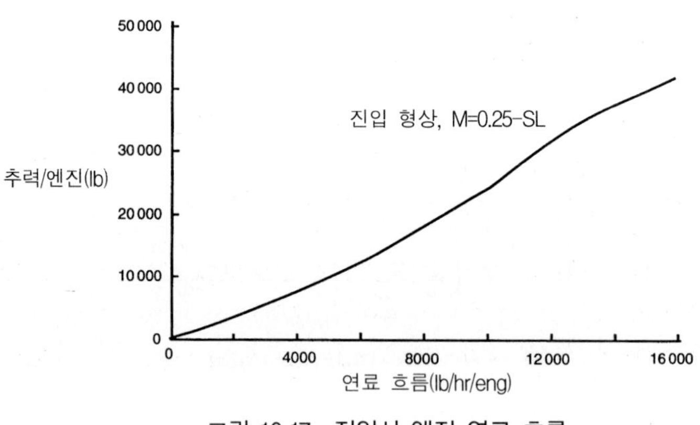

그림 10.17 진입시 엔진 연료 흐름

총 연료 흐름은 항공기 당 14400lb/hr (6532kg/hr)=240lb/min (109kg/min)이다. 5분 진입 허용 공차를 가정하면 사용 연료는 1200lb(545kg)이다.

(4) 활주

시간 허용 공차는 6분이며, 60lb/min에서 연료 허용 공차는 360lb이다.

항속거리에 기여하지 않는 다양한 연료 허용 공차를 계산하여 요약하면 다음과 같다.

활주(활주로로) 360lb (163kg) (이륙중량 초과)

이륙 1580lb (717kg)

진입 1200lb (345kg)

활주(주기장으로) 360lb(163kg) (예비 연료에서 인용)

(5) 상승 성능

계산의 다음 단계는 상승 성능을 계산하는 것이다. 첫 번째 고려사항은 다양한 상승 속도와 고도에서 설치된 엔진 데이터를 구하는 것이다. 설치된 엔진 데이터는 (1) 공기 및 동력 배출, (2) 흡입 손실에 대한 허용 공차가 만들어진 후의 엔진 성능으로 정의된다. 상승시 설치 엔진 데이터는 그림 10.18과 같다.

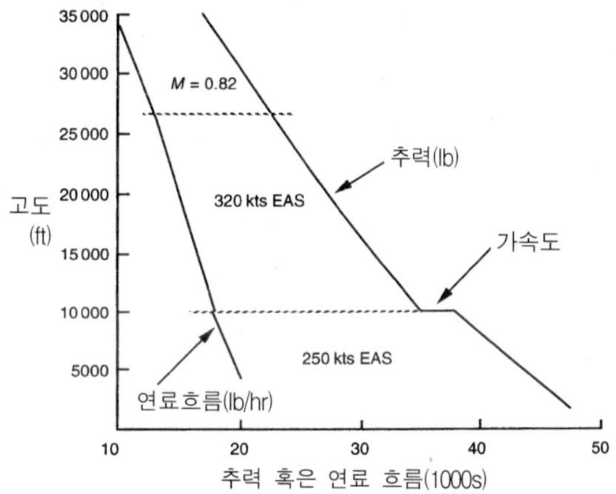

그림 10.18 상승시의 엔진 추력과 연료 흐름

이 예에서 상승 속도는 최대 10000ft(3050m)까지 250kts EAS이며, 10000ft(3050m)에서 320kts EAS로 가속하여 Mn=0.82에 도달할 때까지 320kts EAS로 상승하여 나머지 상승 구간에서는 Mn=0.82를 유지한다. 이러한 속도를 보여주는 간단한 방법은 다음과 같다.

(250/320)kts EAS =Mn 0.82

이제 상승 시작으로부터 초기 순항 고도까지 시간, 사용 연료 및 이동 거리에 대한 단계적 계산을 수행할 수 있다. 최대 이륙중량인 경우의 전형적인 계산을 표 10.21에서 보여주고 있다. 그 결과를 작도하면 그림 10.19와 같다.

1500ft(457m)에서 35000ft(10675m)까지의 상승 성능을 요약하면 다음과 같다.

시간 19.5분

거리 137nm (254km)

연료 9573lb (439kg)

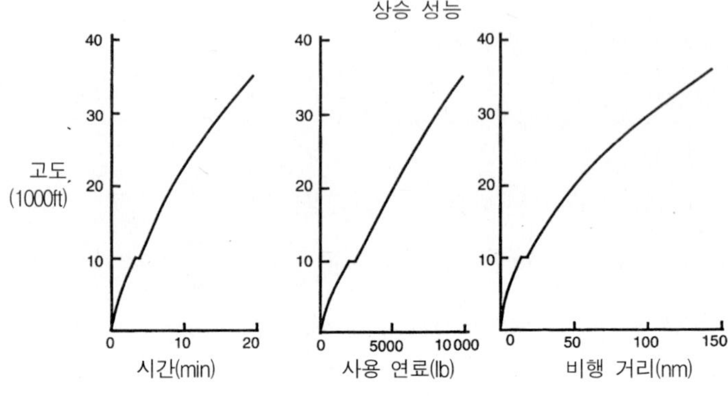

그림 10.19 추정된 상승 성능

(6) 순항 성능

초기 순항 고도가 35000ft(10675m)이며 39000ft(11895m)로 1단계 상승하는 계단 상승 기법을 사용하기로 한다. 엔진 연료 흐름 대 순항 마하수가 Mn=0.82인 엔진 추력 선도가 이러한 두 고도에 대해 필요하다. 이를 그림 10.20에서 보여주고 있다.

각 고도에서 항공기 중량의 항속거리에 대한 계산 결과는 표 10.11과 같으며 그 결과를 작도하면 그림 10.21과 같다.

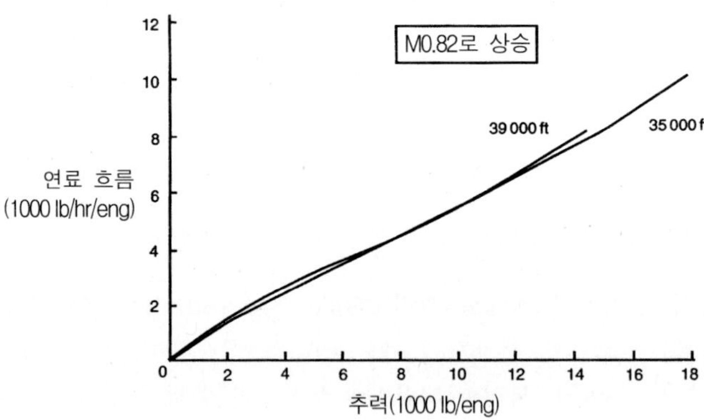

그림 10.20 순항시의 추정 엔진 성능

표 10.11 항공기 항속거리

고도(ft)	350 000			390 000		
중량 (kg)	224 970	210 730	196 494	195 890	182 050	168 210
(lb)	495 937	464 578	433 190	431 855	401 345	370 835
CL	0.522	0.489	0.456	0.551	0.512	0.473

항력	(kn)	121	114	107	105	98	91
	(lb)	27 199	25 668	24 124	23 653	22 034	20 533
연료 흐름	(kg/hr)	6574	6197	5838	5755	5341	5000
	(lb/hr)	14 494	13 662	12 870	12 688	11 774	11 023
TAS(kt)		472.7			470.3		
NAMPP	(kg)	0.0719	0.0763	0.081	0.0817	0.088	0.094
	(lb)	0.0323	0.0343	0.0364	0.0365	0.0392	0.0420

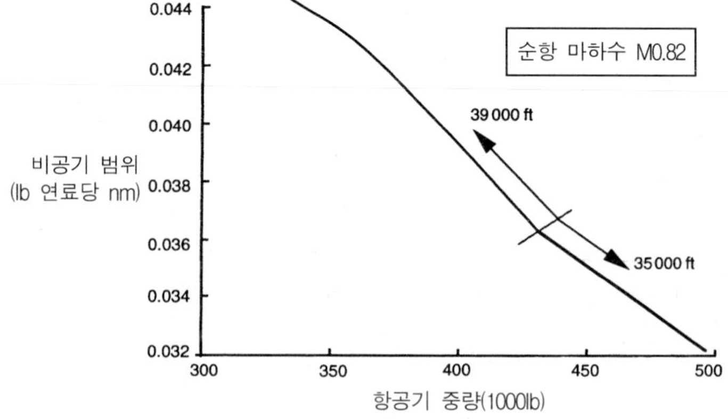

그림 10.21 순항시의 추정 비공기 범위

(7) 강하 성능

이는 상승과 유사한 방법으로 계산할 수 있다. 강하에 적절한 엔진 설정값(setting)을 언제나 사용할 수는 없다. 그러나 종종 엔진 제조업자는 비행 idle(공회전) 데이터를 제공하며 이는 강하 성능을 구하는데 최초 계산에 사용할 수 있다. 설계가 진행되고 환경 제어장치에 대한 더 많은 정보를 사용할 수 있으면 강하시의 엔진 setting에 대한 조정이 필요할 수 있다. 우리의 예에서 비행 idle과 250kts CAS에서의 엔진 성능은 그림 10.22에서 보는 바와 같다.

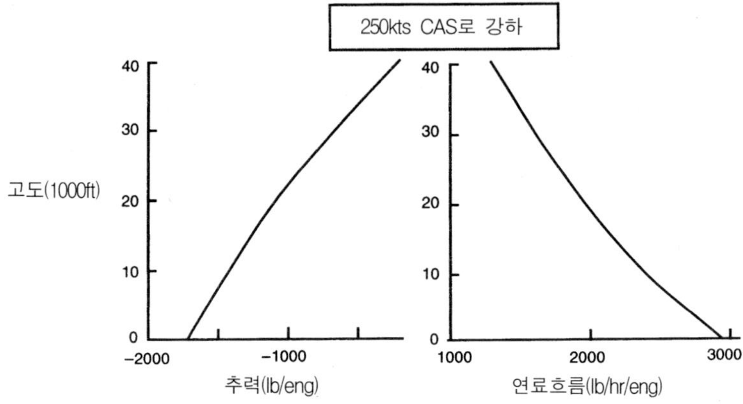

그림 10.22 강하시의 엔진 성능

이제 최종 순항 고도에서 시간, 거리 및 연료에 대한 단계별 계산을 수행할 수 있다. 전형적인 순항 중량 끝의 계산을 표 10.22에서 보여주고 있다. 그림 10.23은 이 표에서 추출한 고도에 대해 작도한 시간, 거리를 보여주고 있다. 이 계산은 미관례단위로 계산하였다.

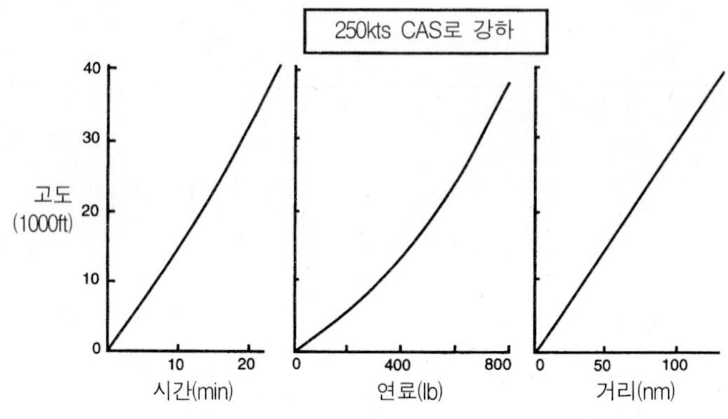

그림 10.23 강하시 추정 항공기 성능

39000ft(11895m)에서 해수면까지의 강하 성능을 요약하면 다음과 같다.

시간 23.2분

거리 129.5nm (240km)

연료 814lb (369kg)

(8) 전환 및 체공 성능

이제 전환 및 체공에 필요한 연료를 계산할 필요가 있다.

▶ 200nm 전환

전환, 체공, 진입 및 착륙을 하기 위해 200nm 전환, 30분 체공 및 6분 진입으로 가정한다. 전환 기동에는 상승, 최대 항속거리로 순항 및 강하가 포함된다. 상승은 주 프로파일의 끝에 적절한 중량으로 계산한다. 이미 계산한 강하 계산값이 이 단계에서 충분히 정확하다. 순항 고도는 보통 전환 순항에서 미치는 거리가 총 전환 거리의 1/2보다 적지 않아야 하는 항공사 운용 요건에서 구한다. 이미 수행한 상승 및 강하 계산값으로 근사한 평가를 할 수 있다.

순항 고도는 20000ft(6100m)로 추정하였다. 전형적인 전환 중량에서 이 고도까지 상승 성능은 다음과 같다.

시간 5.8분

거리 34nm (63km)

연료 3460lb (1569kg)

강하 계산으로부터 해당 수치는 다음과 같다.

시간 12.5분

거리 62nm (115km)

연료 530lb (240kg)

이는 104nm의 순항 거리가 남게 된다.

전환 순항은 보통 최대 항속거리로 비행한다. 즉

$$C_L = [(C_{D_0} \cdot \pi \cdot e \cdot AR)/3]^{0.5}$$

에 적합한 속도로 비행한다.

여기서 e는 Oswald 효율계수이다.

항력곡선 $C_D = 0.015 + 0.05 C_L^2$을 사용하면 최대 항속거리 $C_L = 0.316$이 된다.

20000ft(6100m)와 전환의 시작에서 37500lb(17000kg)의 중량에서 순항 마하수는 0.65가 된다. 이는 속도가 변할 때 엔진 비연료소비율이 일정하다고 가정하였다. 사실 속도가 증가하면 비연료소비율은 증가하며 따라서 위에서 계산한 최대 항속거리에서 속도는 감소하게 된다.

NAMPP(nautical air miles per pound of fuel)은 약 2~3%로 추정하였다. 프로젝트 단계에서 이는 충분히 정확하다. 그러나 설계가 진행되면 더 상세한 계산을 수행할 필요가 있다.

전형적인 순항 전환 중량 항공기가 20000ft(6100m)에서 $C_L = 0.316$이면 마하수는 0.65가 된다. Mn=0.65에 적절한 엔진 추력과 연료 흐름을 그림 10.24에 나타내었다.

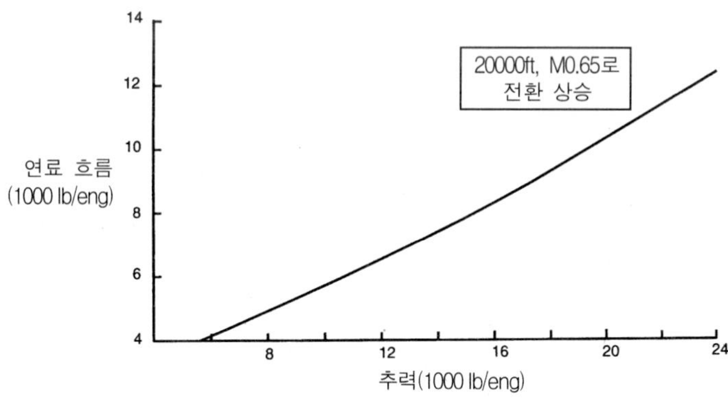

그림 10.24 전환 상승시의 엔진 성능

이 데이터를 선도(NAMPP) 대 항공기 중량을 작도하는데 사용하였다(그림 10.25).

NAMPP는 전형적인 0.0305의 값을 갖는 전환 중량 범위 전반에 걸쳐 중량에 둔감함을 알 수 있다.

104nm 전환 연료=3410lb (1547kg)

따라서 총 전환 연료는 상승, 강하 및 순항의 합이다.

3460+530+3410=7400lb (3350kg)

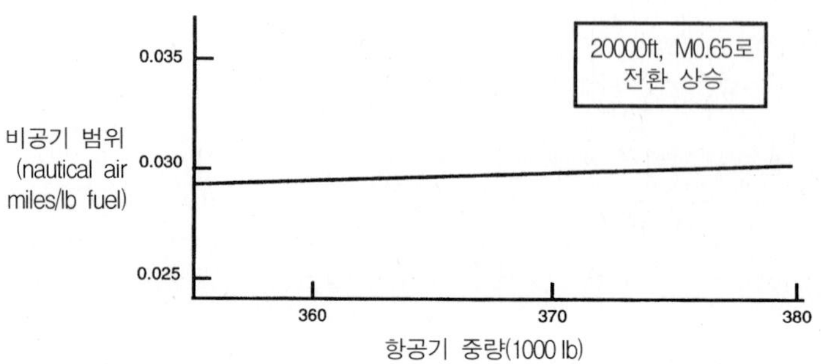

그림 10.25 전환 순항시의 추정 비공기 범위

표 10.12 5000ft로 체공

체공시 전형적인 중량	355 000 lb(161 027 kg)
최소 항력을 주는 C_L로 체공	C_L = 0.55
5000ft에서 마하수	0.36
5000ft에서 양항비	18.26
항력	19 441 lb (86.5kN)
추력/엔진	9720 lb (43.2kN)

엔진 데이터로부터 Mn=0.36, 5000ft(1525m)에서 엔진당 5400lb/ht(2449kg/hr)의 연료 흐름을 그림 10.26으로부터 구할 수 있다. 30분 체공하는데 필요한 총 연료는 5400lb(2449kg)이다.

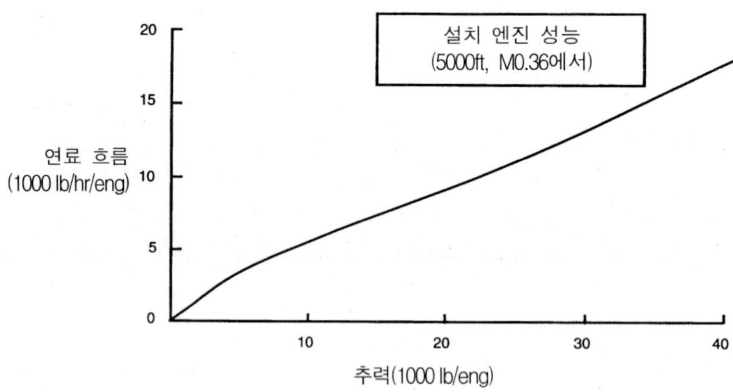

그림 10.26 체공 기동시의 엔진 성능

(9) 유상하중-항속거리 계산

◈ 사례 1. 최대 이륙중량, 최대 승객 유상하중

이 조건에서 항공기 매개변수는 표 10.13과 같다.

표 10.13 사례 1의 항공기 매개변수

이륙중량	507 055 lb (230 000 kg)
운용 공허중량	286 596 lb (130 000 kg)
승객 유상하중	64 050 lb (29 050 kg)
휴대 연료	156 409 lb (70 947 kg)
체공+ 전환 연료	12 800 lb (5806 kg)

총 예비연료는 표 10.14에서 보는 바와 같이 우발적인 사태에 대비한 구간 연료 5%+체공 연료 +전환 연료로 구성된다.

표 10.14 총 예비 연료

구간 연료	136 770 lb (62 038 kg) less taxi-out fuel
5% 구간 연료	6838 lb (3102 kg)
총 예비 연료	19 638 (8908 kg)

임무 연료는 표 10.15에서 보는 바와 같이 계산된다.

표 10.15 사례 1의 임무 연료

	시간(min)	거리(nm)(km)	연료(lb)(kg)	중량(lb)(kg)
활주	6		360 (163)	
이륙	2		1580 (4342)	
				505 475 (229 282)
35000ft까지 상승	19.5	137 (254)	9575 (4342)	
				495 902 (224 940)
35000ft로 순항	282.9	2229 (4128)	64 902 (29 439) (NAMPP=0.03435)	
				431 000 (195 800)
39000ft까지 상승	4.65	36(67)	1380 (626)	
39000ft로 순항	286.7	2247 (4161)	57 325 (26 002) (NAMPP=0.0392)	
강하	21.6	130 (240)	810 (367)	
진입	5		1200 (545)	
구간 총계	10.47hr	4779 (8850)	137 130 (62 202)	

◈ 사례 2. 최대 이륙중량, 최대 연료

이 조건에서 항공기 매개변수는 표 10.16에서 보는 바와 같다.

표 10.16 사례 2의 항공기 매개변수

최대 이륙중량	507 055 lb (230 000 kg)
최대 연료 용량	176 370 lb (80 000 kg)
운용 공허중량	286 596 lb (13 000 kg)
유상하중	44 089 lb (20 000 kg)
체공+ 전환 연료	12 800 lb (5806 kg)

예비연료=0.05 구간 연료+ 체공+ 전환 연료	
구간 연료	155 780 lb (230 000 kg)
5% 구간 연료	7790 lb (3534 kg)
총 예비연료	20 590 lb (9340 kg)

임무 연료는 표 10.17에서 보는 바와 같이 계산된다.

표 10.17 사례 2의 임무 연료

	시간(min)	거리(nm)(km)	연료(lb)(kg)	중량(lb)(kg)
활주	6		360(163)	
이륙	2		1580(717)	
				505 115(229 119)
35000ft까지 상승	19.5	137(254)	9573(4342)	
				495 542(224 776)
35000ft로 순항	281.4	2217(4106)	64 542(29 276) (NAMPP=0.03435)	
				431 000(195 500)
39000ft까지 상승	4.65	36(67)	1380(626)	
39000ft로 순항	391.5	3068(5682)	76 335(34 625) (NAMPP=0.0402)	
강하	21.6	130(240)	810(367)	
진입	5		1200(545)	
구간 총계	12.2hr	5588(10 349)	155 780(70 661)	

◈ 사례 3. 최대 연료, 무(영) 유상하중

이 조건에서 항공기 매개변수는 표 10.18에서 보는 바와 같다.

표 10.18 사례 3의 항공기 매개변수

운용 공허중량	286 596 lb (130 000 kg)
최대 연료 용량	176 370 lb (80 000 kg)
이륙중량	462 966 lb (210 000 kg)
체공+ 전환 연료	12 800 lb (5806 kg)
구간 연료(사례 2와 같음)	155 780 lb (70 661 kg)
총 예비 연료	20 590 lb (9340 kg)

임무 연료는 표 10.19에서 보는 바와 같이 계산된다.

표 10.19 사례 3의 임무 연료

	시간(min)	거리(nm)(km)	연료(lb)(kg)	중량(lb)(kg)
활주	6		360 (163)	
이륙	2		1580 (717)	
				461 026 (209 120)
35000ft까지 상승	15.7	107 (198)	7550 (3425)	
				453 476 (205 695)
35000ft로 순항	101.8	802 (1485)	22 476 (10 195) (NAMPP=0.0357)	
				431 000 (195 500)
39000ft까지 상승	4.65	36 (67)	1380 (626)	
39000ft로 순항	645.3	5058 (9367)	12 424 (54 624) (NAMPP=0.042)	
강하	21.6	130 (240)	810 (367)	
진입	5		1200 (545)	
구간 총계	13.4hr	6133 (11 357)	155 780 (70 661)	

(++) 461000lb(209108kg) 상승중량의 시작에서 계산

유상하중-항속거리 선도 결과를 그림 10.27에서 보여주고 있다.

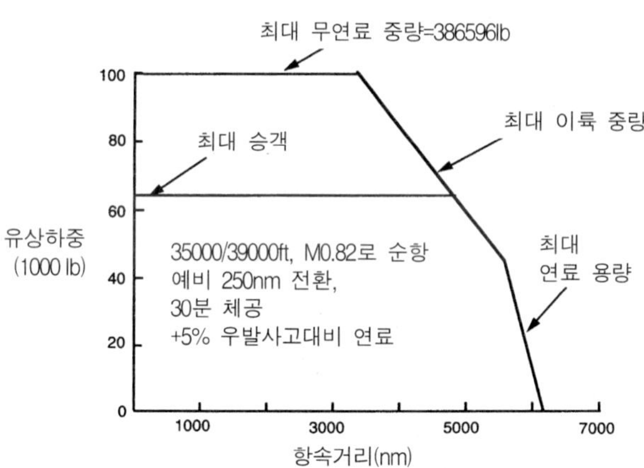

그림 10.27 추정 항공기 유상하중-항속거리 선도

(10) 착륙 성능

적절한 항공기 매개변수는 표 10.20에서 보는 바와 같다.

표 10.20 착륙 성능 항공기 매개변수

최대 착륙중량	184 000 kg
기준 날개 면적 (S)	376.4㎡
C_D (깨끗한 형상)	$0.015+0.05\ C_L^2$
C_D (착륙 플랩, 기어 내림)	$0.055+0.05\ C_L^2$
$C_{L_{max}}$ (착륙)	2.5
마찰계수 (μ)	0.03

이러한 값들을 성능 계산하는데 사용할 수 있다.

$$V_S = [9184000 \times 9.81)/(0.5 \times 1.225 \times 376.4 \times 2.5)]^{0.5} = 55.96\,m/s$$

진입 단계:

$$V_F = (V_{TD} + V_A)/2 = (1.15 + 1.30)\,V_S/2 = 1.225\,V_S$$

$$r = (1.225 \times 55.96)^2/[9.81(1.2-1)] = 2395.1m$$

$$h_F = r \cdot \gamma \cdot \gamma/2$$

민간 수송기는 보통 3°의 진입각(γ)으로 비행한다. 이는 $3 \times 2\pi/360 = 0.0524\,radian$과 같다.

$$h_F = 2395.1 \times 0.0524 \times 0.0524/2 = 3.28m$$

진입 거리:

$$s_A = (15.24 - 3.28)/0.0574 = 228.4\,m$$

플레어 단계:

$$s_F = 2395.1 \times 0.0524 = 125.4\,m$$

지상 활주는 두 부분으로 계산한다.

(1) 자유 활주 ($\boldsymbol{V_{TD}}$에서 2초-감항성 요건)

$$s_{FR} = 2 \times V_{TD} = 2 \times 1.15 \times 55.96 = 128.7\,m$$

(2) 제동 활주

$$s_B = (1/2g \cdot K_A)\ln[(K_T + K_A V_{TD}^2)/K_T]$$

여기서 $K_T = (T/W) - \mu$

$T = 0$

따라서 $K_T = -0.03$

$C_{L=0}$으로 가정한다 :

$K_A = [1.225/2(184000 \times 9.81/376.4)](0 - 0.055 - 0) = -7.02 \times 10^{-6}$

따라서 $s_B = [1/(2 \times 9.81) \times (-7.02 \times 10^{-6})]$

• $\ln[(-0.03 + (-7.02 \times 10^{-6} \times (1.15 \times 55.96)^2))/-0.03] = -672m$

(감속으로 부호가 바뀌었다)

그러므로 착륙 거리는 진입, 플레어, 자유 활주 및 제동 활주 단계의 합이다.

$228 + 125 + 129 + 672 = 1154m$

FAR/JAR 착륙 거리는 운용 변수를 고려하여 1.66을 곱한다.

FAR/JAR 착륙 거리$= 1.66 \times 1154 = 1916m$

10.4 기체/엔진 정합

앞 장에서 우리는 여러 비행 단계에서 항공기 항력, 중량 및 성능을 계산하는 도구를 제공하였다. 프로젝트 단계에서 이러한 방법을 적용할 수 있도록 하기 위해 항공기 기하학 중량 및 엔진 추력을 정의하는 것이 필요하다. 이 절에서는 항공기 설계 과정을 진행할 수 있도록 엔진 크기와 항공기 중량을 구하는 방법을 요약하였다.

엔진 크기는 분명히 항공기 기하학 및 중량의 함수이다. 무엇보다도 먼저 엔진을 크기 결정하는 여러 가지 요건의 개요가 주어진다. 제11장에서 면적과 엔진 크기를 사용하여 항공기 이륙중량에 도달하는 방법이 주어진다. 운용 및 인증 요건 모두를 충족해야 한다. 순항하는데 필요한 추력이 운용 요건의 예이다.

그러므로 기체는 엔진이 요구하는 특정의 추력에 놓아야 한다. 엔진은 이러한 수요를 충족하기 위해 기설정된 정격을 갖는다. 이러한 동일한 정격은 인증 유형 시험을 통과해야 하며 에어라인에 수용할만한 서비스 수명을 주어야 한다. 엔진의 정격 선택은 항공기와 엔진 성능을 정합시키는데 중요한 결정 분야이다.

이 절에서는 항공기가 필요로 하는 여러 가지 정격 추력을 고려한다. 엔진의 크기 결정을 위한 이러한 요건의 명세(규격)을 구해야 한다. 이 시점에서 날개 면적과 이륙중량을 여전히 구해야 한다. 일단 좌석 배열과 관련 안락함의 표준을 구한 후에는 동체의 초기 개요를 그릴 수 있다. 그러므로 나머지 미지수는 날개 면적과 엔진 크기이다. 그러므로 추력 요건을 익면하중의 함수로써 추력/중량비의 항으로 놓아야 한다.

10.4.1 이륙 비행장(활주로) 길이

프로젝트 설계의 초기 단계에서 상세한 이륙 계산을 수행하기 위해 알려진 항공기 특징에 대해 알려진 항목이 불충분하다. 따라서 프로젝트 디자이너는 식 (10.13)을 사용하여 경험적인 방법에 의존해야 한다. 식 (10.13)을 보정하기 위해 앞 절에서 보여준 예를 사용할 수 있다.

쌍발 엔진 항공기에서 이륙 활주로 길이=$19.9 \times \lambda W^2/(S \cdot T \cdot C_{L_{1/2}} \cdot \sigma)ft$가 된다(미관례단위계).

주어진 이륙 활주로 길이는 익면하중(W/S)과 추력하중($\lambda T/W$)과의 관계는 그림 10.28에 나타낸 주어진 $C_{L_{1/2}}$로 유도할 수 있다. 이 연습의 목적을 위해 $C_{L_{\max}} = 1.75$(이륙 플랩)을 가정하였으며 $C_{L_{\max}} = 2.0$의 효과를 나타내었다. 추력하중은 $0.707 \times V_2$ 속도이며 마지막으로 엔진 크기를 구할 때는 허용공차가 이루어져야 한다. 현용 최신 터보팬 엔진은 정적인 조건의 $0.707\,V_2$에서 이들 추력의 10~15%가 감소하게 된다.

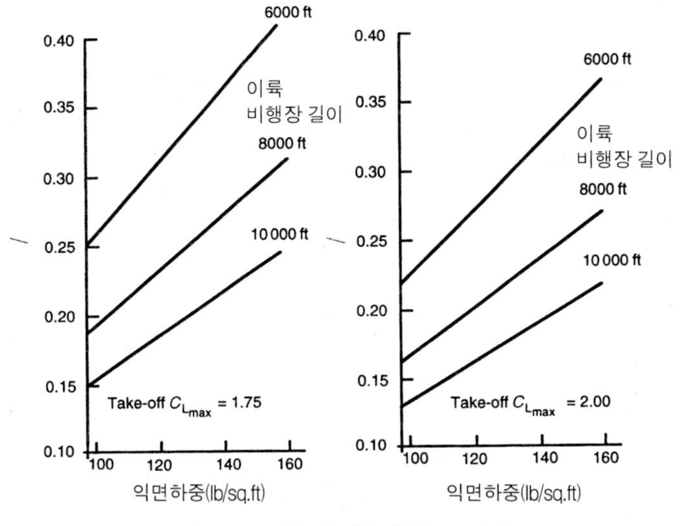

그림 10.28 추정 이륙 활주로 길이

10.4.2 이륙 상승

상승 요건은 이 장의 앞부분에서 논의하였다.

여러 임무 비행 구간에서 엔진이 고장이 난 경우에는 최소 구배가 필요하다는 것을 알았다.

$$\text{구배}=[(T/W)-(D/W)]$$

작은 각도인 경우 (D/W)를 $[1/(L/D)]$로 쓸 수 있다.

그러므로

$$(T/W) = \text{구배} + [1/(L/D)] \text{이다.}$$

주어진 날개와 플랩 유형에서 (L/D)는 플랩 각도의 함수가 된다. $C_{L_{\max}}$ 또한 플랩각도에 따라 바뀌게 된다. 전형적인 (L/D) 대 $C_{L_{\max}}$의 관계는 **그림 10.29**에서 보는 바와 같다(여기서 (L/D)는 2구간 형상에 적절하며 따라서 비행 비대칭에 기인하는 추가적인 항력과 작동불능 엔진이 포함된다.

추력하중(T/W)은 특수 전진속도와 관련된다. 2구간의 경우 전진속도는 V_2가 된다. 엔진의 크기 결정을 할 때 속도에 따라 추력이 떨어지는 것을 고려할 필요가 있다. **그림 10.10**으로부터 플랩 각도 즉 $C_{L_{\max}}$의 선택이 활주로 길이와 상승 요건 모두에 영향을 준다. 항공기 $C_{L_{\max}}$를 증가하면 주어진 활주로 길이에서 추력 요건을 감소되지만 상승에 필요한 추력은 증가한다. 플랩과 플랩각도의 선택이 그러므로 중요하다. 주요 상승 요건은 보통 2구간에 있다. 이 단계에서 항공기는 이륙 플랩을 전개해야 하며 착륙장치를 들어 올려야 하며 하나의 엔진은 고장이 나고 나머지 엔진은 이륙 동력이어야 한다. 2구간에서 쌍발 엔진 항공기의(표 10.2 참조) 추력하중은

$$(T/W) = 0.024 + [1/(L/D)] \text{이다.}$$

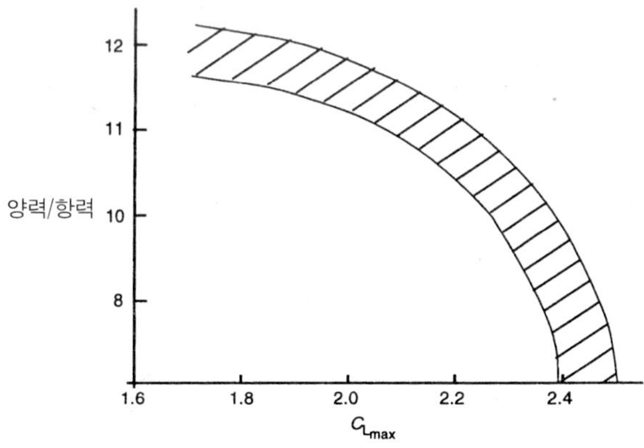

그림 10.29 전형적인 양항비와 최대 양력계수 변화

10.4.3 장애물 여유

항공기 이륙 추력 요건에 영향을 주는 한 가지 이슈가 있으며 이는 장애물 여유이다. 많은 주요 공항들은 일부 항공기가 사용 활주로 길이를 최대한으로 활용할 수 있는 능력에 영향을 주는 장애물이 있는 활주로가 있다. 예를 들어 특정의 비행장에서 활주로 방향의 하나가 10500ft(3200m)이지만 비행경로에 장애물로 인해 유효 활주로 길이는 약 10000ft(3050m)로 줄어드는 경우가 있다.

하나의 엔진이 작동불능인 항공기의 정미 비행경로는 최소한 35ft(10.7m)에서 장애물을 회피해야 한다. 정미 비행경로는 다음과 같은 구배로 감소된다.

쌍발 엔진 항공기: 0.8%
3발 엔진 항공기: 0.9%
4발 엔진 항공기: 1.0%

이 요건에 대한 보다 상세한 내용은 CAP395- Air Navigation에서 구할 수 있다.

이러한 종류의 요건을 프로젝트 단계에서 다루기는 어렵다. 장애물 여유는 기존 항공기 성능에 대한 장애물의 영향을 검사하고 장애물을 회피할 수 있는 유효 활주로 길이를 구하여 얻는 것이 가장 좋다.

10.4.4 항로 상승 성능

초기 순항 고도 성능과 이 고도에 도달하는데 소요되는 시간이라는 엔진에 영향을 주는 두 가지 이슈가 있다.

(1) 초기 순항 고도 능력

이 정의는 상승 최상부의 항공기의 조건이다. 항공기가 이 지점에 도달하는 시간에 항공기는 사용된 연료로 인해 항공기 이륙중량의 약 2~3%를 상실한다. 초기 순항 고도 성능은 이 고도에서 전형적인 순항속도와 최대 상승 정격으로 엔진을 작동하며 특정의 상승률을 유지할 수 있는 성능으로 정의된다. 항공사는 500ft/min(1.52m/sec)와 같이 다른 수준을 지정할 수 있지만 보통 300ft/min(0.9m/sec) 상승률이 요건이다. 이 계산에서 우리는 300ft/min (0.9m/sec) 요건을 가정한다. 초기 순항고도최적 순항고도보다 최소 2000ft(610m) 이상으로 정한다. 현용 항공 교통 통제 환경이 최적의 순항 고도 스케줄을 따르는 것이 불가능하기 때문에 이 여유가 필요하다(즉 대략적으로 일정 C_L 기법). 그러한 절차는 연료가 연소되고 항공기가 가벼워짐에 따라 점진적으로 증가하게 된다. 항공 교통 통제는 항공기가 고도를

4000ft(1220m)를 분리한 분리된 비행 수준으로 동일한 방향으로 이동하기를 원한다. 이는 항공기가 계단 상승 기법으로 비행을 하기 위해서는 최적 고도 위로 최소 2000ft(610m) 여유가 필요하다는 뜻이다. 이는 그림 10.30으로 나타내었다. 항법 보조장비를 개발하면 이 분리는 가까운 장래에 2000ft(610m)로 줄어들 수 있을 것이다.

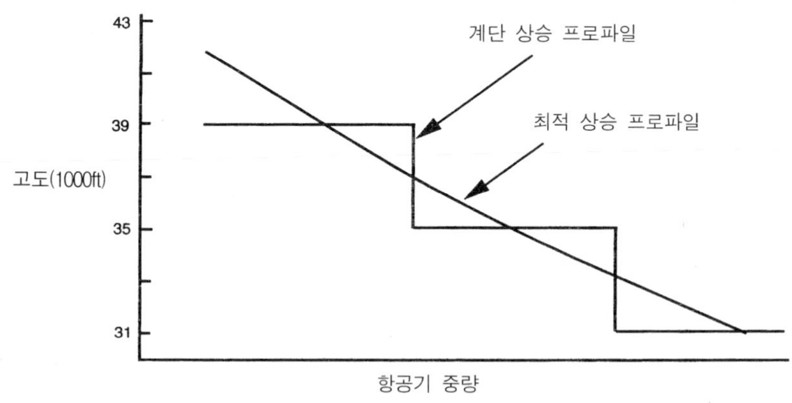

그림 10.30 계단 상승 프로파일

필요 초기 순항 고도:

상승 추력=98% 이륙중량에서 순항 속도시의 항력+ 300ft/min(0.9m/sec) 상승률에 필요한 추력

300ft/min(0.9m/sec) 상승률에 필요한 추력:

$$\Delta X_n = (300 \cdot 0.98MTOW)/(V_{TAS} \cdot 101.3)$$

여기서 V_{TAS}= 진대기 속도 (kt)

ΔX_n= 추가 추력 (lb)

총 필요 추력=$[0.98MTOW/(L/D)] + [300 \cdot 0.98MTOW)/(V_{TAS} \cdot 101.3)]$

(2) 순항 고도에 도달하는 시간

초기 순항 고도 성능은 상승 최정상부의 추력 수준을 고정하지만 고도에 도달하는 시간은 또한 낮은 고도에서의 추력 정격이 영향을 준다. 이는 운용 조건의 중요한 이슈가 될 수 있다. 고도로 재빨리 상승할 수 있는 성능은 낮은 상승 성능을 가진 항공기가 놓칠 수 있는 항공 교통 통제 지위(위치)를 항공기가 활용할 수 있게 해준다. 그러므로 제한된 성능을 가진 그러한 항공기는 지연되거나 최적 고도보다 낮은 고도로 순항해야만 한다. 수용할만한 상승

시간은 약간의 논쟁이 있는 주제이지만 B747-400과 같은 장거리 항공기를 전형적인 설계 기준으로 생각할 수 있다. 이 항공기는 MTOM에서 약 20분에 31000ft(9450m)까지 상승한다. 전형적인 상승 성능을 그림 10.31에서 보여주고 있다.

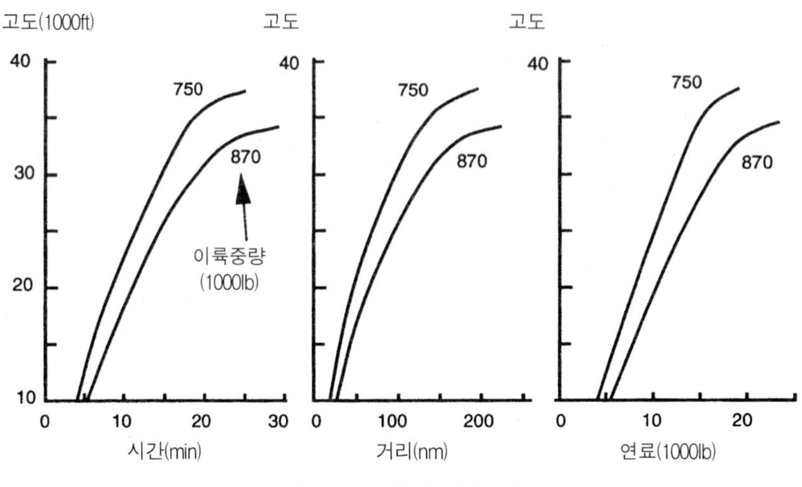

그림 10.31 추정 상승 성능

10.4.5 순항 성능

필요 순항 추력은 상승 추력보다 약 7~8% 작다. 위 계산에서 본 바와 같이, 추력은 순항 마하수에서 300ft/min(0.9m/sec)의 상승률로 고정된다. 마하수와 고도에 반하여 순항 추력은 100ft/min(0.3m/sec)의 상승률로 고정된다. 그림 10.32는 순항 양항비와 순항 마하수에 따라 순항/상승 추력비가 어떻게 변하는가를 보여주고 있다.

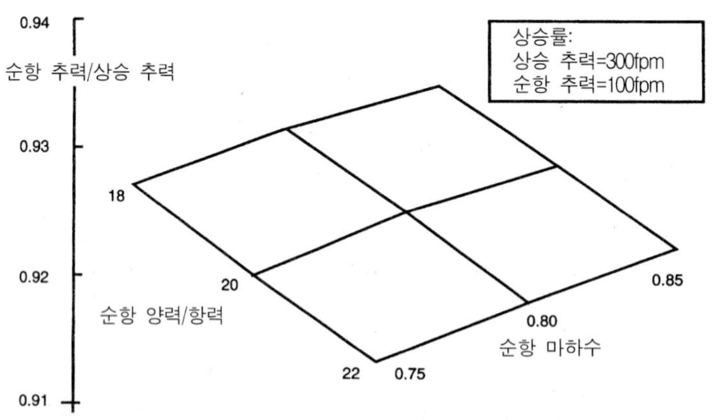

그림 10.32 순항/상승 추력비 추정

10.4.6 항로상에서 엔진 고장시의 상승 한계

이러한 요건이 엔진의 최대 연속 정격을 결정한다. 규정에서는 항로상에서 엔진이 정지되는 경우 모든 지형은 엔진의 수에 따라 변하는 구배를 가지고 최소 2000ft(610m)에는 아무것도 없어야 한다고 규정하고 있다. 예를 들어 로키산맥 위에서 16000ft(4880m)의 엔진 정지 상승 한계가 바람직하면 이보다 낮은 고도는 항공기가 최적이 아닌 항로로 비행하게 되어 연료 요건을 증가시키게 되는 것을 의미한다.

항공기 규격은 이러한 고려사항을 허용해야 하며 프로젝트 단계에서 알게 될 경우에는 상상하는 항공기 사용에 적절한 상승 한계를 정해야 한다. 엔진 정지 상승 한계에 대해 감항성 요건에서 지정한 구배는 항공기 형상에서 엔진의 수와 관련된다.

엔진의 수	2	3	4
구배율	1.1	1.4	1.6

항로 구배 요건의 영향은 그림 10.33에서 보는 바와 같이 표류 기법을 사용하여 완화시킬 수 있다. 그러나 이러한 목적을 위해 엔진 재점화 고도 위의 임의의 순항 고도를 취하는 데는 아무런 이점이 없다.

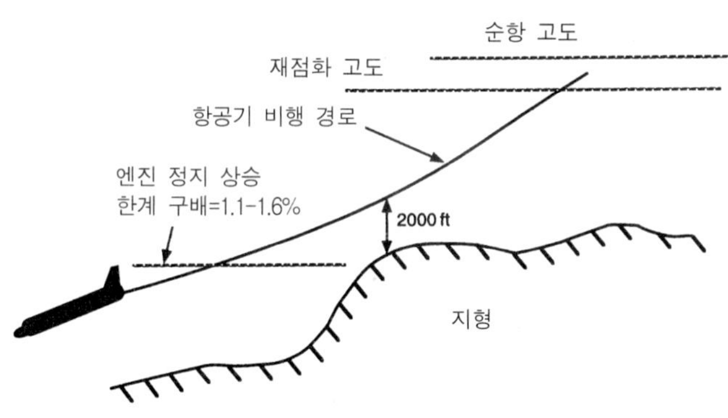

그림 10.33 엔진 하나 고장시의 항로 요건

10.4.7 강하

강하는 객실에서 강하율이 300ft/min(0.9m/sec)를 초과하지 않아야 하며 공기조화장치의 요건을 초과하지 않아야 한다는 규칙에 좌우된다. 따라서 강하할 때에 공전 속도 설정값(idle setting)은 올바른 압력의 적절한 양의 공기를 공기조화장치에 공급하는 요건으로 정해야 한다. 전형적인 압력 차이가 8psi(55kN/m^2)인 항공기 고도와 객실 고도의 관계를 그림 10.34에서 보여주고 있다.

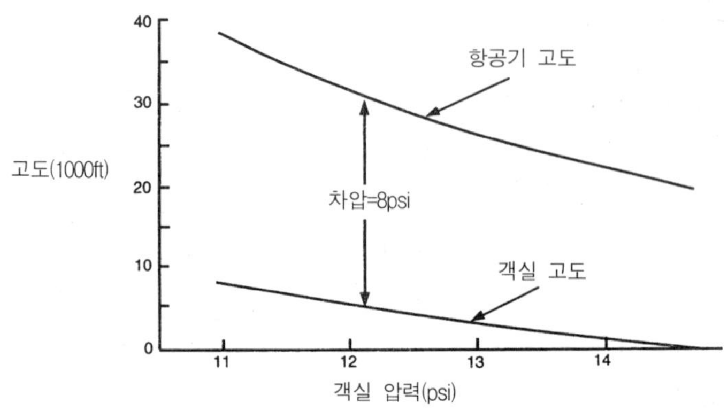

그림 10.34 항공기 고도와 객실 압력과의 관계

강하 성능의 또 다른 주목할 만한 측면은 낮은 중량의 항공기가 높은 중량의 항공기보다 강하율이 높다는 점이다(그림 10.35).

이러한 변화가 있는 이유는 항공기 중량에 따른 양항비의 변화이다(그림 10.36).

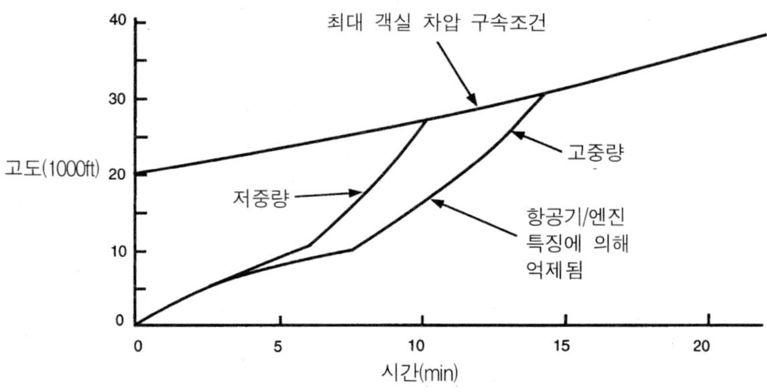

그림 10.35 강하 성능

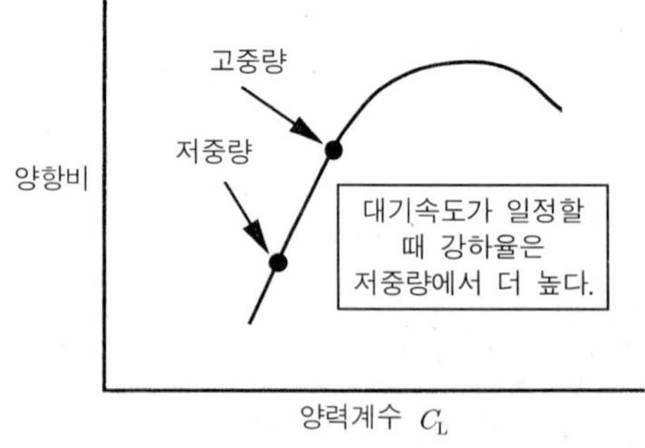

그림 10.36 강하시 항공기 양항비의 변화

10.4.8 착륙 성능

착륙할 때에 추력의 관점에서 엔진에 영향을 주는 두 가지 요건이 있다.

- 진입 상승
- 착륙 좌절 상승

이러한 요건들은 보통 중요하지 않으며 최대 착륙 중량이 최대 이륙중량과 같거나 근접한 단거리 항공기에서만 검사할 필요가 있다.

(1) 진입 상승

진입 조건의 항공기가 진입 플랩을 하고, 착륙장치가 오므려지고, 한 엔진은 작동불능이고 나머지 엔진은 이륙동력인 최대 착륙중량의 항공기에서 감항성 규정에서 요구하는 구배는 항공기 형상에서 엔진의 수에 따라 다르다.

엔진의 수	2	3	4
구배율	2.1	2.4	2.7

항공기 속도는 진입 조건에서 실속 속도의 1.5배를 초과하지 않아야 하며 진입 조건에서 실속속도는 착륙 플랩을 한 모든 엔진이 작동되는 경우의 실속속도의 1.1배를 초과하지 않아야 한다.

(2) 착륙 좌절 상승

착륙 형상의 항공기로, 스로틀을 움직이기 시작한 8초 후에 사용할 수 있는 추력 수준에서 모든 엔진이 작동되는 경우 감항성 규정을 충족하는데 3.2%의 구배가 필요하다. 이 조건에서 관련된 항공기 속도는 다음과 같이 지정된다.

엔진의 수	2,3	4
속도	$1.2\,V_S$	$1.15\,V_S$

10.5 결론

이 장과 앞 장에서 살펴본 정보로 이제 항공기 프로젝트 설계 과정을 착수할 수 있게 되었다. 다음 장에서는 이 과정에서 초기 추정이 어떻게 이루어지는가를 살펴보기로 하자.

표 10.21 항공기 상승 계산: 표를 이용하는 방법

1. 250kts EAS 일정 속도로 10000ft까지 상승한다. 10000ft에서 320kt로 가속한다. 이 후에 순항 마하수(0.82)를 얻을 때의 고도까지 이 속도를 일정하게 유지한다. 그 다음에 속도는 35000ft까지 순항 마하수를 유지한다.
2. 연료가 연소됨에 따라 항공기 중량이 감소된다(반복 계산, 추정값으로 시작).
3. 항공기 항력곡선(깨끗한 형상)으로부터 항력을 구한다.
4. 최대 상승 정격의 엔진 데이터로부터 추력을 구한다.
5. 항공기 가속이 없다고 가정하여 상승률을 처음에 계산한다.
6. 다음에 항공기 가속도에 맞도록 상승률을 수정한다.
7. 상승 정격, 고도 및 대기속도의 엔진 데이터로부터 연료 흐름을 평균한다.
8. 구간에서 경과 시간(Δt), 구간에서 사용 연료(ΔF), 구간에서 비행 거리(ΔS)를 구한다.
9. 위의 결과를 요약하면 다음과 같다.

상승 시간에서의 중량= 507 055 − 1486 = 505 569 lb　　항력곡선 $C_D = 0.015 + 0.05\,C_L^2$

고도(ft)	1500		5000		10 000		10 000		15 000		20 000		26 500	26 500		30 000		35 000
중량(lb)	505 569		504 769		503 645		50 300		501 656		500 230		498 000			497 054		496 000
EAS (kt/Mach)	250		250		250		320		320		320		320	0.82		0.82		0.82
C_L	0.588		0.587		0.586		0.359		0.358		0.357		0.355			0.415		0.520
항력(lb)	27 748		27 683		27 645		30 064		30 014		29 969		29 890			28 287		27 149
추력(lb)	94 800		87 000		75 966		70 070		61 930		54 960		46 736			41 226		34 846
상승률(ft/min)	3435		3208		2828		2998		2600		2219		1681			1274		743
가속도 수정	1.0883		1.1000		1.1120		1.215		1.2150		1.2610		1.3300	0.9100		0.9100		0.9170
상승률 수정(ft/min)	3156		2916		2543		2468		2140		1760		1264	1847		1400		810
상승률 평균(ft/min)		3036		2730				2304		1950		1512			1624		1105	
Δt (min)		1.15		1.83		0.81		2.17		2.56		4.3			2.16		4.52	
$\Sigma\Delta t$ (min)			1.15		2.98		3.54		5.96		8.52		12.82			14.98		19.50
평균 FF(lb/hr)		40 987		37 912		35 560		34 495		31 441		28 430			25 035		21 470	
ΔF (lb)		788		1160		480		1248		1343		2037			899		1618	
$\Sigma\Delta F$ (lb)			788		1948		2428		3676		5019		7056			7955		9573
TAS 평균(kt)		262.5		280		331		388		421		464.5			487		478	
Δs (nm)		5.0		8.5		4.5		14		18		33.3			17.5		36	
$\Sigma\Delta s$			5.00		13.50		18.00		32.00		50.00		83.30			100.80		137.00
가속도(ft/sec)[2]					3.090		2.56											
평균 가속도						2.825												
Δt (min)						0.81												

표 10.22 항공기 강하 계산: 표를 이용하는 방법

1. 순항 마하수에서 강하를 시작하여 250kt EAS로 속도를 줄인다.
2. 연료 연소로 인해 중량이 줄어든다(처음에 상식적인 추정이 가능하도록 반복 계산).
3. 항공기 항력곡선으로부터 항력을 구한다.
4. 강하 정격이 엔진 데이터로부터 추력을 구한다.
5. 처음에 에너지가 없다고 가정하여 강하율을 구한다.
6. 그 다음에 강하에서 얻어지는 에너지를 고려하여 강하율을 수정한다.
7. 구간에서 경과시간을 구한다.
8. 엔진 데이터로부터 연료 흐름을 구한다.
9. 구간에서 연료 연소를 구한다. 다음 열에 요약한다.
10. 구간에서 이동한 거리를 구한다. 마지막 열에 요약한다.

강하 시작에서 중량 380000lb

고도(ft)	39 000		35 000		30 000		25 000		20 000		15 000		10 000		5000		sea level
TAS (kt)	462		430		394		365		336		310		289		268		250
중량(lb)	380 000		379 950		379 850		379 802		379 703		379 592		379 476		379 345		379 186
C_L	0.5030		0.4830		0.4760		0.4640		0.4620		0.4580		0.4550		0.4480		0.4425
항력(lb)	20 892		20 987		21 020		21 106		21 116		21 136		21 148		21 217		21 262
추력(lb)	−300		−450		−676		−750		−1072		−1270		−1400		−1550		−1680
강하율(fpm)	2610		2457		2279		2127		1985		1852		1736		1628		1531
가속도 수정	1.372		1.295		1.23		1.189		1.157		1.13		1.11		1.092		1.08
강하율 수정(fpm)	1902		1898		1853		1789		1716		1639		1564		1491		1417
강하율 평균(fpm)		1900		1875		1821		1753		1678		1601		1527		1454	
Δ*t* (min)		2.11		2.67		2.75		2.85		2.98		3.12		3.27		3.44	
ΣΔ*t* (min)			2.11		4.78		7.53		10.38		13.36		16.48		19.75		23.19
평균 연료 흐름(lb/hr)		1400		1540		1720		1920		2130		2330		2550		2800	
Δ*F* (lb)		49.00		68.50		79.00		91.20		106.00		121.00		139.00		160.50	
ΣΔ*F* (lb)			49.00		117.50		196.50		287.70		393.70		514.70		653.70		814.20
TAS 평균(kt)		445		410		378		350		323		298		278		263	
Δ*s* (nm)		15.60		18.20		17.30		16.60		16.00		15.50		15.20		15.10	
ΣΔ*s* (nm)			15.60		33.80		51.10		67.70		83.70		99.20		114.40		129.50

Chapter  Aircraft Design

초기 추정

- 이 장은 논리적인 방법으로 들어갈 수 있는 설계 절차의 골격을 제공하는 것이다. 출발점을 어떻게 설정하고, 예비 항공기 디자인을 확립하기 위해 어떻게 진행할 것인가에 대한 지침이 주어진다. 방법은 또한 주요 요건을 설정할 수 있으며 디자인에 바람직하지 않는 방향으로 커다란 영향을 줄 수 있는 요건을 완화시키는 효과를 보여준다.
- 이 장의 끝에 표본 계산이 포함된다. 이 장을 학습한 후에 여러분은 반복적이고 매개변수적인 학습을 포함하여 전체 설계 절차를 다룰 수 있어야 한다.
- 특정 연구를 위해 사용하고 추가로 전개시킨 값 및 관계식들이 그러한 연구에 대해서만 적절하다. 데이터에 대한 합리적인 검증을 하지 않고 다른 과업에서 그러한 값을 사용하는 것은 위험하다.

11.1 서론

항공기 규격(명세)은 유상하중, 항속거리, 성능의 견지에서 항공기 요건을 열거하고 있다. 설계 과정은 기본 형상을 설정할 수 있도록 하기 위하여 최소 이륙 중량 혹은 최소 간접 운용비용과 같은 몇 가지 전체 기준에 대해 이러한 요건을 충족하기 위한 항공기 레이아웃과 크기를 선정하는 것이 포함된다.

항공기에 대한 정보와 데이터는 별개로 하더라도 성능, 중량 및 비용을 포함한 엔진 데이터가 또한 필요하다. 초기 단계를 지원하기 위하여 몇 가지 전형적인 데이터가 제9장(그림 9.18–9.21)에 주어졌다. 이 데이터는 초기 설계 연구에서 엔진 크기를 비교하는데 용이하도록 하기 위해 무차원 형태로 주어졌다.

일단 승객에 대한 안락함의 표준을 결정한 후에 즉시 크기가 결정되어 규격을 갖는 항공기의 유일한 부분이 동체이다. 그러므로 날개 면적 S, 엔진 추력 T, 이륙 중량 W의 3가지 미지의 항공기 매개변수가 존재한다. 이들 3가지 매개변수 모두는 상호의존적이다. 날개 면적은 엔진 크기에 영향을 주고, 이들 둘은 공허중량, 연료 중량에 영향을 주고 따라서 최대 이륙 중량에 영향을 준다. 분석에서 이러한 3가지 주요 매개변수에서의 변화를 고려할 필요가 있다.

분석을 시작하기 전에 이들 3가지 매개변수 각각에 대한 적절한 근사값을 설정할 필요가 있다. 이는 유사한 규격을 갖는 현용 항공기와 엔진의 특징을 평가하여 이루어진다. 또한 이들 항공기에 대한 몇 가지 간단한 중량과 성능 관계를 구하는 것이 유용하다. 이렇게 함으로써 날개 면적과 엔진 크기에서 적절한 값의 범위를 선택할 수 있으며 초기 추정을 위한 이륙 중량의 근사화를 할 수 있다. 기본 날개의 기하학적인 특징(두께 시위 및 뒤젖힘)은 비순항마하수로 지정하게 되므로 초기 단계에서는 고정된다.

날개 면적, 엔진 추력 및 이륙 중량의 상호의존성으로 인해 이들을 독립 변수로 생각하는 것은 불가능하다. 그러나 제10장의 성능방정식을 사용하여 익면하중(W/S)과 추력하중(T/W)에 대한 평가가 이루어질 수 있다. 제7장에서 배운 간단한 중량식으로부터 미지수 각각을 추정할 수 있다. 성능과 중량 식에 필요한 입력에 대한 지침은 유사한 규격을 갖는 기존의 항공기의 특징으로부터 얻을 수 있다. 이들 특징에 대한 전형적인 값은 항공기 데이터 파일에서 주어진다. 설계에 고려중인 신기술의 효과(예를 들어 탄소섬유 구조 및 층류)를 확실히 하기 위해 주의를 기울여야 한다.

11.2 익면하중

항공기 익면하중은 보통 지정된 착륙장 길이나 진입속도로 결정한다. 현용 항공기의 범위는 다음과 같은 함수로서 그림 11.1에서 50ft(15.2m)로부터의 착륙 거리이다.

$$(W/S)/(C_{L_{\max}} \cdot \sigma)$$

여기서 $\sigma = \rho/\rho_0$

ρ=공기 밀도이다.

감항성 요건에 대응하기 위해 50ft(15.2m)로부터 계산한 거리는 착륙장 길이를 얻기 위해 (1.0/0.6)의 비로 계산한다. 값이 계산한 값 혹은 실제 거리인 경우 확인을 위해 발간된 수치를 사용할 때에는 주의를 해야 한다.

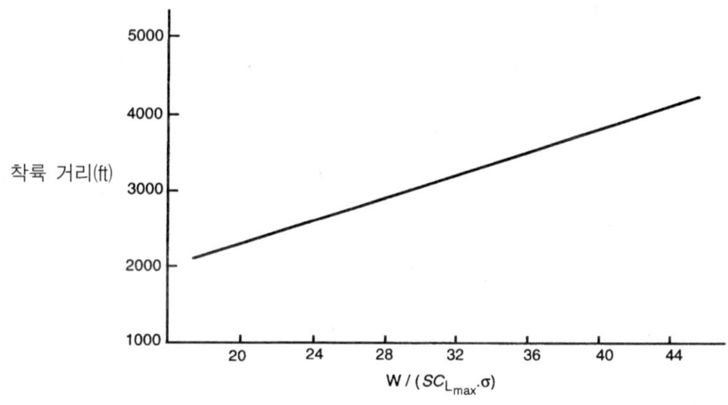

그림 11.1 50ft로부터 착륙 거리

그림 11.1의 데이터를 사용하기 위해서는 착륙 형상에서의 $C_{L_{\max}}$에 대한 평가가 필요하다. 이 단계에서는 현용 항공기의 데이터뿐만 아니라 규격에 필요한 날개 두께/시위비와 뒤젖힘에 기초한 가정에 합리적인 추정이 주어져야 한다. M 0.75~0.85로 순항하는 터보팬 추진 항공기의 경우 착륙 형상의 $C_{L_{\max}}$는 2.4~3.4 범위에 놓일 것으로 예상된다.

진입 속도를 지정하면 익면하중은 다음 식으로부터 구할 수 있다.

$$W/S = q \cdot C_L$$

여기서 $q = 0.5\rho V^2$=동압

V=항공기 속도

C_L=진입 조건에서 양력계수

이다.

진입을 위한 플랩 설정은 보통 착륙을 위해 사용하는 것과 같지 않다. 감항성 규정에서 진입 속도를 다음과 같이 규정하고 있다.

$$V_{approach} < 1.5 \times V_{stall} \text{ 진입 플랩}$$

$$V_{stall} \text{진입 플랩} > 1.1 \times V_{stall} \text{착륙 플랩}$$

$$V_{approach} > 1.3\, V_{stall} \text{ 진입 플랩}$$

그러므로 진입 속도는 $1.43 \sim 1.65\, V_{stall}$ 범위에 놓여 있어야 한다. 여기서 V_{stall}은 착륙 플랩으로 구한다. 혹은 $C_{L_{\max}}$ 착륙 플랩의 항으로 진입 C_L은 $(C_{L_{\max}}/2.04) \sim (C_{L_{\max}}/2.72)$에 놓여있다.

일부 공항에서는 번잡한 시간에 항공교통관제가 진입 속도를 정한다. 일부 항공기의 경우 이는 착륙 플랩을 설정하고 진입할 때에 착륙 기어를 내린다는 뜻이다.

위의 각각의 경우에 W/S는 항공기 최대 착륙 중량에 걸맞아야 한다. 이는 최대 착륙 중량과 최대 이륙 중량의 비로 최대 이륙 중량에서의 W/S로 수정할 수 있다. 이는 유사한 규격을 갖는 현용 항공기를 고려하여 구할 수 있다.

익면하중의 초기 추정이 이제 이루어졌다. 이제 다음 두 가지 점검이 필요하다. 첫째로 초기 순항 고도에서 항공기는 최대에 가까운 어딘가에서 $Mn(L/D)$를 주는 합리적인 양력계수로 작동해야 하며, 둘째로 승차감(돌풍에 대한 응답성)이 수용할만한 가에 대해 점검을 해야 한다.

11.2.1 순항 점검

순항 마하수와 초기 순항 고도가 규격에서 주어진다. 동압 q를 계산해야 한다.

$$q = 0.7pMn^2 \text{(영국 단위)}$$

여기서 p=초기 순항 고도에서 주위 압력(lb/ft^2)

Mn= 순항 마하수

이다.

순항 초기의 익면하중(W/S)은 대략적으로 활주, 이륙 및 상승시의 연료 사용으로 인해 $(0.98\times W/S)_{take-off}$이다. 그러면

$$\text{순항 } C_L = 0.98(W/S)\cdot q^{-1}$$

이다.

이는 **그림 8.3**으로부터 구한 $C_{L_{des}}$와 비교할 수 있다. 순항 마하수에서 전형적인 양항비 대 C_L 곡선을 **그림 11.2**에서 보여주고 있다. 그림은 또한 **그림 8.3**에서 구한 $C_{L_{des}}$를 보여주고 있다. 곡선은 최대 L/S값 부근이 평활한 점을 주목하기 바란다. 예에서 99%의 최대 L/D값은 $0.43\sim0.50\,C_L$ 범위에 포함되는 것을 보여주고 있다. 그러므로 최대값으로 작동하지 않는 항공기 성능에서의 효과가 미미하기 때문에 $C_{L_{des}}$을 정확하게 맞출 필요는 없다.

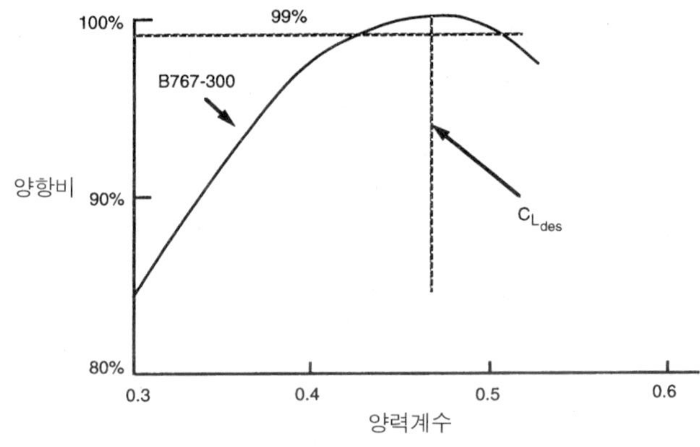

그림 11.2 최적 순항에서 양력계수

11.2.2 승차감 점검

선택한 날개 특징과 익면하중이 최대 순항 마하수에서 만족스러운 돌풍 반응을 주는지를 점검할 필요가 있다. 만족스러운 돌풍 반응을 나타내는 주어진 날개 플랜폼(윤곽)과 익면하중의 능력을 제한 속도가 날개 돌풍 반응 매개변수의 함수임을 보여주는 **그림 11.3**의 경계 조건을 참조하여 평가해야 한다.

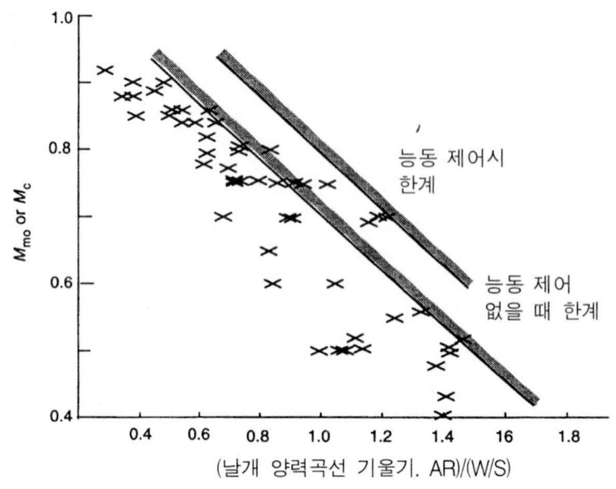

그림 11.3 승차감 및 속도 한계

두 가지 경계 조건을 보여주고 있다. 하나는 항공기가 돌풍 완화 능력을 보여주는 능동 제어조건이며 다른 하나는 능동 제어가 없는 경계조건이다.

돌풍 반응 매개변수는 다음 식으로 정의된다.

$$[\alpha_{lwb} \cdot AR/(W/S)]$$

여기서 α_{lwb}=날개 몸체 양력곡선 기울기

AR=가로세로비

W/S=순항 초기의 익면하중

이다.

날개 가로세로비는 공탄성효과를 감안한 용어이다. 가로세로비가 높을수록 날개는 더 유연해진다. 뒤젖힘 날개에서 날개가 휘면 이상적인 영각은 바뀌게 되므로 국지 양력이 변하며 이는 돌풍 반응에 영향을 주게 된다. 익면하중이 $340kg/m^2$ $(70lb/ft^2)$보다 크면 이는 보통 주요한 항목이 아니다.

11.3 엔진 크기

엔진 크기는 보통 이륙 성능 혹은 초기 순항 고도에서의 순항 성능으로 구한다. 엔진 크기를 결정하는 특수한 요건은 엔진과 기체 특징으로 지정된다.

제9장에서 살펴 본 바와 같이 단거리 항공기는 장거리 항공기보다 그렇게 높은 순항 효율 엔진이 필요하지 않다. 엔진 바이패스비와 전체 압력비가 엔진 효율에 영향을 주는 주요한 매개변수이다. 그러나 높은 효율의 엔진은 낮은 효율의 엔진에 비해 훨씬 높은 비율로 속도가 올라감에 따라 추력을 상실한다. 장거리 항공기는 보통 상당히 완화된 비행장 요건(10000ft(3000m) 이상)을 갖는다. 이러한 항공기에 맞는 엔진은 최상위 상승 요건에 맞게 크기 결정을 해야 한다.

역으로, 단거리 항공기는 훨씬 더 엄격한 비행장 길이 요건을 갖는다(5000~7000ft (1500~2100m)). 낮은 바이패스비와 압력비인 경우 엔진은 이륙조건에서 크기 결정을 해야 할 것으로 예상된다. 이들은 물론 일반적인 경우이며, 이러한 범주 어느 것과도 정교하게 적합하지 않는 엔진 기체 조합이 존재한다. 의심스러우면 이들 범주 중 어느 것이 중요한가를 확정하기 위해 이러한 기준 모두를 점검하는 것이 바람직하다.

11.4 이륙

규격 비행장 성능과 함께 이륙 익면하중의 초기추정과 식(10.13)으로 V_2에서 양력계수의 함수로써 추력/중량비에 대한 평가를 할 수 있다. 이륙시 $C_{L_{max}}$는 1.7~2.2이며 $C_{L_{V_2}}$는 1.18~1.53이 된다. 제안된 신기술과 함께 기존 항공기의 통계분석으로부터 $C_{L_{V_2}}$에 대한 초기 추정이 이루어지며, 따라서 초기 추력/중량비에 대한 추정이 이루어진다. 앞에서 언급한 바와 같이 이 추력/중량비는 $0.707 \times V_2$이므로 정적인 조건에 맞게 수정해야 한다.

$$(\text{추력}/\text{중량})_{static} = (\text{추력}/\text{중량})_{0.707\,V_2} \cdot (\text{정적 추력}/\text{중량}_{0.707\,V_2})$$

11.5 초기 순항 고도 성능

초기 순항 고도에서 항공기는 엔진을 최대 상승 정격으로 설정하여 순항 마하수로 비행할 때 300ft/min(0.9m/sec)의 상승률이 필요하다. 이렇게 하면 순항 추력의 엔진을 갖는 초기 순항 고도의 항공기가 최대 순항 추력 이상의 여유를 가질 수 있다. 비행 조종 장치가 돌풍 조건에서 고도와 속도를 유지하기 위해서는 이만큼의 여유가 필요하다.

상승 최상위부에서 필요한 추력에 대한 식을 영국 단위로 재정리하면 다음과 같다.

$$F_n/M_{ct} = (L/D)^{-1} + (300/V \cdot 101.3)$$

여기서 M_{ct} = 상승 최상부에서 중량으로 대략 $0.98 \times MTOM$이다.

F_n = 상승 최상부에서 필요한 상승 추력(lb)

L/D = 순항 속도에서 양항비

V = 순항 속도 TAS (kt)

$F_{n_{climb}}$과 $F_{n_{TO}}$는 엔진 데이터로부터 구할 수 있다.

$$(F_{n_{TO}}/MTOM) = (F_n/M_{ct})0.98/(F_{nclimb}/F_{n_{TO}})$$

순항 L/D의 1차 추정이 필요하다. 이에 대한 기초는 현용 항공기의 통계학 및 날개 기하학적인 특징으로부터 구할 수 있다. L/D는 주로 스팬 하중, 항공기 프로파일 항력 및 익면 하중의 함수이다. 포물선 항력곡선으로 가정한다.

$$C_D = C_{D_O} + C_{D_i} \qquad C_{D_O} = C_L^2/(\pi Ae) \qquad C_{D_0} = C_f(S_{wett}/S_{wing})$$

$$C_D = C_f(S_{wett}/S_{wing}) + C_L^2/(\pi Ae)$$

$$C_L \text{ for } (L/D)_{max} = [C_f(S_{wett}/S_{wing}) \cdot (\pi Ae)]^{0.5}$$

$$C_D \text{ for } (L/D)_{max} = 2 \cdot C_f(S_{wett}/S_{wing})$$

$$(L/D)_{max} = [C_f(S_{wett}/S_{wing}) \cdot (\pi Ae)]/[2 \cdot C_f(S_{wett}/S_{wing})]^{0.5}$$

$AR = (b^2/S_{wing})$ 여기서 b = 날개 길이(스팬)

$$(L/D)_{max} = [C_f(S_{wett}/S_{wing}) \cdot (\pi e) \cdot (b^2/S_{wing})]/[2 \cdot C_f(S_{wett}/S_{wing})]^{0.5}$$

$$= (\pi/2)^{0.5} \cdot (C_f/e)^{-0.5} \cdot b/(S_{wett})^{0.5}]$$

이러한 항공기는 $(C_f/e)^{0.5}$와 유사한 값으로 작동되며 $(L/D)_{max}$와 대략적으로 동일한 관계를 가지며, 순항 L/D는 $[b/(S_{wett})^{0.5}]$나 $[AR/(S_{wett}/S_{wing})]$의 함수가 된다.

가로세로비 매개변수에 대하여 작도한 항공기 기하학으로부터 추정한 것에 기초한 순항 양항비를 나타내면 그림 11.4와 같다.

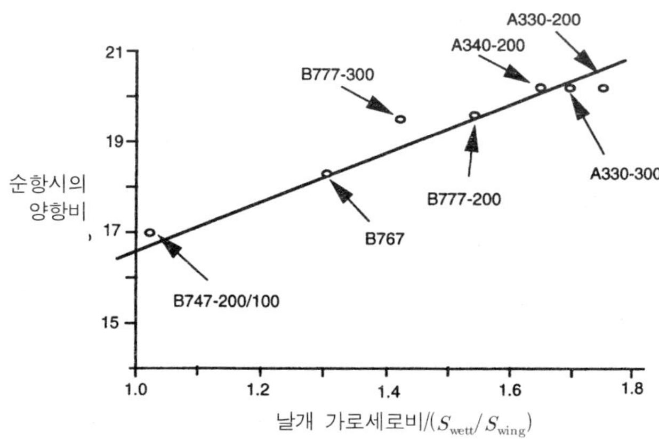

그림 11.4 현용 와이드보디(동체 폭이 넓은) 항공기의 양항비

이러한 항공기의 전형적인 (S_{wett}/S_{wing})의 값이 이제 필요하다. S_{wett}는 동체 크기(따라서 승객 용량)의 함수이며 또한 날개 면적(따라서 착륙 비행장 길이)의 함수이다. 물론 이는 이러한 항공기가 착륙 형상에서 유사한 최대 양력계수를 갖는다고 가정한 경우이다. 위의 기초에서 (S_{wett}/S_{wing})와 [승객 용량/(착륙 비행장 길이)]^2 사이에 몇 가지 상호관계를 예상할 수 있다. 이를 그림 11.5에서 보여주고 있다.

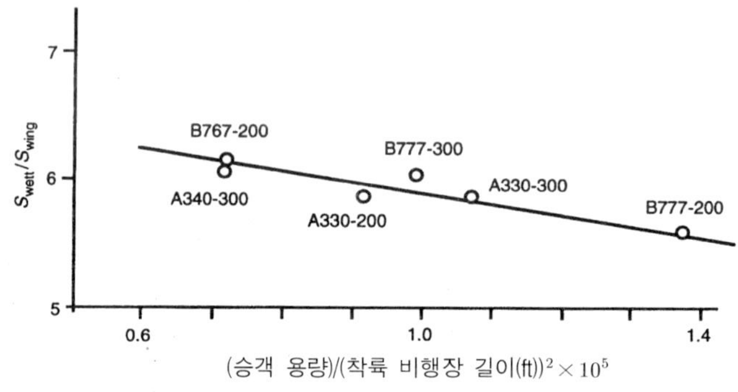

그림 11.5 현용 와이드보디 항공기의 습윤면적비

우리가 선택한 가로세로비로 순항 양항비에 대한 평가를 이제 할 수 있다. 항공기 익면하중과 추력하중을 이제 선택할 수 있다. 실제 엔진 추력과 날개 크기는 항공기 이륙 중량에 좌우된다.

11.6 이륙 중량

이륙 중량에 대한 개략적인 평가가 필요하다(제7장 참조).

$$M_{TO} = M_E + M_{PAY} + M_F = M_{PAY}/[1-(M_E/M_{TO})-(M_F/M_{TO})]$$

11.6.1 공허중량비

운용 공허중량과 $MTOM$의 비를 각각 2등급과 3등급 좌석에 대해 그림 11.6과 11.7에서 보는 바와 같은 현용 항공기로부터 얻을 수 있다.

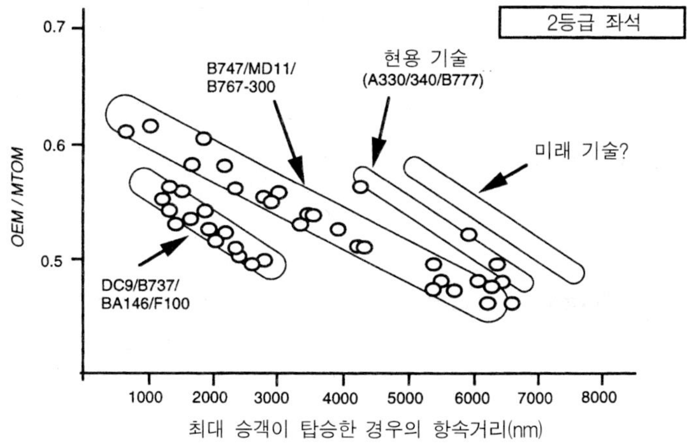

그림 11.6 항속거리(2등급 좌석)에 대한 공허중량비

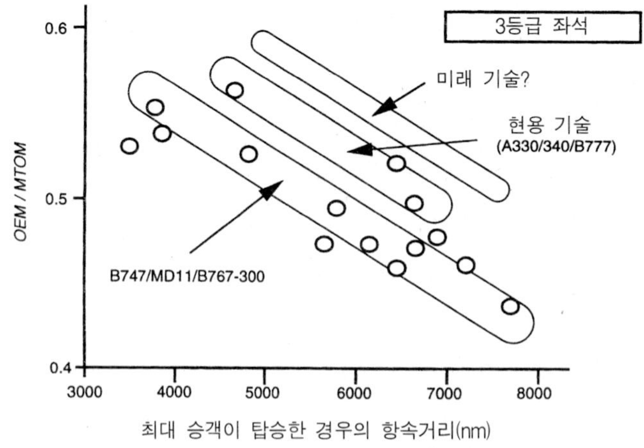

그림 11.7 항속거리(3등급 좌석)에 대한 공허중량비

이 '공허중량'비는 항공기 유형에 따라 대략 0.5~0.6에 놓이게 된다. (복합 소재와 같은) 구조상의 기술 개선을 도입하면 이 비는 감소한다. 일반적으로 항공기 구조는 이륙중량의 약 25~30%를 나타낸다. 이 데이터가 M_E/M_{TO}의 1차 추정값이 된다.

11.6.2 연료 중량

항공기 연료 중량은 설계 비행 프로파일에 지정된 예비 연료를 참작해야 한다. 이 단계에서는 비행 계획의 각 단계를 정확하게 계산하기는 불가능하다. 그러나 순항 L/D의 추정이 이루어질 수 있으며(그림 11.4), 순항 연료 요건을 점검하는데 사용할 수 있다.

주요 엔진 특징의 평가로 비연료소비율의 추정값을 얻을 수 있다. 그림 11.8과 같은 통계적 도표로 설계 항속거리를 정지 공기 항속거리로 변환할 수 있다. 이렇게 함으로써 모든 연료(예비 연료 포함)를 순항 연료로 평가할 수 있게 된다.

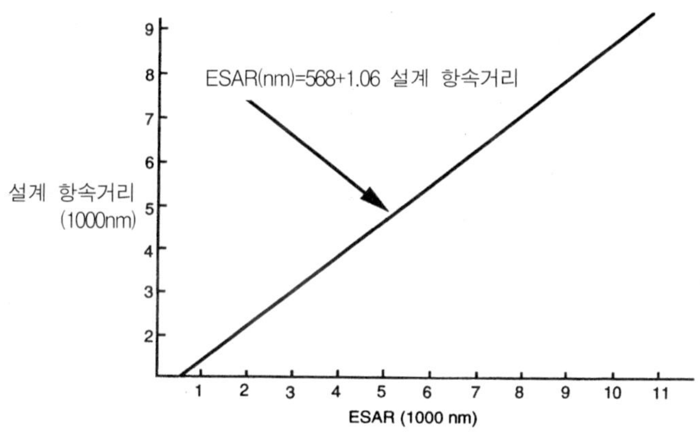

그림 11.8 등가 정지 공기 항속거리 추정

Breguet Range 식은 다음과 같이 주어진다.

$$R = (L/D) \cdot (V/SFC)\log e(M_1/M_2)$$

여기서 SFC= 순항 고리의 평평한 부분으로부터 얻은 엔진 순항 특징

M_1=이륙 중량

R=정지공기 항속거리(nm) (설계 지정 범위와 그림 11.8로부터)

$M_2 = M_1 - M_F$

연료 하중(M_F)는 다음과 같이 주어진다.

$$M_F = M_1 - M_2$$

$$M_F / MTOM = \frac{M_F}{M_1} = 1 - \frac{M_2}{M_1} = 1 - (\frac{M_1}{M_2})^{-1}$$

이제 M_E/M_{TO}와 $M_F/NTOM$에 대해 추정값을 사용할 수 있다. 초기 이륙중량을 유도하기 위해 이들을 중량식에 삽입할 수 있다.

11.6.3 초기 추정값 요약

이륙 중량, 날개 면적, 엔진 크기에 대한 개략적인 값을 이제 구하였다. 항공기 설계의 초기 추정을 하기 위해 요건에 내재한 모든 설계 기준을 고려한 다음 단계를 이제 수행할 수 있다.

어느 초기 요건이 유력하고 그러한 요건을 완화시키는 영향이 무엇인가를 보여주기 위해 사용할 방법을 고안해야 한다. 이는 승객 용량, 순항 속도 및 설계 범위를 고정한다는 전제에 기초하고 있다. 승객 용량과 순항 속도는 시장 요건으로 구하고 설계 범위는 고려중인 특수한 유형의 항공기가 작동해야 할 구역의 기하학으로 구한다. 제7장, 제8장의 중량과 항력 방법론과 함께 제10장의 성능 방법이 필요하다. 이러한 방법을 spreadsheets로 프로그램할 수 있으면 날개 면적, 엔진 크기과 이륙 중량의 변화를 쉽게 평가할 수 있다.

11.6.4 예비 추정 절차

초기 추정값을 이제 날개 면적에 대한 3가지 값, 각 날개면적에서 이륙중량에 대한 3가지 값, 엔진 크기에 대한 3가지 값을 선택할 때의 지침으로 사용할 수 있다. 이는 각 날개 면적에서 9가지 항공기 디자인을 줄 수 있다. 항력과 운용 공허중량을 날개 면적, 엔진 크기 및 이륙 중량의 각 조합에 대해 구할 수 있다. 그 다음에 항속거리는 각 조합에 대해 추정할 수 있다. 각 날개 면적에서 엔진 크기와 이륙 추력에 대한 개략적인 조합으로 필요한 설계 항속거리를 이제 구할 수 있다. 이 방법을 그림 11.9에서 도식적으로 보여주고 있으며 그림 11.10에서 같이 이륙 중량을 유도하여 설계 항속거리를 얻을 수 있다.

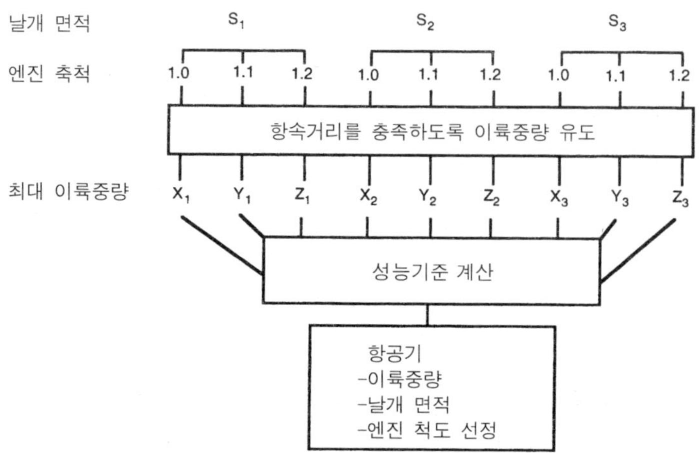

그림 11.9 매개변수 연구 계획

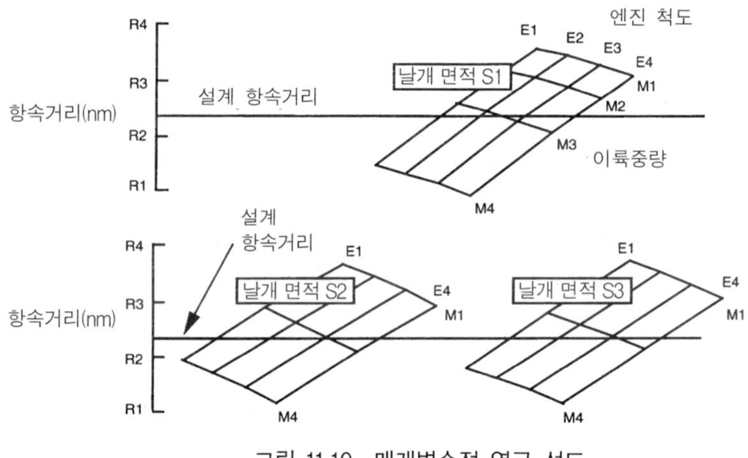

그림 11.10 매개변수적 연구 선도

위의 분석으로 그림 11.11을 작도할 수 있다. 그림 11.11은 설계 항속거리를 충족하는 이륙중량, 다른 엔진 사이즈, 날개 면적에서의 항공기의 항속거리를 보여준다.

성능 요건을 충족하는 항공기를 추론할 수 있다. 그림 11.11에 여러 가지 성능 요건을 이제 중첩하면 그림 11.12에서 보는 바와 같다.

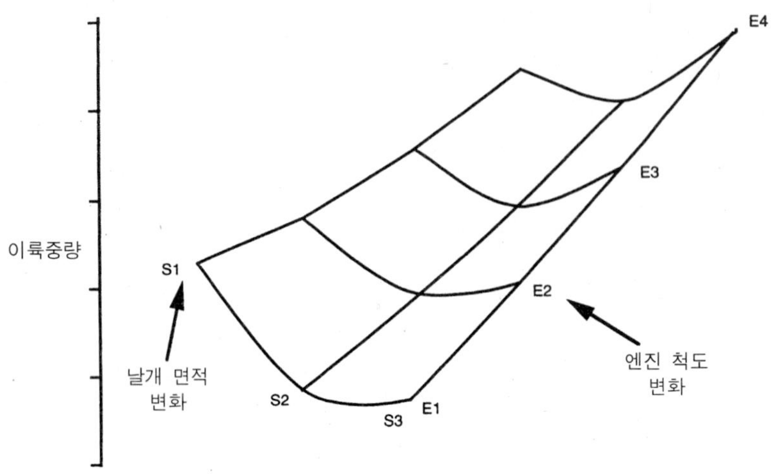

그림 11.11 MTOM 대 엔진 크기와 날개 면적

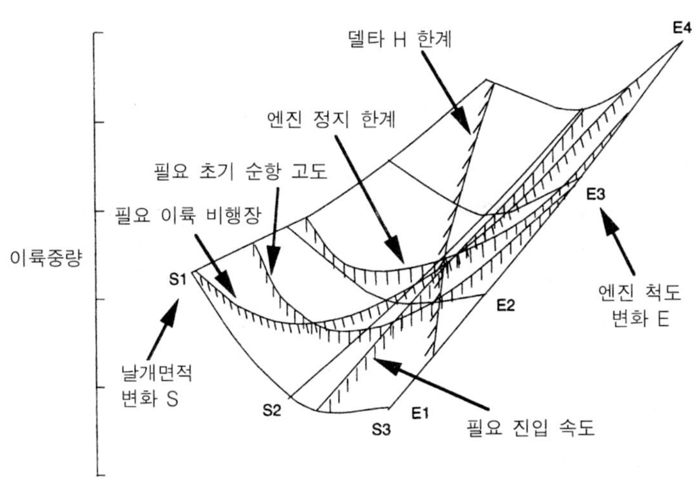

그림 11.12 MTOM 카핏 선도

11.7 예제

다음의 예를 통해 앞에서 설명한 방법을 예증하기로 하자.

11.7.1 엔진 데이터

사용되는 엔진 데이터는 그림 11.13-11.19에서 보는 바와 같다.

이러한 도표는 설치된 엔진 데이터(즉 공기 및 무동력 이륙, 흡기 압력 회복 등과 같은)를 보여주고 있다. 데이터는 81237lb(361kN)의 해수면 정적 이륙 추력을 나타내는 무차원 형태에서의 데이터이다.

11.7.2 항공기 규격

규격	
좌석 :	
2등급 형상	305인승
3등급 형상	263인승
305인승 좌석에서 항속거리	6500nm
이륙 비행장 길이(SL, ISA+15°C)	8000ft
진입 속도	EAS 145kt
순항 속도	M0.85
초기 순항 고도 능력	35000ft
최적 순항 고도 위의 최소 여유	2000ft
엔진 정지 고도	16000ft
착륙 비행장 길이	3750ft
날개 특징	
1/4 시위에서 뒤젖힘	33°
익근에서 날개 두께/시위	0.13
익단에서 날개 두께/시위	0.09
가로세로비	10.0

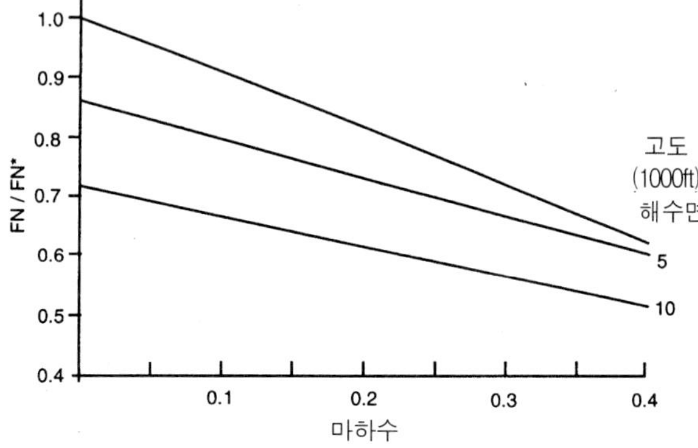

그림 11.13 엔진 성능 : 최대 이륙 추력

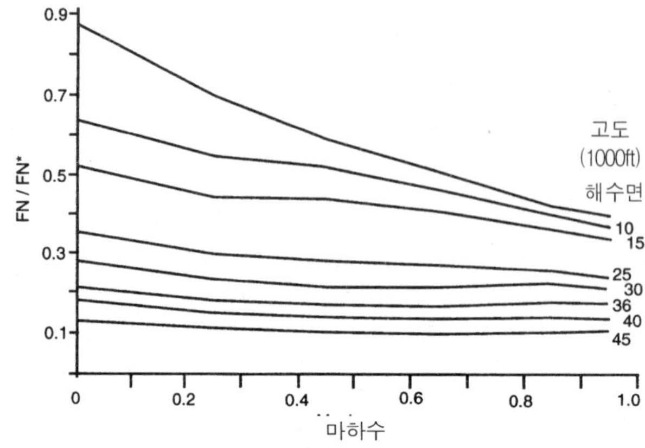

그림 11.14 엔진 성능: 최대 연속 추력

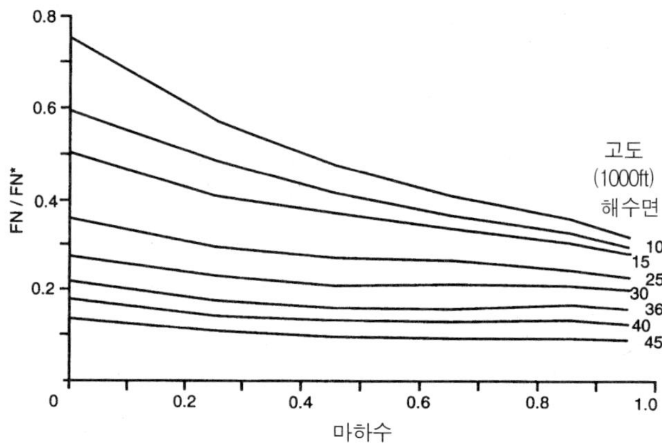

그림 11.15 엔진 성능: 최대 상승 추력

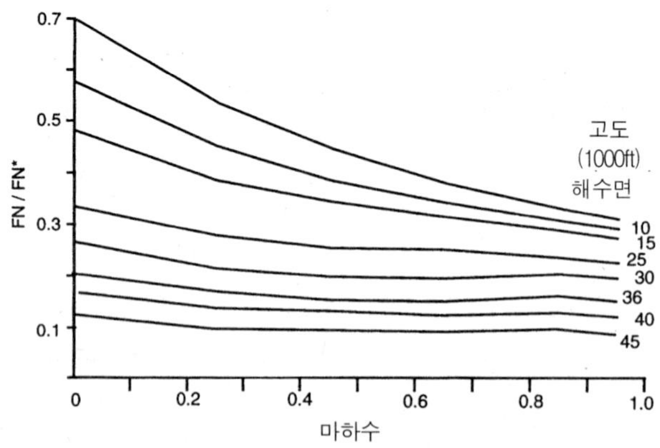

그림 11.16 엔진 성능: 최대 순항 추력

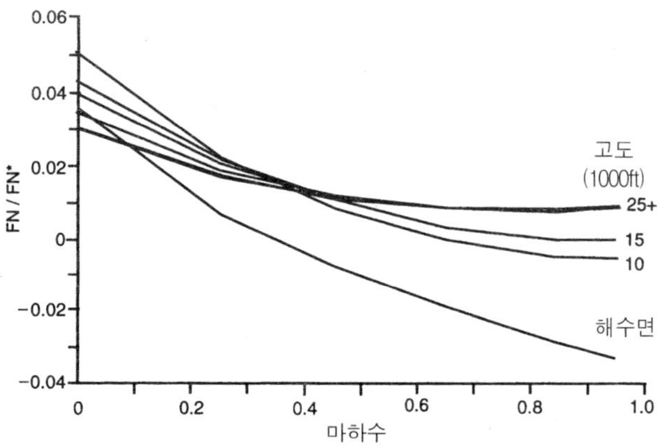

그림 11.17 엔진 성능: 강하/공전 추력

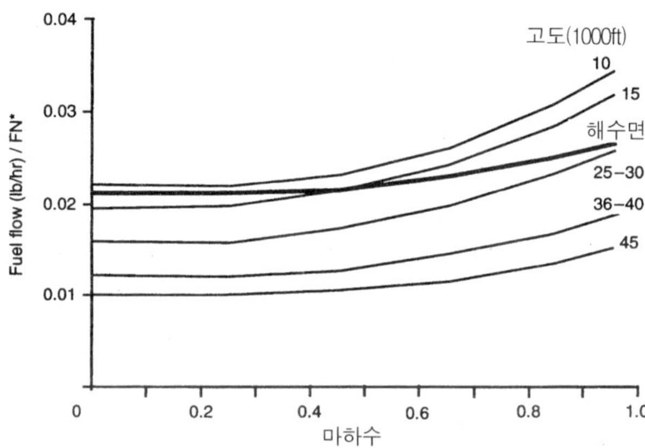

그림 11.18 엔진 성능: 강하/공전 연료 흐름

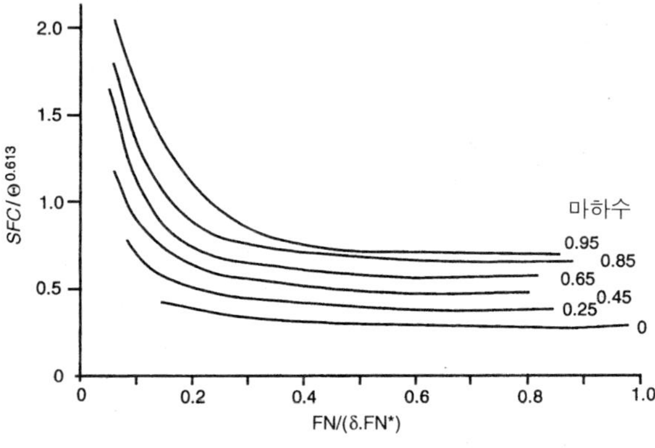

그림 11.19 엔진 성능: 무차원 SFC 고리

11.7.3 이륙 중량의 초기 추정

몇 가지 신기술을 감안하는 설계 범위에서의 이러한 등급의 항공기의 경우 $(M_{OE}/MTOM)$은 그림 11.6으로부터 약 0.53이다. 이제

$$MTOM = M_{pay} + M_{OE} + M_F$$

임을 알게 되었다.

이를 재배열하면

$$MTOM = M_{pay}[1 - M_{OE}/MTOM) - (M_F/MTOM)]^{-1}$$ 이 된다.

따라서 $M_F/MTOM = 1 - (M_1/M_2)^{-1}$ 이다.

여기서 M_1=초기 항공기 중량

M_2=최종 항공기 중량이다.

그림 11.8로부터 6500nm 설계 항속거리의 등가 정지 공기 범위는 7470nm이다. 등가 정지 공기 범위는 모든 연료를 순항에서 사용한다고 가정한다. 이제 승객 용량 (3등급)/(착륙 비행장 길이)^2=0.8×10^{-5}이다.

그림 11.5로부터 $(S_{wett}/S_{wing}) = 6.1$이고 $(AR/6.1) = 1.639$이며 $(L/D)_{cruise} = 20.$이다.

0.85 순항 마하수일 때 35000ft(10675m)에서 진대기속도는 490kt(900km/h)이다. 엔진 데이터를 보면(그림 11.9)를 보면 M=0.85에서

$$SFC/0.0615 = 0.7SFC = 0.59$$

$$(L/D) \cdot (V/SFC) = 20 \cdot 490/0.59 = 16610$$ 이다.

위의 매개변수를 항속거리 매개변수라고 한다.

위의 값을 항속거리 식에 대입하면

$$R = (L/D) \cdot (V/SFC)\log e(M_1/M_2)$$로

$$7470 = 16610\log e(M_1/M_2)$$가 된다.

이 식을 통해 $M_F/MTOM = 0.362$이 된다.

305명 승객의 유상하중은 1인당 95kg이므로 28975kg 이거나 63879lb가 된다. 따라서 이륙중량은 다음과 같이 계산할 수 있다.

$$MTOM = 63879/(1-0.53-0.362) = 591470lb(268240kg)$$

날개 면적은 최소 착륙중량(M_{land})에서의 진입 속도로 가장 쉽게 구할 수 있다. 이러한 유형의 항공기에서 $(M_{land}/MTOM) = 0.72$이다. 진입 속도=$1.3V_{stall}$일 때 $C_{L_{max}} = 2.3$이다.

진입 $C_L = 2.3/1.3^2 = 1.36$

$W = C_L \cdot q \cdot S$

익면하중은 $W/S = C_L \cdot q$

145kts에서 $q = 71.4lb/ft^2$이다.

따라서 착륙시에 $W/S = C_L \cdot q = 1.36 \times 71.4 = 97.1lb/ft^2$

이륙시에 $W/S = 97.1/0.72 = 134.8lb/ft^2$

따라서 날개 면적은

$S = 591470/134/8 = 4388ft^2 = 398m^2$이 된다.

이 계산값이 이륙중량과 날개 면적의 출발점이 된다. 추력은 얼마인가? 이 항공기의 경우 상승의 최상부가 엔진의 크기를 결정한다. 이 조건에서 $Mn = 0.85$, $(L/D) = 20$, 고도=35000ft(10675m)이다.

운용적인 이유로 인해 300ft/min(0.9m/sec)의 상승률이 필요하다.

상승의 최상부에서 중량은

$0.98 \times MTOM = 0.98 \times 591470 = 580000lb$이다.

무(영)의 상승률에서의 필요 추력은

$580000(L/D) = 580000/20 = 29000lb$

300ft/min(0.9m/sec) 상승에 대한 $F_n/W = (V_C/V) = 300/(490 \cdot 101.3)$

101.3은 kts를 ft/min으로 변환할 때의 변환상수이다. 따라서

$F_n = 3506lb$

따라서 총 필요추력은

$29000 + 3505 = 32505lb$이다.

35000ft(10675m) 고도에서 엔진 추력 체감률은 0.2이다. 항공기에는 두 개의 엔진이 있다. 그러므로 각 엔진은 $81260lb(361kN)$의 해수면 정압 추력이 필요하다.

이제 항공기와 항공기 엔진의 크기에 대한 몇 가지 아이디어를 가질 수 있다.

$MTOM$	$591500lb(268249kg)$
날개 면적	$4400ft^2(398m^2)$
엔진 추력 (해수면 정압)	$81300lb/eng'(361.7kN)$

도표로부터 기준이 되는 엔진은 $81237lb(361kN)$의 추력을 갖는다. 위의 추정으로 우리의 설계 절차의 출발점이 되는 날개 면적과 엔진 축척을 선택할 수 있게 된다.

11.7.4 설계 절차

이 예의 목적상 다음과 같은 설계점을 선택하였다.

날개 면적(ft^2)	4000	5000	6000	
엔진 척도	0.9	1.0	1.1	1.2

· 날개

날개 기하학은 다음에 기초하고 있다.

$AR = 10.0$
1/4 시위에서 뒤젖힘=33°
익근에서 $t/c = 0.13$
익단에서 $t/c = 0.09$

· 동체

동체는 최근 항공기 프로젝트 조사에 기초하고 있다. 다음과 같은 치수를 갖는 두 통로를 갖는 동체를 선택하였다.

동체 지름=$20.33ft$
동체 길이=$206ft$

11.7.5 예비 설계 절차-결과

항력과 중량 정보는 각각 그림 11.20과 그림 11.21로부터 유도할 수 있다.

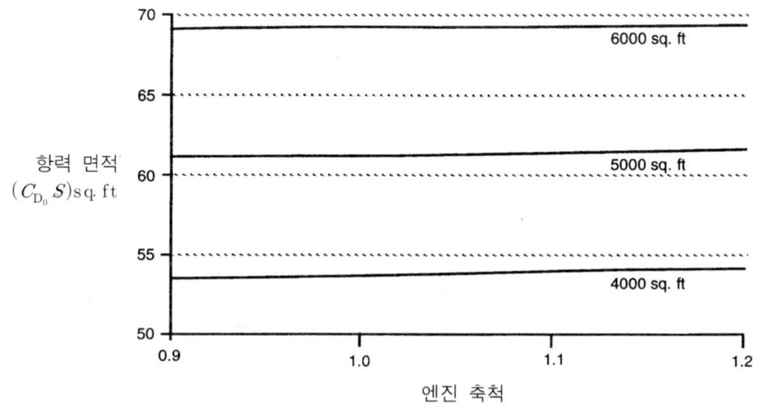

그림 11.20 형상+조파 항력 대 엔진 척도

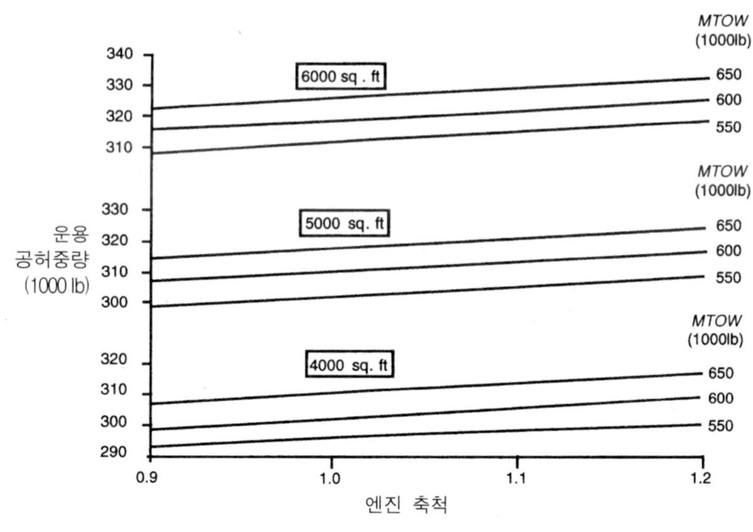

그림 11.21 운용 공허중량 대 엔진 척도

형상 항력과 조파 항력을 더한 항력 데이터는 양력계수가 0.5인 경우에서 보여주고 있다. 실제로 항력은 다른 양력계수를 조정하는데 필요하다. 부가하여 양력 의존 항력을 더할 필요가 있으며 이 예에서 Oswald 효율계수를 0.86으로 가정하였다. 이 항력과 중량 데이터를 엔진 데이터와 함께 결합하면 그림 11.22가 된다. 우리의 설계 항속거리인 6500nm에서 그림

11.23은 그림 11.22로부터 유도할 수 있다.

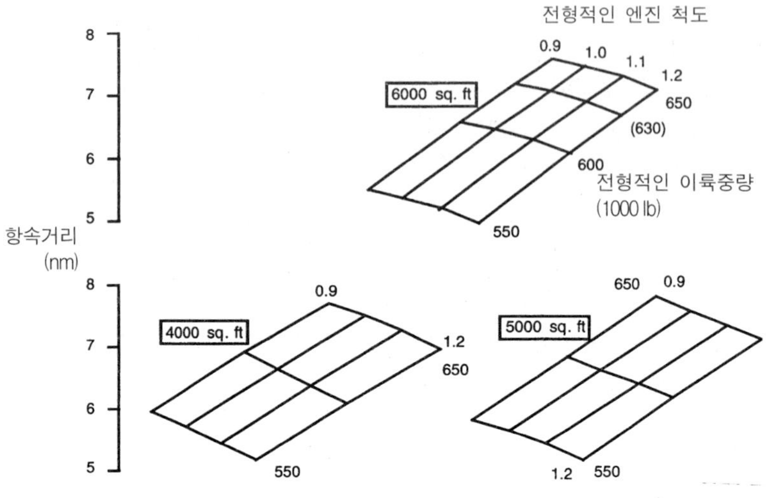

그림 11.22 매개변수 선도

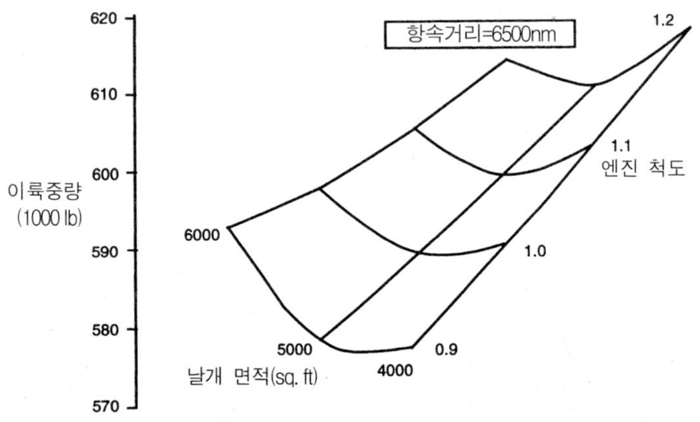

그림 11.23 MTOM 카펫 선도

이 그림은 항속거리 기준을 충족하는 엔진 척도, 날개 면적 및 이륙중량의 여러 가지 조합을 제공하고 있다. 성능 기준을 이제 충족해야 한다. 그림 11.24-11.28은 성능 기준이 이륙 중량, 엔진 축척 및 날개 면적의 다양한 조합에서 어떻게 변하는가를 보여주고 있다.

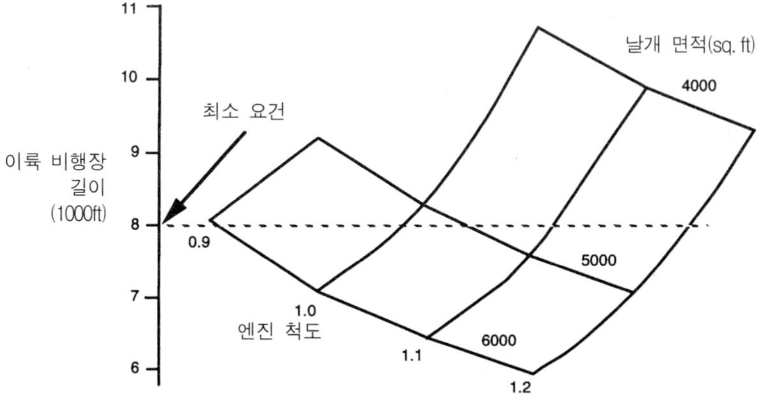

그림 11.24 이륙 성능 카펫 선도

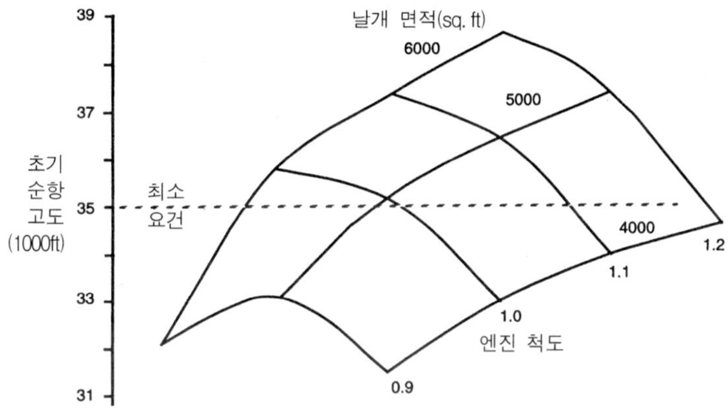

그림 11.25 초기 순항 고도 카펫 선도

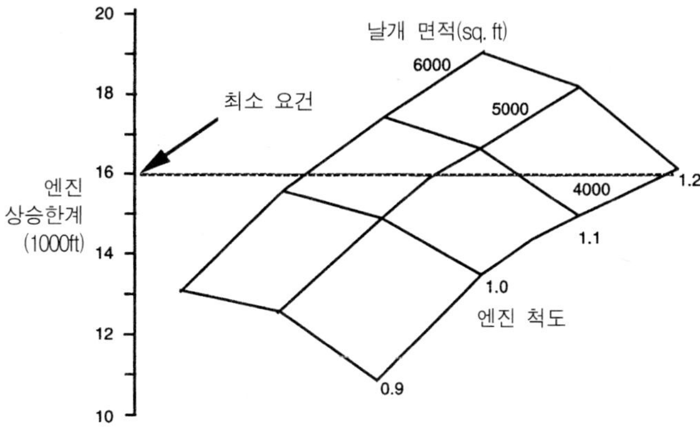

그림 11.26 엔진 정지 상승한계 카펫 선도

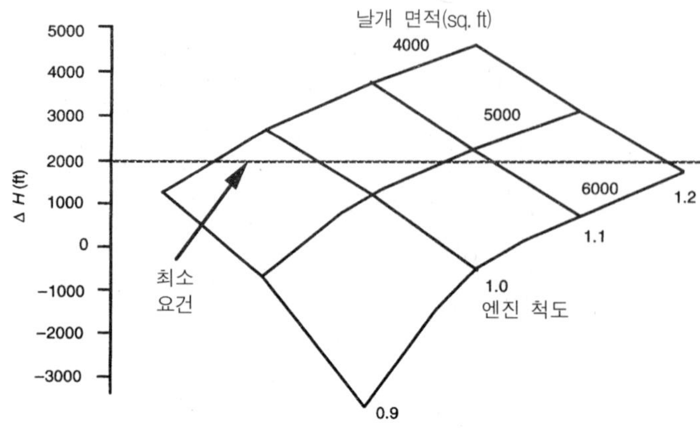

그림 11.27 고도 여유(ΔH) 카펫 선도

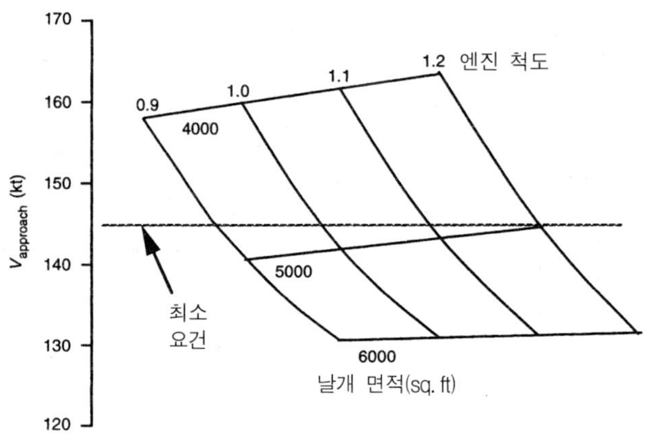

그림 11.28 진입 속도 카펫 선도

이전의 각 선도에서 본 바와 같이, 선택된(혹은 지정된) 최소 성능 기준을 그림 11.23에 중첩하면 그림 11.29가 만들어진다.

이 예에서 설계점(엔진 척도와 날개 면적의 견지에서 본)은 조합된 규격을 충족하는 최소 이륙 중량을 주도록 선택되었다. 설계 과정의 이 단계에서 선택한 최소 이륙 중량은 합리적인 전체 설계 기준을 나타낸다. 그러나 최소 연료 연소 혹은 최소 직접 운용비용과 같은 다른 기준을 사용할 수 있거나, 이들이 보다 적절한 것으로 생각할 때 다른 기준을 사용할 수 있다.

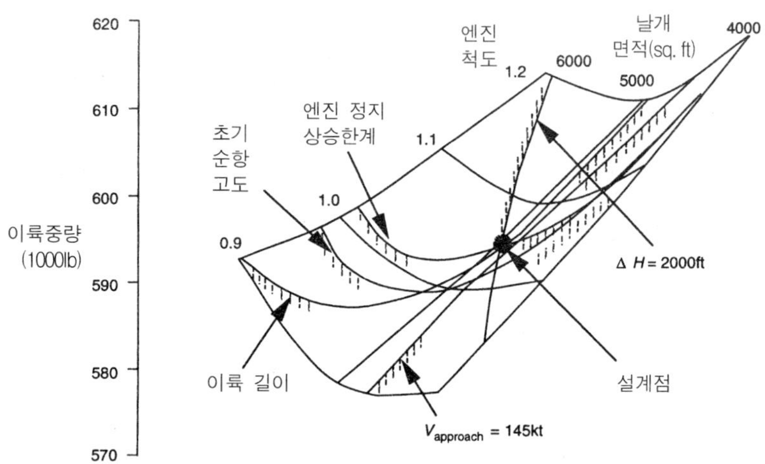

그림 11.29 설계 구속요건을 보여주는 이륙 중량 카펫 선도

예비 디자인을 이제 원래의 근사값(표 11.1)과 비교할 수 있다.

표 11.1 초기 근사값과 새로운 설계 값의 비교

	예비 디자인	근사값
이륙중량(lb)	595290	591500
날개 면적(ft^2)	4950	4400
엔진 추력(lb)	87580	81300

요건의 새로운 값에서 도표의 데이터를 읽고 설계 도표상에 중첩하여 성능 혹은 규격에 대한 변화를 쉽게 검사할 수 있다.

처음에 날개 가로세로비를 선택하는 것은 유사한 규격을 갖는 현용 항공기에 기초한다. 이러한 원래 가정의 유효성을 확정하는 유일한 방법은 가로세로비의 범위에 대해 분석을 반복하는 것이다.

지금까지 엔진 크기와 날개 면적을 변수로 가정하였다. 그러나 항공기 디자이너는 종종 고정된 엔진을 선택하여 제시한다. 우리의 예에서 엔진 척도는 1이다. 이 엔진 크기에서 엔진이 정지된 높이(상승한계) 요건은 다른 요건과 일치하지 않는다. 이는 디자이너가 요건을 더욱 더 일치하도록 엔진 회사에게 최대 연속 동력을 증가시키도록 제의하는 것을 시사한다. 대안으로, 디자이너가 엔진이 정지되었을 때 상승한계 고도에 대한 수정을 하여 항공기 규격을 정하는데 책임을 지도록 제의할 수 있다.

고정된 크기의 엔진인 경우에 두 가지 변수로서 가로세로비와 날개 면적을 사용하여 그림 11.29와 유사한 설계 도표를 만들 수 있다.

MTOM과 항공기 가격/운용비용의 직접적인 관계가 존재한다는 기초에서 최적의 기준으로서 이륙 중량을 사용하였다. 제12장에서 기술한 방법을 사용하고 항공기 설계 사례 연구를 통해서 항공기 가격 혹은 운용비용이 MTOM 대신으로 사용할 수 있다.

Chapter 12 Aircraft Design

항공기 비용 추정

- 항공기 디자인 결정은 항공기의 최초 비용과 운용 지출(비용)에 중요한 영향을 끼친다. 그러므로 항공기 제조업자의 비용 관련사항과 운용을 이해하는 것이 중요하고 항공기 형상과 성능을 결정할 때 이러한 것들을 고려해야 한다.
- 비용 측면의 고려는 프로젝트의 전반적인 비용에 영향을 주는 기본적인 결정으로서 항공기 프로젝트의 예비설계 단계에서 특히 중요하다. 그러한 결정은 기본 항공기의 제조 및 시설 비용에 영향을 주며 항공사의 일상 구조에서 항공기를 운용하는 데 수반되는 비용에 영향을 준다. 그러므로 현명한 디자인 결정을 하기 위해 경쟁 항공기를 비교할 때 고객이 사용하는 비용 추정법을 이해하는 것이 긴요하다.
- 이 장은 항공기 운용비용을 추정하는 방법을 소개한다. 이러한 방법들은 다른 항공기 형상 간에 비교가 이루어지고 모든 항공기 매개변수에 대한 최상의 값을 평가하는 예비 프로젝트 단계에서 사용된다.
- 간접비용(항공기 매개변수와 직접적으로 관련되지 않는 비용으로 예를 들어 마케팅과 판매 비용과 관련된 비용)은 간단히 살펴보고 비용 추정법이 항공기 설계 과정에서 구체화될 수 있도록 직접 비용을 충분히 살펴보기로 하자. 주요한 비용 기능을 기술하고 전형적인 값을 제공한다.
- 이 장은 학생들이 프로젝트 과업에서 사용되는 표본 계산과 약간의 기준 데이터로 결론지었다.
- 이 장을 학습한 후에 여러분은 비용 추정의 주요 특징을 이해하고 계획하는 항공기 디자인에 대해 직접 운용비용(DOC)을 예측할 수 있어야 한다.

12.1 서론

항공기 설계에서 판단해야 할 주요 비용 기준은 회사로의 투자 수익률이다. 이 매개변수를 사용하는데 있어 어려움은 항공기 제조와 운용의 본질상 고유의 가변성과 관련된 실질적인 초기 투자(항공기 판매를 통한 수익이 유입되기 이전의)에 있다. 회복 비용의 지연은 생산 초기 년도에 부정적인 비용 흐름을 가져오게 된다. 이 시기에 고객(항공사)은 제조업자에게 약간만 지불하게 되고 항공기 생산 일정에서 하나의 위치를 확보하게 된다. 이를 선택권이라고 한다. 몇 년 전 MD사에서 수행한 150인승 지역 항공기 프로젝트 설계 연구로부터 현금 흐름을 예측한 결과는 **그림 12.1**과 같으며 또한 개발된 현존 민간 항공기와 군용 프로젝트의 현금 흐름 이력을 보여주고 있다.

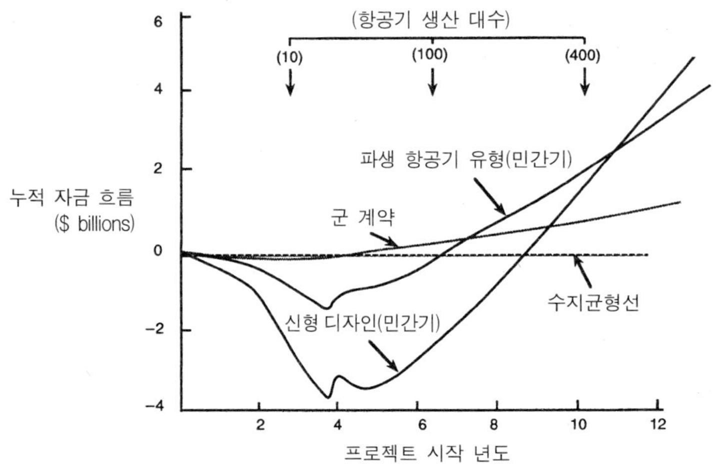

그림 12.1 150인 승 항공기의 프로젝트 자금 흐름(출처: AIAA-86-2667)

투자 수익률(ROI)에서 측정한 '회수율(return)'은 투자 대부금의 기간과 조건에 의존하며 항공기 기술 및 운용 성능에만 의존하는 것이 아니다. 그럼에도 불구하고 프로젝트의 전반적인 재무 균형 자료지는 외부에서 자금을 조달하는 프로젝트의 투자자에게 충분한 자신감을 제공해야 한다. 투자자가 갖는 자신감의 정도는 많은 요소에 의해 조정된다. 그러한 요소에는 경쟁 디자인과 비교할 때 항공기 성능에 대한 기술적인 분석과 항공기 전체 세계 시장에 대한 기대가 포함된다. 설계 팀은 그러한 분석이 제공되는 것을 기대하고 있다.

프로젝트의 재정적인 성공을 평가하는데 있어 주요한 어려움은 항공기 설계 및 개발과 관련된 장기간의 시간척도이다. 재정적인 실행 가능성에 영향을 주는 요소는 종종 전형적인 항공기 개발과 관련한 것보다 짧은 시간 주기에 걸쳐 고려된다. 이러한 환경 내에서 새로운 프

로젝트의 경우 자금을 구하기가 어려운 것은 결코 놀라울 일이 아니다. 그렇게 마지못해 투자를 하기 때문에 항공기 프로젝트에 국가가 말려들게 된다. 이렇게 되면 정치적인 이슈를 고려해야 하기 때문에 순수한 재정적인 분석은 더욱 더 복잡하게 된다.

비록 항공기 제조업자는 사업상 기술 진보를 활용해야 하지만 위에서 언급한 재정적인 제약요소로 인해 새로운 디자인 개발에서 다소 보수적이 된다. 혁명적인 기술 혁신이 기술적/운용적인 어려움에 빠지면 회사는 파멸하게 된다. 항공기 제조업자들이 생산을 허락하기 전에 새로운 방법에 자신감을 부여하는데 상당한 기술적인 노력이 필요하다.

설계 기준으로서 ROI를 사용하는 것이 어려우므로 수명주기(순기) 비용 분석을 채택하게 되었다. 이는 운용 수명에 걸쳐 항공기를 구매, 운용 및 지원하는 것과 관련된 모든 비용 요소의 합과 관련된다. 비록 이 매개변수는 군용 및 민간 프로젝트에서 사용할 수 있지만 각 부문에서 전체 비용 식에 대한 성분이 다르다. 민간 항공기의 경우 많은 데이터가 과거의 항공기와 운용에서 사용되며 이들이 그러한 분석의 기본이 된다.

각 항공사는 그들의 특수한 운용 유형, 비행 패턴, 전 항공기 및 재무 절차와 관련한 운용 비용을 추정하는 고유의 방법을 개발하였다. 항공기 제조업자는 다른 항공기와 경쟁할 때 잠재적인 고객 항공사의 특수 비용법으로 계획한 항공기를 제시해야 한다. 이들 방법은 다른 운용자 간에 매우 다르므로 설계 팀은 비용 분석에서 특히 초기 설계 단계에서 표준화된 방법을 사용하는 것이 필요하다. 그러한 방법은 기본적인 운용 및 설계 매개변수의 값을 선택하는데 있어 지침을 제공하는데 사용된다.

다른 비용법으로 항공기 설계를 합리화하는 것이 어려우므로 선택이 이루어진다. 어느 방법을 선택하건 간에 다른 디자인 간에 상대적인 비용 편차를 보여주는 경우에만 사용할 수 있다. 다른 운용 경험에 걸쳐 이들 비용이 너무 다르므로 이러한 방법은 실제 비용을 예측할 수 없다.

여러 가지 표준화된 방법이 사용되지만 이들 모두는 'Standard Method of Estimating Comparative Direct Operating Costs of Turbine Powered Transport Airplanes'(ATAA, Dec, 1967)에 기초하고 있다. 대부분의 표준 비용법은 단지 항공기의 직접 운용비용만을 추정한다. 소유 및 운용 항공기의 전체 비용은 간접 운용비용과 직접 운용비용의 합이다. 비록 두 비용은 고려중인 항공기 유형에 영향을 주지만 두 비용 성분을 별도로 고려하는 것이 관례이다.

인플레이션을 일으키는 경제적인 풍토에서 비용에 대한 값은 고도로 시간에 의존한다. 그러므로 전체 운용비용을 상승시키는 여러 가지 요소에 대해 현재의 비용을 고정하는 몇 가지 노력을 해야 한다. 대안으로, 발간 이후의 변화를 고려하기 위해 옛 가격을 계산에 넣어야 한다. 이와 같이 계산에 넣어야 할 때에는 인플레이션 지수를 사용해야 한다. 전통적으로 그러한 지수는 결정하기 어렵지만 절대비용을 예측하는 것보다 덜 중요한 정확한 지수를 평가하는 상대비용을 추정하는 경우에만 항공기 디자인에서 사용된 비용방법을 사용한다. 비교 값은 그러나 '날짜에 민감해야 하고' 출판된 데이터는 언급한 비용의 년도를 보여주어야 한다. 미국 항공사의 경우 비용 정보를 주정부에 제출해야 하며, 이를 대조하여 매년 'Aircraft Operating Costs and Performance Report' CAB Report로 발간하고 있다. 이러한 보고서는 비용 갱신 정보원으로 유용하다. 비록 프로젝트 연구에서는 상대 비용만을 고려하지만 개별적인 변수의 영향이 비용 식에 정확하게 표현할 수 있도록 주의해야 한다.

12.2 간접 운용비용(IOC)

간접 운용비용(IOC)의 추정법은 특수한 항공기 유형이나 특수한 운용에 대한 비행 비용에 직접적으로 기여하지 않는 그러한 비용을 다룬다. IOC는 다음과 같은 비용의 일부나 모두가 포함된다.

- 시설 구매 비용 및 시설 감가상각
- 시설 임대 비용
- 시설 정비(보수) 비용
- 지상 장비 감각상각
- 지상 장비 정비(보수) 비용
- 정비 일반 비용(간접비)
- 본부 일반비용(간접비)
- 행정 및 기술 서비스
- 광고, 판촉 및 판매 비용
- 공공관계(PR) 비용
- 예약, 티켓 판매 및 수수료
- 훈련 비용

특수 항공사의 경우 위에서 언급한 매개변수를 분류할 수 있도록 하기 위해서 미국의 민간항공국(CAB)에서는 미국 항공사에게 항공기 및 교통 서비스, 판촉 및 판매, 승객 서비스, 일반 및 행정 일반 비용, 지상 자산 및 장비 정비 및 감각상각 비용이라는 제목 내에서 관련되는 간접비용을 보고하도록 요청하고 있다.

간접 운용비용은 확실히 운용 유형 및 항공회사의 활동에 따라 광범위하게 다르다. 이러한 비용을 추정하는 표준 방법(예를 들어 Boeing사의 Operating Cost Ground Rules')이 사용되고 항공사의 실제 비용에 대한 데이터가 발간되고 있다. 예를 들어 미국의 CAB에서는 'Flight International and Aviation Week annual review'와 같은 잡지에서 통계와 데이터를 정기적으로 발간하고 있다. 비록 항공기 디자인은 새로운 정비 시설이 필요하다거나 기술 진보를 위해 새로운 기술을 도입한다거나 하는 이유로 간접비용에 현저한 영향을 줄 수 있지만 이들 상호관계의 정확한 비용을 정량화하기가 어렵다. 항공사 관리와 운용 측면이 간접비용에서 주요한 요소이며 이들은 항공기 디자이너의 통제 범위 밖에 있다. 그러므로 항공기 설계 매개변수의 선택에서 간접비용의 영향은 보통 무시한다. 경쟁 항공기의 직접 운용비용에서의 편차와 항공사가 한정되기 때문에 IOC의 영향은 훨씬 더 중요하게 되며 항공기 판매 팀은 이들의 제품이 경쟁 제품에 비해 장점을 가지고 있다는 것을 보여주기 위해 간접비용의 감소를 판매 전략으로 이용하고 있다.

간접 운용비용은 중요하다. 이들은 총 운용비용의 15~50%이다. 즉 최대로 직접 운용비용과 동일한 비용이다.

12.3 직접 운용비용(DOC)

DOC의 범주 하에서 비행 및 직접 정비와 관련된 모든 비용을 고려해야 한다. 그림 12.2는 이들 비용의 전형적인 성분을 보여주고 있다.

일부 표준 DOC 방법에서는 그림 12.2에서 보여준 요소 모두를 포함하지 않는다. 비용 성분은 크게 다음과 같은 4가지 제목 하에서 생각할 수 있다.

- 불변(고정) 비용
- 비행 비용
- 정비 비용
- 비용 매개변수

12.3.1 불변(고정) 비용

이들은 항공기 비행에는 직접적으로 연계되지 않는 비용 부분이지만 비행에 대한 비용으로 간주되는 비용을 말한다. 중요도의 순으로 그러한 비용들은

1. 자본 투자의 감가상각
2. 사용 자본의 이자 비용
3. 항공기 보험

등이 포함된다.

감각상각과 이자 비용은 보통 하나의 항목으로 인용되며 '소유권' 비용이라고 한다. 2, 3 항목은 감각상각 비용에 비해 작은 성분이므로 일부 비용법에서는 무시하지만 이들 비용을 제일 먼저 살펴보기로 하자.

(1) 보험 비용

보험 비용은 다음과 같은 손실과 관련된 위험과 손해배상 가능성과 관련된다. 감항당국은 안전 표준의 준수를 감독한다. 그러므로 사고의 위험을 잘 확정해야 한다. 보험회사의 경우 사고 위험은 전체 항공기 시스템의 고장 가능성과 직접적으로 관련되어 있으므로 관련된 기술적 위험을 추정하기가 비교적 용이하다. 위의 이와 같은 기본적인 위험은 테러행위와 같이 비기술적인 요인의 발생으로 항공기가 손상될 가능성과 그에 따라 인명에 대한 손해배상 가능성이다. 그러한 위험은 종종 문제의 순간적인 본질로 인해 미리 구할 수 없다. 보험회사는 그러므로 운용의 본질과 항공사의 안전 수준과 관련하여 그들의 요율이 다르다. 항공기 보험의 연간 보험금(할증금)은 항공기 가격의 1-3% 사이로 다르다. 보험을 비용법에서 포함하는 경우 1.5%의 값을 고려하는 것이 전형적이다.

(2) 이자 비용

이자 비용은 은행과 정부당국이 다른 고객마다 다양한 요율을 부과하기 때문에 일반적인 분석에서 정량화하기가 불가능하다. 그러한 비용은 세계 경제 환경, 국지 환율 비율, 구매자의 신용 지위 및 항공사 혹은 제조업자가 속한 주정부가 주어지는 수출 장려금 등에 따라 다르다. 제조업자와 항공사의 두 거래 상대에서 이루어지는 '차감계산(벌충)'협정에 따라 추가적인 복잡함이 야기될 수 있다. 이런 모든 이유로 인해 이들 요소의 대부분이 항공기 제조업자의 영향 밖이므로 많은 비용 추정법에서는 이러한 비용 성분을 무시하지만 사업 계획에서 이자 비용을 포함하는 것이 필요하다. 현재 국가적 토대에서 이율을 결정하고 그러한 분석에서 사용해야 한다.

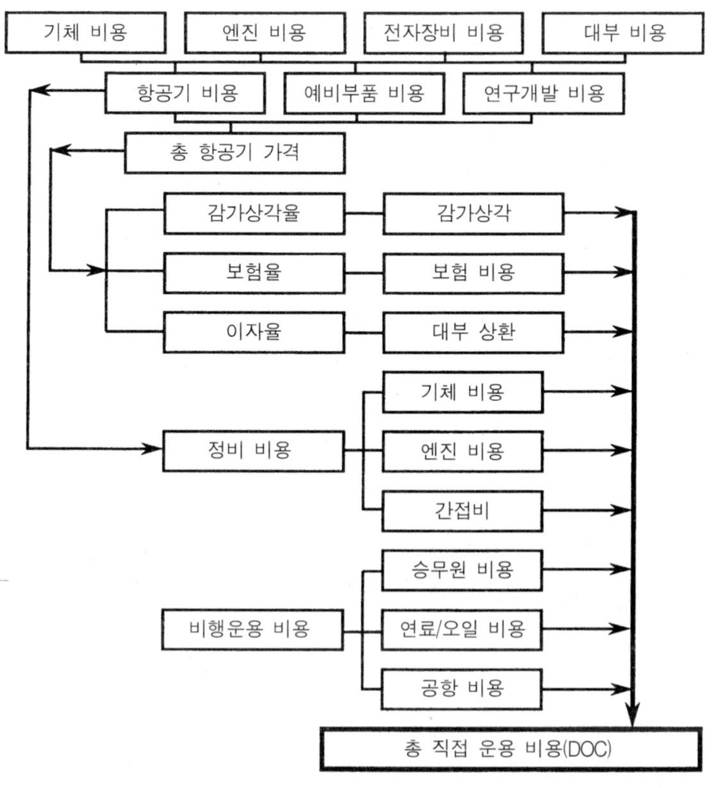

그림 12.2 직접 운용비용 성분

(3) 감가상각

감가상각은 관련 자본, 항공사 구매 정책, 재정 대부 회사의 회계 관행, 자본 경쟁 및 항공기 구매 시점의 전체 세계 경제 조건과 같은 많은 요소에 좌우된다. 항공기는 언제나 전 생애를 통해 완전한 감항 조건으로 정비되어야 하므로 항공기는 판매할 때 식별 가능한 가치(가격)를 가져야 한다. 임의의 자본 항목과 마찬가지로 나머지 가치(가격)는 항공기가 노후화됨에 따라 감소된다. 감가상각 기간은 항공사의 회계 정책과 항공기가 취항할 것으로 예상되는 경로 개발 등에 좌우된다. 전형적으로 항공기는 15~20년 후의 항공기 사용 수명의 끝에 영(0)의 잔류 가치(가격)를 갖는 것으로 생각할 수 있다. 민간 항공기 설계 방법에서 성숙 기술에 도달하면 항공기의 사용 수명은 점차 20~30년으로 연장된다. 감가상각 기간의 선택과 잔류 가치(가격)의 추정이 구매 항공사에 의해 이루어진다. 예를 들어 12년 후에 감각상각은 잔류 가치(가격)의 15%로 생각할 수 있다.

감가상각을 평가할 때 주요 매개변수는 항공기의 전체 가격이다. 감가상각의 평가에서 사용되는 초기 항공기 가격은 예비부품 유지에 필요한 자본 허용치(공차)(전형적으로 항공기 초기 가격의 15%에 해당되는)를 포함해야 한다. 그러므로

항공기 초기 가격=항공기 고장 비용+예비부품 비용

매년 감가상각되는 항공기의 최초 비용의 백분율은 다음과 같이 구할 수 있다.

[초기 가격-잔류 값)/초기 가격]/(감가상각 기간/100)

예를 들어 12년 후에 감각상각을 잔류값의 15%라고 했을 경우에는 식은

[(P-0.15P)/P]/[12/100]=7.08%가 된다.

여기서 P=항공기 제조업자 가격(기체, 엔진, 시스템 및 온라인 장비 가격 포함)이다.

항공기 가격의 추정은 예를 들어 시장 조건, 경쟁, 정책, 절충 무역 협정, 제조상의 국가간 합작 등 많은 비 공학(기술)적인 요소로 인해 복잡하다. '비행기의 가격은 수송체의 설계 및 생산과 거의 직접적인 관계가 없다. 그럼에도 불구하고 항공기의 가격은 제조업자에게는 합리적인 투자수익률을 줄 수 있을 만큼 충분히 높고 운용자에게는 적절한 구매 투자수익률을 줄 수 있을 만큼 충분히 낮다'고 한 대형 항공기 제조업자 회장의 말은 시사하는 바가 크다.

이러한 과정의 냉소적인 견해는 항공기(및 엔진)의 초기 가격은 고객이 지불하는 가격에서 정해지며 기술적인 제조 요소와는 관련되지 않는다는 것을 기술하고 있다. 이는 정확한 사실은 아니지만 신형 항공기 유형의 초기 판매 가격은 보통 제조업자가 시장에 진출할 수 있을 만큼 낮게 정하는 것으로 알려져 있다. 또한 항공기 유형이 구식일 때 제조업자는 이 항공기의 개발 비용을 회수했다는 전제하에 경쟁 신형 항공기에 비해 낮은 가격을 매긴다. 항공사는 기체와 엔진을 별도의 계약으로 구매하게 되며 다른 공급업체로부터 각각에 대해 최상의 가격으로 거래를 한다. 항공기(기체+엔진)의 가격은 항공 관련 출판물에서 매년 개관할 수 있다. 이들 데이터는 항공기에 대한 현재 시장 가격을 확인지만 항공기의 제조비용을 확인하는 것은 아니다. 그러나 이러한 데이터는 프로젝트 설계 단계에서 항공기의 가격을 구하는데 사용할 수 있다(그림 12.3 참조).

항공기 시장 가격과 관련한 요소의 불확실성과 복잡성으로 인해 항공기 운용 공허중량(OEM)당 항공기 가격의 가변성은 그리 놀랄만한 일이 아니다. 그렇게 엉성한 선도는 망라된 항공기 크기의 범위가 너무 광범위하기 때문에 특수 항공기 분석에서는 사용하지 말아야 한다. 고려중인 항공기 크기를 중심으로 보다 상세한 분석을 해야 한다. 항공기 가격을 결정하는데 OEM 이외의 최대 이륙 중량, 항공기 속도, 승객의 수 등과 같이 다른 항공기 매개변수를 사용하는 것을 찬성하는 것에 대해 강력한 논쟁이 존재한다. 각 설계 연구는 어느 매

개변수가 가장 적절한지에 대해 고려해야 한다.

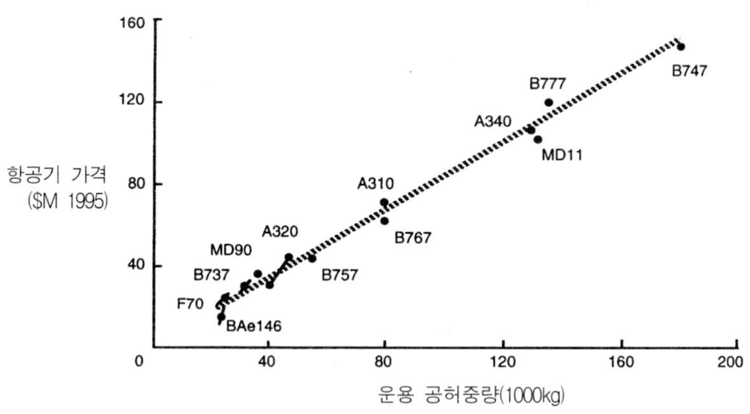

그림 12.3 항공기 구매 비용 대 OEM(운용 공허중량)(출처: Avmark Data)

항공기 가격 정보를 얻는데 사용되는 여러 가지 자료출처가 있다. 예를 들어 Avmark Aviation Economist에서 제공하는 데이터베이스로 제트 여객기의 값을 얻는데 사용된다. 이러한 것들을 특수 디자인의 데이터베이스를 구축하는데 사용해야 한다. 인플레이션과 통화의 평가절하를 고려하여 가격을 평균화하기 위해 가격 데이터를 사용할 때에는 주의를 기울여야 한다. 일부 비용 평가법에서 항공기를 구매하는 대신에 임대를 하도록 하는 선택권이 있다.

형상과 시스템 항목으로부터 항공기 제조 비용을 구하는데 사용되는 여러 가지 방법이 있다(예를 들어 J Burns, SAWE Paper No 2228, 1994). 총 비용을 (디자인의 복잡성의 함수인) 설계 비용, (생산되는 항공기 수와 무관한 비반복 비용)인 개발 일반 비용, (생산되는 항공기 수, 디자인의 복잡도와 합동 제조회사의 수와 직접적으로 관련되는) 제조비용의 합으로써 고려해야 한다. 설계 및 일반 비용은 설계 및 생산 주기의 1차년도에 발생한다. 초기에 이러한 비용은 판매 비용의 커다란 성분이 되지만 디자인이 성숙되고 판매가 증가하면 설계 및 개발 비용은 상환되고 궁극적으로 판매 가격에서 비교적 작은 요소가 된다. 일정한 생산 규모에서 (초기 생산 비용의 일부는 개발 비용으로 간주되므로) 제조비용은 낮게 출발하지만 일정한 값으로 재빨리 안정화된다. 각 비용의 자본 요건은 항공기 유형, 디자인의 복잡도와 제조 방법에 좌우된다. 신규 항공기 디자인은 파생 항공기보다 더 많은 설계 및 개발 자본을 필요로 한다. 앞에서 살펴 본 150인승 국지 제트기에 대한 MD 연구를 통해 신규 및 파생 항공기의 추정 총 프로그램 비용은 그림 12.4에서 보는 바와 같다.

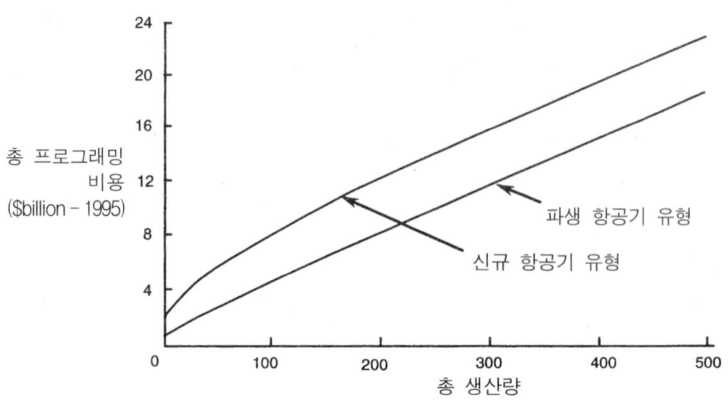

그림 12.4 총 프로그램 비용(출처: AIAA-86-2667)

일반 비용은 충분한 수의 항공기를 생산하고 판매하는 경우에는 총 비용의 작은 부분으로 생각할 수 있다. 설계, 개발 및 제조비용과 관련한 총 비용을 생산 대수로 나누면 단위 비용이 되며 이는 그림 12.5에서와 같다.

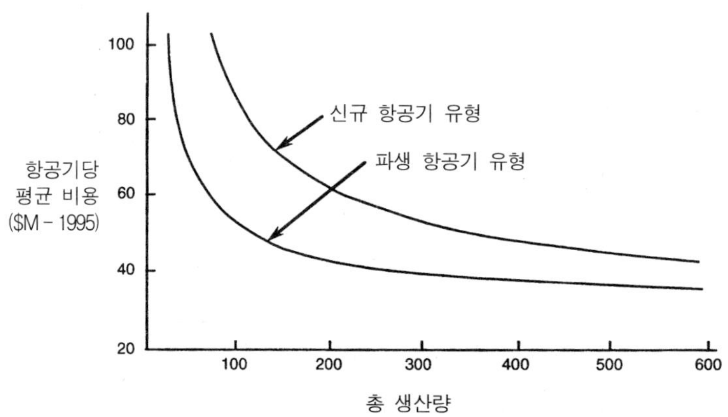

그림 12.5 항공기 가격에서 생산량의 효과(출처: AIAA-86-2667)

이 분석으로부터 디자인의 생산 수명의 끝에서 평가하는 생산된 각 항공기의 평균 비용을 구한다. 제조업자의 문제는 이들이 얼마나 많은 항공기를 생산하게 될지를 프로제트 초기에 모르므로 평균 가격 연구를 초기 항공기 가격을 고정하는 기본으로 사용하지 않는다는 점이다. 신규 항공기 판매를 위한 일정 가격을 정하고(그림에서 $57M, $50M) 수지균형 생산량을 예측한다(즉 신규 및 파생의 경우 250과 350 대). 한 항공기 제조회사 회장은 항공기 유형의 수지균형 생산 가격은 언제나 당신의 현재 판매량보다 약 100대 이상 더 많아야 한다고 하였다.

그림 12.1에서 본 프로그램 자금 흐름 선도를 그리는데 수지균형 값이 사용된다. 3년차 곡선에서 불연속성은 미래 판매 선택권에 대한 보증금의 영수증에서 기인한다. 고객은 생산 라인에서 선택권 지위를 보장하기 위해 약간의 보증금을 지불하도록 요청한다. 항공기를 인도하기 약 2년 전에 제조업자는 최대로 판매 가격의 약 1/3에 해당하는 점진적인 단계의 지불을 요청하게 된다. 이러한 자금 입력이 제조업자의 자금 흐름을 도와주며 고객의 신용을 보여준다.

위의 분석에서 제조업자의 자금 흐름 수지균형점은 프로젝트 시작으로부터 약 6~9년차에 놓이게 된다. 가변성은 생산되는 항공기 대수의 불확실성이 원인이다. 안정된 생산량은 생산 공정을 시작한 때부터 약 6년 후에 발생한다.

위 분석에서 신규 및 파생 디자인의 차이점은 항공기 생산 비용을 평가하는데 있어 가변성을 설명해주고 있다. 비록 일정한 판매 가격이라고 분석에서 가정하였지만 경험상 이는 정규 시장 관행이 아니라는 것을 보여주고 있다.

앞에서 언급한 바와 같이, 평균 가격은 초기와 생산의 끝으로 갈수록 할인된다. 항공기 가격에 적용되는 것으로 보이는 유일한 규칙은 가격은 시장에 맞게 정하고 설계 및 생산 비용으로부터 계산한 것으로 정하지 않는다는 것이다. 그러나 평균하여 제조업자는 사업을 지속하기 위해서는 판매로부터 이윤을 얻어야 할 필요가 있으며 항공사는 구매로부터 이윤을 얻어야 한다.

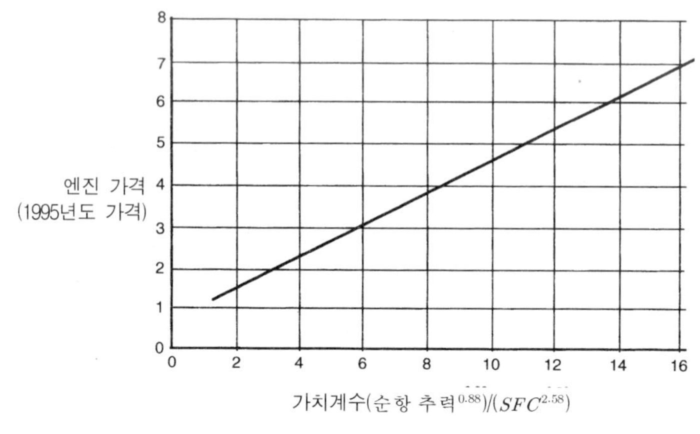

그림 12.6 엔진 가격 추정

일부 연구에서는 엔진 비용을 항공기 가격의 별개 항목으로 포함하는 것이 바람직하다. 이러한 방법으로(항공기 DOC 관점에서) 최적의 항공기 디자인을 구할 수 있다. 엔진 가격은 주로 비추력 의존 비용 성분을 고려한 약간의 간접 일반 비용을 갖는 이륙 추력에 의존한다. 제9장에서 엔진 비용에 대해 다음과 같은 관계를 소개하였다. 절충 학습 그래프(그림 12.6)에 아래와 같이 1995년도 시장 가격을 기초로 한 가치 계수를 다시 사용하였다.

$$\text{가치 계수} = \frac{(\text{순항 추력})^{0.88}}{(SFC)^{2.58}}$$

추력과 SFC는 35000ft(10675m), M=0.8에서 최대 순항 정격이다.

(4) 임대

회계 목적상 종종 국지 세제 정책과 관련하여 일부 항공사는 그들의 항공기를 완전히 구매하는 대신에 제3의 집단으로부터 임대하는 것을 선호한다. 비용 방법에서는 불변 비용 요소를 제거하여 이러한 선택권을 반영하고 DOC 가격을 'Cash DOC'라고 부른다.

12.3.2 정비 비용

정비 비용의 예측은 이러한 제목하에 포함해야 할 항목에 대한 정의가 부족하여 복잡하다. 정비 시설을 정하는 것이 항공사에서 비용이 많이 드는 지출이다. 일부 그러한 시설은 별개의 사업으로 관리한다. 건물의 자본 비용, 행정 비용 및 특수 장비 비용은 전체 정비 운용에서 간접비용으로 간주되며 IOC 평가에 포함된다. 이는 DOC의 평가가 점진적으로 감소될 때에는 항공기 제조업자에게 적합하다. 정비 일반비용의 속성은 DOC를 추정하는 다른 표준 방법에서 가장 큰 가변성을 형성하므로 무거운 짐이다. 일부 항공사는 그들의 항공기와 엔진 정비를 다른 항공사나 특수 정비 회사와 계약한다. 이러한 경우에 비용이 특수 항공기에 직접 기인하게 되므로 총 정비 비용은 자동적으로 DOC에 대하여 정해지게 된다.

정비 비용은 일상 검사, 서비스 및 (기체, 엔진, 전장, 시스템, 보기류 등에 대한) 오버홀과 관련된 노무 및 재료 비용을 포함한다. 또한 일부 비 세입(수익) 비행이 관련되며 이는 정비 계정에 부과된다.

관련된 총 정비 비용의 일반화된 추정은 언제나 다른 항공기에 대한 정비 과업의 가변성과 운용 유형의 차이로 제시하는데 어려움이 있다. 모든 표준 DOC 방법은 정비 비용을 추정하는 절차를 포함하고 있지만 이러한 표준화된 방법을 특수 디자인에 적용할 때에는 주의를 해야 한다.

정비 과업을 기체와 엔진 성분으로 나누는 것이 통상적인 관행이다.

총 정비 비용 = 기체 정비 비용 + 엔진 정비 비용 + 정비 부담금(일반 비용)

기체와 엔진 정비 비용은 노무 및 재료 성분으로 세분할 수 있다. 예를 들어

기체 정비 비용=노무비용+재료 비용

더욱이 각 성분비용은 비행 당 비용과 비행시간 당 비용의 합으로 간주된다. 예를 들어 기체 노무 정비 비용은 다음과 같이 정의된다.

기체 노무비용
=(단계 당 노무비용+비행시간당 노무비용×단계시간)×노무비

총 정비 비용은 종종 다음과 같이 정비 서비스에 한 시간 단위의 비용을 더한 일반 비용을 포함하는 불변 비용에 기초한다.

정비 비용=불변 비용+한 시간 단위의 비용×구간 시간/단계

따라서 정비 비용 성분은

1. 단계 당 기체 정비 노무비용
2. 비행시간 당 기체 정비 노무비용
3. 단계 당 기체 정비 재료 비용
4. 비행시간 당 기체 정비 비용
5. 단계 당 엔진 정비 노무비용
6. 비행시간 당 엔진 정비 노무비용
7. 단계 당 엔진 정비 재료 비용
8. 비행시간 당 엔진 정비 재료 비용
9. 정비 부담금 불변 비용
10. 정비 부담금 한 시간 단위 (비행) 비용

5~8 항목은 종종 엔진 공급업자로부터 획득한 비행시간 당 단일 정비 비용이 된다.

12.3.3 비행 비용

이 비용요소는 비행과 직접 관련이 있는 모든 비용으로 이루어진다. 다음과 같은 항목이 시간 당 총 비행 비용의 합이다.

1. 승무원 비용
2. 연료 및 오일 사용 비용
3. 착륙 및 항법 비용

(1) 승무원 비용

이러한 비용에는 비행 및 객실 요원의 급여가 포함된다. 승무원 생산성은 2인 조종사 운용을 허용하는 것이 증가됨에 따라 지난 10년에 걸쳐 증가하였다. 승무원의 수는 감항성 표준과 노동 단체 협정으로 명령한다. 전형적으로 짧은 단계를 이동하는 소형 항공기의 경우에는 2명의 비행 승무원, 중형 항공기와 장거리 비행 항공기의 경우에는 비행중인 한 조의 비행 승무원 이상을 가질 필요가 종종 있다. 객실 요원의 수는 승객 수와 관련되며 객실 승무원 당 30~50명의 승객이 전형적이다. 승무원의 연간 활용도는 요원 계약에 따라 다르다. 연간 800시간 비행이 중급 국지 제트기 운용에서 전형적이다. 임금률은 항공사와 항공기 유형마다 다르므로 일반적으로 승무원 비용을 산정하는 것은 어렵다. 다음과 같은 관계를 사용한다.

승무원 비용=(비행 승무원 수의 연간 비용×비행 승무원 수+객실 요원의 연간 비용×객실 요원 수)×(비행 구간 시간)/(연간 승무원 활용도)

비행 및 객실 요원의 활용도는 다를 가능성이 있으며, 객실 요원은 높은 활용도를 갖는다는 점을 주목하기 바란다.

승무원 비용은 장거리 스케줄상에서 강제된 단기 체류에 대한 일반(간접) 비용이 포함될 수 있다. 이러한 비용은 종종 일반 운용비용으로 취급되므로 간접비용으로 간주된다

(2) 연료 및 오일 사용 비용

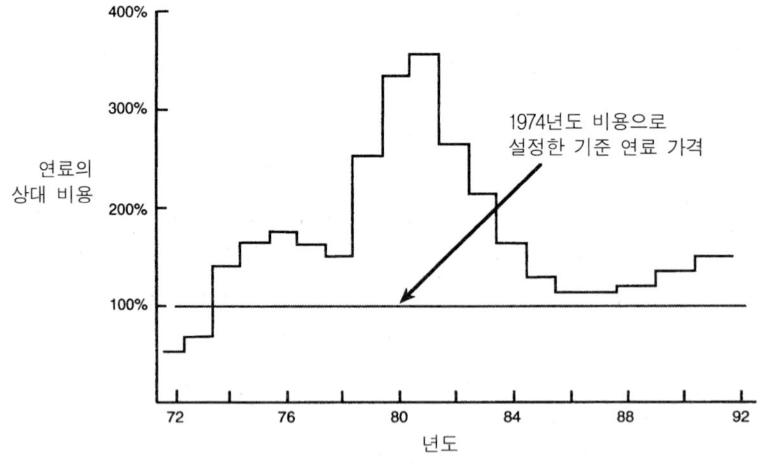

그림 12.7 연료 가격의 가변성(출처: AIAA-86-2667)

연료 및 오일 비용은 연료 가격을 정확하게 예측할 수 있다면 추정하기가 비교적 쉽다. 감가상각은 별도로 하고, 연료비용은 설계에서 가장 중요한 비용 매개변수를 나타낸다. 지난 20년간의 연료 가격을 조사해보니 이러한 예측을 하는 것이 어렵다는 것을 알 수 있다. 그림 12.7은 연료 가격이 20년 기간 동안에만 기준선 가격의 50~350%에서 어떻게 변했는지를 보여주고 있다. 그러한 가변성으로 인해 앞으로의 연료 가격을 자신 있게 예측하는 것은 어렵다.

12.3.4 비용 매개변수

전술한 비용 모두를 시간당 비행 기준으로 계산한다. 이들은 비행시간 당 항공기의 직접 운용비용을 만들어내기 위해 모두 합한다. 특정 항로를 비행하는 비용(단계 비용)은 시간단위의 직접 운용비용에 구간 시간을 곱해서 구한다. 단계 비용은 마일 비용(mile cost)을 보여주기 위해 구간 거리로 나눌 수 있다. 마일 비용은 좌석 마일 비용(seat mile cost)을 제공하기 위해 단계에서 비행한 최대 좌석 수로 나눌 수 있다.

일부 제조업자들은 위의 모든 비용 매개변수를 현금주의(실제의 현금 수지를 기준으로 손익 계산하는 방법)로 인용하고 있다. 항공기 고정(불변) 비용은 전체 비용에 포함되지 않는다는 의미이다. 이렇게 하는 근거는 항공사에서 그들의 항공기를 연간 기준으로 임대하는 것이 관행이 되고 있으며, 그러므로 이 비용은 회사의 대차대조표의 다른 부분이 된다. 가격을 계산할 때 전체 혹은 현금주의 방법을 사용하는 것을 이해하기 위해 제조업자나 항공 연감으로부터 인용한 직접 운용비용의 수치를 사용할 때에는 주의해야 한다

(1) 디자인 영향

항공기 프로젝트 디자이너는 항공기의 기본 형상(시스템 복잡도, 항공기 크기, 엔진 크기 등)과 선택된 성능(순항 속도, 항속거리 등)으로 직접 비용에 영향을 줄 수 있다. 모든 이러한 측면은 불변 비용, 사용 연료 및 필요 정비를 통해 비용 모델에 대한 실질적인 입력이 된다. 디자이너는 또한 항공사 경제성(시장 크기, 승차권 가격, 항공기 성능, 승객의 호감도)를 통해 간접적으로 비용에 영향을 준다. 이러한 간접 요소는 잠재적인 세입, 항공기 유형에 대한 수요, 시장 개발 및 궁극적으로는 공통성과 유형 유도를 통해 비용 분석으로 들어간다. 디자인이 시장 잠재성과 그것에 의하여 프로젝트의 성공을 극대화할 수 있도록 하기 위해 디자이너가 이러한 영향을 항공기 프로젝트 초기 단계에 인지하는 것이 중요하다.

디자인의 여러 가지 경쟁 측면을 완전히 이해하기 위해서는 여러 매개변수적 절충 연구를 수행하는 것이 필요하다. 설계 팀이 항공기를 배타적으로 하나의 시장 부문을 목표를 하는 '한 부문 설계'로 생각하는 것은 비정상이다. 초기 디자인은 항공기 유형에 맞게 시장을 확장하기 위해 (유상하중 및/혹은 항속거리 등) 장차 확대할 수 있도록 약간 절충해야 한다.

(2) 예제

다음과 같은 세목을 갖는 항공기를 고려하여 직접 비용을 어떻게 계산하는가를 예시하기로 하자.

좌석 수	300
최대 유상하중 항속거리	7200nm
순항속도	M0.825
(대표 고도에서 이는 243m/s의 속도와 같다)	
항공기 최대 이륙중량	243200kg
엔진 이륙 추력(2 엔진)	370kN(각 엔진당)
순항 SFC	0.55
연료소비율	5500kg/hr(각 엔진당)
항공기 활용	4200hr/년간
엔진 정비	190$/hr/엔진
기체 정비	560$/hr(노무비) 및 218$/hr(재료비)

① **불변 비용 추정**

먼저 DOC 계산에서 '불변비용'을 추정하기로 하자. 그림 12.2와 유사한 그래프로부터 제안된 항공기와 유사한 크기(중량)의 항공기를 그리고 항공기 가격을 결정한다. 위에서 인용한 MTOM을 사용하여 (이 크기의 항공기에서 전형적인) 공허중량 부분을 58%로 가정하고 공허중량을 추정하고 그 다음에 항공기 가격을 추정한다.

$$OEM = 0.58 \times MTOM = 0.58 \times 243200 = 141100kg$$

비용 그래프(그림 12.3)로부터 이 중량에서

총 항공기 가격은 $M118이다.

인용한 엔진 SFC를 사용하고 이륙 추력을 순항 조건에 맞게 줄이면 제9장에서 살펴 본 가치 함수를 사용하여 엔진 가격을 추정할 수 있다.

$$\text{가치 함수} = (\text{순항 추력})^{0.88}(SFC)^{-2.58}$$

현재 엔진 가격 그래프로부터 엔진 당 $M9.8의 값을 얻을 수 있다. 두 개의 엔진이 있으므로 엔진 비용은 $M19.6이 되며 기체 가격은 $M98.4가 되어

총 항공기 공장 가격=$M118이 된다.

항공기 예비부품의 비용은 기체 가격의 10%이고 엔진 예비부품의 비용은 엔진 가격의 30%라고 가정하여 총 예비부품 비용을 결정할 수 있다.

예비부품 비용= $(0.1 \times 98.4) + (0.3 \times 19.6) = \$M15.7$

예비부품 비용을 총 항공기 공장 가격에 더하면

총 투자 비용=118+15.7=$M133.7이 된다.

이 비용은 16년의 운용 수명에 걸쳐 10%까지 감가상각되면 연간 비용은

감가상각/년= $0.9 \times 133.7/16 = \$M7.52$

투자 비용에 대한 이자는 년 5.4%로 가정하면 연간 비용은 다음과 같이 증가하게 된다.

이자/년=0.054×133.7=$M7.22

항공기 비용의 0.5%로 보험을 든다고 가정하면

보험/년=0.005×118=$M0.59

따라서 총 연간 고정(불변) 비용은

총 불변비용/년=7.52+7.22+0.59=$M15.33

이를 인용한 연간 항공기 활용 시간인 4200시간으로 나누면

불변 비용/비행시간=$3650

② **비행 비용 추정**

시간당 $360인 두 명의 비행 승무원과 시간당 $90인 9명의 객실 승무원을 사용한다고 가정한다.

승무원 비용/시간=(2×360)+(9×90)=$1530

착륙료를 (항공기 MTO의) 톤당 $6이라고 가정하면

착륙료=0.006×243200=$1459

이러한 종류의 항공기에서 비행당 항법료를 $5640로 가정한다.

지상 취급 비용은 비행 승객 당 $11로 가정한다.

300인승 항공기의 경우

지상 취급료=11×300=$3300

그러므로 공항료는

총 공항료=1459+5640+3300=$10399/비행

이 비용을 항공기 비행시간과 관련시키기 위해서는 비행 구간 시간을 구할 필요가 있다. 7200nm의 순항 단계를 M0.825로 이동하는 항공기에서 소요된 시간은

순항 시간=7200/473=15.22시간

이를 위해서는 상승 및 강하 시간과 지상에 있는 시간을 더해야 한다. 7200nm의 일부로서 비행 단계 거리는 상승과 강하 단계를 포함해야 하며 항공기 속도는 비행 프로파일의 이러한 부분에서는 어느 정도 높아야 한다. 10분을 손실시간으로, 시동, 활주 및 이륙하는데 20분, 착륙하기 전에 체공하는데 8분, 착륙하여 활주 정지하는데 5분이 소요된다고 가정한다.

비행시 총 기타 시간=10+20+8+5=43분=(0.72시간)

따라서 구간 시간=15.22+0.72=15.94시간

위의 공항료를 이제 비행시간과 관련시킬 수 있다.

10399/15.94=$669/시간

연료 소비율은 순항할 때에 엔진당 5500kg/시간으로 인용된다. 비순항 단계에서 연료 소비율은 이보다 높지만 이러한 장거리 디자인에서 연료 소비율은 이러한 증가를 무시할 만큼 충분히 정확하다.

연료 밀도와 변환계수를 사용하여 연료 소비율을 US 갤런으로 변환하면

전형적인 제트 연료 밀도=$800kg/m^3$

사용 연료량=5500/800(엔진당)=$6.875m^3 = 6875l$

(변환: 1US gallon=3.785 liters)

연료량=1816 US gallons

2 엔진인 경우 항공기는 (2×1816)=3632 gallons/hr을 연소하게 된다.

연료비용은 70c/US gallon으로 가정한다. 그러므로

연료비용=3632×0.7=$2542/hr

12.3.5 정비 비용

이러한 비용은 초기 프로젝트 단계에서 추정하기가 비교적 어려우므로 항공기와 엔진 유형의 대표 값을 사용한다.

엔진((노무비+재료비)　$190hr/engine

기체(노무비)　$660/hr

기체(재료비)　$218/hr

총 정비 비용=(2×190)+660+218=$1258/hr

총 직접 운용비용

(1) 비행시간 당 총 **DOC**

이는 위 성분비용 모두를 합한 것과 같다.

불변 비용　=$3192 (전체 35%)

승무원 비용 =$1530 (전체 17%)

공항료　=$669 (전체 7%)

연료비용　=$2542 (전체 27%)

정비 비용　=$1258 (전체 14%)

총 비용　$9191

총 단계 비용　=9191×15.94=$146500

마일 비용　=146500/7200=$20.35

좌석 마일 비용 =20.35/300=6.78c

(2) 시간 당 총 현금 직접 운용비용

항공기를 임대하는 그러한 운용자의 경우 위에서 추정한 '불변 비용'은 직접 운용비용 분석의 일부를 형성하지 않을 수 있다. 임대 계약은 항공기 운용과 관련이 없는 연간 비용으로 계정할 수 있다. 그러한 경우에 DOC의 계산을 'Cash DOC'라고 하며 우리의 표본 항공기의 경우 아래에서 세시한 값을 갖는다.

승무원 비용 $1530 (전체 26%)

공항료 $669 (전체 11%)

연료비용 $2542 (전체 42%)

정비 비용 $1258 (전체 21%)

총 비용 $5999

총 단계 비용 =5999×15.94=$95624

마일 비용 =$95624/7200=$13.28

좌석 마일 비용 =$13.28/300=4.43c

정상 DOC와 비교하여 Cash DOC에서 승무원과 연료비용의 증가가 얼마나 중요한가를 주목하기 바란다. 이러한 유형의 분석에서 연료비용은 거의 전체 운용비용의 절반이 된다. 제조업자들은 다른 경쟁기보다 그들의 항공기가 공기역학적으로 더 효율적인 경우 이 수치를 인용하려고 한다. 특히 그들의 항공기가 경쟁기보다 더 신형이고 더 비쌀 경우에는 특히 그러하다.

12.4 관련 데이터

최신 직접 비용 추정 모델에서 사용되는 매개변수의 전형적인 값은 다음과 같다.

12.4.1 매개변수의 전형적인 값

(1) 비행 프로파일(**ISA** 조건)

① 시동 및 활주 = 20분(단거리 운용의 경우 10분)

② 이륙 및 1500ft(457m)까지 상승

③ 계단 상승 기동+을 포함하여 특정 속도로 순항

④ 1500ft(457m)로 강하

⑤ 1500ft(457m)에서 (8분간) 체공

⑥ 착륙 및 활주 진입 = 5분
(주: 10000ft(3000m) 이하의 최대 속도는 미 공역에서 250kt(462km/h)이다)
(+는 최소 500fpm 이상의 상승률에서만 가능하다).

(2) 예비

① 전환 = 20nm(체공 후)

② 체공 = 최소 항력 속도로 1500ft(457m)에서 30분

③ 예비 = 단계 연료의 5%

(3) 유상하중

① 동체 체적 한계나 ② 무연료중량 한계 중 하나

(4) 구간 시간

① 장거리 비행인 경우 비행시간에 25분 추가(단거리인 경우 15분 추가)

(5) 활용도

① 장거리(6500nm이 전형적)=4800시간/년

② 중/단거리=3750시간/년

(6) 투자

① 항공기 가격 (A) = 제조업자 가격 (M) + 구매자 장비 (B) + 수정 비용* + 단계 비용에 대한 자본 이자**의 합

여기서 *=M+B의 6%, **=M의 2.5%

② 기체 예비부품=(A보다 적은 엔진 비용의) 10%

③ 엔진 예비부품=총 설치 엔진 비용의 30%

(7) 감가상각

① 유용 수명=신규 디자인의 경우 14-20년

② 10% 잔여 가치(가격)

(8) 이자

총 투자의 5%(100% 조달자금의 약 11%)

(9) 보험**(0.35-0.85**로 가변적**)**

항공기 가격(A)의 0.5%

(10) 승무원 비용**(1989** 비용 가치**,** 참고문헌**: AEA)**

① 비행 승무원=$710 장거리($493 단거리)/ 비행시간(최소 승무원 2)

② 객실 승무원=$90/운용 시간(35 승객당 1명)

(11) 착륙료**(1989**년도 비용가치**,** 참고문헌**: AEA)**

$6/미터 톤

(12) 항로 변경**(1989** 비용 가치**,** 참고문헌**; AEA)**

$(\text{단계 길이}/5) \times (MTOM/50)^{0.5}$

여기서 단계 길이는 km이며 MTOM은 미터 톤이다.

(13) 지상 취급료**(1989** 비용 가치**,** 참고문헌**; AEA)**

110×유상하중(미터 톤)

(14) 연료 가격

현재 가격을 사용한다.

(15) 정비

정비 비용은 사용하고 있는 항공기 방법, 항공사에서 채택한 정비 관행 및 장비(기체 및 엔진) 수명에 좌우된다. 비용의 평가는 초기 설계 단계에서 사용할 가능성이 없는 요인의 상세한 지식을 포함한다. 정비 비용을 계산하는 표준화된 방법(예를 들어 AEA)이 발간되었으며 충분한 데이터(예를 들어 전형적인 운용 프로파일)를 얻을 수 있으면 이들을 사용해야 한다. 이 시점까지는 유사한 크기와 성능의 항공기의 값을 사용하거나 다음과 같이 공식을 간략화하여 사용한다.

① 기체 직접 비용(US$/ 구간 시간) (1994):

$C_{AM} = 175 + 4.1 M_{OET}$

여기서 M_{OET}=항공기 운용 공허중량(미터 톤)

전형적인 값은 소형 국지 제트기인 경우 300, B747-400인 경우 1000 이상이다.

② 엔진 직접 비용/엔진 (US$/구간 시간) (1994)

$C_{EM} = 0.29\,T$

여기서 T=엔진 추력(kN)

엔진 정비 비용은 여러 가지 엔진 매개변수의 함수이다. 위의 계산은 최신 중형급 바이패스(전형적으로 5) 엔진에 적절하다.

③ 총 항공기 정비 비용은

$C_{AM} + C_{EM} \cdot N_E$

여기서 N_E=엔진의 수이다.

위의 정비 비용은 시설과 관련한 모든 비용이 포함된다(예를 들어 간접비/조세부담).

12.4.2 위 데이터와 관련한 몇 가지 주석

비용의 절대 가치는 세계 경제의 인플레이션의 영향에 따라 시간 의존적이다. 위의 수치는 인플레이션 지수와 일치하여 증가해야 한다(전형적으로 연간 3~6%).

위의 데이터는 더 좋은 데이터가 존재하지 않을 때 하나의 지침으로 사용되도록 주어진다. 재래식 레이아웃과 소재의 항공기에 적절하다. 추력 역전장치, 나셀 소음 완화 구조, 항공 화물 도어 및 소화물 장비, 기타 승객 서비스 및 최신형 항공기 계기 및 전자장비와 같은 특수 장비와 관련된 비용은 포함되지 않는다. 비용 추정은 '마법'으로 간주된다. 각 항공사와 제조업자는 그들 고유의 운용에 적절한 방법과 매개변수를 개발하고 있다. 예비 항공기 설계에서는 위의 가정에서 절충학습(비교 분석 연구)이 가능한가를 보여주는 것이 필요하다. 항공기 규격에서 평가된 표준화된 값과 허용 공차에서 현저한 차이가 날 수 있다.

응용심화학습 1 항공사 DOC 계산에서 사용되는 기타 정의

(1) 활용도

항공기 활용도는 감가상각과 정비 비용의 계산에서 사용된다. 활용도는 다음과 같이 정의된나:

수익 시간은 아래에서 계산하는 구간 시간과 관련된 시간이며 훈련, 일정을 위한 배치 혹은 기타 비수익 비행은 포함되지 않는다. 활용도는 비행운용, 왕복 시간, 휴지 시간, 정비 시간 등에 좌우된다. 활용도는 항공사마다 다르며 다른 항공기 유형마다 다르다. 활용도가 증가하면 비용이 직접적으로 감소되며 증가된 효율을 반영한다. 그러므로 활용도를 높이기 위해 많은 노력을 기울여야 한다.

항공사 운용 측면과 무관하게 활용도에 영향을 끼치는 가장 중요한 요소는 구간 시간이다. 짧은 비행과 관련된 비수익 시간이 중단되지 않는 장기간 일정이 가장 높은 활용도를 보여준다.

(2) 구간 시간(T_b) (시간)

구간 시간은 엔진 시동에서부터 엔진 정지까지 소비한 총 시간이 포함된다. 구간 시간은 다음과 같은 성분이 포함된다.

$$T_b = T_{gm} + T_{cl} + T_d + T_{cr} + T_{am}$$

여기서

T_{gm}=지상 기동 시간(이륙을 위한 1분 포함)=0.25시간

T_{cl}=상승 시간((이륙 속도에서 상승 속도로 가속하는 시간 포함)

T_d=강하 시간(수동 진입 속도로 감속하는 시간 포함)

T_{am}=항공 기동 시간(거리 외상 사절)=0.1시간

T_{cr}=순항 고도 시간(장주 승인 포함)

T_{cr}는

$T_{cr} = [D + (K_a + 20) - (D_c + D_d)] / V_{cr}$으로 구한다.

여기서

D=이동 거리(예를 들어 단계 길이) CAB (법규)

D_c=상승 거리(법정 마일: sm) (이륙 속도에서 상승 속도로 가속하는 거리 포함)

D_d=강하 거리(법정 마일: sm) (정상 진입 속도로 감속하는 거리 포함)

V_{cr}=평균 진대기 속도(mph)

K_a=항공로 거리 증가분
=(7+0.015D) (D<1400sm인 경우)
=(0.02D (D>1400sm인 경우)

이러한 값들은 다음 조건 내에서 추정해야 한다.

- 상승률 및 강하율은 300fpm(1.52m/sec) 객실 여압 속도를 초과하지 않아야 한다.
- 순항에서 강하로 전환시 객실 바닥 각도는 기수를 내리고 4° 이상으로 변하지 않아야 한다.

- 계단 상승의 영향을 포함하여 순항 비행 부분에서 얻은 평균 속도에서 진대기 속도를 사용해야 한다.
- 모든 성능에서 무풍 속도와 표준 온도를 사용해야 한다.

(3) 구간 속도(V_b)

구간 속도는 $V_b = D/ T_b$로 정의된다.

(4) 비행시간(T_f)

비행시간은 $T_f = T_b - T_{gm}$으로 정의된다.

(5) 단위 비용

항공기 비용은 항공기 시간당 비용과는 다른 방법으로 인용하는 것이 상식이다. 다음 비용이 종종 사용된다.

(a) 항공기 마일 당 시간(보통 cent/mile 혹은 pence/mile)

$C_{am} = C_{ah}/ V_b \times 100$

(b) short-ton 마일 당 비용

$C_{st} = C_{am}/(payload\ in\ short\ )$

(각주: 1 short-ton =2000lb)

(c) 좌석 마일 당 비용(대안으로 승객 마일 당 비용)

$C_{sm} = (C_{st} \times \text{승객 단위 중량})/2000$

(승객 단위 중량은 205lb로 가정하고, 2000은 short ton 단위를 pound로 변환한다.)

비용 추정 (b), (c)는 100% 하중계(배)수로 가정한다. 낮은 하중계(배)수를 가정하는 경우 감소된 항공기 중량을 고려하기 위해 초기 비용 분석에 (연료비용과 같은) 보다 상세한 수정을 하는 것이 필요하다.

(6) 중량

비용 추정에 대한 일정한 방법을 수립하기 위해서는 여러 중량 용어에 대해 정밀하게 정의하는 것이 필요하다.

① 유상하중

체적(용적) 유상하중 용량의 한계와 구조적 유상하중 용량의 한계 내에서 유상하중은 항공기 이륙중량-(운용 중량+연료 중량)과 같다.

② 체적(용적) 유상하중 용량은

(승객 좌석 수×승객 중량+음식물)×(모든 화물 및 휴대 수하물 총 체적×화물 및 수하물의 밀도)와 같다.

③ 구조적 유상하중 용량

구조적 강도 고려사항에 의해 유상하중에 대한 두 가지 제한사항이 종종 부과된다:

(a) 최대 무연료 중량

(b) 최대 착륙 중량

(b)의 경우 이륙 중량은 최대 착륙 중량을 초과하지 않는 다음과 같은 총 중량이어야 한다:

운용 중량+유상하중+예비 연료 및 오일

예비 연료=(휴대 연료+지상 소모 연소 연료)

④ 운용 중량

운용 중량은 완전히 장착하고 운항할 준비가 된 항공기의 중량으로, 비행 및 객실 승무원 및 이들의 수하물을 포함하지만 연료, 오일 및 유상하중은 포함하지 않는다. 운용 중량은 항공기의 역할과 관련되는 방빙액, 가습, 음료수, 화장실 및 주방 물, 승객 오락시설(화장실)과 같은 소모성 항목이 포함된다.

방빙, 객실 난방, 보조 동력 장비 등에 필요한 연료가 주 탱크에서 빠져나가거나 이들의 운용이 엔진 소비율에 영향을 주면 적절한 허용치를 휴대 연료에 추가해야 한다.

⑤ 승무원 중량

남자 승무원과 여자 객실 승무원의 중량은 각각 75kg(165lb)과 65kg(143lb)로 하고, 기지를 벗어나 1박을 하기 위해 머무르는 경우 20kg(44lb)의 수하물 허용치를 더해야 한다. 승무원 음식의 중량은 휴대할 경우 승객 음식의 총 허용치 내에 포함되어야 한다.

⑥ 승객 중량

승객, 수하물 및 음식의 배타적인 중량을 '승객 단위 중량'이라고 하며, 93kg(205lb)으로 간주한다. 이 수치는 운항에서 실감하는 하중 가중 수단이며, 중거리 항공기 서비스에 기초하고 있다. 승객 중량은 156lb의 승객 중량과 44lb의 수하물 중량과 5lb의 음식물로 구성된다.

표 12.1 서비스 범주에 따른 서비스 범주별 화물 및 수화물

서비스 범주	수화물	오락시설(음식물 포함)		
단거리 스비스(국지)	33lb(15kg)	모든 좌석: 4lb(1.8kg)		
		이코노미	투어리스트	1등급
대륙 및 지선 (6시간 이내)	44lb (20kg)	7lb (3.2kg)	12lb (5.5kg)	25lb (10.4kg)
대륙간 서비스 (6시간 이상)	66lb (30kg)	9lb (4.1kg)	16lb (7.3kg)	30lb (14.6kg)

⑦ 화물 및 수하물의 밀도

화물 및 수하물의 밀도는 화물 및 휴대 수하물의 총 용량에서 $160kg/m^3(10lb/ft^3)$로 간주한다. 보다 특정한 계산에 사용하는 경우 표 12.1의 값이 상당히 전형적인 값으로 생각할 수 있다.

⑧ 연료 및 오일의 단위 중량

비용 방법에서 다음과 같은 1imperial gallon의 연료와 오일의 단위 중량을 사용한다. 여기서 1US gallon=0.8 imperial gallon이다.

터빈 연료 0.8lb (3.63kg)

윤활유 8.9lb (4.04kg)

메탄올수 9.1lb (4.13kg)

Chapter 13 Aircraft Design

매개변수 연구

- 앞에서 우리는 수많은 엄격한 구속요건으로 경계를 나타내고 고정된 일련의 운용 요건을 만족하는 잘 정의된 설계 분야 내에서 수행된 분석적인 방법으로서 설계 과정을 기술하였다. 이 과정은 초기 레이아웃을 구하는 경우에는 만족스럽지만 그 결과 디자인이 항공기 규격을 규정하는 매개변수에 고도로 가정적(조건부적)이다. 디자이너는 설계 규격에서 사용되는 값들을 선택하는 것의 중요성과 항공기 형상에 대한 이들의 영향을 이해하는 것이 중요하다. 디자이너가 이러한 이해를 얻는데 필요한 방법이 필요하다.
- 항공기 제조업자가 특정한 형상에 집중하는 것은 비정상이다. 초기 일련의 요건이 엄격하게 보일지라도 제조업자는 디자인이 새로운 시장으로 확장되기를 기대한다. 예를 들어 대부분의 신규 민간기 디자인은 궁극적으로 다른 유상하중/항속거리 규격을 갖는 항공기 조직의 일부를 형성하게 된다. 이는 원 디자인을 확장하거나 몇몇의 경우에는 축소하는 것을 의미한다. 더욱이 항공기 제조업자는 경쟁 엔진 시장을 유지하기 위해 대체 엔진을 갖는 디자인을 제공하기를 원한다. 또한 몇몇의 경우에는 민간기를 군용 수송기로 변환하거나 해상 초계기와 정찰기로 사용한다.
- 위에서 언급한 모든 이유로 인해 프로젝트 단계에서 선택한 항공기 형상은 초기 규격과 정확하게 일치하지 않는다. 초기 디자인에서 타협의 정도는 디자이너에게 있어 어려운 결심 분야이다. 초기 형상은 경쟁기와 비교하여 너무 비효율적으로 만들 경우에는 성공적일 수 없지만, 나중에 개발할 가능성이 없을 경우에는 미래의 프로젝트 성공을 위태롭게 한다.
- 디자이너가 초기 '기본' 디자인을 선택하는 방법은 매개변수 연구를 사용하는 것을 의미한다. 이 장에서는 그 이상의 매개변수 연구에 초점을 맞출 때 항공기 초기 디자인을 어떻게 사용하는가를 기술한다. 사용하는 방법에 대한 간단한 개요에 이어 사례 연구에서 얼마나 다른 종류의 매개변수 연구가 사용되는 가를 보여주는 예를 제시할 것이다. 이 예는 학생 프로젝트 과업을 위한 지침과 항공기 형상을 종결하기 전에 설계 분야의 광범위한 이해를 돕는데 사용할 수 있다.

13.1 개요

매개변수 연구는 보통 기지의 디자인을 중심으로 수행한다. 이를 '기본 항공기'라고 한다. 매개변수 연구는 이러한 설계점에서 설계 매개변수의 민감도를 구하는데 사용된다. 변하기 쉬운 것처럼 보이는 그러한 매개변수의 경우 디자이너는 제안된 디자인에 사용하기 위해서는 면밀한 값을 선택할 필요가 있거나 매개변수에 대한 의존도를 줄이기 위해 레이아웃을 조정할 필요가 있다. 역으로, 레이아웃의 효과성에 중요하지 않은 것으로 보이는 그러한 매개변수의 경우에 디자이너는 사용해야 할 값을 선택하는데 있어 보다 더 융통성을 발휘할 수 있다.

대부분의 항공기 디자인의 경우 그러한 연구에서 조사해야 할 많은 매개변수가 존재한다. 다변수 설계 문제를 다루기 쉽게 하기 위해서는 특정한 연구에서 하나 혹은 두 개의 변수만을 고려하는 것이 더 좋다. 예를 들어 날개 레이아웃의 매개변수 연구에서 기준 레이아웃은 항공기 날개 면적과 가로세로비를 수정하는 것을 제외하고는 일정하게 유지한다. 또 다른 경우에 무엇보다도 형상을 유지한 채 다른 엔진 유형의 적절성을 연구하게 된다. (항공기 구조 중량에 대한 신소재와 제조 방법의 영향을 보여주는) 신기술 도입을 조사하여 추가적으로 매개변수 연구를 수행할 수 있다. 가능한 연구 목록은 많으며 설계 팀이 연구의 유형을 선택하고 변경해야 할 매개변수를 선택하는 것은 경험을 활용한다. 설계 팀은 특정 디자인에 가장 중요한 그러한 측면에 기초하여 연구의 유형을 선택해야 한다.

13.1.1 9점 연구

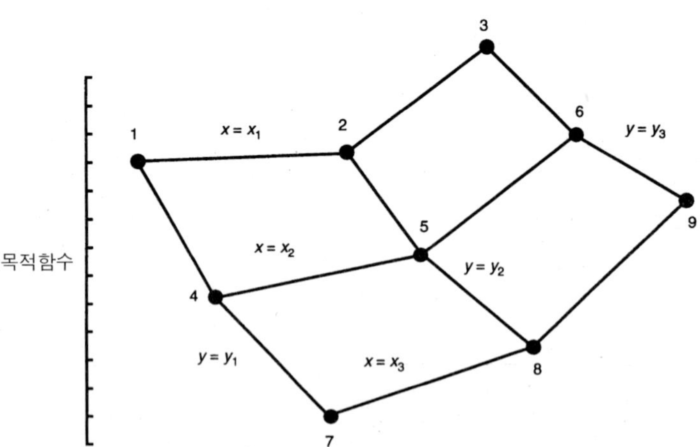

그림 13.1 고전적인 9점 연구

2 변수와 관련된 매개변수 조사에서 고전적인 9점 연구를 사용할 수 있다. 특수 항공기 설계 연구에서 변수 x가 '익면하중', 변수 y가 '추력하중'이 되고 목적함수가 '항공기 이륙중량'이 될 수 있다. 각각의 9점에서 적절한 값의 x, y로 항공기를 완전히 설계할 수 있다. 모든 9개의 디자인을 구할 때 그림 13.1에서 보는 바와 같이 항공기 중량에 대하여 디자인의 변화를 보여주는 카펫 선도(carpet plot)를 그릴 수 있다.

각각의 설계점에서 모든 항공기 매개변수(기하학, 질(중)량, 성능, 비용 등)를 평가할 수 있다. 임의의 전체 설계 매개변수에 대해 유사한 카펫을 작도할 수 있다. 긍정적인 변화와 부정적인 변화를 보여주기 위해 '기준 설계점'을 9점 연구에서 중심점으로 종종 선택한다.

x, y 변수와 관련하여 제3의 매개변수가 바뀔 수 있다. 변수 z는 '승객의 수'가 될 수 있다. 그러한 제3의 변수 연구로 그림 13.2에서 보는 바와 같은 일련의 카펫이 만들어진다.

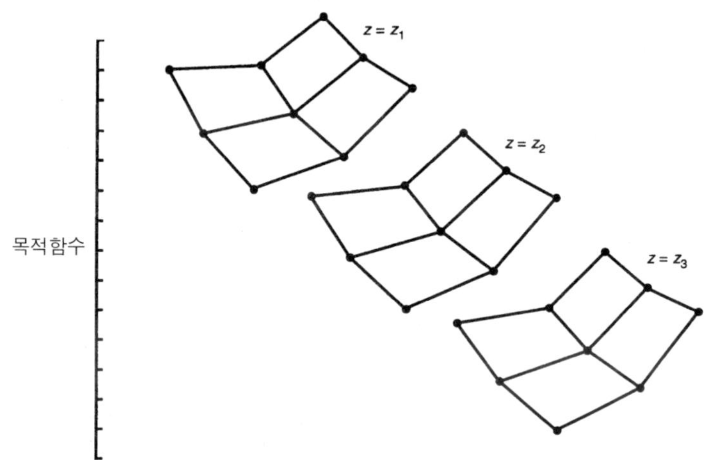

그림 13.2 반복적인 9점 연구

13.1.2 단일변수 연구

(예를 들어 직접 운용비용 및 항공기 가격 대 테이퍼비와 같은) 특수 변수에 대한 디자인의 민감도를 보여주기 위해서 단일변수 연구가 종종 사용된다. 그러한 연구에서 모든 다른 매개변수(예를 들어 날개 면적과 엔진 크기)를 고정한다. 변수에서 변화는 일부 운용 특징에서 2차적인 효과를 가지며 연구 중인 결과 항공기가 실행가능하다(모든 항공기 규격과 구속 요건을 충족한다)는 점에 유의해야 한다. 그림 13.3은 전형적인 단일변수 연구를 보여주고 있으며, 이 경우 날개 테이퍼비에 대한 조사에 관한 연구이다.

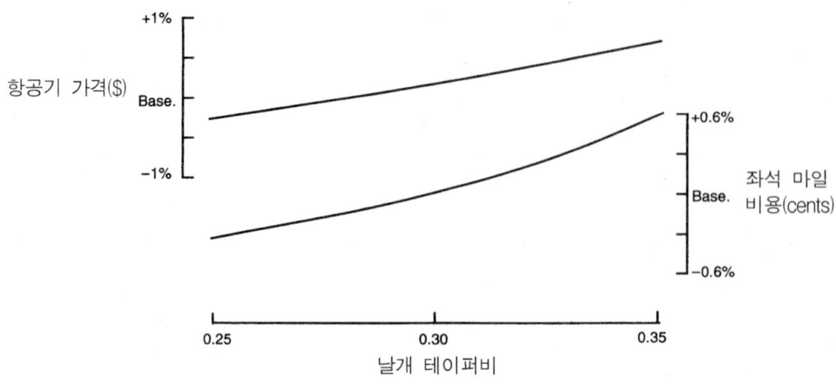

그림 13.3 단일변수 연구(고정된 엔진 크기)

13.2 예

항공기 프로젝트 설계에서 매개변수 연구를 사용하는 것을 예시하기 위해 이 예에서는 소형(50인승) 국지 제트기의 설계를 고려해 보기로 하자. 기본 규격은 48인승 항공기로 25° ISA에서 5300ft(1616m) 비행장을 떠나 정상 예약으로 1000nm(1840km) 단일 단계 길이에 걸쳐 비행한다.

기준 디자인의 세목은 아래에 열거한 바와 같으며 항공기 형상은 그림 13.4와 같다.

세목	규격
전장	24.5m(80.4ft)
전고	7.9m(25.9ft)
날개 스팬	22.6m(74.2ft)
날개 면적	55m²(591.6ft²)
가로세로비	9.31
MTOM	18730kg(41300lb)
유상하중	48인(각 승객당 100kg) 혹은 (5700kg 화물)
OEM	11730kg(25860lb)
설계 항속거리	10000sm(완전 유상하중시)
이륙비행장 길이(ISA-SL)	1550m(5100ft)

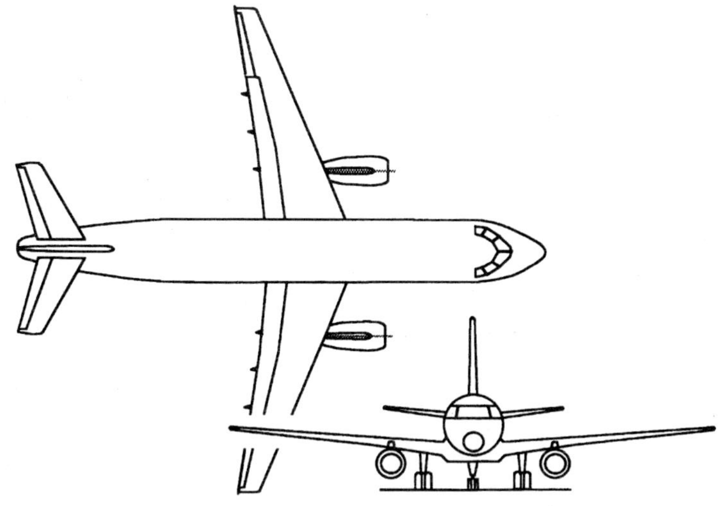

그림 13.4 기준 항공기 형상

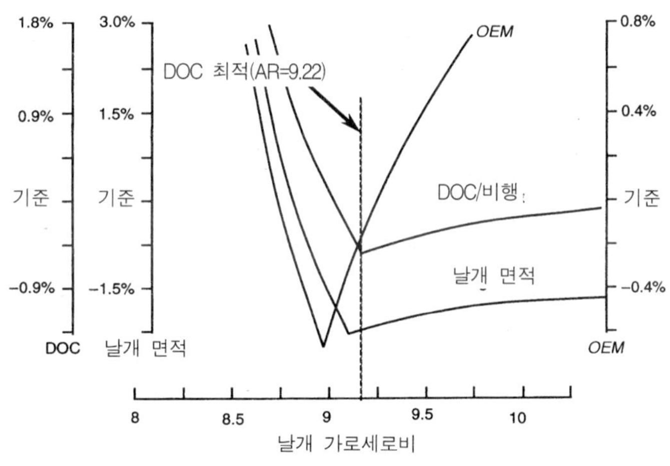

그림 13.5 가로세로비 연구(엔진 크기 고정)

날개 가로세로비를 선택한 것에 대한 민감도와 관련하여 첫 번째 매개변수 연구를 수행한다. 8.5~10.5의 가로세로비 입력값의 범위에 대해 9점 설계 연구를 수행한다. 이는 위에서 보여준 필요 규격을 충족하기 위해 기준 항공기를 완전히 재설계 한 것과 관련된다. 선택한 가로세로비 값 각각의 경우 항공기 중량, 날개 면적과 직접 운용비용이 기준선과 다르다. 여러 가지 항공기 매개변수를 그림 13.5에 작도하였다. 가로세로비의 변화에 따른 구조 중량과 연료 사용의 결합 효과를 각 매개변수에서 볼 수 있다. 상승 성능에 대한 스팬 하중의 영향과 그에 따른 WAT(중량, 고도 및 온도) 구속요건의 영향을 낮은 값의 가로세로비에서 분명하게 보여주고 있다. 연구를 통해 최적의 가로세로비는 최소의 직접 운용비용에서 9.22가 되는 것을 보여주고 있다.

항공기의 기하학적인 매개변수를 설계 공정에서 사용되는 추정 식에 직접 투입할 수 있으므로 위의 연구에서와 같이 항공기의 기하학적인 매개변수를 변경하는 것이 비교적 간단하다. 주요 운용 매개변수(예를 들어 착륙 비행장 길이, LFL)를 변경하는 것은 설계 계산에서 훨씬 더 많은 반복을 하는 것과 관련된다. 그럼에도 불구하고 다음 연구에서 보는 바와 같은 항공기 기하학에 대한 그러한 매개변수의 민감도를 보여주는 것이 중요하다(그림 13.6).

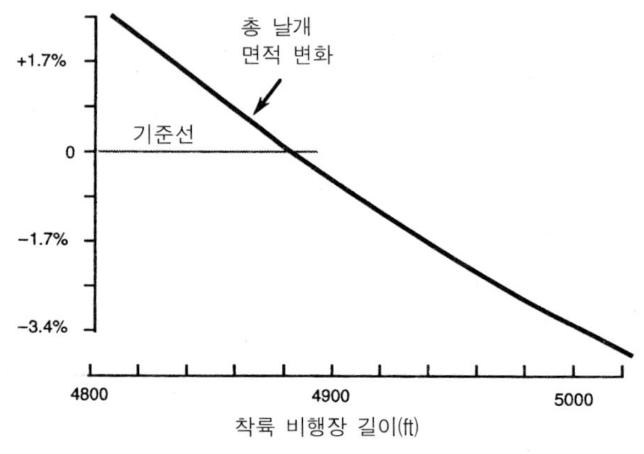

그림 13.6 착륙 비행장 길이 연구

항공기의 모든 세목을 매개변수의 각 값으로 평가할 수 있으므로 다른 민감도(예를 들어 공허중량, 연료 사용 등)를 작도할 수 있다. 모든 운용 매개변수를 분석할 때 원래 규격을 검토할 필요가 있다.

항공기 규격에 대한 보다 기본적인 변화는 미래 디자인 선택권으로 연결될 수 있다. 예를 들어, 항공기 설계 수명 동안에 항공기 엔진을 개발할 가능성이 있다. 엔진 변화의 영향을 연구하기 위해서는 제9장에서 기술한 엔진 크기조정 관계를 이용하여 더 많은 민감도 연구를 수행할 수 있다. 현재 연구에서 기준 엔진은 보다 강력한 버전으로 개발한다고 가정한다. 엔진 척도는 원 기준 항공기 값에 대한 발달된 추력의 비이다. 그림 13.7은 원 규격에 보다 강력한 엔진을 채택한 결과로 인해 발생하는 항공기 크기, 성능 및 비용에 대한 효과를 보여주고 있다.

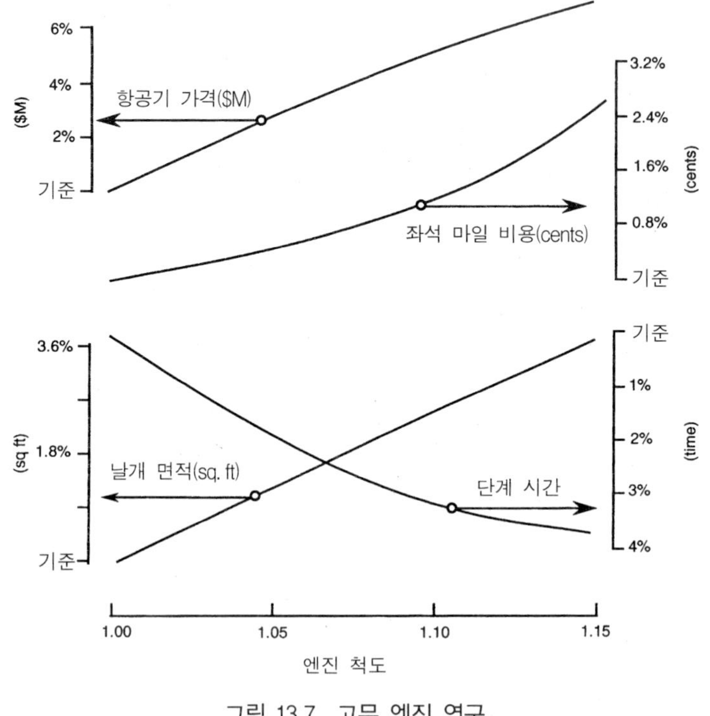

그림 13.7 고무 엔진 연구

그림 13.7에서 곡선은 다른 매개변수 사이의 갈등 영향을 보여주고 있다. 예를 들어 항공기 가격은 항공기와 엔진이 보다 비싸지고 대형화됨에 따라 증가하게 되지만 이용 추력의 증가로 인해 순항 속도가 증가하게 되어 단계 시간이 감소되며 년당 더 높은 활용도의 가능성이 올라가게 된다. 그러한 연구는 초기 디자인의 경우 약간 덜 최적인 초기 규격을 나타내지만 미래 개발을 훨씬 더 효율적으로 다룰 가능성이 있게 된다.

이러한 종류의 연구는 재래식 2매개변수 연구로 더 잘 분석할 수 있다. 대형 엔진을 갖는 원 항공기의 확장 가능성(56인승으로 용량 증가)을 그림 13.8, 13.9에서 보여주고 있다.

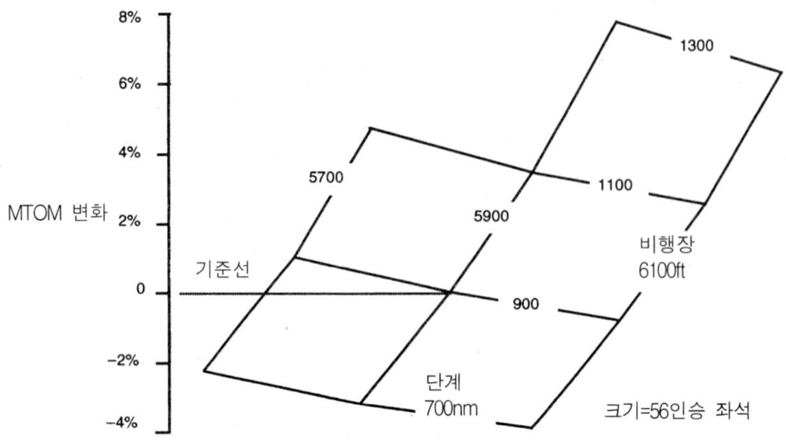

그림 13.8 항공기 확장 연구(최대 이륙 중량)

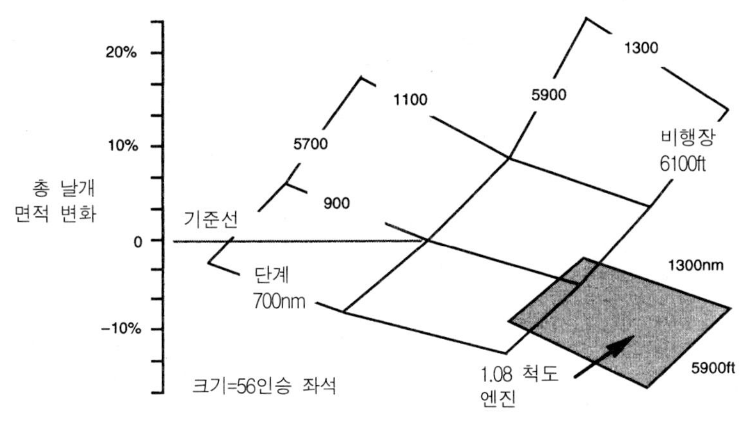

그림 13.9 항공기 확장 연구(총 날개 면적)

그림에서 예시된 확장 연구에서 선택한 항공기 변수는 단계와 비행장 길이이다. 연구에서 최상의 점(예를 들어 최대 단계, 최소 비행장)은 선택된 엔진에서 비실용적임을 보여주고 있다. 작은(8%) 추력 증가가 조사되었으며 상부 4가지 조건의 결과는 그림 13.9에서 음영 부분으로 나타내었다. 주 그래프에서 잃어버린 구간의 상대 위치와 음영 구간은 엔진 추력 개선에 대한 디자인의 민감도를 나타낸다.

마지막으로, 국지 제트기(Reginal Jet) 디자인 연구를 엔진 디자인을 고려하기 위해 확대할 수 있다. 그러한 연구는 엔진 크기가 정확하게 ('고무' 엔진으로 알려진) 항공기 요건과 일치한다고 가정한다. 비록 실제에는 총체적으로 비실제적이지만 엔진이 특수 크기에서만 유일하게 사용되므로 이러한 연구는 최적과 다른 크기의 현존의 엔진을 사용하는 디자인으로 조정되는 타협을 보여준다. 국지 제트기 프로젝트에 대한 연구는 3가지 매개변수(승객의 수, 항속거리, 필요 비행장 길이)를 포함한다. 그 결과는 그림 13.10과 같다.

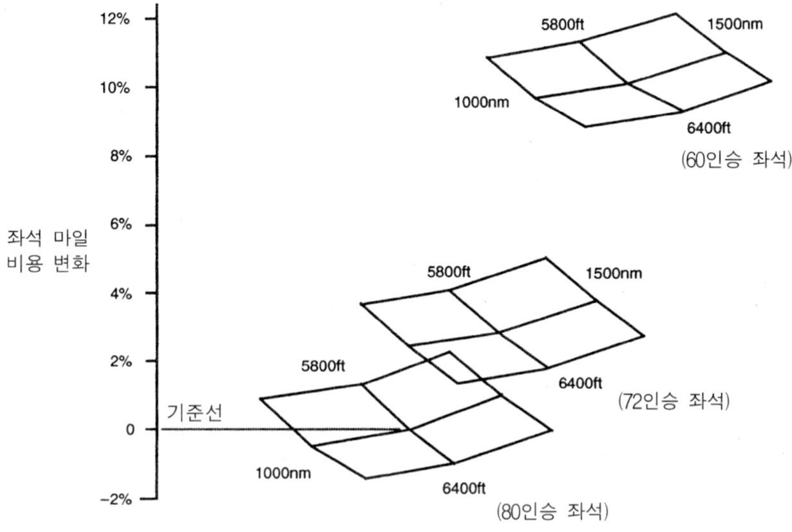

그림 13.10 3가지 매개변수 연구

Chapter  Aircraft Design

항공기 유형 규격서

- 프로젝트의 마지막에 설계 팀은 항공기의 대단히 많은 세목들을 알게 된다. 다른 사람들이 이해할 수 있도록 보고서에 이러한 세목들을 기록하는 것이 중요하다. 이러한 보고서의 재래식 형식을 항공기 유형 규격서라고 한다. 항공기 유형 규격서에는 기준 항공기에서 유래된 모든 상세한 정보를 포함한다. 보고서는 설계 팀이 만들어낼 것으로 기대되는 항공기의 완전한 기술이다. 그러므로 유형 규격서는 프로젝트 설계 단계의 결론에 대한 초점이 된다.
- 학술적인 연구에서 유형 규격서는 수행할 필요가 있는 다양한 세목 연구에 대한 유용한 계획서로 작용한다. 여러 가지 표제는 학생들에게는 비망록으로서 사용된다. 이들은 또한 고려해야 할 디자인의 모든 분야를 망라한 최종 보고서의 골격으로 작용한다. 분명히 일부 학생의 과업의 경우 유형 규격서에서 언급한 몇 가지 전문가 분야의 세목의 수준은 고려할 수 없을 만큼 너무 정교할 수 있다. 교재의 이 부분의 주요한 용도의 하나는 학생 프로젝트 과업의 경우 프로젝트의 조직화와 계획이다. 주요 표제는 수행해야 할 다양한 과업을 식별하는데 사용할 수 있다. 이들은 과정 전반에 걸쳐 과업의 계획과 진도를 할당하는데 사용할 수 있다.
- 이 장은 학생들에게 최종 프로젝트 보고서를 준비하는데 있어 하나의 지침으로 사용할 수 있다. 학생 과업에서 유형 기록의 개별 부분은 동일하지 않다. 이들의 상대적인 중요성은 연구의 본질에 좌우된다. 예를 들어, 일부 학생의 학습과제의 경우 '성능' 부분은 주요 특화 분야일 수 있으며 다른 학생의 경우에는 시스템 기술이 주요 이슈일 수 있다.
- 최종 유형 규격서는 종종 초기 프로젝트 설계 그룹의 작업에 대한 결론이 된다. 그러므로 이 장은 이 교재의 전반부를 결론지으며, 후반부의 설계 연구로 유도된다.

14.1 유형 기록문서

개념 단계의 시작으로부터 다음 설계 단계의 모든 과정에서 항공기 형상의 세목들을 지속적으로 순화시켜야 한다. 시간이 허용되면 생산해야 할 항공기 매개변수를 더 잘 추정하기 위해서 레이아웃에 대한 보다 많은 정보를 구해야 한다. 이는 항공기 구조와 시스템의 더 많은 세목들을 점진적으로 고려하는 것과 관련된다. 예를 들어 과정의 시초에 꼬리날개에 대한 설계 지식은 단지 추정된 꼬리날개 암과 개략적인 면적의 계산으로 구성된다. 프로젝트 단계의 끝에 꼬리날개, 핀, 뒷 동체, 조종면, 조종 운동 및 힘과 모든 항공기 시스템의 상세한 디자인을 알게 된다. 그러한 세목을 기록하려면 항공기 유형 규격서를 만들고 항공기 디자인의 현재 상태를 요약하는데 이를 사용해야 한다. 보고서 안의 정보와 데이터가 정확하고 회사가 보증할 수 있다는 것을 보장하는 것이 설계 팀 리더의 역할이다. 그러므로 설계 결정을 지속적으로 이끌어내는 문서를 디자인이 동결되는 정확한 시기에 만들어야 한다.

유형 규격서 문서는 디자인에 대한 제조업자의 책임에 대한 완전한 기술이다. 제조업자가 판매 가격에 무엇을 제공할 것인가에 대한 진술이다. 그러한 것으로서 이는 궁극적으로 판매 계약의 일부가 되며 제조업자의 보증서로서 기능한다. 이러한 배경으로 문서는 설계 조직에서 진지하게 다루어야 하며 사색적인 기술이 포함되지 않아야 하며 잠재적으로 잘못 유도되는 정보나 부정확한 데이터가 포함되지 않아야 한다. 보고서는 조직상의 기술, 도면, 수치 데이터, 그래픽 및 도표로 구성된다. 보고서에서 제시하는 정보의 유형은 분명히 항공기 유형에 따라 다르지만 다음 항목들이 대표적이다.

1. 개요
2. 일반 설계 요건
3. 기하학적인 특징
4. 공기역학 및 구조 기준
5. 중량 및 평형
6. 성능
7. 기체
8. 착륙장치
9. 동력장치(및 시스템)
10. 연료장치
11. 유압장치

12. 전기장치
13. 전자장치
14. 계기 및 통신
15. 비행 조종 장치 및 비행갑판
16. 승객 객실 레이아웃
17. 환경 통제장치
18. 안전장치 및 비상 출구
19. 공항 호환성
21. 규정의 예외

각 항목에 대해 간단히 소개하면 다음과 같다.

14.1.1 개요

개요에서는 보고서의 상태를 정의하고, 상업적 비밀성을 지정하고, 항공기 유형을 간단히 기술하고(항공기의 간단한 3면도로 일반적인 배열을 제시하고), 주요한 기능 항목을 지정하고(예를 들어 승무원의 수와 위치, 승객 좌석, 화물/수화물 규격), 계약 판매서 및 보증서를 제공한다.

14.1.2 일반적인 설계 요건

이 항목에서는 설계될 항공기에 대한 감항성과 운용 규격 및 기타 문서를 열거한다(예를 들어 JAR-25, JAR-E, FAR Part 25, Part 33, Part 36, Part 36 등). 이 항목은 채택된 인증 절차를 정의하고 유형 허가를 주장한다. 특수 요건(예를 들어 호환성, 측풍 성능, 방빙)이 포함된다. '흰꼬리' 항공기에 대한 외부 및 내부 마무리 표준을 기술한다(여기서 '흰꼬리'란 용어는 항공사와 계약하지 않고 만든 항공기를 기술할 때 사용되며, 즉 판매를 기다리고 있으므로 항공사 장식이 없다).

14.1.3 기하학적인 특징

항공기를 완전히 항목화한 일반적인 배열(GA)과 함께 항공기의 모든 주요 기하학적인 특징을 열거한다. 전형적인 데이터는 다음이 포함된다.

1. 전체 치수(전장, 전폭, 전고, 간극);
2. 날개 기하학(총 면적, 길이, 평균 시위, 가로세로비, 상반각, 뒤젖힘각(앞전, 1/4 시위 위치, 뒷전), 기준면, 플랩 면적, 플랩 각도, 익형 기술(두께 포함);
3. 꼬리날개 및 승강타(총 면적, 길이, 1/4 시위 위치, 가로세로비, 상반각, 익형, 세팅각, 뒤젖힘, 조종 운동);
4. 핀 및 방향타(총 면적, 높이(길이), 1/4 시위 위치, 가로세로비, 익형, 1/4시위에서 뒤젖힘, 방향타 운동);
5. 조종면, 위의 2, 3, 4를 지정하지 않을 경우(힌지 뒤의 보조익 면적, 총 보조익 면적, 보조익 길이, 보조익 운동, 승강타와 방향타와 유사한 매개변수);
6. 동체(외부) (전장, 최대 폭, 최대 깊이, 지면 위의 도어 높이);
7. 동체 (내부) (비행갑판 기하학, 승객 객실 길이, 횡단면의 형태, 전형적인 좌석 배열(시트 높이(피치), 통로(복도) 폭, 통로 높이, 수하물실 용량, 선반(오버헤드)의 적재 용량, 도어 및 창 기하학);
8. 착륙장치(트랙, 윤거, 타이어 유형, 보기차 기술);
9. 동력장치(엔진 기술, 전장, 전폭, 전고, 동체 기준선에 대한 추력선 오프셋;
10. 연료 탱크(기술, 체적 및 용량)

기하학 부문은 해당 구성부품(승객실 부문 및 방식 등)의 기하학 도면뿐만 아니라 적절한 치수를 한 항공기에 대한 GA 3면도가 포함된다.

14.1.4 공기역학 및 구조 기준

이 부문에서는 공기역학 및 구조분석에 영향을 주는 모든 매개변수를 열거한다. 다음이 전형적인 하위 부문이다.

1. 비행 프로파일(윤곽)
2. 비행 포위선도
3. 돌풍 포위선도(피로 스펙트럼)

4. 착륙 요소(강하 수직속도, 활주로 하중 분류 번호)
5. 운용 속도(실속 속도, 플랩 속도)
6. 플랩 세팅
7. 설계 중량(이륙 중량, 최대 착륙 중량, 무연료 중량, 공허 중량, 유상하중)
8. 플로어 하중
9. 여압 프로파일
10. 예견인
11. 잭킹 및 지상 장비 설비

위 항목에 대한 데이터와 정보는 상세한 기준을 나타내는 그래프, 도표 및 도면으로 예시할 수 있다.

14.1.5 중량 및 평형

구성부품의 중량을 보여주는 항공기의 상세한 중량 기술(제7장에서 요약 기술한 중량과 유사한)이 이 부문에 포함된다. 유상하중, 운용 항목 및 고정 장비에 대한 중량 규격이 주어진다. 모든 운용 조건에 대한 중력중심 한계를 보여준다(보통 중량-평형 선도로). 중량 보증서를 인용한다.

14.1.6 성능

항공기에 대한 문서에는 항공기 성능을 상세하게 규정한 성능 지침서가 포함된다. 이는 항공기 공기역학적 데이터(저속 및 여러 가지 플랩 세팅에서 항력 곡선, 고속(순항) 항력 곡선, 양력 곡선, 비대칭 항력 및 필요 추력(동력) 곡선), 엔진 데이터(여러 공기속도, 고도, 온도, 추력 정격, 연료 사용에서의), 비행장 성능(다양한 항공기 중량에서 이륙 및 착륙 거리, 비행장 고도 및 온도, 플랩 세팅 및 불량한 기상 성능), 기동 성능(상승, 강하, 측풍 성능 등)디 포함된다.

일부 데이터는 '인증'되어야 하며 일부 데이터는 비행운용 및 계획 목적으로 사용되어야 한다. 유형 규격 지침서에는 성능 지침서가 포함되어야 한다. 항공기 성능에 대한 특정한 보증서가 기체와 엔진 제조업자와 운용자간의 계약 문서의 일부를 형성한다. 이 부문에 포함되는 데이터에는 성능 방법에 대한 일반적인 기술(즉 계약 목적을 위한 규격), 이륙 및 착륙 도표(다양한 항공기 중량과 ISA 조건에서의), 유상하중-항속거리(예를 들어 지상 활주와 같은 비순항 부문이라고 가정한), 자력 현지수송(정기 공수) 항속거리 및 속도 정의가 포함된다.

14.1.7 기체

이 부문에서는 기체 설계 및 제조 세목에 대한 소개를 제공한다. 일반적인 설계 철학, 사용 재료, 방식, 피로 철학, 손상 허용 및 제조, 정비성 철학에 대한 진술이 이루어진다. 주요 항공기 구조 골격 각각의 성분을 기술한다. 항목에는 다음이 포함된다.

1. 날개의 일반적인 기술
2. 중심 부문
3. 외부 패널
4. 플랩 및 보조익
5. 기타 날개 특징(예를 들어 양력 투매, 날개 끝 디자인)
6. 동체의 일반적인 기술
7. 기수 부문(조종실 포함)
8. 전방 동체
9. 중앙 동체(날개 접합부 포함)
10. 후방 동체
11. 꼬리날개 부문(미익(미부) 부착물 포함)
12. 미익의 일반적인 기술
13. 수평 안정판 및 승강타
14. 수직 안정판 및 방향타
15. 엔진 설치
16. 나셀 및 파이런

이들 각각에 대한 기술은 레이아웃을 보여주고 구조 재료를 지정하는 구성부품(기본 기하학 및 구조 부재)의 상세도면으로 예시한다.

14.1.8 착륙장치

다음은 착륙장치 각 구성부품의 일반적인 설명을 기술한다. 기술할 항목은 다음이 포함된다.

1. 주 랜딩기어
2. 앞 랜딩기어
3. 랜딩기어 도어
4. 수축 및 전개(고정장치)
5. 브레이크
6. 앞바퀴 조타

위의 각 항목에 대한 기술에는 미익부와 그 시스템의 설계 및 운용을 보여주는 도면으로 예시한다.

14.1.9 동력장치(및 시스템)

가용한 각각의 엔진 선택권에는 엔진, 외부 구동 및 보기류, 엔진 조종 장치, 엔진 시스템 및 엔진 장착이 기술된다.

1. 일반적인 기술
2. 엔진 기술
3. 엔진 설치
4. 엔진 조종 장치
5. 엔진 시스템(시동, 연료, 유압, 공기압, 전기 시스템)
6. 방화 시스템
7. 엔진 윤활, 배수 및 배출

시스템의 도관 작업과 블록선도를 보여주는 이러한 기술에는 여러 도면이 수반된다.

14.1.10 연료장치

연료장치에 대한 기술에는 탱크 설비, 엔진 장비, 양 측정, 재급유 및 투매, 환기, 조종 장치 및 계측이 포함된다. 이러한 기술을 예시하는데 여러 도면이 사용된다.

14.1.11 유압장치

아래 참조

14.1.12 전기장치

아래 참조

14.1.13 전자장치

아래 참조

14.1.14 계측 및 통신

(11), (12), (13), (14) 부문은 연료장치를 나타내는 것과 유사한 패턴을 따른다. 시스템의 일반적인 기술 뒤에 각각의 주요 구성부품을 기술한다. 블록선도와 도면이 기술을 충실히 하기 위해 사용된다.

14.1.15 비행 조종 장치 및 비행갑판

항공기 비행 조종 장치는 더 많이 컴퓨터 집적이 구체화됨에 따라 새로운 디자인의 중요한 특징이 되고 있다. 일반적인 설계 철학이 제시되고 보조익, 승강타 및 방향타, 1차 비행 조종 장치와 트림 시스템에 대한 상세한 기술이 뒤따른다. 비행 조종 부문은 또한 플랩/에어브레이크/리프트 덤퍼 운용에 대한 기술이 포함될 수 있다. 여러 가지 시스템을 기술하는데 적절히 선도와 도면을 사용한다. 승무원 부문(조종실)에 대한 기술은 조종 장치, 계측, 서비스, 좌석 배열에 대한 설비에 대한 상세한 내용이 주어진다. 좌석 배열 위치로부터의 조종사의 견해를 보여주고 설계 요건과 비교한다.

14.1.16 승객실 레이아웃

동체 객실 부문은 승객실과 화물실을 조정한다. 이 부문은 다음과 같은 제목의 시설을 기술한다.

1. 승객실
2. 화물실

3. 접근/탈출/비상 시스템
4. 객실 승무원 장비
5. 서비스

여러 가지 도면과 선도로 이러한 주제를 예시한다.

승객실 레이아웃은 고정 서비스(주방, 화장실, 선반, 저장실, 좌석 레일 및 창문) 시설을 보여주기 위해 기술한다. 내부 트림 및 시설을 기술하지만 이들은 특정의 운용자와 상의할 주제이다. 화물/수하물 격실의 레이아웃과 체적 크기를 적재 도어와 함께 기술한다.

여러 구역과 서비스 시설로 접근하는 진입 도어를 보여주고 탈출 경로(비상 출입구 등)를 기술한다. 기타 비상 장비(통로 조명, 산소, 탈출 낙하산 등)을 기술한다. 모든 객실 장비(승무원실, 주방, 장구 저장소, 예비 승무원실 등)를 기술한다.

마지막으로 이 부문은 서비스 시설과 항공기 반환점(회항점)에 전념한다. 항공기 주위의 지상 서비스 차량의 위치를 (선도로) 보여주어야 한다.

14.1.17 환경 제어장치

이 부문은 동체 여압, 보조 동력 기구(APU), 환기, 공조 및 방빙(날개 앞전, 방풍창, 엔진 흡입구 등)과 관련된 모든 시스템을 포함한다.

14.1.18 안전장치 및 비상 출구

이러한 장치에는

1. 화재 방지 및 소화 장치
2. 산소
3. 탈출
4. 조류 충돌
5. 전기(비상 조명)
6. 경고기구 및 계측

장치가 포함된다.

블록선도와 관련하여 이러한 장치의 기술을 제시한다.

14.1.19 서비스 항목

항공기 지상 서비스, 정비 및 신뢰도의 모든 측면을 다음과 같은 제목으로 기술한다.

1. 항공기 반환점
2. 견인 및 조타
3. 고정장치 및 지상 입항 금지장치
4. 엔진 교환
5. 보조 동력 기구(APU)
6. 잭킹, 호이스트 및 슬링
7. 지상 지원 요건
8. 시험 장비 및 표준 커플링
9. 정비 절차
10. 신뢰도

14.1.20 공황 호환성(양립성)

민간 항공기의 경우 공항 시설과 관련한 데이터를 제공하는 것이 필수적이다. 항공기 능력을 완전히 상세화한 별도의 지침서인 '비행기 특징-공황 계획'이 제조업자에 의해 만들어진다. 유형 규격의 경우 다음과 같은 주제에 대한 소개가 모두 필요하다.

1. 항공기 기하학

- 간극
- 도어 크기 및 위치
- 화물실
- 센서

2. 지상 기동

- 선회 반경
- 조종실 시정
- 활주로 경로

3. 터미널(기점) 서비스

- 반환점
- 서비스 연결 및 요건
- 견인

4. 엔진 소음

5. 날개 와류 데이터

6. 포장도로 데이터

- 랜딩기어 기하학
- 랜딩기어 하중
- 포장도로 요건(하중 분류, 수, FAA 방법)

14.1.21 예외 규정

이는 항공기를 설계하고 판매 계약을 하는 법적인 골격을 제공하는 계약상의 이슈를 열거하는 직접적인 부문이다. 부속서에는 장비 및 공급자를 열거한다.

14.2 예시

유형 규격서는 여러 가지 공학(기술) 도면, 모식도, 시스템 블록선도, 그래프, 도표 및 선도가 포함된다. 아래 열거한 목록은 배타적이지는 않지만 특수 부문의 주제에 대한 실례를 지원하는 유형에 대한 지침을 제공한다.

항공기 GA 삼면도

내부 계획도(예를 들어 객실 배치도)

비행 포위선도

피로 스펙트럼

미익부 활용 스펙트럼

중량 및 중력중심선도

플로어 하중

조종실 전망도

중앙단면 동체 접합부

미익면 구조

주 미익부 GA(설치 포함)

앞바퀴 조향

엔진 동력 이륙

시동장치 설치

전기장치

안테나 위치

유압장치

비행조종 장치

객실여압 일정

중앙 경고 패널

탈출석 설치

통신장치

진입 패널

비행갑판으로부터 시정

활주로 경로

내부 측면도(동체 패키지)

항공기 기하학

임무 프로파일

미익부 수직속도 스펙트럼

활주로 하중

동체 구조 골격

동체 단면

날개 구조 골격

플랩 세목

핀 구조

앞 미익부 GA(설치 포함)

엔진 설치

엔진 조종 장치

연료장치 및 탱크시설

외부등

전자장치

공기압 장치

환경제어장치

계측

산소장치

지상 탈출장치

APU 배열

지상 서비스

회전반경

14.3 결론

분명히, 위에서 기술한 내용에 포함되어 있는 세목들은 프로젝트 설계 단계의 마지막과 상세 설계 단계로 디자인을 공개하기 직전의 항공기 데이터를 나타낸다. 이 시기 이전에 세목의 수준은 수행한 분석의 정도와 형상을 순화시키는데 사용할 수 있는 시간에 걸맞게 된다. 유형 규격 문서에 대한 요건의 지식은 프로젝트 설계 전반에 걸친 목표로 작용한다. 문서는 프로젝트 분석 이전에 시작해야 하며 항공기 세목의 디자인이 전개됨에 따라 지속적으로 갱신해야 한다. 별개의 부서가 프로젝트에 참여하는 대형 조직에서 유형 규격서는 항공기의 통상적인 기술로 작용한다. 그러한 환경에서 문서 수정은 개정(수정) 위원회나 관리 검토 조직에 의해 엄격히 통제된다. 중요성과 그 때문에 유형 이력의 지위는 이것이 항공기 디자인에 대한 법적이고 조직적인 골격을 이루므로 과대평가할 수 없다.

Chapter 15 Aircraft Design

스프레드시트 방법 개요

- 항공기 설계는 반복적인 과정이므로 매우 노동집약적이다. 디자이너는 항상 모든 설계 규격과 감항성을 충족시키는 한편 가장 비용 효과가 높은 항공기를 고객에게 제공하려고 노력하고 있다. 1940년대 후반에 수많은 기술자들이 수학적이고 반실험적인 관계를 혼합 사용하여 설계 과정을 자동화하려는 시도를 통해 이 문제를 강조하기 시작했다. 그러나 수작업으로 수행해야 할 계산은 여전히 필요하고, 디자이너는 많은 노동집약적인 과업을 컴퓨터 프로그램을 사용하여 달성할 수 있음을 인식하였지만 초기 프로그래밍 언어는 매우 특화되었으며 사용하기가 어려웠다. 보다 최근에 데스크탑 컴퓨터가 막강해져 스프레드시트 프로그램을 사용하여 계산을 수행할 수 있게 되었다. 이 장에서는 항공기 설계에서 학생 프로젝트 용도로 스프레드시트 프로그램을 사용하는 것을 기술하였다.

15.1 서론

항공기 설계 작업용으로 사용되는 컴퓨터 프로그램은 전통적으로 메인프레임 유형의 컴퓨터(대형 컴퓨터)를 사용하여서만 가능하였다. 일반적으로 이들은 ADA, FORTRAN과 같은 고수준, 순차(절차)적 언어로 기록하였다. 이들은 산업용 언어로는 훌륭하지만 그러한 시스템은 사용자가 적당한 컴퓨터 언어를 유창하게 사용할 수 있어야 하며 프로그램의 구조를 잘 알고 있어야 한다.

최신 데스크탑 컴퓨터의 위력과 유연성은 지난 몇 년 동안에 현저하게 증가하였다. 그러나 여전히 컴퓨터를 활용함에 따라 예견되는 이익과 유도되는 실제 이득과의 간격이 존재한다. 컴퓨터 프로그램 혹은 시스템을 사용하기 어려우면 전도양양한 사용자는 그들의 전통적인 설계 방법에 의존하게 되어 즉 수작업으로 계산하거나 대형 컴퓨터로 일괄 처리작업을 수행하게 된다.

개인용 컴퓨터의 능력을 충분히 활용하기 위해서는 소프트웨어를 만들 때 보다 사용자 기반의 접근방법이 필요하다. 이는 높은 학습율, 낮은 오류율 및 증가된 출력 데이터 활용도를 의미한다. 우리에게 필요한 것은 전통적인 고수준의 절차적 프로그램이 아니라, 컴퓨터 자신의 구조 내에 많은 필요한 기능이 있는 프로그램으로, 사용자는 원하는 분석적인 방법을 입력하는 것만이 필요한 프로그램이다. 스프레드시트는 작업을 수행할 수 있는 능력뿐만 아니라 대부분의 복잡한 필요 함수를 기술하는데 적절한 것으로 보인다.

이 장에서는 학생 프로젝트 설계 과업으로 적절한 스프레드시트를 만들어내는데 사용되는 방법을 상세히 기술하였다. 그러한 프로그램의 1차 요건은 모듈러 설계로 다양한 설계점을 추정할 수 있으며 매개변수 연구를 수행할 수 있는 능력이다. 초기 프로젝트 설계 과업에 필요한 분석 모듈을 기술하고 사용되는 분석적인 방법을 간단히 기술하였다. 다음에 여러 가지 항공기 프로젝트에 스프레드시트 방법을 적용하고 그 결과를 기술하였다.

스프레드시트 방법과 관련한 보다 자세한 내용은 "Jenkinson, L.R, Rhodes, D.P, Application of Spreadsheet Analysis Programs to University Projects in Aircraft Design, 1995"를 참고하기 바란다.

15.2 스프레드시트 레이아웃

항공기 설계 스프레드시트용으로 선정된 레이아웃은 전반적인 유용성을 결정하게 된다. 모듈성의 필요성과 매개변수 연구를 수행할 수 있는 능력을 고려하여 표 15.1과 같은 레이아

웃을 추천한다.

A 열은 입력 혹은 계산의 수치값의 기술적인 표시를 포함한다. B열은 기술적인 표시에 대한 변수 이름을 포함한다. 이는 총 날개 면적을 S라고 하는 것과 같은 표준 부호이거나 기술적인 표시의 약어일 수 있다. 마지막으로 C열은 스프레드시트의 다른 데이터로부터 값을 추정하는데 사용되는 수치 데이터(입력)나 공식이 포함된다.

이 레이아웃을 사용하여 C열은 복사할 수 있으며 여러 번 오른쪽으로 지나갈 수 있다. 각각의 지나간 열은 항공기 디자인을 분리하고 날개 면적과 같은 핵심 입력 매개변수를 각 열에서 바꿀 수 있다. 따라서 예를 들어 날개 면적을 입력 매개변수로서 매개변수 연구를 구성할 수 있다. 그리고 스프레드시트는 각 열의 출력값을 계산하게 되며 예를 들어 최대 이륙중량과 같은 핵심 출력 변수를 날개 면적에 대해 작도할 수 있다.

대안으로, 대형 스프레드시트의 경우 특정의 매개변수를 특수한 방법으로 변경하기 위해 모델을 만들 수 있다. 특정의 매개변수가 변하므로 필요한 출력 매개변수는 다른 작업지로 가서 나중에 사용할 수 있다.

표 15.1 스프레드시트 레이아웃

A 열	B열	C열
기술적 표시	변수 명칭	수치값/공식

15.3 모듈성

모듈 레이아웃을 개발하는 것이 중요하다. 이렇게 하면 스프레드시트를 사용하기가 훨씬 더 간편하며 다른 설계 연구에 맞게 모듈을 쉽게 수정할 수 있게 된다. 초기 프로젝트 설계에서 필요한 전형적인 모듈은 다음과 같다.

1. 입력 데이터
2. 대기조건
3. 기하학 계산
4. 중량 모델
5. 순항 공기역학 계산
6. 이륙 성능

7. 착륙 성능
8. 2구간 상승 성능
9. 중력중심 모델
10. 비용 모델
11. 직접 운용비용(DOC) 모델

위에서 열거한 목록은 초기 규격의 만족스러운 모델을 성공적으로 만들어내는데 필요한 모듈을 나타낸다. 각 모듈을 차례로 설명하기로 하자.

15.3.1 입력 데이터

입력 데이터는 형태를 정의하는데 사용되는 기본 정보, 필요 성능 및 디자인의 특성으로 구성된다. 많은 이러한 정보는 초기 추정 단계에서 만들어지는 반면에 유상하중, 항속거리, 순항 고도 등과 같은 다른 매개변수는 설계 규격으로부터 직접 사용한다. 데이터는 디자인의 중량, 성능, 비용 등을 구하기 위해 분석적 모듈에서 사용된다. 분명히 사용되는 분석적 모델이 더 상세할수록 보다 더 상세한 입력 데이터가 있어야 한다. 필요한 입력 데이터를 획득하는데 사용되는 시간과 데이터 출력의 정확도 사이에서 균형이 충돌한다. 대부분의 실제적인 경우에 100~150개의 입력값이 필요하다.

15.3.2 대기조건

항공기 성능 분석 중심에 특정 고도에서의 대기조건을 알아야 할 필요가 있다. 모델은 권계면 주위에 대한 국제 표준 대기(ISA) 특징에 기초해야 한다. 그러나 많은 수송기는 현재 권계면 위를 비행하고 있으며, 따라서 일반적으로 성층권계면의 특징을 모델링하는 것이 또한 필요하다.

ISA가 보통 채택되지만 비표준 조건에 맞도록 온도를 증가/감소하는 것이 바람직하다. 모듈은 비행장 조건(고도, 온도 증분)과 순항 조건(고도, 온도 증분)에 대해 적어도 두 번 사용해야 한다. 추가적인 대기조건을 구하기 위해 다른 임무 구간이 필요할 수 있다. 스프레드시트 모델은 그림 15.1에서 보는 바와 같이 권계면과 성층권계면 모두를 계산하는데 적당하다. 이 예에서 모듈이 어느 정도 컴팩트하기 때문에 변수 명칭을 사용하지 않은 점을 주목하기 바란다.

	A	B
1	**Input data:**	
2	**Take-off:**	
3	Altitude (m)	0
4	Δtemp (K)	0
5	**Cruise:**	
6	Initial cruise altitude (m)	1000
7	Δtemp (K)	0
8	**Constants:**	
9	S/L ISA temperature (K)	288.15
10	Pressure at S/L	101 325
11	Viscosity at 273.15 K ($kgms^{-1}$)	0.00001714
12	Lapse rate (K/m)	0.0065
13	Pressure at 11 000 m (Pa)	=((B9-B12*11000)/B9)^(9.81/(287*B12))*B10
14	Density at 11 000 m (kgm^{-3})	=B13/(287*(B9-B12*11000))
15	**Calculations:**	
16	**Take-off:**	
17	Temperature (K)	=(288.15+B4)-(B9*B3)
18	Pressure (Pa)	=(B17/B9)^(9.81/(287*B12))*B10
19	Density at altitude (kgm^{-3})	=B18/(287*B17)
20	Absolute viscosity ($kgms^{-1}$)	=(B17/273.15)^(3/4)*B11
21	Kinematic viscosity (m^4s^{-1})	=B20/B19
22	Speed of sound (ms^{-1})	=SQRT(1.4*287.3*B17)
23	**Cruise:**	
24	Temperature (K)	=IF(B6>11000,(B9-B12*11000),(B9-B12*B6))+B7
25	Pressure (Pa)	=IF(B6>11000,EXP(9.81/(287*B24)*(11000-B6))*B13,(B24/B9)^(9.81/(287*L))*P0)
26	Density ($kgms^{-3}$)	=IF(B6>11000,EXP(9.81/(287*B24)*(11000-B6))*B14,(B25/(287*B24)))
27	Absolute viscosity ($kgms^{-1}$)	=(B24/273.15)^(3/4)*B11
28	Kinematic viscosity (m^4s^{-1})	=(B27/B26)
29	Speed of sound (ms^{-1})	=SQRT(1.4*287*B24)

그림 15.1 대기조건 모듈

15.3.3 기하학 계산

기하학 계산 모듈은 기본 데이터 입력으로부터 상세한 형태를 구하는데 사용된다. 이러한 계산에는 습윤면적, 평균 공력 시위 등과 같은 것을 구하는 것이 포함된다. 표준 기하하적인 방법과 함께 제7, 8장의 그림 7.19, 그림 8.2(b)와 같이 기술한 방법을 사용할 수 있다. 스프레드시트 패키지의 붙박이 그래픽 능력을 사용하여 출력을 직접 점검할 수 있다. 그림 15.2는 실제 및 등가 날개 윤곽의 평균 공력 시위(MAC) 뿐만 아니라 크랭크모양의 뒷전 날개의 등가 날개 윤곽을 구하는 것을 보여주고 있다.

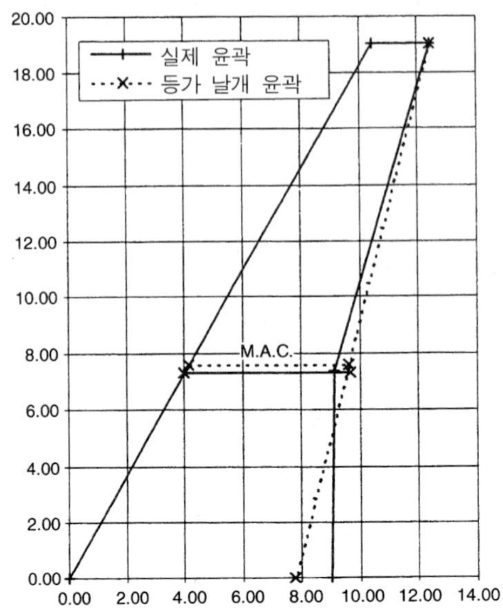

그림 15.2 붙박이 스프레드시트 시설을 사용하여 날개 형태 제시

15.3.4 중량 모델

중량 모델은 항공기의 전체 중량 분해구조를 구한다. 이 모듈은 많은 특정한 중량 항목이 항공기의 최대 이륙중량에 의존하므로 일반적으로 반복적이다. 최대 이륙중량에 대한 초기 추정값을 제공하고 사용자는 최종값에 도달할 때까지 이 값을 수동으로 반복한다. 대략 10번을 시도한 후에 수렴이 보통 완료된다. 대안으로, 신속하게 최대 이륙중량을 구하기 위해 많은 스프레드시트 프로그램에서 사용되는 solver 시설을 사용할 수 있다. 특히 복잡한 스프레드시트 모델의 경우 붙박이 solver는 종종 해를 구하는데 사용할 수 없다. 그러한 경우에 반복을 자동화하기 위해 마크로(macros)를 생성할 수 있다. Visual Basic(Microsoft Excel)을 사용하여 이 과업에 대한 마크로(macro)의 예를 들면 다음과 같다.

```
sub Macro 1 ()
Sheets ("Sheet 1"). Select
10  If (Abs (Range ("C12"))>0.01) Then
    Range("C11"). Select
    Selection. Copy
    Range("C10"). Select
    Selection. PasteSpecial Paste: = x1Values, _
```

```
        Operation: x1None, _
        SkipBlankts: False, Transpose:=False
    GoTO 10
  End if
End Sub
```

마크로는 작업지를 “Sheet1”이라고 부르고, 계산된 중량이 셀 C11에 있다고 가정한다. 초기 추정값을 셀 C10에 정의한다. 두 값의 차이를 셀 C12에서 계산한다. 초기 추정값과 계산된 중량간의 절대 차이가 0.01보다 크면 초기 추정값을 계산된 값으로 대체한다. 비록 매우 엉성하지만 이는 해에 신속하게 수렴된다. 여러분의 특정한 모델에 적합시키기 위해 작업지 명칭과 셀 기준을 쉽게 변경할 수 있다.

15.3.5 순항 공력 모델

순항 모듈의 1차 출력은 항공기 순항 양항비이다. 이는 분석중인 임무의 필요 연료를 계산하는데 사용되며, 따라서 임무의 최대 이륙중량을 구하는데 사용된다. 이를 하기 위해서 모듈은 기하학적인 정보를 사용하여 순항 비행 조건의 항력 특징을 계산한다. 이 모듈은 가장 간단한 형태이므로 단지 단일 순항 고도만을 분석하게 된다. 그러나 보다 개선된 모델은 운용 현실을 보다 더 근접하게 반영하기 위해 수많은 순항 고도를 갖는 계단 윤곽이 포함될 수 있다. 이 단계에서 설치 추력이 초기 순항 요건을 충족하는데 충분한가를 확인하기 위해 엔진 동력 설정값을 점검하는 것이 편리하다.

항력 예측을 할 수 있도록 이 모듈의 경우 입력 데이터에는 순항 조건, 기하학 계산 및 초기 중량 추정값을 포함해야 한다. 초기 순항 고도에 필요한 필요 추력을 정적 해수면 추력으로 변환하기 위해 엔진 데이터가 또한 필요하다.

15.3.6 이륙 모듈

이륙 성능 모듈은 항공기의 이륙 비행장 성능을 구한다. 표준 이륙 비행장 길이를 구할 뿐만 아니라 종종 균형 비행장 길이를 계산하는 것이 필요하다. 여기서, ‘accelerate-go’와 ‘accelerate-stop’ 단계 모두에 대해 거리를 계산한다. accelerate-stop 단계의 경우 제동을 착륙 단계와 유사한 방법으로 다룬다(제10장 참조). 그리고 ‘accelerate-go’와 ‘accelerate-stop’ 거리가 동일할 때까지 결심 속도, V_1을 바꾸어 균형 비행장 길이를 구한다. 또한 이 반복은 붙박이 solver 혹은 전문가 macro를 사용하여 스프레드시트 내에서 다룰 수 있다.

기하학 데이터, 공력 특징 및 이륙 중량을 이륙 활주를 하는 동안의 항공기 항력을 구하는데 사용된다. 그리고 이륙 활주를 하는 동안의 가속도를 구하는데 설치 엔진 추력을 사용한다. 항공기 속도가 감속되는 추력을 구하는데 엔진 데이터를 사용할 수 있을 경우 그 결과의 정확도가 개선된다.

15.3.7 착륙 모듈

착륙 성능 모듈은 항공기의 착륙 비행장 성능을 구한다. 이륙에서와 같이 항공기 항력은 중량 추정값과 기하학적인 데이터로 구한다. 필요한 정확도에 따라 착륙 단계는 작은 수많은 구간이나 사용되는 증가 절차로 나눌 수 있다. 후자로 제동 적용, 역전 추력, 스피드브레이크와 리프트 덤퍼의 효과를 분석할 수 있지만, 계산 시간과 복잡도가 상당히 증가한다.

15.3.8 2구간 상승 모듈

2구간 상승 성능 모듈은 하나의 엔진이 작동이 되지 않는 항공기의 상승 구배를 구한다. 제10장에서 살펴본 바와 같이, 민간 수송기는 엔진의 수에 따라 (감항성 요건에서 규정한) 특정의 상승 구배를 충족해야 한다. 이 경우에 항력 모델은 작동 불능 엔진의 풍차 효과로부터 증가된 항력을 적절히 고려해야 하며 또한 비대칭 동력 비행과 관련된 조종 편차에 의한 항력 증가를 고려해야 한다.

15.3.9 중력중심 모듈

중력중심 모듈은 항공기를 평형시키는 날개의 정확한 위치를 구하는데 긴요하다. 중량 모듈에서 계산한 중량을 사용하여 각 세부계통의 기수에 대한 모멘트가 주어진다. 그리고 기수로부터 항공기 중력중심의 거리를 구하기 위해 모멘트와 중량을 합하여 중력중심을 계산한다. 이는 날개 평균 공력 시위(MAC)의 백분율로 표현된다. 필요시 이 모듈은 운용 공허중량의 항공기 중력중심뿐만 아니라 승객 하중의 변화를 고려하여 확장할 수 있다.

15.3.10 항공기 비용 및 직접 운용비용 모듈

항공기 비용 모듈은 항공사가 사야 할 필요가 있는 항공기의 '가격'을 구한다. 이는 kg 관계식당 단순 비용을 사용하거나 개발 및 생산 비용을 예측하는 공식을 사용하여 추정한다 항공기 비용 모듈에서 기체와 엔진 크기가 1차 입력 변수이다.

직접 운용비용 모듈은 항공사가 감지하는 운용비용을 구한다 이는 종종 디자인을 비교하는데 유용한 매개변수이다. 이는 또한 주어진 디자인을 최적화하는데 사용될 수 있다. 입력 변수에는 사용 연료, 승무원 봉급, 정비 부담금 및 항공기 구매 비용 등이 포함된다.

15.3.11 요약

2구간 상승 성능뿐만 아니라 비행장 및 순항 성능 모듈이 주어진 디자인의 엔진을 '사이징' 하는 특정의 비행 사례를 형성한다. 최적 디자인은 모든 3가지 요건을 충족할 수 있는 동일한 '크기'의 엔진이 필요하다. 종종 3가지 요건중의 하나가 우세하고 그러므로 중요 요건으로 정해지므로 실제로 3가지 요건을 충족하는 것은 가능하지 않을 수 있다. 쌍발 엔진 항공기는 종종 2구간 상승이 중요하다고 구해지는 반면에 4발 엔진 항공기는 상승(즉 상승 성능의 정상)이 중요한 것처럼 보인다. 허용 활주로가 짧을 경우에는 비행장 사례가 항공기에 중요할 수 있다.

15.4 스프레드시트 형식

불행하게도 기술한 수많은 모듈은 상당히 큰 스프레드시트가 만들어진다. 제안한 레이아웃을 사용하여 모든 모듈을 단일 작업지에 정렬하는 경우 2000행 이상으로 스프레드시트는 매우 길게 된다. 이렇게 길면 곧 바로 각 모듈을 위아래로 지나가도록 화면이 이동하는 것이 지겹게 된다. 그러나 최신 스프레드시트는 본질상 3차원이다. 전통적인 스프레드시트는 일련의 행과 열를 포함하고 있다. 3차원 스프레드시트는 이 전통이 지속되지만 단일 파일 혹은 작업지 내에 페이지가 있다. 데이터가 다른 작업지 사이로 지나갈 수 있다. 이는 스프레드시트 모델에 강력한 구조를 제공하고 각 페이지의 길이를 단축시켜 회면 이동을 적게 해주며 활용도를 개선시켰다. 이는 한 요원이 특정의 모델 개발에 책임을 지는 그룹 환경에서 작업하는 학생 프로젝트에서 유용한 특징이 된다.

15.5 데이터 처리

많은 항공기 설계 방법이 본질상 분석적이므로 스프레드시트 모델로 들어가는 것은 비교적 직접적인 반면에, 엔진 성능 데이터와 같은 실험 데이터는 가끔 들어가기가 훨씬 더 어렵다. 데이터가 1차원인 경우 데이터가 스프레드시트로 직접 들어갈 수 있는 함수를 생성하는데 곡면 적합과 회귀분석 기법을 사용할 수 있다. 예상되는 매개변수의 범위 전반에 걸쳐 그러한 함수를 원 데이터와 일치시킬 때는 주의를 해야 한다. 특정 점에서 함수가 더 이상 유효하지 않을 경우 적절한 오차 처리에는 입력 매개변수 편차를 제한하거나 입력값의 극한 범위에 대해 특정의 매개변수를 통제하기 위해 다른 추가적인 함수를 포함해야 한다.

많은 경우 데이터는 2차원이다. 이러한 데이터로부터 값을 구하는데 선형 보간법을 사용할 수 있다. 선형 보간법은 일련의 데이터 셀 사이에서 갑작스러운 구배 변화로 인해 몇 가지 종류의 최적화 경로가 뒤집힐 수 있으므로 선형 보간법을 다룰 때에는 주의를 해야 한다. 대안으로, 3차 이상의 다항 보간법을 스프레드시트 방법에 적용할 수 있다. 특정한 작업지로부터 표 데이터를 판독하고 제공되는 입력 매개변수에 대해 필요한 값을 구하는데 사용자 정의 함수를 사용할 수 있다. FORTRAN에서 채택한 방법이며(출처: Numerical recipes in FORTRAN, Press, W.H, Teukolsky, S.A, Cambride Press, 1992), Microsoft Excel로 사용하는데 적절한 방법을 제시하면 다음과 같다.

```
Function Polin2(x1, x2, Sheet, Offset, N_columns, N_rows)
Dim m, n, NMAX, MMAX As Integer
Dim dy, y, x1a(10), x2a(10), ns, w, den, ya(10, 10), c(10),
d(10) As Double
Dim j, k, Length, Column_offset, Row_offset As Integer
Dim ymtmp(10), yntmp(10) As Double
Dim X_Location, Y_Location, Location As String
     ' Determine Off-set
Length=Len(Offset)
Column_offset=Asc(Left(Offset, 1))
Row_offset=Right(Offset, (Length - 1))
     ' Set-up x1a(m)
For i=1 To N_columns
     X_Location=Chr(Column_offset+i)+CStr(Row_offset)
      x1a(i)=Sheets(Sheet).Range(X_Location).Value
Next i
     ' Set-up x2a(n)
For i=1 To N_rows
     Y_Location=Chr(Column_offset)+CStr(i+Row_offset)
     x2a(i)=Sheets(Sheet).Range(Y_Location).Value
     Next i
     ' Set-up ya(N_columns, N_rows)
For i=1 To N_columns
     For j=1 To N_rows
          Location=Chr(Column_offset+i)+CStr(j+
Row_offset)
          ya(i, j)=Sheets(Sheet).Range(Location)
     Next j
Next i
For j=1 To N_columns
     For k=1 To N_rows
          yntmp(k)=ya(j, k)
     Next k
     ns=1
     dif=Abs(x2 - x2a(1))
     For i=1 To N_rows
          dift=Abs(x2 - x2a(i))
          If (dift)<(dif) Then
          ns=i
          dif=dift
     End If
```

```
        c(i) = yntmp(i)
        d(i) = yntmp(i)
        Next i
          ymtmp(j) = yntmp(ns)
        ns = ns - 1
        For m = 1 To (N_rows - 1)
              For i = 1 To (N_rows - m)
                    ho = x2a(i) - x2
                    hp = x2a(i + m) - x2
                    w = c(i + 1) - d(i)
                    den = ho - hp
                  If (den) = 0 Then
                        End
                    End If
                    den = w/den
                  d(i) = hp * den
                  c(i) = ho * den
              Next i
              If (2 * ns) < (N_rows - m) Then
                    dy = c(ns + 1)
              Else
                    dy = d(ns)
                    ns = ns - 1
              End If
              ymtmp(j) = ymtmp(j) + dy
        Next m
Next j
ns = 1
dif = Abs(x1 - x1a(1))
For i = 1 To N_columns
      dift = Abs(x1 - x1a(i))
        If (dift) < (dif) Then
            ns = i
            dif = dift
      End If
        c(i) = ymtmp(i)
      d(i) = ymtmp(i)
Next i
y = ymtmp(ns)
ns = ns - 1
For m = 1 To (N_columns - 1)
      For i = 1 To (N_columns - m)
            ho = x1a(i) - x1
            hp = x1a(i + m) - x1
            w = c(i + 1) - d(i)
            den = ho - hp
            If (den) = 0 Then

                 End
           End If
           den = w/den
             d(i) = hp * den
             c(i) = ho * den
     Next i
     If (2 * ns) < (N_columns - m) Then
           dy = c(ns + 1)
```

```
      Else
            dy=d(ns)
            ns=ns - 1
      End If
    y=y+dy
Next m
Polin2=y
End Function
```

15.5.1 예

함수 'Polin2'는 그림 15.3에서 보는 바와 같이 표 위치, 행, 열의 수 및 제공되는 두 입력 변수가 필요하다.

여기서 데이터는 주어진 고도와 마하수에서 최대 정적 추력의 일부분으로서 최대 상승 이용 추력을 나타낸다. 함수를 호출하는 공식은 작업지 명칭(이 경우에 '엔진 데이터'라고 하는)을 포함하고 있으므로 함수는 다른 작업지의 다른 표에 여러 번 적용할 수 있다. 따라서 엔진 데이터의 순람표와 공기역학의 순람표가 분석 모듈로부터 분리될 수 있다.

	A	B	C	D	E	F
1				Mach No.		
2	Alt (ft)	0	0.2	0.4	0.6	0.8
3	0	0.854	0.700	0.592	0.513	0.45
4	10000	0.688	0.579	0.496	0.446	0.400
5	15000	0.608	0.517	0.446	0.401	0.371
6	25000	0.450	0.388	0.346	0.325	0.308
7	30000	0.383	0.333	0.300	0.283	0.275
8	35000	0.325	0.283	0.258	0.246	0.242
9	40000	0.254	0.221	0.203	0.192	0.192
10						
11						
12	Estimate	0.25				
	0	=Polin2(B12,A13,"Engine","A2",5,7)				

그림 15.3 함수 Polin2

15.6 결론

이 장에서는 절차적 프로그램용으로 이전에 개발된 모든 방법을 사용하여 항공기 디자인을 분석하는데 스프레드시트를 어떻게 사용하는가를 살펴보았다. 스프레드시트를 사용하면 항공기 모델을 훨씬 더 신속하게 개발할 수 있으며, 어렵지 않게 그리고 그럼에도 불구하고 항공기 디자인, 성능 및 최적화와 관련한 독특한 문제를 학생들에게 잘 전달할 수 있다.

Chapter  Aircraft Design

항공기 재료

- 기체의 구조 부위에 사용되는 재료는 최소한의 중량으로 적절한 강도를 유지해야 한다. 다시 말하여 높은 강도 대 중량비(SWR)를 가져야 한다. 그러나 이것이 유일한 고려사항은 아니다. 재료의 강성은 종종 재료의 강도만큼 중요하며, 또한 다른 요소를 고려할 필요가 있다.
- 하중의 방향이 변하거나 하중의 크기가 크게 변하는 경우가 발생할 때 피로를 고려해야 한다. 하중은 거의 모든 동체 부분의 조합으로 발생할 수 있으며, 피로 파괴가 일어날 가능성은 구성부품이 받게 되는 적용 하중 및 응력 변화의 수에 따라 좌우된다.

16.1 서론

이미 앞에서 강조한 바와 같이, 기체의 구조 부위에 사용되는 재료는 최소한의 중량으로 적절한 강도를 유지해야 한다. 다시 말하여 높은 강도 대 중량비(SWR)를 가져야 한다. 그러나 이것이 유일한 고려사항은 아니다. 재료의 강성은 종종 재료의 강도만큼 중요하며, 또한 다른 요소를 고려할 필요가 있다.

재료는 그 특성이 일치하고 예견할 수 있으므로 우리가 재료로부터 예상되는 거동이 무엇인가를 알 수 있다. 모든 재료는 그들의 기본 특성이 약간씩 다르므로 이들을 설계에 사용할 때에는 가장 낮거나 나쁜 특성을 취하는 것에 더하여 적절한 안전계수를 사용하는 것이 보통이다. 이는 재료 특성이 특정한 특성보다 나빠지지 않는다는 것을 어느 정도 보증해준다.

- 재료는 균일해야 하는 것이 이상적이지만, 비록 특수한 재료를 처리하는 방법이 평범하다 하더라도 이는 가능하지 않다. 알루미늄 합금은 평판과 얇은 판재를 만들기 위해 자주 압연하며, 이는 재료 특성이 다른 방향에서 다를 수 있다는 의미이다. 판재는 모든 방향에서 일치하는 특성을 갖는다고 가정하고 재료를 유용한 상태로 두기 위해 압연 방향을 평판에 분명하게 표시한다.
- 금속은 날씨, 해수 혹은 기타 화학물질에 노출되어 일어나는 부식으로부터 심각하게 열화되지 않아야 한다. 응력의 영향은 부식의 영향을 가속시키는 것과 같다. 유사하게, 비금속은 이러한 환경에서 현저하게 열화되지 않아야 한다.
- 재료는 비가연성 혹은 낮은 가연성이어야 한다. 이는 사용시, 제조 혹은 수리시에 독성과 같은 기타 안전 위험이 나타나지 않아야 한다.
- 재료는 쉽게 사용할 수 있고 합리적인 가격이어야 하며, 표준 절차를 사용하여 제조하기에 적절해야 한다. 재료 특성이 특히 유용한 경우 새로운 공정은 종종 그 공정을 보다 실질적으로 유용하게 하기 위해 개정할 수 있다.
- 재료는 피로(fatigue)에 민감하지 않아야 하거나 허용 수명을 보장하는데 충분히 낮은 응력 수준으로 사용되어야 한다.
- 재료는 주어진 중량에서 좋은 강성을 가져야 한다.
- 재료는 그 재료가 지배받고 있는 온도에서 적절한 강도를 유지해야 한다. 특히 초음속 항공기에서 사용되는 재료나 항공기의 특정 부위에 사용되는 재료는 더욱 그러하다.

그러므로 이러한 요건들이 기체에서 사용되는 재료의 종류를 제한하지만, 디자이너가 사용할 수 있는 많은 선택사양이 존재한다. 보통 특수한 요구사항은 직접 하나 혹은 작은 그룹의 재료로 유도되지만, 새로운 합금 및 새로운 작업방법이 상황을 바꿀 수 있다. 다음의 재

료 그룹들이 위에서 열거한 요건을 만족시키며, 기체의 주 구조에서 사용되고 있다.

- 알루미늄 및 마그네슘 합금(경합금)
- 강
- 타이타늄 및 타이타늄 합금
- 니켈 합금
- 플라스틱 및 복합소재

고려해야 할 많은 다른 요소들이 있기 때문에 다른 재료들 간에 정확한 비교를 이끌어내는 것은 어렵다. 예를 들어, 일부 재료는 다른 재료보다 인장에 더 잘 저항한다. 일부 재료는 압축에 더 잘 저항한다. 다른 종류의 합금일지라도 다른 종류의 하중에서 선호된다. 이들 재료들의 강도 대 중량비를 고려하여 다른 재료들을 어떻게 비교하는가에 대한 몇 가지 아이디어를 얻을 수 있다(표 16.1).

표 16.1 여러 가지 우주항공 재료의 강도 대 중량비 비교

재료	밀도	인장강도	SWR
알루미늄 합금 (2024-T3)	2.80 g/cm^3	420 N/mm^2	150
강 (S98)	7.85 g/cm^3	1160 N/mm^2	148
타이타늄 합금 (Ti-6A-14V)	4.43 g/cm^3	900 N/mm^2	203
니켈 합금 (MAR-M 246)	7.50 g/cm^3	960 N/mm^2	128
복합소재 (탄소/에폭시)	1.40 g/cm^3	920 N/mm^2	657

응용심화학습 1 기체구조 재료의 구비요건

◆ 기체 구조의 구조 부위에 사용되는 재료는 다음과 같은 몇 가지 특성을 구비해야 한다.

① 최소한의 중량으로 적절한 강도를 유지해야 한다.

② 적절한 강성을 가져야 한다.

③ 예상되는 재료거동을 알기 위해서 그 특성이 일치하고 예견할 수 있어야 한다.

④ 재료는 모든 부분과 모든 방향에서 동일한 특성을 가져야 한다.

⑤ 금속은 날씨, 해수 혹은 기타 화학물질에 노출되어 일어나는 부식으로부터 심각하게 열화되지 않아야 한다.

⑥ 재료는 비가연성 혹은 낮은 가연성이어야 한다.

⑦ 재료는 쉽게 사용할 수 있고 합리적인 가격이어야 하며, 표준 절차를 사용하여 제조하기에 적절해야 한다.

⑧ 재료는 피로(fatigue)에 민감하지 않아야 하거나 허용 수명을 보장하는데 충분히 낮은 응력 수준으로 사용되어야 한다.

⑨ 재료는 주어진 중량에서 좋은 강성을 가져야 한다.

⑩ 재료는 그 재료가 지배받고 있는 온도에서 적절한 강도를 유지해야 한다.

응용심화학습 2 재료 선정시 고려요소

◈ 항공기의 재료를 선택하는데 중요한 수많은 요소가 있다. "최상"의 재료를 선택하는 것은 응용에 좌우된다.

◈ 고려해야 할 요소는

- 항복 및 극한 강도
- 강성
- 밀도
- 파괴인성
- 피로 균열 저항
- 크리프
- 내식성
- 온도 제한
- 제조성
- 수리성
- 비용
- 가용도

등이다.

16.2 알루미늄 및 마그네슘 합금: 경합금

순수 알루미늄과 순수 마그네슘은 이들이 매우 낮은 강도를 가지고 있으므로 기체의 구조 재료로 부적절하다. 그러나 각기 다른 금속 혹은 다른 금속과 합금을 하면 이들의 강도가 크게 개선되고, 이들은 가장 광범위하게 사용되는 기체 재료 그룹을 형성한다. 아연, 구리, 망간, 규소, 리튬을 포함한 금속을 합금하여 이들 단독으로 혹은 결합하여 기체 재료로 사용할 수 있다.

매우 많은 다른 변종이 있으며, 이들은 각각 다른 특성을 가지므로 다른 용도에 적절하다(표 16.2). 마그네슘 합금은 해수에 부식되기 쉬우며 항공모함에 기반한 항공기에서는 이들의 사용을 일반적으로 회피한다.

알루미늄 합금은 비록 마그네슘 합금보다 조밀하지만, 화학적으로 부식될 가능성이 훨씬 적으며, 저렴하므로, 보다 광범위하게 사용된다. 듀랄뉴민으로 알려진 2024 합금은 93.5%의 알루미늄과 4.4%의 구리, 1.5%의 망간 및 0.6%의 마그네슘으로 구성되며 항공기 구조의 모든 재료에서 가장 광범위하게 사용된다. 알루미늄 합금은 순수 알루미늄보다 더 부식되기 쉬우므로, 순수 알루미늄은 종종 보호층을 형성하기 위해 그 합금 표면을 압연처리한다. 이 공정을 클래딩(cladding)이라고 하며, 이와 같이 처리한 판재를 클레드 시트 혹은 알크레드(Al-clad)라고 한다. 알루미늄 합금을 보호하는 또 다른 일반적인 방법을 양극처리법(anodising)이라고 한다.

알루미늄-리튬 합금은 알루미늄-아연 및 알루미늄-구리 합금보다 강도 및 강성이 우수하므로 중량을 절감하는데 사용된다. 그러나 이들은 3배나 비싸므로 용도가 제한된다.

표 16.2 알루미늄 합금

합금 명칭	유형/조성	응용/특성
1000 계열	최소 99.0% 알루미늄	구조용으로 거의 사용하지 않는다
2000 계열	알루미늄-구리	범용/좋은 피로 수명 및 파단 인성
5000 계열	알루미늄-마그네슘	범용/저밀도, 부식에 민감하다
6000 계열	알루미늄-마그네슘-규소	2000 계열보다 낮은 강도, 용접할 수 있다
7000 계열	알루미늄-아연	높은 강도, 불량한 피로 성능
–	알루미늄-리튬	강도 및 강성이 다른 알루미늄 합금보다 우수하며, 낮은 밀도, 초피로 성능, 비싸다

타이타늄을 공유하고 있는 특정의 알루미늄 합금의 흥미로운 특성은 이들이 초소성적으로 성형(SPF)할 수 있다는 점이다. 재료를 융점 훨씬 아래인 특정 온도로 가열할 때 이들은 뜯어지거나 국지적으로 얇아지지 않고 고유의 길이가 몇 배나 늘어날 수 있다. 그리고 주형을

채우고 그 형태를 정확하게 가지도록 하기 위해서 아르곤과 같은 불활성 가스를 사용하여 변형할 수 있다. 이러한 특성에 기초한 여러 가지 기법이 있으며, 이는 매우 복잡한 형태를 정확하고 최소한의 중량으로 만드는데 사용할 수 있다. 높은 초기 공작비용은 SPF가 특정의 고가 항목으로 제한된다는 의미이며, 아직까지 대량 생산에는 적절하지 않다는 의미이다. 압력 용기, 소형 탱크 및 레저버와 같은 항목은 이 기법으로 만들 수 있다.

응용심화학습 3 알루미늄 및 마그네슘 합금의 장·단점

◈ 장점

- 높은 강도 대 중량비를 갖는다.
- 넓은 범위의 다른 합금이 다른 용도의 범위에 적합하다.
- 저밀도이므로 동일한 중량의 경우 커다란 용적이므로 이들이 조밀한 재료보다 더 두꺼운 경우에 사용될 수 있다. 따라서 국지 좌굴될 가능성이 적다. 이는 알루미늄 합금보다 마그네슘 합금에 더 적용된다.
- 많은 표준 형태(판재, 판, 관, 봉, 압출)에서 사용할 수 있다.
- 알루미늄 합금은 간단한 열처리 후에 작업이 용이하다.
- 특정의 알루미늄 합금에서는 초소성적으로 성형(SPF)할 수 있다.

◈ 단점

- 마그네슘 합금의 경우 특히 부식되기 쉬우므로 보호 마무리를 할 필요가 있다.
- 많은 합금은 제한된 강도를 가지며 특히 상온에서 그러하다.
- 마그네슘 합금은 낮은 강도를 가진다(그러나 강도 대 중량비는 높다).
- 피로 한도가 없다.

16.3 강

강(steels)은(스테인리스 강을 제외하고) 순수 철과 탄소의 합금으로 광범위한 범위의 다른 재료를 가지고 있다. 탄소에 부가하여 강은 크롬, 니켈 및 타이타늄을 함유할 수 있다. 강은 지극히 단단하고 부서지기 쉬운 것으로부터 매우 연하고 구부러지기 쉬운 것에 이르기까지 광범위한 특성을 가지고 있다. 많은 강은 가장 높은 강도를 가진 경우에도 매우 부식되기 쉽다. 탄소를 조성에서 배제시키면 스테인리스강이 되어 쉽게 부식되지 않는다. 그러나 스테인리스강도 완전한 내식성으로 간주되지는 않는다. 이들은 특정 온도에서 부식된다. 다른 강은 아연이나 카디뮴과 같은 다른 금속으로 도금하여 보호될 수 있다. 카디뮴은 독성으로 인해 최신 응용에서는 덜 사용된다.

모든 강은 이들이 조밀하다는 하나의 특성을 공유한다. 강은 공간이 제한되거나 그 경도 및 인성이 필요한 것과 같이 그 강도를 최상의 장점으로 사용할 수 있는 대부분의 용도에서 발견된다. 가장 일반적인 사용은 볼트, 축 및 베어링 면이다. 강의 또 하나의 장점은 많은 다른 재료보다 높은 온도에서 훨씬 잘 수행된다는 점이다.

응용심화학습 4　강의 장 · 단점

◈ 장점

- 저렴하며 쉽게 사용할 수 있다.
- 강도가 일정하다.
- 적절한 합금을 선택하고 열처리하면 광범위한 특성이 가능하다.
- 공간이 제한되는 경우 높은 강도가 유용하다.
- 일부 스테인리스강은 부식에 잘 저항한다.
- 고인장강은 높은 SWR을 갖는다.
- 딱딱한 면은 마모에 잘 저항한다.
- 경합금보다 높은 온도에서 사용하기에 적합하다.
- 대부분의 강은 용접으로 쉽게 접합된다.
- 매우 좋은 전기 및 자기 차폐성을 갖는다.
- 피로한도를 보여준다.

◈ 단점

- 고인장 합금을 제외하고는 불량한 강도 대 중량비를 갖는다.
- 조밀하므로 매우 얇은 단면 혹은 좌굴이 일어날 곳에서는 사용하지 않도록 유의한다.
- 대부분의 강은 매우 부식되기 쉽다.

16.4 타이타늄 및 타이타늄 합금

타이타늄 및 타이타늄 합금은 1950년대에는 거의 사용하지 않았지만, 현재에는 이들이 높은 가격에도 불구하고 더욱 더 널리 사용되고 있다. 특성은 강과 흡사하지만 우월한 강도 대 중량비를 갖는다. 이들은 제트 파이프 및 압축기 블레이드와 같은 엔진 구성부품과 고온에 지배되기 쉬운 기타 구성부품에서 광범위하게 사용된다.

타이타늄과 타이타늄 합금은 기계가공하기가 상당히 어려우며, 성형할 때 높은 수준의 스프링-백(spring-back)으로부터 고통을 받는다. 스프링-백이란 외력에 의해 변형된 금속이 원래의 형태로 되돌아오는 것을 말한다. 많은 합금은 고온 특히 500℃에서 성형할 필요가 있다. 일부 알루미늄 합금과 마찬가지로 타이타늄은 SPF할 수 있으며, 압력 용기와 같은 강하고 가벼운 항목을 만들 수 있다. 상온에서 두 장의 타이타늄을 고압하에서 서로 용융하면 한 장이 된다. 몇 가지 방법에서 이는 단조 용접과 유사하지만 공정이 낮은 온도에서 일어난다. SPF와 결합하면 디자인에게 매우 큰 융통성을 준다.

응용심화학습 5 타이타늄 및 타이타늄 합금의 장·단점

◈ 장점

- 높은 강도 대 중량비를 갖는다.
- 고온에서 강도를 유지할 수 있다.
- 다른 재료보다 높은 용융점 및 낮은 열팽창을 갖는다.
- SPF 및 확산 결합할 수 있다.
- 매우 높은 방식성을 갖는다(특히 소금물로부터).

◈ 단점

- 비싸다.
- 작업(특히 기계가공)하기가 어렵다.
- 불량한 전기 및 전도 차폐성을 갖는다.
- 고온에서 표면에 매우 딱딱한 스케일이 형성된다.

16.5 니켈 합금

니켈 기저 고온 합금(Nimonics)이 매우 높은 온도(최대 1,000℃)를 경험하는 곳에서 사용된다. 이러한 이유로 이들은 온도가 많은 금속의 용융점보다 높은 내부 가스 터빈 기관에서 상당히 많이 사용되는 것을 알 수 있다. 니켈 기저 합금은 무겁고 성형하기가 어려우므로 이들의 용도는 그들의 특성이 긴요한 부위로 제한된다.

응용심화학습 6 니켈 합금의 장 · 단점

◈ 장점

- 높은 강도, 매우 높은 온도까지 유지된다.

◈ 단점

- 매우 조밀하다.
- 작업하기가 어렵다.

16.6 플라스틱 및 복합소재

순수 플라스틱은 그 사용이 증대되고 있지만 구조 용도로는 거의 사용되지 않는다. 그러나 의복, 유리 테이프, 카본 혹은 에폭시와 같이 열경화성 수지 내의 케브라 섬유와 같이 항공기의 복합 구조에서는 광범위하게 사용되고 있다. 종종 이러한 재료는 판지 혹은 복합 패널로 만든다. 이는 제한된 강도의 패널로 만들지만 매우 가볍고 순수 금속 패널보다 강도 대 중량비가 훨씬 높다. 이들은 종종 취사장 및 항공기 승객실 내부의 방화벽을 만드는데 사용되지만 항공기 구조에서 사용이 증가하고 있다.

복합소재 패널은 플라스틱만으로 만들지 못하며 알루미늄 외피 혹은 하니컴 코어가 함께 혹은 플라스틱과 함께 통상적으로 사용된다(그림 16.1 참조). 보론 섬유가 또한 사용된다. 최신 세대 전투기의 경우 현재 30%의 기체구조가 복합소재로 만들고 있다. Lear Fan 2100 사업용 항공기는 77%의 복합소재로 이루어진 구조를 가지고 있다.

그림 16.1 허니컴 복합소재 패널

많은 복합소재가 섬유에 기초하고 있다는 사실은 강도와 강성이 모든 방향에서 동일하지 않다는 의미이다. 이는 많은 구조가 한 방향으로 주로 적층되므로 반드시 단점은 아니다. 섬유를 주로 그 방향으로 눕혀 최상의 재료 특성을 만들 수 있다. 이러한 방법으로 구조는 기체에서 그 용도에 따라 정교하게 만들 수 있다. 복합소재의 섬유방향을 배열하는 통상적인 방법은 0°, 0°/90°, ±45°, 0°/±45°/90°의 4가지가 있다.

많은 플라스틱 기저 복합소재는 금속보다 낮은 충격 손상(조류 충돌과 같은) 인성을 보여준다. 일부 복합소재는 안전하게 수리하는 것이 상당히 어렵다. 예를 들어, 케브라는 손상되는 경우 물을 흡수하고, 이는 만족스럽게 수리를 할 수 없게 만든다. 모든 경우에 매우 세심한 수리가 필요하고, 특히 히터 매트와 진공 펌프가 필요하다. 손상된 항목을 공장이나 수리 시설로 되돌려 보내거나 폐기하는 등 대체하기는 쉽다. 예를 들어, 전투 손상된 항공기는 가능한 한 빨리 정비할 수 있도록 복귀해야 한다. 어느 경우에나 이 방법은 보통 사용자가 더 많은 수리부속품을 필요로 한다는 의미하며, 이는 종종 높은 비용을 의미한다.

복합소재 사용이 증가함에 있어 또 다른 문제는 예를 들어, 앞전에서 이들이 케이블에 대한 전기 혹은 자기 차폐성을 제공하지 않는다는 점이다. 높은 전압과 전류는 항공기 전기장치에서 유도될 수 있으며, 이는 항공기가 강한 전자장 가까이에서 작동하는 경우 고장의 원인이 될 수 있다. 이는 또한 항공기 자신의 레이더가 관련 장비에 가까이 있을 때나 수 km 떨어진 곳에서 핵폭발이 일어날 경우에도 발생할 수 있다. 항공기 구조는 충분히 보호될 수 없으므로 특수 차폐가 필요하며, 이는 중량, 비용 및 복잡성을 추가시킨다.

그러나 이러한 모든 제한사항에도 불구하고 복합소재를 잘 사용하면 무게 절감을 크게 할 수 있으며, 항공기는 증가된 양의 복합소재 구조를 가지고 있다. 얼마 되지 않아 이들은 알루미늄 합금을 대체할 수 있으며 기체 구조에서 사용되는 제 1의 재료가 될 것이다.

응용심화학습 7 복합소재의 장·단점

◈ 장점

- 매우 높은 강도 대 중량비와 낮은 중량을 갖는다.
- 비부식성을 갖는다(그러나 일부 재료는 손상되는 경우 물을 흡수한다).
- 넓은 범위의 성형에서 쉽게 사용할 수 있다.
- 섬유의 방향 특성을 가장 높은 하중 방향에서 최적의 강도를 만드는데 사용할 수 있다.
- 레이더 및 무선 신호에 대한 낮은 저항특성이 레이더돔과 안테나 커버에 이상적이다.

◈ 단점

- 특수 제조, 검사 및 수리 방법이 필요하다.
- 일부 재료는 충격 손상을 받기 쉽다.
- 강도와 강성이 모든 방향에서 같지 않다.
- 전기 차폐성이 불량하다.

16.7 지능재료

일반적으로 대부분의 재료들은 제어계통이나 환경으로부터 자극을 받으면 그들의 형상, 색, 형태, 상, 전기, 자성, 광학 특성 또는 다른 물리적인 특성 등이 변화하게 된다. 지능재료(intelligence materials)라고 부르는 신소재는 2개 이상의 구성부품이나 계통의 기능들을 한 개의 계통 또는 구성부품 내에 결합하여 위에서 기술한 특성 변화를 이용하는 재료로서, 재료의 감소 측면과 메카트로닉스의 활용 증대라는 이점이 있기 때문에 항공기 제작업체에서 커다란 관심을 보이고 있다.

최근 미국의 Northop사는 비행중 항공기의 날개 형상을 변화시킬 수 있는 지능재료와 구조물을 개발하고 있다. 이러한 지능재료와 구조물은 공기의 압력과 속도 등과 같은 변화를 능동적으로 감지하고 적절하게 반응하여 효율적인 비행을 가능하게 함으로써, 민간 항공기의 경우 운항비용을 감소시킬 수 있으며 군용기의 경우에는 전투능력의 증대가 가능하게 된다

현재 연구되고 있는 주요 지능재료에는

- 형상기억 합금 : 가열시 매우 큰 변형을 일으킨다.
- 압전 재료 : 가해진 전류하에서 변형된다.

• 자기변형 재료 : 가해진 자장하에서 변형된다.

등이 있다.

이러한 지능재료를 이용하여 항공기의 일반 성능 중의 하나인 양력을 향상시킬 수 있음을 보여주기 위해서 Northop사는 날개의 표면 압력을 측정하는 섬유센서가 내장된 지능복합재료를 이용하여 1/6 크기로 축소된 F/A-18 날개를 제작할 예정이다. 날개 구조물 내부에 있는 스마트 토크(smart torque) 튜브는 이륙 및 착륙 또는 서행으로 비행할 때 공격 각도와 양력을 증가시키기 위하여 날개를 변형시킴으로써 입력되는 감지자료에 응답하도록 되어 있다.

이 외에도 날개의 앞전 및 뒷전이 지능재료로 제작되는데, 이로써 상하작동이 원활해지고 유동 박리도 최소화되는 것으로 알려지고 있다. 또한 가장 효율적인 비행을 위해서 섬유센서로 모아진 비행자료를 계속적으로 활용하여 날개의 형상을 바꿀 수 있도록 되어 있다.

16.8 피로

피로(fatigue)는 돌풍, 난류 혹은 진동에 의해 만들어지는 것과 같이 수많은 적용 응력이 반복되어 고장나려고 하는 재료의 경향이다. 응력은 단일 응용에서 고장의 원인이 될 수 있는 것보다 훨씬 낮을 수 있지만, 충분한 사이클을 적용하면 여전히 피로 파괴가 만들어질 수 있다. 적용 응력이 증가하면 고장이 일어나기 전의 적용 수가 점차 줄어든다. 인적 요소 다음으로 피로가 항공기 사고의 주요 원인이다. 일부 재료는 비록 강도 대 중량비의 관점에서 다른 것과 같이 좋지 않지만 우수한 피로 특성을 보이고 있으며, 이러한 이유로 광범위하게 사용된다. 재료의 피로 특성은 종종 S-n 곡선군에 의해 보여진다(그림 16.2 참조). 곡선은 열처리 상태, 평균 응력 및 다른 요인에 좌우되기 때문에 각 재료에 대한 곡선군이 존재한다.

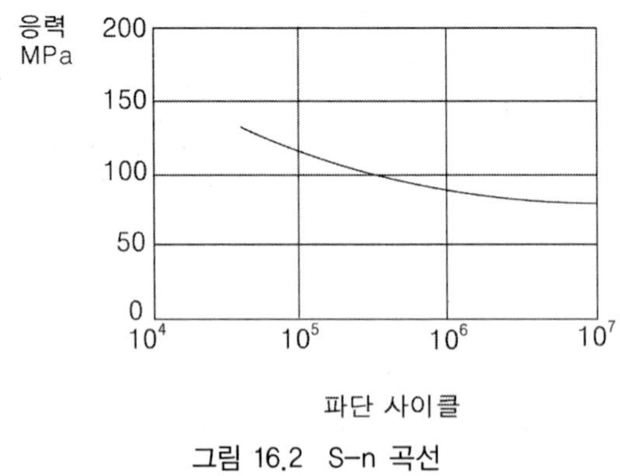

그림 16.2 S-n 곡선

피로 성능은 선택된 재료에 크게 의존하며, 다르게 응력되는 부위에서 다른 합금을 사용하는 것이 일반적이다.

강은 이들이 피로 한도를 보이며 재료 수명이 무한대로 된다는 점에서 유별나다. 많은 다른 금속은 이러한 특성을 보여주지 않는다.

피로가 가장 중요한 동체의 부위가 상부 외피이다. 이는 굽힘 및 여압 하중으로부터 인장 응력이 누적되기 때문이다. 날개-동체 결합부가 또한 문제 부위인데, 날개 스파로부터 전달되는 하중이 동체 프레임의 굽힘 원인이 될 수 있으며, 결합부에 가까운 프레임에서 피로 균열이 일어날 수 있다. 모든 부위에서 피로 파괴가 일어날 가능성은 예리한 모서리와 가깝게 간격을 한 구멍과 같은 응력집중을 피함으로써 감소될 수 있다.

피로 파괴로부터 보호하기 위해 비행시간에서 견적한 항공기 수명이 사용되며, 최신 항공기는 피로 모니터링과 페일 세이프 장치를 사용하여 다하중경로를 준비한다. 피로 계량기가 많은 항공기에 구비되어 있으며, 시간에 대한 항공기 기속도를 평가하여 각 비행시에 소비되는 피로 수명의 양을 측정할 수 있다. 제조업자들은 문제가 일어날 가능성을 미리 식별하기 위해 기체에서 일련의 피로 시험을 수행한다. 피로 계량기로 기록된 정보와 제조업자의 시험을 비교하면 잔여 기체 수명을 정확하게 모니터할 수 있으며, 예기치 않은 피로 파괴로부터 보호될 수 있다.

피로 파괴로부터 보호될 수 있는 또 다른 가능성은 피로 퓨즈를 사용하는 것이다. 이러한 것들은 구조물에 접합된 특수 기구이며, 구조가 피로되기 몇 시간 전에 피로 작용을 통해 망가지도록 설계된 기구로 미리 문제의 경고를 주게 된다. 이들은 전기적으로 혹은 정규적인 검사로 모니터된다.

16.9 결론

재료는 그 특성이 일치하고 예견할 수 있으므로 재료로부터 예상되는 거동이 무엇인가를 알 수 있다. 모든 재료는 그들의 기본 특성이 약간씩 다르므로 이들을 설계에 사용할 때에는 가장 낮거나 나쁜 특성을 취하는 것에 더하여 적절한 안전계수를 사용하는 것이 보통이다.

여러 가지 요건들이 기체에서 사용되는 재료의 종류를 제한하지만, 디자이너가 사용할 수 있는 많은 선택사양이 존재한다. 보통 특수한 요구사항은 직접 하나 혹은 작은 그룹의 재료로 유도되지만, 새로운 합금 및 새로운 작업방법이 상황을 바꿀 수 있다. 알루미늄 및 마그네슘 합금(경합금), 강, 타이타늄 및 타이타늄 합금, 니켈 합금, 플라스틱 및 복합소재와 같은 재료 그룹이 기체의 주 구조에서 사용되고 있다.

Chapter  Aircraft Design

공력시험

- 디자이너가 일단 비행기를 만든 후에는 어떻게 성능을 결정하느냐가 중요한 과제이다. 이러한 사항이 공력시험의 주제로, 첫 번째가 풍동에서의 공력시험이며 마지막은 대기 중에서의 공력시험이다.
- 실험공기역학 작업에서 가장 중요하고 광범위하게 사용되는 장비가 풍동이다. 풍동은 공기의 흐름과 물체간의 상호작용을 조사하기 위해 프로펠러 등에 의해 인공적으로 공기의 흐름을 만들어내는 장치로서 이를 위해서는 어떻게 하여 풍속 분포의 차이와 난류성분이나 진동이 없는 고른 공기 흐름을 만들어내는가 하는 것이 풍동에게 주어진 기본 요건이다. 동시에 경제성, 다양성 같은 면에서도 유효성도 만족할 만한 것이어야 하며, 주위에 미치는 소음에 대해서도 고려하여야 한다.
- 매우 큰 모델은 비행으로 시험할 수 있다. 그러한 시험의 목적은 대형 축척과 비교적 높은 레이놀즈수를 얻는데 있다. 공기역학 시험의 마지막 단계는 비행중인 완전한 항공기의 시험으로 이루어진다. 이러한 비행시험은 전 범위의 공기역학적 거동과 항공기의 성능이 망라되며, 이론과 풍동실험에 기초한 예측이 정확했는지를 알고자 하는 경우에 수행된다.

17.1 서론

지금까지 여러분은 양력에서 성능까지 많은 비행 개념을 이해하였다. 혹자는 디자이너가 그들의 계산이 정확한가를 어떻게 알 수 있느냐고 물을 수 있으며, 일단 비행기를 만든 후에는 어떻게 성능을 결정하느냐고 물을 수 있을 것이다. 이러한 것이 공력시험의 주제이며, 첫 번째는 풍동에서의 공력시험이며 마지막은 비행을 통한 대기 중에서의 공력시험이다.

풍동은 공기의 흐름과 물체간의 상호작용을 조사하기 위해 프로펠러 등에 의해 인공적으로 공기의 흐름을 만들어내는 장치로서, 이를 위해서는 어떻게 하여 풍속분포의 차이와 난류성분이나, 진동이 없는 고른 공기류를 만들어내는가 하는 것이 풍동에게 주어지는 기본 요건이며, 동시에 경제성, 다양성 같은 면에서 유효성도 만족할만한 것이어야 하며, 최근에는 주위에 미치는 소음에 대하여도 고려하고 있다.

풍동 결과를 해석할 때 레이놀즈수가 보통 실물 크기의 물체와 관련된 레이놀즈 수보다 훨씬 작으므로 축척효과를 고려하는 것이 언제나 중요하다. 축척효과를 최소화하기 위해서 레이놀즈수를 가능한 한 크게 하고, 커다란 풍동을 사용하여 여압화한다. 어떠한 경우에건 실험 결과를 인용하는 경우 수행한 시험에서의 레이놀즈수를 이용하는 것이 필수적이다 또 다른 문제점은 모델과 풍동 벽간의 간섭이다.

17.2 풍동시험

풍동시험(wind tunnel testing)은 최초의 비행기가 날기 훨씬 전부터 수행되어 왔다. 대부분의 초기 풍동은 기본 유체 운동의 실험을 수행하기 위해 만들었다. 이러한 장치를 만든 과학자는 비행에는 관심이 없었으며 그 대신에 유체물리학에 관심이 있었다. Wright형제는 공기역학적인 형태를 시험하기 위해 풍동을 사용한 최초의 사람 중의 하나라고 할 수 있다. 시험에 있어서의 이들의 천재성과 위업은 100년이 지난 현재에도 하나의 경이로움의 원천이다. 많은 저작에서 그들의 위업에 대하여 기술하고 있으므로 여기에서 상세한 내용은 생략하겠다. 그러나 여러분이 유념해야 할 중요한 사항은 Wright형제가 유용한 공기역학적인 데이터의 필요성을 인식하고 있었기 때문에 풍동을 만들었으며 양력을 측정하는 기구를 만들었다는 점이다.

풍동의 목적에 세부적으로 들어가기 전에 풍동 이면의 몇 가지 기본 개념을 조사해보기로 하자. 먼저 아음속 벤투리에 대하여 논의해 보기로 하자.

17.2.1 아음속 풍동

아음속 풍동(subsonic wind tunnels)은 그림 17.1에서 보는 바와 같은 삽화에서 벤투리와 같이 작용한다. 벤투리 관은 관에서 유체에 추가되는 에너지가 없을 때 속도와 압력과의 관계를 말해주는 베르누이정리의 가장 좋은 예이다. 공기가 관의 제한구역에 도달하면 속도가 증가한다. 앞에서 살펴본 바와 같이, 속도가 증가하면 유동방향과 수직하게 측정한 정압이 감소된다. 힘이 작으므로 공기밀도와 온도는 여전히 기본적으로 일정하다. 나중에 알게 되겠지만 이는 천음속 벤투리의 경우에는 옳지 않다.

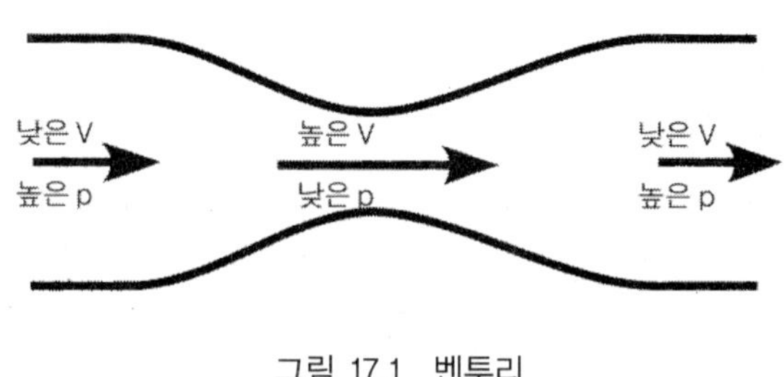

그림 17.1 벤투리

17.2.2 날개는 절반의 벤투리가 아니다

날개가 어떻게 나는가에 대한 예로서 벤투리를 종종 소개하는 경우가 있다. 삽화는 벤투리의 움직이는 하나의 벽이 다른 벽에 영향을 주지 않을 만큼 멀리 떨어져 있는 것을 나타내고 있다(그림 17.2). 남겨진 것은 언덕(hump)이 있는 벽이다. 선생은 학생에게 베르누이원리로 인해 이 절반의 벤투리가 양력을 갖는다고 말한다. 그러나 이는 잘못인 것임을 알게 될 것이다. 벽은 내리흐름(다운워시)을 봉쇄하므로 양력이 있을 수 없다. 언덕을 떠난 후에 공기는 동일한 속도로 이동하며 언덕 전에서와 같이 동일한 방향으로 이동한다. 우리가 아는 바와 같이 기류에 순수 변화가 이루어지지 않으면 양력이 있을 수 없다. 그러므로 항공기 면장시험에서 이러한 문제를 보는 경우에는 어떻게 답변해야 하는가? 합격하기를 원하면 비록 이것이 잘못이지만 그들이 듣기를 원하는 답을 그들에게 해주어야만 한다.

그림 17.2 절반의 벤투리

모든 저속 풍동에서 가장 간단한 것은 벤투리관이다. 가정용 팬과 판지를 가지고 있으면 여러분은 쉽게 그림 17.3에서 보는 바와 같은 작은 풍동을 만들 수 있을 것이다. 풍동을 통해 공기를 빨아들일 수 있도록 팬을 놓는다. 모델을 벤투리에 놓는다. 풍동의 단면은 둥글지 않다. 사실 대부분의 풍동은 직사각형 단면이다.

팬에서 시험 단면까지의 단면적의 변화를 수축비(contraction ratio)라고 부른다. 여러분이 만든 판지 풍동의 단면을 1/10로 줄이면 수축비는 5이며 시험 단면에서 대기속도는 팬이 만든 대기속도의 5배가 된다. 그러므로 61cm의 지름을 갖는 팬이 24km/h의 속도로 움직이면 약 27cm 지름인 시험 단면에서 112km/h를 만들게 된다. 반면에 152.5cm 지름인 시험 단면을 원할 경우에는 3.3m 지름의 팬이 필요하게 된다. 보다 실제적인 해법은 팬의 대기속도를 증가시키고 동일한 속도에서 커다란 수축비를 달성할 수 있도록 수축비를 줄이는 것이다.

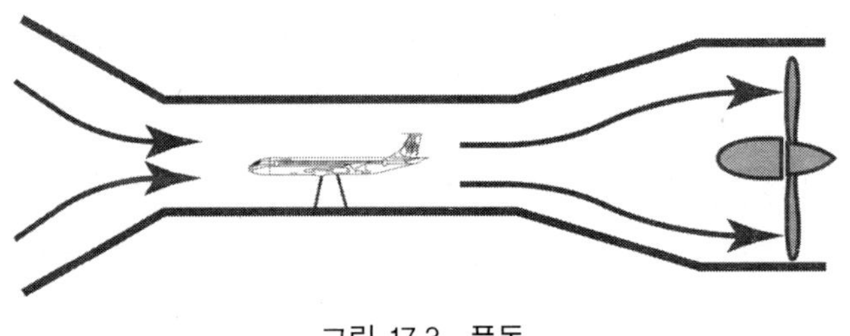

그림 17.3 풍동

벤투리 풍동을 만드는데 실질적인 문제점이 있다. 여러분은 관을 임의로 정확하게 수축하고 팽창할 수 없다. 이는 벽의 효과를 줄이기 위해 공기를 부드럽게 수축(압축)해야 하기 때문이다. 너무 빨리 수축하면 벽을 기류에 대한 봉쇄로 작용하게 된다(그림 17.4). 압력 형성이 팬의 효과를 제한한다. 너무 빨리 팽창하면 벤투리 뒤에서 또한 문제가 야기된다. 공기는 벽을 따라갈 수 없으며 기류가 벽으로부터 박리된다. 이렇게 되면 압력이 형성되며 이는 또한 풍동의 효과를 감소시킨다. 그림 17.5는 벤투리 풍동이 어떻게 작동하는가를 보여주고 있다.

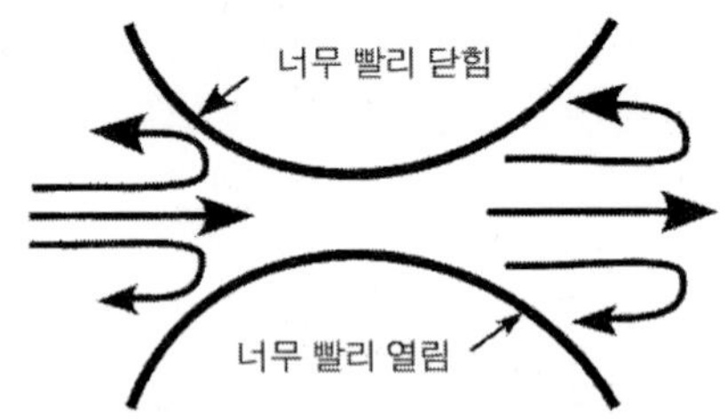

그림 17.4 너무 빨리 수축하고 팽창하는 벤투리

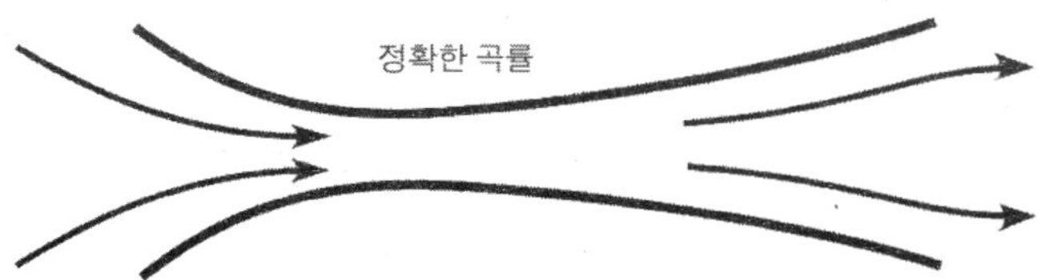

그림 17.5 벤투리 풍동이 어떻게 작동하는가를 보여주는 삽화

공기가 일단 시험 단면을 통과하고 그 다음에 상실되는 바로 앞에서 기술한 이러한 풍동을 개회로(개방형 ; open-circuit) 풍동이라고 부른다. 즉, 개회로 풍동은 측정부를 나온 기류가 방치되어 다시 돌아오지 않는, 즉 귀로를 갖지 않는 풍동이다. 그러한 풍동에서 실질적인 문제점은 공기로 투자하는 모든 에너지가 상실되고 재생할 수 없다는 점이다. 이는 개회로 풍동을 비효율적으로 만든다. 그러므로 일반적으로 커다란 벤투리형 풍동은 볼 수 없다. 한 가지 예외는 후술할 NASA Ames 연구센터의 80×120ft(24m×36m) 풍동이다.

17.2.3 시험 단면에서 대기속도 측정

벤투리는 베르누이원리의 응용이다. 공기가 수축부로 들어가면 가속되며 정압이 떨어진다. 베르누이원리는 정압과 대기속도와의 관계를 기술하고 있으며, 이 관계는 시험 단면에서 대기속도를 결정하는데 사용할 수 있다. 수학적인 관계는 생략하였으나, 시험 단면에서 속도는 시험 단면에서 정압과 팬이 있는 구역에서 정압과의 차이의 제곱이다. 비례성은 공기밀도와 두 단면에서의 단면적의 차이에 좌우된다. 액주압력계가 차압을 측정하는데 사용된다.

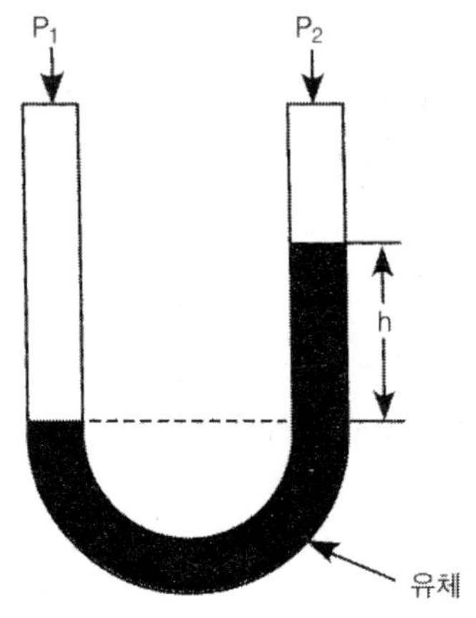

그림 17.6 액주압력계

그림 17.6에서 보는 바와 같은 가장 간단한 형태는 두 구역을 액체로 연결한 구부러진 유리관으로 차압은 그림에서와 같이 액체의 높이 차이에 비례한다. 그러므로 풍동 조작자가 시험 단면에서 대기속도를 알고자 할 때에는 단지 액체의 높이와 공기밀도만을 모니터하면 된다. 등유가 증발되지 않으며 수은보다 다루기 쉬우므로 액체로 가끔 사용된다.

17.2.4 폐회로 풍동

개회로 풍동에서 상실된 동력은 그림 17.7에서 보는 바와 같이 기류 회로를 닫으면 쉽게 회복할 수 있다. 폐회로 풍동(closed-circuit tunnels)은 측정부를 나온 기류가 소정의 통로를 통하여 본래로 되돌아와 연속적으로 흐르는 풍동으로 폐회로 풍동이 대형 풍동에서 가장 일반적인 디자인이다. 일단 공기를 작동조건으로 가속하면 팬은 모델에서 항력과 풍동 벽에서의 마찰로 인해 상실된 동력을 추가할 필요가 있다.

이 동력 손실이 상당히 중요하다는 것을 알아야 한다. 하루에 많은 시간을 작동하도록 제작된 풍동을 생각해보자. 모델에서 마찰과 항력은 공기와 풍동의 벽에서 상당한 열 입력을 가져올 수 있다. 일부 정교한 풍동은 이 열을 밖으로 보내기 위해 냉각 베인을 가지고 있으며 일정한 온도를 유지한다. 다른 풍동은 열로 고통을 받을 수 있다. 일부 풍동은 너무 뜨거워 절연 장갑으로 수행해야 할 풍동 모델을 바꾸어야 한다.

천음속 풍동은 약 0.8~0.85 마하수에서 항공기를 시험하도록 고안되었다. 보통의 평행측 라이너로 0.9보다 훨씬 높은 마하수로 흐름을 얻기가 보통 불가능하다. 또한 수렴-확산 노즐로 약 1.1 이하의 마하수에서 초음속을 얻기가 어렵다. 따라서 0.85~1.15의 천음속 범위의 마하수를 포함하기 위해 특수 라이너가 필요하다. 이러한 풍동은 저속 풍동보다 훨씬 많은 동력이 필요하다. 마찰로 인한 동력 손실이 대기속도의 3승이므로 훨씬 많은 열이 발생되며 제거해야 한다.

대부분의 풍동은 그림 17.7에서 보는 바와 같이 하나의 복귀 풍동을 갖는다. 두 개(듀얼)의 복귀 풍동이 일반적인 시기가 있었다. 워싱턴 대학의 Kirsten 풍동은 듀얼 복귀 풍동이다. 이 풍동의 레이아웃 정면도를 그림 17.8에서 보여주고 있다. 그러한 배열의 장점은 하나의 큰 모터 대신에 두 개의 작은 모터를 사용할 수 있다는 점이다. 또한 듀얼 복귀 풍동은 크기에서 장점을 가진다. 듀얼 복귀 풍동은 커다란 시험 단면을 지지할 수 있는 반면에 작은 궤적을 갖는다. 작은 모터와 작은 궤적은 낮은 제조비로 귀결된다. 단점은 두 채널의 공기가 만나서 이들이 시험 단면에 도달하는 시간에는 균일하게 된다는 점이다. 이는 추가적인 기술상의 어려움을 가져온다. 그림 17.9는 Kirsten 풍동의 시험 단면에 있는 모델을 보여주고 있다. 이 풍동의 시험 단면은 2.4m×3.6m이다.

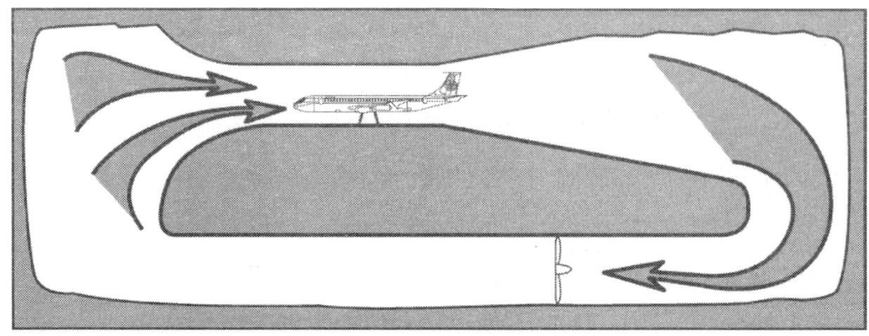

그림 17.7 폐회로 풍동

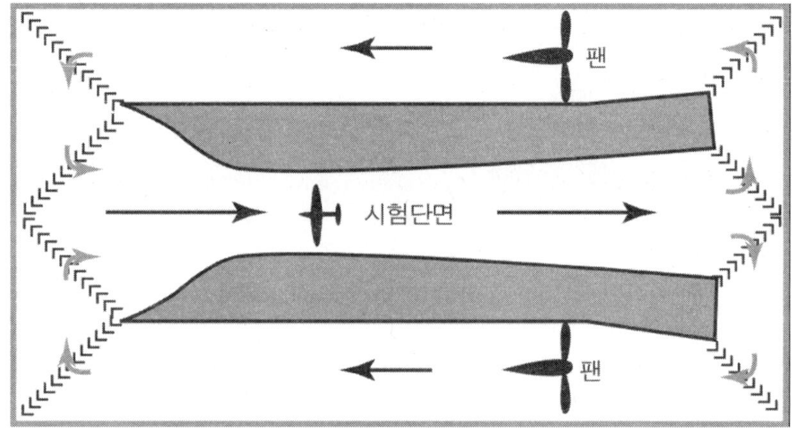

그림 17.8 듀얼 복귀 풍동의 예

그림 17.9 풍동 안의 모델

NASA Ames 40×80 풍동은 미국에서 가장 큰 폐회로 풍동이다. 풍동의 전문용어에서 40×80 풍동은 12m 높이와 24m 폭의 시험 단면을 갖는다. 이 풍동은 0~650km/h의 바람을 만들 수 있다. 그림 17.10에서와 같이 6개의 팬과 6개의 모터가 풍동을 구동한다. 팬의 상부 열의 전방에 있는 레일이 사람들에게 규모에 대한 느낌을 보여 준다. 여러분은 또한 팬 번호 3번의 전방에 서 있는 세 명의 사람을 판별할 수 있을 것이다. 팬은 15개의 가변 피치 깃을 가지고 있는 12m 지름이다. 각 모터는 18,000hp이다.

그림 17.10 NASA Ames 12×24 풍동 및 24×36 풍동

NASA Ames은 또한 24×36m 개회로 풍동을 가지고 있다. 참으로 인상적인 이 풍동의 시험 단면을 그림 17.11에서 보여주고 있다. 여기서 0~160km/h의 바람을 만들 수 있다. 12m×24m 및 24m×36m 풍동은 모두 그림 17.10에서 보는 바와 같은 동일한 팬을 사용한다. 풍동은 개회로 혹은 폐회로 풍동이 되도록 회전 베인으로 재형성할 수 있다. 원래의 풍동은 12m×24m이지만 1980년대 초기에 24m×36m 풍동을 만들기로 계획하였다. 이 주요한 진보로 커다란 풍동 모델을 12×24 모델에서 할 수 있으며 실물크기의 항공기는 24×36 모델에서 할 수 있게 되었다.

주목해야 할 한 가지 사항은 개회로 및 폐회로 풍동은 시험 단면이 보통 대기 정압에서 유지된다는 점이다. 현저한 압력을 폐회로 풍동에서 만들 수 있으며 특히 초음속 풍동에서 만들 수 있다. 시험 단면을 주위 압력으로 유지시키면 볼 수 있도록 창문을 사용할 수 있으며 모델을 사진 찍을 수가 있다. 이에 대한 예외는 공기 밀도를 증가시키기 위해 여압된 시험 단면을 갖는 고도로 특수한 풍동이다.

그림 17.11 NASA Ames 24×36 개회로 풍동의 시험 단면

응용심화학습 1 저속풍동의 유형

◆ 직선관통풍동은 송풍형(blower)과 흡입형(suction)의 두 가지 종류가 있다.

◆ 많은 풍동에서 기류를 순환시켜서 연속적인 흐름을 만들고 있으나, 바람이 어떻게 흐르는가에 의하여 개회로 풍동(open-circuit tunnel)과 폐회로 풍동(closed- circuit)으로 나누어진다.

◆ 개회로 풍동은 측정부를 나온 기류가 방치되어 다시 돌아오지 않는 풍동, 즉 귀로를 갖지 않은 풍동이며, 폐회로 풍동은 측정부를 나온 기류가 소정의 통로를 통하여 본래로 되돌아와 연속적으로 흐르는 풍동이다.

◆ 개회로 풍동

① 개회로 풍동은 단면이 변화하는 하나의 곧은 풍로를 가지며, 끝에 놓여진 프로펠러에 의해 흡입구로부터 공기를 흡입한다.

② 이 공기는 유로단면이 좁아짐에 따라 가속되어 취출부로부터 측정부로 취출된다. 측정부를 통과한 공기는 확산통에서 점점 감속되어 프로펠러부를 통하여 풍로 밖으로 배출된다.

③ 따라서 풍동 내의 공기는 항상 정지한 대기가 흡입되게 된다.

④ 이 형식은 측정부의 압력이 대기압보다 낮아지기 때문에 측정부를 기밀하여야 할 뿐만 아니라, 프로펠러에 의해 모처럼 속도(에너지)를 얻은 공기를 풍동 밖으로 버리게 되므로 동력소비가 많고 효율도 그다지 좋지 않으나, 구조가 비교적 간단하고 건설비가 적게 든다는 이점이 있다.

◈ 폐회로 풍동

① 복귀형 풍동에서 디퓨저를 떠난 공기는 버려지지 않고 일련의 풍로를 빙빙 돌아 수집되어 폐회로를 이동하여 다시 작동부로 되돌아온다. 이러한 방법으로 제트의 운동에너지가 소비되지 않고 회복되며, 필요한 동력이 감소된다.

② 대표적인 복귀형 풍동의 구조는 프로펠러 후류의 비틀린 바람을 도풍판으로 바르게 유도하고 확산통에서 흐름속도를 저하시킨 후 벌집모양, 또는 그물눈 모양의 정류기를 통하게 하여 흐름을 평행 일정한 속도의 기류로 하고, 여기서부터 유로를 급하게 줄여서 증속시켜 취출구로부터 측정부에 취출시킨다.

③ 취출된 바람은 측정부를 일정속도로 통과하여 흡입구를 지나 풍로를 따라 프로펠러로 되돌아온다. 이 때 공기의 흡입량이 취출량보다 커지지 않도록 풍발공이 필요하다. 또 이 회로의 4개의 곡각에는 변류기를 설치하여 기류가 부드럽게 90° 굽혀지도록 되어 있다.

④ 복귀회로 풍동의 또 다른 가능한 배열은 환상형(annular type)이 있다. 이 형태는 코너 베인과 같은 배열을 정교하게 하지 않으면 균일한 정상 흐름을 얻기가 곤란하다.

응용심화학습 2 풍동의 구조

◈ 풍동의 구조는 작동부, 디퓨저(확산부) 외에 얇은 천과 벌집모양의 정류기, 수축부, 코너, 팬, 캐치와이어, 쿨러로 이루어진다.

◈ 개방 작동부는 보통 원형 혹은 타원형이다.

◈ 디퓨저(확산부)는 최대로 균일한 흐름을 유지하면서 가능한 한 에너지 손실을 적게 하며 공기를 저속시키는 역할을 한다.

① 풍동에서 발생하는 유체마찰에 의한 압력 손실은 압력손실계수와 유동동압의 곱으로 나타난다. 즉, 수축부와 시험부를 통과한 빠른 속도의 유동을 확산과정을 통해 속도를 줄임으로써 압력손실을 줄일 수 있다. 또한 속도감소는 발생 가능한 2차 소음을 줄여준다.

② 디퓨저(확산부)의 효율은 정압 상승과 동압 손실과의 비로 주어진다. 비점착성 흐름에서 베르누이원리에 따라 총 에너지의 손실이 없으므로 효율이 100%이다. 점성효과 때문에 압력에너지가 올라가는 것은 운동에너지가 떨어지는 것보다 언제나 적기 때문에 효율은 1보다 작다.

◈ 수축부는 유동을 제어하는 역할을 하며 시험부 바로 위에 위치한다.

① 수축부는 흐름을 가속시키고, 시험부 입구속도 분포의 불균일성과 상대적인 난류강도의 감소, 그리고 정체실에서의 스크린과 하니컴에 의한 마찰손실 감소의 역할을 한다.

② 수축부 입구와 출구 양 끝단에서 벽면 압력분포의 역압력구배 현상이 발생하여 흐름의 박리가 발생할 수 있다. 일시적인 박리현상은 경계층을 두껍게 만들고, 큰 규모의 박리현상은 흐름의 주기적인 진동이나 난류강도가 증가하는 효과와 함께 2차적인 소음원의 역할을 할 것이다. 벽면에 따르는 큰 압력상승과 압력구배는 수축부의 길이를 길게 함으로써 방지할 수 있지만 길이 증가에 따른 경계층의 증가와 설치장소 등에 의해 제약을 받는다.

③ 그러므로 주어진 길이 내에서 흐름의 박리를 방지하고 유질도 안정되게 만드는 방법이 필요하다. 흐름의 박리현상을 방지하는 방법으로 입구와 출구 근처에서 작은 곡률을 갖고 중앙부에서 큰 곡률을 갖도록 수축부의 형상을 설계함으로써 역압력구배를 최소화시키는 방법이 있다.

④ 수축부에서 발생할 수 있는 또 다른 문제로는 단면이 사각형인 경우 모서리에서 발생하는 2차유동이 흐름의 박리를 유도하고, 출구 단면에서의 속도를 균일하게 만드는 현상이다. 이러한 문제는 사각 단면 모서리에 보조면(필릿)을 삽입하여 방지할 수 있다.

17.2.5 풍동 데이터

풍동에서 어떠한 종류의 데이터를 수집하고 사용하는가? 풍동의 가장 분명한 목적은 힘과 토크(비행기에 대한 비틀림 힘)를 측정하는 것이다. 풍동은 또한 모델의 부분에서 압력과 기류 패턴을 측정하는데 사용될 수 있다. 이러한 시험의 대부분은 고도로 특수하며 복잡하므로 본 교재의 범위를 벗어난다. 그러나 풍동을 시험하는데 배워야 할 몇 가지 흥미로운 사실과 이것이 이 교재에서 소개한 개념과 어떠한 관련이 있는지에 대하여 간단히 소개하기로 하자.

17.2.6 힘

먼저 양력, 항력 및 토크에 초점을 맞추도록 하자. 전형적인 풍동은 이러한 공기역학적인 힘들을 측정하는데 힘과 모멘트 저울을 사용한다. 그림 17.12는 그러한 저울에 대한 삽화를 제공하고 있다. 비록 그림은 단 하나의 게이지를 보여주고 있지만 실제로 힘 저울은 모델에서 모든 힘과 토크의 척도를 만들어준다. 사실 그림 17.11에서 볼 수 있는 바와 같이, 하나 이상의 저울을 가끔 사용할 수 있다. 하나의 질문은 "이들이 정확한가?"이다. 여러 가지 요소에 의해 풍동 척도(측정)의 정확성이 좌우된다. 척도의 정확성에 영향을 주는 가장 중요한 요소는 풍동 벽의 효과이다.

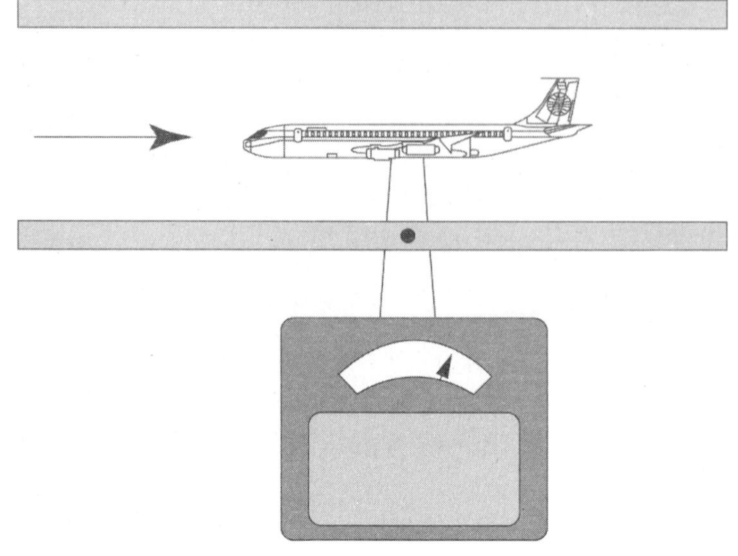

그림 17.12 풍동 힘 저울

풍동은 인위적인 제한, 즉 벽을 도입한다. 벽은 두 가지 효과를 갖는다. 첫 번째로, 이들은 모델의 날개 위로부터 잡아당길 수 있는 공기량을 간섭하고 바닥에서 내리흐름(다운워시)을 봉쇄한다. 이러한 후자 효과는 지면효과와 유사하며 이를 벽면효과(wall effects)라고 한다.

저속 풍동에서 또 다른 문제는 공기가 제한에서 가속될 수 있으며, 비행기 모델은 벤투리에서 제한과 같이 작용한다는 점이다. 다시 말하여, 공기는 모델의 봉쇄로 인해 모델 주위로 움직일 때 공기가 가속된다. 분명한 이유로 인해 이를 봉쇄효과(blockage effect)라고 한다. 벽면효과와 봉쇄효과를 그림 17.13에서 예시하고 있다.

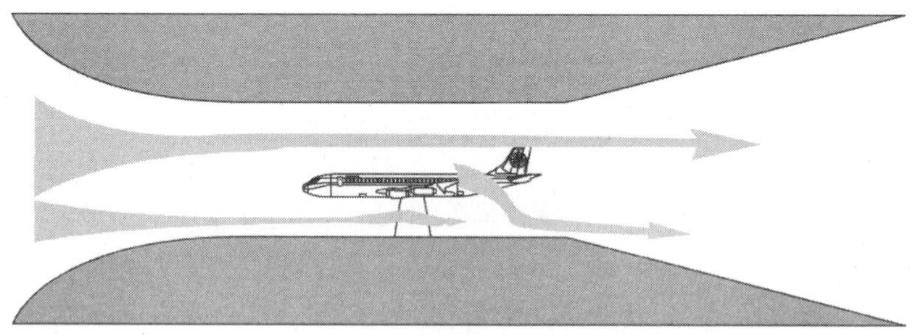

그림 17.13 벽면효과 및 봉쇄효과

수년간에 걸친 이론상의 연구 결과로 벽면효과와 봉쇄효과를 수정하는 방법을 알게 되었다. 불행하게도 풍동 수정은 완전히 신뢰할 수 없으므로 풍동 결과는 비행 시험으로 뒷받침해야 한다. 보통의 풍동 수정은 단지 몇 %에 불과하다. 그러나 몇 %는 최종 비행기의 성능을 예측할 때에 매우 중요하다. 동일한 풍동을 비행기 제조업자가 모든 시험에서 사용하는 것은 흔하지 않다. 왜냐하면 엔지니어는 풍동 결과가 실제 비행 데이터와 어떻게 관련되는가를 추정할 때 경험을 획득하기 때문이다.

수집한 데이터 중 가장 중요한 데이터는 항력곡선(drag polar)이다. 이는 그림 17.14에서 보는 바와 같이 양력과 항력에 대한 선도이다. 대충 훑어보면 이러한 데이터는 매우 흥미롭게 보이지 않지만 다시 보기 바란다. 항력곡선이 우리를 흥미롭게 하는 것은 항력곡선이 실속이 일어나기 전에 최대 양력뿐만 아니라 유해항력과 유도항력을 결정하는데 사용할 수 있다는 점이다. 그래프상에서 최소항력값은 모델의 유해항력이다. 임의의 다른 양력값에서 측정한 항력이 유도항력에 이 유해항력을 더한 것이다. 유도항력과 양력을 이러한 데이터로부터 사용할 수 있으므로 날개 효율을 결정할 수 있다. 임의의 점에서 양력은 감소하고 항력은 현저하게 증가함을 주목하기 바란다. 물론 이는 날개가 실속하고 형상항력이 증가하는 지점이다. 이로부터 날개의 실속 후의 특성을 구한다. 이러한 간단한 선도로부터 대단히 많은 것을 배울 수 있다.

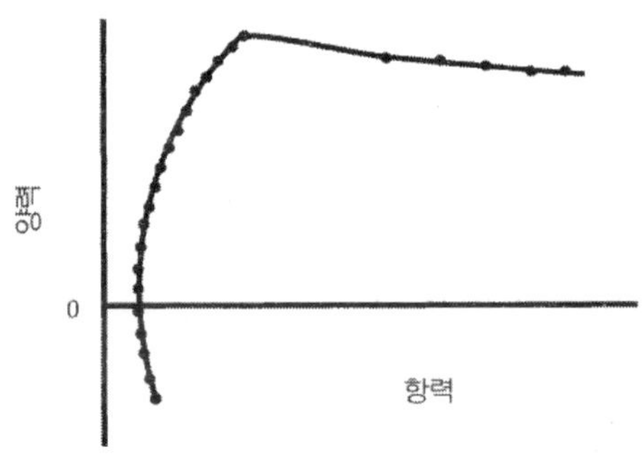

그림 17.14 양력 대 항력의 시험 데이터

17.2.7 압 력

보다 정교한 풍동시험은 또한 풍동모델에서 압력을 측정한다. 프레셔 탭(압력 꼭지 ; pressure tap)이라고 부르는 미세한 구멍을 모델에 천공한다. 이러한 탭을 관으로 압력 변환기에 연결한다. 일부 모델은 1,000개가 넘는 프레셔 탭을 가지고 있다. 그러므로 압력측정 시스템은 단기간에 이러한 모든 프레셔 탭을 정밀하게 조사할 수 있어야 한다.

압력은 많은 것을 결정하는데 사용될 수 있다. 이들은 국지 힘을 계산하는데 사용할 뿐만 아니라 표면에서 유동 박리를 결정할 수 있다. 이러한 압력 측정은 또한 수치 시뮬레이션에 대한 유효한 데이터를 공급할 수 있다.

응용심화학습 3 풍동시험

◈ 풍동시험의 종류

① 양력, 항력, 모멘트 등의 공기력을 측정하는 공기력 시험

② 모형 표면에 가는 실을 쳐서 공기의 흐름 상태를 관측한다든지, 표면에 오일 등을 발라서 경계층의 상태를 관측하는 기류시험

③ 모형에 동요를 주어서 동안정을 조사하는 동안정미계수 측정시험

④ 모형 표면에 무수한 작은 구멍을 뚫어서 그곳의 압력을 파이프로 취출하여 표면의 압력분포를 조사하는 풍압분포 측정시험

⑤ 비행 중 프로펠러가 발생하는 추력 및 후류가 기체에 어떠한 영향을 미치는가를 조사하는 프로펠러 후류시험

⑥ 활주로의 모형을 측정부에 놓고 이착륙중의 지면효과를 조사하는 지면효과시험

⑦ 비행기에서 화물을 떨어뜨렸을 때의 상태를 조사하는 물체투하시험

⑧ 질량분포나 강성을 실제 비행기와 상사시킨 모형으로 플러터를 일으켜 그 상태를 조사하는 플러터시험

⑨ 충격파의 발생을 보기 위한 슐리렌 시험 등 헤아릴 수 없을 정도로 많은 종류의 시험이 행하여지고 있다.

⑩ 그 외에도 풍동은 그 성능을 보장하기 위하여 주기적으로 보정시험을 실시하게 된다.

- 시험부내의 유질을 정량적으로 보여주기 위하여 구형태의 모형을 이용한 난류도 측정시험, 피토-정압 레이크를 이용한 시험부 단면의 압력분포 측정시험
- 정압 파이프를 이용한 축방향의 압력구배 측정시험
- 요 헤드 등을 이용한 흐름각 측정시험

17.2.8 유동 가시화

풍동에서 수집되는 세 번째 데이터는 가시화 데이터이다. 불행하게도 정상 풍동시험에서 보이는 것은 거의 없다. 여러분은 바람 유동을 볼 수 없다. 데이터 오염(부패)을 방지하기 위해 풍동 시험단면을 닫아야 하므로 여러분은 바람을 느낄 수도 없다. 여러분이 듣는 것은 모두 강력한 팬의 수많은 소음이다. 공기에서 어떠한 일이 일어나는가를 아는 유일한 방법은 바람이 부는 주위를 볼 수 있는 그 무엇을 갖는 것이며 이를 유동 가시화 기법이라고 한다.

특히 유동장 전체나 표면 흐름의 가시화는 형상의 개량이나 현상의 물리적 의미를 파악하는데 많은 도움을 주는 기법이 유동 가시화이다. 유동장의 가시화에는 광학적인 방법, 연기

나 혹은 거품을 발생시켜 유동장과 함께 흐르도록 하면서 이를 가시화하는 방법 등이 주로 이용된다.

가장 일반적인 가시화 도구는 연기이다. 연기에 있어서의 문제점은 상세하게 보기 위해서는 풍속이 매우 느려야 한다는 점이다. 매우 낮은 속도는 연기의 결과를 잘못 이끌 수 있을 만큼 충분히 기류를 바꿀 수 있다. 연기에 있어서 또 다른 문제점은 폐회로 풍동에서 잠시 후에 연기가 형성된다는 점이다.

또 다른 방법은 빨리 증발하는 유체와 점토의 혼합기를 사용하는 것이다. 점토는 매우 가늘고 탤컴파우더(talcum powder : 활석가루에 분산가루 · 향료 등을 섞은 것)의 일치성을 갖는다. 이것을 모델에 바르고 매우 빨리 바람이 나오게 하고 모델을 배치시킨다. 일단 유체가 증발하면 점토가 표면 유동의 패턴에 남게 된다(그림 17.15). 비행기 주위의 일반적인 유동뿐만 아니라 유동 박리 구역을 매우 쉽게 발견할 수 있다. 그림에서 사람들은 날개의 마지막 1/4이 실속되고 있는 것을 알 수 있다. 이 방법은 매우 효과적이지만 점토가 구멍을 막으므로 프레셔 탭이 없는 경우에는 사용할 수 없다.

그림 17.15 지나 점토 유동 가시화

실타래가 또한 유용하다. 매우 작은 타래는 모델에 대해 충격을 최소화시켜 모델의 표면에 꼭 붙어서 떨어지지 않는다. 타래는 그림 17.16에서 보는 바와 같이 기류의 방향을 따르며 나중에 분석을 위해 사진을 찍을 수 있다.

최근에 매우 빨리 성장하는 기법으로 압력감지 도료를 사용하는 방법이 있다. 압력감지 도료는 국지 압력에 따라 실제로 색깔의 강도와 그림자를 변화시키는 도료이다. 그러므로 모델의 표면에 대한 압력을 실제로 볼 수 있게 된다. 이 기술은 여전히 개발 중에 있지만 가까운 장래에 실용화될 것으로 예상된다. 많은 가시화 기법이 있지만 본 교재의 범위를 벗어나므로 상세한 내용은 참고문헌을 참조하기 바란다.

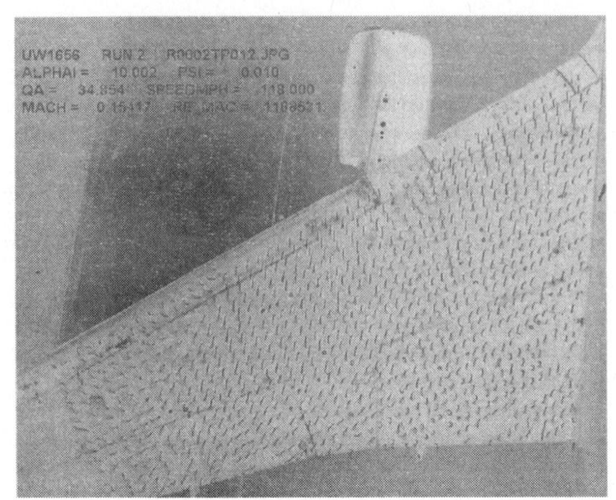

그림 17.16 모델 날개의 미니타래

응용심화학습 4 유동 가시화 기법

◈ 유동 현상을 가시화하는 기법은 크게 실험적 가시화 기법과 컴퓨터 원용 가시화 기법으로 세분할 수 있다.

◈ 실험적 가시화 기법은 다음과 같이 세분할 수 있다.

① 벽면 추적법

- 유막법, 유점법
- 질량전달법
- 온도감응 유막법
- 압력감응 도료법
- 압력감응 종이법

② 타래법

- 정적 및 동적 타래법
- 발광 미니 타래법

③ 분사추적자법

- 분사유적선법
- 분사유맥선법
- 표면 부동 추적자법

④ 화학 반응 추적자법

- 비전극 반응법
- 전극 색상법

⑤ 전기제어 추적법

- 수소기포법
- 스파크 추적법
- 스모크 와이어법

⑥ 광학 가시화 기법

- 역광선법
- 쉴리랜 사진법
- 마하-젠더 간섭계법
- 레이저 홀로그래픽 간섭계법
- 레이저 광 시트법
- 스페클(간섭무늬)법

이상의 실험적 가시화 기법을 요약하면 **표 17.1**과 같다.

표 17.1 실험적 가시화 기법

가시화 기법	공기유동	물유동
벽면 추적법		
·유막법, 유점법	○	●
·질량전달법		
·온도감응 유막법		●
·압력감응 도료법	○	●
·압력감응 종이법	○	●
타래법		
·정적 및 동적 타래법	○	●
·발광 미니 타래법	○	●
분사 추적자법		
·분사유적선법	○	●
·분사유맥선법	○	●
·현탁액법	○	●
·표면 부동 추적자법		●
·시간선법	○	●

화학 반응 추적자법		
·비전극 반응법	○	●
·전극 색상법	○	●
전기제어 추적법		
·수소기포법		●
·스파크 추적법	○	
·스모크 와이어법	○	
광학 가시화법		
·역광선법	○	●
·쉴리랜 사진법	○	●
·마하-젠더 간섭계법	○	●
·레이저 홀로그래픽 간섭계법	○	●
·레이저 광 시트법	○	●
·스페클(간섭무늬)법	○	●

◈ 컴퓨터 원용 가시화 기법은 다음과 같이 세분할 수 있다.

① 가시화 영상 분석법

- 입자 영상 속도계법
- 컴퓨터 단층 X선사진 촬영법
- 원격 감지법

② 수치 데이터 가시화법

- 윤곽표시법
- 부위색상표시법
- 등가면적표시법
- 벡터표시법
- 애니메이션법

③ 측정 데이터 가시화법

이상의 컴퓨터 원용 가시화 기법을 요약하면 표 17.2와 같다.

표 17.2 컴퓨터 원용 가시화 기법

가시화 기법	공기유동	물유동
가시화 영상 분석법		
·입자 영상 속도계법	○	●
·컴퓨터 단층 X선사진 촬영법	○	●
·원격 감지법	○	●
수치 데이터 가시화법		
·윤곽표시법	○	●
·부위색상표시법	○	●
·등가면적표시법	○	●
·벡터표시법	○	●
·애니메이션법	○	●
측정 데이터 가시화법	○	●

17.2.9 꼬리날개가 있는 경우와 없는 경우

여러분이 풍동시험을 조사하는 경우 불완전한 비행기를 볼 수 있는 좋은 기회를 갖게 된다. 아마도 수평안정판이 설치되어 있지 않을 것이다. 정상적인 풍동시험에는 수평안정판 없이 여러 번 가동하는 것이 포함된다. 이렇게 하는 데에는 두 가지 이유가 있다. 첫째는 벽면효과로 인한 오차를 계산할 수 있다는 점이다. 수평안정판은 고유의 올려흐름(앞워시)과 내리흐름(다운워시)을 가지고 있어 측정치로 들어가게 된다. 수평안정판을 제거하여 날개만의 수정값을 구할 수 있다.

수평안정판을 제거하는 두 번째 이유는 비행중인 비행기의 토크에 대한 수평안정판의 효과를 직접 측정할 수 있기 때문이다. 이름에서 시사하는 바와 같이, 안정판은 비행기를 안정시키는데 사용된다. 비행기에서 총 토크에 대한 수평안정판의 효과는 비행기를 어떻게 안정시키고, 비행기를 비행하는데 얼마나 어렵고, 유상하중을 어디에 배치시켜야 하는가를 결정하는 것이다. 비행특성을 분석할 때 이론적으로 결정할 수 없는 많은 매개변수가 있다. 그러므로 풍동 데이터는 이론이 명쾌한 해답을 제공할 수 없는 경우를 충족하는데 사용될 수 있다.

17.2.10 초음속 벤투리

천음속과 초음속 풍동을 이해하기 위해서는 천음속 및 초음속 벤투리를 이해하여야 할 필요가 있다. 여기서 공기의 압축성은 무시할 수 있으며, 공기밀도와 온도 변화가 현저하게 변한다.

첫 번째로, 거리가 멀어짐에 따라 지름이 감소하는 관에서 마하 1 바로 아래의 유동을 관찰해보기로 하자. 관의 지름이 감소하므로 공기의 속도는 증가하고 정압은 감소한다. 이 압축성 때문에 속도와 정압은 공기가 비압축성인 경우에서와 같은 정도로 변하지 않는다. 관의 크기가 충분히 작아지면 공기의 속도는 마하 1에 도달하게 된다. 수축관에서 공기는 마하 1보다 더 빠르게 움직이는 것을 원하지 않는다. 사실 한정된 관에서 공기 속도는 언제나 마하 1의 방향에서 바뀐다. 제한이 일어나기 전에 공기가 마하 1보다 빠르면 동압과 밀도는 제한에서 증가하게 되고 공기가 마하 1에 도달할 때까지 줄어든다. 가속된 아음속 공기 혹은 감속된 초음속 공기에 의해 일단 마하 1에 도달한 후에는 압력이 형성되고 마하 1 구역이 전방에서 관의 작은 반경으로 이동한다.

최종적인 결과는 마하 1 구역이 스로트(throat)라고 부르는 가장 작은 벤투리 제한으로 이동하는 것이다. 스로트 뒤에서 일어나는 것은 다소 복잡하지만, 일반적으로 이는 스로트의 압력 하류에 좌우된다. 압력이 벤투리 전의 압력과 같으면 공기는 처음의 속도, 압력, 온도 및 밀도 조건으로 복귀한다. 커다란 저압 체적으로 팽창될 때와 같이 압력이 내려가면 공기는 팽창하게 되어 속도가 마하 1 이상으로 가속된다(그림 17.17). 이와 같이 더 이상 팽창하고 가속되면 공기 온도, 밀도 및 정압이 빠르게 감속하게 된다.

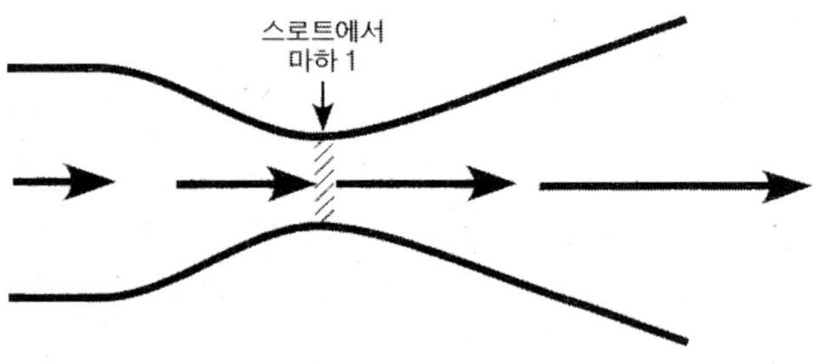

그림 17.17 초음속 벤투리

이와 같이 팽창하고 감속하는 대신에 가속하는 것은 천음속 비행에서 날개의 첫 번째 부분에서 정확하게 일어난다. 아음속 비행시에 날개에서 가장 큰 곡률 지점을 지난 후 공기는 감속하고 압력이 증가한다. 천음속 비행시에 가장 큰 곡률 뒤에 수직충격파가 도달할 때까지 공기는 가속하고 압력은 여전히 감소한다.

17.2.11 로켓 모터

초음속 벤투리의 이러한 묘사는 로켓 모터(rocket motors)의 묘사와 같음에 주목하여야 한다. 연소실의 압축된 가스 유동은 모터의 스로트로 이동하는 마하 1 구역에 의해 제한된다. 그리고 가스는 가속하기 위해 낮은 압력 구역으로 팽창한다. 따라서 로켓 모터의 배기는 초음속이다. 뉴턴2법칙에 의해 로켓의 스로트는 가스의 속도에 비례하므로 이는 매우 바람직한 상황이다.

가스의 속도는 모든 로켓 모터의 스로트에서 1이다. 이는 추진할 수 있는 가스의 양을 제한한다. 모터를 설계할 때 엔지니어는 가스가 마하 1에 도달할 수 있도록 스로트를 작게 만들어야 하며, 따라서 배기는 초음속이 된다. 그러나 스로트는 또한 충분한 가스가 배출되어 원하는 스로트를 만들 수 있을 만큼 커야 한다.

17.2.12 초음속 풍동

초음속 풍동은 아음속과 천음속 풍동과 다르게 작동된다. 첫째로, 팬이 초음속에서 비효율적이므로 이들은 아음속에서 작동되어야 하며, 공기는 아음속에서 초음속으로 전이해야 한다. 둘째로, 초음속 풍동은 충분한 양의 동력이 필요하다. 초음속 풍동은 최대 전기 수요 기간 동안에 작동하는 경우 그렇게 많은 양의 동력이 필요할 수 있으므로 이들은 국지적인 전압저하(blown-out)의 원인이 될 수 있다. 매우 적은 시설에서 이러한 이유로 연속적인 초음속 풍동을 갖는다.

초음속 풍동을 만드는데 있어 핵심은 초음속 벤투리를 사용하는 것이다. 그림 17.18은 폐회로 초음속 풍동의 모식도를 보여주고 있다. 팬이 아음속 채널에서 공기를 움직인다. 시동시에 아음속 단면은 여압되는 한편, 시험단면은 1대기정압으로 남아있다. 공기는 스로트에서 속도가 마하 1이 될 때까지 첫 번째 벤투리에서 가속된다. 체널이 열리면 공기는 저압구역으로 흐르므로 공기가 가속되어 시험단면에서 초음속 유동이 만들어진다. 시험단면 뒤에 기류는 두 번째 벤투리로 간다. 여기서 속도는 스로트에서 마하 1이 될 때까지 감소한다. 공기가 고압구역으로 가므로 채널이 열리고 유동이 감속되어 아음속이 다시 된다.

초음속 풍동은 추가적인 동력 손실원을 갖는다. 벽에서의 마찰과 모델에서의 항력에 부가하여 불가피한 충격파와 관련된 손실이 있다. 초음속 풍동을 계속 작동하기 위해서는 아음속 단면의 기류에 놓여있는 커다란 쿨러를 가져야 한다.

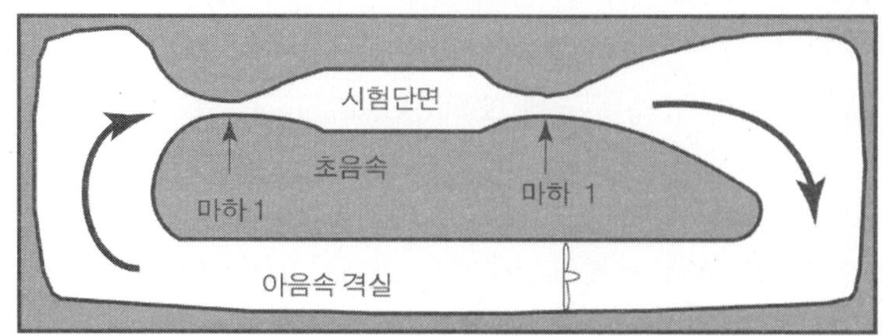

그림 17.18 초음속 풍동

초음속 풍동에서 대단히 많은 양의 동력이 필요하다는 의미는 매우 적은 연속적인 풍동이 있으며, 이들이 매우 크지 않다는 의미이다. 1m×1m 시험단면은 매우 크다고 생각할 수 있고 이를 마하 3에서 작동하는데 375MW(mega watts)가 필요하다. 그러나 초음속 항공기를 시험하는 다른 방법이 있다.

한 모델이 그림 17.19에서 묘사한 바와 같이 "취출(blowndown)" 초음속 풍동이다. 커다란 탱크가 고압 공기로 채워지며 벤투리를 통해 배출된다. 이러한 종류의 풍동은 잘 작동되지만 몇 분 동안만 시험을 할 수 있다. 그러나 잘 계획하여 시험하면 매우 짧은 시간에 무수한 양의 데이터를 얻을 수 있다. 이러한 기법으로 시간 내내 필요한 에너지를 생성하고 저장한다. 이러한 유형의 풍동은 매우 작은 동력이 필요하지만 시험 사이에 상당히 긴 시간이 필요하다. NASA 초음속 시설은 마하 7까지 생성할 수 있다. 이러한 취출 시설은 매 24시간마다 5분간의 시험을 수용할 수 있다. Langley 연구센터의 초음속 풍동은 5분 동안 마하 수 1.4~4로 유동을 생성할 수 있다.

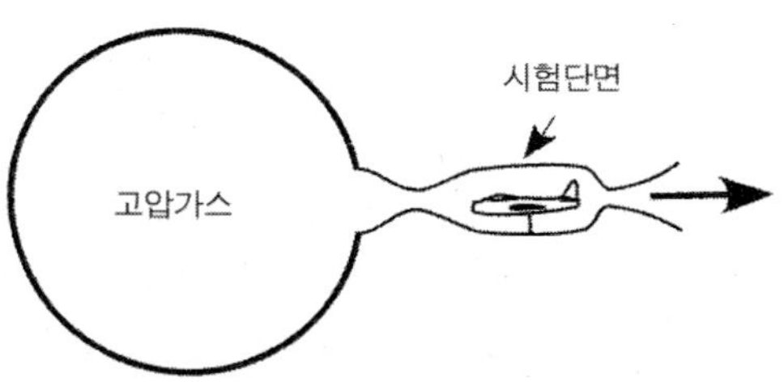

그림 17.19 취출 초음속 풍동

또 다른 사양은 그림 17.20에서 모식적으로 보여주고 있는 진공 초음속 풍동이다. 격실을 고압으로 펌프시키는 것은 위험하므로 대신에 격실을 배출하며 기류를 시험단면을 통해 다른 방향에 있도록 만든다. 따라서 상류 기류의 레저버가 바로 대기이며 공기는 스로트와 시험단면을 통해 진공으로 배출된다.

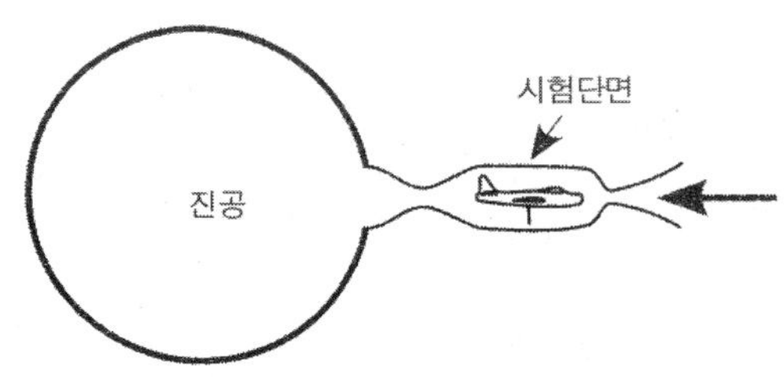

그림 17.20 진공 초음속 풍동

모든 초음속 벤투리에서 공기는 고속측에서 팽창하고 따라서 차갑다. 모든 에너지 손실은 시동할 때에 공기를 뜨겁게 하므로 연속적인 초음속 풍동에서 이것은 관심사가 아니다. 취출 풍동에서 공기는 시험단면이 합리적인 온도에 머무를 수 있도록 하기 위해 벤투리에 도달하기 전에 가끔 가열된다. 진공 풍동은 실 공기를 사용하고, 따라서 공기를 예열하는데 실제적이지 못한 문제점이 있다. 그러므로 시험단면이 매우 차갑다. 예를 들어, 마하 3 시험단면은 공기를 실온에서 공급하는 경우 -170℃가 되어야 한다.

17.2.13 극초음속 시험

초음속 풍동에서 상상할 수 없을 만큼의 동력이 필요하다면 시험 환경에서 마하 5 이상의 극초음속 유동을 만들기를 어떻게 기대하겠는가? 고정 모델로 이를 수행하는데 있어 유일한 효과적인 방법은 공기를 많이 예열시키고 매우 작은 시험단면에서 취출하는 방법이다. 마지막 문장에서 핵심어는 “고정”이다. 일부 극초음속 시설은 실제로 연소총을 사용하며, 여기서 가스는 모델을 추진시키기 위해 갈라진 틈에서 연소한다. 이 기법에서 문제는 원하는 측정이 매우 빨리 움직이는 비고정 모델에서 이루어져야 한다는 것이다.

그러나 엔지니어의 소맷자락을 기만하는 또 다른 것이 있다. 마하수를 의미하는 극초음속 비행은 전형적으로 마하 5 이상이다. 이 시점까지 우리는 시험단면 혹은 모델의 속도를 증가시켜야 하는 극초음속도를 얻는다고 가정하였다. 그 대신에 음속을 감소시키려면 어떻게 해야 하는가? 음속은 다른 기체와 다르다. 음속은 기체분자의 중량이 증가할 때 감소한다. 그러므로 공기를 사용하는 대신에 우리의 작동 기체에서 이산화탄소와 같은 무거운 기체를 찾을 수 있으며, 비록 이것은 음속을 14% 감소시키게 된다. 대체 기체를 사용하는 경우의 장점은 참속도를 어느 정도 유지할 수 있는 반면에 마하수가 상당히 높다.

17.3 비행시험

비행기 성능을 증명하는데 사용되는 비행시험(flight testing)에 대하여 살펴보기로 하자. 첫째로 비행시험은 상용비행기와 군용비행기 제조업자 사이에는 두 가지 매우 다른 사실을 의미한다는 점을 이해해야 한다. 상용비행기 제조업자에게 있어 비행시험은 FAA요건에 초점을 맞춘다. 종종 FAA 담당자가 시험 결과를 모니터하기 위해 비행기에 탑승한다. 이러한 시험은 특정의 규정에 부응하는지를 증명하기 위해 수행된다. 비용 때문에 상용 수송기의 비행시험은 규정과 관련되지 않을 경우에는 거의 수행하지 않는다.

군용기에 있어 비행시험은 보통 군사규격(MIL)에 부응하는가를 의미한다. 이는 전형적으로 성능을 입증하는 것이다. 군용기는 그들의 작동성능 가장자리에 가깝게 비행하기 때문에 비행시험은 비행기의 한계를 입증하는데 사용된다. 비행시험에서 수행되는 몇 가지 사항을 살펴보기로 하자.

17.3.1 비행계기 보정

비행시험의 1단계는 고도계와 속도계가 적절한 정보를 제공하는가를 보장하는 것이다. 대부분의 비행기에서 고도계와 속도계는 고도 혹은 속도를 결정하기 위해 압력을 사용한다. 이들이 어떻게 작동하는가에 대해 약간의 설명을 한 후에 비행시험 프로그램에서 초기에 시험하는 것이 무엇인가에 대하여 살펴보기로 하자.

고도계는 간단한 압력 게이지 혹은 기압계이다. 정압공에서 정압을 측정한다. 정압공은 비행기의 표면 어딘가에 위치하고 있다. 비행기 주위의 기류로 인해 표면에서 참 주위 압력과 다른 다양한 종류의 정압을 볼 수 있다. 그러나 공기가 어느 곳에서 더 빨리 흐르는 것만으로 정압이 낮다는 것을 의미하는 것은 아니라는 점을 명심해야 한다. 그러나 비행기의 임의의 장소가 주위 정압과 최소한 약간 작은 압력을 보이려고 하기 때문에 고도계를 보정하는 것이 중요하다.

고도계의 목적은 비행기 간섭을 가능한 한 최소로 하면서 비행기 주변의 대기압을 측정하는 것이다. 전형적으로 정압공은 정압 변화가 가장 작은 날개에서 멀리 떨어진 동체에 위치한다. 정압은 비행기의 위치에 따라 변하므로 정압공의 위치와 관련한 오차를 위치 오차(position error)라고 한다. 비행시험은 위치오차의 양을 결정하기 위해 수행된다. 이를 수행하기 위해서 압력은 비행기 간섭과 무관하게 측정해야 한다. 상용비행기 제조업자에 의해 사용되는 한 가지 방법은 비행기 후미에 멀리 떨어진 탐침(프로브)을 잡아당기는데 드래그 콘(drag cone)을 사용하는 것이다(그림 17.21). 드래그 콘을 사용하고 비행기의 꼬리날개에 있는 윈치로 오므린다.

많은 군용시험에서 위치오차에 대한 비행시험은 그림 17.22에서 보는 바와 같이 비행기의 기수부에 있는 길다란 스파이크(spike)에 장착된 탐침(프로브)으로 측정한다. 진대기압력과 정압공에서 측정한 압력간의 차이는 고도계 오차로 변환할 수 있으며, 이는 비행기를 위해 발간해야 한다.

그림 17.21 737-700에서 트레이링 콘

그림 17.22 D-558-II의 대기속도 교정 탐침

17.3.2 표준일

고도에 따른 압력 변화는 매일 정확하게 동일하지 않다. 그러므로 "표준일"을 정의하고 이를 국제적으로 사용한다. 표준일은 해수면에서 온도가 15℃이고 압력이 1,013mb이다. 조종사는 정확한 고도를 지시하도록 진대기압력을 조정한다. 공항에서 착륙 허가를 얻기 위해 호출할 때 조종사에게 주어지는 첫 번째 사항 중의 하나가 기압계 압력이며 풍속과 풍향이다. 18,000ft(5500m) 이하에서 모든 고도계는 동일한 공간에 있는 두 비행기가 모두 정확하게 읽을 수 있도록 국지대기조건으로 조정해야 한다. 18,000ft(5500m) 이상에서 모든 고도계는 표준일의 기압계 압력으로 설정해야 한다.

앞에서 논의한 바와 같이, 속도계는 피토관으로 측정한 정압과 동압간의 차이로 작동한다. 정압은 보통 고도계에서 사용한 것과 동일한 정압공으로부터 얻는다. 정압공과 다르게 피토관으로 측정한 값은 항공기가 초음속으로 비행하지 않는 한 위치에 따라 변하지 않는다. 그러나 정압공이 위치에 민감하므로 위치오차가 또한 속도계의 정확도에 영향을 준다.

17.3.3 필요동력

일단 고도계와 속도계를 수정한 후에 우리는 피스톤 구동 비행기 혹은 제트 추력 비행기의 직선수평비행시에 동력과 항력곡선을 결정하기 위해 엔진-동력 계산값과 더불어 이러한 것들을 사용할 수 있다. 원칙적으로 우리는 두 곡선을 얻을 수 있으며 단지 두 속도에서 동력을 측정하여 유도 및 유해 동력을 결정한다.

17.3.4 필요동력 데이터

비록 본 교재의 범위를 벗어나지만, 조종사가 네 번째 동력을 구하기 위해 속도의 함수로 동력에 속도를 곱하면 그 결과는 직선이 된다. 이를 **그림** 17.23에서 예시하고 있다. 비록 4지점의 값을 사용하지만 원칙상 단지 2지점으로부터 동일한 결과를 얻을 수 있다. 이 선도로부터 우리는 속도의 함수로써 동력곡선을 만들 수 있으며, 또한 속도의 함수로써 항력곡선을 만들 수 있다. 속도가 올라감에 따른 유도동력과 항력이 얼마인가를 알면 우리는 또한 동력과 항력의 다른 성분을 분리할 수 있다. 이는 두 가지 간단한 측정값으로부터 얻은 수많은 정보이다.

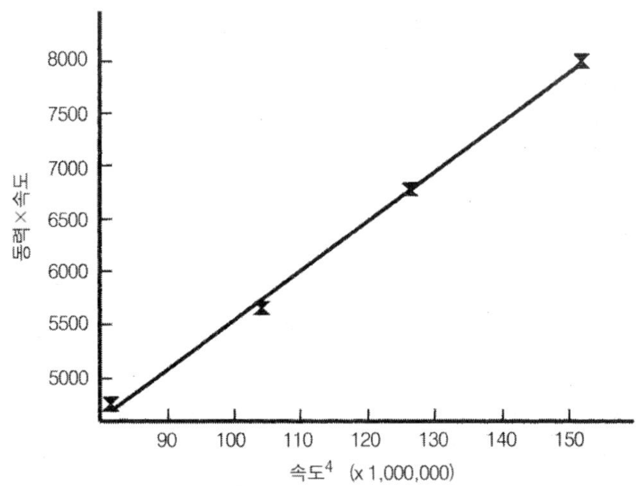

그림 17.23 Cessana 172의 네 번째 동력을 구하기 위해 속도의 함수로 동력과 속도를 곱한 예

위의 측정값은 하나의 중량과 고도에서 이루어졌다. 그러나 중량과 공기밀도는 직선 수평비행에서 필요동력에 영향을 준다는 것을 알고 있다. 다른 고도와 다른 하중에서 위에서 설명한 시험을 수행하는 것은 비용이 많이 들고 시간이 많이 소모된다. 엔지니어는 이러한 추가적인 시험을 피하기 위해서 등가중량체계(equivalent weight system)를 개발하였다. 시험고도에서 공기밀도는 압력과 온도 측정값과 해수면 밀도와 관련하여 결정된다. 유사하게 시험을 하는 동안의 비행기의 중량은 보통 최대 총 중량이거나 공허중량이다. 중량과 공기밀도의 함수로써 동력요건에 대한 앞에서 설명한 관계를 알면 실제 중량과 비행시험에서의 비행중량에 무관하게 임의의 고도와 중량에 데이터를 관련지을 수 있다.

17.3.5 이륙 및 착륙

이륙성능에 대한 비행시험은 상용비행기의 경우 필요한 보다 광범위한 시험 중의 하나이다. 지면에 대한 마찰과 같은 특정한 측면은 얼음 혹은 물의 존재와 같은 활주로 조건에 좌우된다. 디자이너는 마찰에 대하여 가정을 하고 이를 비행시험에서 증명해야 한다. 일단 몇 가지 조건을 입증한 후에 보통 나머지 작동 절차를 채우는데 계산이 사용된다.

또한 이륙기법을 설정해야 한다. 예를 들어, 어느 속도에서 조종사가 회전을 시작해야 하는가? 어느 속도에서 비행기가 부양해야 하는가? 속도가 너무 낮을 경우 비행기는 동력곡선의 이면에서 지면효과를 받는 상태로 상승하지 못하는 경우가 있다.

두 가지 시험이 특히 흥미롭다. 이들은 VMU(velocity-minimum-unstuck)시험과 최대 제동시험이다. VMU는 비행기가 지면을 떠날 수 있는 최저 속도이다. 이는 대략 실속 받음각에서 발생한다. 이러한 목표를 달성하기 위해 비행기 꼬리날개의 일부는 실제로 지면에서 끌려야 한다. 알루미늄이 콘크리트를 치면 스파크가 날아가려고 한다. 이는 그림 17.24에서 보는 바와 같이 비행기가 화재가 난 것처럼 보일 수 있다. 보통 비행기에 거의 손상을 주지 않는다. 비행시험에서 손상을 방지하기 위해 작은 꼬리썰매(미부활재)를 비행기에 설치한다.

최대 제동시험은 비행기가 이륙을 포기하고 승객에게 위험을 주지 않고 활주로 상에서 정지하는 것을 보여주는 시험이다. 이 시험이 흥미로운 점은 비행기의 모든 운동에너지가 브레이크에 전달된다는 점이다. 그러므로 브레이크는 매우 뜨거워진다. 시험은 비행기가 특정 기간 동안에 도움을 받지 않고 활주로상에 남아있어야 할 것을 요구하고 있다. 여러분은 타이어가 아마도 용해되고 폭발한다는 것을 이해하여야 한다. 브레이크의 열은 연료 탱크의 아래 부분으로 방사될 수 있다. 최대 제동의 포기가 필요한 경우 소방차가 브레이크를 냉각시키기 위해 그 장소에 도달할 때까지 비행기가 생존할 수 있음을 이 시험은 확인한다.

이륙과 착륙시험은 다양한 형상에서 수행되어야 한다. 이러한 것들은 만약에 어떠한 일이 일어날 것인가에 대한 시나리오를 입증하는 것이다. 하나의 엔진이 꺼졌을 경우, 여러 위치에서의 플랩, 다른 총 중량 및 다른 대기조건에서의 시험을 수행해야 한다.

컴퓨터 모델이 더욱 더 정확해짐에 따라 일부 비행시험은 세밀한 계산으로 대체되고 있다. 그러므로 모든 가능한 조건에서 시험을 하는 경우에는 비용이 많이 들기 때문에 모든 가능한 조건을 시험하는 대신에 약간의 핵심조건만을 비행시험으로 시험할 수 있으며 계산을 입증하는데 사용된다. 그리고 나머지 조건은 분석으로 결정할 수 있다. 컴퓨터를 통한 예견 능력이 오늘날 너무 좋으므로 비행기를 비행시험으로 수행할 때 나타날 성능상의 놀라움은 거의 없다해도 과언이 아니다.

그림 17.24 손상을 방지하기 위해 비행기에 꼬리썰매(미부활재)를 설치하여 VMU 시험을 수행한다.

17.3.6 상승 및 선회

우리는 앞에서 상승과 선회를 할 때에는 동력과 추력이 필요하다는 점을 배웠다. 그러므로 상승과 선회시험은 이용동력을 구하는 것과 같다. 이용동력과 필요동력간의 차이가 잉여동력이다. 결론적으로 이용동력과 추력이 상승과 선회성능을 결정하는데 필요한 유일한 시험이라는 것이다.

이용동력을 측정하는 절차는 스로틀을 특정 설정값까지 밀고 가속도를 측정하는 것이다. 가속도에 비행기의 질량을 곱하면 정비 추력이 된다. 필요동력과 추력은 이전의 비행시험에서 계산할 수 있으므로 이용동력을 결정할 수 있다.

17.3.7 비행시험 사고

불행하게도 비행시험을 할 때에 사고가 발생할 수 있다. 오늘날 비행시험을 할 때에는 상용비행기가 추락되는 경우는 거의 없다. 군용기의 경우에도 거의 드문 일이지만 1940년대와 1960년대의 급속한 발전기에는 약간의 사고가 있었다. 오늘날에는 군용기 성능도 너무 잘 예견하므로 사고로 인한 놀라움은 거의 없다. 그러나 일반적으로 군용기의 위험한 업무는 비행시험 사고를 보다 더 유발할 수 있다. 결론적으로 비행시험은 매우 적은 사고이지만 모든 시간에 걸쳐 일어난다는 점으로 안전한 비행시험을 통해 이에 대비하여야 한다.

17.4 결론

시험은 비행기 개발 프로그램에서 필수적인 부분이다. 그러나 시험은 너무 비싼 부분이다. 상세한 분석 대신에 시험을 하면 비행기 디자인을 개발하는데 시간이 많이 걸린다. 그러므로 시험은 이제 순화 및 입증시에 사용된다.

이 교재에서 우리는 항공기 설계의 거의 전 분야에 대하여 살펴보았다. 그러나 학습목적상, 지면관계상 또는 여러 가지 이유로 인해 모든 분야를 다 망라하지 못한 점이 아쉽다. 이러한 부분은 다음 기회로 미루기로 하고, 여러분이 이 교재를 통해 항공기 설계에 대한 직관적인 이해를 가지기 기대한다. 본 교재는 항공과학기술과 관련하여 많은 배경 지식이 없는 학생들이 항공기 설계를 손쉽게 이해할 수 있도록 하기 위하여 항공기 설계와 관련한 많은 지식의 물리적인 의미 전달에 역점을 두었다. 그러나 보다 심오한 수준의 항공기 설계에 대한 이해는 보다 많은 수학과 훨씬 적은 물리학을 통해 종종 달성될 수 있음을 유의하기 바란다.

거듭 이 교재를 통해 최신 항공과학기술의 눈부신 발전에 대한 보다 많은 이해와 경이를 획득하기를 기대한다.

APPENDIX

부록

부록 1 ▸▸▸ CONVERSION TABLES AND AIRSPEED CHARTS

부록 1.1 Conversion factors for widely-used aeronautical units

Category	English (OR US) units		SI units
Linear dimensions			
Inch	1 in	=	25.4 mm
Foot	1 ft	=	0.3048 m
Yard	1 yard	=	0.9144 m
Mile	1 mile	=	1.609 km
Nautical mile	1 nm	=	1.853 km
Areas			
Square inch	1 in^2	=	16.39 cm^2
Square foot	1 ft^2	=	0.0929 m^2
Volumes			
Cubic inch	1 in^3	=	16.39 cm^3
Cubic foot	1 ft^3	=	0.02832 m^3
UK gallon	1 gall(UK)	=	4.546 l
US gallon	1 gall(US)	=	3.785 l
Masses			
Pound	1 lb	=	0.4536 kg
Ton	1 ton	=	1016 kg
Slug	32.2 lb	=	14.6 kg
Densities			
Slug per cubic foot	1 slug/ft^3	=	515.4 kg/m^3
General density	1 lb/in^3	=	27.68 kg/l
	1 lb/ft^3	=	16.02 kg/m^3
Forces, pressures, stresses			
Pound force	1 lbf	=	4.448 N
Pound per square inch	1 lbf/in^2	=	6.895 KN/m^2
		or	68.95 mb
Ton per square inch	1 ton f/in^2	=	15.44 MN/m^2
Pound mass per square foot	1 lb/ft^2	=	4.8825 kg/m^2
Pound force per square foot	1 lbf/ft^2	=	47.88 N/m^2
1 atmosphere	14.7 lbf/in^2	=	0.3045 m/s
Velocities			
Feet per second	1 ft/sec	=	0.3048 m/s
Mile per hour	1 mph	=	0.447 m/s
		=	1.609 km/h
Knot	1 kt	=	0.5148 m/s
		=	1.853 km/h
see Fig. A 1.2 for conversions between airspeeds and Mach numbers			
Aerospace terms			
Specific fuel consumption for jet engines = pound of fuel per pound of thrust per hour (s.f.c)	1 lb/lbf/h	=	28.32 mg/N/s
Specific fuel consumption – turbo-prop	1 lb/h/hp	=	168.9 μg/J
Specific fuel consumption – piston	1 lb/h/hp	=	168.9 μg/J
Horsepower	1 hp	=	745.7 W

SI symbols: m = metre, mm = millimetre, cm = centimetre, km = kilometre, l = litre, g = gram, kg = kilogram, mg = milligram, μg = microgram, MN = mega Newton, N = Newton, b = bar, mb = millibar, s = second, J = Joule, W = Watt

부록 1.2 Speed, Altitude and Mach number relationships and international standard atmosphere, sea level conditions(ISA)

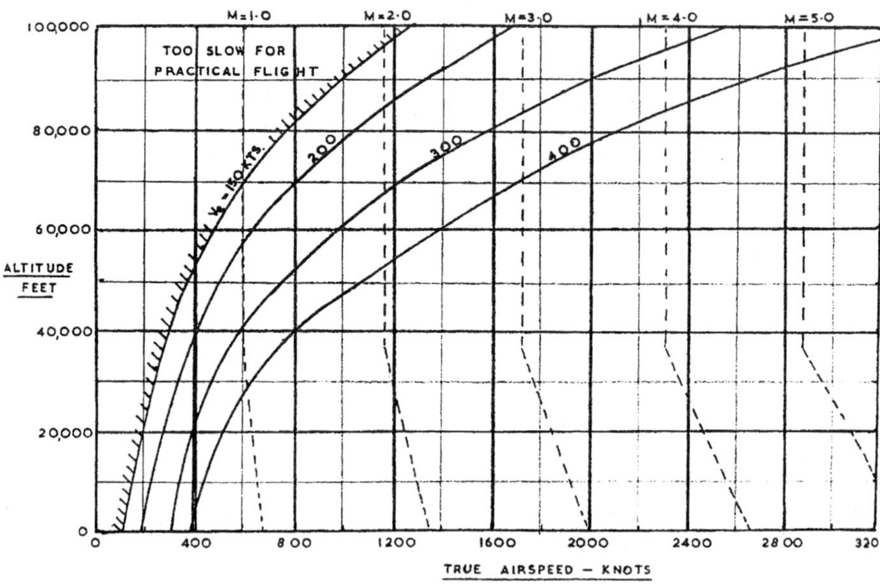

부록 1.3 Atmospheric properties at sea level

Standard sea level conditions		English (or US) units	SI units
Pressure	(P_0)	2116.22 lbf/ft^2 (14.696 lbf/in^2)	101 325.0 Newtons/m^2 (1013.25 millibar)
Temperature	(t_0)	49°F	15°C
	(T_0)	518.67 R	288.16 K
Density	(ρ_0)	0.002 376 9 slugs/ft^3	1.2250 kg/m^3
Velocity of sound	(a_0)	1116.45 ft/s 661.48 knots	340.294 m/s
Kinematic Viscosity	(ν_0)	1.5723×10^{-4} ft^2/s	1.4607×10^{-5}m^2/s
Acceleration due to gravity	(g_0)	32.1741 ft/s^2	9.806 65 m/s^2

부록 2 ▸▸▸ AIRCRAFT LEADING DATA TABLES

부록 2.1 Narrow–body jet transports–leading dimensions

Manufacturer	Model	Maximum passengers high density	Dimensions: Span (b) (m)	Fuselage width (m)	Fuselage length total (m)	Height (m)	Wing gross area (S) (m^2)	Wing aspect ratio -	Sweep quarter chord (°)	Engines: No. engines	Engines sea level thrust (T) (kN)	Engine model
Airbus Industrie	A319	153	34.10	3.95	33.84	11.76	122	9.5	25	2	97.5	-CFM565A4
											104	-IAEV2522-A5
												-CFM565A5
												-IAEV2524–A5
	A320–200	180	34.10	3.95	37.57	11.76	122	9.5	25	2	111	CFM56–5A1
											118	CFM56–5A3
											125	IAEV2500
Avro International	RJ70	94	26.21	3.56	23.8	8.61	77.3	8.89	15	4	27.28	LF507
Boeing	B737–200	130	28.30	3.76	30.53	11.28	91	8.8	25	2	72	P&WJT8D–15A|
	B737–500	132	28.90	3.76	31.00	11.10	91	8.8	25	2	89	CFM56–3139
	B737–300	149	28.90	3.76	33.40	11.10	91	8.8	25	2	99	CFM56–3B–2/–3C-1
	B737–400	168	28.90	3.76	36.110	11.10	91	8.8	25	2	105	CFM56–3C
	B757–200	189	38.05	3.76	47.32	13.56	181	8.0	25	2	178	RB211–535E4
Fokker	70	79	28.08	3.3	30.91	8.51	93.50	8.4	17.4	2	61.6	R-R TAY MK620–15
Illyushin	11–62MK	174	43.02	4.1	53.1	12.35	280	6.6	32.3	4	107.9	Soloviev D–30KU
McDonnell Douglas	MD–81	139	32 9	3.4	39.75	9.3	112.3	9.6	24.5	2	92.71	P&W JT8D–217B/C
	MD–83	172	32.9	3.4	45.0	9.0	112.3	9.6	24.5	2	96.5	P&W JT8D–219
	MD82/88	172	32.9	3.4	45.0	9.0	112.3	9.6	24.5	2	92.7	JT8D–217AC
Tupolev	TU204	240	42.0	3.8	48.0	13.88	184.1	9.6	28	2	157	Soloviev PS–90A
Yakovlev	YAK–46	162	36.25	3.8	40.38	9.8	120	11	25.0	2	114	Lotariev D–27
	YAK–42M	168	36.25	3.8	40.38	9.8	120	11	25	3	73.6	Lotariev D–436M

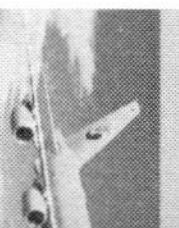

부록 2.2 Narrow-body jet transports-weights and performance

	Weights					Payload range		Maximum cruise				Cruise-long range		
Model	Taxi-ing weight (kg)	Maximum take-off weight (W_G) (kg)	Landing weight (W_L) (kg)	Empty operating weight (kg)	Fuel (max) (litres)	Payload maximum (kg)	Range at maximum payload (kM)	Speed cruise (knot)	Speed cruise (Mach)	Altitude cruise (ft)	Fuel consumption (kg/h)	Speed cruise (knot)	Altitude cruise (ft)	Fuel consumption (kg/h)
A319	64 400	64 400	61 000	39 500	23 860	17 400	2525	487	0.82	28 000	3150	450	37 000	1950
A320-200	73 900	73 500	64 500	41 000	23 860	20 000	4240	487	0.82	28 000	3200	448	37 000	2100
RJ70	38 328	38 102	37 875	23 781	11 728	8 650	2046	432	0.73	29 000	2150	356	29 000	1635
737-200	52 620	52 390	47 600	27 520	19 531	15 710	2868	488	0.88	25 000	4259	420	35 000	2327
737-500	52 620	52 390	49 900	30 960	20 105	15 530	2519	492	0.82	26 000	3574	429	35 000	2100
737-300	56 700	56 470	51 710	31 869	20 105	16 030	2923	491	0.82	26 000	3890	429	35 000	2250
737-400	63 050	62 820	54 880	34 470	20 105	17 740	3611	492	0.82	26 000	3307	430	35 000	2377
757-200	100 245	99 792	89 800	58 248	42 320	26 090	5890	505	0.88	31 000	5350	459	39 000	2885
F70	38 325	38 100	35 830	23 100	13 365	9 555	4300	461	0.77	26 000	2391	401	35 000	1475
IL-62MK	NA	165 000	105 000	71 600	105 300	23 000	7800	496		26 200	NA	460	36 600	NA
MD81	63 950	63 500	58 000	33 253	22 106	17 619	3450	499	0.84	27 000	3924	439	35 000	2458
MD83	73 030	72 580	63 280	36 620	26 495	18 721	4387	499	0.84	27 000	4027	439	35 000	2518
MD82/88	68 270	67 812	58 970	35 630	22 106	18 802	3445	499	0.84	27 000	4077	439	35 000	2560
TU204	93 850	93 500	86 000	56 500	30 000	21 000	2500	458	0.9	40 000	3270	NA	NA	NA
YAK46	61 600	61 300	56 750	31 300	18 590	17 500	1800	432	0.8	36 000	1570	415	36 000	1500
YAK42M	63 300	63 300	56 000	38 500	18 200	16 500	1500	432	0.78	36 400	2300	416	36 400	2030

부록 2.3 Narrow–body jet transports–field performance and parameter ratios

Model	FAR field length (Maximum weight)		Aircraft maximum lift coefficient			Landing gear		Parametric ratios				
	Take-off field ISA, SL (m)	Land field ISA, SL (m)	Take-off	Approach	Landing	Track (m)	Wheel-base (m)	W_G/s kg/m^2	W_G/s lb/ft^2	T_o/W_G	W_L/W_G	Fuselage length diameter
A319	1750	1350		2.6	2.8	7.6	11.4	528	108	0.329	0.947	8.567
A320–200	2180	1440		2.6	2.8	7.5	12.6	602	123	0.347	0.877	9.511
RJ70	1440	1170		3.3	3.5	4.72	10.09	493	100	0.292	0.994	6.68
737–200	1829	1350				5.25	11.4	576	118	0.28	0.909	8.12
737–500	1518	1362				5.25	14.1	576	118	0.346	0.952	8.24
737–300	1600	1396		2.4	3.3	5.25	12.4	621	127	0.357	0.916	8.883
737–400	1935	1506				5.25	14.3	690	141	0.341	0.874	9.681
757–200	1880	1415		1.9	2.5	7.32	18.29	551	113	0.364	0.90	12.59
F70	1391	1208				5.04	11.54	407	83	0.33	0.94	9.367
IL–62MK	3300	2500				6.8	24.5	589	121	0.267	0.636	12.95
MD81	1850	1451		2.2	3.0	5.1	19.2	565	116	0.298	0.913	11.69
MD83	2551	1585				5.1	22.0	646	132	0.271	0.872	13.24
MD82/88	2274	1500				5.1	22.0	604	124	0.279	0.87	13.24
TU204	2765	2900				10.7	23.3	508	104	0.342	0.92	12.63
YAK46	1500	1670				5.63	14.78	511	105	0.379	0.926	10.626
YAK42M	1950	2020				5.63	14.78	528	108	0.356	0.885	10.626

부록 2.4 Wide-body jet transports-leading dimensions

Manufacturer	Model	Maximum passengers high density	Dimensions: Span (b) (m)	Fuselage width (m)	Fuselage length total (m)	Height (m)	Wing gross area (S) (m^2)	Wing aspect ratio	Sweep quarter chord (°)	Engines: No. engines	Engines sea level thrust (T) (kN)	Engine model
Airbus Industrie	A310-200	280	43.9	5.64	45.13	15.81	219	8.8	28.0	2	237	GE CF6-8-C2A2
	A300-600	375	44.84	5.64	53.3	16.53	260	7.7	28.0	2	262	GE CF6-80C2A1
	A330-300	440	60.3	5.64	63.65	16.90	362	10.0	30.0	2	300	R-R Trent
	A340-200	440	60.3	5.64	59.4	16.8	362	10.0	30.0	4	139	CFM56-5C2
Boeing	767-200	290	47.57	5.03	48.51	15.85	283	8.0	31.5	2	22	PW4050
	777-200	440	60.9	6.2	62.78	18.4	428	8.68	31.6	2	331	Various
	747-200C	550	59.6	6.6	68.63	19.3	512	6.94	37.5	4	244	P&W JT9D-7R4G2
	747-400	660	64.3	6.6	68.63	19.3	525	7.87	37.5	4	258	R-R RB211-524G
Illyushin	IL-96-300	300	57.66	6.08	51.15	17.6	392	9.5	30.0	4	156	Soloview PS-90A
Lockheed	L1011-250 TRISTAR	400	47.35	5.97	54.17	18.9	322	6.95	35.0	3	222	R-R RB211-524B
McDonnell Douglas	DC10-30	380	50.42	6.02	51.97	17.7	338	7.5	35.0	3	234	GE CF6-50C2
	MD-11	405	51.77	6.02	58.65	17.6	339	7.5	35.0	3	274	GE CF6-80C2

부록 2.5 Wide–body jet transports–weights and performance

Model	Weights					Payload range		Maximum cruise				Cruise–long range		
	Taxi-ing weight (kg)	Maximum take-off weight (W_G) (kg)	Landing weight (W_L) (kg)	Empty operating weight (kg)	Fuel (Max) (litres)	Payload maximum (kg)	Range at maximum payload (kM)	Speed cruise (knot)	Speed cruise (Mach)	Altitude cruise (ft)	Fuel consumption (kg/h)	Speed cruise (knot)	Altitude cruise (ft)	Fuel consumption (kg/h)
A310–200	142 900	142 000	123 000	79 450	54 920	33 550	5350	484	0.84	35 000	4 740	459	37 000	3 770
A300–600	165 900	165 000	138 000	87 600	62 000	42 400	5 250	480	0.84	31 000	5 160	454	35 000	4 300
A330–300	212 900	212 000	174 000	117 700	97 170	45 470	8 785*	500	0.86	33 000	5 000	465	39 000	4 700
A340–200	257 900	257 000	181 000	119 600	138 600	49 400	11 800	500	0.86	33 000	7 180	475	39 000	5 400
767–200	152 860	151 950	126 099	80 780	63 220	33 970	5 800	492	0.83	39 000	5 370	457	39 000	3 674
777–200	230 450	229 500	201 850	136 100	117 340	54 450	5 460	499	0.83	39 000	–	476	39 000	–
747–200C	379 210	377 850	285 830	180 850	198 350	92 310	8 220	507	0.88	35 000	12 900	484	35 000	10 700
747–400	395 990	394 630	285 760	178 810	204 350	63 870	12 870	507	0.88	35 000	11 230	490	35 000	9 840
IL96–300	N/A	216 000	175 000	117 000	150 000	39 990	7 170	470	0.83	30 000	–	460	39 000	–
L1011–250	232 240	231 330	166 920	113 290	119 780	49 030	8 980	518	0.89	33 000	7 620	483	33 000	6 940
DC10–30	265 000	265 000	182 800	120 900	146 290	45 910	9 950	530	0.88	25 000	9 743	490	30 000	7 310
MD–11	285 080	283 720	195 000	131 000	146 290	55 570	11 100	511	0.87	27 000	8 970	473	35 000	7 060

* Range with 335 passengers and baggage.

부록 2.6 Wide–body jet transports–field performance and parameter ratios

Model	FAR field length (maximum weight)		Aircraft maximum lift coefficient			Landing gear		Parametric ratios				
	Take-off field ISA, (m)	Landing field ISA, SL (m)	Take-off	Approach	Landing	Track (m)	Wheel-base (m)	W_o/s kg/m^2	W_o/s lb/ft^2	T_o/W_o	W_L/W_G	Fuselage length diameter
A310–200	1860	1480		2.4	3.1	9.6	15.2	648	133	0.340	0.866	8.0
A300–600	2240	1532		2.4	3.0	9.6	18.6	635	130	0.324	0.836	9.45
A330–300	2620	2150		2.1	2.6	10.49	–	586	120	0.288	0.821	11.29
A340–200	2765	2900		2.5	2.6	10.49	23.3	710	145	0.220	0.704	10.53
767–200	1880	1415		2.2	2.4	7.32	18.29	537	110	0.299	0.830	9.64
777–200	2135	1610		–	–	10.97	25.88	538	110	0.294	0.88	10.13
747–200C	3190	2100		–	–	11.0	25.6	741	152	0.263	0.724	10.4
747–400	3320	2130		1.9	2.4	11.0	25.6	754	154	0.267	0.724	10.4
IL96–300	2760	1980		–	–	10.4	20.07	551	113	0.294	0.81	8.41
L1011–250	2990	2040		–	–	10.97	21.34	718	147	0.293	0.722	9.07
DC10–30	2996	1820		–	–	10.67	22.07	784	161	0.27	0.69	8.63
MD–11	2930	1970		2.2	2.7	10.57	24.61	837	171	0.295	0.687	9.74

부록 2.7 Regional turbo–props–leading dimensions

Manufacturer	Model	Maximum passengers high density	Dimensions: Span (b) (m)	Fuselage width (m)	Fuselage length Total (m)	Height (m)	Wing gross area (S) (m^2)	Wing aspect ratio –	Propellor diameter (m)	Engines: No. engines	Engines sea level power (kW)	Engine model
Antonov	AN–32	50	29.2	2.9	23.8	8.75	75	11.7	4.7	2	3812	Ivchenko A1–20D
Avions de Transport Regional	ATR–42–300	50	24.57	2.87	22.67	7.59	54.5	11.08	3.96	2	1342	PWC PW120
	ATR–72	74	27.05	2.87	27.17	7.65	61.0	12.0		2	1611	PWC PW124B
British Aerospace	Jetstream Super 31	19	15.85	1.98	13.4	5.38	25.2	9.95	2.69	2	760	Garrett TPE 331-12UAR
	Jetstream 41	29	18.29	1.98	18.25	5.74	32.59	10.26	2.9	2	1118	Garrett TPE 331-14 GR/HR
	ATP	72	30.63	2.67	25.46	7.54	78.32	11.984	4.19	2	1978	P&W PW126A
CASA/IPTN	CN235–100	44	25.81	2.9	20.9	8.177	59.1	11.3	3.35	2	1305	GE CT7–C
de Havilland Canada	DASH8–300A	56	27.43	2.69	24.28	7.49	56.21	13.39	3.96	2	1864	PW123B
Embraer	Brasilia EMB–120	30	19.78	2.28	18.73	6.35	39.43	9.9	3.2	2	1342	PW118
Fairchild	Metro 23	20	17.37	1.68	17.4	5.08	28.71	10.5	2.69	2	820	TPE331 -12UA
Fokker	50–100	58	29	2.7	25.25	8.317	70.0	12.0	3.66	2	1864	PWC PW125B
Saab	340B	37	21.44	2.31	19.73	6.87	41.81	11.0	3.35	2	1305	GE CT7–9B
	2000	58	24.76	2.31	27.03	7.73	55.7	11.0	3.81	2	3096	Allison GMA 2100
Shorts	330–200	30	22.76	2.24	17.69	4.95	42.1	12.3	2.82	2	893	PWC PT6A–45R

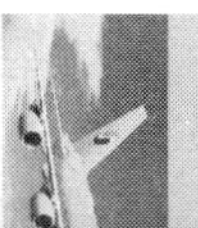

부록 2.8 Regional turbo-props-weights and performance

Model	Weights				Payload range		Maximum cruise		Cruise–long range	
	Maximum take-off weight (W_G) (kg)	Maximum landing weight (W_L) (kg)	Empty operating weight (kg)	Fuel (max) (kg)	Payload maximum (kg)	Range at maximum payload (km)	Speed cruise (knot)	Altitude cruise (ft)	Speed cruise (knot)	Altitude cruise (ft)
AN–32	27 000	25 000	17 308	5445	6700	1200	286	26 250	254	26 250
ATR–42	16 700	16 400	10 285	4500	4915	1946	250	17 000	243	25 000
ATR–72	21 500	21 350	12 500	5000	7200	1195	284	25 000	248	25 000
J31	7 350	7 080	4 578	1372	1805	1192	264	15 000	244	25 000
J41	10 433	10 115	6 350	2703	3039	1263	295	20 000	260	20 000
ATP	22 930	22 250	14 202	5080	7026	630	266	13 000	236	18 000
CN235–100	15 100	14 900	9 800	4230	4000	834	248	15 000	–	–
Dash8–300A	18 642	18 144	11 657	2576	5216	1538	287	15 000	–	–
Brasilia	11 500	11 250	7 465	2600	3039	1019	300	25 000	260	25 000
Metro	7 484	7 110	4 085	1969	1710	2174	288	11 000	–	–
F50	19 990	19 500	12 520	4123	6080	2055	282	–	–	–
S340	12 927	12 700	8 035	2581	3758	1520	282	15 000	252	25 000
S2000	22 000	21 500	13 500	4165	5900	2279	366	25 000	300	31 000
S330	10 387	10 251	6 680	2032	2653	876	190	10 000	160	10 000

*Range with 46 PAX.
**No reserves.

부록 2.9 Regional turbo–props–field performance and parameter ratios

Model	FAR field length (Maximum weight)		Landing gear		Parametric ratios				
	Take-off field ISA, SL (m)	Landing field ISA, SL (m)	Track (centreline of legs) (m)	Wheel-base (m)	W_G/s kg/m^2	W_G/s lb/ft^2	P/W_G kW/kg	W_L/W_G	Fuselage length diameter
AN–32	1200*	450**	7.9	7.65	360	74	0.282	0.926	8.21
ATR–42	1040	1030	4.1	8.78	306	63	0.161	0.982	7.9
ATR–72	1408	1210	4.1	10.70	352	72	0.15	0.993	9.47
J31	1569	1364	5.94	4.6	292	60	0.207	0.963	6.77
J41	1523*	1250**	6.1	7.32	320	65	0.214	0.97	9.22
ATP	1463	1128	8.46	9.7	293	60	0.173	0.97	9.54
CN235–100	1400	1165**	3.9	6.92	255	52	0.173	0.987	7.21
Dash 8	1067	1006	7.87	10.01	332	68	0.20	0.973	9.02
Brasilia	1420	1370	6.58	6.97	292	60	0.233	0.978	8.21
Metro	1414*	848**	4.57	5.83	261	53	0.219	0.95	10.36
F50	940	1020	7.2	9.7	286	59	0.186	0.975	9.35
S340	1271	1049	6.71	7.14	309	63	0.202	0.982	8.54
S2000	1360	1250	8.23	10.97	395	81	0.281	0.977	11.7
S330	1042	1030	4.24	6.15	247	51	0.172	0.987	7.9

* Take-off to 15 m.

** Landing run.

부록 2.10 Combat aircraft trainers–leading dimensions

Manufacturer	Aircraft type	Category	Dimensions							
			Length (m)	Wing sweepback leading edge Λ (deg)	Wing sweepback quarter-chord Λ 1/4(deg)	Wing thickness (inner/outer) t/c %	Wing span, b (m)	Wing area, S (m^2)	Wing aspect ratio	Wing taper ratio λ
BAe	Hawk 200	F	11.33	26.0	21.5	(10.9/9.0)	9.39	16.7	5.30	0.34
Sepecat	Jaguar	A	15.52	48.0	40.0	(6.0/5.0)	8.69	24.2	3.12	0.32
Fairchild	A–10	A	16.26	5.0	0.0	(16.0/13.0)	17.53	47	6.54	0.65
Lockheed	F–117A	A	20.08	67.5	64.0	N/A	13.2	105.9	1.65	N/A
BAe/McD-D	Harrier II	V/A	14.12	36.0	24.0	(11.5/7.5)	9.24	21.4	4.00	0.28
	YAK–38	V/F	15.5	46.0	40.0	N/A	7.31	18.5	2.89	0.26
	YAK–141	V/F	18.3	39.0	35.0	N/A	10.09	31.3	3.26	0.28
McD-Douglas	F–15E	F	19.43	45.0	38.7	(6.6/3.0)	13.05	56.5	3.01	0.23
Lockheed	F–16C	F	15.03	40.0	32.0	4.0	9.45	27.9	3.00	0.21
McD-Douglas	F/A–18E	F	18.31	26.0	20.0	(5.0/3.5)	11.43	46.5	3.52	0.37
Northrop	F–20	F	14.42	33.0	25.0	4.8	8.14	18.6	3.56	0.19
Lockheed	YF–22	R	19.56	48.0	37.1	N/A	13.11	78.0	2.20	0.14
Northrop	YF–23	R	–	40.0	22.8	N/A	13.29	87.8	2.01	0.09
Sukhoi	Su–27	A	21.94	42.0	37.0	N/A	14.69	60.6	3.57	0.28
	MiG–29	F	17.32	42.0	35.0	N/A	11.37	38.0	3.50	0.23
Rockwell	X–31A	R	13.21	N/A	48.1	5.5	7.25	21.0	2.51	N/A
	IAI Lavi	F/A	14.39	54.0	47.0	N/A	8.78	33.1	2.33	N/A
	Eurofighter	F	14.5	53.0	44.0	N/A	10.52	50.0	2.21	0.07
SAAB	JAS39	F	14.1	52.0	43.0	N/A	8.02	27.9	2.29	0.18
Dassault	Rafale D	F	15.3	47.0	39.0	N/A	10.45	46.0	2.37	0.20
Panania	Tornado	A	18.68	25.0–67.0	N/A	N/A	8.6–13.9	26.7	2.78–7.27	N/A
Grumman	F–14A	F	19.1	20.0–68.0	15.5–63.5	(10.0/5.0)	(11.6–19.54)	52.5	2.07–7.28	0.25–0.31
BAe	Hawk 100	T	11.68	26.0	21.5	10.9/9.0	9.37	16.7	5.3	0.34
Sai Marchetti	S211	T	9.31	–	15.3	15.0/13.0	8.43	12.6	5.1	0.465
Pilatus	PC–9	T	10.175	–	1(OUTBRD)	15.0/12.0	10.124	16.29	6.3	–

Categories: A = attack, F = fighter, V = vertical take-off or landing, R = research, T = trainer.

부록 2.11 Combat aircraft trainers–engines, weights and performance

			Uninstalled engine performance				Weights							Performance				
			All engines maximum static thrust		All engines maximum afterburner thrust		Empty weight		Maximum internal fuel		Maximum take-off weight		Max. payload	Typ. combat radius	Max. Mach. No. at altitude	Ceiling	Typical take-off run	Typical landing run
Aircraft type	No. Engs.	Model	(lbf)	[kN]	(lbf)	[kN]	(lb)	[kg]	(lb)	[kg]	(lb)	[kg]	(kg)	(km)		(km)	(m)	(m)
Hawk 200	1	RR Adour 871	5845	26	N/A	–	9943	4450	3000	1360	20065	9100	4128	1072	0.9	15.25	630	598
Jaguar	2	RR Adour	10640	47.3	16080	71.5	15432	7006	N/A	–	34612	15710	4500	815	1.6	–	580	470
A–10	2	GE TF34–100	18130	80.6	N/A	–	24959	13330	10700	4860	50000	22100	7250+	480	0.6	–	1173	652
F–117A	2	GE F404	21600	96.1	N/A	–	30000	13620	N/A	–	52500	23840	2270	1112	1.1	–	–	–
Harrier II	1	RR Pegasus	21450	95.4	N/A	–	14860	6746	7759	3520	31000	14075	5900	1110	1.0	13.7	0–500	0
YAK–38	1 + 2*	Tumansky R–27V–300	15300	68.1	N/A	–	16500	7490	N/A	–	25795	11710	–	185	1.0	12.0	0	0
YAK–141	1 + 2**	Soyuz R–79	19840	88.2	34170	152	N/A	–	N/A	–	42990	19520	2600	1400	1.7	1.5.0+	0	0
F–15E	2	P&W F100	N/A	–	58000	258	31700	14390	13123	5960	81000	36775	14380	1850+	2.5	18.3	274	840
F–16C	1	P&W F100–229	N/A	–	29000	129	19020	8635	6846	3110	42300	19200	7618	925+	2.0	18.0	760	760
F/A–18E	2	GE F404	N/A	–	44000	195	30600	13890	14400	6540	66000	29960	–	–	1.8	–	–	–
F–20	1	GEF404	N/A	–	18000	80	13150	5970	5050	2290	28000	12710	4080+	556	2.0	17.31	1080	655
YF–22	2	P&W F119	N/A	–	70000	311	31000	14070	22000	9990	60000	27240	–	–	2.2	15.24	–	–
YF–23	2	P&W F119	N/A	–	70000	311	37000	16800	24000	10900	64000	29060	–	–	2.0	–	–	–
Su–27	2	Lyulka AL–31F	N/A	–	55114	245	N/A	–	N/A	–	49600	22520	17700	2000	2.4	19.0+	–	–
MiG–29	2	Tumansky R–33D	22220	98.8	36600	163	24030	10910	N/A	–	40785	18520	8175	1150	2.3	15.0+	–	–
X–31A	1	F404	N/A	–	16000	71.2	11410	5180	4136	1880	15935	7235	–	–	2.3	12.0+	457	823
IAI Lavi	1	P&W PW1120	–	–	20620	91.7	16024	7275	6000	2725	42500	19295	7257	1850	1.9	–	–	–
Eurofighter	2	Eurojet EJ–200	26980	120	40500	180	21495	9760	8818	4005	46297	21020	9750	–	2.0	–	300	700
JAS 39	1	VFA RM12	12140	54	18100	80.5	14600	6630	5000	2270	27500	12485	8000	–	2.0	18.0	400	5000
Rafale D	2	Snecma M88–2	N/A	–	39116	174	19973	9070	N/A	–	47399	21520	8000	1090+	2.0	—	400	—
Tornado	2	Turbo union RB 199	17300	77	32150	143	30620	13901	10251	4655	61620	27975	14500	740+	2.2	21/3+	670	370
F–14 A	2	P&W TF–30	28000	124.5	46200	206	40104	18210	16200	7355	74349	33755	6600	–	2.3	15.2+	427***	884***
HAWK 100	1	RR Adour 871	5845	26	–	–	9692	4400	2872	1304	20045	9100	3000	781	0.88	13.55	640	605
S211	1	PWC JT–15D–4C	2500	11.1	–	–	4075	1850	1370	622	6057	2750	660	556	0.6	12.2	390	361
PC–9	1	PWC PT6A–62	708 KW	–	–	–	3711	1685	–	–	7050	3200	–	887 Range	–	11.58	227	530

* Two vertical take-off Rybansk lift engines of 6725 lbf/(30 kN) each.
** Two vertical take-off Rybansk engines of 9390 lbf (41.8 kN) each.
*** Minimum distance.

부록 2.12 Current conbat aircraft major wing parameters

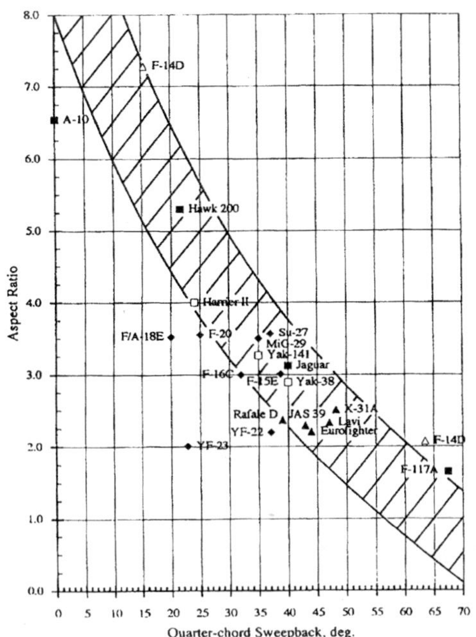

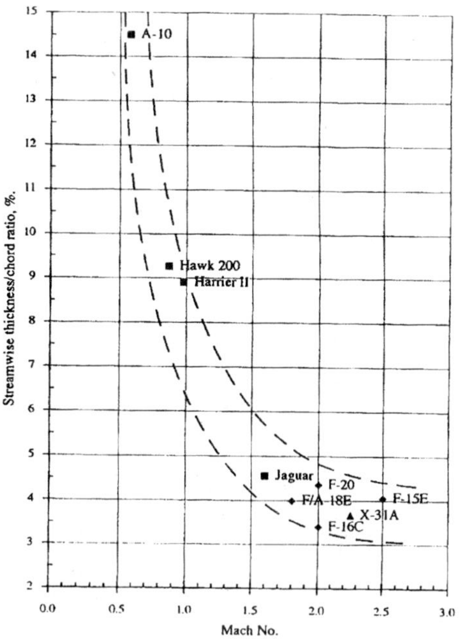

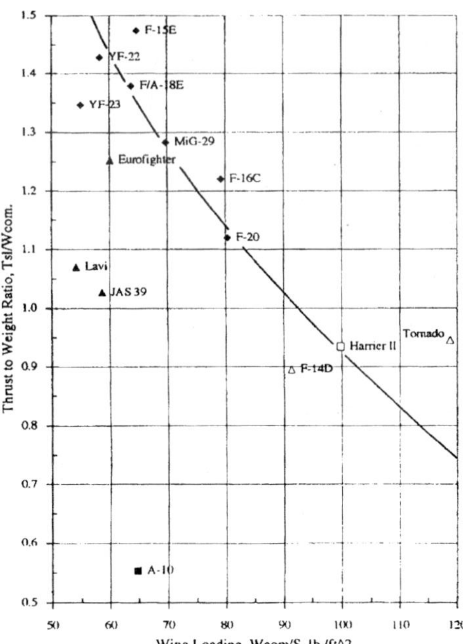

부록 3 ▸▸▸ POWER PLANT DATA

부록 3.1 Powerplant data–civil turbo–fan engines

Manufacturer	Engine type	Sea level static thrust (ISA) kN	Sea level static thrust (ISA) lbf × (1000)	SLST specific fuel consumption (lb/lbf/h)	Bypass ratio	Dry mass consumption kg	Dry mass consumption lb	Maximum typical cruise thrust lbf(×100)/(Mach)/ALT 1000 ft	Typical cruise specific fuel consumption (lb/lbf/h)	Length m	Length in	Fan diameter m	Fan diameter in
Allied Signa Engines	TFE 731–5	19.1	4.3		3.34	409	900	0.98/0.8/40	0.8	1.66	65.4	0.75	29.7
BMW Rolls-Royce	BR 710	65	14.75		4.0	209	460	3.58/0.8/35	0.64	5.1*	200.8	1.11	43.7
BMW Rolls-Royce	BR 715	88.8	19.9		4.7			4.4/0.8/35	0.62	5.2*	205	1.34	52.8
CFE	738–1	25.5	5.72	0.39	5.3			1.3/0.8/40	0.645	2.52	99.2	0.9	35.5
CFM International	CFM 56–3B	89	20	0.38	5.0	1943	4280	4.86/0.8/35	0.67	2.36	93	1.52	59.8
CFM International	CFM 56–5C	139	31.2	0.32	6.6	2490	5494	6.9/0.8/35	0.57	2.62	103	1.84	72.4
General Electric	CF34–3A1	41	9.22	0.36						2.615	103	1.24	48.8
General Electric	CF6–80–C2	233	52.5	0.32	5.05	4250	9360	11.3/0.85/35		4.09	161	2.36	92.9
General Electric	GE90–85B	377	84.7		8.4	7080	15 600			4.88	192	3/35	132
International Aero. Eng.	V2500–A1	111.2	25		5.4	2304	5074	5.07/0.8/35	0.58	3.2	126	1.6	63
Pratt & Whitney	JT8D–200	77	17.4	0.51	1.77	2070	4524	4.95/0.8/30	0.724	3.92	154	1.17	46
Pratt & Whitney	PW4052–4460	231	52	0.34	5.8	4268	9400	–/0.8/35	0.537	3.37	133	2.38	94
Pratt & Whitney	PW 4084	376	84		6.41	6606	14 550			3.37	133	2.84	112
Pratt & Whitney Canada	PW 305B	23.6	5.23	0.39	4.5	427	940	1.15/0.8/40	0.68	2.07	81.5	0.8	31.5
Rolls-Royce	TAY 611	61.6	13.85		3.04	1340	2951	2.55/0.8/35	0.69	2.4	94.5	1.1	43.7
Rolls-Royce	RB211–535E4	178	40.1		4.3	3300	7264	8.5/0.8/35	0.60	2.99	117.7	1.88	74
Rolls-Royce	RB211–524G	258	58		4.3	4390	9670	11.8/0.85/35	0.57	3.18	125	2.19	86.2
Rolls-Royce	Trent 768	300	67.5		5.0	4785	10 550	11.5/0.82/35	0.565	3.9	153.5	2.47	97.2
Rolls-Royce	Trent 890	406	91.3		5.74	6000	13 100	13/0.83/35	0.557	4.3	169	2.79	110
Textron Lycoming	LF507–1F	31.1	7	0.406	5.6	629	1385			1.48	58.3	1.2	47.2
Williams Rolls-Royce	FJ44	8.2	1.9	0.48	3.28	202	445	0.6/0.7/30	0.75	1.18	46.5	0.6	24

* Nacelle dimensions.

** Maximum climb rating.

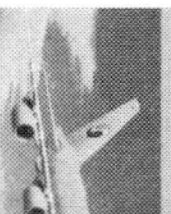

부록 3.2 Powerplant data–civil turbo–prop engines

Manufacturer	Engine type	Take off shaft horsepower	SFC Take-off lb/h/ESHP	Dry mass (inc. gearbox)		Length		Maximum width	
				kg	lb	m	in	m	in
Allied Signal Engines	TPE 331–12	1100	0.52			1.1	43.3	0.53	21
Allied Signal Engines	TPE 331–14GR	1650	0.51			1.35	53	0.58	23
Allison	AE 2100 A	3690	0.415			1.96	77	0.67	264
Allison	T56	4920	0.50			3.71	146	0.99	39
General Electric	CT7–9	1740	0.48	295	650	2.44	96	0.74	29
Pratt & Whitney Canada	PT6A–25C	550	0.63			1.57	62	0.48	19
Pratt & Whitney Canada	PW124B	2950	0.454			2.06	81	0.84	33
Pratt & Whitney Canada	PW127	3300	0.449			2.06	81	0.84	33
Rolls-Royce/Snecma	Tyne MK21	6100				2.76	109	0.84	43

부록 3.3 Powerplant data-military turbo-jet and turbo-fan engines

Manufacturer	Engine type	Sea level static thrust reheat kN	Sea level static thrust reheat lbf ×1000	(SLST) Sea level static thrust – dry kN	(SLST) Sea level static thrust – dry lbf ×1000	SLST dry specific fuel consumption lb/lbf/h	Bypass ratio	Basic engine mass kg	Basic engine mass lb	Length m	Length in	Diameter m	Diameter in
Allied Signal Engines	TFE 1042–70	42.1	9.5	27	6.06	0.8 (dry)	0.3	617	1360	2.88	113	0.6*	24
Eurojet	EJ 200	90	20				0.4	Approx. 1000	Approx. 2000	4.0	158	0.74	29
General Electric	F404–402	79	17.7	53	11.9			1035	2280	4.04	159	0.89	35
General Electric	F110–129	131.3	29.5	78.3	17.6		0.76			4.62	182	1.18	47
Klimov	RD–33	81	18.3	50	11.24	0.76 (dry)		1055	2324	4.17	164	1.0	39
Pratt & Whitney	F100–229	129.5	29.1	79.2	17.8	2.05 (wet)	0.36	3705	8160	4.8	189	1.1	43
Pratt & Whitney	F119–100	157.5	35										
Rolls-Royce	Viper 680–43	–	–	19.4	4.36	0.98	0	380	836	1.96	77	0.73	29
Rolls-Royce	Pegasus 11–61	–	–	106	23.8		1.2	1934	4260	3.48**	137	1.22	48
Rolls-Royce/ Turbomeca	Adour 871	–	–	26.6	5.99	0.74	0.8	590	1300	1.95	77	0.56*	22
Snecma	M53–P2	95	21.4	65	14.6	0.9 (dry)		1500	3307	5.0	197	1.0	39
Snecma	M88–2	72.9	16.4	48.7	10.95	0.78 (dry)				3.54	140		
Turbo-Union	RB199–104	73	16.4	40.5	9.1	1.76 (wet)	1.1 (approx.)	976	2150***	3.6	142	0.72	28

* Comp. face diameter; ** inc. nozzles; *** inc. afterburner.

부록 4 ▸▸▸ AERODYNAMIC DATA

부록 4.1 Low-speed aerofoil section aerodynamic properties–NACA experimental data from Abbott and Von Doenhoff

Aerofoil	α_0 (deg)	C_{M_0}	a_{1rad}	$C_{l_{\alpha/deg}}$	$\alpha_{C_{L_{max}}}$ (deg)	$C_{L_{max}}$	Section Cd at $C_{L_{max}}$
0006	0	0	6.19	0.108	9.0	0.92	0.0095
0009	0	0	6.25	0.109	13.4	1.32	0.0124
23012	−1.4	−0.014	6.13	0.107	18.0	1.79	0.016
23015	−1.0	−0.007	6.13	0.107	18.0	1.72	0.02
23018	−1.2	−0.005	5.96	0.104	16.0	1.60	0.016
23021	−1.2	0	5.90	0.103	15.0	1.50	0.0162
63–006	0	0.005	6.42	0.112	10.0	0.87	0.0086
63–009	0	0	6.36	0.111	11.0	1.15	0.0113
63–206	−1.9	−0.037	6.42	0.112	10.5	1.06	0.008
63–209	−1.4	−0.032	6.30	0.11	12.0	1.4	0.0127
63–210	−1.2	−0.035	6.47	0.113	14.5	1.56	0.014
63_1–012	0	0	6.65	0.116	14.0	1.45	0.0134
63_1–212	−2.0	−0.035	6.53	0.114	14.5	1.63	0.0117
63_1–412	−2.8	−0.075	6.70	0.117	15.0	1.77	0.0154
63A 010	0	0.005	6.02	0.105	13.0	1.2	0.0146
63A 210	−1.5	−0.04	5.9	0.103	14.0	1.43	0.014
64–006	0	0	6.25	0.109	9.0	0.8	0.007
64–009	0	0	6.3	0.11	11.0	1.17	0.0126
64–206	−1.0	−0.04	6.3	0.11	12.0	1.03	0.009
64–210	−1.6	−0.04	6.3	0.11	14.0	1.45	0.0118
64_1–412	−2.6	−0.065	6.42	0.112	15.0	1.67	–
64A 010	0	0	6.3	0.11	12.0	1.23	0.011
64A 210	−1.5	−0.04	6.02	0.105	13.0	1.44	0.011
64A 410	−3.0	−0.08	5.73	0.10	15.0	1.61	0.012
64_1A 212	−2.0	−0.04	5.73	0.10	14.0	1.54	0.012
64_2A 215	−2.0	−0.04	5.44	0.095	15.0	1.5	0.016
65–006	0	0	6.02	0.105	12.0	0.92	0.008
65–009	0	0	6.13	0.107	11.0	1.08	0.012
65–206	−1.6	−0.031	6.02	0.105	12.0	1.03	0.009
65–210	−1.6	−0.034	6.19	0.108	13.0	1.4	0.0137

$R_e = 9 \times 10^6$, smooth leading-edge.

부록 4.2 Section aerodynamic properties–advanced aerofoil sections at high subsonic speeds

Aerofoil	C_L	C_{Mo} at cruise	a_1/rad	$C_{L\alpha}$/deg	$c_{L_{max}}$ (Low speed)	Section Cd at given cruise C_L at M_D	t/c max	M drag rise at given C_L	Reference for data
RAE9515	0.3	−0.106	6.47	0.163	1.0	0.013	0.105	0.79	RAE R&M 3820, 1978 [45]
	0.4	−0.106	(Low Speed)			0.013		0.79	
	0.5	−0.11				0.013		0.79	
	0.6	−0.12				0.014		0.79	
RAE9530	0.3	−0.12	5.84	0.102	1.23	–	0.105	0.80	RAE R&M 3820, 1978 [45]
	0.4	−0.12	(Low Speed)			0.015		0.795	
	0.5	−0.13				0.015		0.79	
	0.6	−0.5				0.018		0.78	
RAE9550	0.3	−0.08	6.88	0.12	1.08		0.122	0.775	RAE R&M 3820, 1978 [45]
	0.4	−0.09						0.77	
	0.5	−0.095						0.765	
	0.6	−0.01						0.72	
RAE5225	0.3	−0.08			–	0.0107	0.14	–	RAE TR 87002 [46]
	0.4	−0.10			all at	0.0107		–	
	0.5	−0.1			M = 0.735	0.011		–	–
RAE5230	0.6	−0.1				0.0114		0.735	RAE TR87002 [46]
	0.3	−0.1				0.0112	0.14	–	–
	0.4	−0.1			all at	0.0111		–	
	0.5	−0.1			M = 0.735	0.0114			–
RAE5236	0.5	−0.1				0.012		0.735	RAE TR87002 [46]
	0.3	−0.076				0.0111	0.14		–
	0.4	−0.078			all at	0.0113			–
	0.5	−0.076			M = 0.735	0.0116			
	0.6	−0.076				0.0122		0.735*	
NACA SC(3) −0712(B)	0.3	−0.17			all at	0.0122	0.12		NASA TM–86371 [47]
	0.4	−0.18			M = 0.78	0.014			–
	0.5	−0.18			$R_e = 30 \times 10^6$	0.018			–
	0.6	−0.18				0.021		0.80**	
DSMA523	0.3	–			all at	0.012	0.11		NASA TM–81336 [48]
	0.4	–			M = 0.8	0.012			
	0.5	–			$R_e = 14.5 \times 10^6$	0.013			
	0.6	–				0.016		0.8	

* At $C_L = 0.58$ ** at $C_L = 0.68$.

부록 5 ▸▸▸ LANDING GEAR DATA

부록 5.1 Dimensions and capabilities of lower pressure types(type Ⅲ)

Type	Nominal outside diameter		Nominal width		Rated load (static)		Maximum rated speed		Normal loaded radius		Tyre weight		Inflation pressure	
	in	cm	in	cm	lb	kg	mph	K/h	in	cm	lb	kg	lb/in^2	mb
3.00–3.5	8.5	21.6	3.0	7.6	410	186	–	–	3.6	9.1	1.76	0.8	50	3448
4.00–3.5	10.75	27.3	4.0	10.2	710	322	160	257	4.45	11.3	3.1	1.4	40	2758
4.00–4	11.0	27.9	4.0	10.2	940	427	160	257	4.75	12.1	4.0	1.8	70	4827
5.00–4.5	13.0	33	5.0	12.7	–	–	160	257	3.9	9.9	7.5	3.4	78	5378
5.00–5	14.0	35.6	5.0	12.7	800–3100	363–1407	120–160	193–257	5.7	14.5	4.9–7.0	2.2–3.2	31–130	2137–8964
5.5–4	13.25	33.7	5.5	14.0	1225	556	160	257	5.8	14.7	8.0	3.6	50	3448
6.00–4	15.5	39.4	6.0	15.2	1450	658	160	257	6.65	16.9	7.5	3.4	35	2413
6.00–6	17.0	43.2	6.0	15.2	1150	522–1067	120–160	193–257	6.9	17.5	7.6–8.8	3.5–4.0	29–55	2000–3792
6.00–6.5	17.25	43.8	6.0	15.2	2350	795	160	257	7.0	17.8	8.4	3.8	45	3100
6.50–10	21.5	54.6	6.5	16.5	1750	1700	160–190	257–306	9.0	22.9	11.90–17.2	5.4–7.8	160–190	11 030–13 100
7.00–6	18.5	47.0	7.0	17.8	3750	3768	120	193	7.3	18.5	9.0–10.9	4.1–4.9	56–110	3860–7585
7.50–10	23.7	60.2	7.5	19.0	8300	1135	160	257	9.7	24.6	16.8	7.6	63	4344
8.00–7	20.0	50.8	8.0	20.3	2500	2452	161	258	8.06	20.5	16.0	7.3	60	4137
8.50–10	25.0	63.5	8.5	21.6	5400	1762	120–160	193–257	10.2	25.9	21–33	9.5–15.0	41–100	2827–6895
9.00–6	22.0	55.9	9.0	22.9	3880	1521	160	257	8.75	22.2	24	10.9	58	4000
11.00–12	31.5	80.0	11.0	27.9	3350	1476	160	257	8.25	21.0	39.4	17.9	65	4482
12.50–16	38	96.5	12.5	31.8	3250	3632	160	257	15.82	40.2	71.3	32.4	75	5171
20.00–20	55	139.7	20	50.8	3000	2043	200	322	22.4	56.9	251.4	114.1	125	8619
					4500	4011								
					8835	5811								
					12 800	21111								
					46 500									

This is the most popular low-pressure tyre found today on smaller aircraft. The section is relatively wide in relation to the bead. This provides lower pressure for improved cushioning and flotation. The section width and rim diameter are used to designate the size of this tyre. (Information has been extracted from [50].)

Note: steady braked load = 1.5 × rated load and full closure load = 2.7 rated load (approx).

부록 5.2 Dimensions and capabilities of higher pressure types(type Ⅶ)

Type	Plys	Nominal outside diameter		Nominal width		Rated load (static)		Maximum rated speed		Normal loaded radius		Tyre weight		Inflation pressure	
		in	cm	in	cm	lb	kg	mph	km/h	in	cm	lb	kg	lb/in^2	mb
$13\frac{1}{2}$ × 4.2	6	13.5	34.5	4.25	10.8	2310	1049	160	257	5.75	14.6	4.6	2.1	160	11 030
5		16.0	40.6	4.4	11.2	2300	1044	185	297	6.9	17.5	9.9	4.5	120	8275
16 × 4.4	12	20.0	50.8	4.4	11.2	5150	2336	225	361	8.9	22.6	14.9	6.8	225	15 510
20 × 4.4	12	18.0	45.7	5.5	14.0	5050	2293	190	305	7.5	19.0	11.3	5.1	170	11 720
18 × 5.5	18	18.0	45.7	5.7	14.5	8600	3904	250	402	7.5	19.0	15.7	7.1	300	20 680
18 × 5.7	14	18.0	45.7	5.7	14.5	6200	2815	250	402	7.5	19.0	15.5	7.0	215	14 820
18 × 5.7	8	17.5	44.5	6.25	15.9	2900	1317	190	305	6.9	17.5	13.0	5.9	70	4825
17.5 × 6.2	12	18.0	45.7	6.5	16.5	5000	2270	256	411	7.6	19.3	13.6	6.2	150	10 340
5	16	22.0	55.9	6.5	16.5	10 000	4540	225	361	9.4	23.9	23.3	10.6	250	17 235
18 × 6.5	12	26.0	66.0	6.6	16.8	8600	3904	225	361	11.2	28.4	29.8	13.5	185	12 750
22 × 6.5	20	22.0	55.9	6.6	16.8	12 000	5448	218	350	9.35	23.7	26.2	11.9	270	18 610
26 × 6.6	8	22.0	55.9	6.75	17.1	4450	2020	120	193	9.1	23.1	14.5	6.6	95	6550
22 × 6.6	10	22.0	55.9	6.75	17.1	5900	2679	125	201	9.1	23.1	18.0	8.2	125	8620
22 × 6.75	12	23.0	58.4	7.0	17.8	7800	3541	210	337	9.9	25.1	24.3	11.0	160	11 030
22 × 6.75	10	24.0	61.0	7.25	18.4	6 600	2 996	200	321	10.4	26.4	31.0	14.1	120	8275
23 × 7	14	24.0	61.0	7.7	19.6	8200	3723	190	305	10.0	25.4	29.4	13.3	135	9305
24 × 7.25	16	24.0	61.0	7.7	19.6	9725	4 415	210	335	10.0	25.4	29.8	13.5	165	11 375
24 × 7.7	12	27.0	68.6	7.75	19.7	9650	4 381	225	361	11.8	30.0	35.4	16.1	200	13 790
24 × 7.7	12	26.5	67.3	8.0	20.3	9500	4 313	160	257	11.13	28.3	29.8	13.5	150	10 340
27 × 7.75	20	25.5	64.8	8.0	20.3	15 300	6 946	250	402	10.95	27.8	36.5	16.6	250	17 235
26.5 × 8	12	24.5	62.2	8.5	21.6	7400	3 360	190	305	10.1	25.7	28.9	13.1	110	7240

Type	Plys	Nominal outside diameter		Nominal width		Rated load (static)		Maximum rated speed		Normal loaded radius		Tyre weight		Inflation pressure	
		in	cm	in	cm	lb	kg	mph	km/h	in	cm	lb	kg	lb/in^2	mb
24.5 × 8.5	12	32.0	81.3	8.8	22.4	11 000	4994	190	305	13.3	33.8	41.3	18.8	140	9650
0	12	28.0	71.1	9.0	22.9	8800	3995	160	257	11.4	29.0	36.1	16.4	100	6895
26 × 8.75	22	36.0	91.4	11.0	27.9	23 300	10 578	190	305	14.7	37.3	95	43.1	190	13 100
32 × 8.8	2612	30.0	76.2	11.5	29.2	32 170	14 605	250	402	12.5	31.8	80	36.3	332	22 890
28 × 9	12	32.0	81.3	11.5	29.2	11 200	5085	210	335	13.58	34.5	60.8	27.6	120	8275
36 × 11	22	39.0	99.1	13.0	33.0	24 600	11 168	210	335	15.6	39.6	104	47.2	165	11 375
30 × 11.5	20	31.0	78.7	13.0	33.0	17 200	7809	225	361	12.7	32.3	71.2	32.3	155	10 685
32 × 11.5	6	36.0	91.4	13.0	33.0	6350	2883	160	257	14.1	35.8	53.2	21.1	35	2410
39 × 13	28	40.0	101.6	14.0	35.6	33 100	15 027	225	361	16.45	41.8	126	57.2	200	13 790
31 × 13	24	37.0	94.0	14.0	35.6	25 000	11 350	225	361	15.1	38.4	105	47.7	160	11 030
36 × 13	20	40.0	101.6	14.0	35.6	27 100	12 303	225	361	16.6	42.2	116	52.7	165	11 375
40 × 14	26	40.0	101.6	14.5	36.8	36 800	16 707	225	361	16.7	42.4	150	68.1	220	15 165
37 × 14	20	42.0	106.7	15.0	38.1	23 500	10 670	190	305	17.3	43.9	109	49.5	120	8275
40 × 14	28	40.0	101.6	15.5	39.4	39 500	17 933	225	361	16.1	40.9	148	67.2	195	13 440
40 × 14.5	32	47.0	119.4	15.75	40.0	51 481	23 372	278	446	20.25	51.4	220	99.9	223	15 375
42 × 15	32	46.0	116.8	16.0	40.6	48 000	21 792	225	361	13.25	33.7	189	85.8	245	16 890
40 × 15.5	28	44.5	113.0	16.5	41.9	42 800	19 430	225	361	18.3	46.5	209	94.9	195	13 440
47 × 15.75	32	49.0	124.5	17.0	43.2	50 400	22 880	210	335	20.2	51.3	223	101.2	210	14 475
46 × 16	32	46.0	116.8	18.0	45.7	51 100	23 200	225	365	19.2	48.8	241	109.4	230	15 855
44.5 × 16.5	34	49.0	124.5	19.0	48.3	55 700	25 290	235	377	20.3	51.6	249	113.0	215	14 820
49 × 17	36	50.0	127.0	20.0	50.8	58 800	26 695	225	365	20.6	52.3	283	128.5	210	14 475
46 × 18	24	56.0	142.2	20.0	50.8	38 500	17 480	200	321	22.7	57.7	243	110.3	110	7580
49 × 19	30	52.0	132.1	20.5	52.1	63 700	28 920	235	377	21.3	54.1	299	135.7	195	13 440
50 × 20	36	54.0	137.2	21.0	53.3	72 200	32 780	212	341	22.2	56.4	341	154.8	212	14 615

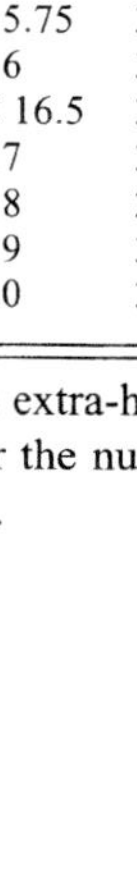

These extra-high-pressure tyres are the standard for jet aircraft. They have high load-carrying ability and are available in ply ratings from 4 to 38. The higher the number of reinforcing plys, the higher is the pressure that may be used. The tyre sizes are designated by their outside diameter and section width.

부록 6 ▸▸▸ AIRCRAFT INTERIOR DATA

부록 6.1 RAF aircrew third and 99th percentile values(mm)

		PERCENTILE 3rd	PERCENTILE 99th
G	Shoulder height, sitting	614	727
H	Sitting eye height	765	896
J	Sitting height	876	1007
K	Vertical functional reach, sitting	1281	1515
L	Knee Height, sitting	514	623

		PERCENTILE 3rd	PERCENTILE 99th
A	Bideltoid breadth	427	514
B	Biacromial breadth	370	452
C	Hip breadth, sitting	332	415
D	Stool height	376	471
E	Thigh clearance height	137	191
F	Acromial height, sitting	558	681

		PERCENTILE 3rd	PERCENTILE 99th
M	Functional reach	736	889
N	Cervicale height, sitting	627	745
O	Elbow rest height, sitting	200	306
P	Stomach depth	203	306
Q	Buttock – knee length	558	672
R	Buttock – heel length	998	1211

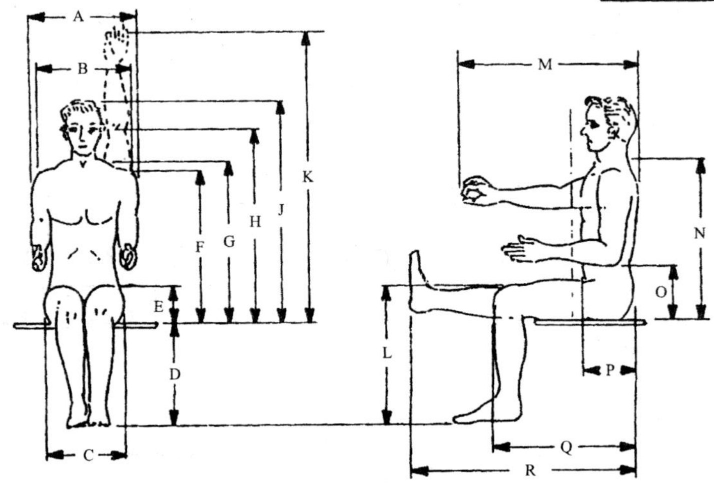

부록 6.2 Narrow-body jet flight deck

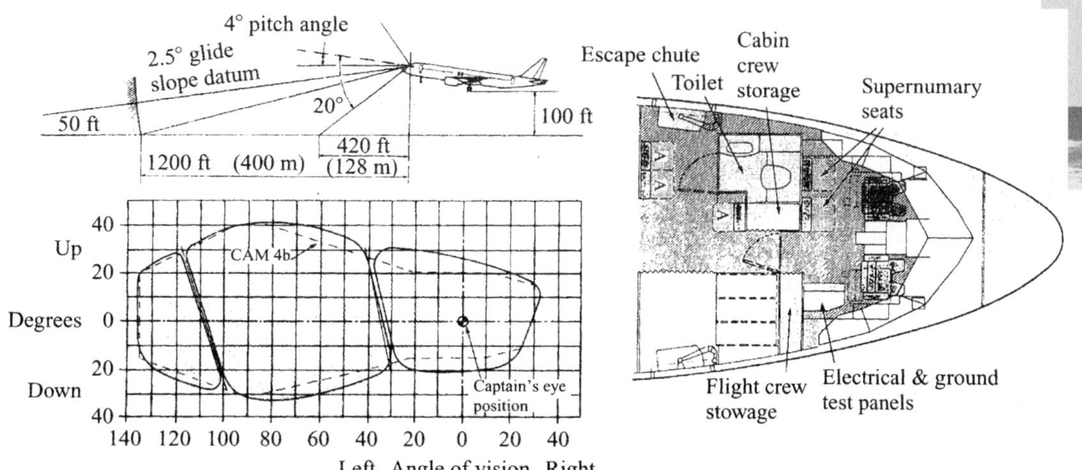

부록 6.3 A340 flight deck and crew rest compartment

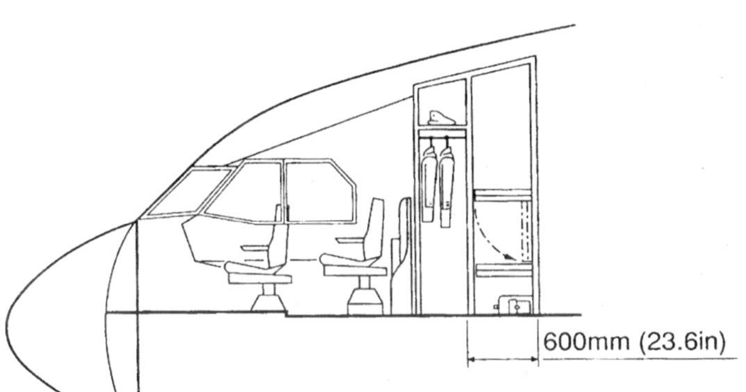

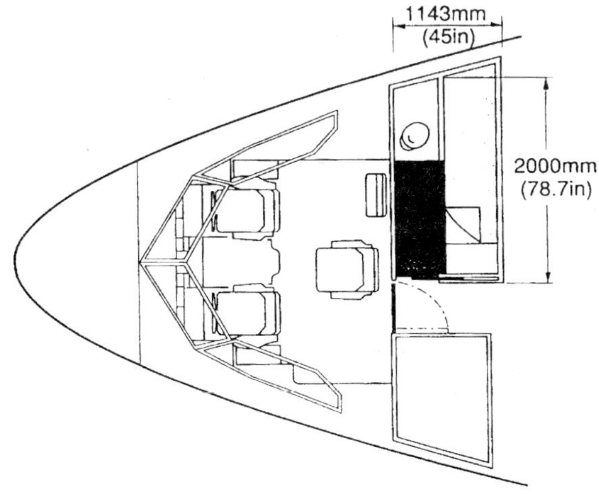

부록 6.4 Military cockpit reference points(Def. Stan. 00-970)

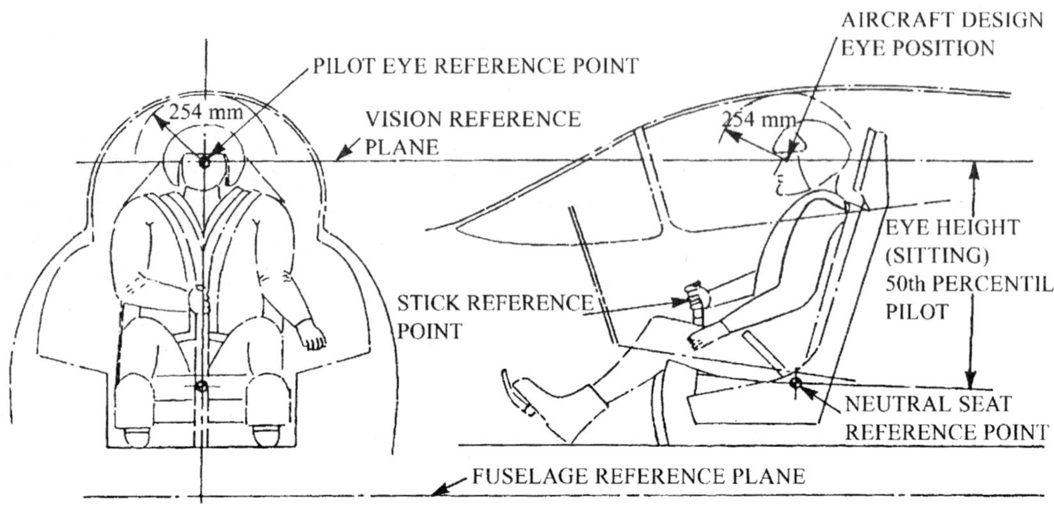

부록 6.5 Cabin layout for Fokker 100

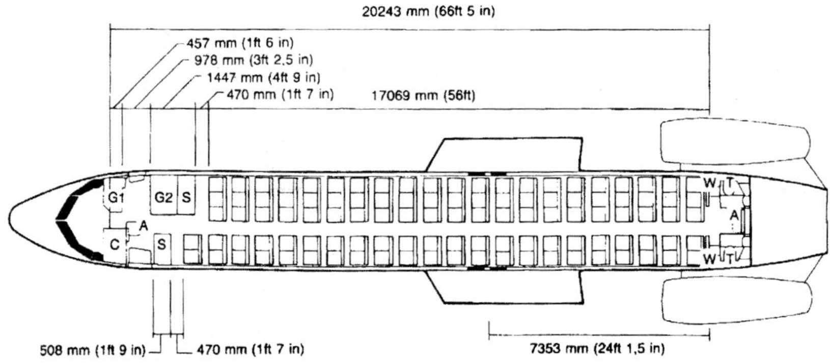

부록 6.6 Fokker 100 cross-section

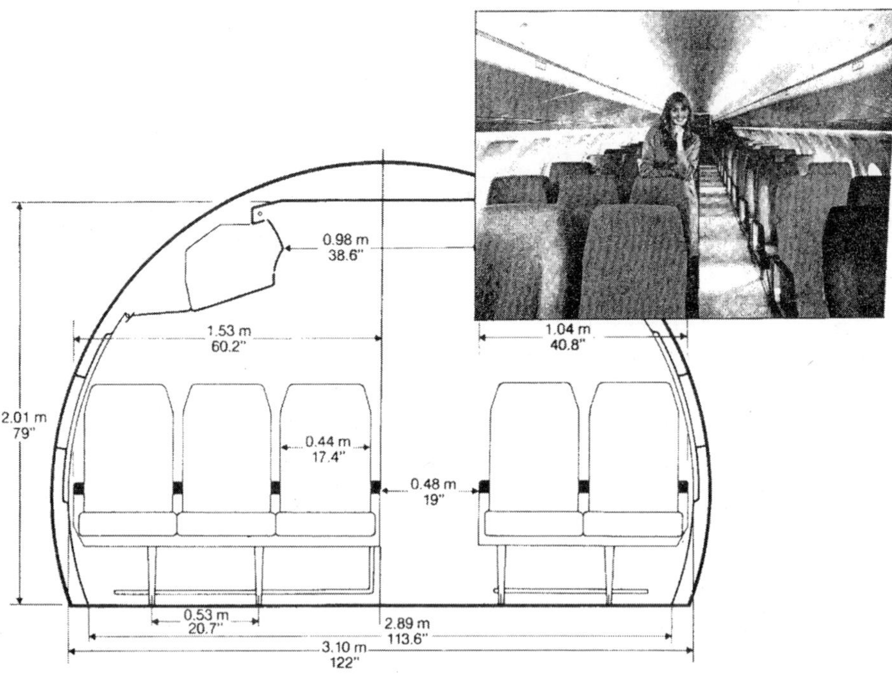

부록 6.7 A340 cross-sections, Top, economy class; left, business class; right, first class

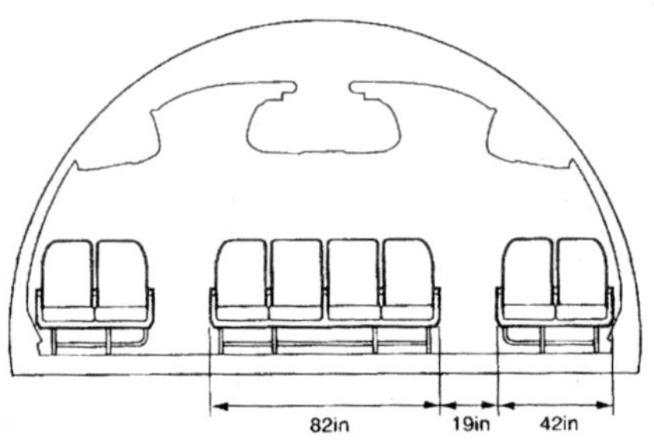

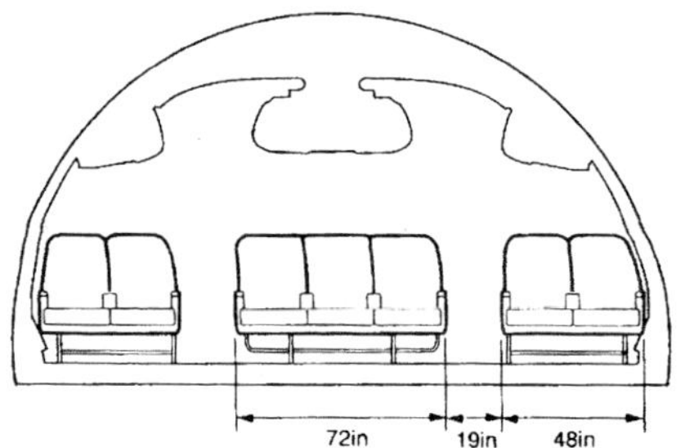

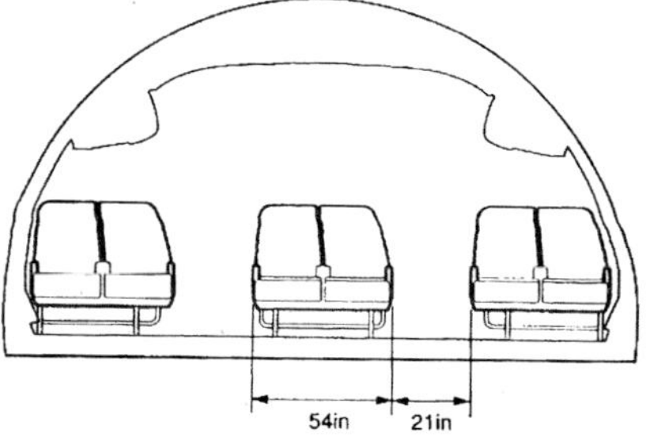

부록 6.8 F-100 toilet compartment

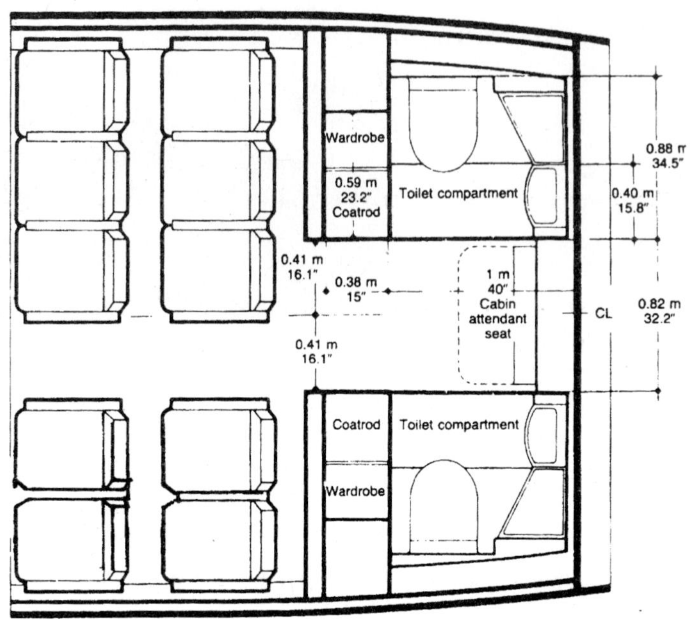

부록 6.9 F-100 galley compartment

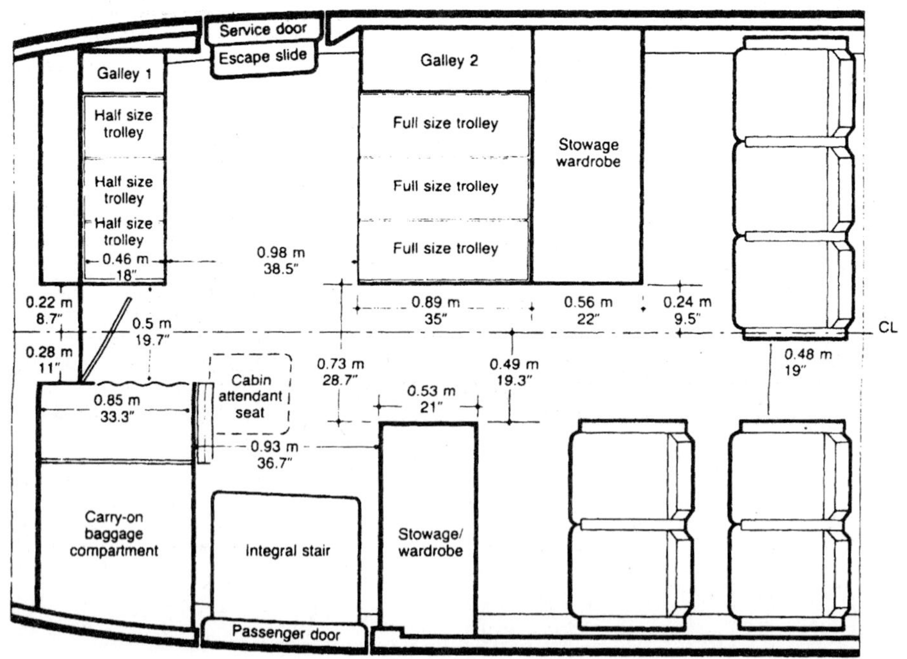

부록 6.10 The main types of under-floor containers for wide-body aircraft

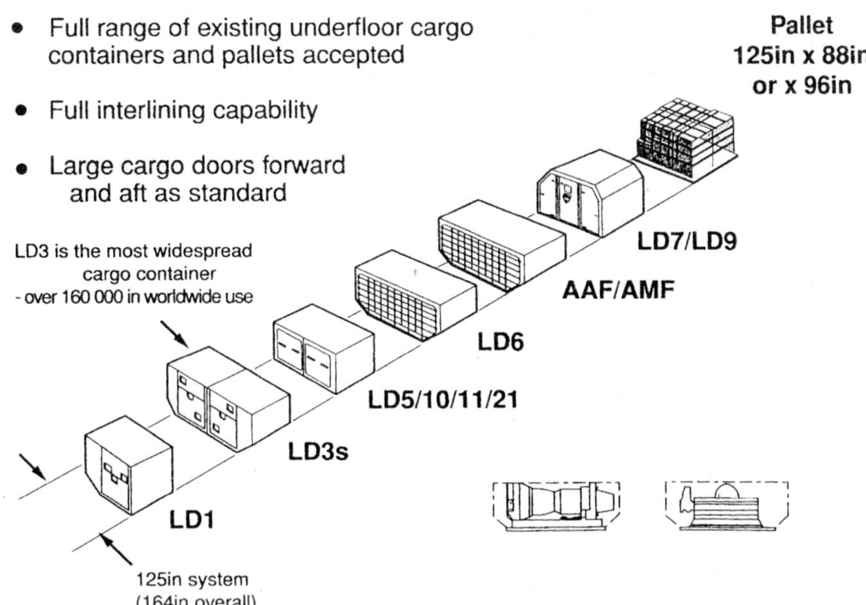

Type	Base length x width	Max Width	Volume cu ft/m^3	Allowable gross lb/kg
LD3	60.4 x 61.5 in 153 x 155 cm	79 in 200 cm	158/4.5	2830/1285
LD1	"	92 in 235 cm	173/4.9	2830/1285
LD5	60.4 x 125 in 153 x 318 cm	-	243/6.9	5660/2570
LD6	"	164 in 417 cm	320/9.1	5660/2570
LD11/21	"	-	243/6.9	5660/2570
Pallet	88 x 125 in 224 x 318 cm	-	379/10.7	8300/3770
LD7	"	-	355/10.0	8300/3770
LD9	"	-	355/10/0	8300/3770

Maximum Height is 64 in (162 cm)

부록 6.11 A-320 underfloor compartments

A320-family bulk loading

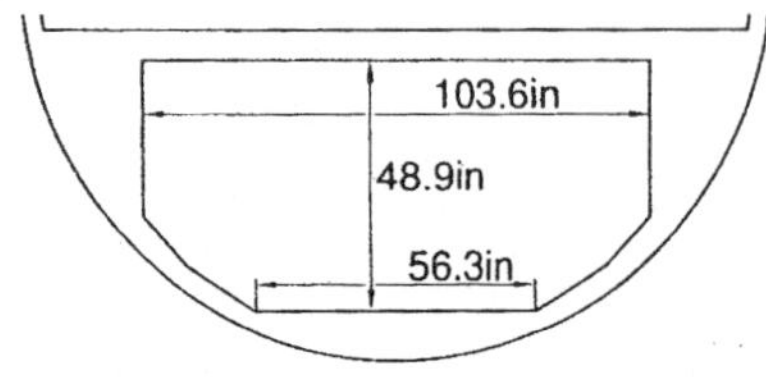

- Forward hold 806ft³/22.82m³
  Aft hold 1 022ft³/28.94m³
  Total hold volume 1 828ft³/51.76m³

A320-family containerised option

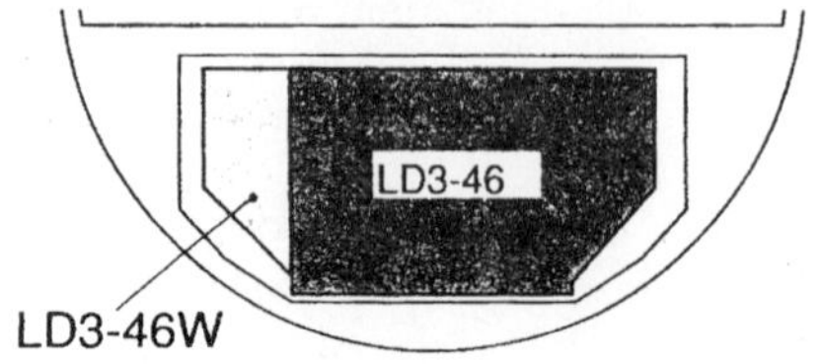

- 5 containers forward, 5 aft
  Total of 10 containers + bulk

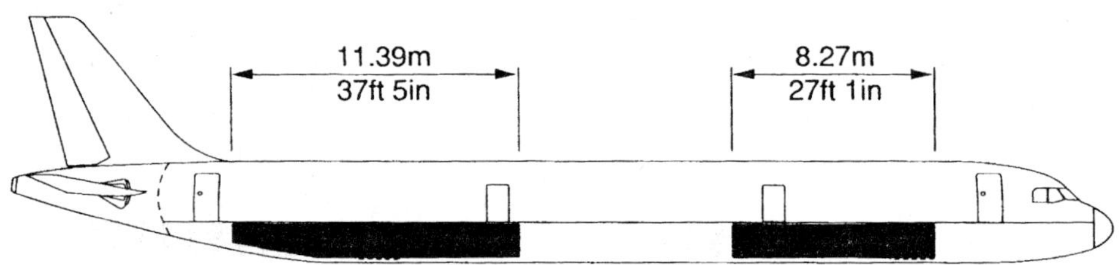

(A)

(ㄱ)

(ㄴ)

(ㄷ)

(ㄹ)

(ㅁ)

(ㅂ)

(ㅅ)

항공기 설계

지 은 이 | 송윤섭

펴 낸 이 | 김형근

펴 낸 곳 | 도서출판 기한재

신 주 소 | 경기도 파주시 회동길 56
구 주 소 경기도 파주시 교하읍 문발리 535-11
(파주출판문화정보산업단지)

전 화 | 031)955-0900~2

팩 스 | 031)955-0100

등 록 | 1990년 3월 15일 제2-968호

발 행 | 2013년 9월 30일 1판 2쇄

정 가 | 25,000원

Published by Kihanjae Co.

ISBN 978-89-7018-534-7

http://www.kihanjae.com

E-mail : kihanjae@hanmail.net